南通气象志

《南通气象志》编撰委员会 编

内容简介

自清末光绪年间南通开办测候所迄今,南通气象已走过百年的历史。本志搜集、辑录了一千六百多年来的各种气象灾害记录,记述了一百多年来南通地区气象事业发展的历程和现状,全面反映了南通的气候特征(包括军山气象台的气象观测记录),分析了本地区的气候资源。本志可供气象、水利、农业、环境保护、交通、建筑、文博等各行业技术人员参考,也可供各部门作为存史之用。

图书在版编目(CIP)数据

南通气象志/《南通气象志》编撰委员会编. —北京:气象出版社,2012.5
 ISBN 978-7-5029-5465-9

Ⅰ.①南… Ⅱ.①南… Ⅲ.①气象-工作-概况-南通市 Ⅳ.①P468.253.3

中国版本图书馆 CIP 数据核字(2012)第 066206 号

出版发行:气象出版社			
地　　址:	北京市海淀区中关村南大街 46 号	邮政编码:	100081
总 编 室:	010-68407112	发 行 部:	010-68409198
网　　址:	http://www.cmp.cma.gov.cn	E-mail:	qxcbs@cma.gov.cn
责任编辑:	张　斌	终　　审:	章澄昌
封面设计:	燕　彤	责任技编:	吴庭芳
印　　刷:	北京中新伟业印刷有限公司		
开　　本:	787 mm×1092 mm　1/16	印　　张:	29.75
字　　数:	755 千字	彩　　插:	20
版　　次:	2012 年 5 月第 1 版	印　　次:	2012 年 5 月第 1 次印刷
定　　价:	150.00 元		

本书如存在文字不清、漏印以及缺页、倒页、脱页等,请与本社发行部联系调换。

《南通气象志》编撰委员会

主　　任：宗周全

副 主 任：缪勇谋　范德新　尹成华

委　　员（按姓氏笔画为序）：

　　　　江志新　朱　萍　朱震宇　汤建国
　　　　汤德新　吴建军　吴信明　余震东
　　　　张　鹏　张革新　张素江　陆志刚
　　　　陈爱玉　金步圣　施俊荣　顾　茗
　　　　曹书涛

主　　编：宗周全（兼）

副 主 编：金步圣

编 撰 组：刘　佳　孙锦铨　金步圣

资料整理：张圣泉

图片整理：刘　佳

特约审稿：吴声和　何晓宁　周　磊

序

编修志书是我国的优秀文化传统,是一项承前启后、继往开来、服务当代、有益后世的文化工程建设。在"南通新一代天气雷达信息处理中心"落成之际,用志书的形式系统记述南通气象事业发展历程,旨在存史、教化和资政,展示南通气象所走过的历程,气象事业不断发展并取得的巨大进步和丰硕成果。

自1905年,我国近代著名实业家张謇先生自筹经费,建立了南通博物苑测候室算起,至今已有一百余年历史。1916年由张謇投资兴建的南通军山气象台当年更是被著名气象学家蒋丙然誉为我国"私家气象台之鼻祖",在海内外享有一定知名度。新中国成立后,南通气象事业有了较快发展,但20世纪70年代以前,南通市气象部门技术力量比较薄弱,设备比较落后。经过几代气象人的艰苦奋斗,特别是改革开放后,随着国家对气象事业重视程度的与日俱增,南通气象事业发展步伐明显加快,发生了翻天覆地的变化。进入21世纪以来,全市气象部门坚持深化改革,加速现代化建设,气象事业进入了全面、快速、协调发展的新阶段。气象队伍逐步扩大,人员素质大大提高,雷达、卫星等先进探测手段广泛应用,天气预报手段增多,准确率逐步提高。气象服务、气象科技服务已渗透到全市各行各业,为全市防灾减灾作出了积极贡献。

《南通气象志》全书共26章、131节,加上总述、附录、大事记等,约75万字。比较系统全面地记载了南通气象事业的历史沿革,气象台站的发展建设,气候特点,气候区划,历年气象灾害,气候变迁,气象部门的主要科研成果,气象技术人才的培养,以及气象为国民经济各部门、各行业服务的途径、方法和手段。内容上详而不冗,广而不滥,详今明古。是南通气象史上第一部全面、系统、客观地记述气象事业发展历程和现状的气象专业志书。同时,该书的出版有助于行业内外互通信息,互相了解,加强横向联系与对外合作,发挥气象技术的优势,促进气象事业的发展。而且对帮助气象部门职工了解创业的艰辛,进一步提高贯彻执行党的路线、方针、政策的自觉性,增强搞好气象事业的光荣感和责任感将起到积极推动作用。

"以铜为鉴可正衣冠,以古为鉴可知兴衰,以人为鉴可明得失,以史为鉴可知兴替"。《南通气象志》让全体南通气象人共同创造的业绩在人类历史长河中永久地流淌下去,为当代资政,为后世所鉴,为建设"经济发展、文化繁荣、生态良好、和谐平安"的南通作出新的更大贡献。我相信,《南通气象志》的出版发行,对于关心南通气象工作发展、热爱气象事业的人们,一定会有所启迪、有所帮助。让我们共同携手为创造更加美好的南通气象事业新明天而不懈奋斗。

南通市气象局局长　宗周全

2011 年 11 月

凡 例

1. 本志以马列主义、毛泽东思想、邓小平理论和三个代表重要思想为指导,全面贯彻落实科学发展观,坚持辩证唯物主义和历史唯物主义立场、观点和方法,全面系统地记述南通区域气候实况和气象事业发展的历史与现状。求真存实,力求思想性、科学性和资料性的统一。

2. 本志通贯古今,详今明古。上限不限,下限至2010年12月31日止。大事、照片下限延至2011年底。文中"建国前、后"是以1949年10月1日中华人民共和国成立前、后为界;"解放前、后"是以1949年2月2日南通解放前、后为界。

3. 本志采用述、记、志、图、表、录、传等体裁。概述与各章小序,述议结合,为全志和各章之纲;大事记以"编年体"为主;各章节为志的主体,采用记述体;照片集中和分散相结合,表格随文设置。附录收录与气象工作密切相关的重要文献、典型材料。

4. 本志行政区划、机构、职官、地名等依当时名称,必要时夹注现名。需用简称者,在首次出现时写明全称,括注简称。

5. 继承修志传统,横排纵写,横分门类,纵写史实。划分事类,不受部门隶属关系限制,采取"事以类从"的方法。

6. 本志采用章节体,由编、章、节、目、子目五个层次组成,共26章、131节约75万字。

7. 本志人物以本籍人士为主,兼顾客籍人士。用以事系人的办法记述与之相关的典型人物的典型事迹。生不立传。小传以卒年为序。

8. 本志涉及历史纪年、数字计量、标点符号、称谓等均按国家有关规定执行。耕地面积沿袭用"亩"计算。保留历史资料中尺、寸、里、斤、两等非法定计量单位名称。

9. 本志所引资料,依据有关文献、档案材料及口碑资料,主要参考文献(资料),列于文末,一般不注明出处。

10. 本志历史纪年,解放前用旧纪年,加注公元纪年;新中国成立后一律用公元纪年。阿拉伯数字月、日表示阳历,汉字数字月、日表示阴历。时间一律使用北京时。

11. 本志所用经纬度,北纬和东经一般以汉字表示。表格中也有的以N和E表示。

12. 本志外国人名或地名,有中文名者用中文名,无中文名者用译名,首次出现时随注外文原名。

南通市政区图（2009年12月版）

战国时期江海平原成陆示意图

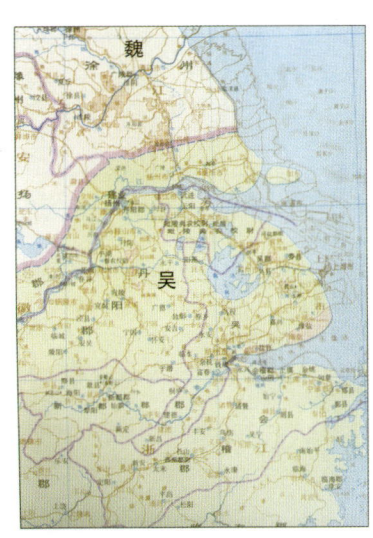

三国时期江海平原成陆示意图

Nantong
Meteorological Chronicles

领导关怀

2007年10月5日，中共中央政治局委员、国务院副总理回良玉（前排左一）视察南通军山气象台

2011年11月7日，中国气象局党组书记、局长郑国光（右一）视察海安县气象为农服务工作现场

2001年4月3日，中国气象局副局长郑国光（前排左一）视察南通市气象局

2007年12月,中国气象局副局长许小峰(左一)在江苏省气象局局长卞光辉(左三)陪同下视察南通市气象局

2005年10月,中国气象局副局长宇如聪(右一)、江苏省气象局局长卞光辉(前左一)视察如东县气象局

2004年7月,中国气象局副局长李黄(右二)视察南通市气象局,并为南通大气探测中心题字

Nantong
Meteorological Chronicles

2008年4月9日，中国气象局副局长王守荣（右四）在江苏省气象局局长卞光辉（右三）陪同下视察南通市气象局并在军山气象台前合影

2010年5月15日，审计署地震气象审计局局长刘海宇（后排右二）在中国气象局计划财务司司长王邦中（后排右三）和江苏省气象局副局长于波（后排右一）陪同下到吕四国家基准气候站检查指导

1992年5月，中国工程院院士、中国气象科学研究院院长陈联寿（二排左三）在江苏省气象局局长任广昌（二排左二）陪同下，在南通举办台风预报讲座

2002年10月24日,南通军山气象展览馆在原军山气象台开馆。原江苏省委副书记、江苏省政协副主席顾浩(左一)在市委市政府领导陪同下参观展览馆

2010年3月23日,南通市委书记罗一民(右三)、副书记黄利金(右四)视察南通市气象局

2010年5月18日,丁大卫市长(左一)视察在建的南通新一代雷达信息处理中心暨气象博物馆项目工地

Nantong
Meteorological Chronicles

1991年汛期期间，南通市市长徐燕（中）视察市气象局

1988年，江苏省气象局局长任广昌（前排左二）、南通市副市长张琛（前排右二）视察市气象台

2006年3月6日至9日，南通市人大副主任汤桑林（中）带队对通州、如东、海安和市气象局进行专题调研

2007年，第13号超强台风"韦帕"袭击南通市，吴晓春副市长（右二）亲临市气象局，了解台风最新动态，指挥防汛抗台

1987年2月，张謇孙女、南通市政协副主席张柔武（右一）参加军山气象台建台70周年庆祝活动，视察市气象局报务组

Nantong
Meteorological Chronicles

史实存照

南通博物苑门额阴面石刻匾额（1905年摄）

南通军山气象台原台屋外貌
（1916年10月摄）

1997年修缮后的南通军山气象台

南通军山气象台总理张謇

南通军山气象台协理张詧

孙钺，南通博物苑主任兼测候室主任，国人自办测候机构第一位测候员

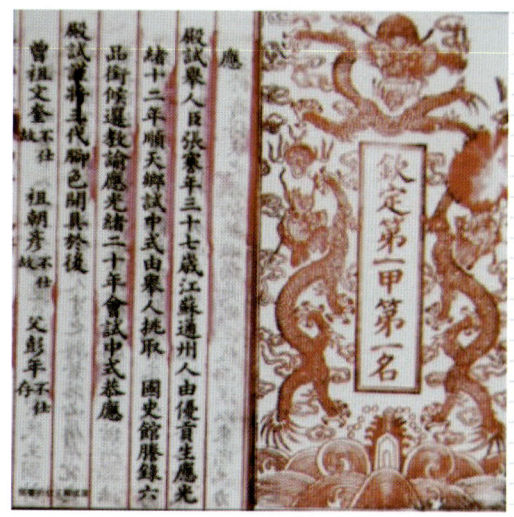

慈禧太后六旬万寿恩科张謇状元及第

1918年出版的《1917年南通军山气象台年报》精装本内封页（公章"江苏南通县军山巅·南通大学农科军山气象台"为1928年加盖）

Nantong
Meteorological Chronicles

军山气象台第一任台务主任刘渭清

军山气象台第二任台务主任、新中国成立后第一任站长陈潘

1917年军山气象台技术工作人员：赵日昇、刘渭清、陈潘（从左至右）

20世纪90年代初，南通市气象台向滨海号江心气象站观测组送锦旗

1998年1月19日南通市海洋气象台成立。中国气象局副局长颜宏、南通市副市长宋家新为海洋台揭牌（从左往右：王昀、陆兴达、宋家新、颜宏、胡辛陵、任广昌）

2007年8月，南通市气象局召开了苏通大桥等过江通道建成后气象安全保障对策汇报会。市政协副主席杨柏林（主席台右）和人口环境资源委员会领导一行12人听取了汇报

Nantong
Meteorological Chronicles

2008年5月，工作人员在苏通大桥安装风袋

2008年，南通航运职业技术学院学生在南通国家基本气象站实习

2011年3月，江苏省气象局与南通市人民政府在南通签署共同建设农业气象服务体系和农村气象灾害防御体系合作协议。图为江苏省气象局党组书记、局长瞿武全（左）与南通市委常委、副市长秦厚德（右）签订合作协议

2011年6月29日,英国驻华使馆文化官员梁丽博士(Doctor Rebecca Nadin)(右二)、英国驻上海总领事馆文化官员邵捷主任(右三)一行来南通就"气候变化与生物多样性"主题进行考察交流活动,与南通市气象学会代表座谈

2011年10月8日,世界气象组织官员刘水宝(左二)在南通市气象局指导工作

Nantong
Meteorological Chronicles

台站变迁

南通博物苑测候室，建于1906年，9月1日起开始观测

1914年，测候室迁走后，在平顶上加盖两层。现为妈祖文化陈列室（2010年摄）

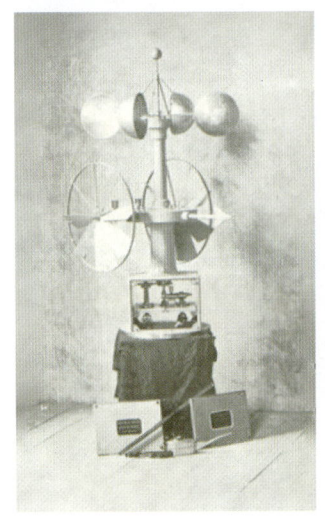

军山气象台1916年10月启用的风向风速自记机（上海土山湾工艺局生产）。左为室外感应部分；右为室内自记部分

20世纪50年代南通气象站观测场全景

1962年建成的姚港路西侧观测场全景（1987年摄）

1917年军山气象台观测用的寒暑亭

1980年建成的位于青年西路的南通市气象局办公楼（1997年11月摄）

Nantong
Meteorological Chronicles

2004年建成的南通新一代多普勒天气雷达

20世纪80年代，收讯员利用收报机接收天气报（左）、填图员在填图（右）

20世纪80年代中期，工作人员利用甚高频电话进行气象服务

1988年6月到1992年12月,江心气象观测站由人工进行观测

1992年12月滨海号趸船上安装了"N-DZF"自动测风站

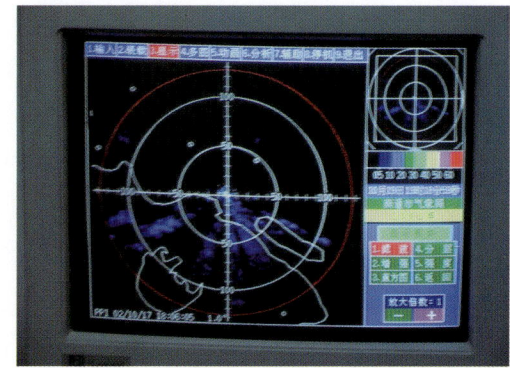

1995年起用的711B测雨雷达操作台和测雨雷达显示屏（1997年摄）

Nantong
Meteorological Chronicles

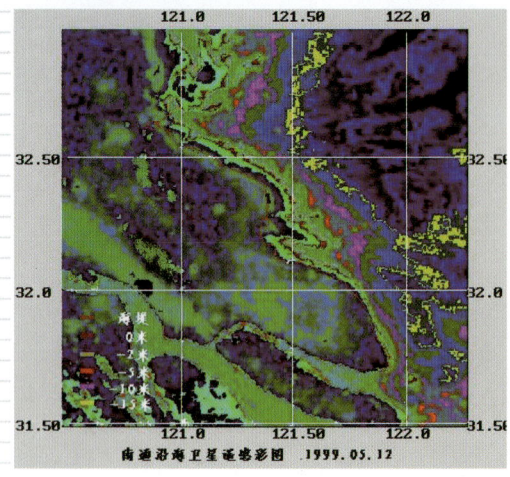

南通沿海NOAA卫星遥感彩图
（1999年5月接收）

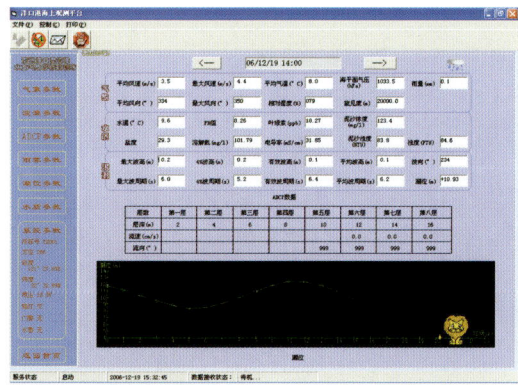

2006年建成的位于如东县洋口港的江苏省首座海洋生态环境监测站

位于大气探测中心的
气象观测场全景，2008年
正式开展测报工作

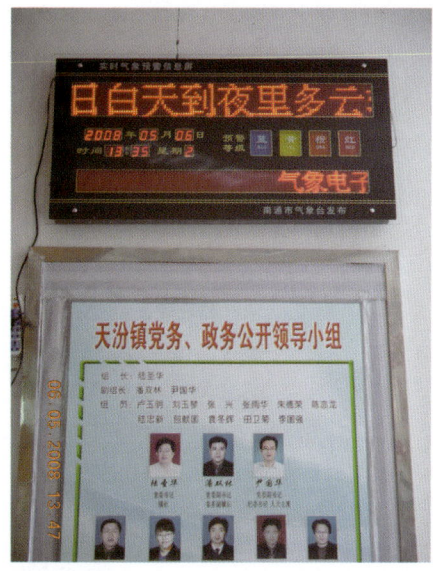

2008年建成的为农服务"三个一"工程（全市每个乡镇布设1个自动气象站、1个气象信息电子显示屏，建成1个气象兴农网服务终端）

南通新一代多普勒天气雷达高清晰显示图（2011年7月13日图）

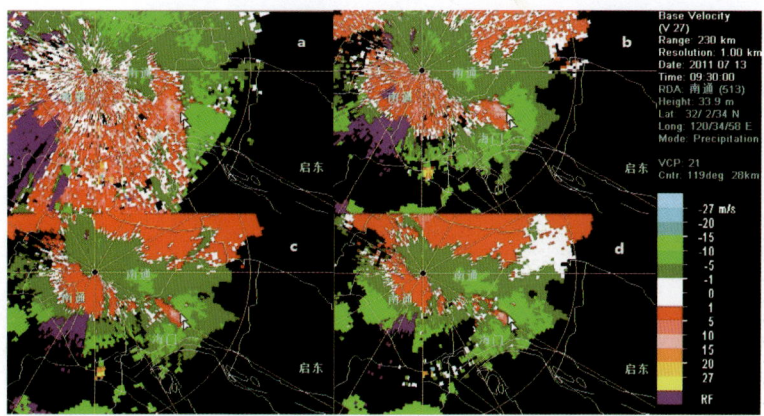

县站风采

通州区气象局

1981年南通县气象站全景

2008年新建的通州市气象局（2009年7月更名为南通市通州区气象局）业务办公大楼全景

2009年5月，通州市气象局与通州市科协等单位联合承办中国科协"中小科技馆"《坚持科学发展，建设生态文明》主题科普展

2008年建成的通州气象预报中心

海安县气象局

1984年建成的海安县气象局办公楼

2008年3月落成的海安气象综合办公大楼

人工增雨作业现场

2010年建成的气象为农服务刘圩丰产方示范点

Nantong
Meteorological Chronicles

如皋市气象局

20世纪70年代末位于如城南门外城南村8队的如皋市气象局原址

2004年搬迁至如城镇纪庄村24组的如皋市气象局新址

20世纪80年代，农业气象工作人员在采集数据

20世纪90年代，预报人员会商天气

2008年召开气象信息联络员培训班

如东县气象局

1959年如东县气象站全景

2004年如东县气象局全景

2005年10月，建起了如东县洋口港9要素海上生态自动监测站

2010年7月，举办全县气象联络员培训班

海门市气象局

1981年的海门县气象站

2001年建造的海门市气象局办公大楼

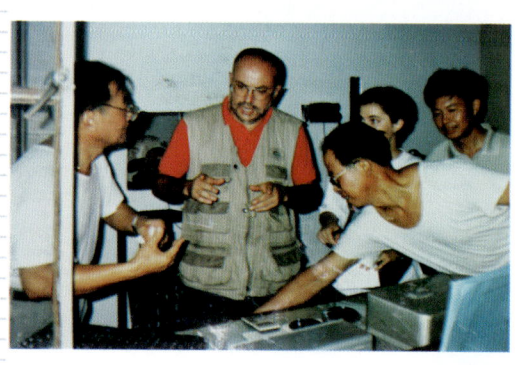

1995年8月30日，澳大利亚昆士兰州农业代表团气象专家三人参观考察海门市气象局

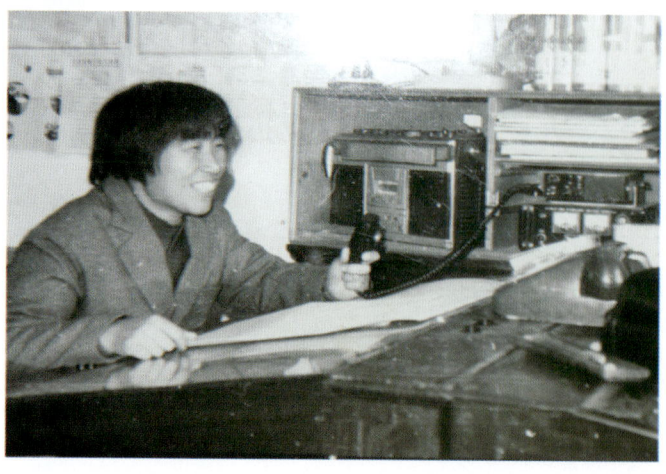

20世纪80年代，预报员在发布警报广播

启东市气象局

20世纪70年代初的启东县气象站

2008年，扩建、装修后的启东市气象局

观测场（2010年摄）

2010年参加南通市气象局组织的"庆七一红歌比赛"，启东市气象局获一等奖

吕四国家基准气候站

1986年之前吕四气象站全景

2006年翻修后吕四国家基准气候站

2006年9月正式投入使用的新建办公楼全景

活动剪影

2005年4月,韩国济州气象代表团来通访问

2005年7月,举办南通市气象部门行业运动会

Nantong
Meteorological Chronicles

2006年8月21日，南通市新一代天气雷达顺利通过中国气象局验收

2007年4月3日，南通市气象局联合市安监局举行"防雷减灾宣传周"活动

2007年7月,南通市气象部门召开局务点题公开工作会议

2007年10月18日,南通市气象局与南通市地方海事局召开"共建水上平安南通"座谈会

2008年5月,南通市气象局老干部(左起:王颂章、毛锦权、季玲、马介林)参加南通市部省属机关事业单位老干部"迎奥运盛会,展桑榆活力"游艺活动

2008年7月15日,气象、电信部门召开业务研讨会

2009年3月6日,召开服务新农村"三个一"工程建设总结表彰大会(主席台左起:尹成华、宗周全、秦厚德、卞光辉、缪勇谋、范德新)

2009年3月举办南通市乡镇气象联络员培训班

加强党风廉政教育活动，2010年春在淮安周恩来总理故居重温入党誓词

2009年6月5日，江苏省海洋气象预警信息发布中心在江苏吕四气象站正式挂牌，南通市委常委、副市长秦厚德（右四）和江苏省气象局副局长濮梅娟（右三）出席典礼

2009年9月29日,南通市气象局举行"迎国庆六十华诞,展气象职工风采"首届文艺汇演

2009年11月10日,南通新一代雷达信息处理中心暨南通气象博物馆开工典礼,南通市委副书记、市长丁大卫,江苏省气象局局长卞光辉出席(左起:宗周全、韩苏明、黄利金、丁大卫、卞光辉、秦厚德、濮梅娟)

Nantong
Meteorological Chronicles

南通市气象局深入推进"四带四助",大力支持农村建设。图为2009年5月启东市启隆乡永隆村党支部赠送锦旗

2011年3月,南通市气象局职工在"博爱在南通 人道万人捐"活动中,共捐款3.104万元

省部奖励

Nantong
Meteorological Chronicles

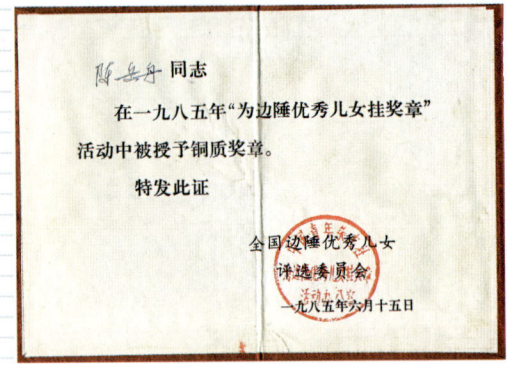 

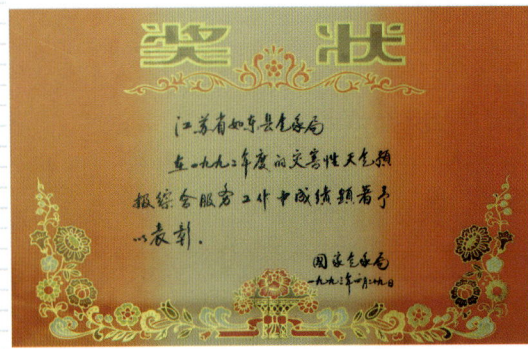 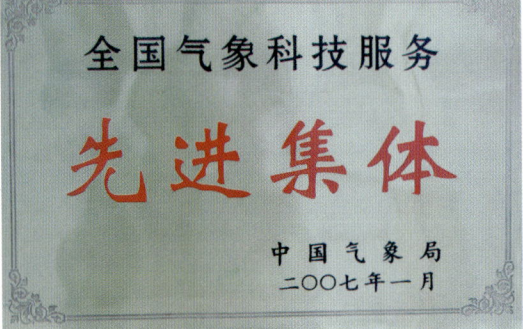

 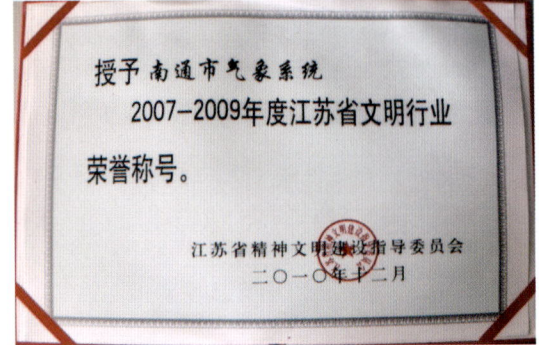

气象灾害

1983年7月1日，龙卷风袭击如皋、如东、海安三县，直径30厘米以上的楝树被风绞断

1989年7月15日，龙卷风造成桥梁被毁（左）、卡车被卷入河中（右）

1992年，如皋受冰雹灾害影响，棉花成光秆（左），砖坯受损严重（右）

Nantong
Meteorological Chronicles

1995年11月7日,海安县丁所砖瓦厂遭大风灾害,建筑物被毁

1996年7月21日,通州遭雷雨大风袭击,多处民房受损

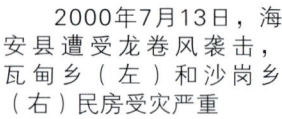

2000年7月13日,海安县遭受龙卷风袭击,瓦甸乡(左)和沙岗乡(右)民房受灾严重

南通
气象志

2003年7月8日下午13时10分左右，南通市区九圩港闸西长江边突起飓风，南通市亚华造船厂厂区内4台龙门吊及部分厂房倒塌，损失达2000多万元

2004年6月23日夜至25日，南通全境出现大暴雨。通州区降雨量居全市之最，达142毫米；市区次之，为119.9毫米；启东最少，为61.2毫米。图为崇川区任港路路面积水情况

2005年，南通市出现历史罕见的春夏连旱，工作人员于6月13日在如东实施人工增雨作业

Nantong
Meteorological Chronicles

2008年1月，南通市遭遇低温冰雪天气。图为市气象台接受电视台采访

2009年6月14日下午，南通大部分地区出现雷雨大风天气，部分地区遭遇冰雹袭击。南通市气象局灾情调查人员在平潮镇现场拍摄到的冰雹大如鸡蛋

总 述

南通市位于江苏省东南部,倚长江口北侧,东与东北面临黄海,北接盐城市,西靠泰州市,南以长江为界,与苏州市及上海市隔江相望。市域陆地南起北纬31°41′06″(启东市寅阳镇长江边),北至北纬32°42′44″(海安县墩头镇凤凰垛);西起东经120°11′47″(海安县南莫镇金家舍),东至东经121°54′33″(启东市寅阳镇东海岸)。南北最大跨距114.2千米,东西最大跨距158.8千米。陆地面积8498.58平方千米。

若以长江水域为界,则南起北纬31°37′(启东市连兴港以南江心),西至如皋市张黄港界河闸以南江心,江岸线长163千米;长江水域面积642.86平方千米。陆地和江域合计9141.44平方千米。

从海安、东台交界的老坝港到启东市圆陀角,海岸线长215.85千米,拥有海涂面积约150万亩,领海约1万平方千米。近海主要沙洲有38个,零米以上沙洲总面积1103.12平方千米。在沙洲中腰沙最大,露滩面积200.43平方千米,负10米以上长度80千米。

陆地、江面、海涂和海面,都是南通市八个气象局(台)站气象服务的范围,不包括公海和临近地区海面,南通市气象系统江、陆、海服务区约2万平方千米。

南通市地处中纬度,一年四季太阳高度角大小和昼夜长短的变化都居中,这是决定南通市属北亚热带气候的决定因素;南通又濒江临海,海洋和江面对气温和降水有明显的调节作用,气温变化和缓,空气湿润、雨水丰富,这就决定了南通市气候具有海洋性;南通受季风环流影响显著,冬季受极地大陆气团主宰,盛行偏北风,寒冷干燥,夏季多受副热带海洋气团控制,盛行东南风,温高湿润。气候具有季风特征,当然也有热带天气系统影响,产生风暴潮灾害。总体来看,南通气候为北亚热带湿润季风气候。寒暑干湿变化显著,四季分明。

南通近代气象事业始于清末。清光绪三十年(1904年),我国著名的实业家、教育家张謇在南通师范学校内建测候室供学生实习用,为1906年在博物苑建测候室储备了人才。1913年在南通农校建测候所,正式开设气候学课程,开南通气象教育之先河。比南京高等师范学堂(中央大学前身)文史地部气象课程早七年。1916年建成军山气象台,1917年天气预报开始登载在《通海新报》上,比南京《中央日报》等报纸刊登天气预报早12年;比江苏省建设厅在镇江报刊上登载天气预报早16年。

1922年中国科学社在南通召开年会。时任南京国立东南大学地学系主任兼气象组组长的我国著名气象学家竺可桢来南通参加会议，这也是他唯一一次到南通。

至1929年军山台共向省级以上水利气象部门输送骨干科技人员3人，举办培训班结业12人。接收高等学校实习生9人。

1930年，江苏省测候总站在镇江成立（后改建为省会测候所。相当于现在的省级气象局与气象台）。陈渭发挥了技术骨干作用。之后，江苏全境基本每个县都建立了测候机构。全省共有一、二、三、四等测候所72个。这是20世纪30年代初期江苏气象事业发展盛期。《江苏省志·气象事业志》述评："军山气象台、气象高等教育和科研机构等的先后建立与设置，对江苏乃至全国近代气象事业的发展起到极大的推动作用。"

1938年3月，日军犯通，"二等测候所"军山台（17日）、如皋四等所（19日）、海门四等所（21日）、启东三等所（27日）和如皋县掘港四等所（27日）先后被毁；东台县栟茶四等所和泰县海安雨量站也停止工作。南通各地沦陷后，城市被日伪军盘踞，气象事业处于衰退时期，虽谋求恢复，但进展缓慢，测候所寥寥无几。1939年江苏省仅恢复南通（3月）等两个三等测候所和如皋（8月）等14个四等测候所（含上海地区3个）。

从1938年至1948年，其间汪伪政府统治8年，国民党政府统治3年，测候事业衰落，气象记录时断时续；1949年解放时，江苏只剩下一个气象台与三个测候所，南通是三所之一。

新中国成立以后，南通气象事业发展较快，也经历了一些曲折，大致可分为五个阶段。

1949—1956年，恢复、调整时期。解放初，利用军山气象台培养技术人员，测候事业很快走上正轨。所承担的业务工作任务不断增加，为建设人民空军和人民航空事业，特别是为抗美援朝和解放华东沿海岛屿的气象保障作出了贡献。至1956年，启东、如皋气候站从农业部门调整到气象部门，南通专区气象系统有一台两站。

1957—1966年，大力建设和巩固时期。1957年吕四气象站建成，1959年初海门、南通县、如东和海安气象站建成，南通专区气象系统形成一台七站格局，实现了"县县有站"；1960年起，还在农村设立了一大批气象哨、组。1965年如皋机场气象台建成，与气象系统关系密切，并进行业务合作和技术交流。

至1966年，先后开展了县气象站天气预报、农业气象、海洋水文气象、民航气象、盐业气象等业务项目，进一步打开为农业、经济建设服务的局面。但是这一时期，业务指导思想曾一度受"左"的错误和形而上学的影响。在强调以农业服务为重点时，忽视为其他部门的服务；强调天气执行"小、土、群"为主的技术原则，贬低现代科学技术与知识分子的作用。使气象科学技术发展受到一定影响。

1967—1976年，遭受严重破坏时期。"文化大革命"中，省、地两级气象管理机构被撤消或停止工作；各项业务规章制度被当作资产阶级"管、卡、压"的条条框框而废弛，仪器失修，报表停审，基本资料整编停顿，农业气象工作被削弱。1969年还大批下放业务技术人员,专区台下放人员占留岗人员的比例达33.3%。但是,全市气象业务技术人员怀着强烈的事业心和责任感,在十分困难的情况下,仍然坚守值班岗位,八个台站的观测记录,从未中断,而且地区台管理人员自行油印气象观测月简报,各台站也照常上报,管理员照常审核。"文化大革命"后期,业务管理机构才得以恢复,在业务、科研、服务和技术装备上也有一定的发展。

1977—2000年,健康发展时期。气象工作的重点逐步转移到气象事业现代化建设和为经济建设服务上,一些先进技术装备有了较大的发展。进一步重视科研、教育和新技术、新方法的开发应用,进一步加强大气探测、计算手段、通讯传输等新装备的建设,从而有效地提高了气象现代化水平和业务服务质量。

大气探测形成综合探测系统。1981年开始使用遥测雨量计,1986年吕四扩建为基准站,1991年吕四建立三级太阳辐射观测站,1992年开始使用自动气象站,1996年起用微机制作报表。天气预报形成天气图、数值产品、专家系统、实时资料和雷达、卫星图资料相结合的现代业务技术体系。

1991年建立自动填图和自动分析系统,1993年安装卫星云图接收机。开通南通至南京分组数据交换网。

1993年8月兴东机场正式通航,中国民航南通站气象台建立,通过南通市气象局,实行微机远程终端联接,资料共享。

1997年启用气象卫星信息综合分析处理系统(MICAPS),预报工作发生了"革命性"变化,短、中期天气预报服务手段也有了突破。开通电信"121"平台,并进行数字化升级改造。

2000年,在常规预报项目基础上,增加人体舒适度指数、空气质量等特殊项目的预报。

这一时期,气象通信传输网络不断升级改造,越来越畅通。计算机技术得到广泛开发应用。气象服务取得突破性进展。气象科研工作呈现新局面。气象技术装备不断向自动化方向发展。

2001—2010年,快速发展时期。进入21世纪后,以贯彻《中华人民共和国气象法》为契机,南通气象事业快速发展,气象现代化进程加快。

2004年起开通国家、省、市信息传输专用通讯光缆。2005年全面建成省—市—县可视化会商系统。同时,建成集多普勒雷达观测、地面观测于一体的南通大气探测中心。形成现代化气象服务体系。

为农服务方面,如皋、启东先后安装了土壤水分自动观测仪,实现了土壤水分观测和数据上传自动化。2006年起建设"三个一"(即在全市每个乡镇建设1个自动气象站、1个气象兴农网服务终端、1个气象信息电子显示屏。另外,每个乡镇落实1名气象联络员,每个村落实1名气象信息员)为农服务工程,历时三年建成。截止到2010年底,全市共布设新一代多普勒天气雷达1个、沿海观测风塔6个、自动气象站133个,电子显示屏158块。建立了乡镇气象兴农网服务终端,组建了一支由129名联络员组成的乡镇气象联络员队伍和1687名信息员组成的农村气象信息员队伍。

海洋气象服务方面。2006年在洋口港建成海上水文气象观测浮标站，并正式投入使用。该浮标是江苏沿海第一个浮标，也是当时国内最大的浮标之一，承担水文、水质和气象实时监测任务。2009年吕四大功率电台建成并投入使用。

南通市气象局2001至2010年用于气象业务和现代化建设的投资，是此前50年固定资产投资的11倍。

2011年，南通新一代天气雷达信息处理中心暨南通气象博物馆在南通市行政中心东侧建成，标志着南通气象事业又进入了一个崭新的历史时期。

纵观一个世纪以来的南通气象史，我们深刻认识到：气象事业的发展与国家的前途和命运紧密相连，也与气象工作方针政策有密切关系。如20世纪50年代，中共中央政治局颁布的全国农业发展纲要四十条，奠定了建设气象服务网基础；1978年党的十一届三中全会精神为气象事业发展提供了强大动力。1999年第九届全国人民代表大会常务委员会第12次会议通过的《中华人民共和国气象法》，其颁布与实施有力地推动了气象法制体系建设，有效增强了气象部门管理能力，保证了南通气象事业健康、稳步发展。

展望未来，气象事业前景光明灿烂。在前进的道路上还会遇到诸多困难和新的问题，需要我们在深化改革、完善改革的进程中去探索、去克服。我们相信，只要坚持与时俱进、开拓创新，南通气象事业的明天将会更美好。

目 录

序
凡例
总述

综合编

第一章　区位环境 ……………………………………………………………（3）
　　第一节　区位 ……………………………………………………………（3）
　　第二节　地质 ……………………………………………………………（3）
　　第三节　资源 ……………………………………………………………（3）

第二章　南通气候 ……………………………………………………………（5）
　　第一节　四季气候特征 …………………………………………………（5）
　　第二节　主要气候要素 …………………………………………………（6）
　　第三节　气候资源 ………………………………………………………（8）
　　第四节　物候 ……………………………………………………………（13）
　　第五节　主要气象灾害 …………………………………………………（18）

发轫编

第三章　军山气象台的建立与主要活动 …………………………………（35）
　　第一节　发轫 ……………………………………………………………（35）
　　第二节　建成 ……………………………………………………………（38）
　　第三节　预报 ……………………………………………………………（41）
　　第四节　测报 ……………………………………………………………（43）
　　第五节　农气 ……………………………………………………………（45）
　　第六节　天文 ……………………………………………………………（48）
　　第七节　交流 ……………………………………………………………（49）
　　第八节　科普 ……………………………………………………………（51）

第四章　军山台气象资料分析 ……………………………………………（53）
    第一节　气温 ………………………………………………………（53）
    第二节　降水 ………………………………………………………（55）
    第三节　风 …………………………………………………………（60）
    第四节　日照、天气日数、相对湿度 ……………………………（63）

第五章　后军山台时期 ……………………………………………………（65）
    第一节　衰微 ………………………………………………………（65）
    第二节　劫后十一年 ………………………………………………（66）
    第三节　复兴与纪念 ………………………………………………（69）

业务编

第六章　大气探测 …………………………………………………………（73）
    第一节　地面气象观测 ……………………………………………（73）
    第二节　天气雷达探测 ……………………………………………（78）
    第三节　自动气象观测站 …………………………………………（81）
    第四节　特种观测 …………………………………………………（85）
    第五节　海洋观测 …………………………………………………（87）
    第六节　测报管理 …………………………………………………（89）

第七章　天气预报 …………………………………………………………（92）
    第一节　短期天气预报 ……………………………………………（94）
    第二节　中期天气预报 ……………………………………………（96）
    第三节　长期天气预报 ……………………………………………（98）
    第四节　短时天气预报 ……………………………………………（100）
    第五节　海洋气象预报 ……………………………………………（102）
    第六节　人工影响天气 ……………………………………………（105）
    第七节　天气预报管理 ……………………………………………（106）
    第八节　民航气象台 ………………………………………………（107）

第八章　农业气象 …………………………………………………………（108）
    第一节　农业气象观测 ……………………………………………（108）
    第二节　气象为农服务 ……………………………………………（109）
    第三节　为农服务网络 ……………………………………………（110）
    第四节　农业气象试验研究 ………………………………………（110）
    第五节　农业气候区划 ……………………………………………（111）
    第六节　海岸带资源调查 …………………………………………（112）
    第七节　气象哨 ……………………………………………………（114）

第九章　气象科技服务 ……………………………………………………… (117)
　　第一节　气象专业服务 ……………………………………………………… (117)
　　第二节　气象自动电话答询服务 …………………………………………… (118)
　　第三节　气象灾害风险评估 ………………………………………………… (119)
　　第四节　防雷检测 …………………………………………………………… (119)
　　第五节　气象影视 …………………………………………………………… (120)
　　第六节　气象资料服务 ……………………………………………………… (120)

管理编

第十章　南通市气象局机关 ………………………………………………… (125)
　　第一节　机构沿革 …………………………………………………………… (125)
　　第二节　局内设机构 ………………………………………………………… (128)
　　第三节　党支部建设 ………………………………………………………… (136)
　　第四节　社团组织与临时机构 ……………………………………………… (137)
　　第五节　海洋渔业气象台 …………………………………………………… (140)

第十一章　职工队伍 …………………………………………………………… (141)
　　第一节　队伍构成 …………………………………………………………… (141)
　　第二节　干部管理 …………………………………………………………… (147)
　　第三节　人员调动 …………………………………………………………… (150)
　　第四节　离退休人员 ………………………………………………………… (157)
　　第五节　社会兼职 …………………………………………………………… (158)

第十二章　气象通信装备 ……………………………………………………… (161)
　　第一节　早期气象通信 ……………………………………………………… (161)
　　第二节　现代气象通信 ……………………………………………………… (162)

第十三章　科研与教育 ………………………………………………………… (164)
　　第一节　科研活动 …………………………………………………………… (164)
　　第二节　科研成果 …………………………………………………………… (169)
　　第三节　市局高工获奖情况 ………………………………………………… (172)
　　第四节　继续教育 …………………………………………………………… (189)
　　第五节　西藏气象班 ………………………………………………………… (192)
　　第六节　航海气象教育 ……………………………………………………… (193)

第十四章　财务与基建 ………………………………………………………… (197)
　　第一节　财务管理 …………………………………………………………… (197)
　　第二节　财务管理体制变动 ………………………………………………… (198)

第三节　用房建设 …………………………………………………… (199)
　　第四节　数据处理设备变更 …………………………………………… (202)
　　第五节　交通车辆 …………………………………………………… (202)

第十五章　气象法规 …………………………………………………………… (203)
　　第一节　行政执法 …………………………………………………… (203)
　　第二节　行政审批 …………………………………………………… (204)
　　第三节　气象法规及有关规范性文件 ………………………………… (204)

第十六章　南通市气象学会 …………………………………………………… (207)
　　第一节　机构职责 …………………………………………………… (207)
　　第二节　业务活动 …………………………………………………… (208)
　　第三节　《南通气象》 ………………………………………………… (211)
　　第四节　优秀论文评奖办法 …………………………………………… (212)

第十七章　气象文化 …………………………………………………………… (214)
　　第一节　机关文化 …………………………………………………… (214)
　　第二节　文明创建 …………………………………………………… (219)

第十八章　对外交流合作 ……………………………………………………… (223)
　　第一节　国际交流与合作 ……………………………………………… (223)
　　第二节　国内交流与合作 ……………………………………………… (223)
　　第三节　重要活动 …………………………………………………… (224)

县局编

第十九章　南通市通州区气象局 ……………………………………………… (229)
　　第一节　区域概况 …………………………………………………… (229)
　　第二节　建制沿革 …………………………………………………… (229)
　　第三节　队伍建设 …………………………………………………… (232)
　　第四节　气象业务 …………………………………………………… (235)
　　第五节　气象服务 …………………………………………………… (238)
　　第六节　气象科普宣传 ……………………………………………… (239)
　　第七节　法规建设与管理 ……………………………………………… (240)
　　第八节　党建与气象文化建设 ………………………………………… (240)
　　第九节　获得省（部）级集体荣誉称号 ………………………………… (242)
　　第十节　台站建设 …………………………………………………… (242)
　　第十一节　其他气象机构 ……………………………………………… (242)

第二十章　海安县气象局 ……………………………………………………… (243)
　　第一节　历史沿革 …………………………………………………… (243)

第二节　气象业务与服务 …………………………………………………………… (248)
　　第三节　党建和气象文化建设 ……………………………………………………… (252)
　　第四节　法规建设与管理 …………………………………………………………… (253)
第二十一章　如皋市气象局 …………………………………………………………………… (255)
　　第一节　历史沿革 …………………………………………………………………… (255)
　　第二节　气象业务与服务 …………………………………………………………… (259)
　　第三节　气象法规建设与管理 ……………………………………………………… (264)
　　第四节　党的建设与气象文化建设 ………………………………………………… (264)
　　第五节　台站建设 …………………………………………………………………… (265)
第二十二章　如东县气象局 …………………………………………………………………… (267)
　　第一节　基本情况 …………………………………………………………………… (267)
　　第二节　气象业务 …………………………………………………………………… (279)
　　第三节　县域其他气象探测组织 …………………………………………………… (291)
　　第四节　气象社团 …………………………………………………………………… (293)
　　第五节　党建工作和部分荣誉 ……………………………………………………… (293)
　　第六节　附记 ………………………………………………………………………… (296)
第二十三章　海门市气象局 …………………………………………………………………… (298)
　　第一节　历史沿革和基本情况 ……………………………………………………… (298)
　　第二节　气象业务与服务 …………………………………………………………… (303)
　　第三节　法规建设与管理 …………………………………………………………… (308)
　　第四节　党建与气象文化建设 ……………………………………………………… (309)
　　第五节　台站建设 …………………………………………………………………… (310)
第二十四章　启东市气象局 …………………………………………………………………… (312)
　　第一节　机构与队伍 ………………………………………………………………… (313)
　　第二节　气象业务 …………………………………………………………………… (318)
　　第三节　气象管理与党建与文化 …………………………………………………… (324)
　　第四节　局站基础设施建设 ………………………………………………………… (326)
第二十五章　吕四国家基准气候站 …………………………………………………………… (327)
　　第一节　历史沿革 …………………………………………………………………… (327)
　　第二节　人员情况 …………………………………………………………………… (328)
　　第三节　气象业务与服务 …………………………………………………………… (331)
　　第四节　气象法规与行政管理 ……………………………………………………… (337)
　　第五节　党建与气象文化建设 ……………………………………………………… (338)
　　第六节　台站建设 …………………………………………………………………… (339)

资料编

第二十六章　气象灾情辑要 …………………………………………………………（343）
　　第一节　水灾与潮灾 ……………………………………………………………（343）
　　第二节　干旱与高温灾害 ………………………………………………………（363）
　　第三节　风灾 ……………………………………………………………………（372）
　　第四节　强对流天气 ……………………………………………………………（381）
　　第五节　寒潮、暴雪、低温、霜冻 ………………………………………………（429）

附录 …………………………………………………………………………………（433）
　　一、相关诗文辑录 ………………………………………………………………（433）
　　二、人物小传 ……………………………………………………………………（436）
　　三、主要参考文献（资料） ………………………………………………………（441）

大事记 ………………………………………………………………………………（443）

编后记 ………………………………………………………………………………（457）

综合编

第一章 区位环境

第一节 区位

南通市地处北纬 31°41′06″—32°42′44″和东经 120°11′47″—121°54′33″。南北最大距离 114.2 千米,东西最宽处为 158.8 千米。市境东濒黄海,南临长江,北靠盐城,西接泰州。"据江海之会,南北之喉",位于中国"黄金海岸"和"长江黄金水道"结合部。2011 年总面积 8498.58 平方千米,其中内河水域 1290 平方千米;762.66 万人,其中市区人口 211.54 万人。

市境滨江临海,三面环水,呈准半岛状。除狼山地区有少量基岩山体外,余皆为第四系松散沉积物覆盖,地势平坦,高程 2~6.5 米,由西向东微倾。海安、曲塘以北为里下河平原的一部分,串场河以东、如泰运河以北为滨海平原的一部分,其余地区属长江三角洲平原。

市境内水网密布,分属长江和淮河两大水系,有干河(一级河)12 条,支河(二级河)105 条,三级河 1066 条,四级河 1.17 万条。地貌以流水作用塑造的堆积地貌为主,按形态和成因划分为 8 个地貌小区。

第二节 地质

南通市的地壳厚度平均 33 千米,重力均衡较好,比较稳定。市境陆域历史上没有发生过震级超过 5 级和烈度大于Ⅶ度的地震。大地构造单元属扬子准地台,其结晶基底由震旦系轻变质岩系组成。约 1.5 亿~0.7 亿年前的"燕山运动"形成了狼山、军山等断块山和海门、启东、如皋一带的断陷盆地。新构造运动时期,市境属持续沉降区,形成了巨厚的新第三系和第四系沉积。

根据青墩遗址出土文物测定,约在 6500 年前,海安一带已经成陆,并有亚洲象等脊椎动物生存。如皋的成陆也有 5000 年以上的时间,著名的动物"四不像"(学名麋鹿)在这里广为繁衍,曾"千百为群"。汉唐以来,扶海洲、壶豆洲、南布洲以及东洲和布洲等沙洲逐渐发育成为陆地。海门、启东等地成陆最晚,最迟的至今仅二三百年。成土母质多为河湖相沉积物,除沿海的盐土和西部的高沙土外,其余的土壤均比较肥沃。全市有 4 大土类 9 个亚类 21 个土属 61 个土种。沿海沿江有近 200 万亩后备土地资源有待开发。

第三节 资源

南通市江海岸线总长 368 千米(其中海岸线 204.86 千米),适宜于建设港口和码头,有利于发展海运、河运和长江运输。其中沿江拥有可建万吨级以上深水泊位岸线 30 多千米,沿海拥有可建5万吨级以上深水泊位岸线40多千米。南通市地表水与地下水资源比较丰富,除特枯年外,资源与耗用平衡并有盈余。其中长江南通江段径流量大,含沙量小,水流比较平稳,流量比较均衡。

全市野生脊椎动物共500多种,其中国家一级保护动物有白鳍豚和丹顶鹤等11种,国家二级保护动物有江豚和天鹅等40多种。沿海15米等深线以内的水域面积约1.2万平方千米,水产资源丰富,仅吕四渔场就有近海鱼类130种。主要经济贝类有文蛤等9种,总蕴藏量8万吨。长江水域共有鱼类57属93种,全市常见的淡水经济鱼类共50多种。野生植物多达千余种,其中属国家一级保护的有7种。全市共有野生的药用动植物1098种。

全市潮间带滩涂面积167.01万亩,海水盐度30‰左右,盐业资源丰富,另外,还有比较丰富的光能、风能等气候资源及自然风景旅游资源,是全国49个旅游城市之一。

矿产资源有铁(伴生有锌、钼、银和铀)、煤、石油、天然气、泥炭、大理岩、花岗岩和矿泉水、地热水。

第二章　南通气候

南通地处长江口北岸中纬地带,东临黄海,属北亚热带湿润季风气候区,气候温和,四季分明,雨水充沛,雨热同季。下垫面为长江三角洲冲积平原,地势平坦,以农作物为主的植被,对储蓄水分、调节地温和近地面气温起重要作用。南通站年平均气温15.4℃,年均降水量1088.6毫米,降水随季节变化明显,夏季降水相对集中。年均雨日121天。无霜期230天。

受海洋性气候影响,海洋和江面对气温和降水的调节作用使得南通与同纬度的内陆地区相比,雨水丰富,气温年较差、日较差都较小,春季回温慢,秋季降温迟。

受季风环流影响,冬季盛行高纬度大陆吹来的西北风,寒冷干燥;夏季盛行太平洋面吹来的偏南风,温高湿润;春秋为冬夏季风的过渡季节,冷暖气团互相争雄,寒暑干湿变化显著、气象灾害频现。

第一节　四季气候特征

我国以候(五天为一候)平均气温作为划分四季的标准,即5天滑动的候平均气温稳定上升至22℃或22℃以上时为夏季;候平均气温稳定下降至10℃或以下为冬季;候平均气温介于10~22℃之间时为春季或秋季。按这种划分的方法,与自然物候现象吻合。南通四季长短不等,冬季最长(127天左右),夏季次之(107天左右),春季较短(67天左右),秋季最短(64天左右)。南通市各地四季的始日、终日以及各季的日数稍有差异。但为了便于气象资料统计,我们仍习惯把公历3—5月定为春季,6—8月定为夏季,9—11月定为秋季,12月至次年2月定为冬季。

一、天气多变的春季

春季是由冬至夏的过渡季节,冷暖空气交替活动频繁,冷暖多变,天气变化无常。

春季平均5~7天有一次冷空气南下,冷空气影响时,气温下降,影响过后回暖又较快,故有乍寒乍暖现象,常有晚霜、倒春寒危害。季平均气温13.8℃。

春季阴雨天较多,平均每年有1.7次连阴雨天气,几率较高,连阴雨天气最长达一个月(1963年4月17日至5月16日)。

二、前梅雨后伏旱的夏季

多数年份本市初夏会出现一段梅雨。常年平均入梅时间为6月20日,出梅时间为7月10日。有三分之一的年份是枯梅、空梅,其间高温少雨,易出现伏旱。空梅年份,伏旱更为明显。全年高温日主要出现在夏季。年平均高温日数5天。

夏季常有强雷暴、破坏性雷雨大风、冰雹、龙卷风等局地强对流性天气发生,另外若遇台风袭击或受其外围影响,则造成大范围大风和暴雨灾害。

夏季是全年降水最多的季节,降水量的多寡一般取决于梅雨量和台风雨量的多少。

三、秋高气爽的秋季

秋季是由夏到冬的过渡季节。随着冬季风势力的增强,仲秋开始以秋高气爽天气为主。初秋冷暖空气在长江中下游地区交汇,或受热带气旋影响,会造成秋季连阴雨,平均每年1.3次。

秋季平均气温17.4℃。日照时数516.8小时,占全年的25.0%。降水量209.8毫米,占全年的19.3%,降水日数25.7天,明显少于春夏季。

四、干冷少雨的冬季

冬季是全年气温最低,降水最少的季节。冷空气活动频繁,每次冷空气南下大都会出现降温、大风和降水过程。若受高空暖湿气流和地面强冷空气综合影响,会出现大雪、暴雪、冰冻天气。

冬季平均气温4.3℃,其中1月平均气温3.0℃;冬季历年平均降水量129.5毫米,占全年11.9%。

第二节 主要气候要素

一、气温

根据1950—2009年南通气象台60年的气温各月资料统计(统计资料年限下同),南通台累年年平均气温15.4℃(表2.1),最高年平均气温17.3℃(2007年),最低年平均气温14.4℃(1956年、1957年)。气温的月际分布变化较大。最热月7月,月平均气温27.5℃;最冷月1月,月平均气温3.0℃。历年极端最高气温月平均为34.5℃(1994年7月),历年极端最低气温月平均为-3.4℃(1955年1月)。

夏季≥35℃高温日数年际间差异很大,多的年份超过10天,而少数年份没有高温日,年平均高温日数5天。极端最高气温39.5℃,出现在2003年8月2日。

日最低气温≤3.0℃的寒冷日,最多年达103天(1969年),最少年36天(2007年)。有80%的年份冬季会出现-5.0℃以下的极端最低气温(表2.2),有24%的年份冬季会出现-8.0℃以下的极端最低气温,出现-10.0℃以下奇寒年份仅占5.0%。

表2.1 南通台1950—2009年累年各月平均气温及最高、最低气温(℃)

项目\月份	1	2	3	4	5	6	7	8	9	10	11	12	全年
平均气温	3.0	4.3	8.2	14.0	19.2	23.5	27.5	27.2	23.0	17.6	11.7	5.5	15.4
平均最高气温	6.9	8.4	12.8	18.7	24.1	27.7	31.2	31.1	27.1	22.2	16.1	9.8	19.7
平均最低气温	0.0	1.2	4.7	10.1	15.3	20.2	24.6	24.3	19.9	14.0	8.2	2.2	12.1

续表

项目		1	2	3	4	5	6	7	8	9	10	11	12	全年
极端最高气温	极值	20.1	25.3	26.8	33.3	34.8	36.8	38.6	39.5	38.5	32.2	27.6	22.5	39.5
	日期	14	12	29	28	11	21	31	2	7	4	1	10	2/8
	年份	2002	2009	1960 2007	2005	2009	1951	2007	2003	1995	2002	1979	2008	2003
极端最低气温	极值	−10.7	−10.8	−7.0	−0.7	5.2	12.0	15.6	16.5	9.9	2.6	−4.0	−8.9	−10.8
	日期	16	6	3	1	2	6	5	31	29	29	30	29	6/2
	年份	1958	1969	1958	1972	1956	1969	1976	1986	1972	1966	1966	1967	1969

表 2.2　南通台 1951—2009 年累年出现最低气温
≤−5.0℃（严寒）、−8.0℃（酷寒）、−10.0℃（奇寒）天数

分级	出现最低气温 ≤−5.0℃（严寒）	出现最低气温 ≤−8.0℃（酷寒）	出现最低气温 ≤−10.0℃（奇寒）
1951—2009 年合计天数	238	27	3
1951—2009 年年平均天数	4.1	0.5	0.05

二、降水

南通台累年平均降水量 1088.6 毫米（表 2.3），年际降水变化较大。最大 1626.8 毫米（1991 年），最小 641.3 毫米（1978 年），由于受季风气候影响，降水的四季变化也比较明显。全年降水主要集中在汛期，即 5—9 月份。占年平均降水量的 64.5%，汛期最大降水量 1105.0 毫米（1956 年），最小降水量 395.0 毫米（1994 年）。

春夏秋各季都会出现暴雨，但以夏季最甚。年均雷暴日 32.1 天，最多的达 53 天（1963 年），最少的为 15 天（1951 年）。

表 2.3　南通台 1951—2009 年累年各月降水量情况（单位：毫米）

年份 月份	1	2	3	4	5	6	7	8	9	10	11	12	全年
累年降水平均值	45.7	51.1	73.5	79.3	96.6	182.6	183.3	133.9	105.3	54.5	50.0	32.7	1088.6
平均降水日数（≥0.1 毫米）	8.8	9.4	11.2	11.5	11.5	11.9	12.8	11.2	10.2	7.8	7.8	6.6	120.6
日降水量≥50 毫米平均日数	0.0	0.0	0.0	0.1	0.2	0.8	0.9	0.5	0.4	0.1	0.0	0.0	3.0
日降水量≥100 毫米平均日数	0.0	0.0	0.0	0.0	0.1	0.1	0.1	0.1	0.1	0.0	0.0	0.0	0.5
最长连续降水（≥0.1 毫米）日数	8	9	16	9	11	12	12	11	20	9	8	12	20
最长连续无降水日数	66	38	26	16	17	19	20	21	25	36	39	53	66
累年一日最大降水量	46.9	38.5	46.6	97.6	108.7	153.7	194.0	287.1	193.7	70.7	54.7	34.4	287.1

秋冬春三季均可能降雪,年平均降雪日 9.1 天,积雪日 4.4 天。最多降雪日 26 天 (1955、1969 年度),积雪日数 19 天(1969 年),冬季常有浅层冻土,1955 年以来测得最大冻土深度达 12 厘米,出现在 1977 年 2 月 17 日。

三、日照

南通累年年平均日照时数 2083.8 小时(表 2.4),最多 2461.8 小时(1971 年),最少 1477.9 小时(1993 年)。以夏季最多,冬季最少。

表 2.4　南通台 1951—2009 年累年各月日照时数及百分率

项目＼月份	1	2	3	4	5	6	7	8	9	10	11	12	全年
累年各月平均日照时数(小时)	144.1	133.3	154.0	170.0	189.4	171.0	215.4	232.3	175.1	182.5	159.2	157.5	2083.8
累年各月平均日照百分率(%)	45	43	42	44	45	40	50	57	48	52	51	51	47

第三节　气候资源

一、南通沿海风能资源

南通沿海海岸线长约 220 千米,其中如东 106 千米、启东 77.5 千米。北起海安县老坝港,经如东县、通州区、海门市,南止于启东市圆陀角,共涉及 26 个(乡)镇。沿海风力资源丰富,是江苏省主要风能资源集中区,有以下几方面的特点:

1. 风能年平均风功率密度分布属全省高值区

从图 2.1 可知,江苏省年平均风功率密度自沿海向内陆递减,沿海风功率密度等值线基本平行海岸线分布。沿海岸地区可达 100 瓦/米^2 以上。南通沿海部分地区可达 150 瓦/米^2。

2. 在江苏省风能资源区划中占有优势

(1)区划指标

根据《风能资源评价技术规定》,按照年平均风功率密度的大小,可分为四个区:

- 风能丰富区:年平均风功率密度大于 200 瓦/米^2;
- 风能较丰富区:年平均风功率密度在 150～200 瓦/米^2 之间;
- 风能可利用区:年平均风功率密度在 50～150 瓦/米^2 之间;
- 风能贫乏区:年平均风功率密度在 50 瓦/米^2 以下。

(2)南通市风能资源区划属性

依据风能资源区划指标,启东、如东沿海属风能丰富区、较丰富区。

从如东、启东沿海 70 米高处实测数据计算(图 2.2),平均风速为 7.2 米/秒,全年有效发电风时 7941 小时,年平均风功率密度为 356～389 瓦/米^2,极富开发利用价值。

第二章 南通气候

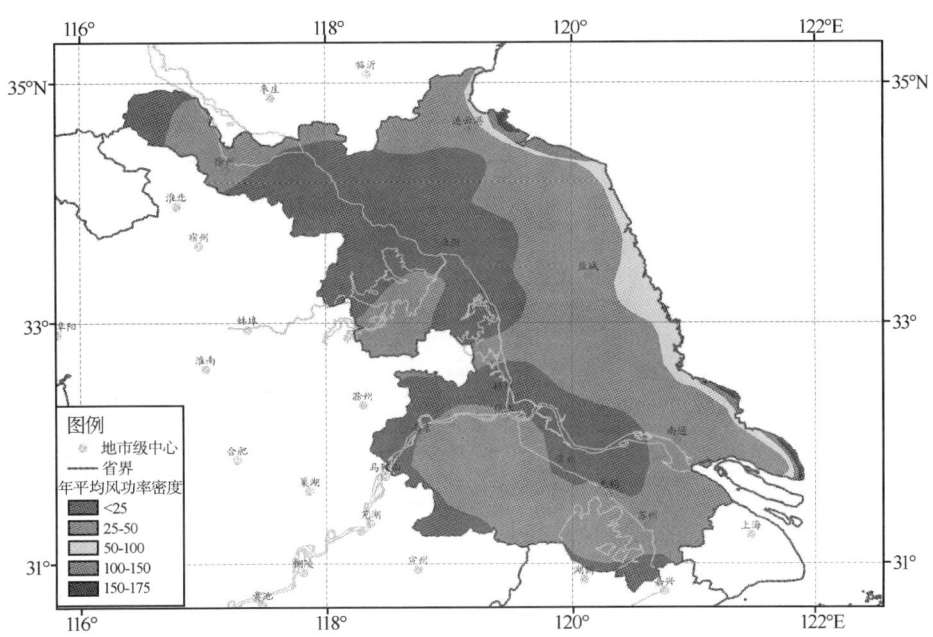

图 2.1 江苏省年平均风功率密度分布图(单位:瓦/米²)

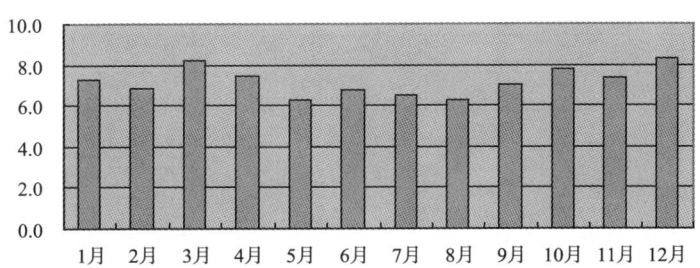

图 2.2 南通沿海 70 米高处平均风速月际变化(单位:米/秒)

由图 2.2 可见,南通沿海 70 米高处各月平均风速都超过了 6.0 米/秒,其中月平均风速为 6.3～6.9 米/秒的有 5 个月,月平均风速为 7.0～8.0 米/秒的有 5 个月,月平均风速大于 8.0 米/秒的有 2 个月。

3. 沿海风向比较稳定

秋冬季节盛行北风和东北风,春夏季以东南风为主,全年以北风、东北风和东南风为主,很有规律性;全年以偏东南风为最多风向,占 15.6%;而全年风能密度最大方向为偏北(N)向,占到 20.4%(图 2.3-图 2.4)。

4. 白天风速大,风功率密度高,发电量多,夜晚相对较小,与用电负荷曲线有较好的吻合性(图 2.5)。

9

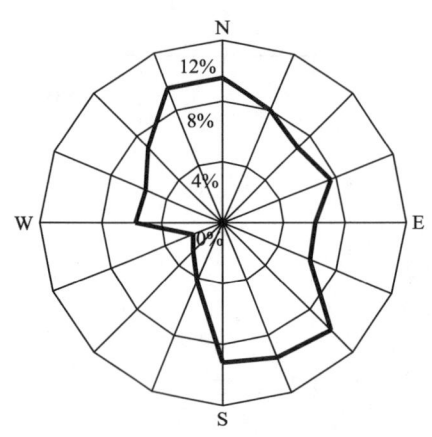

图 2.3　2007—2009 年沿海风塔 70 米高全年风向频率玫瑰图

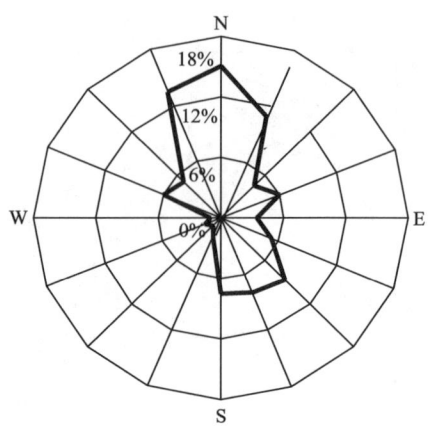

图 2.4　2007—2009 年沿海风塔 70 米高全年可利用风能频率玫瑰图

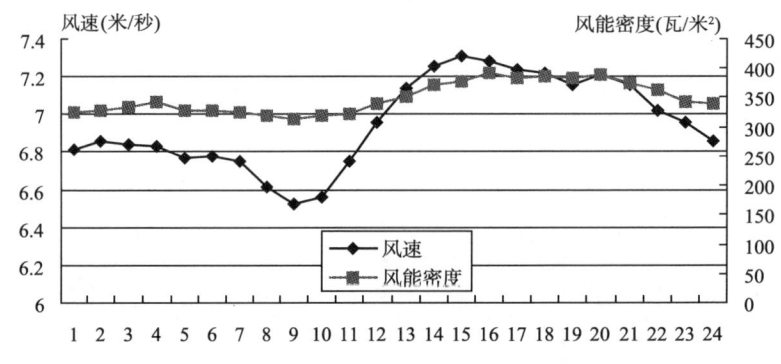

图 2.5　南通沿海 70 米高处风速和风能密度日变化曲线图

经研究表明，南通沿海风速日变化曲线与风能密度日变化曲线走向趋于一致，上午 9 时前后为一天中风速、风能密度低谷期，15 时前后为风速、风能密度峰值期。另外，相对于风速来讲，风能密度峰值期比风速峰值期要相对滞后一点。

5. 海上还蕴藏着巨大的风能资源

根据 1969 年 1 月至 1981 年 12 月吕四海洋站和吕四气象站资料计算，年平均风速近海是陆地 1.61 倍。大于等于 8 级的大风日数，近海是陆地的 2.55 倍。

根据近几年的观测资料分析，近海 70 米高处年平均风速是如东站 10 米高处年平均风速的 2.1 倍。

冬、春季节风能资源中，陆上以春季最大，海上则以冬季最大。

南通虽只有 200 多千米的海岸线，但实测资料表明沿海风功率密度全属于最高值区。

据如东县气象局分析，如东气象站 2002 年和 2003 年是平风年，年平均风速 3.5 米/秒，和历年平均 3.5 米/秒一样，而 2004 年为小风年，年平均风速 3.1 米/秒。

该三年内，2002 年 4 月至 2004 年 3 月如东海边洋北风电场 70 米高各月平均风速都超过了 6 米/秒；≥7 米/秒有 10 个月，占 41.7％；≥8 米/秒有 3 个月，占 12.5％。洋北 70 米高 2002 年 4 月至 2003 年 3 月年平均风速 7.2 米/秒，2003 年 4 月至 2004 年 3 月年平均风速6.8米/秒,较差0.4米/秒。该两年,每年3.5~25.0米/秒可利用风速,都在7710小时以上。处于7~14米/秒区间的最佳风速频率占到可利用风能的70%以上。

计算2003年12月至2004年9月8个测风塔逐月有效风时数,每月有效风时数570~688小时,详见表2.5。

表2.5 有效风时数(小时)

年月	1号塔	2号塔	3号塔	4号塔	5号塔	6号塔	7号塔	8号塔
2003.12	652	654	657	659	663	664	659	666
2004.1	623	598	598	617	603	609	609	625
2004.2	629	612	617	612	608	622	619	627
2004.3	688	660	668	668	665	668	664	673
2004.4	667	649	644	640	655	635	659	665
2004.5	646	631	643	624	620	624	636	635
2004.6	610	594	599	603	593	599	592	602
2004.7	608	595	606	600	586	570	578	597
2004.8	671	667	661	663	664	683	688	683
2004.9	642	636	643	646	642	642	645	624

按10分钟平均风速计算,风能密度≥300瓦/米^2,平均年可利用风能密度达2980千瓦时/米^2,根据国内外同行认定,南通属于风能丰富区。

二、太阳能资源

太阳辐射是地球表面最主要的能量源泉。它不仅是大气运动的能量来源,而且是植物生长的必要条件。在可见光辐射中,叶绿素吸收最多的是红、橙光,其次是蓝、紫光,这些谱段的辐射,可称为"生理辐射"。而光合作用率最高的光是红、黄色,直射光所含红、黄光最少,仅占37%;但散射光中含红、黄光则达50%~60%,因此阴天对植物光合作用很有利,日照时数往往反映不出来,所以太阳辐射观测非常必要。总辐射是直接辐射和散射辐射的总和。有了实测的太阳总辐射资料,求取它与日照时数之间的关系;然后用日照时数推算太阳总辐射就更准确。

根据测算:南通累年平均总辐射量4906.99兆焦耳/米^2,约相当于1亩地一年获得100多吨烟煤燃烧产生的能量。如果把光能的使用发挥到最高水平,每亩粮食产量可达3吨,目前的生产水平相当于仅达光合理论产量的四分之一至三分之一;生产潜力利用率达40%或以上就是"高产"。

年总辐射量最多出现在1995年,达5380.60兆焦耳/米^2,最少年总辐射量出现在1999年,仅4348.09兆焦耳/米^2。辐射量从季度上分:夏季(6—8月)最大,春季次之,冬季最少。

南通累年平均日照时数2083.8小时,日照百分率47%。

1992年起吕四进行辐射量观测,分析表明太阳位置是决定日总辐射量大小的最主要因素,不论在哪种天气状况下,日总辐射的月际变化,均呈单峰形,最高值在6月份(6月22—23日日照时间最长),最低值在12月份(12月21—22日冬至,日照时间最短)。

不同天气状况下,日总辐射也有明显差异,大致而言,多云天占晴好天气的六成,阴间多云天占晴好天气的四成。值得一提的是,阴雨日的总辐射量也占晴好天气的二成。这是因为总辐射量除包含了直接辐射,还包括了反射辐射和散射辐射。

如果用日照时数求总辐射量,可以利用萧卫平等人制作的经验公式:

$$Q_i = K_i S_i$$

式中 i 是月份,$i=1,2,3,\cdots,12$;Q_i 为月总辐射量(兆焦耳/米^2);S_i 为月日照时数(小时)。如吕四年平均日照时数 2294.3 小时,则年平均总辐射量为 5084.17 兆焦耳/米^2;K_i 的含义是每小时日照平均所具有的总辐射量,其单位是:兆焦耳/(米^2·时)。

表 2.6　日照时数和总辐射量换算表(1992—1998 年,吕四)

月	1	2	3	4	5	6	7	8	9	10	11	12	年
总辐射量(兆焦耳/米^2)	256.27	320.22	368.45	481.71	571.39	503.48	596.57	547.72	488.59	408.50	287.87	248.72	5084.17
日照时数(小时)	146.1	160.6	153.8	190.0	216.8	186.8	248.6	230.9	224.2	208.8	166.7	160.9	2294.3
K_i(兆焦耳/(米^2·时))	1.754	1.994	2.396	2.535	2.636	2.695	2.400	2.372	2.179	1.956	1.727	1.546	2.216

由于南通、吕四相距不远,用吕四的月平均日照时数(x)也能估计南通的总辐射量(y)

$$y = 1.969x - 1.235$$

南通市区也是太阳能资源相对丰富的地区之一。

三、热量资源

全市热量资源较为丰富。全年气温稳定通过 0℃ 以上日数为 345 天,总积温 5615℃·日。气温稳定通过 10℃ 的初日为 4 月上旬前期,终日在 11 月中旬,稳定在 10℃ 以上期间日数为 231 天,活动积温 4784℃·日。气温稳定通过 22℃ 的初日为 6 月中旬,终日在 9 月中旬。稳定在 22℃ 以上期间日数平均为 94 天,活动积温 2425℃·日。

四、水分资源

南通是水资源较为丰富的地区。累年平均降水量 1088.6 毫米。但年际间变化较大,夏季降水相对集中,65% 的降水量集中在汛期。

降水以小雨、中雨居多,径流少,不产生灾害;本市年暴雨日数为 3 天,仅占降水总日数的 2.5%。全年 5 个时段雨水相对集中,分别为桃花水、莳梅雨、台风雨、秋雨、冬雪水。

如果下 1 毫米的降水量,一亩地可得雨 666.5 千克,相当于一个全劳力挑 17 担(每担 40 千克计算)。偏旱时,下 10 毫米的雨,谓之"透雨",相当于一个全劳力挑 170 担。

南通累年蒸发量 1356 毫米,其中最大年蒸发量为 1571 毫米(1997 年),最小年蒸发量为 1130 毫米(1993 年)。

南通市沿江水闸多年平均引长江水量为 37.6 亿立方米,历年最大引江水量 59.9 亿立方米(1982 年);最小引江水量为 31.9 亿立方米(1967 年)。多年平均排入长江水量为 10.1 亿立方米,排入黄海水量为 16.9 亿立方米。只要调节得当,可以做到"小旱大丰收,大旱小丰收。"

第四节 物候

一、物候历史记载

南通旧志中关于物候现象的记载:

宋嘉祐年……秋八月十七日,天气忽昏晦,海风泯泯至,而雨随之。是夜潮声如万鼓,势若雷动,潮逾中堰,及晓,有巨鱼卧堰下……望之隆隆然如横堤。因卧沙中……后三日乃死……

闰鱼,闰年始出……见时必有飓风。

明嘉靖甲寅(1554)闰月,丰利场后有群虾共拥一鱼乘潮抵岸……潮退虾去,惟鱼独存。

吕四有闰鱼……每岁闰东海出此鱼,乘潮而上,潮落则固于沙。

皂雕似鹰而大,一名鹗。高秋后往往于堤外摩空而下击禽为食……

鲥鱼出江东,每年四月即从海中溯上,初夏时有,余月则无,故名。

最好生涯梅子雨,春江穿柳卖鲥鱼。

刀鱼……仲春由海入江。

还有江南风物美,桃花流水鳜鱼肥。

蟹至秋冬之交,即自江顺流而归诸海。

梅即梅鱼,似石首而小,梅熟时出,一名黄花鱼。

马鲛……海中逢春社而生,一名社交鱼。

鲛虾得海北……春夏之交吕、石、掘三场产至盛。

海蛳……沿海草滩所在皆有蛳,春正、二月提筐拾者纷纷。

花鸡,本出外洋。乘大雾而至,千百为群,雾散则坠五山林樾间。三四月最多……麻鸡……出吕四并军山东,皆秋后随风掠至者。

万历六年(1578年)冬,大冰雪,飞鸟坠地死。

鯏以充贡,出吕四场掘港,每岁四月,抛巨网大洋中取之。

银鱼……州城北濠河滨,桃花水涨,人结细丝网得之。

禹韭,即毛草,或云麦门冬别种,丛生野堤,经冬不改,夏开细白花。

燕竹,燕来即出土。

草棉,谷雨前下种……花黄色,夏开。结实如桃,七八月实四裂,中缝出棉。

菌,一名地蕈,状似钉盖,冬春无毒可啖。

地椒野生……四月开花五月结实,生青熟红。

女贞亦名贞木,种子易生长……冬不凋,或误呼为冬青。五月开青白细花,甚繁,九月实成……至熟转紫黑色。

南通旧志中关于异常物候现象的记载:

明万历四十三年　如皋夏旱,十一月牡丹吐萼,桃榴有华。

明崇祯元年(1628)　通州四月麦秀三歧。

清康熙二年(1663)十月　桃李华,林檎实。

清雍正八年(1730)　通州冬桃杏花。如皋冬桃杏花,冬恒燠。

清雍正十年　通州八月桃杏海棠花。如皋八月桃杏海棠花。

清雍正十一年　通州冬蚕豆实。如皋冬蚕豆实。

清乾隆十四年(1749)　如皋九月海棠桃杏花。

清乾隆四十六年　通州秋日玉兰再花。

清乾隆五十年　通州秋日杏桃花。

二、自然物候观测

南通开展物候观测始于中华民国六年(1917年)，军山气象台开始观测记载稻、麦、棉、豆等主要农作物的播种和收获的日期。并与从国外引进的棉种进行对比观测。

如皋、启东气象站为江苏省12个国家农业气象基本观测点之一。1957年1月—1965年12月，如皋进行棉花、三麦、二豆的农作物物候观测和农田土壤湿度观测、自然物候观测。"文化大革命"期间，观测中断。1980年1月，如皋开始恢复以上观测项目并增加启东站。两站物候观测的项目有：木本植物(龙洋、银杏、桃树、楝树、洋玉兰、紫薇)6种，草本植物(芦苇、荷花、蒲公英)3种，动物(布谷鸟等)6种。农作物物候观测项目有小麦、玉米、棉花、水稻等。

从启东和如皋两地野外物候观测资料统计和有关文献资料以及市区生物学观察情况可知，本市银杏树3月下旬为芽膨大期，3月底4月初为芽开放期，4月上旬展叶，9月20日前后果实成熟。年际早迟相差可达一个月。9月24日前后开始落叶，叶尽期因年因树而异。10月中旬至11月下旬相差可达一个月。

楝树平均叶芽期4月2日，芽开放期4月14日，展叶始期4月20日，展叶盛期4月29日，花蕾出现期4月29日，开花盛期5月16日，果实成熟期11月9日，秋叶始变色期11月2日，叶全变期11月15日，落叶始期10月28日，落叶末期11月24日。但因年因树相差可达一个月左右。

桃树3月中旬为芽开放期，3月下旬展叶，3月底前后始花，清明节前后花盛，年际差异约20天。6月下旬果实成熟，10月中旬开始落叶。叶尽期11月中旬，但早迟差异可达一个月。

紫薇树叶萌芽平均日期4月10日，芽开放期4月18日，展叶始期4月22日，展叶盛期4月28日，花蕾出现期7月8日，开花盛期7月25日，果实成熟期10月2日，果实脱落始期11月5日，果实脱落末期12月25日，叶始变期10月29日，叶全变期11月14日，落叶始期10月2日，落叶末期11月27日。

芦苇萌芽期平均3月10日，展叶始期3月18日，展叶盛期3月27日，开花始期10月22日，开花盛期10月29日，开花末期11月6日，果实种子成熟始期11月17日，果实种子完全成熟期11月26日，果实种子脱落期12月8日，黄枯期始期11月3日，黄枯普遍期11月24日，黄枯末期12月8日。

莲萌动期在4月下旬，展叶期在5月中旬，始花期在7月。种子全熟期在9月下旬，10月初为种子散布期。10月上旬后期至中旬前期全枯。

本市野生动物始见或始鸣平均时间(表2.7)为：蟾蜍2月22日，青蛙3月28日，树莺4月1日前后，家燕和金腰燕4月上旬，杜鹃鸟5月初，蚱蝉5月21日。冬候鸟海鸥在市区水域上空初见的时间为11月中旬。本市野生动物绝见或绝鸣的时间为：蟾蜍(冬眠)11

24日,青蛙(冬眠)10月5日,杜鹃鸟7月上旬,蚱蝉8月30日。冬候鸟海鸥在市区水域上空消失的时间为4月下旬。

表2.7 野生动物始见(鸣)、绝见(鸣)日期

动物名称	青蛙	布谷鸟(四声杜鹃)	大杜鹃(两声杜鹃)	蟾蜍	蚱蝉
始见(鸣)(月.日)	3.27	5.4	5.2	2.22	5.21
最早(月.日)	3.13	4.29	—	2.8	3.25
最迟(月.日)	4.10	5.6	—	3.24	6.25
绝见(鸣)(月.日)	10.5	7.9	7.7	11.24	8.30
最早(月.日)	9.15	7.3	—	10.27	8.25
最迟(月.日)	10.27	7.14	—	12.20	9.5

另外,河鳗苗每年2—3月由长江口向内河作索饵洄游,中华鲟于5—6月群集长江口开始沿长江上溯行生殖洄游。中华绒螯蟹10月开始由内河向长江口直至海区迁徙进行繁殖。大天鹅10—11月经南通向南方作越冬迁徙。

每年10月至次年3月,在启东的兴隆沙自然保护区越冬的候鸟有17目22科80多种,如丹顶鹤、白头鹤、白鹤、大天鹅、小天鹅、灰鹤、鸳鸯、鹈鹕、鸿雁、豆雁、绿头鸭、斑嘴鸭、琵嘴鸭、翘鼻麻鸭等。

三、作物物候观测

根据启东、如皋两地20多年来对几种主要农作物生育期的观测,各作物生育期的平均日期及普遍日期见表2.8—表2.12。

表2.8 启东市1987—2009年棉花平均发育期

发育期	播种期	出苗	三叶	五叶	现蕾	开花	裂铃	停长
始期(月.日)	—	—	5.19	6.5	6.23	7.15	9.5	
普遍期(月.日)	4.13	4.23	5.23	6.10	6.27	7.21	9.12	11.7

棉花:育苗期3月15—30日,苗期(1~3片叶)4月中旬—5月中旬,分枝期(4~8片叶)5月下旬—6月上旬,现蕾期6月下旬,花铃期7月下旬—9月上旬前期,吐絮期8月下旬—10月,停长11月上旬。启东主要种植地区为沿江地区,不足万亩。

表2.9 启东市1981—2009年玉米平均发育期

发育期	播种期	出苗	三叶	七叶	拔节	抽雄	乳熟	成熟
始期(月.日)	—	—	4.22	5.14	6.2	6.20		
普遍期(月.日)	4.2	4.18	4.25	5.17	6.6	6.23	7.19	8.7

表2.10 如皋市1981—2009年冬小麦历年各生育期平均日期

生育期发育程度	播种	出苗	分蘖		拔节		抽雄		乳熟	成熟
	普	普	始	普	始	普	始	普	普	普
日期(月.日)	11.6	11.17	12.20	1.2	3.11	3.14	4.17	4.19	5.15	6.1

表 2.11　如皋市 1981—2009 年其他麦类作物历年各生育期

麦类	品种	播种期	返青期	拔节孕育期	扬花期	灌浆期	成熟	备注
小麦	扬麦系统	10月下旬（霜降）—11月上旬	2月底	4月中上旬	4月下旬—5月初	5月上旬、中旬	5月底—6月上旬	—
大麦	早熟3号	10月底—11月上旬	2月底	3月下旬—4月上旬	4月中旬—下旬	4月中旬—5月上旬	5月中下旬	现面积很少
元麦	立新2号	10月下旬—11月初	2月底	3月下旬—4月上旬	4月中旬	4月中旬—5月上旬	5月中下旬	现已不种

表 2.12　如皋市水稻历年各生育期

稻类	落谷期	移栽期	分蘖高峰期	始穗期	齐穗期	成熟期	备注
早稻	4月中旬	5月中下旬	6月上旬（芒种）	6月上旬	6月上旬至7月上旬	7月下旬	90年代后渐渐淘汰
中稻	5月中下旬	6月上旬	6月中下旬	8月上旬至9月上旬	9月中上旬	10月上中旬	—
后季稻	6月中下旬	7月下旬	8月中下旬	9月中旬	9月中旬前后	10月下旬	90年代后渐渐淘汰

四、物候谚语

植物物候谚语：

1. 有了三花（杏花水、桃花水、谢花水），不愁庄稼。
2. 柳树发芽暖洋洋，冷天不会有多长。
3. 楝树报蕊，家家诉苦（青黄不接）；楝树开花，家家说大话。
4. 柳絮乱攘攘，家家下稻秧。
5. 杨树开花多，棉花大丰收。
6. 清明杨柳朝北摆，一年能还十年债。
7. 清明无桃花，多少里路没人家。
8. 扁豆开花结荚早，秋天雨水不得少。
9. 荷花开，秧正栽；菊花黄，种麦忙。
10. 芦柴出在水里，米饭吃到嘴里。
11. 芦柴、菖蒲出在水里，死在水里（应秋水）。
12. 向日葵出土顶盖儿，栽秧时要戴斗笠穿蓑衣。
13. 黄花草与稻子是亲家翁，黄花草旺盛，当年稻好。
14. 狼毛炸，落得怕（莳霉天狼尾巴草开一次花，落一场大雨）。
15. 起水檀报蕊之后，过五天左右有一次大雨（莳霉天分批报几次蕊）。
16. 丝棉树无故飒叶子（叶面有小孔儿），过三、五天要下雨。
17. 柳树萌芽早，初春温度高。
18. 柳树叶儿发白，天将阴雨。
19. 柳树根生红须，未来雨水多。

20. 发尽桃花水,必是旱黄梅。
21. 桃花落淤泥,收麦起烫灰。
22. 芦苇心尖往下枯死(俗称抽心死),大雨将来到。
23. 芦苇叶子反面柴虱子乱爬,赶快打坝。
24. 芦花穗子抽得长,谨防烂稻场。
25. 南瓜头向下,天气将变化。
26. 韭菜发芽报春早。
27. 巴根草生霉,天将雨。
28. 茅草底下寸把高发白(俗称"下霜"),要下雨。
29. 茅草丫子"吐沫",明日冒雨干活。
30. 麦黄覃子生,梅雨定上门。
31. 观音柳开花后两三天,霉雨开始。开得早,入梅早;开得多,雨量大。
32. 烂茄儿多,当年可能要淹稻。

动物物候谚语:
1. 狗猫换毛早,冬季冷得早。
2. 画眉多藏粮,大雪下得长。
3. 麻雀囤食要落雪。
4. 狗进灶,雪就到。
5. 猪衔草,寒潮到。
6. 雨中闻蝉叫,预告晴天到。
7. 鸡迟宿,鸭欢叫,风雨不久到。
8. 泥鳅静,天气晴。
9. (春季)青蛙不叫,晚霜要到。
10. (夏季)青蛙叫,大雨到。
11. (秋季)八月(农历)青蛙叫,干得犁头翘。
12. 社蛤(癞蛤蟆的一种)叫三通,不用问家公。
13. 蛇过道,大雨到。
14. 水蛇盘柴头,地下大雨流。
15. 米虾水面跃,明天大风到。
16. 燕子"洗澡",天将有阴雨。
17. 莳未到蝉儿叫,晒得犁头翘。
18. 三莳尽,知了鸣,西南风,望天晴。
19. 麻雀囤食,天要下雪。
20. 喜鹊窝高主水、低主风。
21. 喜鹊藏食,主连阴雨。
22. 乌鸦"洗澡"高处蹲,未来大风临;低处停,未来雨打门。
23. 乌鸦哑声叫,雨要到;乌鸦叫声响,将有风。

24. 狗洗澡,雨要到。
25. 狗刨塘,水茫茫。
26. 狗肚翻肠响,将有大雨降。
27. 鸭子潜水快,天气将变坏。
28. 鸭子上栏早,雨天将来到。
29. 蚂蚁"拦路"、"搬家",不久就有雨下。
30. 冬季蚊子拱被窝,来年鲤鱼拱麦棵。
31. 蠓虫"拉磨"忙,不雨也风狂。
32. 鹁鸪鸟死命地叫,雨儿渐渐打树梢。
33. 屎克螂通夜忙,明天好晒粮。
34. 黑蜻蜓飞成群,阴雨天气将来临。
35. 红蜻蜓飞舞,热在大暑。
36. 蜜蜂带雨采蜜天将晴。
37. 蜘蛛张网兆天晴,蜘蛛收网天雨阴。
38. 牛少动,饱食,打喷嚏,兆阴雨。
39. 鹭天鸟儿来得早,春播育秧须提早。
40. 八月初一雁门开,大雁脚下带霜来。
41. 猪发颠,大风现。
42. 母猪衔草,冷暴要到。
43. 江豚拜风(江豚出现江面,预示刮大风或变冷,朝向是起风的方向)。

第五节 主要气象灾害

南通地区属于北亚热带湿润季风气候,由于兼受西风带、副热带和热带辐合带天气系统影响,天气复杂,灾害性天气种类多。主要气象灾害有:暴雨、旱涝、连阴雨、雷暴、台风、龙卷风、冰雹、飑线、寒潮、霜冻、大风、大雪、雾等。

一、暴雨

日降水量达到50～99.9毫米、100～199.9毫米、≥200毫米的降水称为暴雨、大暴雨、特大暴雨。南通90%以上的年份都会出现大于50毫米的暴雨,最多年份6次(1953年、1991年),年平均暴雨日为3.0天。从时间上看,暴雨主要出现在夏季,夏季暴雨日占全年暴雨日的73%;其次为秋季,占全年的17%;春季占全年的10%;从现有资料上看,本市冬季没有出现过暴雨。大于100毫米大暴雨日共出现27次,年均0.5天,主要出现在5—9月份;大于200毫米的特大暴雨历史上只在1960年6月4日出现过1次,雨量为287.1毫米,系台风造成。

二、旱涝

南通一年四季均有旱情发生的可能,水利部门用水文资料统计,新中国成立后约2.6年发生一次干旱。其中以伏旱(出梅后,盛夏季节由于降水少、气温高造成的农田干旱,大多数年份都有发生,但造成的影响年际差异很大)出现几率最高,秋冬旱其次,春旱较少。夏季干旱主要在出梅后的伏天,秋旱主要发生在10月中旬至11月上旬,少数年份出现秋冬连旱,春旱常发生在早春。

当遇到大暴雨,内河水位猛涨,江海潮位较高,涵闸来不及泄洪时,才发生涝灾。据水利部门统计,新中国成立后平均2.4年有一次涝灾年。

根据年降水量距平百分率($\Delta R\% = $(年实际降水量 − 累年年平均降水量)/累年年平均降水量),按表2.13指标将年降水量划分成大涝、偏涝、正常、偏旱、大旱五级,求得南通地区旱涝分布频率。

表2.13　旱涝划分指标

指标	等级
$30\% \leqslant \Delta R\%$	大涝
$15\% < \Delta R\% < 30\%$	偏涝
$-15\% \leqslant \Delta R\% \leqslant 15\%$	正常
$-30\% < \Delta R\% < -15\%$	偏旱
$\Delta R\% \leqslant -30\%$	大旱

统计表明,新中国成立后南通降水正常与非正常年份基本相当,在非正常年份中偏涝及大涝年份多于偏旱和大旱年,前者比后者多三分之一左右。其中大涝、大旱年基本25年一遇;偏涝年大约4年一遇;偏旱年大约6年一遇;旱年往往出现在空梅、短梅或台风很少的年份。

历史上的大旱之年有:1971年(688.2毫米)、1978年(641.3毫米)、1988年(849.4毫米)、2005年(823.1毫米)。

南通市以如皋高沙土地区最易出现干旱。根据《江苏省决策气象服务手册》中干旱划定标准,以ΔR为降水距平百分率:

$-50\% < \Delta R \leqslant -20\%$,偏旱

$-80\% < \Delta R \leqslant -50\%$,大旱

$\Delta R \leqslant -80\%$,　　　　特旱

如皋市局对高沙土地区1957—2001年共45年春旱(4—5月)、伏旱(7—8月)作了评定。春旱共14年(偏旱12年、大旱2年),3.2年一遇;伏旱共16年(偏旱7年、大旱9年),2.8年一遇;春、夏二季都未达到特旱,只有1966年7—8月$\Delta R = -75.1\%$,接近特旱标准。

三、连阴雨和梅雨

我们以相邻5天出现连续降水(其中可以有1天无降水,但日照小于3小时)作为连阴雨。南通一年四季都可以出现连阴雨,但主要发生在春、秋季。南通主要连阴雨常分为春季连阴雨、梅雨、秋季连阴雨。

1. 春季连阴雨

1950—2009年共有春季连阴雨99次(表2.14),平均每年1.65次,其中有12年未出现春季连阴雨,占总年数的五分之一。

春季连阴雨中,5～7天的短连阴雨占85.9%,8～10天的中等长度连阴雨占9.1%,11天或以上的长连阴雨占5.1%。连阴雨期间出现过暴雨的仅4次。

最长的一次连阴雨出现在1963年,4月17日至5月15日期间有23个雨日,总雨量达257.5毫米,4月29日出现暴雨,5月8日和14日出现了大雨,造成严重的内涝和渍害。

春季连阴雨最多的1991年出现过5次。出现过4次的年份有1955、1958、1986、1992、1998、2004年等6年。

一次连阴雨的降雨量平均为44.3毫米,其中短连阴雨41.2毫米(最多92.5毫米,最少9.8毫米);中等长度连阴雨53.2毫米(最多101.5毫米,最少17.8毫米);长连阴雨130.8毫米(最多257.5毫米,最少39.7毫米)。

表2.14　1950—2009年春季连阴雨个例表(允许间隔一天,但该日日照≤3.0小时)

年起止日期	天数(天)	总雨量(毫米)	日最大(毫米)	备注
1950年3月22—28日	7	87.2	32.4	—
1950年4月14—21日	8	52.0	20.4	中
1951年4月24—28日	5	50.4	19.6	—
1952年5月18—22日	5	25.1	10.6	—
1953年		无		
1954年5月5—9日	5	53.9	26.1	—
1954年5月12—16日	5	31.8	24.1	—
1955年3月1—5日	5	48.3	26.5	—
1955年3月27日—4月2日	7	37.1	15.2	—
1955年4月14—19日	6	31.9	21.1	—
1955年4月27日—5月2日	6	53.9	25.7	—
1956年3月22—31日	10	72.5	18.5	中
1957年4月18—29日	12	62.5	21.2	长
1958年3月11—17日	7	11.0	3.1	弱
1958年4月20—27日	8	80.0	59.2	有暴雨、中
1958年4月29日—5月3日	5	54.5	41.1	—
1958年5月9—14日	6	14.1	8.5	弱
1959年4月1—5日	5	27.4	19.2	—
1959年5月4—11日	8	25.5	7.9	中
1960年2月29日—3月10日	11	39.7	14.1	长
1960年4月9—13日	5	36.6	10.9	—
1960年5月3—7日	5	22.7	10.2	—
1961年		无		
1962年		无		
1963年4月17日—5月15日	29	257.5	55.6(4月29日)	长、有暴雨
1963年5月7—12日	6	99.3	34.6	—
1964年4月3—9日	7	74.3	26.6	—
1965年		无		
1966年3月1—7日	7	74.2	36.1	—
1966年5月10—15日	6	20.4	17.0	—

续表

年起止日期	天数(天)	总雨量(毫米)	日最大(毫米)	备注
1967年4月6—10日	5	50.3	18.7	—
1967年4月14—19日	6	70.5	34.0	—
1967年5月4—8日	5	15.9	6.0	—
1968年4月7—11日	5	54.0	24.4	—
1968年5月4—11日	8	17.8	8.4	中
1969年4月18—25日	8	54.2	18.7	中
1970年		无		
1971年		无		
1972年3月15—20日	6	59.9	46.6	—
1973年3月9—13日	5	33.6	12.4	—
1973年3月29日—4月2日	5	16.1	8.2	—
1974年5月18—22日	5	50.3	30.7	—
1975年4月16—20日	5	36.3	21.0	—
1976年3月7—11日	5	10.2	5.4	弱
1977年3月15—19日	5	33.6	15.9	—
1977年4月23—27日	5	24.1	16.8	—
1977年4月30日—5月11日	12	157.1	63.3	长,有暴雨
1978年4月18—22日	5	18.5	10.6	—
1979年3月7—11日	5	13.4	5.4	弱
1979年3月29日—4月2日	5	92.5	45.5	—
1979年5月1—7日	7	41.4	27.3	—
1980年2月29日—3月8日	9	38.1	10.5	中
1981年		无		
1982年		无		
1983年4月26日—5月1日	6	40.4	25.0	—
1983年5月12—16日	5	35.0	18.9	—
1984年		无		
1985年5月3—9日	7	60.1	34.2	—
1986年3月13—18日	6	32.7	20.6	—
1986年3月26—30日	5	19.4	14.5	—
1986年4月8—15日	7	23.1	12.5	—
1986年4月26日—5月2日	7	37.1	18.4	—
1987年4月5—11日	7	30.4	14.9	—
1987年5月9—13日	5	37.2	27.0	—
1988年3月24—28日	5	24.6	13.3	—
1988年5月7—11日	5	12.8	10.8	—
1989年4月19—23日	5	53.9	25.5	—
1989年5月6—11日	6	72.1	60.3	有暴雨
1989年5月19—23日	5	24.6	24.2	—

续表

年起止日期	天数(天)	总雨量(毫米)	日最大(毫米)	备注
1990年3月22—28日	7	46.7	20.2	—
1990年5月1—5日	5	17.4	14.2	—
1991年3月4—11日	8	37.7	16.2	中
1991年3月20—28日	9	101.5	43.2	中
1991年4月9—13日	5	41.9	32.8	—
1991年5月4—8日	5	23.3	19.8	—
1991年5月18—23日	6	29.5	13.7	—
1992年2月28日—3月5日	7	34.6	14.4	—
1992年3月4—10日	7	88.3	31.0	—
1992年3月13—28日	16	137.0	31.0	长
1992年4月6—10日	5	12.2	7.8	弱
1993年3月22—28日	7	85.3	33.4	—
1993年5月14—20日	7	44.2	28.5	—
1994年4月5—11日	7	67.6	36.1	—
1995年4月13—19日	7	19.8	8.8	—
1995年4月29日—5月3日	5	16.1	9.6	—
1996年3月14—20日	7	57.8	26.1	—
1996年3月26—30日	5	38.1	14.2	—
1997年3月10—16日	7	65.5	24.3	—
1997年5月10—14日	5	59.5	38.5	—
1998年3月3—9日	7	37.3	21.6	—
1998年3月23—27日	5	57.4	33.8	—
1998年4月5—11日	7	33.9	14.3	—
1998年5月10—15日	6	23.9	10.7	—
1999年3月6—10日	5	28.5	13.6	—
1999年3月25—30日	6	20.7	14.3	—
1999年5月15—19日	5	10.3	6.3	弱
2001年4月27日—5月1日	5	12.5	6.0	弱
2002年4月14—20日	7	23.6	12.3	—
2002年4月30日—5月6日	7	87.2	35.5	—
2003年3月12—17日	6	49.5	22.2	—
2003年3月31日—4月4日	5	18.4	10.8	—
2004年2月28日—3月3日	5	32.1	25.7	—
2004年3月17—22日	6	23.1	12.5	—
2004年4月29日—5月4日	6	56.1	34.9	—
2004年5月27—31日	5	9.8	7.9	弱
2005年5月13—18日	6	17.5	9.9	—
2006年		无		
2007年4月14—18日	5	17.8	9.1	—
2008年4月19—23日	5	10.5	3.3	弱
2009年		无		

2. 秋季连阴雨

1950—2009 年 60 年间 9—11 月份秋季连阴雨 76 次(表 2.15),平均每年 1.27 次,其中无秋季连阴雨的年份有 15 年,占总年数的四分之一。

秋季 11 天及其以上的长连阴雨仅有 3 次,占秋季连阴雨总次数的 4.0%,8~10 天中等长度的连阴雨 14 次占秋季连阴雨总次数的 18.4%,5~7 天短连阴雨占比达 77.6%。与春季连续阴雨比,秋季连阴雨期暴雨明显偏多,分别是暴雨 5 次、大暴雨 4 次、共 9 次。占连阴雨总次 11.8%。

最长的一次秋季连阴雨是 2006 年 11 月 16—30 日,15 天中有 13 个雨日,并在 19 日和 23 日出现大雨,严重影响秋收秋种。

一次秋季连阴雨平均降雨量 57.3 毫米,其中短连阴雨平均雨量 50.5 毫米(最多 162.2 毫米,最少 8.7 毫米);中等长度连阴雨平均雨量 75.5 毫米(最多 133.8 毫米,最少 36.2 毫米);长连阴雨平均雨量 109.1 毫米(最多 147.3 毫米,最少 62.0 毫米)。

一次连阴雨雨量最多的是 1977 年 9 月 10 日至 15 日,六天的雨量分别是 16.5、76.9、9.6、1.0、36.2、22.0 毫米。

表 2.15　1950—2009 年秋季连阴雨个例表

年起止日期	天数(天)	总雨量(毫米)	日最大(毫米)	备注
1950 年 9 月 3—12 日	10	41.5	25.9	中
1950 年 9 月 25—29 日	5	8.7	5.0	弱
1950 年 11 月 20—28 日	9	17.4	6.4	中
1951 年		无		
1952 年		无		
1953 年 10 月 30 日—11 月 3 日	5	16.0	7.9	—
1954 年 11 月 12—16 日	5	17.0	9.9	—
1955 年		无		
1956 年 9 月 14—21 日	8	133.8	39.0	中
1957 年 9 月 20—25 日	6	98.5	48.8	—
1958 年 9 月 8—12 日	5	127.5	78.0	有暴雨
1958 年 10 月 10—17 日	8	53.3	23.6	中
1959 年		无		
1960 年 9 月 10—14 日	5	69.9	31.3	—
1960 年 11 月 8—12 日	5	19.3	7.6	—
1960 年 11 月 22—29 日	8	67.7	28.5	—
1961 年 10 月 19—26 日	8	63.8	31.3	—
1962 年 11 月 21—26 日	6	48.3	35.1	—
1963 年 9 月 20—24 日	5	13.2	11.0	弱
1963 年 11 月 3—8 日	6	14.3	7.3	弱
1964 年 10 月 17—23 日	7	61.8	31.9	—
1965 年 9 月 1—6 日	6	9.9	6.6	弱
1965 年 10 月 1—5 日	5	63.5	19.8	—

续表

年起止日期	天数(天)	总雨量(毫米)	日最大(毫米)	备注
1966年11月9—13日	5	25.1	16.7	—
1967年11月24—29日	6	39.0	23.2	—
1968年		无		
1969年		无		
1970年10月9—15日	7	37.7	27.8	—
1970年11月25—29日	5	19.0	8.9	—
1971年		无		
1972年10月16—21日	6	33.0	20.7	—
1973年		无		
1974年10月1—9日	9	36.3	9.5	中
1975年9月12—17日	6	66.1	31.8	—
1975年9月26—30日	5	88.4	35.4	—
1975年10月11—16日	6	55.9	30.1	—
1975年10月22—29日	8	53.8	19.5	中
1976年		无		
1977年9月10—15日	6	162.2	76.9	有暴雨
1977年9月23—28日	6	11.0	4.7	弱
1978年10月24—28日	5	15.7	8.1	—
1979年		无		
1980年9月19—23日	5	75.1	50.5	有暴雨
1981年10月1—8日	8	88.9	27.7	中
1981年10月15—20日	6	20.7	16.0	—
1982年11月25—29日	5	65.4	42.4	—
1983年10月3—8日	6	65.8	30.6	—
1983年10月15—22日	8	86.1	34.8	中
1984年8月30日—9月3日	5	145.2	108.0	有大暴雨
1984年9月6—12日	7	130.0	42.5	—
1984年11月10—15日	6	27.1	12.3	—
1985年8月31日—9月4日	5	33.9	21.3	—
1985年9月17—23日	8	118.1	100.1	有大暴雨、中
1985年10月10—17日	8	99.0	35.1	中
1985年10月24—29日	6	41.5	28.1	—
1986年		无		
1987年10月13—18日	6	31.6	15.7	—
1987年10月29日—11月2日	5	45.0	29.5	—
1988年		无		
1989年8月31日—9月5日	6	90.4	58.2	—
1989年9月13—17日	5	87.3	73.3	有暴雨
1989年11月4—9日	6	96.0	33.3	有暴雨

续表

年起止日期	天数(天)	总雨量(毫米)	日最大(毫米)	备注
1990年8月18—22日	5	63.7	49.4	—
1990年9月5—6日	12	147.3	90.9	长、有暴雨
1990年11月16—20日	5	31.3	22.7	—
1991年			无	
1992年			无	
1993年10月14—18日	5	26.8	21.2	—
1993年11月5—12日	8	36.2	19.9	中
1993年11月17—21日	5	50.8	24.3	—
1994年9月3—7日	5	29.4	24.1	—
1995年10月3—8日	6	35.9	18.2	—
1996年11月4—10日	7	9.2	2.2	弱
1997年11月12—17日	6	19.4	5.2	—
1997年11月25—29日	5	49.2	19.9	
1998年			无	
1999年9月3—7日	5	27.1	16.5	—
2000年9月25日—10月2日	8	69.9	38.6	中
2000年10月19—25日	7	44.6	21.3	
2001年10月31日—11月5日	6	37.1	20.4	
2002年10月17—21日	5	41.1	29.1	
2003年			无	
2004年9月9—14日	6	70.2	54.0	有暴雨
2004年11月10—14日	5	54.3	25.8	
2005年11月10—14日	5	21.4	13.9	
2006年9月11—16日	6	36.1	15.7	—
2006年11月16—30日	15	118.1	31.0	长
2007年8月31日—9月5日	6	45.6	26.9	
2007年9月18—25日	8	92.8	36.0	中
2008年9月11—16日	6	80.8	43.6	—
2009年9月15—25日	11	62.0	23.6	长
2009年11月9—17日	9	86.4	28.0	中

3. 梅雨

梅雨是我国长江中下游天气气候特征之一。从6月中旬到7月中旬这一段时间内,江苏淮河以南地区,降水频繁,降水量集中,我们称之为梅雨。梅雨期的天气学特征是西太平洋副热带高压脊线北移,西风带有冷空气南下,与副热带高压北缘的暖湿空气交绥形成地面静止锋和高空副热带锋区,梅雨具有全过程雨量大,大雨、暴雨出现几率高的特点,丰梅易造成涝渍害,梅期过短或空梅时旱情往往严重。

南通入梅平均日期6月20日,最早为1991年5月18日,出梅平均日期为7月11日,最迟为7月31日(1987年)。平均梅长22天,最长达59天(1991年),其中1958、1977、

1978、1992、1994、2005、2010 年为空梅。平均梅雨量 240.7 毫米,最多达 816.0 毫米(1991年)。

2011 年梅雨期自 6 月 14 日至 7 月 21 日,长达 38 天。梅雨总量南通 442.0 毫米,海安 566.6 毫米,启东 194.7 毫米,南北相差 2.91 倍。

四、雷暴

南通市雷暴一年四季都有可能发生,累年平均雷暴日 32.1 天,最多 53 天(1963 年),最少 15 天(1951 年)。在时间分布上表现为夏季最集中,夏季雷暴日占全年的 68.2%;其次是春季,占全年的 22.4%;第三,秋季占全年的 12.1%;冬季雷暴最少,仅占全年的 0.6%。历史上最早雷暴初日为 1997 年 1 月 1 日,最迟初日 1978 年 6 月 30 日;最早终日是 1981 年、1998 年的 8 月 25 日,最迟终日是 1979 年 12 月 21 日。

五、冰雹

冰雹是一种坚硬的球状、锥状或形状不规则的固态降水,雹核一般不透明,外面包有透明的冰层,或由透明的冰层与不透明的冰层相间组成,大小差异大,常伴随雷暴、大风、暴雨及龙卷等恶劣天气出现。

冰雹由强烈的对流引起,出现的机会少、范围小,因而地面观测站鲜有记录。累年平均出现 0.3 次。其中 1955 年、1956 年都出现了 2 次。从资料分析看,本地冰雹主要出现在 3 月份到 8 月份,其中 3 月份出现的几率最大,59 年中共出现了 5 次,其次是 6 月份,59 年中出现了 4 次。

六、飑线

飑线指突然发生的强风,持续时间短促。出现时瞬间风速突增,风向突变,气象要素随之有剧烈变化,常伴有雷雨、冰雹、龙卷等剧变天气。

分析 1951 年到 2009 年南通市气象台观测资料发现,59 年中共出现 52 次飑线天气,年均 0.9 次,其中 1974 年为 8 次。从出现时间看,飑线一般出现在 4 到 10 月,其中 6、7、8 三个月几乎占全年飑线出现次数的八成,7 月份占全年的 33%。

七、龙卷风

龙卷风是一种小范围的强烈的旋风,从外观看,是从积雨云(或发展很盛的浓积云)底部盘旋下垂的一个漏斗状云体。有时稍伸即隐或悬挂空中;有时触及地面或水面,当它伸展到地面时可产生旋转性狂风,狂风过境,对树木、建筑物、船舶等均可能造成严重破坏。

由于龙卷风是一种局地强对流性天气,其影响范围一般不大,持续时间较短,气象观测难以记录到,也有的龙卷风范围较大,危害极重,如 1983 年 7 月 1 日北三县的龙卷风。最多的 1981 年、1998 年共有 7 天观测员记录到龙卷风。南通市是龙卷风多发区,年年都有发生。一般出现在 4 月至 9 月,其中又以 7 月份最多,占 40%,其次是 8 月份,占 26%,6 月份占 11%。最早出现时间是 1995 年和 1998 年的 4 月 22 日,最迟出现时间则是 1989 年的 9 月 16 日。

1989年9月15日晚至17日凌晨,因受23号热带风暴倒槽及北方小股冷空气共同影响,本市形成极不稳定的大气层结,全市普降大暴雨,16处受到龙卷风的袭击,群龙狂舞,造成历史上罕见的特大灾害。

八、高温

梅雨结束后,副热带高压延伸到长江以北地区,南通进入盛夏,常出现高温炎热天气,日最高气温达到或超过35℃,称为高温日。1950至2009年,南通年平均高温日数为4.9天,最多为19天(2003年)。最早高温初日为6月5日(1952年、1997年),最晚初日为9月17日(1949年);最早终日为6月5日(1989年),最晚终日为9月17日(1949年)。2003年8月2日曾出现过39.5℃的高温日。高温日数以7月上旬至8月上旬相对集中,9月上、中旬偶有高温天气出现。

根据整编资料,1951—1980年年均高温日数仅3.2天,而且有31%的年份不出现高温。1981—2009年年均高温日数为6.9天,比前30年多一倍有余。但进入21世纪后,2001—2009年年均高温日数达12.9天,是1951—1980年的4倍。尤其是2004年7月24日至8月3日和2007年7月20—30日两次连续11天高温,这是历史上从未有过的。

九、寒潮

24小时降温幅度≥10℃或48小时降温幅度≥12℃,并且过程最低气温≤5℃定义为寒潮。10月下旬至翌年4月冷性高气压强盛期,北方常有较强冷空气影响南通,多有寒潮出现。

1951—2009年共出现寒潮187次,平均每年3.2次,最多冬半年有7次(1961—1962年、1965—1966年、1966—1967年),而1967—1968年、1988—1989年、1998—1999年两个冬半年没有出现寒潮。入秋后最早的寒潮出现在1981年10月22日,春季最晚的寒潮出现在1962年的4月17日。各月以乍暖还寒的3月份出现寒潮次数最多,占全年的21.9%。

寒潮会造成大幅度降温。如1977年3月2日启东24小时下降21.1℃。寒潮造成的极端最低气温能达-9.0℃或以下。如1973年月12月26日如皋降至-10.3℃,1991年12月29日如皋降至-13.4℃。寒潮侵袭时,有时还带来暴雪,如1987年1月17日和1998年3月20日的暴雪就是寒潮造成的。寒潮一般伴有偏北大风灾害。

十、霜

一般而言,当地面温度降到0℃或以下时,地面及地面物体上会出现白色的结晶物,即霜,俗称白霜。

1951—2009年期间,平均初霜期为11月14日,终霜期为3月31日,霜期长137天。但初、终霜期的年际之间差异较大,历史上最早的初霜出现在在1980年10月22日,最迟初霜出现在1995年的12月14日。最早的终霜出现在1977年3月6日,最迟的终霜出现在1959年4月23日,早晚相差40余天;历史上最长霜期179天(出现在1959年),最短霜期为99天,出现在2007年。

十一、冰冻

冰冻天气是冬季或早春晚冬季节，强冷空气入侵后地表及死水区出现结冰现象，它是本地一种灾害性天气。

1951—2009年期间，南通初冰冻平均日期为11月28日，最早为1958年10月27日，最晚为1991年12月26日；终冰冻平均日期为3月18日。从月际分布看，冰冻日主要出现在12月、1月、2月，其中1份出现最多。

十二、雪与积雪

雪是一种固态降水，大多是白色不透明的六分枝的星状、六角形片状结晶，常缓缓飘落，强度变化比较缓慢。积雪是指雪覆盖地面达到气象观测台站四周能见面积一半以上时的天气现象。

1951—2009年资料分析表明，南通年平均降雪日9.1天，积雪日4.4天，主要集中在1、2月，占全年雪日及积雪日的80%左右。历史上冬季最多雪日为26天（1968—1969年），最多积雪日为19天（1968—1969年）。

累年平均降雪初日为12月31日，最早初日为11月21日（1993年），最迟初日为2月28日（1991年）；累年平均降雪终日为3月8日，最早终日为1月1日，最迟终日为4月13日（1980年）。

累年平均积雪初日为1月24日，最早初日为12月10日（1985年），最迟初日为3月20日（1998年）；累年平均积雪终日为2月19日，最早终日为1月2日（1992年），最迟终日为4月2日（1962年）。

十三、雾

空气中含有大量微小水滴，常呈乳白色，受其影响水平能见度小于1.0千米时，气象观测中就记"雾"。

本市累年平均雾日31.0天，最多70天（1951年），最少5天（1961年）。一般夜间起，次日晨08、09时消失，浓雾也可持久不散，沿海沿江雾日更多、更长、更浓。分析表明，南通一年四季都会出现雾，其中以春夏和秋冬之交时为多。春、夏、秋、冬各季出现雾的次数分别占全年的30.1%、22.4%、21.7%、25.5%。各月中以春季的4、5月及初冬的12月出现雾的可能性最大，月平均雾日都超过3天。

1951年12月18日至23日，南通市连续出现6天的大雾；大雾最多月份出现在1951年12月，达14天。

十四、大风

南通大风主要由寒潮（强冷空气）、气旋、热带气旋（台风）、入海高压后部、飑线等天气系统造成，破坏性较大。如1960年7月27日26.3米/秒的大风是台风影响，1975年7月4日阵风30.4米/秒，系飑线影响。1989年8月13日16时12分至22分江心站10分钟平均风速达33.0米/秒，也是飑线造成。

1950—2009年累年年平均大风(≥8级)日数9.3天,最多的1965年为46天,历史上有4年没有出现8级以上大风。累年平均出现大风次数最多的是8月,为1.2次,最少的是10月份,为0.3次。1974年至1977年期间记录到瞬时极大风速为30.4米/秒,出现在1975年7月14日。

历史资料中最大风速冬季为20.0米/秒,春季为25.0米/秒,夏季为26.3米/秒,秋季为18.3米/秒。各月大风日数如表2.16。

表2.16 南通市1950—2009年大风日数(单位:天)

月份		1	2	3	4	5	6	7	8	9	10	11	12	全年
大风日数	累年合计	41	33	53	50	36	41	58	67	27	18	35	35	494
	60年平均	0.7	0.6	0.9	0.8	0.6	0.7	1.0	1.1	0.5	0.3	0.6	0.6	8.2
	最多	12	6	7	5	4	7	8	6	4	4	5	46
	最多年份	1963	1963	1966	1965	1964 1965	1964	1965	1965	1963	1961	1962 1966	1962 1965	1965

十五、台风

热带气旋是产生于热带海洋面上的强大而深厚的大气旋涡,其半径长达数百千米,其中心经过的路线周围地区,常有狂风暴雨出现。我国自1989年起,热带风暴按其中心最大风力划分等级,从小到大为热带低压、热带风暴、强热带风暴、台风。我们按传统习惯,将有影响的热带气旋统称为台风。当台风来临时,测站出现5级及以上的风称之为有大风。

1. 台风影响时间分布特征

南通受台风正面袭击的机会较少,一般多受其边缘或外围的影响。

受台风影响年均3.1个,最多的是1990年7个,少的仅1个(1950、1954、1957、1983、1995、1997、1998、2009年共计8年),个别年份没有影响南通的热带气旋,如1993、2003年(图2.6)。

统计表明,台风影响时,大风风向主要出现在偏东南方向,而偏西方向的大风出现几率较小。

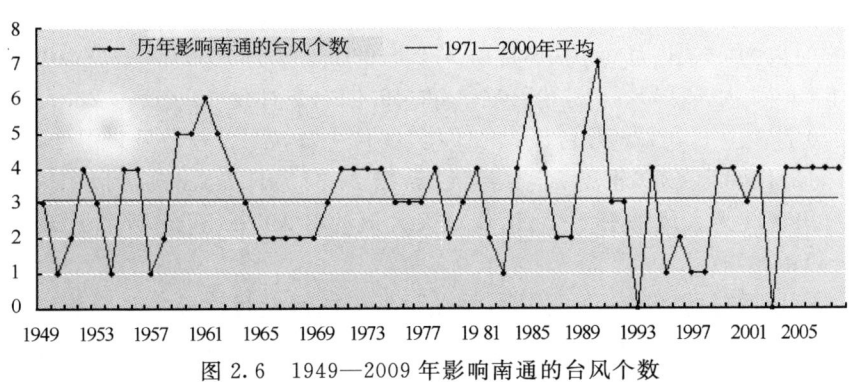

图2.6 1949—2009年影响南通的台风个数

热带气旋影响南通的集中期是 7 月至 9 月,占 83.0%,其中 8 月份最多(如图 2.7)。影响最早的是 5 月 18 日(2006 年 0601 号台风),影响最晚的出现在 11 月 25 日(1952 年 5231 号台风)。

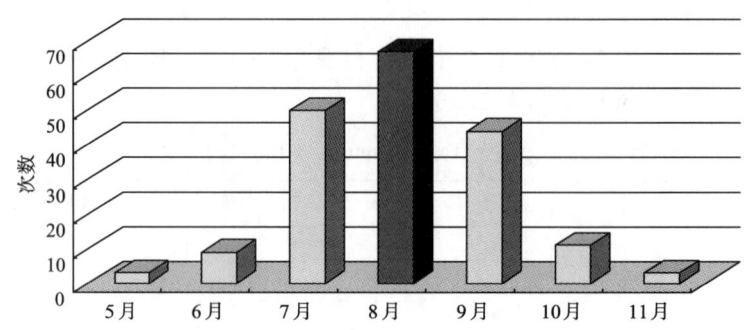

图 2.7　1949—2009 年影响南通台风次数月际变化

2. 路径分析

影响南通的热带气旋从路径特征划分,可分为登陆北上类、登陆消失类、正面登陆类、近海活动类、南海穿出类等 5 类。根据 1949—2009 年影响南通的热带气旋记录分析,近 60 年来影响南通的台风历史记录共有 185 次:登陆北上类出现 77 次(占 42%),其中登陆北上东路型 31 次、登陆北上西路型 17 次、登陆北上中路型 29 次(占 16%);正面登陆 5 次(占 3%);登陆消失类 40 次(占 22%);南海穿出类 20 次(占 11%);近海活动类 43 次(占 23%)。

3. 风雨极值

台风影响时极端最大风速为 26.3 米/秒(1960 年 7 月 27 日 6005 号台风),如东 1962 年 9 月 7 日曾达瞬间风速 40 米/秒。

受 6007 号台风影响,南通台 1960 年 8 月 4 日降水为 281.4 毫米;过程最大降水量,从 8 月 2 日至 4 日为 297.4 毫米。本地其他测站中,1960 年 8 月 4 日,一日最大降水为 507.1 毫米,从 8 月 3 日至 5 日过程雨量达 599.1 毫米。如东潮桥水文气象观测哨,测得过程雨量(36 小时)达 934.4 毫米,其中 24 小时雨量 822.0 毫米,创本地各台站台风影响时过程降水量之最。

4. 南通市出现 8 级以上大风的台风

影响时本站出现 8 级以上阵风的台风有 41 个,年均 0.84 个,占影响本地台风的 30.6%;影响时段为 6—10 月,其中 6 月份 1 个(1960 年 6 月 8 至 10 日,6001 号台风)、占 2.4%,7 月份 8 个、占 19.5%,8 月份 19 个、占 46.3%,9 月份 11 个、占 26.8%,10 月份 2 个(1961 年 10 月 4、5 日,6126 号台风;1975 年 10 月 7 日,7513 号台风)、占 4.9%。影响时大风持续时间最长的为 6306 号台风,连续 4 天(以 20 时为日界)出现大风(1963 年 7 月 17 日至 20 日);出现 3 天大风的有 4 个;出现 2 天大风的有 19 个,其余 17 个出现 1 天大风。

5. 综合影响情况

根据影响南通的热带气旋风雨强度,将热带气旋的影响程度分为 4 个等级。

最严重影响级:出现特大暴雨或区域性大暴雨,伴有大范围大风的过程。29 次,占 16%。

严重影响级:出现区域性大暴雨或大范围大风过程。53次,占30%。
较轻影响级:出现区域性暴雨或区域性大风过程。62次,占33%。
最轻影响级:出现一般性降雨,无区域性暴雨或区域性大风。39次,占21%。

在各类路径的热带气旋中,登陆北上类热带气旋的最严重影响级和严重影响级最多;正面登陆类热带气旋的影响往往是严重影响级和最严重影响级;登陆消失类热带气旋以最轻影响级为主,也可出现严重影响级;近海活动类和南海台风穿出类都以最轻影响级为主,少数近海活动类热带气旋与冷空气结合也会造成最严重级的影响,如2000年12号台风(派比安)。

发轫编

第三章　军山气象台的建立与主要活动

从测候室算起到军山气象台建成,共 11 年。军山台历经 21 年,最后毁于日军犯通。军山气象台前 10 年(1917—1926 年)在北洋政府领导下,南通维持清末给予的自治权,1914 年虽然曾下令停办自治,但 1920 年又再度恢复。在这 10 年中,张謇兄弟包揽了军山台的经费开支。

1927 年 5 月 24 日国民革命军第一军二师五团由常阴沙抵通,推翻北洋政府南通县知事公署,成立南通县政府;撤知事,任命县长,南通县归属江苏省政府,"自治"到此结束。南通地方的实际统治权,由张氏家族(当时张謇已经去世,由其兄张詧(字退庵)为代表)转到国民党手里。次年军山台划给南通大学农科,并先后更名为南通大学农科军山气象台和南通学院农科军山气象台,经费由农科筹拨,经常费(以工资为主的维持费)由每月 300 元减为 200 元。1933 年农科经费困难,势将停办。危急之际,1934 年 1 月由县政府代为呈请江苏省建设厅,核准在本县实业及建设两费项下,按月拨支经常费 100 元,不足部分由农科自筹(约 50 元),并与省会测候所合作办理建成"省会合作二等测候所"。1935 年,由省会测候所代为规划改进,呈准建设厅在本县建设费项下拨发临时费,作为添置及修理仪器、清理观测场地之用,1936 年 7 月起县补助费由 100 元增至 120 元,而农科则从 8 月起停止拨费,故仅有 120 元补助费可用。1934—1937 年军山台气象记录上报省头等测候所审核,编入该所出版的气象月刊及年刊中。

表 3.1　军山气象台沿革表

名称	起止	主任	上级领导
南通军山气象台	1917.1—1926.12	刘渭清	张謇、张詧
南通军山气象台	1927.1—1927.12	陈　湝	张詧
南通大学农科军山气象台	1928.1—1930.8	陈　湝	南通大学农科
南通大学农科军山气象台	1930.9—1930.12	蒋亦溪	南通大学农科
南通学院农科军山气象台	1931.1—1936.7	蒋亦溪	省会测候所 南通学院农科
南通军山气象台	1936.8—1938.2	蒋亦溪	南通县政府

第一节　发轫

清末,近代气象科学在中国萌芽。1872 年(清同治十一年),法国天主教会在上海徐家汇建立观象台,当时中国土地上已经有了不少气象观测站。但是张謇(字季直)认为这是有关国家机密的事业,不应落入外国人之手。他素有"自强、自立、自治"的爱国主义思想,所以早在1895年(清光绪二十一年)即考中状元后的次年,在以"自强"为宗旨的"上海强学会章程"中,他就提出要由国人自办博物馆。

根据张绪武先生记述,其祖父张謇在黄海海滨垦荒造田之初,认为关键是建成沿海长堤。公司首先招工两三千人,夜以继日地赶建大堤。但是1902年遇到几次大风潮,大堤遭到较大的损坏。紧急关头,张謇带领江导岷等人冒着风雨,督促农工加固加高海堤。他激励大家:"我们要拿所有的血汗和大风潮奋抗。"而当时大家身上已分不出哪是汗哪是血了。此后,张謇和同仁们谈道:"现在无论在哪里,只要一听到大风雨声,就会不由地想到海堤是否太平,常睡也睡不实。"他深切地感受到"气象不明,不足以完全自治"。

1903年(清光绪二十九年),本着"请教先进国,弄一点效法的资料"想法,张謇应日本驻江宁领事馆领事天野之邀,从4月至6月东渡日本实地考察70多天,参观日本教育机关35处,农工商企业30处,搜集了日本富国的大量资料。日本博览会、博物馆引起他极大兴趣,遂萌建馆之念。1904年3月,清廷"赏加"张謇三品衔,并任命他为商部头等顾问官,有了向清廷进言的机会。1905年张謇两次上书清朝政府,请求建立"帝室博物馆",均未获采纳。在此情况下,他决定在南通植物园内建馆。园馆融为一体,合称博物苑。该苑最先落成的中馆,初名为"测候室"。中馆原为三间平房,当中一间顶上是一个平台,称之为"观象台"。上面安装了测风、测雨仪器;中馆东侧建有寒暑亭,安装了测量温度、湿度的仪器、仪表。1909年正月初一起,测候室在地方报纸上登载所测气象记录。

这是中国第一个博物馆及国人自办的第一个测候机构。

南通博物苑门额阴面的石刻,有如下记述:"光绪三十一年乙巳,购并地29家,凡三十五亩有奇,越岁丙午,苑馆、测候室成,搜集中外动植矿工之物,乡里金石,先辈文笔,资我学子察识物理,愿来观者,各发大心,保存公益,若私家物,无损无阙!"

测候室屋顶有"观象台",楼侧建有寒暑亭,室经理(后改为主任)由博物苑主任孙钺兼任,张謇自任总理。仪器均从日本购进,从1906年9月1日起正式观测记载。观测项目有天象、天气、空气温度和地中温度、湿度、风、降水量、云、日照等,注意收集国内外天文、气象、地震等资料,并注重为社会进步、工农业生产服务。

1908年(清光绪三十四年)9月,通州试行自治,选议员30人,组成首届议事会。张謇、孙宝书为正、副议长;同时成立首届董事会,选董事8人,知州琦珊(满人)为会长、张謇为副会长。议会仿效天津立章程,其主要职能含防洪、保坍、赈灾等有关气象条款。正是因为取得了自治权,张謇才有了实现抱负、施展才能的机会。

1909年正月起,博物苑测候室在周日出版的《星报》上发布气象预报。该报是南通最早的报纸,用有光纸四开两张八版单面印刷,每期300~400份。

1912年元旦,孙中山就任中华民国临时大总统,任命张謇为实业部总长兼两淮盐政总理。3月,袁世凯任临时大总统,张謇毅然放弃参加袁世凯所组内阁。政权更迭后,通州自治延续为南通县自治。

1913年1月博物苑测候所移交给南通甲种农校后,观测项目基本保持原状。随之,农校增开气候学课程,测候所兼作学生实习之用,其记录供农事试验作参考。资料和研究成果存入博物苑和图书馆。测候室迁出后,博物苑中馆加建为两层,上罩红色铁皮尖顶,作为碑帖陈列室。

第三章　军山气象台的建立与主要活动

1913年9月,张謇考虑"气象不明,不足以完全自治;而明之,必有其地,尤必有其人",因此一方面择军山建台,另一方面遴选农校数理素娴,并通英、法、日语的优等生刘渭清(字叔璜),赴上海徐家汇观象台,跟随副台长、法国耶稣会司铎马德赍(Josephas de Moidrey)先生学气象,研习气象学、观测、绘制天气图、天文、统计、观星测时等业务,还去昆山菉葭浜天文台学习推算日月蚀、节气等方法,并了解各地磁针偏差的测数以及各地台站的海面高度。共3年零1个月。

1913年10月受熊希龄内阁总理之邀,张謇出任农林工商部总长兼全国水利局总裁。1914年10月因袁世凯称帝野心暴露,张謇请辞总长之职,但未获准;1915年3月再辞,得到批准;不久,又进一步辞去全国水利局总裁以及参政职务,终于无官一身轻,回到家乡南通。

张謇先生不但经营军山气象台,而且推进全国气象工作的兴办。他在任农林工商部总长时,建立农林工商部测候总所,制定观测规范,倡导各省农林机构设立测候分所。他派周景濂在全国各地陆续设立测候分所26处,后限于经济拮据而中辍,存于20世纪30年代的有北平三贝子花园(今北京动物园)测候分所、山西农专测候分所、北平农专测候分所等。这些测候所的设立,是中国政府兴办气象事业的先声,是中国政府自办气象事业的第一轮举措。

一回到南通,张謇随即给地方长官卢鸿钧呈送了一份《为南通地方创造气象台呈卢知事》的请示函。卢鸿钧是由北洋政府任命的南通县知事,此人曾于1915—1917年和1921—1923年两度出任知事,从外部条件上支持张謇兴办的各项企事业。

在给卢知事的请示函中,张謇表述:"农政系于民时,民时关系气象。""各国气象台之设,中央政府事也,我国当此时势,政府宁暇及此?若地方不自谋,将永不知气象为何事"。

其时,中央政府已于1912年着手筹办了中央观象台和观测总所,属中央教育部。1915年夏张謇曾派刘渭清赴京参观学习。这份请示函表明,张謇已成气象内行,能精确区分观象台和气象台的差别。

著名气象学家、中国气象学会第一届理事会会长、中央观象台气象科首任科长蒋丙然曾称"军山气象台为中国私家气象台之鼻祖。"其实,军山气象台不仅是私家气象台之鼻祖,还是国人自办的第一家气象台。其先,虽有1915年在中央观象台内建立的气象科,并绘制了等压线图,可谓中国人绘制的第一张天气图,但没有形成气象台的架构,不能称之为中国人自办的第一个气象台。

刘渭清1915年参观中央观象台时,发现该台拥有能测百分之一秒角度的大型子午仪,却因安置上不得法,镜轴旋转未能平正垂直,致为测差之主要因素之一。当时刘渭清曾竭诚相告,愿效劳整理,但是负责人自信力太深,说是已整理好,拒不接受帮助,遂将经纬度测差。后经专家用等高仪复测,证明其差,方知军山气象台有高人。

1921年竺可桢在《东方杂志》第15期发表《论我国应多设气象台》一文,文中在提到日本有56所气象台后说:"反观我国,则除中央气象台而外,惟南通张季直先生所设之军山气象台而已。"竺先生所说中央气象台系中央观象台气象科,该科杨寿龄、夏震龙曾在徐家汇观象台学习。1916年初试作一天两次天气预报,上午9时在台内悬挂信号旗,晚间报给各报馆公布之。1925年中断。1930年7月建成北平气象台。

第二节 建成

军山气象台选址于军山山颠普陀院后,距县城十八里*。由于张謇不忍占用普陀院地界,台址范围显得略小,约 1550 平方米。1914 年 5 月,张謇到上海请马德赉副台长帮助购买仪器,刘渭清前往上海接仪器时,与马台长商量建筑图稿。马台长建议把普陀寺拆除,张謇不欲毁数百年之古刹,乃以其后殿之基址建台,并于 1914 年 12 月先营庙舍,待僧众栖息奉佛有所,而后从事于台。

军山气象台为中国第一位近代建筑设计师孙杞(字支厦)所设计,吴松山辅之。所谓"近代第一"是指此前中国设计师往往仅有设计图纸而缺详细预算。孙支厦的设计既有图纸,又有预算,其代表作还有江苏省咨议局、南通博物苑、钟楼、濠河别业、更俗剧场、通崇海泰总商会大厦、新新大戏院、女工传习所等。军山台的建筑工期从 1914 年 12 月到 1916 年 10 月,历时 23 个月。台屋建筑面积 330 平方米。附属生活用房(平房)面积 122 平方米。

施工期间,京华政坛风云变幻。竣工前 1916 年(民国五年)6 至 7 月,仅两个月就换了两个皇帝、两个大总统。先是 6 月 6 日"中华帝国洪宪皇帝"袁世凯死去,黎元洪任大总统;接着张勋复辟,7 月 1 日至 12 日扶宣统皇帝傅仪"重登大宝";段祺瑞"再造共和"后冯国璋任大总统。张謇远离京华,偏安"江淮之委海之端",敢为人先,建成气象台,心中感慨,在《军山气象台视工》一诗中,抒发了自己的情怀:

高出狼山塔,平窥象纬天。
风云殊正变,江海极周旋。
重译来新法,孤怀企后贤。
有为端始作,所慎在几先。

军山气象台共计四层,台前右侧有平房八间作生活用房,台后空场一方,四周绕以铅丝藩篱。台之第一层三间,东为仪器室,室内观测的仪器均安置其中;仪器室外南面短墙顶,安置日晷仪;西为办公室,中为会客室。第二层一间,收藏图书,由此通至办公室等屋顶,上置日照计及测云器。第三层一间,为自记风向风速计室。第四层一间,上通台顶,台顶安置风向风速计旋转部,并装置避雷针。

台后空场,安置寒暑亭、地温表、草温表、蒸发皿、雨量器、自记雨量计、无线电天线柱等。

台前南首平屋三间,为门房、夫役室及厨房。西首平屋五间,为膳室、寝室、浴室及厕所。均附有走廊及雨道。

为了提高收发报质量,在台屋东北角树立了天线柱,拉两根约 35.9 米和 35.1 米长的天线到台顶,拍发天气报,收取上海方向的无线电信号。

当年军山气象台正门两侧有张謇所撰并亲手书写的对联:

仰窥象纬抬头易
自有云雷绕膝生

说明建台的目的,既观测天象运行,又测量变幻的气象状况,是天文与气象并举。

1916 年重阳节开始安装仪器,当时军山台之设备,国内固属仅见,国际间亦享有相当

---

* 1 里=500 米

声誉。计有(包括建台后补充的仪器)30多种(表3.2)。

表 3.2 军山台设备一览表

名称	件数	制造厂
福丁式水银气压表	一具	法国制
空盒气压表	一具	法国制
勒姆勒聚氏(Lambrecht's)天气预报计	一台	德国兰步瑞厂,周转
自记气压计	二具	法国立却德厂
大型日照计	一具	上海土山湾工艺局
小型日照计	一具	本台监制
风向风速自记机	一具	上海土山湾工艺局
干湿球湿度表(自然通风)	一组	法国制
干湿球湿度表	一组	法国制
地温表(0.3、0.6、1.0米)	一具	法国制
草温表	二具	法国立却德厂
最高水银温度表	一组	法国立却德厂
最低水银温度表	一组	法国立却德厂
旋转温度表	一组	法国立却德厂
毛发相对湿度表	一组	法国立却德厂
自记温度计	二具	法国立却德厂
自记湿度计	二具	法国立却德厂
测云圈	一具	本台监制
量雨尺	一具	本台监制
蒸发皿(埋置式)	一具	本台监制
雨量器	一具	本台监制
倾筒式自记雨量计	一具	法国立却德厂
寒暑亭	一座	本台监制
三棱镜日晷仪	一具	法国制
无线电收报机	一具	上海卢家湾法国无线电报局
无线电收音机	二具	上海电器制造厂
时辰仪	一具	英国制
经纬仪	一具	日本制
指星仪	一具	本台监制
赤道仪	一具	本台监制
天体仪	一具	商务印书馆
地球仪	一具	商务印书馆
天秤仪	一具	上海科学仪器馆
标准铜尺	一具	北平权度制造所
水平尺	一具	上海科学仪器馆
望远镜	一具	上海双龙洋行
无线电报练习器	一具	本台监制
避雷针	一具	德国制
德律风(电话机)	一部	大聪电话公司
天文钟	一座	德国制

其中拥有法、德、日、英等国制造的最先进的仪器11种。

军山台图书分中外气象书籍及气象报告两大类,气象报告种类颇多,兹不备载,所拥有的气象书籍见表3.3。

表3.3 军山台气象书籍一览表

名称	册数	著作者
华英地名表	一册	—
无线电话讲义	四册	—
气象台学通诠	一册	马德赉
测候须知	一册	黄厦千、全文晟
检查湿度用表	一册	—
云形总图	一张	—
云形图	四十张	—
军山平面图	一张	—
报风新例	一张	—
远东测候用图	一张	—
军山地质图	一张	—
法华袖珍辞典	一册	—
测量经纬度子午线表	一册	—
航海历书	十四册	—
徐家汇气象台历书	十四册	—
中央气象台历书	一册	—
近世气象学	一册	冈田武松
天气预报论	一册	—
实用气象学	一册	蒋丙然
地文教科书	一册	山崎直方
气象常用表	一册	—
陆蒄浜验磁台记	一册	—
相对论原理	一册	高鲁
各省地图	十一张	—
恒星赤道经纬简表	一册	—
日用天文学之常识	一册	松鸟种美
德国天文历	一册	—
无线电话原理	一册	—
摄影术	一册	杜就田
万国无线电报通例	一册	—
通俗无线电信电话讲话	一册	野村钲太郎
世界最新地图	一张	—
测候必携	一册	江苏省水利局
温度雨量观测法	一册	中央气象研究所
全国气象观测实施规程	一册	中央气象研究所
测候指南	一册	省会测候所

在正式观测记录前,马德赉派书记鲁廷美君来通视察、赞助、安装。马君于南通军山气象台之设,启导匡翼,可谓有始有终。正式观测记录后,复由徐家汇观象台(观象台为总台,下设天文、气象、地磁、地震、授时等部门)台长田国柱(Henricus Gauthier)介绍刘渭清至上海卢家湾电报局学习无线电报之用法,并增购无线电收信机一具。1917年1月1日开测时添练习生赵日昇一人,另有实习学员赵叔云。装备上达国际先进水平。马台长盛赞"张季直博士创办气象台之苦心"。

为了参与国内外交流,专门实测了军山台在地球上之位置,居东经 $120°53'17''$(与格林尼治标准时间相差 8 小时 3 分 33 秒),北纬 $31°57'35''$。气压表水银槽高度(吴淞口基面)110.4 米。与气象台方位比较,民国五年(1916 年)测得军山颠磁针北端偏西 3.2 度至 3.7 度。

军山台由张謇任总理,其三哥张詧任协理,刘渭清任主任,陈潘(字泽渔)为助员,赵日昇为练习生、测算员,蒋仲濂(字亦溪)为缮写员。1918 年 1 月张謇亲撰《军山气象台概略》一文,对建台用项和第一年维持费(银圆)有详细记述。

建筑费(含追加款):7703.078 元。

开辟道路费(含气象台新路、山下马路及造桥等费在内):709.892 元。

购置仪器用银(含仪器运费、安置费及一切杂费在内):2006.749 元。

测军山及农校海拔高度费:38.761 元。

图书费:54.59 元。

开办费(购置器具杂物与运费,以及开办前之筹备费一律在内):493.58 元。

第一年 1 月至 12 月共支经常费银(不包括年报辑要印刷费):1264.476 元。

第一年特支费(含添器具杂物、书籍、印刷自记纸、制铜版及追加建筑马路、栽树、山上种药草等费):340.068 元。

以上 8 项开支共耗银 12557.194 元,还不包括翰墨林印刷公司添支的大项《气象季报》《气象年报》《年报辑要》精装印刷出版费。这些钱,包括未列账的印刷费,主要由张謇兄弟资助,社会人士略有赞助。

军山台建台宗旨,由张謇亲定,包括气象、天文、水文、地震等学科,计有 11 项之多。

台址选在军山,在一定程度上反映了张謇创办气象台的意愿。他说:"气象台宜设军山上,不仅有关风景,且于天气预报有益。因军山南临长江,与江南的福山对峙,形势绝佳。江中来往船舶,遥望军山有标号。在通城及东乡民众,远望军山有台,亦可提高重视天气预报的观念。所以台设在军山上,可以瞭远听远,对天气预报是有裨益的。能加强天气预报,也与农业有裨。"此中所云福山乃张謇恩师翁同和故里,军山台在张謇心中犹比马鞍山之"望虞台",另有怀念老师之意。

第三节　预报

清同治十一年(1872 年)法国天主教江南教区主教朗怀仁(Languillat Adrien)和耶酥会江南传教会会长谷振声(A Della Corte)在上海建立徐家汇观象台。清光绪五年(1879 年)徐家汇观象台集中海关测候所观测资料(当时海关被外国人把持),进行制作天气预报业务工作。同年开始发布台风警报。民国三年(1914 年),上海法租界公董局(音译,相当于公共租界的工部局,是上海法租界最高的市政组织和领导机构)建立无线电台,用无线电与各地及海上船员通报天气。据徐家汇观象台台长田国柱介绍,1916年军山气象台与之建立了业务关系。

1917年军山气象台有熟悉气象学原理和测候工作的专职工作人员4人,正式系统地开始气象工作,不仅使观测资料得以整编、运用,而且有条件参与到天气预报制作体系中去。民国六年(1917年)南通成为继上海之后,在江苏乃至全国(当时上海隶属江苏)第二家有能力制作并发布天气预报的城市,而作为"国人自办"则为首家。

当时军山气象台使用的仪器设备较之其他地区颇为先进,用日时仪观日、经纬仪观星、德律风(telephone)对时,而北京还在使用"施放午时炮对时"。

军山台利用收信机每日4次收得的东亚47站地面观测资料。根据分析等压线的天气图,制作24小时预报,并在《通海新报》上登载。同时每日6时、14时拍发绘图天气报。

1917年4月4日刊登了南通历史上第一张长期预报,预报"4至5月雨量稀少,春旱。"值得一提的是,这次预报是准确的。

除了测算气象,以备登载报纸及著报告书外,还制作一纸预报单,暂不发表,专供内部考核使用,打算过两年以后,准确率过9/10,再为公布,以昭慎重,而收大信。

民国九年(1920年)3月19日起,《南通报》每天有天气、气候(即温度)、风向、风力、备考5栏专门用于登载天气预报,但每栏不超过4个字。

天气分晴朗、概晴、晴而易变、云而晴、云、概云、云而易变、概阴、阴雨、雨雪、阴雨欲霁等12级。飓风、低度大潮、雷雨、阵雨等,一般不登;飓风暴雨或大潮汐将至,认为确实无疑者,则由南通德律风总汇为公众报告。

气候分寒冷越常、较冷、平常、较暖、温暖越常等。所谓冷、暖,乃比较而言,如下午15时报"较暖"是指未来24小时较已过去的24小时暖。

风向分8个方位以及易转无常。如"概东易转",是指24小时内有东风,但易转向。

风力分:弱、缓、疾、强、烈、猛等6个等级。

备考栏可写一些建议、提示。

在《天气预报条例》中有两点声明:(1)"天气预报有变化,预报亦时时不同,故《南通报》所载与《通海新报》所载有不同之处";(2)"仅尽预报之责,而不能期以必准,希阅报诸君共谅。"

除两份报纸外,遇有重大天气影响,还在南大街长桥天气预告台上公布。

每年均对当年重大天气过程做技术性总结,重要事件和灾情调查作记载。例如:1918年是丰梅年,6月11日至7月10日梅雨总量340.6毫米,总结其主因是:"东南信风盛行为酝酿梅雨之先机。"梅雨期内,6月28日在《通海新报》发布了"霪霖已届河水将溢之警告。"

1919年9月3日南通受台风(当时称飓风)影响,极大风速达每小时88千米(24.4米/秒),该台风到来之前,8月31日和9月2日在《通海新报》作过预报,9月7日在《南通报》作了预报服务小结。

1921年添置无线电收音机,约计400元,用于收集汛情、灾情、农情等有关新闻报导。例如:

1921年8月20日南通受台风影响,极大风速达每小时104千米(28.9米/秒),军山台公布了台风中心路径,台风正面袭击江苏,中心经由南京与镇江之间北上,所以创造了"年极值"。

1922年2月26日的寒潮大风(19米/秒)解释是西伯利亚重大之反气旋扩张于中国造成。

虽然人员很少,军山台在大灾之后,都派员到农村作灾情调查。民国十一年(1922年)五月初七下午3时,石港镇横河口发生龙卷风,损坏房屋171户,死4人,伤者不计其数,龙卷风自西北向东南,再向东北进入掘港境内,行程6千米,军山台派员实地调查,根据目击者反映,绘制了两条龙卷风的路径图,印在当年的《年报辑要》一书中。

1923年的梅雨量是50年来最大。他们在6月30日《南通报》上发"霪霖已届河水将溢之警告",7月7日出现特大暴雨,7月14日始霁。灾后随即深入乡村了解到:各区河水漫溢,低洼田亩,尽成汪洋,禾苗淹没;较高之田也多积水。墙塌屋倒,堤岸溃决,小轮停驶,街道淹没,交通断绝,粮草飞涨,种种惨况,难以罄述。骑岸乡农妇有终夜坐哭者。

军山台科技人员自已动手维修仪器仪表,甚至设计制造。1924年5月刘渭清、陈濡在徐家汇龙相齐副台长的襄助下,自已动手制造收信机一具,能接收英、法、德、美、日诸国在太平洋及香港、北京等处拍发之气象电报,声浪颇高。

1924年3月22日凌晨2时30分出现极大风速26.9米/秒,风向为西南到西风(WSW-W),军山台公布其成因是气旋从山东入海,南通处于气旋中心南侧。

1925年以后《气象年报》改由"国立中央研究院气象研究所和南通学院农科军山气象台"联合编辑出版发行。

军山气象台科技人员一度仅3人而已(偶尔有实习生前来实习),除了进行大量的预报、测报农情灾情调查等工作外,还每日4次接收无线电气象报告,每日上午6时预报地方天气、气候、风向、风力,附报昨日最高、最低气温及雨量。如遇天气突变,如飓风雨之将至及潮汐之泛滥,则临时发警告。

第四节 测报

军山台其仪器观测项目,较之1934年江苏省规定的二等测候所规模都有过之而无不及。其工作效率与水平,不仅为徐家汇观象台的外国人所折服,在世界各国气象台中也有较高知名度。民国七年(1918年)军山气象台第一期中英文对照编辑的年报寄至徐家汇观象台后,受到天文台台长马德赉高度赞扬,他在复函中称:"气象学在中国为极新之学科,是书在中国气象界中诚为有价值之贡献,固有口皆碑。""今得如此成绩,实属可嘉。"

民国十二年(1923年),徐家汇观象台气象部主任、天文台副台长龙相齐(E. Gherzi)等人,专程赴南通军山气象台,复测该台的经纬度、海拔高度,检查各项仪器设备的科学性和各项业务所达到的实际水平,均觉无可指责。

军山台观测项目为气压、气温、最高气温、最低气温、绝对湿度、相对湿度、降水量、降水时间、日照时数、风速、风向、蒸发量、地温、草温、能见度、云量、云状、云向、云速、天气状况。

观测时间用东经120°标准时,每日规定观测9次,为03、06、09、12、14、15、18、21、24时。其中06、14时两次,为编制气象电码之用,14时之记录,不加入计算"日平均"。03、24时两次,系由各自记仪器上之记录比较求得之。"日平均"涉及八个时次。06时以前者,为昨日之记录,但降水以子正即零时为日界。

以上各项观测中,唯最低气温及草温于09时观测,最高气温于18时观测,地温于06、14、21时观测。蒸发量于06、18时观测。

观测所得实况也在新闻纸上公示。例如1917年4月4日《通海新报》(隔日出版):

表3.4　南通军山气象台报告(1917年)

项目 时间	气压(公厘)			气温(℃)			风		湿度		降水量 (公厘)	记要
	平均(海面订正)	24小时变差	标准平均	最高	最低	平均	最多风向	最大速率(千米/小时)	百分率平均	24小时变差		
4月1日	765.89	降0.39	763.70	20.3	9.1	14.70	东南	33	57	升4	0	天昙而明,午前日晕
4月2日	761.62	降4.27	763.57	18.8	10.7	14.75	南	50	61	升4	0	天昙而明,清晨南风尚烈,晚来月晕

附注:①标准平均借用徐家汇气象台43年之平均数,以资比较。

②1公厘=1毫米。

1930年8月江苏省水利局鉴于本省已有测候机构所测的雨量记录,对水利上应用尚感不足,因订"江苏省气象测验办法"颁行,令全省各县各设四等测候所一处,其业务范围虽小,但测验面较广。办理三年余,因无专人专费,成效不大。撤销后南通县政府移交给军山台的仪器有:

梅松式干湿表1组　　　　　　英国纳格拉底厂制
薛克思氏温度表1具　　　　　英国纳格拉底厂制
八吋标准雨量计1具　　　　　省会测候所监制
埋置式蒸发皿1具　　　　　　省会测候所监制
百叶箱1具　　　　　　　　　省会测候所监制

1935年军山台由县政府拨款,添置及修理仪器、整理观测场地,共计花费1150元,成为"省会测候所合作二等测候所",添置之仪器有:

寇乌式水银气压表1具　　　　英国纳格拉底厂
自记温度计1具　　　　　　　英国纳格拉底厂
自记湿度计1具　　　　　　　英国纳格拉底厂
最高温度表1具　　　　　　　英国纳格拉底厂
最低温度表1具　　　　　　　英国纳格拉底厂
长短波无线电收报机1台　　　中雍电器厂

测得记录,由省会测候所汇印气象月刊及年刊,每日拍发天气电报往南京、镇江、青岛、济南、徐州、上海等地气象测候台所。

第五节　农气

外国人在中国办气象,其首要目的是为航运交通及其经济掠取服务;中国人在中国办气象,最主要的目的是服务于农业生产,防灾减灾夺丰收。

清光绪二十八年(1902年)、三十年(1904年),张謇经营的"通海垦牧公司"(清末江苏省设通州和海门厅,一州一厅合称通海)围垦之时,两次遭强台风(当时称飓风)、暴雨和大潮袭击。事先毫无防备,堤岸被冲坏50多处,公司在经济上受到很大损失。光绪三十一年(1905年)夏季初秋,通海之滨江临海一带,棉苗极盛,为数十年未有。八月初三飓潮为灾,江海之滨荡然无存;即内地亦为飓潮所伤,损折过半。

而早在1879年起,上海徐家汇气象台就已经发布台风预报,可惜不让中国人知晓。

张謇认为,徐家汇气象台之所为,是法国人在我国越俎代庖,致使有关国家机密的事业落在外国人之手。所以他在为建军山台而呈报卢知事的请示函中才有"农政系于民时,民时关系气象"之认知;此后,竺可桢先生,则把气象作为"国家主权"看待,其认知程度又进了一步。

民国二年(1913年)南通甲种农校建立测候所,将南通博物苑测候室之仪器移交农校。进一步强调了气象为农服务的宗旨。农校测候所不仅作为学生实习气象观测之场所,而且及时提供其资料,为社会、为农业所用。

当年尚在校的前"乙种农校"(1902—1929年间农校经历了初等农校、乙种农校、甲种农校、大学农科等阶段)三年级学生徐维廷,于1913年7月写了《测候所落成誌喜》一文,刊载在《南通农校课余杂志》第4期,观其所言,可见农家对气象测候及天气预报的要求很为迫切。文中他还提出了建立气象台之愿望。

附录:测候所落成誌喜:"原夫农校之设,专为研究关于农业之学也,而气象一门,尤为农家不可缓之学。然空讲气象学,而无测候所以实验之,不但枯燥无味,而且犹如纸上谈兵,故气象学与测候所二者,乃相辅相成,不可偏废者也。且测候之功用甚大,如春夏之间,往往有严霜巨雹为害作物,而普通农人,不知先事预防;祸患之来,束手无策,甚至已成熟之禾稼,俄顷消灭;相与叹息咨嗟,归诸浩劫而已;而一些迷信之徒,谓有"掠袖神"经过,委诸运气之低,甚可悯也!

有测候所,可知空气中温度之高低及湿度之大小,可以预测风云之变化,气压之高低,霜雹之有无,雨量之大小,可以预告农界早为预备,以免损害作物,其功不可没矣!

如今年春夏之间,通海境内,屡有雨雹之事,虽未成灾,而经过之处,所伤作物甚多,故农产收量大减,若早知预防,何至遭此苦痛耶!此无气象台与测候所之关系也。

小子肄业农校,已3年矣,虽教师以气象授我,而无测候所以试验,颇觉困难,如堕云里雾里,不释其疑。

今年春季,校长张謇不惜巨资,饬匠建筑,五月初旬,鸠工庀材,兼旬而成,位置在本校之中,教室之西、寝楼之东,为同学往来之孔道。落成之日,各班同学,雀跃翩舞,喜形于色,群相庆贺,共幸试验之得所矣。吾班今夏毕业,而始见测候所之成,实吾辈之大幸也。"

该测候所第二年全年观测资料,经统计整理,制成年报表一份,在张謇修、范铠纂,张謇续纂、孟森增订的《南通县图志》第二十二卷刊有。全文摘转如下:

表3.5　民国三年(1914年)甲种农校测候所年报表

月别	月最高温度(℃)	月最低(℃)	月总温度(℃)	降水量(毫米)	晴天日数(天)	雨天日数(天)	云天日数(天)	雪天日数(天)
1	18.3	−8.9	289.4	34.4	20	4	5	2
2	12.9	−5.0	291.3	6.7	15	5	8	0
3	20.8	−8.5	306.5	130.2	15	6	9	1
4	25.8	11.0	393.5	60.6	11	10	9	0
5	27.1	15.3	591.6	51.6	22	5	4	0
6	27.8	19.7	596.1	224.1	20	5	5	0
7	28.3	23.2	508.4	188.1	21	8	2	0
8	30.4	24.4	715.4	44.4	24	2	5	0
9	24.9	18.4	699.2	56.7	24	1	5	0
10	20.7	13.0	530.5	10.7	23	2	6	0
11	13.5	5.0	343.6	36.7	19	3	8	0
12	6.5	0.2	177.0	20.4	20	1	8	2

这份报表有明显错误,如1914年7月23日南京最高气温达40.2℃,此表未反映;再如7月份总温度也明显偏低,原因在于学生之专业性不强。

军山气象台建成后,农校测候所经常与军山气象台合作,供给各垦区和轮埠天气情报。军山台在南通高等农校挑选优秀毕业生7人,为苏北各盐垦公司训练测候人员,分遣各测候所供职。

表3.6　历年训练的人员表

姓名	时期	结业后的去向
赵叔云	1917.01—06	留本台工作,1934年8月去镇江任电报员
蒋亦溪	1917.01—06	留本台工作,1931年任主任,直至日军毁台
陈启瑞	1919.01—06	苏北盐垦公司①,惜未能致用
蔡美环	1919.01—06	苏北盐垦公司,惜未能致用
吴　樾	1919.01—06	苏北盐垦公司,惜未能致用
顾尔镐	1919.01—06	苏北盐垦公司,惜未能致用
张鸿飞	1919.01—06	1924年第二季度,军山台推荐到徐州省立第二农试场建测候所
戈恩溥	1919.01—06	苏北盐垦公司,惜未能致用
袁省身	1919.01—06	苏北盐垦公司,惜未能致用
周德昭	1920.11—12	崇明大生农校派来,回原校
陈祥麟	1929.01—06	留本台工作,1934年9月调出②
赵仲德	1929.08	留本台工作,直至日军毁台
姚永年	1929.08	留本台工作,直至日军毁台

注:①苏北盐垦公司,至1918年底为止,有大有晋(南通三余)、大豫(如皋掘港)、华丰(大豫公司之西)、大赉(东台角斜以北)、大丰(东台新丰镇)、大祐(盐城六大股)、大纲(阜宁大兴镇)等7家。想办7个测候所未成。
②陈祥麟,1934年9—12月参加江苏省建设厅省会测候所训练班;1935年1月调到江苏省立麦作试验场二等测候所任主任观测员;该所位于黄河故道中,距铜山北关约三里,即东经117°10′,北纬34°18′。

受军山气象台影响,由张謇熟识的陈仪(1883—1950年)投资125万元兴办的东台裕华垦植公司创办了测候所,于1924年1月正式开始观测,在苏北各盐垦公司中"最具科学设备"。1936年6月1日发展为二等测候所;6月1日起开始每天向南京、镇江、上海等地气象台拍发天气电报。该所位于北纬33°10′,东经120°33′,海拔高度6.8米,是盐城地区测候事业之开山鼻祖。

《军山气象台宗旨》之第5条是"研究农业与气象之关系",按此宗旨,军山台特别注意为社会经济的发展服务。尤其是棉花,关系到纱厂的原料,所以特别受到重视。

通海垦牧公司在绵亘数十里的荒滩上进行筑堤、修渠,围垦了近10万亩*农田,种植棉花,为大生纱厂提供了原料。

此外,它的创办并盈利,为苏北其他地区开垦沿海荒滩提供了经验,北起阜宁陈家港,南至南通县吕四,绵延600多里,风起云涌地办了起来,促进了苏北沿海部分地区农业生产的发展。

军山台在深入调查的基础上,对逐年棉花产量与气象的关系作了分析。表3.7是军山台从南通县的市郊及刘桥、石港、三益、垦牧、余中、四安、金沙、三乐、观永、吕四等10个区调查所得逐年棉花产量(已经过校核)。

表3.7 军山台调查统计的棉花产量(1916—1923年)

年份	每亩产籽棉(斤)	缫棉百分率(%)	全县皮棉总产(万担)
1916	—	35.0	20.00
1917	88.1	36.5	48.94
1918	171.2	37.0	94.03
1919	188.3	36.5	78.54
1920	92.8	35.5	51.17
1921	23.6	34.5	12.62
1922	123.8	36.5	74.04
1923	72.3	35.0	34.58

注:1担=100斤=50千克

对1916年至1920年棉产作总评述时说:"总而言之,棉产之丰歉以受气象之支配为最巨;而植棉地积之增减亦有正比例焉。"其中,1916年"天气最劣,故收成绝歉。"(用农校测候所资料);1918年收成最佳,也是因为天气"极为合宜"。

分析1921年收成最低的原因是:棉花自发芽后即多阴雨、不热;及至梅雨期,又阴雨连绵不止,湿度大,温度在常值以下,日照不足,发育仍不畅旺;枝干短小;出梅后复以数次大雷雨。8月14至15日先见小飓风,20至21日又遇飓风、濛雨、大潮,沿江海之区发生大潮灾,内陆之区发生大涝灾,内地复见第二次大河溢,此次棉花之受伤极重;8月底9月初霪霖兼旬,第四次河溢。总之,气象屡次反常,相继危害,故棉花几乎失收。"通棉遭劫之甚,实近40年所未有。"

另外,在积极引进外国棉花时,均作农业气象条件分析,如表3.8所示,具体计算棉花

---

* 1亩=666.6̇平方米

生育期所需之积温。

表 3.8　通棉与外国棉积温比较表

棉种别	中国南通棉	美国长丝棉	美国陆地棉	美国海岛棉	美国胡老利棉	美国屈里斯郭棉	美国秀熊埃克六泼棉	美国加州埃及棉	台湾印度棉	东洋白花棉
积温（℃·日）	2318	2519	2549	2605	2520	2549	2518	2676	2506	2469

每年写出《调查本年度通棉出产额之报告》。其他作物也在关注之列，如军山台开测第一年就写了《1917年南通麦之丰收与气候有何关系》。重大自然灾害，也都一一调查记录，在本台季报、年报上发表，也登新闻纸作宣传。如1917年5月3日长江下游冰雹，上海马路积雹寸许，玻璃每箱上涨银10两；麦、蚕豆、油菜籽受灾减产30%以上，约算总损失银175万两；1918年1月末，寒菜受冻严重，价格大涨，达每斤30余文。

军山台还于1919年和1920年接纳南京高等师范学校农科生实习，二年分别为6人和3人。

第六节　天文

《江苏省乡土志》中记载军山气象台内部装饰云："壁之四周，悬有天文图像多幅，用之观摩，诚伟观也。"

军山台进行太阳活动如太阳黑子、行星运行、黄道光等方面的观测、记载和研究，例如：1917年2月11日记录到"午后见日中大黑子"。

晴天时以日时仪、观日对钟；以经纬仪观星对钟；每天上、下午两次用无线电与上海徐家汇天文台对钟，并用电话通知钟楼，后扩大至天生港和唐闸的两处钟楼。

遇有日食、月食即将发生，则根据天文台的预报，登报公示。

军山气象台在培训实习生时，要求必须掌握测定经、纬度的技术。

如1919年5月28日军山台陈潘、蒋亦溪、赵日昇及各位实习生各觇一星，以测本台经度。所觇星名及星等如表3.9：

表 3.9　军山台测经度所觇星名

观测员	所觇星名（又名）	星等
陈 潘	天秤一	2.9
赵日昇	勾陈二（小熊二）	2.2
蒋亦溪	天蝎三	3.4
张鸿飞	室女一	1.2
袁省身	乌鸦五	3.2
吴 樾	乌鸦三	2.8
顾尔镐	水蛇十六（长蛇十六）	3.5
蔡美环	乌鸦二	2.8
陈启瑞	室女十	4.3
戈恩溥	水蛇三（长蛇三）	3.3

十人的测定结果大同小异。其中戈恩溥所得结果是：军山台之经度在英国格林尼治以东、时差8小时3分39秒30(此法约有1秒误差)，以每经度差4分钟计，军山台位于东经120°55′。完成这一次实习后，实习生们于当年6月1日结业。

1923年10月26日徐家汇天文台副台长龙相齐抵达南通，次日上午9时携其助员屠司铎及南通天主教许司铎同诣濠阳小筑谒见军山台总理张謇，旋即同乘汽车参观军山台。龙相齐携带折光经纬仪一具(法国制造，价值三千圆)，天文表一只，以备实测。龙副台长在军山台，观测勾陈第一星5次，以求纬度；观测天鹰、天琴一、仙女一、御夫一等诸星，以求经度。经反复观测，进一步确定军山台在地球上之位置，居东经120°55′30″、北纬31°56′40″。按经纬度排定，台站区站号：764。

龙氏一一观察台内一切，认为可贵。唯一不足之处是无线电天线网尚嫌旧式，并绘图详说，建议向国外订购，价值仅及市价十分之一二。

另外，龙氏在军山采石120种研究地质，绘地质图，并谓军山地质与青浦之佘山相若也。

龙氏曾被竺可桢先生指为"傲慢无礼"，但就是这样一个人，他也认为军山台"较徒有多项仪器而乏实际办事者有天渊之别"，深赞"张氏费极少金钱，得伟大之成绩，实为可贵。将来逐渐扩充，继购新仪，其成效当更为可观"。

20世纪20年代初，天文、气象尚属一家。1923年10月28日中央气象台台长高鲁组织中国天文学会，召开第一届年会，军山气象台曾致电祝贺，全文如下：

北京中央观象台转中国天文学会诸君鉴：

我国天文学术尚在幼稚时代，贵会组织成立，为天文学放大光明，兹当第一届年会，诸同志广事译述，共谋发展，不胜仰企，谨电致颂忱。

南通军山气象台暨职员刘渭清等敬祝。

据1925年中国天文学会印行的《中国天文学会会报》，南通军山台刘渭清、陈潘二人经高鲁先生介绍，为天文学会会员。当时全国有会员170多人。名誉会长：熊希龄，会长：蔡元培，副会长：范源廉，总秘书：高鲁。

天文学会1923年10月至1924年8月汇编发表的17篇学术论文中有4篇属气象学，占23.5%，可见当时天文、气象尚难分家。1924年10月中国气象学会在青岛成立(蒋丙然为会长)，天文、气象界线逐渐明朗。中国气象学会选举张謇为终身名誉会长；刘渭清为理事，兼编辑委员会委员；陈潘也由蒋丙然介绍入会为会员。

第七节 交流

张謇是"睁开眼睛看世界"的先锋之一。1922年在北京、上海通过报纸投票选举"最景仰之人物——成功人士民意测验"中，张謇得票最高。孙中山曾对张孝若说："我是空忙，你父亲在南通取得了实际的成绩。"

作为一名旧学之士，张謇身上所具备的真知卓识和科技兴国的气魄在当时极为罕见。他的开拓精神与其丰富的生活阅历密不可分。青年时期，他曾奉调江宁发审局在孙云锦属下当书记，江宁聚集着全国知名的学者，在交往中，开拓了视野，增长了见识。后又入吴长庆军，清光绪八年(1882年)7月，作为吴的主要幕僚出战朝鲜，看清了日本对中国的侵略野心,曾撰文主张抑制日本,得到朝廷清流派的器重,为以后的发展奠定了基础。后又结交许多外国名人志士,吸收新思想、新技术、新科学成果为己用。在实践中碰到一系列问题后,又出国考察,取他人之长,补己之短。

军山台早期科技活动非常活跃。他们用所得资料,所收集的自然现象、自然灾害,用调查研究成果,编制内容丰富多彩的气象月报、季报、年报,中英文对照,布面精装出版发行。除国内交流外,还与国际上40多个国家和地区的100多个单位交流,收到国内外各地回赠的年报、季报、月报、杂志等百余册。因此,国际知名度日增,被国际气象会议规定为电报、资料交流单位,列入英国出版的《国际气象台名册》中。这些成就,是张謇的爱国心和民族自豪感所使然。

与军山台交流气象资料的单位原始名册已佚失。但是,军山台是通过徐家汇观象台这个窗口面向世界。从徐家汇观象台"对外联系情况",及参考竺可桢先生学术论文中涉及的主要台站名单,我们推定,有41个国家和5个地区(地名按当时称谓标注)与军山台交流资料。即:

法国、英国、俄罗斯、比利时、德意志、希腊、西班牙、葡萄牙、摩洛哥、奥地利、意大利、瑞典、挪威、瑞士、罗马尼亚、匈牙利、丹麦、捷克斯洛伐克、荷兰、波兰、日本、印度支那、印尼、朝鲜、锡兰、马来西亚、菲列宾、马达加斯加、澳大利亚、南非联邦、索马里、美国、加拿大、巴西、古巴、哥斯达尼加、阿根廷、乌拉圭、海地、墨西哥、智利、香港、澳门、台湾、关岛、加罗林群岛。

20世纪初叶有30个重要的气象组织与军山台交流资料。即:

巴黎天文台、徐家汇观象台、香港天文台、澳门测候所、纽约气象台、马尼拉观象台、关岛气象台、雅浦岛气象台、库伦气象台(今乌兰巴托)、东京中央气象台、日本农商省农务局、日本东京帝国大学气象站、日本北海道帝国大学气象站、日本西原农事试验场气象站、阿根廷中央气象台、英国皇家气象学会、俄国圣彼得堡科学院测候总台、朝鲜仁川测候所、青岛观象台、国际气象组织(IMO)、南京东南大学气象台、荷兰皇家气象研究所、美国阿勒埃尼气象台、美国耶鲁大学观象台、美国富兰克林研究所、智利圣斐尔南多海洋研究所、法国尼斯气象台、图卢兹气象台、加拿大渥太华气象台、彼得堡中央物理观象台、印度支那中央气象台

军山台的《年报辑要》,一般包括四部分:

第一篇:本年南通气象概况。逐月逐日列出基本气象要素数据。有些重要数据如年平均值、年极端值等,还和徐家汇气象台作同期比较。

第二篇:烈风、雷雨、潮汐及中国各省之降水量。其中风灾、雨灾都有灾情和天气形势描述;潮汐由芦泾港保圩会提供,刊载每日满潮和干潮各一次的水位记录;各省降水量由农商部观测总所提供,列有各月及全年20个站的降水量,遍布15个省。具体站点如下:直隶省农业试验场、山西农校、浙江省农试场、贵州省农试场、奉天、牛庄、福州、汕头、腾越厅、梧州、芜湖、九江、陇州、重庆、岳州、汉口、爱晖、卫辉、香港、青岛、上海徐家汇、上海陆家浜、上海佘山天文台、南京东南大学气象台、如皋大赍公司、南通农校测候所等。

第三篇:农业气象。对主要农作物如元麦、小麦、大麦、饭稻、蚕豆、黄豆(红种)、黄豆(白种)、棉花等全生育期的气象条件、各生育期积温、日照、降水等有详细统计分析。对自

然灾害,包括病、虫害的发生和蔓延有调研分析。

第四部分附录:本地区、本国乃至全球的重大自然灾害及原因分析;重大科技活动的记述;天文学地球物理学等方面的珍闻、异闻。每年约有20多篇文章。有的通过交换资料获得,有的从新闻纸上抄摘,有的是调研成果。

如在历年大地震表中记有:

1917年1月24日中国之大地震。

1918年2月13日中国之大地震。

1923年9月1日日本亘古未有之地震巨灾,死伤200万人,直接经济损失16亿元以上。

各种报表均上报中央观象台观测总所鉴核,邮发中央政府各部。

军山台备有"益我录"供来访人士登载评语和发表意见。据年报记载:"农商学各界来台参观者,日有数起之多;参观团到通,无有不到本台参观者。"

张謇对科学事业的贡献,不仅限于气象,也不仅限于南通。1914年留美学者赵元任(1892—1982年)、胡明复(1891—1927年)、杨杏佛(1893—1933年)、任鸿隽(1886—1961年)等在国外成立数、理、化、天、地、生等学科的综合学术团体——中国科学社时,他是国内唯一的名誉会员。他曾向江苏省政府当局要求在南京成贤街文德里解决活动用房。此外,1920年张謇还当选为中国矿学会会长、中国工程师学会会长。

1922年8月因广州政局混乱,中国科学社第7次会议改在南通召开。据《科学》月刊第7卷第9期记载,张謇之子张孝若任会议筹备委员长。会议在通崇海泰总商会(原专署大院,现崇川区政府)召开,食宿在南通俱乐部(原专署一招,现已拆除为濠滨绿地),并曾在博物苑开会、参观。

1922年8月19日下午6时会议代表由南京乘"利通"号军舰抵通时,正值大风大雨,张孝若等带领欢迎队伍、派出专车到港口迎接。接待委员会设有九个部,分别安排生活、参观、游览、音乐舞蹈、南通风光电影等事宜。张謇设宴招待了来宾。来宾中有马相伯、丁文江(中国第一个科学机构——地质研究所创始人)、竺可桢、梁启超、杨杏佛、黄炎培、陶行知、秉农山(原名翟秉志,字农山,获得美国博士学位的中国第一人)、汪精卫等学者、名流共38人。这次会上,张謇、马相伯、蔡元培、汪精卫、熊希龄、梁启超等9人被选为董事。张謇、韩紫石为中国科学社赞助社员。

张謇赞助中国科学社还有一大壮举。1922年8月18日中科社下属的南京生物研究所开幕,他是首个捐助且捐助款最多的人,共计银圆壹万圆整,时任总统徐世昌仅捐二千圆,教育部仅捐一千圆。

1926年张謇去世后,军山台绌于经费,历史气象报告未能印发。中央研究院气象研究所竺可桢所长得知后,立即派员代为整理并出版发行了南通军山台自1925年至1929年各年的报表辑要共5本。

第八节　科普

军山台宗旨表上本来未列入科学普及工作,实际上,他们把很多学科的科普工作都义不容辞地担当起来,在报纸上经常刊登科普小品。如:

1917年8月21日飓风过后,向市民介绍风压知识,算出该飓风风力最大时每平方呎

(英尺)风压为 13.5 磅,合 10.3 斤*;面对风而立,周身受压 50 斤以上,旁风而立也有 30 斤。

1918 年 6 月 15 日下午 7 时,南通县平潮市(当时南通县全县辖 13 市 8 乡)下了红雨以后,乡民以为是凶多吉少,占验家疑为不详。军山台解释为:据天文家(实际是讲气象专家)考证,知红雨内含一种红色矿物质,由旋风卷入空中,随雨而降,并无关休咎也。查该日军山台 15 时记录,风速达 11.4 米/秒,确为强对流天气造成。

1919 年 8 月 30 日子夜,天气晴朗,市区任港某君见西北天上显金色红光一道,大如帐幕,历两分钟,忽见此光如帐门一合而殁,闻者莫不以为奇异。军山台解释为地球大气最高气层之电气现象。

对于 1920 年 7 月 16—17 日(六月初一、初二)特大风暴潮之成因,从气象、天文两方面作解释:一是飓风推动海水倒灌;二是月过"最卑点"引力更大。这两条,至今仍被公认为大潮主因。

最有成效的是 1923 年 9 月上旬批驳"世界宗教大同会"传单的宣传。传单称:"9 月 25 日中秋节前后,全球五日不明,有空前的大地震、空前的大日蚀、空前的大震响、空前的大殒星、空前的大海啸、空前的大风雪、空前的大冰雹、空前的大寒冷、空前的大雷震等种种不可抗拒的灾难"。并断言全球要死三分之一的人。还提出什么"救济十六法"。针对此传单,军山台于 9 月 8 日在《南通报》撰文驳斥。9 月 10 日又进一步在《通海新报》批驳大同会中秋节空前大地震之说。对稳定社会秩序起到了重要的积极作用。

---

* 1 斤＝595 克,1929 年推行计量改革,改为 1 斤＝500 克

第四章 军山台气象资料分析

军山是孤立的小丘,且濒临大江,其观测记录和平地有差异,但很微小,所以有一定的代表性。当时不可能作对比观测。陈潏退休后,假定气候背景没有重大变迁,用军山台(观测场高度110.4米)资料与平地站(观测场高度5.3~7.3米,平均6.3米)资料作了详尽的对比分析,分析证明军山台资料与平地站资料可以衔接使用。两段资料相隔21年(1938—1948年)。因战乱,军山台1928—1931年逐日逐候资料有缺失。

第一节 气温

用陈潏所计算的军山台累年逐日平均气温(1917—1926、1931—1937年共17年),可大致分出军山四季平均起迄日期为:

春:3月31日至6月8日(3月29日至6月3日)
夏:6月9日至9月18日(6月4日至9月18日)
秋:9月19日至11月23日(9月19日至11月21日)
冬:11月24日至翌年3月30日(11月22日至翌年3月28日)

括号中的日期,是用范德新所计算的1951至1995年逐日平均气温,划定的四季起迄日期。二者只有入夏时间差异5天,较明显;其余三季差异两天以内,入秋日期一致。春、夏、冬三季军山都是推迟时间进入。

陈潏用军山台17年候平均气温和平地站1949—1958年10年候平均气温在相同坐标中制作曲线图,可见二曲线均作正态分布,峰值在七、八月之交。数值互有上、下,但差异不大;仅冬季平地站略高于军山台。

用月平均气温作比较,仅1—2月差异大些,其他各月差异主要表现在平地较军山略偏高,但5月和10月略偏低,详见表4.1,表中军山台资料从1917至1927年共21年,完整无缺;平地站资料从1951至1980年共30年,系整编出版资料。

表4.1 军山与平地月平均气温比较表(单位:℃)

月份	1	2	3	4	5	6	7	8	9	10	11	12	年平均
军山	1.7	3.1	7.4	13.0	18.8	22.9	26.9	27.0	22.5	17.4	11.2	5.0	14.7
平地	2.5	3.7	7.6	13.5	18.6	23.3	27.3	27.2	22.7	17.1	11.4	5.3	15.0
军山减平地	−0.8	−0.6	−0.2	−0.5	−0.2	−0.4	−0.4	−0.2	−0.2	−0.3	−0.2	−0.3	−0.3

对流层大气气温直减率为0.65℃/100米,下层(地面至2千米)因受地面影响,平均为0.3—0.4℃/100米。军山台有下垫面,受地面增热、冷却影响更大,其年平均值为军山比平地低0.3℃,而观测场高度相差104米,正巧暗合了这一规律。

极端气温,军山台经历过1931年的严寒和1934年的酷暑,极值至今(2011年)未能突破。1931年1月10日最高气温仅－9.8℃、最低气温－12.7℃、平均气温－11.53℃。1934年7月10日至12日连续3天平均气温34.2℃以上,10日达34.7℃;12日最高气温42.2℃。

表4.2 1917—1937年军山台极端气温(℃)

	月	1	2	3	4	5	6	7	8	9	10	11	12	全年
最高气温	平均	5.0	6.7	11.7	17.6	23.4	27.3	31.0	31.5	26.8	22.1	15.2	8.3	18.9
	绝对	17.9	26.6	27.6	30.0	35.1	40.0	42.2	38.7	35.6	29.8	24.9	19.6	42.2
	日期	26	27	25	16	28	26	12	4	6	9	2	2	7.12
	年份	1918	1921	1931	1929	1917	1934	1932	1917	1927	1927	1929	1929	1934
最低气温	平均	－0.9	0.3	4.0	7.4	15.0	19.5	23.7	23.8	19.5	14.0	8.1	2.2	11.6
	绝对	－12.7	－7.7	－6.6	0.0	6.5	13.7	16.5	17.8	11.9	3.8	－7.0	－11.0	－12.7
	日期	10	3	1	1	1	1	4	29	26	3.0	26	29	1.10
	年份	1931	1929	1936	1925	1931	1932	1936	1928	1928	1926	1922	1917	1931

各种界限温度总日数及初终期间隔日数,总的看差异不大。见表4.3和表4.4。

表4.3 夏半年主要界限温度的平均日数及其初、终日期

	月	2(天)	3(天)	4(天)	5(天)	6(天)	7(天)	8(天)	9(天)	10(天)	11(天)	总日数(天)	初日(月·日)	终日(月·日)	初终间日数(天)
平均气温≥25℃	军山	—	—	—	0.5	5.5	23.8	26.8	4.7	—	—	61.3	6.11	9.13	94.8
	平地	—	—	—	0.4	6.3	23.6	24.9	5.8	—	—	61.0	6.9	9.11	95.9
最高气温≥25℃	军山	0.0	0.2	2.4	11.6	21.7	29.2	30.4	21.7	5.0	—	122.2	4.15	10.18	187.8
	平地	—	0.1	2.3	9.0	23.6	30.0	30.7	22.2	5.0	0.1	123.0	4.20	10.17	180.3
最高气温≥35℃	军山	—	—	—	0.0	0.7	3.7	2.9	0.1	—	—	7.4	7.13	8.10	28.2
	平地	—	—	—	—	0.8	1.3	1.2	0.0	—	—	3.3	—	—	24.0

注:①军山台资料为21年,平地站资料10年。
②极端最高气温≥25℃的初日极值以军山台为最早,出现在1921年2月27日;终日极端以平地站为最迟,出现在1952年11月11日。
③极端最高气温≥35℃的初日极值也以军山台为最早,出现在1917年5月28日,终日极值也以平地站为最迟,出现在1949年9月17日。

表4.4 冬半年主要界限温度的平均日数及其初、终日期

	月	10(天)	11(天)	12(天)	1(天)	2(天)	3(天)	4(天)	总日数(天)	初日(月·日)	终日(月·日)	初终间日数(天)
平均气温≤0℃	军山	0.0	0.1	3.5	9.2	4.6	0.5	0.0	17.9	12.19	2.23	66.7
	平地	0.0	0.0	2.2	7.0	4.4	0.8	0.0	14.4	12.25	2.24	62.8

第四章 军山台气象资料分析

续表

月		10	11(天)	12(天)	1(天)	2(天)	3(天)	4(天)	总日数(天)	初日(月·日)	终日(月·日)	初终间日数(天)
平均气温≤5℃	军山	0.0	1.5	15.3	25.5	20.4	8.0	0.3	71.0	11.27	3.25	117.0
	平地	0.0	1.8	13.4	22.3	18.3	8.7	0.0	64.5	11.28	3.22	115.7
最低气温≤0℃	军山	0.0	0.6	8.9	18.2	13.6	3.4	0.1	44.8	12.3	3.16	103.3
	平地	0.0	1.1	10.6	16.3	12.2	4.2	0.0	44.4	12.3	3.14	102.0
最高气温≤-5℃	军山	0.0	0.1	1.6	3.9	1.1	0.2	0.0	6.9	12.31	2.6	32.9
	平地	0.0	0.0	0.6	4.0	1.1	0.3	0.0	6.0	—	—	31.9

注：①军山台1917年1月2日至1月10日连续9天最低气温≤-5℃；平地站1952年12月2日至12月6日连续5天最低气温≤-5℃。

②军山台最低气温≤-10℃的严寒天气，最早：1917年12月29日，最迟：1931年1月11日；1931年1月10—11日连续两天<-11℃，分别是-12.7℃、-11.4℃。平地站≤-10℃严寒天气，最早：1955年1月6日，最迟1958年1月16日。

第二节 降水

1. 雨情

军山台年降水量平均值932.8毫米，比1951—1980年30年整编资料年平均1074.1毫米少13.2%，从军山台年降水量表（表4.5）中还可见，20世纪上半叶旱年多。有1913、1914、1917、1919、1922、1924、1925、1927、1929、1930、1932、1934、1935、1936、1937、1939—1943等20年，尤其是20年代有6年旱。特别是1924年、1929年和1934年，年雨量在670毫米以下，属特大旱。

表4.5 军山台年降水量表（毫米）

年	1917	1918	1919	1920	1921	1922	1923	1924	1925	1926
雨量	771.5	1040.0	930.4	1074.3	1386.7	787.2	1291.1	630.7	818.9	1072.3
1927	1928	1929	1930	1931	1932	1933	1934	1935	1936	1937	平均
899.9	1004.2	668.8	975.2	1524.6	743.1	717.8	622.5	775.9	869.1	988.6	932.9

军山台累年逐日平均降水量（1917—1926，1931—1937年）见表4.6中，各月最大日降水平均值及其出现日期见表4.7，梅汛期及台风季节雨强大。

表4.6 军山台累年逐日平均降水量各月最大值（毫米）

月	1	2	3	4	5	6	7	8	9	10	11	12
最大日平均值	3.7	2.7	4.2	7.3	6.9	13.1	13.8	12.0	14.3	3.5	4.9	4.0
出现日期	31	13	11	21	5	26	24	15	12	31	5	16

表 4.7 1917—1937 年军山台累年月、日及 3 小时降水量极值(毫米)

月	1	2	3	4	5	6	7	8	9	10	11	12	全年
月平均	30.1	38.8	50.2	67.8	64.8	149.1	169.8	131.5	122.4	27.2	42.7	38.4	932.8
一日最大	38.3	32.1	34.9	41.0	75.4	114.0	144.3	131.0	134.4	38.7	48.3	27.0	144.3
日期	21	25	7	21	12	14	24	21	15	24	1	16	7.24
年份	1920	1922	1928	1919	1925	1918	1931	1921	1928	1917	1917	1936	1931
3小时最大	25.4	17.8	15.1	25.8	25.0	37.8	72.1	52.1	73.5	30.7	22.3	7.2	73.5
时刻	12—15	3—6	3—6	6—9	21—24	6—9	9—12	12—15	6—9	6—9	3—6	3—6	6—9
日期	31	15	7	21	12	30	16	13	7	24	5	17	9.7
年份	1920	1923	1919	1919	1925	1923	1921	1920	1920	1917	1918	1920	1920

军山台降水记录,年雨量和日雨量极值早就被打破。南通站 1951—1980 年平均降水量为 1074.1 毫米,一日最大降水量是 1960 年 8 月 4 日出现的台风暴雨,达 287.1 毫米。

表 4.8 1917—1937 年军山台最长连续降水日数及其总降水量(毫米)

月	1	2	3	4	5	6
连续日数(天)	13	8	14	13	7	7
起迄日期	17—29	21—28	2.21—3.6	5.23—4.4	1—7	23—29
降水量(毫米)	40.8	24.6	40.8	139.1	46.5	171.6
年份	1929	1930	1930	1920	1924	1928
7	8	9	10	11	12	累年极值
11	9	12	9	7	9	14
3—13	3—11	8.26—9.6	9.23—10.1	3—9	13—21	2.21—3.6
4289.0	75.4	132.4	69.9	68.0	69.9	40.8
1931	1927	1930	1922	1918	1929	1930

据查,南通站 1951—1980 年最长连续降水日数为 17 天,出现在 1952 年 8 月 24 日至 9 月 9 日,总量 222.6 毫米,日数、总量均破军山台时期纪录。

表 4.9 1917—1937 年军山台累年逐月最长连续无降水日数

月	1	2	3	4	5	6
连续日数(天)	48	52	20	22	21	27
起迄日期	12.15—1.31	12.15—2.4	2.24—3.4	3.20—4.10	4.19—5.9	5.15—6.10
年份	1917—1918	1917—1918	1932	1917	1935	1928
7	8	9	10	11	12	极值
24	32	15	46	34	24	52
8—31	7.11—8.11	16—30	16—30	9.16—31	9.30—11.2	三次	12.15—2.4
1927	1932	1925	1936	1936	1935	三年	1917—1918

据查,南通站 1951—1980 年整编资料,连续无降水日数为 66 天,出现在 1973 年 11 月 9 日至 1974 年 1 月 13 日,同时也打破了军山台时期的纪录。

2. 霜雪

如果用两段记录的平均值作比较,军山台霜日比平地站少,降雪日及积雪日数比平地站多。

第四章 军山台气象资料分析

表 4.10 平均霜日数及其初终期

月份	10	11	12	1	2	3	4	总数(天)	初日	终日	初终间日数(天)
1917至1927年，21年，军山	0.2	1.9	4.7	7.4	4.7	1.9	0.1	20.9	11.27	3.11	105.9
1949至1958年，10年，平地	0.1	2.8	12.1	13.9	9.7	4.9	0.1	43.6	11.27	3.22	126.0

表 4.11 平均降雪日数及其初终期

月份	10	11	12	1	2	3	4	总数(天)	初日	终日	初终间日数(天)
1917至1927年，21年，军山	0.0	0.1	1.2	2.6	3.3	1.2	0.2	8.6	12.24	3.19	86.5
1949至1958年，10年，平地	0.0	0.0	0.9	3.2	3.3	1.3	0.0	8.7	12.23	3.15	84.2

表 4.12 平均积雪日数及其初终期

月份	10	11	12	1	2	3	4	总数(天)	初日	终日	初终间日数(天)
1917至1927年，21年，军山	0.0	0.0	0.9	3.1	3.3	0.4	0.0	7.7	1.13	2.28	46.1
1949至1958年，10年，平地	0.0	0.0	0.4	2.2	2.4	0.7	0.0	5.7	—	—	32.7

注：①平地站极端积雪初日：1956年12月17日；极端积雪终日1957年3月14日。
②1951年至1980年30年平均积雪总日数5.3天，平均初日1月25日，终日2月21日，初终间日数25.5天。
积雪日数和初终间日数平地明显少于军山。

3. 梅雨

初夏梅雨，军山台时期与现今，其一般规律和主要特征很相似。大致可分空梅、枯梅、常梅和丰梅等四类。空梅和枯梅年，如1924、1932、1933、1934年等，往往是旱年，其中1934年大旱年。丰梅年，如1921、1923—1926、1931年等，往往是涝年，如1931年是大涝年。

不包括空梅年，军山台时期平均入梅日为6月21日，出梅日为7月10日，平均梅雨量为278毫米。

表 4.13 军山台1917—1937年梅雨期一览表

起迄日期	天数(天)	总雨量(毫米)	备注
1917.06.02—06.23	22	197.9	6月5日大暴雨100.6毫米
1918.06.11—07.10	30	340.6	6月14日大暴雨114.0毫米，7月2日暴雨78.3毫米，丰梅年
1919.06.21—07.14	24	287.9	每天平均日照仅1小时，丰梅年
1920.06.30—07.08	9	103.9	7月3日大雨46.5毫米，枯梅年
1921.06.11—07.16	36	482.7	3次暴雨，4次大雨，特长。丰梅年
1922.06.20—07.02	13	108.2	6月25日大雨27.5毫米，平均每天日照1.2小时，枯梅年
1923.06.21—07.13	23	601.6	5次暴雨和大暴雨，7月6日125.6毫米；另有4次大雨，丰梅年
1924.06.29—07.04	6	29.8	空梅年

续表

起迄日期		天数(天)	总雨量(毫米)	备注
1925.06.29—07.12		14	214.8	7月3日暴雨98.8毫米,7月2日大雨27.6毫米
1926.06.24—07.15		21	315.8	两次暴雨(79.5,64.5毫米)四次大雨,丰梅年
1927	06.13—06.16	4	113.4	空梅年
	07.04—07.07	4	130.3	
1928.06.23—06.29		7	171.6	枯梅年
1929.06.15—07.05		21	214.3	6月28日暴雨53.0毫米
1930.06.19—07.04		16	189.4	1次暴雨,一次大雨,7月2日58.6毫米;6月20日49.9毫米
1931.06.18—07.29		44	778.4	2次大暴雨,4次暴雨;特长。丰梅,特大洪涝
1932.06.11—06.17		7	47.5	空梅年
1933.06.18—06.22		5	6.9	空梅年
1934.07.17—07.24		8	181.2	7月18日49.4毫米,枯梅
1935.06.19—07.01		13	143.5	6月23日暴雨84.8毫米
1936	07.01—07.05	5	45.8	空梅年
	07.14—07.19	6	66.5	7月4日33.8毫米
1937.06.24—06.29		6	113.7	枯梅年

4. 春季连阴雨

春季3—5月(个别年份上连至2月下旬)。5天及5天以上的连续降水,称之为春季连阴雨。1917—1937年(缺1927、1928年逐日资料)19年共有春季连阴雨29次,平均每年1.5次,其中1923、1931、1933年各出现3次,1930年出现4次。其中5~7天的短连阴雨17次,占总次数的58.6%;11天以上的长连阴雨7次,占总次数的25.0%;最长一次达20天,出现在1924年5月1日至20日。1925、1926、1929、1932、1936年五年未出现春季连阴雨,占总年数的26.3%。

表4.14 春季连阴雨个例表(1917—1926,1929—1937)

起迄日期	天数	总雨量(毫米)	总日照时数(小时)	备考
1917.03.08—14	7	16.1	9.0	短
1917.05.10—14	5	21.8	5.8	短
1918.03.03—09	7	35.6	0.0	短,无日照
1918.04.03—10	8	48.2	2.8	寡照
1919.03.01—14	14	73.4	17.5	长
1919.03.23—27	5	26.0	6.0	短
1920.03.23—04.04	13	139.1	10.7	长,不间断,两个大雨日
1921.04.01—07	7	62.8	18.5	短,4月2日大雨
1921.04.23—27	5	38.0	1.3	短,寡照
1922.04.20—24	5	16.1	2.2	短,寡照
1922.05.24—28	5	49.0	1.1	短,寡照
1923.03.06—10	5	54.2	10.4	短,3月10日大雨
1923.04.14—20	7	57.4	7.8	短,4月17日大雨
1923.05.19—30	12	88.4	30.8	长,平均气温18.9℃

续表

起讫日期	天数	总雨量(毫米)	总日照时数(小时)	备考
1930.02.21—03.06	14	40.8	23.2	长,无间断
1930.04.07—14	8	88.9	6.4	无间断
1930.04.27—05.04	8	19.1	15.4	无间断
1930.05.17—22	6	9.2	9.2	短,雨量小
1931.03.02—06	5	27.0	0.6	短,寡照
1931.04.25—30	6	44.6	15.8	短
1931.05.17—21	5	31.2	5.3	短,寡照
1933.03.20—26	7	32.4	20.6	短,寡照
1933.04.13—19	7	74.4	14.0	连续,14日大雨31.1毫米
1933.05.13—20	8	45.6	38.7	7个雨日,平均气温21.8℃
1934.03.23—28	6	24.5	9.2	短,不间断
1935.04.07—18	12	38.2	17.1	长,11个雨日
1937.04.13—18	6	16.1	13.5	短
1937.04.21—05.02	12	90.8	28.6	长连阴雨,11个雨日,其间4月21—30日日照仅4.9小时

5. 秋季连阴雨

9至11月(有些年份上连到8月下旬,而11月下旬未曾有连阴雨出现),有5天或5天以上连阴雨27次,平均每年1.4次。出现秋季连阴雨次数比较多的是1921年(3次)、1926年(3次)和1937年(4次)。1929、1932、1934和1936年未曾有秋季连阴雨出现,占总年数的21.1%。最严重的一次秋季连阴雨是1920年9月3—17日,达半个月之久,日均雨量达10.8毫米、日均日照时数仅2.4小时。

秋季连阴雨,与春季比,5~7天短连阴雨偏多,短连阴雨共18次,占总次数的66.7%;而等于大于11天的长连阴雨,比春季少,仅3次,占总次数的11.1%。中等长度(8~10天)的连阴雨6次,占总次数的22.2%。

表4.15 秋季连阴雨个例表(1917—1926,1929—1937)

起讫日期	天数	总雨量(毫米)	日照时数(小时)	备考
1917.09.09—14	6	96.2	7.8	短,9月12—13日两天大雨
1918.08.31—09.10	11	87.2	38.7	长
1918.10.31—11.09	10	88.7	5.8	日均日照仅0.6小时
1919.08.30—09.04	6	70.1	5.0	9月1日大雨
1920.09.03—17	15	161.4	36.7	长,9月7日暴雨95.7毫米
1921.08.27—09.03	8	135.4	15.4	8月29、30、9月2日三次大雨
1921.09.09—17	9	148.7	13.9	10日、11日大雨
1921.10.14—18	5	39.2	2.9	
1922.09.11—18	8	129.0	—	12日暴雨75.2毫米,13日大雨38.7毫米
1922.09.23—10.01	9	69.9	—	9月30日暴雨50.7毫米
1923.08.30—09.03	5	53.8	13.8	短,9月2日大雨45.0毫米
1924.09.09—14	6	39.7	5.3	短

续表

起迄日期	天数	总雨量(毫米)	日照时数(小时)	备考
1925.09.11—15	5	50.5	8.1	无间断
1925.11.08—12	5	46.8	1.1	无间断
1926.08.24—09.02	9	146.1	22.6	8月25、26、28日三天大雨
1926.09.08—13	6	67.0	16.3	9月10日大雨
1926.09.22—27	6	79.9	12.8	23日、25日大雨
1930.08.26—09.06	12	132.4	45.7	长,9月5日大雨42.8毫米
1930.10.28—11.01	5	73.9	16.4	短
1931.11.10—14	5	60.6	0.2	短,无日照
1933.09.22—27	6	46.7	2.3	短,24日大雨39.1毫米,寡照
1933.10.03—08	6	41.6	3.0	短,6个雨日,寡照
1935.11.11—16	6	39.5	5.6	短,6个雨日
1937.09.13—18	6	60.0	12.1	短,6个雨日
1937.10.07—12	6	30.2	5.3	短,6个雨日
1937.11.02—07	6	50.7	0.7	短,无日照
1937.11.15—21	7	38.1	4.7	短,16—21日无日照。

第三节 风

军山台以风机测风速。据1956年8月上海气象局出版的《南通气象资料》一书所述,其定时风速是定时60分钟风所"走"过的路径,极端最大风速是任意60分钟所"走"过的路程,单位为千米每小时。新中国成立后,定时风速以两分钟平均,自记记录是用10分钟平均,瞬时极端风速则是瞬间目测或器测所得。两者相比,同样的风,军山台所测的风速应比平地偏小。可是用两者平均风速作比较,军山台还是明显偏大,足见军山之风速确实偏大。

1. 军山台累年各风向频率(1919—1928年)及其平均风速如表4.16。为了比较,列出1971—1980年整编资料,对照可见,从风向看,南通多东三面风,而少西南风,二者"玫瑰图"大体上是一致的。但风速则军山台明显偏大,平均约大3.7米/秒,其中的东风、东南偏东风和西北偏北风分别偏大5.5米/秒、5.1米/秒和5.2米/秒。

表4.16 军山台和南通站各风向频率及其平均风速

		N	NNE	NE	ENE	E	ESE	SE	SSE	S	SSW	SW	WSW	W	WNW	NW	NNW	C
频率	(1)	7	6	7	10	8	16	9	3	3	2	2	4	4	5	6	6	2
(%)	(2)	6	7	8	9	10	10	7	6	6	3	2	3	4	4	6	7	5
平均风速	(1)	7.7	6.9	7.0	8.0	8.2	8.3	7.3	6.3	5.3	4.6	6.0	7.9	7.7	6.6	7.1	8.9	0
(米/秒)	(2)	3.0	3.3	3.2	3.2	2.7	3.2	2.8	3.9	3.5	3.0	2.9	3.4	3.9	4.6	3.9	3.7	0

注：(1)军山台1919—1928年共10年；
　　(2)平地站1971—1980年共10年。

2. 按月统计,军山台平均风速也明显偏大,全年平均偏大4.3米/秒。军山极大风速曾测得34.2米/秒,西南风,该纪录至今(2011年)未被突破。平地站极大风速资料不完整,1975年7月14日曾测得30.4米/秒,也是西南风。

第四章 军山台气象资料分析

表 4.17 军山台各月累年平均风速及极端最大风速(米/秒)

	月份	1	2	3	4	5	6	7	8	9	10	11	12	全年
平均	(1)	7.3	7.1	7.8	7.7	7.5	7.1	7.5	7.8	7.4	6.8	7.8	7.5	7.4
	(2)	3.3	3.4	3.5	3.5	3.2	3.1	3.1	3.1	2.7	2.7	3.0	3.1	3.1
军山台极端最大风速	风速	24.2	21.9	26.9	24.4	26.9	22.2	27.8	34.2	27.8	21.1	25.6	28.9	34.2
	风向	W	WSW	WSW NE	NNE	WSW	ENE	ENE	SW	ENE SSE	NNW	WSW W	WSW	SW
	出现日期	17	7	22 4	3	2	30	14	17	1 2	18	26	28	8.17
	出现年代	1917	1924	1924 1926	1925	1919	1919	1930	1918	1922	1918	1922 1936	1919	1918

注:(1)军山台 1917—1937 年共 21 年;
(2)平地站 1951—1980 年共 30 年。

3. 军山台累年各月最多风向及其频率如下表,其中最多风向用 1917—1937 年 21 年资料统计得出,而其频率用 1919—1928 年 10 年资料统计得出。

表 4.18 军山台各月最多风向及其在各月出现之频率(%)

	月	1	2	3	4	5	6	7	8	9	10	11	12	全年
最多风向	(1)	NW	NNW	ESE	ESE	ESE	ESE	ESE	ESE	ENE	ENE	NNW	NW	ESE
	(2)	NNW	NNW	E ESE	ESE	ESE	ESE	SE	ESE	NE	NE	NNW	NW	E, ESE
频率	(1)	14	10	15	26	28	28	28	19	14	10	10	11	16
	(2)	12	12	11	12	14	15	13	15	13	12	12	12	10
合成风向		21.4	22.3	68.3	89.4	73.9	71.7	62.3	89.5	44.0	26.0	5.0	17.9	68.8
象限		N,E	N,E	N,E	S,E	S,E	S,E	S,E	S,E	N,E	N,E	N,W	N,W	N,E

注:(1)为军山台;(2)为平地站。

表中合成风向是用 1917—1926 年资料按风向度数计算得出。N、E 象限以 N 方向为 0°而 E 为 90°。S、E 象限以 S 方向为 0°而 E 为 90°。N、W 象限以 N 方向为 0°而 W 为 90°。为了对比列出了平地站 1971—1980 年 10 年各月最多风向及其所在月的频率。各月最多风向基本一致,但夏半年东南偏东风在各月出现的频率优势明显减弱。

4. 飓风

飓者,具四方之风也。一曰,惧风,言怖惧也。军山台建立之初仍沿用古名词称台风为飓风。建台当年就经历了三次正面袭击南通的飓风。军山台绘制了南通历史上第一张至第三张飓风路径图。

第一次飓风中心起源于菲律宾以东洋面,经台湾省东部北上,在浙江再登陆,然后擦过上海市沿海向东北偏北移动,离军山台最近时,8 月 20 日 6 时,直线距离仅 338 千米,中心气压 997.1 百帕,军山台先后测得 ENE 风(前部)21.7 米/秒,和 WSW 风(后部)30 米/秒(历时 28 分钟),过程雨量 49.6 毫米。

第二次飓风中心 9 月 6 日 6 时在东经 128.7°、北纬 17.4°附近生成,向北移动,穿过硫球群岛后,折向西北,在浙江北部登陆后,经军山台之西北上转向东北。离军山最近时,9月10日9时,直线距离仅322千米。中心气压1001.2百帕。军山台先后测得NE风(前部)17.2米/秒和SW风(后部)20.0米/秒,过程雨量24.1毫米。

第三次飓风中心9月9日在菲律宾以东洋面生成后,向西北偏西方向移动,11日在菲律宾登陆,12日在广东汕头西边登陆,其路径呈现抛物线状,转向东北,9月14日4时至4时30分,中心经过军山台,温度突升4~5℃,达25.0℃,天气忽然晴朗,眼之直径估计为19千米,中心气压1001.9百帕,比10日6时(位于126.2°E,16.8°N)中心气压最低时(1003.0百帕)还要低1.1百帕。军山台测得此次飓风前部影响时风速13.9米/秒、东北偏东风;后部影响时风速19.0米/秒、北风。暴雨出现在飓风前部,过程总雨量96.3毫米。

民国十四年(1925年)《报告辑要》(民国二十年出版)一书,对1917—1925年共9年影响南通最显著的飓风,列表作了总结。为阅读方便,这里气压和风速的单位都作了换算,原文是毫米汞高和千米每小时。原文"飓风"仍沿用,其英译名为"typhoon",已和现用名一致。

表4.19　1917—1925年影响南通显著之飓风

年	月	日	最低气压（百帕）	最大风速(米/秒)及其风向	1小时最大降水量(毫米)	附记
民国六年(1917年)	7	12—17	992.3	20.6 ESE	1.2	—
	7	19—24	991.5	22.2 ESE	4.5	—
	8	18—20	976.0	30.0 SW	6.3	A
	9	09—10	989.4	20.0 SW	1.4	B
	9	12—14	990.2	18.9 N	16.6	B
民国八年(1919年)	8	01—03	983.3	20.6 N	2.6	
	8	25—29	993.8	21.7 ESE	10.8	C
	9	02—04	981.2	24.7 WSW	11.2	
民国九年(1920年)	7	13—17	986.2	19.2 ENE	9.0	D
	9	03—08	990.5	22.8 ENE	59.5	E
民国十年(1921年)	8	06—09	991.9	23.6 ESE	—	—
	8	13—15	987.4	21.7 E	2.1	—
	8	20—22	971.2	28.9 NE	21.5	F
民国十一年(1922年)	8	05—09	985.1	23.1 ENE	0.5	G
	8	12—15	983.0	28.9 ESE	4.5	H
	8—9	30—03	977.3	27.8 ENE、ESE	4.6	I
	9	11—13	988.8	25.8 ESE	57.5	J
	9—10	28—01	998.4	20.3 N	8.5	—
民国十二年(1923年)	8	07—09	990.1	25.0 E	0.4	
	8	10—13	980.0	30.6 ESE	12.7	K
	8	23—25	986.8	24.4 NNW	0.2	
民国十三年(1924年)	7	11—13	982.6	21.7 NNW	0.6	

第四章 军山台气象资料分析

续表

年	月	日	最低气压（百帕）	最大风速（米/秒）及其风向	1小时最大降水量（毫米）	附记
民国十四年（1925年）	7	10—11	981.5	21.9 E	7.2	—
	7	15—17	983.9	21.4 ESE	8.1	—
	8	28—30	991.0	18.3 WSW	0.7	—
	9	05—07	986.9	18.6 NW	0.3	—
	9	16—17	998.6	18.6 N	0.0	—

附记：A：南通田圃略受风伤，又姚港附近之堤岸，为颇恶劣之波浪冲塌甚多。

B：此两次飓风，南通农作物之损伤，较上次为重，因两飓风接续而至，且连日有骤雨及浓雾。

C：此三次飓风，南通农作物大受损伤，因每次飓风续吹之时间甚长也。

D：此次飓风适与大潮相值，遂致江水泛滥，南通沿江田圃及什物均遭大潮灾。

E：此次降雨特大，南通棉之花果，被其打落者约十分之三。

F：此次飓风适与大潮相值，并降濠雨，以致扬子江及南通内河泛滥为患，沿江什物、田圃及房屋俱遭损失，更伤许多生命；内地田圃及农作物亦受损失。

G：瑞安轮驶近吴淞口时，遭飓风及巨浪沉没。

H：南通棉之花果，为风吹落者约十分之二，黄豆及稻亦受损伤。

I：南通棉花花果之损失约百分之十四，树及房屋亦有遭风灾者。

J：此次飓风挟濠雨而俱至，棉稻俱受大伤。

K：此次飓风南通风力颇猛，且适与大潮相值，致农作物及建筑物均遭大伤。

第四节 日照、天气日数、相对湿度

1. 日照

用平地站1951—1980年共30年日照资料与军山台21年日照资料对比分析，军山台日照仅3月、5月、10月略多于平地站，其余九个月均偏少，尤其6月、8月和12月偏少达21.9～26.1小时。

表4.20 军山台和南通平地站累年逐月日照时数及百分率

月		1	2	3	4	5	6	7	8	9	10	11	12	全年
日照时数（小时）	(1)	139.1	124.7	170.4	168.1	200.8	167.6	231.8	236.6	174.8	199.8	158.6	137.2	2109.5
	(2)	151.7	140.3	160.9	174.9	188.8	193.6	234.1	258.5	181.6	196.0	167.9	163.3	2211.6
日照百分率(%)	(1)	44	40	46	43	47	39	54	58	47	57	50	44	48
	(2)	48	45	43	45	44	46	54	63	50	56	53	52	50

注：(1)军山台1917—1937年共21年；(2)南通平地站1951—1980年共30年。

日照百分率最多是8月，军山台和平地站一致，但数值相差5%；次高值也都是10月，但军山台反而高1%。最小值军山台是2月（40%）、而平地站是3月（43%）。

2. 天气日数

陈潘将军山台各类天气日数和平地站作了对比，可见：

(1)军山台与平地站晴天日数相当，而且都体现为秋、冬多晴天，6月份晴天最少。

(2)军山台平均每年阴天199.3天，偏多36.2天；而云天103.6天，偏少31.4天。各

63

月分布较均衡。

(3)降水日数和雷暴日数军山台分别偏少18.8天和4.7天。

(4)最突出的是大风日数,军山台平均每年31.1个大风日,而平地站仅3.0天。

表4.21 南通军山台与平地站累年逐月天气日数(天)

月		1	2	3	4	5	6	7	8	9	10	11	12	全年
晴天	(1)	8.0	4.8	4.6	3.5	3.5	1.6	2.9	3.6	3.6	9.0	8.7	8.9	62.7
日数	(2)	8.1	3.9	3.9	3.1	2.7	2.3	2.6	5.6	6.2	8.2	9.3	10.3	66.2
云天	(1)	7.7	7.4	8.8	7.8	7.6	6.9	8.4	11.0	10.2	10.4	9.4	8.0	103.6
日数	(2)	9.9	11.3	10.3	10.0	10.1	12.1	12.4	14.0	11.1	11.8	10.9	11.1	135.0
阴天	(1)	15.4	16.0	17.7	18.7	19.9	21.5	19.7	16.4	16.2	11.7	11.9	14.2	199.3
日数	(2)	13.0	13.1	18.9	16.9	18.2	15.6	16.0	11.4	12.7	11.0	8.7	9.6	163.1
降水	(1)	7.6	8.1	9.5	10.5	10.4	11.8	11.6	11.2	10.9	5.7	7.9	8.5	113.7
日数	(2)	10.2	10.4	11.7	13.0	12.4	12.1	14.3	11.6	11.6	8.9	9.0	7.3	132.5
大风	(1)	2.5	2.0	4.4	3.0	2.7	1.6	3.3	3.8	2.4	1.0	2.1	2.1	31.1
日数	(2)	0.1	0.0	0.3	0.3	0.0	0.6	0.1	0.6	0.4	0.2	0.0	0.4	3.0
雷暴	(1)	0.0	0.4	0.8	1.2	2.0	3.5	8.5	6.8	2.0	0.4	0.2	0.2	26.1
日数	(2)	0.0	0.0	0.3	1.4	2.2	1.9	5.0	9.8	9.4	3.8	0.2	0.1	30.8

注:1.(1)为军山台1917—1937年(21年);(2)为平地站1949—1958年(10年)。

2. 晴天——云量0.0—2.9;云天——云量3.0—7.9;阴天——云量8.0—10.0;降水日——雨雪量≥0.1毫米,不论云多云少,即作为降水日;大风日——极端最大风速≥17.2米/秒;雷暴日——凡闻雷声,不管次数多少,该日即为雷暴日。

3. 相对湿度

军山台相对湿度逐月平均值仅6—8月三个月超过80%;而平地站1951—1980年逐月平均值4—9月六个月超过80%。年平均值军山台比平地站低4%。

表4.22 逐月平均相对湿度(%)

月	1	2	3	4	5	6	7	8	9	10	11	12	全年
军山	73.4	75.8	73.4	76.1	75.9	84.4	84.9	83.5	78.4	69.6	70.4	72.0	76.1
平地	76	78	79	81	80	83	86	85	83	78	77	76	80

注:军山台资料1917—1937年共21年;平地站资料1951—1980年共30年。

军山台逐年平均相对湿度,21年均在80%以下,其中最大值为1920年的79%;而平地站30年中却有21年达80%以上,最小值(1979年)也有77%,最大值(1952年)达84%。

表4.23 军山台相对湿度逐年平均值(%)

年	1917	1918	1919	1920	1921	1922	1923	1924	1925	1926	1927
平均值	73.3	76.7	77.6	79.3	77.3	77.8	77.2	76.4	76.2	77.3	76.6
1928	1929	1930	1931	1932	1933	1934	1935	1936	1937	累计平均	
74.6	73.5	77.6	77.4	71.3	76.2	71.5	76.3	78.2	76.5	76.1	

从军山台资料看,相对湿度随高度的下降,约为每百米4%。

第五章　后军山台时期

第一节　衰微

1926年8月24日军山气象台总理张謇逝世,军山气象台经济来源被断;同年12月台主任刘渭清又调任水利官员,缺了业务技术的顶梁柱,军山台一度陷入困境。更糟糕的是,"四·一二"大屠杀后,"北伐军"占领南通,1927年5月起,政局动荡,1927年6月至1928年6月共换了五位县长,且根本不重视气象事业的发展。军山台的处境雪上加霜,连每年出版的《季报》、《年报辑要》都无力出刊。1926年勉强出了简装本,1927年度起只得停刊。

中央研究院气象研究所1928年成立后,竺可桢所长认为军山台为张謇手创,历史较早,资料可贵。但张謇去世后,未能印发气象年报,十分可惜。此后竺所长派员代为整理,并印行了军山台自1925年至1929年各年的气象报告辑要。

1930年9月,陈潘主任调至江苏省水利局任课员,筹建江苏省水利局测候总站,于1931年11月随水利局一起并入建设厅(厅长沈百先),任江苏省建设厅测候所主任,指导各县测候工作。军山气象台为整个江苏气象事业的发展输送了人才,但自身又失去了一位业务技术骨干。

1930年10月至1933年三年间,军山气象台到了进退维谷、难以支持的地步。正准备停办之时,在省会测候所协调下,确定经费来源之渠道由县政府按月支拨,才得以勉强维持下来。

1934年,江苏省建设厅制定了《整理及改进江苏省测候事业计划》。陈潘认为,军山台的仪器设备、人员素质、观测时次、观测项目等,与该"计划"所订的二等测候所的规模,都有过之而无不及,所以建设厅确定军山台为"省会合作二等测候所",把1931年11月"重复建制"的南通县四等测候所撤销,由此军山台经费来源有了进一步保障。

1936年江苏省测候事业全国领先,有头等所3个、二等所11个、三等所10个、四等所50个,共74个;另有雨量(蒸发)站6个、雨量站31个,共37个。全省测候人员140人,动用县建设费4万余元(测候设备费10741.43元,测候经常费19560.00元)。陈潘作为观测所主任,功不可没。军山台动用县建设费1440元,为县级各所中最多的三个所之一。

1934年建设厅按头等测候所的规模和要求,选址镇江北固山(当时省会设在镇江)进行扩建;1934年7月21日陈潘到任负责建台,从设计图纸到动工,仅花了两个多月时间,同时从军山台调赵叔云到北固山气象台负责电报业务,于1934年8月16日到任。陈、赵二人成为北固山气象台(省台)主要技术骨干。台长顾济之与陈潘也在工作中建立了深厚友谊。

1936年12月省会测候所派巡视指导员陈文熙到军山气象台,指导、规划测候工作改进事宜。军山台1936年由省所补充经费1000元,但实支修理费仅118元,其余882元上交给县府,县府以"代付"名义扣留691.03元,实际上交190.97元。

根据民国二十六年五月一日出刊的《江苏省政府建设月刊气象专号》,至1937年,军山气象台业务技术人员仅有主任蒋亦溪(41岁)、观测员赵仲德(48岁)、姚永年(26岁)3人承担繁重的预报、测报任务。

表5.1 军山气象台人员一览表

姓名	出生年份	工作起始时间	备注
张 謇	1853.7	1913.1	总理,1926年8月去世
张 詧	1851.9	1914.1	协理,1928年退出
刘渭清	1887	1914.1	主任,1926年7月调任水利官员
陈 湝	1895.4	1916.10	接替刘渭清任主任,1930年9月调省测候总站
赵日昇	1897	1916.12	观测员,离台时间不详
赵叔云	1898	1917.1	报务员,1934年8月调省测候总站
蒋亦溪	1896	1917.1	接替陈湝任主任,直至日军毁台
陈祥麟	1909	1929.1	观测员,1935年1月调徐州铜山,任二等测候所主任
赵仲德	1889	1929.8	观测员,直到日军毁台
姚永年	1911	1929.12	观测员,直到日军毁台

1938年3月17日,侵华日军华中派遣军板垣师团饭冢旅团约5000人,在飞机掩护下,从姚港附近登陆,侵入南通城。侵占狼山后,在山下烧杀整整三天,10多名乡亲躲进了军山气象台,但未逃过侵略军的追杀,只有少数人凭着机灵而逃生。据目击者丁洪元等人回忆,日本人不仅在军山上杀了许多中国人,而且抢走了军山气象台的许多仪器、设备和资料。

军山气象台在日军犯通后,骤告停办。许多第一手原始资料散失,成为永远的谜团。最可信的说法是,被日军抢劫后转移到了日本。

2007年12月24日,《中国气象报》载文"武汉百年气象史断档九年——跨国寻觅,缺失六十载资料回家"。该文说,12月17日,经日本友人帮助,日本气象厅以复印件的形式,为武汉补齐了1938年5月1日至1946年12月31日的气象资料。南通若能有类似机遇,也将解除南通人心中的一大遗憾!

日军占据南通博物苑后,使之沦为马厩,苑内一对丹顶鹤,一只被枪杀下酒,另一只哀鸣绝食而亡。在该苑,日本人曾设测候所进行气象观测,但全部资料都对中国人保密,具体情况无人知晓。

第二节 劫后十一年

1939年3月,伪南通县知事公署在原县政府大院内设三等测候所,使用一部分军山台的残余仪器(1939年全省仅恢复了昆山、南通2个三等所)。其位置是北纬31°57′,东经120°55′,观测场高度4.2米。观测员则是原军山台主任蒋亦溪。每天09时、12时、15时、18时四次观测,项目有气压、气温(干湿球温度、最高和最低)、绝对湿度(水汽压)、相对湿

第五章 后军山台时期

度、降水量、风向风速、蒸发、云量云状、天气记事,维持到1943年4月,历时四年。

1943年5月开始改为一天三次观测,即06、09和17时,项目同上。3次观测维持了两年,至1945年6月。

从1945年7月至9月每天一次(09时)观测,项目减少到最高温度、最低温度、日雨量、日蒸发量等四项。已自降为四等测候所。

汪伪统治时期缺气象报表18个月,分别是:1938年全年和1939年1—2月、1943年4—6月、1944年6月。

日本投降后,国民党南通县政府接收了测候所,观测员仍为蒋亦溪,从1945年10月起恢复一天三次观测,即06、09、17时;观测项目为9项,维持到1946年7月。

1946年8月至1947年12月观测不正常,有时仅有09时一次观测,项目是:最高气温、最低气温、雨量、风向风速、天气记事。

然而,蒋亦溪本人仍作气压观测。1947年12月29日,南通学院化学实验室理平度先生曾给蒋亦溪先生一张便函,索要气压观测记录,全文是:

二十六、二十七两日下午之气压、毫米数,恳再赐示,屡渎不情,容后面感!
此致
蒋亦溪先生

弟　理平度　顿首
中华民国三十六年十二月二十九日
(南通学院农科化学实验室印章)

1948年1月起,气象观测由导淮委员会淮域滨海区水利工程总队南通水文站兼任。自1947年6月至1947年12月测候所和水文站曾分别观测,各做报表,两套天气观测记录并存。水文站是从水利水文角度进行观测和编制报表的。其天气现象很简单,仅分晴、多云、阴、雨等;其温度仅精确到0.5℃或干脆取整。

水文站的观测时间是06、14、21时,测候所的观测时间是06、09、17时。对照两方面的资料,水文站气象月报表一日三次的观测值尚属齐全,并有观测员、抄录员和校对的印章。其项目中无气压,但有日照。测候所的月报表一日三次缺漏较多,没有观测员签章,但有气压观测,没有日照,湿度观测仅有11月26日至12月31日,中间还缺了6天。

最令人不解的是,水文站的雨量、雨日均多于测候所,日界均为零时。七个月时间,降水总量和雨日数相差分别为497.1毫米和17天。而按水文站资料统计,七个月总降水量为730.8毫米,雨日63天。

1948年1月起测候所停止观测,水文站的月报表是存世的孤本,故摘录如表5.2。

表5.2　1948年1—12月水文站气象观测记录

月份	气温(℃)			雨量(毫米)			天气日数(天)			日照(小时)
	平均	最高	最低	月总量	一日最大	出现日	雨日	阴天	晴天	
1	2.4	14.5	−8.0	31.9	23.8	22	3	8	20	154
2	3.3	12.0	−6.0	38.1	8.5	26	9雪1	9	10	83

续表

月份	气温(℃)			雨量(毫米)			天气日数(天)			日照(小时)
	平均	最高	最低	月总量	一日最大	出现日	雨日	阴天	晴天	
3	7.8	20.0	−0.5	91.9	23.6	13	14	9	8	109
4	15.7	30.0	9.0	49.8	20.8	13	5	9	16	174
5	19.3	28.0	13.0	89.0	43.1	30	8	10	13	158
6	25.1	34.0	18.0	76.6	20.4	29	8	6	16	231
7	27.4	36.0	21.0	239.4	76.5	3	11	8	12	202
8	28.8	37.0	24.0	115.4	40.8	9	8	4	19	244
9	24.6	34.0	19.0	94.1	29.2	6	12	5	13	155
10	18.6	29.0	12.0	52.5	18.8	25	8	4	19	190
11	11.0	22.0	0.0	13.0	7.5	25	3	6	21	204
12	8.0	17.0	0.0	104.4	24.4	30	13	11	7	105
全年	16.0	37.0	−8.0	996.2	76.5	7.3	103	89	174	2009
1951—1980年（气象站）	15.0	38.2	−10.8	1074.1	287.1	1960.4.8	122.3	—	—	2211.6

附注:1月≤−5℃共3天;2月13至20日无日照,≤−5℃4天;3月11至22日12天连阴雨,无日照,82.8毫米;4月14至30日全晴无雨5月没有连阴雨和连晴;6月10至13日四天40毫米;7月3、6日有暴雨。14至21日迟梅90.0毫米,20日暴雨,3个高温日;8月8个高温日,蒸发量119.0毫米;9月18至23日6天连阴雨,34.0毫米;10月23至28日6天连阴雨,34.1毫米;10月28日至11月22日25天无雨;12月19至31日连阴雨13天,95.9毫米,日照共8小时;全年、春季连阴雨1次,枯梅,秋季连阴雨2次。

南通水文站工作地点:南通端平桥西大街23号。除气象资料外,另有1947—1948年南通西被闸、陆洪闸、木耳桥、端平桥等水位站两年的水文资料图表存南通市气象局资料室。

表5.3 南通水文站观测人员一览表(1947.6—1949.1)

职务	姓名	备注
主任	钱燕绳	1947年10月因病辞职
代理主任	叶耀良	接替钱燕绳,11月7日办移交手续,1948年2月1日辞职。副工程师
兼职主任	汪剑英	1948年2月1日奉令接替叶耀良。直到南通解放。副工程师
助理员	查剑萍	1947年10月奉令停职
助理员	尤益麟	1947年10月19日接替查剑萍,直到南通解放
助理员	郑国光	助理工程师,在木耳桥水位站工作到南通解放
测工	赵如盛	1947年11月1日辞职
测工	徐福庭	1947年11月1日接替赵如盛,在陆洪闸水位站工作,直到南通解放
测工	赵敦本	在西被闸水位站工作到南通解放
测工	王杏新	在木耳桥水位站、流量站工作到南通解放
测工	徐瑞林	1947年5月15日到1947年12月31日,在西被闸水位站工作;1948年1—2月在木耳桥水位站工作

主任和助理员负责测候,测工仅作水文观测,不测候。解放前夕,1948年8月的名册尚有江剑英、郑国光、尤益麟、徐福庭、赵敦本、王杏新等6人。报表做到1948年12月,也就是工作至1949年1月。2月2日(正月初五)南通解放。

国民党统治时期造成报表缺失共11个月,分别是1946年1月、3月和8至12月,1949年1至4月。

第三节 复兴与纪念

1949年2月南通一解放,军管会接管淮河水利工程总局淮域滨海区水利工程总队时,当即决定留用工程总队的副工程师兼主任陈濬,任命他为苏皖地区第九专员公署测候所主任,月薪93.5万元,相当于1955年3月新版人民币93.5元。当时实行供给制,这一工资水平是整个九专署机关最高的,体现了党和人民政府对知识分子的尊重与爱护,也体现了对气象事业的高度重视。

1951年南通专署曾出示公告,要求群众保护军山气象台余屋,因此,军山台遗址犹存。20世纪50年代,由于邮电局在军山气象台北侧设有通讯塔,因此派了一名曾参加过解放上海战斗的复员军人,长驻军山气象台作守护人,直到他90年代初去世。

军山台第一任主任刘谓清1955年8月作为特别邀请人士当选为南通市第一届政协委员,并于1960年3月和1963年12月连任第二届、第三届政协委员。

军山台第二任主任陈濬作为市科学技术协会代表,1963年12月当选为南通市第三届政协委员。因"文革"期间政协中断活动,二人的政协委员资格一直延续至他们去世。

1979年南通市政府财政拨款4万元对军山气象台旧址进行了一次修缮。

1982年8月南通市人大确定并公布了一批市级文物保护单位,有张謇墓、何坤墓、广教寺、文峰塔、水绘园、定慧寺等25处,军山气象台旧址也列入其中。其对军山台的建筑,描述为"辟昔之炮台寺宇而建,建筑为砖木结构,面阔三间,平顶,明间中后部有一小楼。"

1987年2月,为纪念军山气象台建台70周年,南通市气象局和南通市气象学会,举办了庆祝活动和学术交流,南通市政协和江苏省气象局的领导,应邀到会指导。张謇孙女、市政协副主席张柔武女士参加了庆祝活动并参观了市气象局。上海、南京、南通等地新闻媒体作了报道,《人民日报》海外版发了消息。

1997年初,中国气象局确认南通军山气象台为国人所创建的第一座气象台,南通市人民政府进一步将其遗址列为市重点文物保护单位,拟筹建"南通军山气象博物馆",让狼山旅游度假区管委会物色一名专职守护员。这时,军山村53岁的顾正如找到管委会领导,主动请求担任军山气象台遗址守护人。顾正如访问了近百位老人,收集整理了10多个民间传说。其父也曾躲进军山气象台,在日本人上山时幸运逃脱。

1997年,南通市政府拨款50万元,根据"修旧如旧"的原则,按原样重修军山气象台。10月23日(星期四)上午9时在度假区管委会举行了"军山气象台修复竣工典礼",并交由直辖的狼山旅游度假区管理。1998年4月30日,南通市气象局捐赠仪器、通讯装备,供度假区布展,度假区雇大卡车运至军山脚下,再雇请工人搬运上山。清单如下:

1. 地面气象观测部分

温度计1台、湿度计1台、气压计1台、日照计1台、水银气压表1支、维尔达风仪1台、激光测云测距仪 1 台、百叶箱 1 套、雨量器 1 套。

2. 气象通讯器材部分

62 丙单边带 1 台、239 短波接收机 1 台、72-117 传真收片机 1 台、55 型电传打字机 1 台、28 型电传打字机 1 台、711-Ⅱ甚高频无线电话 1 台、CZ-80 传真收片机 1 台。

虽然没有正式对外开放,但参观军山台旧址的客人络绎不绝。每当游人或贵宾到来,顾正如总是热心地讲解军山气象台历史以及陈列气象设备的来历。他还请山下武警部队安装了联络报警装置,承担起山上的防火、防盗重任。

经过紧张筹建,2002 年 10 月 24 日南通军山气象展览馆在原军山气象台正式开馆。江苏省政协副主席顾浩、南通市委书记罗一民、市委副书记王德忠、副市长张庆平及有关方面负责人作为第一批参观者,怀着浓厚的兴趣参观了气象展览馆。军山气象展览馆搜集、陈列了军山气象台部分珍贵史料及早期气象仪器设备,并展示了新中国成立后特别是改革开放 30 年南通气象事业发展业绩。

2007 年 10 月 5 日军山台迎来了一位尊贵的客人——中共中央政治局委员、国务院副总理回良玉,在江苏省政府常务副省长赵克志,南通市委书记、人大主任罗一民,南通市委副书记、市长丁大卫等人的陪同下,参观了南通军山气象台旧址。

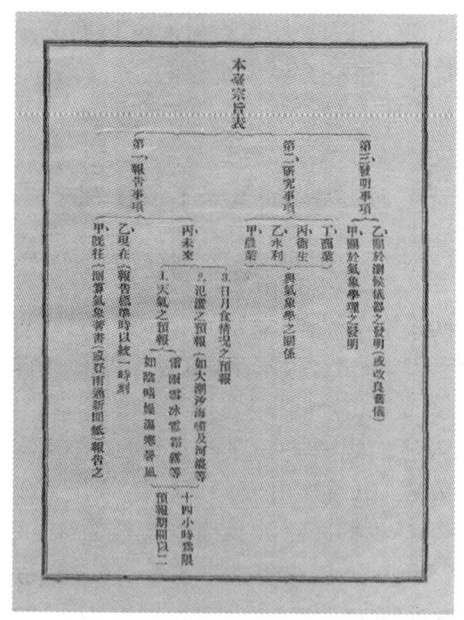

1916 年 10 月制定的军山气象台宗旨

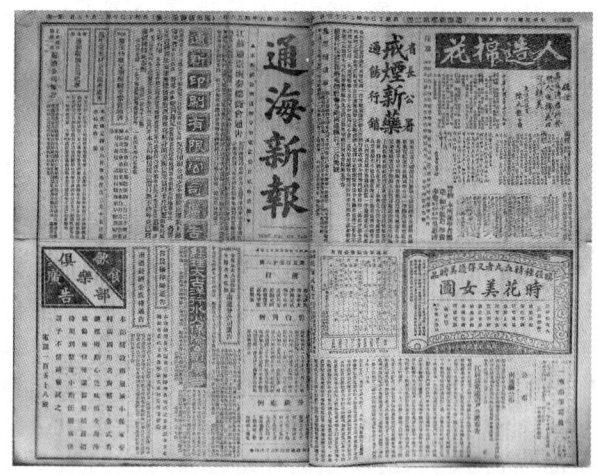

1917 年 4 月 4 日的《通海新报》。该报隔日出版,刊登军山气象台发布的气象报告

业务编

第六章　大气探测

大气探测包括地面观测、高空探测、雷达探测、卫星探测、气象飞机等诸多方法,是气象工作的基础。大气探测数据被用于绘制天气图、整编气候资料和各种科学研究;与人类活动、经济建设和国防建设都有着非常密切的关系。

南通的地面观测已有百年以上历史。20世纪50年代末全区形成了地面气象观测网,70年代末开始雷达探测,90年代中期开始接收卫星气象资料用于天气预报;进入21世纪后发展更为迅速,2001年起布设自动气象观测站网,2004年建成南通大气探测中心,形成了现代化大气探测体系。

表6.1　新中国成立后南通观测站位置变迁表

年份(年·月)	北纬(度、分)	东经(度、分)	观测场海拔高度(米)	详细地址
1949.05—1950.12	31°57′	120°55′	7.7	南通学院东一院内
1951.01—1952.04	32°01′	120°54′	7.3	南通城南启秀路20号(原址S 70米)
1952.05—1962.03	32°01′	120°54′	5.8	南通城南青年路21号(原址SW 500米)
1962.04—1994.12	32°01′	120°51′	5.3	南通市姚港路西侧(任港乡红光大队四队)(原址SW 1000米)
1995.01—2007.12	31°59′	120°53′	6.1	南通市八厂乡厂南村(原址ESE 500米)
2008.01—	32°05′	120°59′	4.8	南通市通州区兴东机场北侧(原址NE 14千米)

注:1.1955年1月起奉中央气象局指示,经度纠正为东经120°52′并非观测场西迁。
　　2.1991年7月1日起,海拔高度改为5.5米,并未迁站。

第一节　地面气象观测

新中国成立后,南通测候工作很快得到恢复。沿用国民政府中央气象局1947年和1948年出版的《测候手册》和《气象测报手册》;沿用解放前各时期保留下来的旧仪器仪表,从1949年5月1日起正式观测。当时最缺乏的是温、湿、风、雨、蒸发等自记仪器的自记纸,观测员不得不靠用油印方法自行制作自记纸,用于观测。气压计已坏,直到1951年1月才配备启用。当时南通测候所使用的仪器仪表清单如下:

1. 寇乌式水银气压表(英)
2. 干球温度表(德)
3. 湿球温度表(德)
4. 息克斯温度表(日)

5. 最低温度表(法)
6. 最低草温表(日)
7. 曲管地温表一套4支(日)
8. 直管地温表(日)
9. 电传杯形风速表(日)
10. 风向器(日本小笠原)
11. 20厘米口径雨量器(日)
12. 20厘米口径蒸发器(日)
13. 套盆式80厘米口径蒸发器(中国南通)
14. 乔唐(或译赵丹)日照计(日)
15. 温度计(日本小笠原)　　　缺自记纸
16. 湿度计(日本加藤)　　　　缺自记纸
17. 虹吸雨量计(日)　　　　　缺自记纸
18. 电接回数风速计(日)　　　缺自记纸
19. 立轴式风向计(日)　　　　缺自记纸
20. 蒸发计(日本大田)　　　　缺自记纸,时钟欠灵
21. 大百叶箱(中国南通)
22. 小百叶箱(中国南通)
23. 时钟(中国钟表制造厂)

军委气象局于1950年11月20日颁发新中国成立后的第一本观测规范《气象测报简要》,自1951年1月1日起执行。南通气象站按此规范,每日03、06、09、12、14、18、21、24时进行8次观测。设有气温、气压、湿度、降水、风向、风速、云(云量、云状、云高、云向、云速)、能见度、天气现象、日照、蒸发量、草温、雪深、地面状态等观测项目。

1952年2月1日起,南通乙种气象站每天8次拍绘图天气电报。

1954年1月1日起,中央气象局《气象观测暂行规范——地面部分》开始执行,明确要求观测资料必须具有代表性、比较性和准确性。停止草温观测。气候观测一律按地方平均太阳时01、07、13、19时进行4次定时观测,19时为日界。南通观测时次作了相应变动,为01、04、07、10、13、16、19、22时,发8次绘图报。

1954年9月1日起,南通站增加航空危险天气报。

1954年12月,南通站承担发报任务,正常情况下,为定时22次,即天气报4次、补充天气报4次、航空报14次。遇有危险天气,即时拍发航空危险天气报,另加不定时报。

1955年6月11日起,增加编发气候旬(月)报。

1955年12月21日起增加冻土观测。

1956年冬季开始,增加电线积冰观测。

1957年7月起,增加1.6、3.2米直管地中温度观测(1963—1964年和1966—1979年曾两度停测)。

1957年11月上海气象局在南通专区崇明县陈家镇设有江苏省崇明气候站,亦称陈家镇气象站,主要为海、空军和民航服务。1959年1月改属上海市气象局领导。

1959年6月20日由江苏省气象局组织的"灾害性天气联防报"（降水、大风、打雷、冰雹、龙卷、早晚霜或霜冻等天气）开始发报。

1960年1月1日起，根据中央气象局对观测暂行规定所作的修改，南通、吕四为国家发报站，继续作01、07、13、19时4次气候观测（专区内启东、如皋、如东三站1959年4月至1960年7月也进行过4次观测），其他站改为07、13、19时3次气候观测。同时取消云向、云速观测。

1960年8月1日起观测时间有重大改变，即取消地方平均太阳时，01、07、13、19时改为北京时02、08、14、20时，南通台、吕四站每天按北京时02、08、14、20时4次观测，专区内气候站改为08、14、20时3次观测。20时为日界。

1962年1月起南通台减少02时、20时两次天气报和11时、13时两次补充天气报，增加每旬逢"8"观测6个层次的土壤湿度。1962年4月，观测场迁至姚港路西侧。1962年4月5日起，"灾害性天气联防报"改为"江苏省重要天气报"，报文有9组。

1962年6月，增加台风联防报，有台风影响时拍发；增加微压计观测（维持到1968年6月，因"文革"停止）。

1964年江苏省气象局制定《地面气象观测任务与仪器配备标准》，并于1965年1月1日起执行，大量采用国产仪器仪表，由省局统一供应。

1965年11月起，海安、如东二站增加航危报任务。

1967年2月至1969年3月，因"文化大革命"影响，南通台夜间不守班，02时资料以自记记录替代。

1967年5月起，使用上海气象仪器厂生产的EL型电接风向风速仪，24小时自记记录，1970年撤销苏式维尔达风压器。

1975年增加云幕灯，解决夜晚测云高的困难。后又增加激光测云仪。后因使用不便被搁置。

1979年10月增加百叶箱通风干湿表观测湿度（1986年11月停用）。

1980年1月中央气象局重新编写的《地面气象观测规范》（《新规范》）开始执行。

1980年1月起海安、如东二站被要求亦进行02、08、14、20时四次定时观测，昼夜守班（1990年1月改回三次观测）。

1980年4月15日国家建委和国家气象局联合下发《关于保护气象台站观测环境的通知》，地方政府认真贯彻执行，保证了观测记录的准确性、代表性和可比性。

1981年5月起地区局使用遥测雨量计。

1982—1983年，增加《台风业务试验报》；1984年5月起，南通地区气象局组织地区内重要天气联防，报文同《江苏省重要天气报》。

1984年7月起增加E-601型大型蒸发器观测。

1985年3月1日起，使用翻斗式遥测雨量计。

1985年5月起，拍发《台风加密观测报》。

1986年9月吕四站扩建为国家基准气候站。

1988年6月11日在长江南通航段主航道上（北纬31°59′，东经120°48′，江心）设立长江江面有史以来第一个气象观测站（中国气象局1993年确定其区站号为58350），按《地面气象观测规范》逐步开展温、湿、风、降水、雾等项目的观测。

1989年10月起,使用PC-1500计算机编发航危报。

1990年1月1日,南通县气象站被确定为辅助站,10年后改回为一般站。

1991年吕四建立三级太阳辐射观测站,1992年1月1日起正式开始观测、编制报表。所用仪表是锦州322研究所制造的TBQ型总辐射表;按国家气象局1989年9月编辑出版的《气象辐射观测方法(试用本)》观测总辐射;观测时间按地方平均太阳时,从日出至日没。

1992年12月江苏省气象局在南通江心气象观测站安装"N-DZF"自动测风站,这是南通气象史上第一个自动站。每天24小时正点前发两分钟平均风速及其风向。按该站1993年1月至6月及1994年1月至1996年5月期间资料统计,江面达6级及以上大风的日数有104天;而按陆地记录加一级计算,此期间仅有23天大风日;传统方法造成的漏落率达77.9%,可见该站作用很大。由于管理较好,该站是同期江苏安装的沿海地区三个自动站中唯一运转正常的一个站。江心站受到了新闻媒体的关注,10多次上报纸。见表6.2。

表6.2　1988年6月—1993年2月各报关于江心站的新闻报道

时间	报纸名称	标题	作者
1988.6.20	解放日报	南通设长江江面风力观测点	印建刚、张飞龙
1988.6.20	长江日报	长江有了第一个江面风力观测点	印建刚、张飞龙
1988.6.20	南通日报	市气象局设立江面风力观测点	印建刚、张飞龙
1988.6.25	南通港报	气象局在"滨海号"设立江面风力观测点	印建刚
1988.6.28	中国河运报	南通在长江江面设立风力观测点	印建刚、张飞龙
1989.4.8	长江航运报	南通航段江面风力观测研究取得初步成果	印建刚
1989.4.13	水运安全报	建立水运气象学的重要一步南通"江面风力观测"取得初步成果	印建刚
1989.4.15	中国交通报		
1989.4.18	中国河运报	南通航段江面风力观测研究取得成果	印建刚
1992.12.20	解放日报(第一版)	长江测风站在南通建成	罗振新
1992.12.23	南通日报(第一版)	我国第一个长江自动测风站在通建成	印建刚、罗振新
1993.1.20	新华日报	我国首座江面自动测风站在南通港建成	印建刚
1993.2.11	南通日报(专版)	气象科研为水运服务	管惟三

注:印建刚系《南通港报》记者,罗振新、管惟三系《南通日报》记者。

1994年11月中国气象局天气司方维模高工登上"滨海号"检查自动站时说:"该站管理好,是全国唯一能长期投入正常业务的国产自动测风站。在管理上,气象局与港务局密切配合,在全国也是少有的。"

1995年1月1日观测场迁至八厂乡厂南村郊外。

1996年7月起地面气象报表改由微机(DMBB软件)制作,与江苏省气象局开发的DMNT地面气象观测数据采集系统相配套。

1999年1月统一使用安徽省气象局开发的AHDM系统(4.0—5.0版)软件采集数据和制作报表。

2002年1月起气表-1停止纸质上报,以电子报表数据文件格式上报,但气表-21仍以纸质上报。

第六章 大气探测

2002年起全市各局站观测方式由传统的人工观测向自动观测方式转变,2002年上半年各观测场加装 ZQZ-CⅡ型自动气象站,2003年1月起人工观测数据和自动站数据并行使用,但仍以人工为主。

2003年2月起安装省气象局下发的地面气象测报业务软件《OSSMO-AH2002》。

2003年11月,中国气象局颁发的新的《地面气象观测规范》(第一版),由气象出版社出版发行,于2004年1月起执行。

2004年1月起,人工、自动观测进入双轨运行第二年,自动站资料作为正式资料存档,只有云、能见度、日照、蒸发等要素保持人工观测。同年12月31日20时起,自动站单轨业务运行。

2004年全市范围内,各乡镇逐步开始布设无锡产 ZQZ 系列自动站和省气象科学研究所生产的温雨站。

2005年1月1日起采用新版业务软件《OSSMO2004》,2005年底业务软件版本升级至2004版 V3.0 系列。

2005年9月省局布设雷电监测网,南通新建雷电监测站,配备闪电定位仪。监测半径400千米,可自动记录雷电发生的时间、位置、强度和极性等。在有效探测距离内,其定位精度能达到1千米,时间精度小于1秒,且全天候、长时间连续运转,将电闪、雷鸣尽收眼底,还可预测雷击具体位置。

2006年底,省气象局对全省的测报站网及任务进行了全面调整,市境内吕四为基准站;南通、如皋为一级站(国家基本站);海安、如东、海门、通州、启东为二级站(一般站)。

2007年1月1日,南通市气象局测报站由基本站升格为观象台(未挂牌),24小时人工观测。

2007年1月,在大气探测中心内建成酸雨观测站,4月1日起正式开始观测,编制报表。此后,上海市气象局在观测场设置水汽遥感探测仪(GPS-MET),由上海直接应用和维修管理。

至2007年底,全市已布设安装自动站131个,分布较均匀,正常运转率达99%。

2009年1月1日,南通市局测报站仍改为基本站。不再24小时人工观测。

表6.3　2010年5月现用地面观测仪器仪表

序号	仪器仪表	启用时间	制造厂或产地
1	动槽式 DYM1 型水银气压表	1974年12月17日	长春气象仪器厂
2	振筒式 ZZG-2 型气压传感器	2000年1月1日	山西太行仪表厂
3	DYJ1 型空盒气压计	1986年1月1日	长春气象仪器厂
4	干湿球温度表(自然通风,球状,水银)	1980年1月1日	上海科化医用仪表厂
5	HMP45D 型铂电阻温度传感器	2001年11月24日	芬兰 Vaisala 厂
6	最高气温表(水银,柱状)	1965年8月31日	上海天平厂
7	最低气温表(柱状,酒精)	1965年8月31日	上海天平厂
8	地面温度表(水银,柱状)	1957年4月1日	上海理工仪器制造厂
9	地面最高温度表(水银,柱状)	1972年8月13日	上海科化医用仪表厂
10	地面最低温度表(柱状,酒精)	1966年10月4日	上海天平厂
11	5厘米地温表(内标式,0.5分度)	1961年1月1日	上海天平厂

续表

序号	仪器仪表	启用时间	制造厂或产地
12	10厘米地温表(内标式,0.5分度)	1961年1月1日	上海天平厂
13	15厘米地温表(内标式,0.5分度)	1961年1月1日	上海天平厂
14	20厘米地温表(内标式,0.5分度)	1961年1月1日	上海天平厂
15	40厘米地温表(内标式,0.2分度)	1995年1月1日	上海华辰医用仪器有限公司
16	80厘米地温表(内标式,0.2分度)	1995年1月1日	上海华辰医用仪器有限公司
17	160厘米地温表(内标式,0.2分度)	1996年1月1日	上海华辰医用仪器有限公司
18	320厘米地温表(内标式,0.2分度)	1996年1月1日	上海华辰医用仪器有限公司
19	0～320厘米地温传感器(铂电阻,PT100)	2000年1月1日	江苏省无线电科学研究所
20	双金属片日转温度计	1956年9月1日	长春气象仪器厂
21	DHJ1型日转毛发湿度计	1971年6月15日	长春气象仪器厂
22	EL型电接风向风速计	1967年5月1日	上海气象仪器厂
23	EC9-1型测风传感器	2000年1月1日	长春气象仪器厂
24	雨量器(20厘米口径)	1949年5月1日	日本
25	翻斗式雨量计	1983年1月1日	上海气象仪器厂
26	双翻斗20厘米口径遥测雨量传感器	2000年1月1日	上海气象仪器厂
27	E601B型蒸发器	1991年1月1日	南京水利水文自动化研究所
28	乔唐式日照计	1949年5月1日	日本
29	0～50厘米冻土器	1980年1月1日	日本
30	电线结冰架	1980年1月1日	中国,江苏,自制

第二节　天气雷达探测

一、测雨雷达

为了新建雷达站,1976年4月至6月,选派王颂章、缪旭波、季连兵三人到南京气象学院学习711测雨雷达设备维修。1976年调入张志聪任雷达机务员。1977年春季,从无锡运回711测雨雷达,却因条件有限,无法开机工作。1978年招进张庭元、缪勇谋、吴建军三人,选派缪勇谋、吴建军二人到福建省建阳地区气象台雷达站培训。1978年10月、1979年4月又分别从市磷肥厂、市无线电仪器厂调来南京大学大气物理专业毕业的方维之、周春林。

1979年4月南通台配备的固定式711型天气雷达,安装在地区机关宿舍楼四楼楼顶。5月1日正式投入使用,南通台首开测雨雷达业务,工作频率9340～9400兆周,工作波长3.19～3.21厘米,最大探测距离300千米,探测高度上限20千米;探测项目有降水方位、距离、性质、云层高度、雨区移向移速,可有效监视近距离冰雹、龙卷风、强雷暴、降水云团等中、小尺度天气系统活动。1979年5月,方维之接替王颂章任雷达组组长。

1980年起,每年4月10日至10月30日期间参加江苏省天气雷达联防。

1981年4月1日起,雷达从地区机关宿舍楼迁到新落成的地区气象局五楼楼顶,五楼为值班室和办公室,工作条件大为改善。

1981—1983年每年7月15日至10月15日期间,承担中央气象局"台风业务试验"中的雷达组网探测业务。

1982年2月省局明确省台为雷达联防指挥中心。省局重新制定《江苏省天气雷达工作质量考核办法》下发执行。

1983年3月省局颁发《省内天气雷达联防办法》并贯彻执行。8月南京气象学院分配两名大气物理专业毕业生钱鹰、姚毅到南通地区气象局雷达组,11月又从南通县气象站调来南京气象学院大气物理专业毕业的朱竞成,雷达组人才优势更加凸显。

1983年9月省局下发《江苏省天气雷达冬季观测组织办法(暂行)》,该办法规定,南通从每年11月1日至次年3月19日每天4时开机探测一次,雷达组"冬闲"不闲了。

1985年,国家气象局下发《台风业务和服务规定》,要求南通承担台风业务和服务工作以及天气雷达加密探测和发报的任务。

1986年2月省局调整天气雷达联防探测网,南通等4部711型雷达为"补充"探测站。

1987年2月省局再次调整联防探测网,南通等七部雷达承担定时探测发报任务,定时探测时段为3月20日至10月20日。

1987年省局要求雷达组作短时预报,并下发《短时天气预报质量考核办法(试行)》和《天气雷达机务工作岗位责任制度》,12月组织711雷达机务苏北协作片,机务员张志聪参加协作片活动。

1988年4月《江苏省天气雷达机务工作质量考核办法》下发执行。

1990年南通雷达站承担"1990年国防热带气旋特别试验"中天气雷达加密探测和发报任务。

1992年3月省局再次颁发《省内天气雷达联防组织办法》,并下达《天气雷达数字化系统业务化方案(试行)》。

每年3月20日至10月20日期间,南通雷达每天探测的时次为:05时、10时30分、14时、16时30分、19时30分(机动)、22时。

1992年底,全省组网探测雷达共12部,其中盐城、南京、南通等三部雷达承担国家气象局台风业务和服务任务。

1994年711雷达更换为711B型雷达,1995年更换下来的711雷达装备南通县气象站,用于专业气象预报服务。

1996年南通市气象局雷达站被省局撤销,雷达组人员重新安排工作。711B型雷达由南通市气象台用于专业气象预报服务,2001年1月划归新成立的专业气象台使用。2005年停止使用,结束南通测雨雷达25年的探测史。

二、多普勒雷达

南通多普勒天气雷达站是全国布网站点之一,对本市经济发展、防灾减灾有着不可估量的重要作用。

在中国气象局总体部署下,2002年12月南通市计委正式批复"南通新一代天气雷达(多普勒雷达)项目"立项;2003年3月中国气象局批复"南通新一代天气雷达系统"项目立项;2003年9月中国气象局监测网络司批复,同意选址于南通兴东机场北侧,同月动工兴建。2003年11月15日雷达楼封顶,12月23日完成吊装。2004年5月安装调试完毕,10月19日通过中国气象局大气探测技术中心组织的现场测试。2006年8月19日南通新一代天气雷达顺利通过了中国气象局监测网络司主持的现场验收,同时雷达系统的站址选择和总体设计还得到了中国气象局和省局专家领导的高度评价。

新一代天气雷达(多普勒雷达)工程用地21亩,总建筑面积1946.7平方米,位于北纬32°04′35″、东经120°58′34″,雷达天线高度为28.9米。

2004年10月1日开始,承担全国雷达拼图资料上传业务,上传中国气象局、上海气象中心、江苏省网络中心,同时开通雷达站至气象台的4兆比特数字专线,建立共享服务器,在预报中心和专业气象台以及有关终端都建立了PUP用户终端。

雷达站名"南通大气探测中心",区站号Z9513,雷达型号CIN/SA。

在实际工作中经常使用的产品有30种,具体情况见表6.4。

表6.4 新一代天气雷达的主要产品

序号	产品标识号	产品名	产品标识符	范围(千米)
1	19	基本反射率	R	230
2	20	基本反射率	R	460
3	22	基本速度	V	60
4	27	基本速度	V	230
5	30	基本谱宽	SW	230
6	33	混合扫描反射率	HSR	230
7	37	组合反射率	CR	230
8	38	组合反射率	CR	460
9	39	组合反射率等值线	CRC	230
10	41	回波顶	ET	230
11	42	回波顶等值线	ETC	230
12	47	强天气概率	SWP	230
13	48	风廓线速度方位角	VWP	0.3~15.2
14	50	反射率垂直剖面	RCS	230
15	56	风暴相对平均径向速度	SRM	230
16	57	垂直积分液态水	VIL	230
17	58	风暴跟踪信息	STI	345
18	59	冰雹指数	HI	230
19	60	中尺度气旋	M	230
20	61	龙卷涡旋特征	TVS	230
21	62	风暴结构	SS	345
22	78	1小时降水	OHP	230
23	79	3小时降水	THP	230
24	80	风暴总降水	STP	230
25	84	速度方位角显示	VAD	
26	87	组合切变	CS	230
27	88	组合切变等值线	CSC	230
28	89	分层组合反射率	LRA	460
29	110	反射率因子等高面	CAR	230
30	113	径向速度等高面	CAV	230

为保证多普勒雷达各项业务的正常开展,2001年2月至2005年10月,先后派送10人次参加了中国气象局举办的"管理培训班"、"应用培训班"、"高级应用培训班";3人次参加了敏视达雷达公司组织的机务培训班;20多人次参加江苏省气象局组织的雷达系统产品分析培训班。此外,还聘请雷达分析专家来局开设讲座;在雷达产品应用技术上,积极申请课题,撰写技术论文。至2009年底,参加全国性学术交流会1次,参加长三角学术论坛论文两篇。

2005年,南通地区遭遇了50年一遇的春夏连旱。在2005年6—7月先后开展的6次人工增雨作业中,多普勒雷达发挥了关键性作用。特别是6月26—28日这一次,从南京、徐州、苏州等五个市局商借了专业人员和装备,组成6个作业小分队,在全市范围内开展人工增雨作业,有效缓和了旱情。在选择作业地点,确定最佳作业时间,决定火箭发射的方位和仰角时,主要依据就是雷达探测数据。

第三节 自动气象观测站

1992年12月和1995年6月,中国气象局业务司海洋处先后在南通江心气象观测站和如东县北渔乡黄海村长沙边防哨所投资安装了N-DZF型自动测风站。位于南通江心气象观测站的N-DZF型自动测风站位于北纬$31°59'$,东经$120°48'$,1993年确定区站号58350。因其在船上,海拔高度随水位而增减。该站运转至1996年5月。

位于如东县北渔乡黄海村长沙边防哨所的N-DZF型自动测风站位于北纬$32°24'48''$,东经$121°17'42''$,海拔高度10米,区站号58355。该站一直运转至1998年春,积累了两年多的资料,因雷击损坏而停用。

2001年起,南通市气象局在苏通大桥北侧南通农场安装雨量站,位于北纬$31°51'$,东经$120°59'$,海拔高度9.8米,这是南通市第一个自动雨量站,后因管理员使用不当而停用。随后,在港闸区闸东乡(北纬$31°04'$,东经$120°49'$,12.8米)安装了自动雨量站。与此同时,市气象局办公楼楼顶安装了城市生态自动站(北纬$32°01'$,东经$120°51'$,21米),观测项目有气温、降水量、相对湿度、风向、风速和紫外线强度,每10分钟自动采集、传送一次观测数据。

2002年起在8个台站的观测场先后加装了无锡产ZQZ-CⅠ型(吕四)和ZQZ-CⅡ型(其他7站)自动气象观测站。

2004年9月起在市区和各县(市)镇、港、村、校等处安装自动站,已损坏的进行修理或更换,至2005年10月全市共建成各类自动站31个。其中各台站8个、城市站1个、加密自动站(中尺度站)15个,自动雨量站7个。分布于沿江、沿海等重要防汛地带和各重要气象服务区域。

经过六年时间,至2008年7月完成全市自动观测站的布设任务,共有自动站133个,非观测站125站,包括城市站1个(市局)、测风站1个(如皋熔盛重工工业区)、海洋站7个(启东2个、海门2个、如东2个、通州开沙岛1个)、中尺度站34个、温雨站76个、雨量站6个。

表6.5　南通市自动气象站一览表(2008.7)

序号	编号	市县局	站名	区站号	经度	纬度	拔海高度(米)	自动站类型	安装时间
01	01	南通	闸东	M2602	1204900	320400	12.8	雨量站	20041101
02	02	南通	农场	M2603	1205900	315100	9.8	雨量站	20041102
03	03	南通	文峰街办	M2604	1205440	320044	8.8	温雨站	20080711
04	04	南通	钟秀闸	M2605	1205351	320224	4.8	温雨站	20080712
05	05	南通	竹行镇	M2606	1205906	315401	10.8	温雨站	20080712
06	06	南通	小海镇	M2607	1205745	315728	7.8	温雨站	20080713
07	07	南通	幸福镇	M2608	1204948	320536	4.8	温雨站	20080713
08	08	南通	唐闸镇	M2609	1205042	320244	7.6	温雨站	20080710
09	09	南通	秦灶镇	M2610	1205253	320256	18.6	温雨站	20080713
10	10	南通	观音山镇	M2611	1205629	320208	4.8	温雨站	20080818
11	11	南通	南通兆丰嘉园	M3601	1205300	315900	4.8	城市站	20091231
12	12	南通	南通军山	M6801	1205350	315633	118.0	中尺度站	20071011
13	13	南通	姚港闸	M6802	1205046	315859	9.8	中尺度站	20080610
14	14	南通	狼山闸	M6803	1205255	315632	8.9	中尺度站	20080610
15	15	南通	通沙汽渡	M6804	1204835	320204	8.8	中尺度站	20080610
16	16	南通	陈桥镇	M6805	1204907	320632	15.8	中尺度站	20080711
17	17	南通	新开镇	M6806	1205550	315306	15.8	中尺度站	20080716
18	18	南通	团结闸	M6807	1210106	314905	14.8	中尺度站	20080615
19	01	海安	老坝港	M3621	1205600	323600	12.0	中尺度站	20041010
20	02	海安	沙岗	M3622	1201300	323600	14.5	中尺度站	20040909
21	03	海安	雅周	M3623	1202000	322500	9.8	中尺度站	20040918
22	04	海安	实小	M3624	1202700	323200	19.8	中尺度站	20071221
23	05	海安	胡集镇	M6821	1202255	323048	5.4	中尺度站	20080301
24	06	海安	李堡镇	M6822	1204133	323415	19.0	中尺度站	20080301
25	07	海安	曲塘镇	M5631	1201855	323010	14.0	温雨站	20061127
26	08	海安	墩头镇	M5632	1202054	323849	16.0	温雨站	20061222
27	09	海安	孙庄镇	M5633	1202304	322610	18.0	温雨站	20061222
28	10	海安	西场镇	M5634	1203527	323136	24.5	温雨站	20061221
29	11	海安	大公镇	M5635	1203050	323654	17.5	温雨站	20061224
30	12	海安	城东镇	M5636	1202849	323228	9.4	温雨站	20080314
31	13	海安	角斜镇	M5637	1204659	323435	19.6	温雨站	20080314
32	14	海安	南莫镇	M5638	1201651	323523	10.5	温雨站	20080315
35	03	如皋	吴窑镇	M3631	1203520	320415	14.5	中尺度站	20041110
34	02	如皋	熔盛重工	M3632	1203530	320410	20.6	测风站	20080101
33	01	如皋	如皋港	M6831	1203228	321228	16.8	中尺度站	20080301
36	04	如皋	雪岸镇	M2632	1204100	322700	6.2	雨量站	20041010
37	05	如皋	常青镇	M2633	1202700	321500	12.8	雨量站	20041211
38	06	如皋	奚斜镇	M2634	1204200	321700	12.0	雨量站	20041211

续表

序号	编号	市县局	站名	区站号	经度	纬度	拔海高度(米)	自动站类型	安装时间
39	07	如皋	袁桥镇	M5641	1202830	322159	11.6	温雨站	20061222
40	08	如皋	高明镇	M5642	1202307	321534	20.6	温雨站	20061220
41	09	如皋	磨头镇	M5643	1203400	321652	34.0	温雨站	20061226
42	10	如皋	桃园镇	M5644	1203624	321744	24.0	温雨站	20061122
43	11	如皋	丁堰镇	M5645	1204250	322144	11.6	温雨站	20061219
44	12	如皋	白蒲镇	M5646	1204443	321441	11.6	温雨站	20061216
45	13	如皋	九华镇	M5647	1204124	320844	30.6	温雨站	20061216
46	14	如皋	石庄镇	M5648	1203039	320814	22.6	温雨站	20061224
47	15	如皋	江安镇	M5649	1202439	321012	22.6	温雨站	20061119
48	16	如皋	下原镇	M5650	1203803	321332	34.6	温雨站	20061220
49	17	如皋	柴湾镇	M6832	1203159	322715	16.6	中尺度站	20080301
50	01	如东	丰利镇	M6841	1210155	322649	13.6	中尺度站	20080301
51	02	如东	袁庄镇	M6842	1204618	322654	13.8	中尺度站	20080301
52	03	如东	坚镇	M5656	1210923	322454	15.6	温雨站	20061128
53	04	如东	新店镇	M5657	1205532	321626	4.0	温雨站	20061210
54	05	如东	栟茶镇	M5658	1205323	323154	12.6	温雨站	20061201
55	06	如东	马塘镇	M5659	1210301	321914	12.6	温雨站	20061201
56	07	如东	岔河镇	M5660	1205511	322107	12.8	温雨站	20061110
57	08	如东	曹埠镇	M5661	1210810	321544	7.3	温雨站	20061111
58	09	如东	大豫镇	M5662	1211717	321834	3.3	温雨站	20061208
59	10	如东	太阳沙	M8003	1212500	323200	13.6	海洋站	20051207
60	11	如东	东凌	M8021	1212459	321858	3.6	海洋站	20080730
61	12	如东	洋口港	M3641	1211900	322600	13.3	中尺度站	20041231
62	13	如东	双甸镇	M3642	1205000	322100	13.2	中尺度站	20041211
63	14	如东	洋口闸	M3643	1210200	323400	16.6	中尺度站	20041210
64	01	通州	刘桥镇	M6851	1205025	321007	16.6	中尺度站	20080301
65	02	通州	盐场	M3651	1212500	320800	12.6	中尺度站	20041110
66	03	通州	石港镇	M3653	1205800	321300	16.8	中尺度站	20041110
67	04	通州	环本农场	M6852	1211954	321048	9.6	中尺度站	20080301
68	05	通州	先锋镇	M5671	1205818	320029	16.3	温雨站	20061205
69	06	通州	四安镇	M5672	1205619	320801	16.3	温雨站	20061205
70	07	通州	二甲镇	M5673	1211118	320115	19.3	温雨站	20061205
71	08	通州	新坝镇	M5674	1204306	320851	16.3	温雨站	20061115
72	09	通州	姜灶镇	M5675	1200142	315953	6.5	温雨站	20061105
73	10	通州	川港镇	M5676	1210374	315543	16.0	温雨站	20061108
74	11	通州	九圩港	M5677	1204446	320310	16.0	温雨站	20061009
75	12	通州	骑岸镇	M5678	1210308	321045	16.3	温雨站	20061201
76	13	通州	五甲镇	M5679	1211155	320849	16.3	温雨站	20061205
77	14	通州	三余镇	M5680	1211702	320809	16.3	温雨站	20061115

续表

序号	编号	市县局	站名	区站号	经度	纬度	拔海高度(米)	自动站类型	安装时间
78	15	通州	开沙岛	M8022	1203756	320253	4.3	海洋站	20080601
79	01	海门	青龙港	M3661	1211400	315200	8.6	中尺度站	20041202
80	02	海门	四甲镇	M3663	1211500	320100	15.6	中尺度站	20041212
81	03	海门	刘浩镇	M5663	1212913	320326	16.8	温雨站	20061209
82	04	海门	王浩镇	M5664	1211541	320332	16.9	温雨站	20061209
83	05	海门	常乐镇	M5665	1211458	315550	14.8	温雨站	20061211
84	06	海门	三星镇	M5666	1210636	315804	14.9	温雨站	20061212
85	07	海门	三阳镇	M5667	1212831	315530	14.6	温雨站	20061213
86	08	海门	货隆镇	M5668	1211622	320331	15.4	温雨站	20061214
87	09	海门	天补镇	M5669	1210646	315536	15.4	温雨站	20061215
88	10	海门	三和镇	M5670	1210659	315239	12.8	温雨站	20061216
89	11	海门	悦来镇	M2662	1212400	315500	10.3	雨量站	20041210
90	12	海门	江心沙	M5684	1210519	314923	16.3	温雨站	20061202
91	13	海门	树勋镇	M5685	1212040	315907	7.3	温雨站	20061210
92	14	海门	正余镇	M5686	1212149	320345	19.3	温雨站	20061211
93	15	海门	德胜镇	M5687	1210941	315737	19.0	温雨站	20061231
94	16	海门	万年镇	M5688	1212521	315855	12.3	温雨站	20061103
95	17	海门	临江镇	M5689	1212515	315151	19.3	温雨站	20061210
96	18	海门	余东镇	M5690	1212120	320055	10.9	温雨站	20080310
97	19	海门	麒麟镇	M6861	1212043	315604	8.3	中尺度站	20080301
98	20	海门	包场镇	M6862	1212455	320312	8.3	中尺度站	20080301
99	21	海门	海永乡	M6863	1212534	314719	5.0	中尺度站	20080301
100	22	海门	东灶港	M8009	1213112	320707	6.0	海洋站	20070430
101	23	海门	海太汽渡	M8024	1210552	314719	3.3	海洋站	20080630
102	01	启东	民主镇	M5681	1213506	314951	14.8	温雨站	20080312
103	02	启东	合作镇	M5626	1213747	315528	12.5	温雨站	20080311
104	03	启东	志良镇	M5627	1213637	315920	12.8	温雨站	20080311
105	04	启东	少直镇	M5628	1214050	315522	8.5	温雨站	20080312
106	05	启东	和合镇	M5629	1214801	314415	12.8	温雨站	20080312
107	06	启东	新安镇	M5630	1214649	314649	12.6	温雨站	20080312
108	07	启东	天汾镇	M5682	1213240	320354	4.5	温雨站	20080312
109	08	启东	南阳镇	M5683	1214213	315226	12.5	温雨站	20080311
110	09	启东	北新镇	M5691	1213011	314934	20.5	温雨站	20061211
111	10	启东	海复镇	M5692	1214102	315918	16.5	温雨站	20061214
112	11	启东	秦潭港	M5693	1214220	320217	20.5	温雨站	20061214
113	12	启东	兆民镇	M5694	1213460	320030	20.5	温雨站	20061211
114	13	启东	东海镇	M5695	1215027	314650	20.5	温雨站	20061213
115	14	启东	向阳镇	M5696	1214709	315222	20.5	温雨站	20061215
116	15	启东	三条港	M5697	1214152	314348	4.5	温雨站	20061111

续表

序号	编号	市县局	站名	区站号	经度	纬度	拔海高度(米)	自动站类型	安装时间
117	16	启东	惠萍镇	M5698	1214528	314560	8.5	温雨站	20080311
118	17	启东	惠丰镇	M5699	1213640	314628	6.5	温雨站	20080311
119	18	启东	王鲍镇	M5700	1213231	315757	8.5	温雨站	20080312
120	19	启东	兴隆沙镇	M6871	1213716	314203	4.5	中尺度站	20080301
121	20	启东	东元滩涂	M8007	1214706	315941	3.0	海洋站	20061226
122	21	启东	唐芦港	M3671	1214900	315600	18.2	中尺度站	20041230
123	22	启东	协兴闸	M3672	1215243	314832	12.6	中尺度站	20041230
124	23	启东	久隆镇	M3673	1213400	315400	18.6	中尺度站	20041130
125	24	启东	园陀角	M8023	1215417	314139	0.4	海洋站	20091230

第四节 特种观测

一、卫星气象观测

1983年起,用传真收片机接收日本"葵花"气象卫星(GMS-5)发送的云分析图;1992年起在市局办公楼楼顶设置卫星云图接收天线,接收GMS-5半球云图图片,每小时一次,可储存连放,具有动画、漫游、增强显示、温度定量显示和无极缩放等功能,清晰地追踪天气系统的活动和演变。云图种类主要有红外云图、可见光云图和水汽图。

1995年8月如东县气象局采用南京大桥机器厂生产的TS-W8型系统,接收日本极轨静止140°E赤道上空气象卫星(GMS-5)发送的云图。这是南通市及县(市)站中第一家接收系统,也是江苏省内县(市)站中第三家。

1996年起,随着中国气象局气象信息资料接收处理系统——MICAPS系统普遍推广应用,卫星云图资料和其他天气图资料一样,主要由江苏省信息平台提供。

1997年市局购置安装"9210"工程卫星接收小站。

1999年10月起市境内各站先后安装"9210"工程卫星单收站(PC-VSAT),由中国气象局传输云图数据资料,基本满足预报服务和对外服务的需要。2003年5月22日起,"超期服役"的GMS-5卫星停止播发云图产品,各台站卫星接收处理系统遂停止运行。

2004年起,我国气象卫星风云2号C星和D星,先后投入使用,充分满足我国气象台站对卫星探测资料的需要。

二、酸雨观测

南通市环保局酸雨观测始于1983年,当时气象局观测站被设为大气环境监测点。按国家标准,pH值<5.6即为酸雨。1983年至2008年26年间,市区除1994、1995年相对较轻外,一直处于高污染水平。降水pH年均值在5.46~4.51之间,其中pH值<5.0的有16年。单次监测pH最低值3.56~4.4之间。

1987年1月1日起吕四国家基本站业务调整为基准气候站,观测项目增加酸雨,每天编发酸雨报。

南通市局酸雨观测自 2007 年 4 月 1 日开测。同时与中国环境监测总站、南通市环保局联合开展了《南通市酸雨污染成因研究》，2009 年 10 月 26 日《江海晚报》以"本地污染仅为其一，外地污染也是要因"为题，指出南通市区虽然二氧化硫、氮氧化物排放总量远远低于上海、苏州、无锡等周边城市，但酸雨频率却高于上述三市，这说明市区大气污染受整个区域影响较大，上述三市位于南通西南部和南部，形成污染叠加作用。

南通市区 2000—2009 年十年间煤消耗量增加了近 60%，石油天然气消耗量增加了 29%，酸雨物质的排放量也就随之增长；另一方面，我市降尘量大幅下降，降幅达 62%，引起碱性粒子缓冲作用能力减弱，有利于酸雨发生。此外，私家车猛增，滩涂排出大量的硫化氢和二甲基硫，也有利于酸雨的发生。

进入 21 世纪以来，每年平均 pH 值均小于 5.0，特别是 2007 年最为严重，年平均 pH 值为 4.5，酸雨频率高达 84.6%，属于"其危害难以恢复"的重度污染水平。

表 6.6 酸雨观测仪器一览表

仪器名称	型号	制造厂家或产地	启用时间
pH 计	PHS-3B	上海精密科学仪器有限公司	2007 年 4 月 1 日
电导率仪	DDS-307		
复合电极	E-201-C		
测温探头	T-818-A-6		
电导电报	DJS-1C		

三、雷电定位观测

2005 年 1 月南通市气象局在兴东机场北侧观测场内安装闪电定位仪，实时观测雷电的地点和强度，由省台搜集整理后发送各有关台站。

表 6.7 闪电定位仪现用仪器

仪器名称	型号	制造厂家或产地	启用时间
雷电探测仪	ADTD	中国科学院空间中心	2005 年 1 月 1 日

南通市闪电定位数据库采用两类数据表：一类适应于存储全省闪电定位显示系统复制下来的闪电定位数据文件；另一类数据表适应于存储南京上传北京的闪电定位数据文件。

闪电定位仪位置信息采用 GPS 定位，一般来讲，GPS 提供的坐标（B、L、H）是 1984 年世界大地坐标系（World Geodetic System 1984，即 WGS-84）的坐标，其中 B 为纬度，L 为经度，H 为大地高即是到 WGS-84 椭球面的高度。

软件对数据库闪电定位数据处理的结果为，以 O 为中心 3.5 千米范围内平均每平方千米年地闪次数、平均地闪次数、地闪总次数、地闪正闪雷电流最大强度、地闪负闪雷电流最大强度、雷电强度累积概率、雷电季节变化概率、24 小时变化概率、每平方千米网格年平均雷击次数统计和每平方千米网格年总雷击次数统计等 12 项统计结果。

该系统对雷闪进行 24 小时全天候不间断观测。采用 2005 年到 2008 年 125 个闪电日共观测到的 54920 个闪电，分析闪电的基本气候概况可以看出，南通地区闪击次数年变化基本呈线性递增分布，2007 年的闪电击次数是 2005 年和 2006 年总和的两倍，2008 年闪击次数是2005年和2007年的总和。闪击次数月变化曲线呈单峰分布,峰值出现在7月份。

地闪日变化呈双峰分布,峰值出现在14时和18时。14时是闪电频次日均最高值,18时次之。

每次的雷电用"·"来表示。作2005—2008年南通地区强雷电分布图,从图中雷击点的疏密程度可以看出,南通地区强雷击点呈现南北分布,北部地区以海安中部、如皋北部和如东一线最为密集,南部地区以市区、海门东南部和启东一线最为密集。这与近几年发生的雷电灾害事故地区是吻合的。

四、水汽遥感探测仪

2007年1月1日起,上海市气象局为卫星定位系统而安装在南通的水汽遥感探测仪(GPS-MET)等探测设备运转正常。

五、梯度(风)观测

20世纪90年代,市局为开展专业气象服务需要,曾利用建筑部门的塔吊或者建筑物,人工定时进行40米、60米高处风向风速观测记载,积累了一百多个样本资料,并建立了60米高处风速的计算公式为:

$$Y=1+1.33X$$ (其中X为地面风速,Y为60米高风速)

21世纪以来,为了开发沿海风能资源,2009年3月起沿海建立了6个测风塔,分别是海安老坝港1个,如东东凌、刘埠新闸2个,海门东灶港1个,启东2个,高度分别为100米和70米,测风分5层。初步实测算得70米高处年平均风速达7.2米/秒,极具利用价值。

2011年9月22日,在兴东观测场成功安装"边界层风廓线雷达",并投入使用。

第五节 海洋观测

一、常规观测

1956年上海气象局决定在启东县吕四镇南门外高桥下兴建气象站,以弥补沿海气象资料之不足。1957年1月1日起正式观测记录,区站号57932。1957年6月10日改站号为58265。1958年上海气象局将吕四站移交给江苏省气象科管理。1959年迁址至离南黄海岸线仅1千米的海边,即北纬32°04′,东经121°36′,观测场海拔高度5.5米。1960年1月1日开始在新址观测记录。

1959年3月吕四气象站更名为启东县吕四海洋水文气象站,这是南通专区范围内第一个海洋水文气象站。同年10月,江苏省气象局在如东县建立南通专区的第二个海边站"江苏省环港海洋水文气象站",地点在环港码头三岸角,即北纬32°31′,东经121°06′,于11月1日正式开始观测记录。

海洋水文气象站和气象站一样,陆地部分设25米×25米观测场;海洋部分用船下海观测,项目有气温、气压、湿度、风向风速、能见度、潮位、海水流速、波浪、海水绿度等。

如东环港站因木板船(45吨)太小,大风时不能出海,加之与东台县环港海洋水文气象站太近,因此1962年2月被中央气象局撤销。业务负责人丁正根调入县气象站。如东站现存有环港站1959年11月至1961年12月两年资料复印件。

启东吕四站于1966年,实行"海洋"和"气象"分家。"海洋"部分事业经费、劳动工资、基建投资、消耗器材及干部与业务管理等划归国家海洋局东海分局(位于上海)负责。1966年东海分局在吕四镇大洋港乡海堤外10千米处小庙洪(北纬32°08′,东经121°37′)建立了一座孤立于海中的观测楼,设计寿命20年,实际工作到1992年。吕四气象站和吕四海洋站资料共享,业务技术互助,关系密切。

1987年11月至1989年5月期间,根据江苏省气象局安排,南通市气象部门承担了黄海、东海海面风向风速的人工实测任务。一共出海三次,每次两个月,均在上海海运公司客运海轮上观测。观测资料全部上交上海区域气象中心(即上海中心气象台)主持的《华东区海上大风与陆地大风对比观测》课题组。资料内容包括定时所测经纬度、航向航速、实测风向风速、真风向真风速。三次时间和观测人员具体如下:

第一次:1987年11月中旬至1988年1月上旬,上海至青岛航班。陆友生(海门)、萧卫平(吕四)、顾彦轶(南通县)。

第二次:1988年3月中旬至5月中旬,上海至温州航班。杨国清(南通)、陆友生(海门)、顾彦轶(南通县)。

第三次:1989年3月中旬至5月中旬,上海至福建马尾港。凌和稳(海安)、陆友生(海门)、崔成斌(南通)。

二、自动观测

自动测风站自1992年12月至1996年5月长江南通航段江心站运转三年半。

1995年7月1日至1998年春如东县海边站(距海岸140米)运转两年半。这是市域内沿海第一个专用自动测风站。

2004年1月起,启东吕四(北纬32°08′,东经121°22′)和如东县的东凌、洋口(北纬32°26′,东经121°22′)、长沙,开始"潮汐到滩时间观测",历时四年半。采用56个月观测数据分析,发现用天文潮涨潮时间加上3小时30分钟,可以预报测潮水到滩时间。这是一般情况,但有异常偏早的约占9.1%,异常偏迟的约占8.3%,异常情况必须根据气压、风向风速等气象要素和天文、洋流等其他因素作预报。

2005至2008年期间,地方政府和气象部门为开发和利用海洋资源,专门在沿海和近海海面设立自动站7个,见表6.8。

表6.8 沿海自动气象站一览表

建站时间	站名	经纬度	高度(米)	要素
2005年12月7日	洋口港太阳岛	北纬32°32′ 东经121°25′	13.6	6(海面)
2006年12月26日	东元滩涂	北纬31°59′41″ 东经121°47′06″	3.0	4
2007年4月1日	东灶港	北纬32°07′07″ 东经121°31′12″	6.0	6

续表

建站时间	站名	经纬度	高度(米)	要素
2006年10月1日	洋口港海上水文气象浮标站	北纬32°32′ 东经121°25′	13.3	水上9,水下4,水质7
2008年6月	圆陀角	北纬31°41′39″ 东经121°54′17″	16.8	4
2008年6月30日	海太汽渡	北纬31°47′19″ 东经121°05′52″	3.3	6
2008年7月1日	东凌闸	北纬32°18′58″ 东经121°24′59″	3.6	4

2006年，洋口港水文气象大型观测浮标站（"洋口港01号"如东洋口海洋生态环境监测站）建成并正式投入使用。"洋口港01号"为当时国内外测量参数最多的浮标之一。水上部分测量气温、气压、湿度、风向风速、能见度、雨量等参数；水下部分测量波浪、8层海流、潮位、水温等参数；水质方面测量盐度、溶解氧、pH值、导电率、泥沙浓度、浊度、叶绿素等参数。所用仪器基本都是美国、日本、芬兰进口产品。浮标直径10米，高度接近10米，具有抗恶劣环境、防破坏、可靠性高、寿命长的特点。该浮标站还装有先进的无线视频系统，可对浮标进行监控。该站是江苏沿海首座漂浮站，也是我国沿海最大的漂浮站之一。

第六节 测报管理

20世纪50年代初，华东军区气象处制定了《台站编码和逐日观测错情统计办法》；1952年12月25日，中央人民革命军事委员会总参谋部颁发七种气象技术制度，其中地面观测方面有值班制度、交接班制度、仪器清洁管理及检查维护制度等，南通乙种气象站站长负责认真贯彻执行。

1956年9月1日启用中央气象局制定的《观测员地面气象测报工作评分暂行办法》，由南通气象站站长贯彻执行。

1958年11月南通专区气象台成立后，设有台站管理组。这是南通气象史上第一个专门的业务管理机构。主要任务是测报管理，由观测员任遵海担任首任组长。

台站组负责在全区范围内勘定站址、建立新站、检查规章制度执行情况和质量考核、技术培训、技术指导等任务，平日要进行全区的报表审核和简单的仪器维修等工作。并设检查员1人，由任锡安担任。具体按照中央气象局下发的《气象台站检查规范》，"按省局领导指示，下台站进行技术检查"。

1961年9月22日江苏省气象局印发了《江苏省气象局关于测报工作检查的规定》和《省气象局和专署气象局测报业务管理分工》两个重要文件，更加明确了专区局（台）业务组的工作职责。

1963年1月1日起执行省局编印的《江苏省观测员地面气象观测工作评分办法》，同时《观测员地面测报工作评分暂行办法》停用。

1963年和1964年，南通专区气象台业务管理组积极参加省局对全省和全区气象台站进行的一次全面普查。这次活动对促进测报事业发展作用很大。

1966年至1971年受"文革"影响,业务管理有些松弛,但8个台站均坚持观测,一天未停;坚持做报表(县站一度改为简表),一月未少。

1972—1973年军分区和县人武部派员到台站参加管理,台站管理组工作得到加强。1973年11月省气象局颁发《地面气象测报工作制度》,编印《台站地面测报错情统计办法》。同月,编写印发《江苏省气象业务分级管理试行办法》,重新明确了"气象台站网的管理"、"气象测报工作管理"、"报表编制审核"等方面省局和地区台各自职责,从而基本明确了省、地两级管理机构的分工。

1973年起,按照中央气象局下发的《地面气象观测检查手册》,台站管理组对南通地区各台站恢复测报业务检查,纠正了文革中被错误减少的工作规程和工作量。

1977年11月起全省开展连续百班无错情社会主义劳动竞赛活动。地面测报达到连续百班无错情的,由地区台业务组组织验收核实,报省局审批,由省局奖励。达到连续250班无错情的,由省局业务处组织验收,核审后报中央气象局授予"质量优秀测报员"称号和奖励。

为保护气象观测环境,1978年10月14日江苏省革命委员会向各地区、市、县革命委员会批转了江苏省气象局《关于申请维护气象观测场地技术要求的报告》;1980年7月10日江苏省基本建设委员会和省气象局联合转发国家建设委员会、中央气象局下达的《关于保护气象台站观测环境的通知》,为业务管理工作提供了有力的政策支持,使气象台站观测环境得到了一定的保护和稳定。

1980年12月4日江苏省气象局通报奖励"连续百班无错情"先进个人,南通台刘忠3次"百班",奖金60元;姚长有1个"百班",奖金20元。

1981年6月8日南通地区行政公署气象台成立,原地区台业务管理组升格为正科级内设部门"业务管理科";1984年,业务管理科下设测报管理组、预报管理组(兼科研管理)、农气管理组、通讯管理组和资料室,其测报管理功能更有所加强。

1983年11月国家气象局颁发《气象台站地面气象测报工作规章制度》,规定含观测组长、观测员、预审员、资料档案保管员、仪器维护保管员等各种专、兼职人员的岗位职责,以及值班、交接班、场地仪器设备维护、报表编制报送、业务学习、检查报告等七种制度,于1984年1月1日起执行,测报管理工作更加细化、专业化。

1984年1月1日起,同步实施国家气象局重新制定的《地面气象测报质量考核办法》,定期通报测报质量考核结果。

1984年10月20日市局举行了一次冬季地面测报业务测验,如皋、吕四、如东三站平均成绩达80分以上;个人成绩80分以上,有23人,占参测总人数的54%。

1985年江苏省气象局在全省测报人员中聘请8位专家为"兼职检查员",协助省局业务处作业务检查,南通市局崔广裕和吕四气象站赵绳武被聘请。同年3月江苏省人民政府授予南通市气象局雷达组先进集体称号。方维之参加全省表彰大会,省长郑斯林亲自为他颁发奖牌。同年6月国家气象局推荐,授予吕四站陈岳周同志"为边陲儿女挂奖章"活动铜牌奖。

1986年4月1日南通市政府办公室转发了南通市气象《关于保护观测环境的请示报

告》。

1991年10月22—25日江苏省气象局在苏州举行地面气象测报技术比赛,吕四站张革新获全能第四名;海安站陆志刚获笔试第一名,市局任锡安获"优秀教练员"称号。

1992年为迎接第二次全国测报技术比赛,市局业务科组织了预赛,经江苏省气象局业务处的二次选拔推荐,吕四站张革新同志在7月23—27日组织的全国测报技术比赛中获预审第6名。这是南通市在该项比赛中取得的历史最好成绩。

1983—2011年吕四站获250班无错情达24人次,为全市之冠,其中陈岳周7次、沈建忠6次。

全市2009—2011年度测报百班无错情达159人次(地面农气137人次、辐射15人次、酸雨7人次),中国气象局授予陈岳周(2009、2010、2011年度)、张洪兵(2009、2011年度)、沈建忠(2010、2011年度)、黄新时(2010年度)、朱圣华(2011年度)、王鑫(2011年度)、刘娟(2011年度)等"质量优秀测报员"(250班无错情)荣誉称号。

第七章　天气预报

南通军山气象台开展天气预报工作历史甚早,始于1917年1月1日,比中央气象研究所早11年。

新中国成立后,1950年起华东气象台在南京每日制作本地预报、区域预报和航站预报;1954年大区撤销后,南京气象台开始承担南京及全省范围的日常晴雨预报、灾害性天气和海上大风预报。1956年7月11日起,通过收音机可接收南京台天气预报。南通站作为当时全省仅有的10多个气象站之一,由观测组用电话传递天气,"照抄照转"服务对象仅限于党政军机关及有关职能部门。

1957年开始单站补充订正预报试验,根据观测员的看天经验和实测资料,"收听加看天"对指导预报作适当订正,然后向外发布,不敢有太大变动。

1958年10月宣布成立南通专区气象台,并新增两人,一名是从从北京气象学校分配的毕业生娄云霞,另一名是从新浦气象台调来的报务员王颂章。

王颂章用莫尔斯收讯机抄收中央台播发的高空报和分析报以及武汉中心台播发的地面天气报,娄云霞既当填图员,又当预报员。11月15日南通诞生了新中国成立后的第一张天气图(08时东亚地面天气图),同时,经南通地委决定,11月18日南通专区气象台开始通过南通人民广播电台发布了第一张全专区天气预报。中断21年的天气预报业务得以恢复。

1958年11月从邮电学校调来谢同华、陆丽东二人跟班学习气象报务。陆丽东因混码后改学测报。12月又招收刘炜璋、冯祖田、张克勤三人,1959年1月20日到省局北极阁气象报务训练班学习,回台后只有刘炜璋可上报务班,另二人因混码改学填图,另外调进陶隆昌学习填图。

1959年1月20日,由专署选派马炎钊、华桂清二人到江苏省气象局北极阁预报训练班(后又转往上海台),并到扬州专区气象台实习,同年夏天回台上班。

1959年1月起,专区所辖六县气象站均开展补充预报,并通过有线广播站对外发布。

1959年12月起,成立民航观测哨。该哨1961年2月1日划归民航部门管理。

当时的短期预报天气:早上报24小时即"今天白天到夜里";中午报30小时"即今天下午到明天白天";晚上报36小时即"今天夜里到明天夜里"。天气趋势报两天,早上报"明天与后天";晚上报"后天和大后天"。

气温各时次均报最高气温和最低气温,早上报当日最高气温和次日早晨最低气温;中午报今天最高气温和明晨最低气温;晚上报明晨最低气温和明天最高气温。

风向风力报内陆地区、沿江江面。1961年3月省局要求南通新海连二台负责海洋天气预报服务,因此增加沿海海面风的预报。但江面、海面风力预报因缺乏实测资料作校订,一般情况是小风时沿江江面和内陆地区报相同级别,沿海海面报大一级;大风时,沿江江面比内陆地区报大一级,沿海海面比内陆地区报大两级。

1961年底,预报组、报务组合并成立天气组,组长为王颂章、副组长为娄云霞。1962年5月恢复预报组、报务组,胡家瑞为预报组长,王颂章为报务组长。

警报分四种:大风警报、沿江江面、沿海海面大风警报和沿海海面大风警报;台风警报、台风紧急警报;寒潮警报;暴雨警报。

台风警报发布之前往往先发布台风消息:有冷空气影响而估计达不到寒潮等级的,发冷空气消息。

预计最高气温达 35℃ 或以上时,发高温报告;高温,不发警报。低温报告,往往在估计寒潮或强冷空气影响后有严重冰冻甚至河港封冻时发布。因此有时有寒潮警报、低温报告一起发布的情况。

预计12小时雨量超过30毫米,24小时雨量超过50毫米时,发布暴雨警报。暴雨警报,只在估计有3站以上的区域性暴雨或大暴雨时发布,局部性小范围暴雨,不发布暴雨警报。

初秋(11月15日之前)、晚春(3月15日之后)如果预报最低气温3℃或以下,往往会出现大面积白霜或霜冻,这时要发霜冻报告。最低气温4~5℃时有可能出现局部霜冻,在预报中可增加"有局部霜冻",但不发霜冻报告。

成立预报组后,每天抄收02、08、14时三张地面天气图和08时700、500毫巴*二张高空天气图,20时700、500毫巴图以点绘图代替。1961年起由于业务指导思想受"左"的错误影响,一度贬低现代天气预报技术,片面强调把土法和群众经验作为天气预报的主要依据,大部分专区台砍掉90%的天气图,南通台仅砍掉刚增加的08时850毫巴一张高空图(1963年1月恢复)。

1966年"文化大革命"开始后,又一次出现大砍天气图的现象,08时850毫巴图从1970年5月至1978年3月被砍掉。总体看,南通台预报组、填图组、报务组在"文革"中能坚持值班,特别连大夜班都能坚持下来,实属非不易。

1971年起概率论和数理统计方法被广泛应用于短、中、长期预报。从1972年起南通台即把天气预报技术方法的研究,提到了重要位置。每年组织地、县两级预报人员攻关会战。"模式加指标"制作预报工具。1975年以后,开始重视数理统计预报方法,首先用以制作长期预报,逐步过渡到制作中短预报。

1981年江苏省气象局组织40多位富有实践经验的老预报员,对江苏省重要天气进行系统的经验总结,南通市共有4人参加,并担当春秋季连阴雨课题组组长,为《江苏省重要天气分析和预报》(上册)一书统稿、校样。孙锦铨是坚持到最后,在气象出版社校订出版的唯一作者。

1984年两台合并后,南通市局建立了短、中期模斯(MOS)预报科研小组,采用模式输出统计预报方法和完全预报方法制作陆地暴雨和海上大风等灾害性天气和预报方法。努力使天气预报由定性、主观逐步向定量、客观方向发展。

1991年6月建立自动填图和自动分析系统。

---

* 1毫巴=1百帕

1992年起市局开始向县气象局发布分片分县预报。

1993年9月,开通南通至南京的分组数据交换网,建立了省、地远程微机终端,数据传输速率达9600比特/秒。气象资料的调用、传输更加迅速、准确、便捷。

1994年12月县(市)站与市台之间的微机远程终端联接试验成功,1995年1月正式投入业务运行。天气预报所需的各种图表资料大量增加,充分满足短、中、长期天气预报的需要。

1997年12月MICAPS(气象卫星信息综合分析处理系统,"9210"工程)建成投入业务使用。市局建立VSAT站,1999年各县(市)气象局先后建成PC-VSAT地面接收站。所有县级局都拥有了气象台的技术装备和业务规模,县(市)局预报组也均升格为县(市)气象台。

2004年起,开通了国家、省、市级信息传输专用通讯光缆。

2005年5月全面建成省—市—县可视化预报会商系统,市、县两级基层气象台充分享受到科技进步带来的效益,在业务技术上得到帮助,为提高预报准确率,及时、优质的气象服务奠定了坚实的基础。

第一节 短期天气预报

1956年1月23日,中共中央政治局通过了《1956年到1967年全国农业发展纲要(草案)》,其中第14条是关于气象事业的发展纲要,奠定了气象事业坚实基础。1958年10月28日南通地委批准南通气象站扩建为南通专区气象台。11月18日专区台自主发布全专区天气预报,为公众服务的短期天气预报,从此一天都未间断过。

建台之初,报务、填图、预报仅二人,但每天抄填东亚地面天气图(08时、14时)和850、700毫巴(08时)高空图,实在不易。当时确定的短期预报项目:天气现象,风向、风速,最高和最低温度,一直沿用下来。

预报依据,除了自绘天气图,还接受南京气象台的具体业务指导。遇有灾害性天气将临,与省台进行电话会商,连邮电局接线员都习惯"气象优先"。电话号为"691",预报组一直延用,2005年增至8位"83512691"。

预报的发布,最直接有效的途径是广播电台,当时的发射台位于人民公园内(即博物苑),频率1480千赫,波长202.7米,发射功率300瓦。由气象台派员送预报单,播音员直播。

1959年11月全国气象台长会议在上海召开,要求气象台站名称,都添"服务"二字。南通台1960年8月24日改名南通专区气象服务台。会议还提出"分片预报"要求,为此,南通台增绘江苏区域小天气图,历3年后停。

1962年起,经调整、补充,12月底预报组达到4人,报填组也得到充实,短期天气预报工作得到加强。不仅常规天气图可保质保量按时用于预报;而且1963年,在江苏小图停发后,南通台还另行组织专区内台站发报,并增加邻近专区几个观测站同时次天气报,绘制南通专区08时、14时小天气图,对检验专区台的预报、指导县站预报和实现分片预报有很大作用。吕四站的天气实况还对预报沿海海面风向风力有参考作用(专区小图维持到1966年)。

1964年南通电台改为转播台,唯一保留下来的"自办节目"就是"天气预报"(1968年电台还架设了120米高钢管独杆天线,使天气预报广播扩大了覆盖面。1979年6月恢复其他自办节目),足见天气预报已得到社会认同和政府高度重视。

1964年6月10—13日,南通台召集各县业务骨干到专区台,进行了前所未有的一次预报

第七章 天气预报

改革会战,学习江阴站的改革方法,制作了六种预报工具,为汛期服务作好技术上的准备。

1965年6月如皋空军机场在如皋县磨头镇组建成功,同时机场气象台建立,为营级单位。从此南通专区境内有了两个短期天气预报制作单位。如皋机场气象台除常规天气图外,还有用作航站、航线短时预报的飞行天气图,其天气预报业务与专区台和如皋站有相互取长补短的作用;在技术上平时也有相互交流(机场台龙台长曾被选为南通市气象学会第一届理事会理事)。

1961—1966年期间,在制作天气预报技术方法上,上级要求"图、资、群结合,以群为主",甚至要甩掉天气图这根"洋拐棍";南通台虽然也用玻璃缸养起了黄鳝,每天早晨观察小河中子川鱼的活动并作记录,但是砍图很少,做预报仍然以图为主。这和机场气象台的影响也有关。因为机场台一直坚持以图为主。

为了让预报员认真使用天气图做预报,南通台规定,主班预报员必须撰写会商发言稿,提出会商重点,预报理由;下班之前的值班日记也必须交代天气形势特征及其演变趋势。物象、天象则可写可不写。

1966年,南通专区气象服务台名称改回南通专区气象台。

"文化大革命"期间,地面天气图和700毫巴高空图一直保留;850毫巴只有1970年3—4月有图;500毫巴自1966—1970年4月中断4年多,1970年5月恢复。

"文革"期间,1967年3月26日11时至11时30分,南通市区突发冰雹和雷雨大风,4个公社受灾,农作物和房舍损失较大,死亡7人,伤90人。专区台没有报出,但及时组织了灾情调查并进行技术总结,吸取教训。其实,这次过程之前,非常闷热,是有征兆的,但严重缺乏联防情报和高空资料;专区行政领导机关瘫痪,预报员也不敢贸然发布强对流天气预报,以致没有任何防范,不幸造成伤亡。预报员都痛心不已。

1971年9月南通军分区派李跃进任南通地区气象台政治教导员,他鼓励气象科技人员钻研业务技术,提高预报准确率,做好服务工作,天气预报工作逐步恢复正常,走上正轨。

为提高灾害性天气预报准确率,从1972年起,在李教导员的倡导下,对台风、暴雨等影响比较大的灾害性天气进行集中攻关科研。技术思路是图、资结合,以天气图为主分型,用关键区观测站及本站资料确定预报指标,最后形成以"模式指标"为特征的预报工具。有的在预报因子和预报对象之间建立回归方程;也有的用聚类分析、晴雨转移概率、真值图等数理统计方法。

"文化大革命"结束后,1979年江苏省气象局出版《预报技术材料汇报汇编》,南通台孙锦铨参加审稿、南通地区入选材料3篇。1981—1984年,省局召集部分有经验的老预报员,针对江苏的重要天气或天气系统,以预报经验为线索,应用天气学、动力气象学原理进行分型,全面总结了江淮气旋、西太平洋副热带高压、暴雨、台风、强对流、寒潮、连阴雨等天气预报经验。南通郁顺和(当时在渔业台)参加江淮气旋组,范德明参加台风组,周桂芝参加强对流组,孙锦铨、陈正庠参加连阴雨组,孙锦铨还担任了连阴雨组组长,并且是《江苏省重要天气分析和预报(上)》一书的3位统稿人之一。该项工作具有很强的针对性和实用性,其成果被广大预报员参考使用,不少台站还作为教科书组织学习;省局科教处也开办过学习班,由作者讲课,对提高预报员的业务水平很有帮助。

1984年南通市局成立MOS组,以杨自植(原海洋渔业台预报员)、季玲为主,研究数值预报产品在短期预报中的应用。数值预报产品采用北京气象中心"B"模式和日本 JMH 的形势和要素预报。并建立省、市二级 MOS 预报配套工程,在预报组得到广泛应用。省台的短期 MOS 指导预报系列,不断完善,在南通市县气象台站应用达十年之久。

1985 年 7 月 13 日南通市人民政府批转市气象局《关于开展有偿专业服务和综合经营的报告》,预报组承担服务任务,增加了压力,也促进了预报质量的提高。

1989 年 8 月 15 日 08 时和 17 日 08 时 850、700、500 毫巴图,共 6 张,因太阳黑子爆炸而缺抄。

1991 年 6 月预报组建成自动填图和自动分析系统;1993 年 4 月安装卫星云图接收设备,预报工作发生了"革命性"的变化。预报员可以阅读分析大量实时和预报图表。直观动态的卫星云图。

1992 年 12 月,经市、省两级政府向国家气象局、中央电视台申请并获准,从 1993 年 4 月 1 日起,南通短期天气预报于 7 时 20 分在中央电视台一套播出,同时播出的有 18 个城市,即北京、上海、南通、广州、襄樊、海口、安庆、潍坊、昆明、西昌、十堰、遵义、淄博、西安、兰州、乌鲁木齐、鞍山、哈尔滨。南通排在北京、上海之后,列第三。

《晚报试刊》第 23 期以"南通,每天向世界问早安!"为题,在头版头条刊载了这一新闻。

1993 年 3 月 28 日中央电视台提前四天开始在 7 点起播的早新闻之后的气象服务节目,增播南通气象预报。历时三年后停。

8 月 24 日兴东机场正式通航,中国民航南通站气象台建立,这是南通市境内第三个气象台。该台与南通市气象台之间实行微机远程终端联接,资料共享。

2005 年起建成省—市—县天气预报视频会商系统,提高了天气会商的效果,增加了上对下的业务指导力度,对提高决策服务水平和预报准确率,起到了重要的作用。

2005 年至 2010 年期间南通天气预报在中央电视台和上海电视台播出情况:2005 年 1 月至 12 月中央电视台一套 7 时 20 分;2008 年 1 月至 2009 年 12 月上海新闻综合频道 19 时 05 分和 02 时;2008 年 1 月至 12 月中央电视台九套 22 时;2009 年 1 月至 12 月上海新闻综合频道 19 时 05 分和 02 时;2009 年 10 月至 2010 年 09 月中央电视台新闻频道。

第二节　中期天气预报

3 至 10 天的预报为中期预报。

建台初,每天三次发布天气趋势;1960 年 1 月起,每月发布三次旬预报,即月末、10 日、20 日的中午在广播电台广播。旬预报的项目为:旬雨量、旬平均气温、旬最高(最低)气温、冷空气过程、降水过程、雨(雪)日数等。

1964 年起,专区台抄收点绘 500 毫巴候平均图,用于中期预报。旬前期天气过程主要靠天气图,旬后期则依靠韵律法。要素预报以杨鉴初先生的历史曲线演变法、相似法和相关法为主要方法。

1966 年"文化大革命"开始后,因早上、中午天气图少,不举行大会商,因此每天只发一次(晚上)"后天和大后天的天气趋势"。预报方法上,和长期预报相互借鉴、相互补充。如以农谚为线索,用单站资料进行验证,制作相关图表;以资料为主要依据,多因子排序相关等。

1969年起数理统计预报方法大量被采用，预报员写出了诸多采用数理统计方法做中期预报的预报技术材料。

预报员用阴阳历叠加法报降水或冷空气过程；根据"梅里西南，莳里潭潭"的启示也用15天韵律报天气过程。根据"雷打立春节、惊蛰雨不歇"的启示也有用30天韵律的。

1974年起，业务管理员任遵海用特制的光信息接收仪所记录的光信息资料，预测未来10天左右强降水过程，并在内蒙古呼和浩特、广东湛江、湖南常德、江西柘林等地试验，证实其基本模式可以通用。

1975年底专区台配备了117型、117A型传真收片机，接收北京（BAF）和日本（JMH）传真广播，由于117型传真机记录用纸是电化学湿纸，不仅有污染而且难于保存，所以，正常接收JMH的周间预报和旬、月预报后，一下机，专区台预报组孙锦铨立即将其摘要翻译成中文，用复写方式寄发各县站，供县站预报服务参考。直到一年后县站有了传真机方停。

1977年12月任遵海出席中央气象局在北京召开的全国气象站工作会议，会议确定县站补充预报已进入县站预报阶段，也就是说，县站可独立发布短、中、长期预报，中期预报也进入了一个新阶段。

1978年1月起预报组每天绘制气压时间剖面图、"E-T"剖面图、24小时变压剖面图、压温湿曲线图、总能量T_t剖面图等，为了找指标建模式，还补齐1956至1977年各月上述各图，每月使用两大张计算纸。有了这些图，不仅对当前天气及天气系统演变一目了然，而且查旬历史同期天气状况也非常方便。

1979年地区台成立中长期预报组，以原预报组组长胡家瑞为组长，曹长明、季玲、陆建治3位气候（气象）专业本科毕业生为组员。这是中长期预报第一次单独建组。除常规项目外，对中期春秋季连阴雨、台风、寒潮等重要天气过程也作预报。

1979年底，预报组用传真机所接受的日本中期预报图表为因子，预报南通地区中期降水量和降水过程，写成《波数分析的初步应用》一文，1980年1月孙锦铨在全省预报经验交流会（在扬州召开）上作大会发言，引起兄弟台的浓厚兴趣。这是南通台首次发表以环流背景为因子做中期预报的论文。

1982年9月，根据省局通知，十天预报停止在广播电台、报纸公开发布。保留邮寄发送。

1982年中长期预报组划归农业气象服务中心领导。

1983年底，淘汰117型传真机和电化学湿纸收片，更换为C2-80型收片机，采用普通纸、圆珠笔收片，可收存。更有利于用传真资料开展科研活动。

1984年省气象台在梅汛期发布4~10天降水预报试验，南通是其8个代表站之一。

1984年南通市局中长期预报组作调整，苏培仁为组长。苏培仁、陈永秀以MOS为主做一周滚动预报，在省、市、县气象台站中传递；陆建治做十天预报，曹长明做长期预报，印发有关单位。中期预报开始大量采用数值预报产品。

1985年苏培仁的研究成果《500毫巴环流型转移概率矩阵主成分分析和预报》获江苏省气象局1983—1984年度科技进步奖三等奖。这是南通台首次以环流因子为主做中期预报的成果获得奖项。

1986年底，抄绘达23年之久的500毫巴候平均图停止抄绘，代之以传真天气图。

1987年省气象台通过传真向全省正式发布中期指导预报。1988年,春季、汛期、秋季中期降水预报投入业务使用。1989年3月1日起,省台对3—7月、9—11月期间第4至10天的逐日降水向全省台、站正式发布。1992年3月起,省台将中央台T42 L9数值预报产品格点资料下传。对帮助台站做好中期预报有很大作用。

1996年底,因苏培仁、陆建治先后退休,中长期组撤销,但陈永秀仍负责中期预报业务工作。

进入21世纪后,气象现代化装备日臻完善,通讯手段不断改进,数值预报产品日益丰富,中期预报制作也发生了根本性的变化。

国外的要素预报产品有德国(GFS)10天预报、美国(NCEP)16天预报、欧洲中期天气预报中心(ECMWF)7天预报、日本(JAPAN)8天预报;在百度网还能搜索到德国天气在线长达14天的逐日预报。预报员做中期预报,转为以数值预报产品为主要依据,天气过程可以具体到某一天。

2006年起,由省台中期组主持,每月进行3次中期预报视频会商,也有助于市、县两级气象台提高中期预报准确率。

2009年起,市台发送中期预报采用四种方式:(1)传统的邮寄方式;(2)通过微机终端传递;(3)传真发片;(4)气象科技兴农网上发布;全市8个县(市、区)和经济技术开发区的133个镇(街道、乡)和1684个村(社区)。

第三节 长期天气预报

南通的长期预报,《江苏省志·气象事业志》认为是"江苏最早"。从1917年4月起就将长期预报登报。当时的技术方法,是借上海气象资料序列长的优势,结合军山实测记录,用时间序列外推法和相似、相关法,粗略估计旱、涝趋势和寒、暑的等级,实质上是一种"单站要素自相关"方法。

南通台所属各气象站(包括吕四站)从建站之初就做长期预报,由于资料短,对省台、专区台的依赖较大;但气象站的长处是与老农联系密切,引入一些群众经验作为预报依据,做到"资"、"群"结合。当时,气象人员撰写的技术材料,也是围绕验证和应用天气谚语来写。

1962年6月18—20日专区台召开了专区气象预报会议,到会代表有县(市)气象科、气象站和中心气象哨的代表共15人。会上交流了预报工作经验,确定了下半年工作任务,讨论了汛期(6—9月)的长期天气预报。这是第一次长期预报会商会。以后每逢汛期到来之前都要召开专、县两级台站预报员会商会,有时还聘请老农到会,在充分发表意见和热烈争论后,归纳出会商结果,但允许台站保留各自不同的意见。

1964年开始抄收500毫巴月平均图,大气环流因子在长期预报中得到重视。但是为了贯彻中央气象局"图、资、群结合,以群为主"、"土洋结合,以土为主"的预报技术原则,专区台在1966年初派出任遵海、孙锦铨二人到海安县气象服务站"蹲点",深入全县各公社、大队广泛访问老农,收集气象谚语。专区台于5月5—9日在海安召开了老农座谈会。南京气象学院院长罗漠带领王鹏飞、阮均石二位老师到会指导。蹲点人员介绍了300余条农谚和群众经验。会上讨论了6—9月份的长期天气预报,对1966年可能大旱,看法比较一致。

1969年起,在长期预报中引进了数理统计方法,在普查预报因子时,一般程序是:符号相关——序列相关——求相关系数,再用多元回归、逐步回归和聚类分析等方法归纳。预报对象有月、季、汛期降水总量,旬、月平均气温等,也有一些特殊预报项目。

1974年,预报改革会战小组,把梅雨量、入梅日期、梅雨长度等作为预报对象;为了使预报对象有稳定性,还考虑了全地区的面平均情况。在大量普查因子后,建立多元回归预报方程,经五年使用,效果很好。

1979年12月《南通地区梅雨的长期预报方法》获省气象局科技成果奖三等奖,这是南通台长期预报研究成果首次获奖。

在天气过程预报时,用得最多是148天韵律法,是受农谚"八月十五云遮月,正月十五雪打灯"的启发而研究出来的。预报组所绘"时间剖面图"起自1956年,可以根据多年剖面图及与之相配的曲线图所显示的特征,定出模式(即概括出基本特点),预报148天后的降水过程。胡家瑞用此方法,预报出1975年秋季有至少4次连阴雨,并确定了时段,引起广泛关注。实况显示,1975年秋季连阴雨异常多,预报与实况基本相符。事后,省台预报员向元珍专程来通,与胡家瑞切磋技术。他所撰写的《用气压曲线型作秋季连阴雨长期预报》获省局1980年度科技成果奖三等奖。

1976年1月曹长明调来南通,由他专职做长期预报工作达25年,直至退休。

1977年9月省局召开全省长期预报工作座谈会,对长期预报的项目作了统一规定:总趋势;常规预报;灾害性天气预报;夏季高温时段;台风次数和时段。还规定农事关键性天气预报项目:(1)春播、夏收夏种、秋收秋种;(2)三麦生育期气象条件;(3)双季稻播种期气象条件。并规定各种预报的发布期。要求很严格。

尤其是双季早稻播种期的早迟,涉及后季稻的收成,如果后季稻成熟期遇上寒露风的侵袭,轻则减产,重则失收。曹长明专门对这个新课题作了研究,完成《多要素分级综合法作寒露风长期趋势预报》一文,预报效果显著,获省局1980年度科技成果奖三等奖。

1980年南通台较早地用自然正交函数预报月或汛期降水,被记入《江苏省志·气象事业志》。

1980年下半年,省局规定县站不做长期预报,只负责传递地区台的长期预报,县站做了22年长期预报的历史遂告结束。但一些县站老同志仍悄悄地做,在服务时作为个人意见提出来,并呈述预报理由,供领导参考。

20世纪80年代初模糊数学以及计算机开始用于长期预报。

1984年,省局进一步提出"县站原则上不做长期预报"的要求。

1986年11月,由于有大量传真图可用,500毫巴月平均图停收。

1987年7月日本一家航空公司运输株式会社写信给南通市气象台台长,希望提供"南通国际民间艺术节"(9月19—26日)的长期天气预报,尤其是9月23日的天气情况。当月曹长明代表台长在回信中告之:根据反复研究,9月23日即日环食当天天气晴好的可能性较大。实况证明准确。9月23日10时02分43秒,南通日环食食甚。140多名记者和500多名中外客商、旅游观光者在啬园观测日环食,其中不少是日本客商。此事《南通市志》2179页有所记载。这是南通气象台首次涉外长期预报服务。

曹长明在选取因子时,注意下垫面因子和环流因子的使用。突出的是用欧亚大陆雪盖面积(资料取自英文气象期刊)报江苏省梅雨量。1991年在全省长期预报会议上讨论汛期降水量时,他主张报偏多到特多,当时是少数派,实况大涝。

1995年他发表了《六月西太平洋副高特征量的R型因子分析》和《冬季欧亚雪盖与江苏梅雨量关系初探》二文。1998年在全省汛期预报会议上提出江苏汛期雨量偏多,是独家意见,但引起省台重视。事后,方乾副台长为他出具了证明,并给予赞扬。

2000年3月曹长明退休后,长期预报由预报员轮流承担,预报因子有了较大扩充。传统的方法如阴阳历叠加法、时间序列法仍在延用,环流因子更加受到重视,地球下垫面因子也被大量引进,如西藏高原B指数,厄尔尼诺3.4指数(西经170°~120°、南纬5°~北纬5°海温距平面积平均)和暖池指数(东经125°~145°、北纬0~15°海温距平面积平均)。此外,还使用天文因子如太阳黑子、水星留等。

2009年12月用于短、中、长期预报的时间剖面图停用,积累资料长达53年。

第四节 短时天气预报

短时天气预报的时效为0~12小时,其中0~3小时称临近预报,3~6小时为短时预报,6~12小时为甚短期预报。主要预报手段是雷达探测和通信联防。

1978年,省气象局在连云港市召开第一次全省雷达工作会议,提出"探测、资料、预报、服务"雷达工作方针,明确天气雷达不仅是探测工具,而且要进行四波跟踪预报服务。

1979年4月南通地区气象台711型测雨雷达安装到位,5月1日起正式开始观测,并承担短时预报任务,每次开机都将回波情况电话告知预报组。1981年4月雷达搬至青年西路6号气象局后,和预报组合署办公。每次开机都将回波情况绘成素描图形式送预报组。回波素描图反映回波性质、形状、强中心位置(方位、距离),为强对流天气短时预报提供预报手段和依据)雷达值班员提出0~6小时预报意见。

随着专业有偿服务的开展,雷达组在夏半年(3月20—10月20日)每天发两次0~12小时甚短期预报,4次0~3小时临近预报。当上游出现突发性强对流天气后,随时发布不定时订正预报。

1985年8月起,全市性甚高频气象通信网组建完成,形成以市台为主台,各县站为属台的综合性无线通信网络,不仅市台的短时预报可以及时传递到县站,而且县站所掌握的天气信息也能及时反馈上来,紧急情况下县站还可以要求市台雷达组开机加测。

1985年,省气象台为了解决短时预报定点、定时、定量和快速集成、快速传递的要求,组织南通、盐城等市局参与,加强研制"江苏省强对流天气短时预报系统"。历经三年完成。该系统0~12小时甚短期预报仍以大尺度天气分析为主,而0~3小时临近预报主要靠天气雷达、卫星云图、探空和地面加密观测网的资料。该成果获省局科技进步奖一等奖、国家气象局科技进步奖四等奖。获奖名单中,南通台雷达组姚毅排名第五。短时预报准确率明显提高。

1986年3月市台组建了天气警报系统,通过无线电波向专业服务用户发布天气预报,短时预报发挥了更大作用。

1987年3月起雷达组开始将观测资料摄影保留用于科研,承担省局联防任务。从3月20日至10月20日,定时探测发报。雷达组短时预报质量开始考核评分。短时预报业务走上正常化、制度化。评分每年都在90%以上。

1987年9月全省通信网开通,省内各市之间的气象信息得到快速传递,提高了对灾害性天气的监测、预警能力。同时,市台开始气象传真发片,雷达信息也可通过发片传达给县站。

第七章 天气预报

1988年7月市局以海安站为基点,向盐城、扬州二市局所属台站辐射,及时获取上游台站的实况资料,进一步提高了短时预报和甚短期预报的准确率。年底,朱竟成、方维之、缪勇谋在《气象科学》(1988年第4期)发表《南通地区冰雹天气短时预报经验概念模式》。这是雷达组首次在核心期刊发表论文。

1988年7月在上海召开由江苏、浙江、上海市代表参加的"长江三角洲小区天气联防"会议,南通、上海、苏州、嘉兴、舟山5市及属县组成跨省高频通讯联防区,进行天气信息口语联防,每年夏季为重点联防时段,每日07:30—21:30开机守候,视天气情况,各有关台站可预约延长守候时间。

1990年2月南通参加了华东区域甚高频通信网的研制和组建,并取得成功。

华东区域通信网,对一般性天气和突发性天气都能形成有效监测。由于北来天气系统,多于南来天气系统,特别是飑线、冰雹、雷雨大风等灾害性天气往往是自北而南或自西向东移动,因此相对而言,南通和上海更为受益。每年的网络会议,上海市气象局多次表示感谢,对江苏省各台站也是很好的鼓动和鞭策。

华东网对短时预报准确率的提高、对提高专业服务的经济效益和社会效益,其成果是巨大的、公认的。

1990年市局雷达组与如东县气象局合作,利用市局雷达回波信息,作如东县分片降水预报,这是如东局短时天气预报的开端。实行了两年,效果较好,很受专业服务用户欢迎。其试验研究成果《市县结合的短时降水预报方法研究》获1994年度江苏省气象局科技进步奖二等奖。这是市台主持的短时预报方法研究首次获奖。

1990年3月10—11日长江三角洲地区天气联防工作会议在南通召开。当市委吴镕书记得知没有合适的会议室时,当即决定:将天气联防工作会议设在市委常委会议室召开。而当日的市委常委会也因此移至条件较差的二楼小会议室。上海市气象局副局长唐新章出席会议,南通市委农工部部长严绍恭到会并讲了话。

这次会议是第三次联防会议,会上将原称"长江三角洲小区天气联防"更名为"江、浙、沪边界六市天气联防区",重新制定了"江、浙、沪边界六市天气联防办法";联防任务中,增加一项新任务,即:"上海、宁波、舟山、南通四市气象台,把冬、春渔汛期列为重点联防时段。"同时增加宁波市气象台及其属站为联防网成员单位。

1990年3月25日南通市第二届民间艺术节举行大型彩车游行活动,虽然20天前就曾预报3月25—26日雨止转阴,可是直到25日上午离彩车出发只剩下几个小时的时间里,雨仍下个不停!预报人员在通过查看天气雷达图后,果断地判断出:1小时后天空放亮,下午即使有零星小雨也不影响活动。实况显示:中午11时雨止放晴,下午多云,偶有零星小雨。《南通日报》4月1日头版以"天公服了"为题,报导了市气象局此次出色的短时预报服务。

1996年5月14日,耗资35万元购买的711-B型测雨雷达由无锡运抵南通,原711型测雨雷达以7万元价格转让给通州市气象局,对二台、站短时预报工作均有利。

1997年10月7日气象现代化建设的龙头工程《气象信息综合分析处理系统》,即MICAPS市级匹配系统建成并与省台联网,投入业务运行。与此同时,雷达观测由各台自行用于专业服务,不作统一、硬性要求。联防网功能也被先进的MICAPS所替代。

2004年5月1日,南通新一代多普勒天气雷达调试完毕并开始运行。10月1日起承担全国雷达拼图资料上传业务,雷达产生的19个气象产品通过宽带,上传到中国气象局、上海气象中心、省网络中心、同时建立了共享服务器,实现了雷达站与气象台的资料共享,短时天气预报进入一个崭新的阶段。运行以来,南通新一代天气雷达获取了丰富的产品,为开展短时预报和临近预报提供了实时的雷达信息,大大提高了市局对本市及周边地区发生的中小尺度灾害性天气的监测和预警能力。

按照中国气象局《新一代天气雷达观测规范》和省局有关规定,南通站认真开展本责任区20个市、县(市)的短时(0~6小时)预报和临近(0~3小时)警报。

如2005年4月20日16时31分发现强对流回波,17时10分发布临近预报,17时45分发布第二次临近预报。实况显示,17时34分海安出现16米/秒的雷雨大风,自北而南,靖江、江阴、张家港、无锡和苏州各县(市)均有7~9级雷雨大风。南通市区19时13分出现15.4米/秒的NNW(西北偏北)大风。此次预报,对海安而言时效较短,仅24分钟;但对南通市区却提前了2小时。

又如2005年4月25日14时48分多普勒雷达发现西北方向有强回波,15时发布了第一份雷雨大风的临近预报,15时15分电话通知海安、如皋、通州,15时30分通知泰州市气象局;16时05分发布第二份临近预报(雷雨大风警报)并通知苏州、上海、无锡等市,实况海安17时06分出现15米/秒大风,最短时效有2小时;南通市区18时05分出现19米/秒西北大风,时效超过3小时;海安老坝港19时08分出现29.8米/秒的偏北大风,如东洋口闸19时29分出现28.8米/秒偏北大风,风力均达11级,时效达4小时以上。

2005年8月6日,第9号台风"麦莎"袭击南通,综合整个服务过程,多普勒天气雷达发挥了重要探测作用,准确地判断了强热带风暴云系中,强降水中心的位置及其移向移速,为决策服务提供了可靠依据。

2007年10月22日,《短时预报业务工作平台》通过鉴定,该平台由三部分组成:实时信息显示子系统;雷达短时预报子系统;短时临近预报发布子系统。充分获取丰富的多普勒雷达产品资料;充分利用9210系统的天气资料和数值预报产品;充分利用全省、全市加密的中尺度地面自动气象站实况记录。引进MM5中尺度数值天气预报模式,投入运行,更深入详细地研究强对流天气形成机制。预报子系统,可定时制作雷达责任区内0~6小时的短时预报,不定时制定灾害性天气的临近预警,并将结果上传省台。

2008年10月,市台张艳玲、张鹏、吴锐涛、吴彩霞、严晓庆等同志完成《地面总能量在南通地区夏季短时强降水中的应用》课题,短时预报又多了一种方法。

第五节　海洋气象预报

自1958年成立南通专区气象台起,专区台就开始做沿海海面风向风力预报,为海洋捕捞的渔民提供服务;1959—1975年省气象台组织流动气象台到吕四、舟山渔场服务期间,南通台都密切配合,有时派员参加。

1976年在南通成立江苏省海洋渔业气象台,专门负责早春汛(大陈渔场)、春汛(吕四渔场)和冬汛(舟山渔场)的气象服务。

海洋预报,事关重大。为了准确预报天气,海洋渔业台白手起家,大搞技术练兵。首先大量搜集浙、沪、苏各气象台关于海洋预报的科研成果汇编成册,并加以应用,效果显著,获

第七章 天气预报

中华人民共和国国家农业委员会和科学技术委员会1982年3月对《东海区三省一市海上大风预报科研成果推广》项目,联合颁发的技术推广奖。江苏排名第二。

1983年预报员施元冲、蔡秀芳的研究成果《吕四渔场4—6月低压偏东大风预报》获1981—1982年度江苏省气象局科技进步奖三等奖,这是渔业台科研成果首次获奖。

海洋渔业台负责整个江苏海域的天气预报,所以预报员杨自植等人又在1983年8月完成了《江苏沿海气候统计分析》一文,用1960年1月至1981年12月期间连云港西连岛气象站(北纬34°37′,东经119°20′)吕四气象站(北纬32°04′,东经121°36′)、引水船气象站(北纬31°04′—31°07′,东经122°04′—122°12′)和1969年1月至1981年12月期间吕四小庙洪海洋站(北纬32°08′,东经121°37′)资料,对沿海风向风速、气温、气压、降水、天气现象(雪暴、冰雹、雾等)作了详细分析,并与陆地站作比较,很有参考价值,为沿海天气预报尤其是大风预报的进一步研究打下了基础。

1984年4月省海洋渔业气象台和南通市气象台合并,南通市气象局承担了全省海洋渔业气象服务任务。

1984年为了准确预报海上台风,综合各方面预报经验,周桂之等完成《我国东部海面(东海、黄海)台风路径预报的一种经验综合方法》,获南通市政府科技进步奖三等奖。

1988年7月,施元冲、唐斌耀、汤德新、钱鹰完成《江苏沿海大风预报专家系统》,是当时全省21个专家系统之一。"专家系统"的建立在全国处于前列,20多个省气象部门专程派人来江苏交流,国家气象局还拍摄专题片送往联合国世界气象组织。该项成果1989年4月获江苏省气象局1988年度科技进步奖二等奖。

海洋渔业服务一直受到江苏省海洋渔业指挥部和南通市海洋渔业公司的高度评价。

例如:1988年5月19日省海洋渔业指挥部出具证明说:"南通市气象台5月6—7日大风预报准确、及时,为我省春汛安全生产作出了贡献。"

1990年7月4日省海洋渔业指挥部来函中说:"1990年春夏汛期间(5月1日—6月30日)南通市气象台负责渔场气象预报服务工作。一日两次发布海上气象预报。由于及时、准确,使我省近万条渔船、近10万渔民,无因气象原因而造成海损事故。尤其是5月16—17日和6月6—9日两次低压9级强风过程,都提前24小时预报。对6月23—24日10级台风过程,提前24小时发布台风紧急警报,……确保了渔民生命财产安全。"

1995年12月20日南通市海洋渔业公司来函称:"1995年11月5日15时17分,我们接到南通市气象台预报:'7日西北到北风6~7级阵风8级,并增强到7~8级阵风9级后,立即通知海上作业渔船。6日15时30分接到气象台大风警报后,又一次通知渔船返航。7日7时19分预报上午转偏北风7~8级阵风9级,中午前后增强到8级阵风9~10级。我们告知正在返航途中的渔船要进一步做好防风抗风措施。虽然这次海上出现的风力比预报的风力要大1级多,但由于预报得早,服务及时,加上我公司指挥得当,没有受到任何损失。"这次过程的预报服务被中国气象局授予重大天气过程服务奖。

1996年5月22日中国气象局下发《关于下发"海洋气象台挂牌验收大纲"的函》,1997年5月15日江苏省气象局组织上海、浙江、江苏三省市七位高级专家对"南通市海洋气象台组建及其业务服务系统"进行验收,市局提交验收的18项涉"海"科研成果顺利获得通过。

1997年9月22日中国气象局正式批复成立"南通市海洋气象台",有10个方面的预报和服务任务：

(1)港口装卸和海洋航运；

(2)沿海和海上各类生产作业；

(3)沿海防护,包括沿海工程设施建设和防护；

(4)海上遇险搜索和救援；

(5)沿海地区的特种运输；

(6)滩涂资源的综合开发利用；

(7)海洋渔业捕捞、养殖和放流；

(8)海上固定或漂浮设施的建设、投放；

(9)海上污染监测和清除作业；

(10)海上娱乐场所和娱乐性游船。

市海洋台的责任区范围虽然比省渔业台小,仅限南通市沿江沿海,但承担的门类增加很多。其服务方式有：

(1)由南通人民广播电台发布；

(2)向党政部门和市防汛指挥部汇报；

(3)通过省海洋渔业指挥部专业电台向广大渔民直接广播；

(4)通过电视台播放渔场预报；

(5)通过位于吕四的"江苏省海洋气象预警信息发布中心"广播；

(6)运用气象警报器、微机终端和电话等为专业用户服务。

海洋台成立后,预报员根据中国气象局的要求,1998—2008年又完成了16项涉"海"科研课题,其中市局8项,即《江雾的研究及其应用》(任遵海等)、《热带气旋客观预报业务系统》(朱竞成等)、《长江口江面气象服务系统试验研究》(朱竞成等)、《南通市海洋气象预报服务决策系统》(汤德新等)、《吕四渔场海雾客观预报业务决策系统》(汤德新等)、《南通市沿海春夏渔汛期风力趋势预报服务决策系统》(汤德新等)、《春秋季港口地区造船、电业、仓储业安全生产相对湿度预警服务技术指标的建立、预报和应用》(姚树清等)、《港口装卸气象指数的研制和应用》(严迎春等)等获奖课题。

县(市)级气象台在2003—2008年期间也围绕港口建设的气象服务做了许多科研工作,成绩较为突出的是如东县气象局,先后完成《如东县海洋气象预警预报系统》(曹书涛等)、《洋口港海面风力等级预报》(朱同生等)、《洋口港异常潮汐与气象条件关系研究和预报》(陈祥甫等)三个课题。

启东市气象局完成《启东沿海海面风与本站地面风对比分析》(朱震宇等)、《启东地区沿江沿海风力资源探考》(朱震宇等)两个课题。

海门市气象局完成《海太汽渡江面风资料的获取与应用》(江志新等)、《海门沿江大开发气象灾害发生发展规律研究与防御对策》(江志新等)两个课题。

如皋市气象局完成了《沿江气象要素的特征分析与预报服务》(马云龙等)一个课题。

这些科研成果对提高海洋气象预报预警能力起到很大作用。

另一方面海洋气象服务硬件建设取得了令人瞩目的成就。2007年立项、2008年开工建设、2009年5月完工、6月5日举行揭牌剪彩仪式的"江苏省海洋气象预报信息发布中心",是由南通市政府和江苏省气象局共同出资建设。地址选在吕四气象站东侧,其有效覆盖半径为1000千米,能全天候为海上作业船只和滩涂养殖用户提供实时海洋气象信息。用户只需配备电台专用数字接收机,就能及时、方便、快捷地获取最新气象信息。

江苏省海洋气象预警信息发布中心的正式挂牌,标志着南通市海洋气象服务迈入一个新的历史阶段,服务区域也扩大到整个黄海。

2009年9月9日起,南通市海洋气象台正式通过"海洋预警信息发布中心",发布沿海渔场未来2天的天气、风向风力、浪高浪向和未来3~5天风向风力趋势预报等。服务区域覆盖8个渔场,北到海州湾,南到舟山,东到济州岛。

第六节　人工影响天气

1994年8月9日、11日、14日,由江苏省气象局组织实施,空军三次派出飞机在南通进行人工增雨作业。

1998年4月成立南通市气象局人工增雨防雹工作领导小组。组长尹成华、副组长周春林、施元冲。

1999年,市气象局购进了一套WR-I型火箭发射系统用于人工增雨作业,从此改变了人工增雨作业没有自主装备的局面。该火箭发射系统使用火箭弹,弹道轨迹为抛物线型,最远射程达10千米,最大升高8千米。能够在升空5~7千米后,再平飞3~5千米的过程中播洒碘化银。播洒结束后火箭残骸自动打开降落伞缓慢下降,安全性强,增雨效果好。

2000年5月9日南通市局首次自主在海安县曲塘镇实施人工增雨作业,发射人工增雨火箭4枚。

2005年出现了历史罕见的春夏连旱。在做好预报服务的同时,从6月上旬至7月中旬,捕抓5次增雨过程,有效实施4次人工增雨作业,有效地缓解了旱情。仅6月26日—28日人工增雨作业,全市组成了6个人工增雨作业小分队,参加人员近50人、火箭发射架6个、作业车辆近20辆。6个县(市)共设12个人工增雨点,前后实施21次、发射增雨火箭60多枚,这些都是南通气象历史之空前。同年8月17日又成功开展了人工降温作业。2005年开展的大规模人工影响天气作业成效显著,受到各级领导的充分肯定和广大人民群众的好评。

2007年入汛后,本市降水与常年同期相比偏少6成以上,内河水位持续走低,土壤墒情较差,沿海稻区无水插秧,在田作物也都受到很大影响,旱情形势十分严峻。对此,南通市局先后于6月13—14日、6月28—29日两次在如东境内,7月1—2日在市开发区成功实施了人工增雨作业。作业影响区普降中雨,有效地解除了河道、农田的蓄水量,缓和了旱情,确保了夏种工作的顺利进行。赢得了各级党政领导和社会公众的赞扬和好评,取得了社会效益、经济效益双丰收。《江海晚报》2007年6月13日A3版以《执手天公降好雨——南通市气象台预报大厅见闻》为题进行了报道。

2009年3月,南通市人民政府在市局召开了人工影响天气工作协调会。市政府督促相关部门积极落实市政府人影协调会议精神和指示,组织专门人员落实该项工作。3月31日,南通市人民政府就该次会议印发了《关于加强人工影响天气工作的协调会议纪要》,就加大人影工作力度,加强部门协作,建立人影工作协调会议制度等三个方面,具体明确了市政府的支持态度,充分体现了南通市政府支持人影工作与发展的积极态度与决心。

2011年5月10日晚至11日晨,南通市气象局在如皋、如东境内成功实施了人工增雨作业,有效缓解了旱情。

5月22日,南通市气象部门再次在港闸区、通州区、如皋市、如东县、海门市境内成功实施了大范围人工增雨作业。

6月9日夜里至10日早晨,南通市气象局抓住有利气象条件,在全市五个地点实施人工增雨作业,充沛的雨水让南通大地畅然"解渴"。

第七节　天气预报管理

建台初期,专区台预报值班制度仿照上级气象台的做法自定,分主班、副班。主班从05时至21时守班三次预报,主持下午一次会商,会商发言稿必须书写清楚,悬挂值班室备查,会商时填写会商记录本,晚上下班之前写值班(交班)日记。副班中午替换主班守班,让主班午休,并做08时高空天气图的变高、变温,下午参加会商后,将天气预报送到党政军机关和有关单位。

1969年底"下放"运动后,人员减少,副班预报员增加承担02时地面天气图填图任务(大夜班),"空"班预报员填08时高空天气图。

县站天气预报的管理由预报组长或指定一名骨干预报员负责。值班制度由各站自定。专区台负责预报改革(研制预报工具)、电话会商、召开长期预报会商会、发布预报服务质量通报等。

从1972年起,专区台预报管理员还不定期编辑《预报技术材料汇编》进行台、站之间的技术交流。1984年起归入《南通气象》天气气候栏目,不另刊印。

"文革"后,加强了预报工作制度建设,1979年3月1日起全省试行《气象台天气预报服务工作岗位责任制度》和《气象站预报服务工作岗位责任制度》。1982年又下发《汛期预报服务工作会议纪要》。预报管理从此走上正轨。

1981年7月地区气象局成立业务管理科,设有专人进行预报业务管理,省局制定的各项预报工作规章制度得到了很好的落实。1983年市局对各县站预报"四基本"工作进行验收。全都达到"合格"以上要求。

1987年7月国家气象局颁发《重要预报质量评定办法(试行)》。该办法采用"技巧水平"的评分体系,整个评分在微机上完成,结束了30多年的手工评分办法。

1987年9月江苏省、市两级甚高频无线通信网开通,预报管理员在灾害性天气联防工作中,一方面协调上、下游关系,另一方面组织科研攻关,以便更有针对性地使用联防信息。海安站作为联防中南通市的"窗口"站首先完成了《联防信息在降水临近预报中的应用》课题,获南通市气象科技进步奖二等奖。

1990年2月华东天气联防网建成。南通起到了承上启下的作用,作为东道主,召开了第一次联防会。以后由市级局"轮流坐庄",每年召开一次联合体会议。总结成绩,分析问题,提出改进意见,形成共识。南通台预报员仰国光热心联防工作,认真负责,得到1992年年会一致好评。由东道主上海市气象局根据江苏、浙江二省局推荐,仰国光被评为"华东区域1991年度灾害性天气联防先进个人"。联合体运作了十年,对提高参加台站的气象服务质量发挥了重大作用。

1992年《江苏省重大天气气象服务奖》设立后,南通市、县(市)两级气象台站,经市局推荐,每年均有三项左右服务项目获奖。

1996—2006年期间先后有曹长明、姚树清、张艳玲、陈佩君等经市局、省局两级预报管理部门推荐,获中国气象局"优秀值班预报员"称号。

2003年后,天气预报视频会商系统建立,依赖高频电话的天气联防办法被取代。但是对重要天气联防规定的执行情况在一年一度的"预报服务工作通报"中依然作为重要内容进行通报。

第八节　民航气象台

1958年江苏省民航局决定在南通县晏复乡(今兴东镇)境内建设机场,当年9月开工,出动民工5000余人,1959年7月竣工,8月首次在兴东机场载客试航。航线为南通——南京,航程时间57分钟。每周2班。同年建立南通民航气象哨(设于专区气象台内),开展地方航线气象保障服务。1960年上半年,通航半年多的机场关闭。1961年2月1日南通民航气象哨划归民航系统建制;地方气象部门仍需提供气象情报和天气预报,双方共同负责保障民航飞行安全。1963年将机场土地交还晏复公社复种种植。

1984年10月27日,驻沪海军直升飞机到兴东机场旧址勘察,认为可利用该机场开办民航。1985年6月,国务院、中央军委批准重建兴东民用机场。10月20日,增建南通民航气象台,并多次派员到南通市气象局索取气象资料用于机场设计。1988年8月,国家计划委员会批准建设南通兴东机场工程设计任务书。1990年10月18日开工,1992年12月下旬竣工并验收合格。定名中国民航南通站,其所属气象台遂名为"中国民航南通站气象台"。历任台长程兆云、缪勇刚为南通市气象学会理事。

1993年9月开通南通至南京的分组数据交换网后,南通市气象局利用Web服务与南通民航站气象台实现气象资料共享。

第八章　农业气象

南通农业气象工作始于1917年,即南通军山气象台建成后。农校测候所经常与军山气象台合作,开展棉花各生育期与气象要素之间关系的观测。另外在积极引进外国棉种种植时,均作农业气象条件分析。具体计算棉花生育所需积温。

新中国成立后,1956年,南通农气工作开始起步。20世纪70年代,农气工作得到加强。80年代,农气观测、农气服务步入健康、全面发展时期。进入21世纪,创新农业气象服务模式。气象为农民、农业、农村"三农"服务的能力和水平显著提升。

第一节　农业气象观测

1956年,省气象局选择确定启东、如皋作为首批物候观测点试验点。当时未作常规任务下达。

1957年,开始对农作物生育期的观测。如皋观测的是冬麦、启东观测的是棉花。

1958年南通专区气象台选派朱珍美、瞿莹、康健三位女同志到南通专区农科所(薛窑)农业气象观测站开展工作。主要工作任务有农作物(稻、麦、棉)物候观测、土壤水分测定和农田小气候观测等。1959年建地面气象观测场开展基本气象要素观测。1962年6月气象部门人员撤回,由农科所续办农业气象研究室继续上述工作至1963年。

1979年,根据农业气象基本观测站的观测任务,分一级站与二级站。一级站为国家级农业气象基本站,由国家气象局主管业务部门负责组建与调整;二级站为省级农业气象基本站,由省气象局主管,并报国家气象局备案。当年,如皋、启东两站由省局确定为国家级农业气象基本站(一级站),承担国家气象局规定的农作物生育期和自然物候的观测。启东农作物观测的项目有:棉花、玉米;自然物候观测的有紫薇、楝树、银杏、芦苇、青蛙、蟾蜍、蚱蝉。如皋农作物观测的项目有:冬麦(小麦或大麦)、玉米;自然物候木本观测项目有:银杏、楝树;动物:青蛙、布谷鸟。

1986年江苏省气象局根据全省农作物布局土壤分布和种植制度的分布情况,确定如东县为省级农业气象基本站(二级站),承担冬小麦、棉花全生育期的观测任务。1998年6月农业气象观测任务停止,恢复为一般气象站。

土壤墒情观测:1958年南通市气象台开始土壤湿度测定。每月逢8,在固定田块测量农田5、10、20、30厘米深度土壤的湿度。1960年起,南通市所属各县级气象站先后开展土壤墒情观测。

农业气象哨源于20世纪60年代。为响应当时提出的"社社(公社)有哨(气象哨)、队队(大队)有组(看天小组)"号召,气象哨遍布当时的各农村、各人民公社。

1966—1975年"文革"期间,农气观测工作受到影响,农作物生育期和自然物候观测一度中断。1975年起,如皋、启东新增不定期农业气象情报工作,农业气象灾害调查,增加了"墒情、雨情、农情、灾情"四情资料的观测和服务。

1978年各县对气象哨进行了整顿。每个县仅保留3~4个中心哨,进行"墒情、雨情、农情、灾情"四情情报服务的补充。

1984年5月起,如皋开始编报农作物冬小麦、棉花,启东编报玉米、棉花不同生育期情报资料。1991年7月起,启用新的气象旬(月)报电码(HD-03)。

2004年,如皋根据省局统一部署,如皋气象站在全省率先安装了土壤水分自动观测仪。2010年土壤水分自动观测仪在启东气象站正式投入使用。实现了土壤不同层次水分含量观测和各种数据传递自动化。土壤墒情观测由此上了一个新台阶。

2007年随着南通市气象局"三个一"工程[①]的实施,各县气象哨历史任务遂告结束。

第二节 气象为农服务

从建站(台)起,各台站每年3月份,适时制作春播期间的中、长、短期天气气候预测和预报,抓"冷尾暖头",避免低温连阴雨时段,使棉花、玉米播种一播全苗,避免烂种。发布三麦赤霉病和油菜菌核病等农作物病虫害流行趋势和气象条件预报。从天气、气候角度,分析每年主要农作物各病虫害预报,指导农民利用有利天气时段,搞好农作物主要病虫害的防治,以提高防治效果。制作麦收期间3~5天滚动天气预报,当好每年农民麦收的"参谋",防止烂麦场。制作发布秋收秋种期间3~5天滚动天气预报,并提出合理化建议,指导农业生产。

每旬初、月初编发制作农气旬、月报,对每旬、每月天气气候与农作物生长进行利弊分析。开展对土壤墒情的动态监测,对各时段的天气与各农作物生长影响进行评估;每年4月下旬制作小麦产量预报,9月上旬制作水稻作物产量预报;进行重大农业气象灾害的调查分析、评估;每年10月份对水稻、棉花做出其生育期天气、气候条件分析;制作不定期服务产品。在关键农事季节,旱涝急转时期,预计有重大天气过程,重要天气时段来临前随时编写墒情、雨情报告,根据前期天气气候特点和预计将要出现的重要天气,提出作物生长期间的管理意见和农业生产措施,对小麦、油菜、棉花、水稻、玉米等农作物实行全过程针对性服务。

1989—2001年连续13年与农业局合作,开展棉花总产和单产预报,深受农、工、商有关部门欢迎。

1991年开始,各县(市)气象局联合科委、农业局发文,相继在各乡镇布设了气象警报机,组成了全市气象为农服务网,每天定时或不定时地发布各种气象服务信息,并通过该系统,召开会议,发布通知。

2008年,在南通市政府大力支持下,组建了"三个一"工程,为服务"三农",提高全市气象防灾减灾能力又迈出了新的一步。

为不断提升气象为农服务能力,2010年,海安和如皋两地分别被确定为国家级气象为农服务示范县和省级气象为新农村建设服务示范点、示范村建设单位,气象为农服务的能力和水平得到了有效提升。

---

① 即在全市每个乡镇建设1个自动气象站、1个气象兴农网服务终端、1个气象信息电子显示屏。另外,每个乡镇落实1名气象联络员,每个村落实1名气象信息员

第三节　为农服务网络

1991年,市局、各县(市)局与当地政府相关部门联合发文,在各乡镇布设了气象警报机,组成了全市气象为农服务网,每天定时或不定时地发布各种气象信息。当地政府部门利用为农服务气象警报系统召开有关涉农会议,发布通知,由此气象为农服务跃上一个新台阶。

2006年初,南通市气象局结合贯彻落实《国务院关于加快气象事业发展的若干意见》(国发[2006]3号)文件精神,根据气象服务新农村建设的实际情况,在充分调研的基础上,提出了建设"三个一"工程,受到南通市政府高度重视,列为南通市政府2008年度重点工作目标。通过实施,至2010年底,全市已建成133个自动站、158个电子显示屏、气象预警接收机240台,大功率短波接收机50台,气象兴农网的终端延伸到每个乡镇,覆盖全市各县(市、区)123个乡镇(街道),由129名乡镇气象联络员和1687名农村气象信息员组成的农村气象信息员队伍为气象信息的传送与反馈提供通畅的信息渠道,实现了气象信息发布和传递的全覆盖。

2009年,市局对全市的气象联络员和信息员进行了培训,编印、发放2000多份《气象联络员、信息员实用手册》。

遍布全市的气象联络员、信息员向市局报送各类灾情信息,收集气象灾害信息,宣传气象防灾减灾知识正发挥越来越重要的作用。

第四节　农业气象试验研究

早在解放初,南通即承担农业气象试验任务。

1949—1950年,位于市城南旧博物苑内的苏北南通行政区专员公署建设处水利科南通测候所,沿袭民国三十六年(1947年)以来进行的棉花需水量和灌溉需水量之测验,继续办理。供试品种:(1)中棉,南通最普通之棉种,青茎鸡脚棉;(2)美棉,①岱字棉,②德字棉。

1949年从5月3日起、1950年从5月4日起,共测验190天,每10天为一期,共19期。逐日观测测验筒中的土壤含水率(百分数)、消耗水量(千克)等项目,与同期气象观测资料对比分析,编写出油印本测验报告(2.7万字,图6幅),呈送政府有关部门参考,为推广岱字棉提供了科学试验数据。新棉种增产效益显著,深受农民欢迎。

1949—1950年南通测候所还在位于市城南三元桥东五福寺西侧的"棉稻灌溉需水量测验场",选用南通最普遍之粳稻"天来旺"进行水稻育苗期、水稻生育期需水量、水稻生育期灌溉用水量等不同时期用水量之观测。观测时间为1949年4月28日至9月13日;1950年4月22日至9月16日。观测项目还包括栽培前和收获后土壤含水率、稻田整地用水量等。

测验还证明,水稻乳熟之前缺水,影响不大;自乳熟至收获期,若停止灌溉,其产量仅及不断水之产量的83.5%。

两年试验共写出油印本书面报告(3.6万字,图8幅)。该报告表明水稻生长主要靠人工灌溉,为专署作出"大兴水利、引江灌溉"战略决策提供了科学数据。

20世纪70年代后期,南通地区气象台成立了农气组,农业气象试验工作得到加强。

第八章 农业气象

1976年曹长明等在南通县李港公社七大队进行了薄膜苗床内气温、湿度观测。发现晴天时从06时至11时苗床内每小时升温平均达7℃;而11时至14时,每小时平均升温仅2℃;16时至19时每小时降温达7～10℃;夜间每小时降温0.5～1.5℃。阴雨天床内外气温相差不大。试验结果表明,晴天上午08—09时达到一定"指标温度"时必须进行通风降温,否则会烧苗!

1977年南通台农气组邱训明、宋宝初等在如东县九总公社农科站做了棉花育苗气象条件试验。试验结果相类同。齐苗后必须立即炼苗,先小通风,逐步大通风。试验表明,抢早播不一定好,最适宜时间是4月12日前后,出苗率可达89%;遇有低温阴雨,要加盖草帘,可提升土壤表面温度1℃左右。

1978—1979年,邱训明、宋宝初等在如皋县邓元公社农科所,进行了棉花有效铃开花终止期温度指标的研究。

《气象》1980年10月以《棉花结铃期的温度指标》为题发表了该项试验结果。该成果可指导正确运筹肥、水等栽培管理技术,以提高棉花产量和纤维品质。

1979—1980年邱训明、宋宝初等还与南通县气象站毛锦权等协作,在南通县岸西公社农科站,进行"棉花不同封行期生育特性及光照条件的初步研究"。试验结果表明,必须通过栽培措施调控,让棉花在开花盛期带桃封行,并做到下封上不封比较适宜;同时求得棉田花铃期最大叶面积系数控制在3.5～4.0之间为宜。该成果为改善棉花栽培技术提供了气象依据,被南通地区农林局编入《1981年棉花栽培技术经验选编》一书。

1978—1981年期间如皋站严文生等,在如皋县加力公社和何庄公社设点观测棉花花铃土壤湿度、土壤含水量等项目的观测,启东也设了点,其间1978年是典型干旱年,1981年是正常年。经过对全省九个市县观测结果分析,严文生、陈国祥2人撰写的《江苏省棉花花铃期干旱指标及防旱措施的试验研究》一文在《气象科学》1985年第2期(副刊)发表。该成果提出:当0～30厘米土层有效水分连续5天以上低于40毫米时,必须抗旱。干旱发生后,日雨量4毫米或以下,不能增加土层的有效水分,当雨量达到40～60毫米时旱象解除,再多则反而不利。灌溉时,以沟灌最有利于增产,喷灌次之,浇灌的增产幅度小于上述两种。灌溉宜在傍晚或夜间,灌后0～30厘米土层有效水分维持在60～70毫米即可。

1976—1985年期间,全市还进行了双季稻种植气候条件的试验和分析。在通州、如东、启东开展了海水养殖气象条件分析;市局还与如东、如皋等县气象站合作进行了"早稻薄膜育苗小气候分析"、"杂交水稻育种栽培农气条件分析"等试验和研究,均取得良好的成果,并在农业部门得到推广应用。

1992—1994年市气象局农气组与港闸区农业局合作开展"水稻旱直播农业气象条件研究",经过分期播种试验,确定6月15日之前播种(麦茬)最适宜,16—25日播种仅有80%的保证率可望不翘穗,纠正了农民"早晏上床,一起天亮"的错误思想,促进了水稻的增产丰收。

第五节　农业气候区划

1980—1982年市局抽调专人与南通市农业区划委员会办公室合作,经过大量的调查研究和开展农业气象试验,历经四年,编写了南通市农业气候资源及区划手册。气候区划手册涵盖了南通市的地理气候概况、农业气候资源、农业气象灾害、作物气候、农业气候区划及合理利用农业气候资源的若干问题六大部分。区划手册的出版发行,对研究本地气候资源状况,了解农业气害发生规律,针对农业生产现状,提出合理利用农业气候资源,趋利避害、扬长避短的建设性意见,为综合农业区划和农业生产规划提供依据。

本区处北亚带湿润气候区的偏北部,南北相距约100千米,总热量条件有明显差异。地区北部气温稳定在0℃以上期间的活动积温80%保证率为5200℃·日左右,南部达5380~5470℃·日,相差180~270℃·日。正因为如此,南部种植早、中熟品种双季稻三熟制比较适宜;而北部地区往往因热量条件较差,后季稻扬花期易遭低温冷害。为合理安排本区不同地方的熟制提供依据,故将热量条件作为划分一级农业气候区的依据。全年总积温80%保证率5300℃·日等积温线作本地区农业气候区划的一级指标,这样把全区分为沿江农业气候区和栟茶河农业气候区。

本地区东临黄海,东西距离为70~110千米,沿海地区海洋性气候更加显著,这在气温日较差,年较差,春、秋季温度升降的快慢、风速、天气现象等方面都有所反映。所以把反映这种季节性差异的气象因子作为划分二等农业气候区的依据。取气温稳定通过12℃初日80%保证率为4月20日及稳定通过20℃初日80%保证率为6月6日的等时线相结合,作为划分农业气候区的二级指标。这样又把沿江农业气候区分成通如、启海两个副区,把栟茶河农业气候区分为西和沿海两个副区(图8.1)。

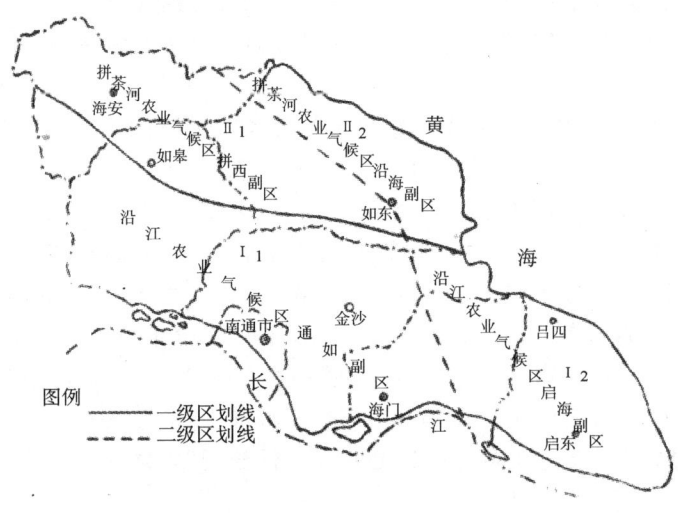

图8.1 南通地区农业气候区划图

第六节 海岸带资源调查

2000年市局完成了"2S"技术在海洋滩涂开发中的研究及其应用课题,并获得省政府科研开发三等奖。市局农业气象组范德新等在1997—2000年期间,利用NOAA卫星遥感资料(RS)和全球定位系统(GPS),简称"2S",对南通市沿海滩涂和潮间带面积进行测定。所得分析图如图8.2、图8.3。

第八章 农业气象

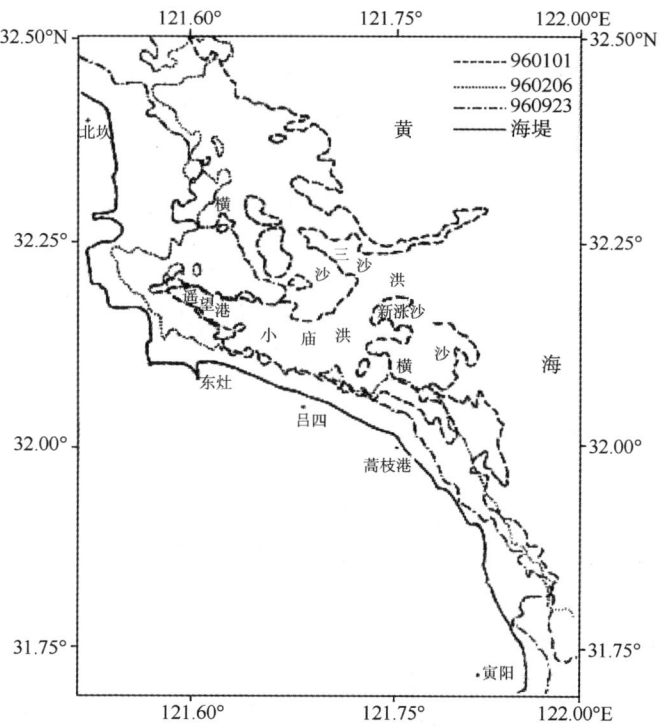

图 8.2 960101、960206、960923 各时相落潮及最低潮位时水体边界分析图

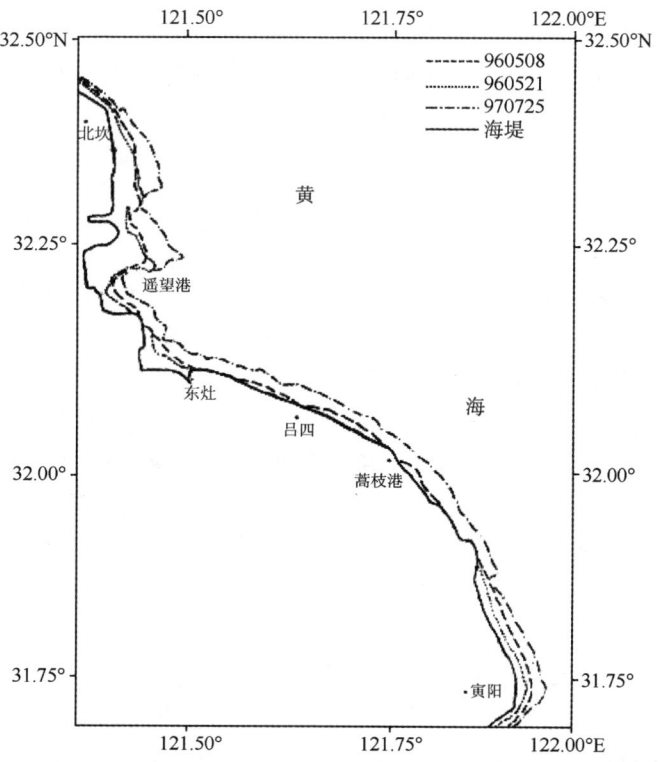

图 8.3 960508、960521、970725 各时相涨潮及高涨位时的水体边界分析图

课题组与南通市暨海安县、如东县、启东市农业资源开发局合作,经三次海上高程实测,取得大量水深资料。以此为基础,分别求取"5 个相应集合内高程(h)和灰度之间的线性回归方程,取得了 $h=0$、-2、-5、-10、-15 米的潮间带面积,为沿海三个县(市)农业资源开发局摸清了"家底"。

表 8.1　海涂、沙脊、潮间带不同高程面积(千米^2)

县(市)	0 米以上	−2 米以上	−5 米以上	−10 米以上	−15 米以上
海安	145.53	210.33	423.77	483.92	483.92
如东	785.38	1052.30	1806.12	2484.99	3661.49
启东	102.53	177.81	418.55	629.09	1459.60
合计	1033.44	1440.44	2648.44	3598.00	5604.01

按照各县(市)的指定的测量区域,课题组做出了分乡镇、分沙脊的详细的不同高程的潮间带面积图表(参见表 8.1),如海安县北凌垦区国土面积为 14.03 平方千米,如东县腰沙 0 米以上面积 79.22 平方千米,启东市启兴沙 0 米以上面积 11.30 平方千米,−2 米以上面积 26.60 平方千米等。

经过普查得知:全市沿海海涂面积 1996 年比 1982 年增加 80.5 平方千米,淤长明显的岸滩主要是北坎尖至遥望港、塘芦港至连兴港,尤其是遥望港北侧,年均淤长 150 米左右;东灶港至蒿枝港海涂最狭窄,变化也较小。

全市近岸潮间带面积为 907.6 平方千米,如果加上外海沙脊,则潮间带面积大大增加,全市达 2100.4 平方千米,其中如东、海安最多占 68%,通州、海门占 13%,启东占 19%。课题组的业绩,1999 年 12 月 18 日《新华日报》以《如东首次利用卫星遥感测滩涂》、2000 年 1 月 8 日《南通日报》以《先进技术服务经济建设——如东首用卫星遥感测滩涂》为题作了报导。

第七节　气象哨

南通地区专业气象哨始建于 20 世纪 50 年代,重建于 20 世纪 60 年代。地区内如皋县陆家庄农场、启东农场气象站为县气象站前身。南通农场、如东农场也设有气象站,1959 年中国航空公司南京民航气象台在南通建立了民航气象哨。

1959 年南通地区达到"专专有台、县县有站"后,4—5 月又向"社社有哨、队队有组"目标迈进。为实现"气象化",以南通专区气象局为挂靠单位,南通专区气象学会成立,茅锡堂任理事长,任锡安任秘书长。该学会曾开展大规模"造势"活动,吸收气象哨为会员单位。1960 年 4 月 22—25 日在海门县余东公社召开会员代表大会,出席对象有公社分管气象的领导和气象员,共 167 人。总结公社办气象哨的经验,推动气象化进程。该学会于 1962 年初停止活动。

气象哨的工作人员,大致有两种形式:一是公社指定一名脱产人员兼职,二是由公社农科站指定一人兼职。主要任务:一是测雨量及其他要素为本公社服务,二是传递天气预报,三是向公社和县气象站汇报灾情、墒情、农情。简易气象仪器由县站提供。

因为时处三年困难时期,贯彻"调整、巩固、充实、提高"八字方针过程中县气象科和公

第八章 农业气象

社气象哨于1962年被"整顿"掉。

有些专业气象哨和气象部门脱钩，办成了相当于气象站的规模。例如如东盐场气象哨，建有25米×25米的观测场，曾做过气象工作的方万福被提拔为副场长。1971年从南京气象学院毕业生中挑选了杨仕宽作专职气象员，除正规观测压、温、湿、风、雨量蒸发等要素外，还绘制了简易天气图和三要素曲线图，定时收听大、中台的天气预报。其所用自记纸、简易天气图底图、气薄1等都是县气象站向省气象局代购的。1978年杨仕宽调县气象站工作，由天津轻工业学院毕业的王志华（女）接替。保持了盐场气象工作的连续性。该哨直到2006年5月盐场撤销才停止工作。还有些气象哨（站）在农业气候区划和农业科研中发挥了不可替代的作用。如1977—1978年期间，如东县九总农科站气象哨，作为冯秀藻教授和汤志成主持的《杂交水稻栽培农气条件分析研究》科研课题，在苏北地区唯一的一个试验点，进行了四个品系水稻的栽培试验，试验面积0.13公顷，有详细的观测记录，上报省课题组。又如如东县棉种场气象站（北纬32°20′，东经121°11′，海拔高度3.6米），启东县海防农场气象站（北纬31°45′，东经121°54′），南通县环本农场科研站气象哨，在1980年至1982年期间，都为江苏省海岸带综合调查（省科委组织、南大任美谔教授主持）课题组提供了宝贵的第一手气象资料。

1975年起为第二轮气象哨发展时期，各县又重新恢复了部分公社气象哨。

1982年开始公社气象哨再次进行调整，南通市郊和各县仅各保留4个左右的中心气象哨，负责"四情"（即"雨情、墒情、农情、灾情"）上报，承担农气试验任务和为当地政府做好天气预报服务工作。

1985年气象部门经费十分拮据，根据国家气象局和省气象局的通知精神，农村气象哨全部撤销。启东县内中心气象哨被撤销，但是市郊和通州、海门、如东、如皋、海安仍保留了共20个气象哨（见表8.2）。在全省这是唯一一个保留气象哨的地区。

表8.2 南通市气象哨名录

县市区	哨名	姓名	通讯地址	邮编
海安	沙岗哨	王佐龙	海安县沙岗气象哨	226600
	古贲哨	马永烨	海安县古贲农科站	226600
	李堡哨	沈云宏	海安县李堡气象哨	226600
	雅周哨	谈元国	海安县雅周农科站	226600
如皋	雪岸哨	季本林	雪岸农技站	226573
	高井哨	石来玉	高井乡何荻村	226535
	车马湖	徐明志	郭元镇农科所	226545
	常青哨	谢同柏	常青农技站	226535
如东	环港哨	陈南山	丰利镇环堤村	226408
	潮桥哨	成爱华	潮桥镇气象哨	226401
	大豫哨	马焕明	大豫镇周墩村	226412
	双甸哨	吴红霞	双甸镇气象哨	226404
通州	三余哨	尹建平	三余镇红专村26组	226331
	张芝山	吴锦华	张芝山镇通启桥村4组	226311
	平潮哨	李柏炎	平潮镇牛桥村16组	226361

续表

县市区	哨名	姓名	通讯地址	邮编
海门	包场哨	江秀芳	包场镇长桥村29组	226151
	四甲哨	葛广洲	四甲镇林场村2组	226141
	悦来哨	黄玉香	悦来镇习正村20组	226131
港闸区	闸东哨	邵志明	闸东乡气象哨	226200
开发区	农场哨	蔡 芹	南通农场气象哨	226200

南通市局每两年召开一次气象哨会议，平时大量管理工作由县（市）局负责。2009年3月市局召开了最后一次气象哨会议，每县（市）表彰一名先进气象哨人员。此后，气象哨由县（市）气象局管理。闸东气象哨由于城市化，代表性差，从2010年起停办。

截止到2009年，全市共有19个农村气象哨点，与2008年建成的"加强农村气象应急服务能力'三个一'工程"相衔接，形成布局合理、密度适宜的全市农情、雨情、墒情和灾情收集网络。30多年来，气象哨员们坚持收集并及时传递农情、雨情、墒情和灾情资料，为防灾减灾、领导决策提供了准确、及时的第一手气象资料。为适应新的形势，南通市气象局又充分利用农村气象员村镇农业技术推广员的身份优势，不断获取农业产业结构调整和新的农业技术措施等信息，充实气象为农服务内容，提高气象为农服务针对性，将气象为"稻、麦、棉、油"种植业服务，逐步向特种种植业、养殖业等领域渗透，为全市"三农"工作作出了积极的贡献。

市气象台资料室存有各气象哨自1983年1月至2008年12月共26年的逐月雨情、墒情记录（月报）表及各年年报表。降水量记录5月至9月（汛期）以0.5时为日界，10月至次年4月以20时为日界。墒情在3月至11月期间，逢"8"，即8日、18日、28日观测10、20、30厘米三个深度的土壤湿度。有旱情时，则根据具体情况，增加观测次数和深度，所测数据，当时用电话报气象站，供决策服务使用。报表中还有备注栏，记载特殊天气现象，如早、晚霜冻、降水开始时间、入梅、大风、雷击、强冷空气南下等，也有的记载了农作物生育期、收获期。

第九章 气象科技服务

气象科技服务主要是气象为农业、商业、工业、渔业、水文水利、交通运输、旅游、民用航空、海洋经济、城市发展、重大工程等众多领域提供更加专业化、个性化、特殊需求而定制的多种不同的气象服务产品,以提供精细化保障服务。

第一节 气象专业服务

气象科技服务是从国务院1984年底正式批准气象部门开展有偿专业气象服务而开始的。南通市气象部门于1984年起试行由市局气象室与地区盐业公司签订第一份合同,开展有偿专业气象服务。最初通过电话向服务用户提供中、短期天气预报。

1984年4月11日,南通市局气象雷达发现降水回波逼近南通,立即通知狼山港作业区紧急关舱,因为天气尚好,他们将信将疑,但是坚决采取了措施。3700吨水泥免遭损失。事后港方向市气象局赠送了锦旗。这次成功的服务,5月1日《新华日报》第一版作了详尽的报导。

1986年服务形式改进,利用无线气象警报发射系统定时与不定时播送气象信息,对用户进行适时服务。服务对象主要是乡镇机关、农业、砖瓦生产、交通运输、建筑业、港口码头、厂矿企业等。服务用户最多时达到250多个(1990年)。由于服务针对性强,服务效益显著,深得用户欢迎。正如用户在专业气象服务座谈会上,评价专业服务时所说的"报准一场雷阵雨,百万砖坯免遭殃"、"一条重要气象信息,挽救经济损失百万元",像这样的事例每年都有很多。

进入20世纪90年代后期,南通专业气象服务领域进一步拓宽,专业气象为港口装卸、电力生产、供电、苏通大桥施工、沿江、沿海港口开发、重大工程和重点行业服务,内容更加贴切,服务手段不断创新。网络终端、电子邮件、手机短信被广泛运用到专业服务全过程。专业气象服务效果显著提升,典型案例如下。

一、为苏通大桥建设服务

2003—2008年南通市气象局一直为苏通大桥施工建设提供气象保障服务。历时1460天,为大桥建设提供文字服务材料6800多份、3000多次气象群发短信、全天候实时终端服务等。

对苏通大桥服务采用的科学和先进的技术手段有:

(1)率先运用GPRS技术采集江面上5个自动站数据;开展了苏通大桥桥位风参数的研究;

(2)运用Internet远程终端,通过开发的预警系统应用软件,方便用户及时查询实时气象资料、各类预报服务产品等；

（3）运用Supervoice软件每天定时向大桥指挥部、施工单位二分局、二航局群发各时段预警预报传真（07时、09时、10时、15时、21时发送）；

（4）运用企信通伴侣与通知系统在Internet上每天07时、16时或重大天气时不定时向大桥指挥部及各个管理层面65人，群发手机气象短信；同时还提供电子屏预警预报服务，每天定时三次发送最新气象信息等，最大程度满足建设方的需要。气象服务受到苏通大桥建设指挥部高度评价和赞许。

二、为电力部门服务

供电部门要精确地预测电力负荷，就必须对气象变化有着精准的掌握。针对此项气象服务相关要素多、综合性强、专业要求高等特点，从2003年开始，专业气象服务人员把为南通供电公司提供电力负荷预报服务，作为专门课题研究，开发了电力负荷气象要素预报服务平台，每天定时制作各时段24、48、72小时各类要素预报产品，克服了温度、湿度、降雨量3个要素量化预报的难点。有效解决了供电部门在不同季节、不同时段用电量和用电负荷难以预测，预先难以制定用电计划的难题，合理科学安排用电取得显著成效。

三、为港口作业服务

针对港口企业高强度、高密度、露天作业对气象服务依赖性强的特点，重点研究本市港务、汽渡、船务等相关行业与大风、降雨、大雾、相对湿度等气象条件的关联程度，有针对性地开展特色服务。

在港务用户中，狼山、姚港、新大港是本地的三大码头，与30多个国家和地区进行贸易往来，承担长江中下游地区及上海市外贸进出口和物流中转的庞大港务，其政治影响和经济利益巨大，专业服务把用户的需要作为气象服务的根本，克服各种困难获取江面气象观测站资料，创建了江面风预报模式，研制了"长江南通段大风客观预报方法"，提高了预报江面大风的准确率，真正做到了为用户服务倾其所能。

中糖世纪公司是整个华东区最大的国家储备糖库，它的储备能力达40万吨。每年从国外进口的万吨以上巨轮达340次。外轮靠码头装卸原糖，轮舱开启或关闭一次需45分钟，按外贸合同规定，所有的装卸必须在规定时间完成，沿江地带多雨，时间就是金钱，气象服务此时显得尤其重要。每逢复杂天气，值班人员常常通宵达旦地逐时跟踪雷达回波，根据回波变化情况及时向用户广播有雨或无雨间隔，便于客户抓住雨中间隙完成抢卸作业。由于专业服务处处想用户所想、急用户所急，数十次为用户化险为夷，避免重大经济损失，对此用户多次上门表示衷心感谢。

第二节 气象自动电话答询服务

网络技术和电脑技术用于气象服务。1996年与市电信局合作，开通了气象自动答询电话服务模拟系统（在2002年前自动答询电话为"1210"，2004年改为"96121"）。2003年与移动公司，2005年与联通通讯公司合作开通了自动电话答询系统。由于这项工作发展较快，于2002年对服务系统进行升级改造：改用数字光缆传输系统，可同时接听答复一百多路电话咨询。自动答询电话内容也有了新的拓展。语音信箱由刚开始的1~4个扩展到10个。内容有天气预报、天气生活指数、天气出行指南、气象科普知识等。各人可根据不同的需求,选择不同的语音信箱拨号,获取所需的气象服务信息。2002—2006年,市局投入100多万元先后完成了对"96121"信息平台的建设和系统的升级扩容。市局还组织专门人员开发研制了"96121"信箱产品,通过光缆通信网下传至各县(市)局,减轻了县(市)局的工作强度,丰富了语音信箱的内容,提高了信箱的质量和服务的针对性。

第三节 气象灾害风险评估

根据《中华人民共和国气象法》、《中华人民共和国安全生产法》、《气象灾害防御条例》(国务院570号令)、《关于印发〈江苏省气象灾害风险评估管理规定〉的通知》(苏应气办发[2009]3号)等有关规定,从2008年开始依法对与气候条件密切相关的规划、区划、工程建设、资源开发和其他依法应当进行气象灾害风险评估的规划和建设项目等,进行气象灾害风险评估。通过对本行政区域内发生的气象灾害的种类、次数、强度和造成的损失等情况开展气象灾害普查,建立气象灾害数据库,按照气象灾害的种类进行气象灾害风险评估,并根据气象灾害分布情况和气象灾害风险评估结果,划定气象灾害风险区域。依法开展对城市规划、重大基础设施建设、公共工程建设、重点领域或区域发展建设规划的气候可行性论证。通过气象灾害的风险性评估,在规划编制和项目立项中要统筹考虑气候可行性和气象灾害的风险性,避免和减少气象灾害、气候变化对重要设施和工程项目的影响。在开展的气象灾害风险评估中,雷击风险评估则为最主要的项目之一。

为规范气象科技服务行为,根据国家有关规定,南通市局依法先后成立南通气象科技有限公司、南通华阳信息技术有限公司、南通气象广告有限公司、南通华悦信息咨询有限公司。具体见表9.1。

表9.1 科技服务公司的情况

公司名称	成立时间	法人代表
南通气象科技有限公司	2003年9月4日	金步圣
南通气象广告有限公司	2004年3月1日	罗祝华*
南通华阳信息技术有限公司	2004年3月11日	吴信明
南通华悦信息咨询有限公司	2009年11月24日	杨国清

* 2012年1月由汤建国接替

第四节 防雷检测

南通市防雷检测工作始于1988年。1992年南通市劳动局、南通市气象局、南通市公安局联合发文要求"对全市的易燃易爆场所、设施、重要物资仓库、化工等重点企业开展防雷装置检测"(通劳发[1992]35号)。明确由南通市气象局科技服务科承担防雷装置检测工作。

1997年3月南通市编制委员会批准成立南通市防雷中心(通编发[1997]22号)。2001年取得由市事业单位登记管理局核发的"事业单位法人证书",编制8人。隶属于南通市气象局,业务接受江苏省气象局、江苏省防雷中心指导,属自收自支行政性事业单位。具备独立法人资质。技术人员通过专业学历复查,专业知识考试,获取资格证书后,方可上岗。

防雷中心内设技术部、综合部、检测站(所)等机构。受南通市气象主管机构授权,中心检测工作性质主要为法定检测、检查、验收,即依据《气象法》、《防雷减灾管理办法》、《江苏省气象管理办法》、《江苏省气象灾害防御条例》和《南通市气象管理办法》等法律、法规、规章的规定要求,全面负责对全市各类防雷装置依法履行年度安全检测、检查,对新建、扩建、改建建(构)筑物的防雷装置工程质量依法进行施工监督管理、竣工验收和技术咨询服务,为市政府及有关部门防雷减灾、安全生产提供决策依据。

南通市防雷中心以国家法规和国家标准为工作准绳,坚持"安全第一,信誉第一"的原则,检测站承担所辖区域内的已建成、新(扩)建的主要建(构)筑物的防雷装置检测、工程质量监督、竣工验收等检测业务工作,督促整改了一批不合格的防雷装置,消除了许多不安全隐患,初步形成了主要企业和重要建筑设施的防雷装置定期安全检测制度。

第五节 气象影视

南通市气象影视中心成立于1996年7月。刚开始时每天下午制作一档《天气预报》节目,在南通电视台每晚黄金时段特定时间播出,有专门的影视画面,配有主持人画外音。节目内容为南通市区及各县(市、区)24小时天气预报及沿江、沿海天气预报。

1997年南通有线电视台成立后,《天气预报》节目在该台播出。2004年起,增加制作了一档节目扩展覆盖到南通电视台四个频道,随着南通电视台与南通有线电视台合并成立新南通电视台,每个频道每天播出两次《天气预报》节目。

2005年10月起,南通电视台新闻综合频道《天气预报》栏目实行改版。由市气象台和市电视台联合制作,市气象台提供天气预报,市电视台负责制作。改版后的《天气预报》取名为《第一气象》,首次启用"气象小姐",改版内容更为广泛,涉及天气趋势、气象与生活资讯、天气现象的解释、农业气象常识以及全国主要旅游城市、邻近城市以及南通火车站直达城市的天气预报,较好地满足人民群众在工作、生活、出行等方面的需求。节目时长也由原先的3分钟增至5分钟。其他三个频道的《天气预报》节目仍由市气象影视中心制作,提供给南通电视台播出。

为更好地制作"天气预报节目",2001年,市气象影视中心添置了Betacom 2800录像机;2002年面向社会招聘了两位相关专业人员,担任节目制作兼播音员;2003年添置了大洋实时非编系统。2007年进行设备的升级改造,添置了大洋D3-EDIT非线性编辑系统等新设备,影视制作技术、质量不断得到提高。

第六节 气象资料服务

气象资料,在解放初期为"秘密"等级,由站长直接管理。1952年,执行中央军委气象局制订的《保守气象业务机密及气象情报、记录资料供应办法暂行细则》,细则规定各种观测记录、原始报表等均属机密范围。南通站资料存放于站长办公室内。1954年8月,中央气象局颁发《气象资料供应保密暂行规定》。9月起,试行中央气象局颁发的《气象情报资

第九章　气象科技服务

料供应保密暂行细则》，将气象资料分为"秘密"和"非秘密"两个等级，属于非秘密的资料，气象台、站可按使用部门的要求直接管理，以解决保密和服务之间的矛盾。

1959年起，江苏省气象局要求建立气象资料专用库房，配备专职管理人员，并对库存资料进行了分类整理、编号登记、建立保管和借用制度。南通专区气象台在用房十分紧张的情况下，安排一小间放资料，由吴杏新负责管理。

1966年迁至桃坞路后，用房略有增加，划出一间专用资料室，图书和天气图也有了"栖身"之所。

1977年按省局要求设立资料室归业务组，主要任务是为气象台站作内部服务。吴杏新为专职资料员，1978年包国瑞调入资料室，1979年成立资料组，任章素珍为资料组组长，1979年资料组还为科技人员订了10种英、日文气象杂志（后来逐年有所增减，维持了22年）。1981年资料组归属业务科。

章素珍从1981年起，在省局统一部署下，进行1951—1980年地区气象观测记录30年整编工作，包国瑞协助，于1981年9月出版《南通台气候资料》（内部资料）一册，全书134页。

1982年秦则敏调入，1984年成炽调入，资料组一度达5人。1984年起，除为政府机关提供无偿公益服务外，其他服务均收取适当的管理费和资料费。此外，还开展了一些科研活动，如吴杏新进行了"气象灾害资料的整理登录"和《台风路径和南通风雨之间的关系》研究等工作，章素珍进行了《南通风能资源的计算》，并获得了市妇联授予的"妇女创造发明奖"。

1983年6月21—26日在南通县召开气候资料会议，市局和各县局（站）的资料员参加会议。会议学习了《全国气象科技档案工作座谈会纪要》、《气象科学技术档案工作试行条例》，参观了全国科技档案先进单位——南通县植保站，完成了"1981—1982年度气象资料累年簿"互审，讨论部署了全市气候资料重点工作。

1988年章素珍退休，由南大气候专业毕业生张忠兵接任组长。他所做的关于"省市资料共享"和"蔬菜生产减灾决策"等方面的研究，均荣获江苏省气象局科技进步奖三等奖。

1993年张忠兵调出，1996、1997年秦则敏、成炽相继退休。程培进、张圣泉调到资料组，与包国瑞三人，划归气象台。2000年包国瑞退休。程培进、张圣泉为资料组做了大量工作，最突出的是气象灾害收集、整理、登录成册。

2002年程培进退休。按照省局下达的编制员额，资料员无编制，但此项工作非常重要，不可缺人，因此局党组决定，资料员划归气象台预报组，仍为在编人员。借助电脑，张圣泉一人承担了过去3个人的工作量。工作范围还有所扩大，对内有科技档案管理、科技课题资料服务，对上承接省局档案馆布置的任务，对外开展有偿和无偿的资料服务，资料员本人还参加有关科研活动。

2004年由张圣泉、孙锦铨、程培进对八个台站的历史气象资料进行修补、整理、重抄、装裱、装订后，9月20日雇货运大卡车装运至江苏省气象局档案馆收藏，共33箱。

管 理 编

第十章 南通市气象局机关

第一节 机构沿革

1949年初,江苏全境只有设立在南京(当时首都)、镇江(江苏省省会)、南通、徐州的一台三所四个测候机构在工作,有报表上报。当时,上海属江苏,但徐家汇气象台仍落在外国人手中。1950年上海军管会正式接管,接管时气象科技人员仅剩44人(含南通2人)。

1949年2月2日南通解放,人民民主政府苏皖边区九专署由南通县严家灶迁进南通城办公(跃龙路56号,即西公园),九专署下设的13个工作机构延续工作,其中生产建设处当月即着手测候所的重建工作,并任命赋闲在家的陈潘、蒋亦溪两位老气象工作者为正、副主任,从原南通县政府三等测候所、原淮河水利工程总局南通水文站搜集仪器仪表。4月下旬,重新选址南通学院东一院(现南通博物苑内,原日军测候台地址即北纬131°57′、东经120°55′,吴淞零点7.7米),按二等测候所的规模,平整观测场、安装气象仪器仪表,进行调试、观测。5月1日起正式观测记录。同月,九专署更名为苏北南通行政区专员公署,测候所遂命名为苏北南通行政区专员公署生产建设处水利科测候所。6月起,业务上接受"上海市军管会空军部上海气象台军事代表人"(有印章)领导。

6月上旬,新中国成立后第一份月报表——1949年5月南通测候所气象观测记录月报表,用晒图复制方法,呈送专署及其下属各部门,叶胥朝专员为之写了序言。

1949年中央人民革命军事委员会成立,10月1日起,气象系统正式列为军队建制,主要任务是为国防建设服务,特别是为空军服务。

南通测候所属非军事系统气象机构。1950年7月更名为苏北南通行政区专署建设科乙种气象站(军事系统统称为甲种站);8月,专署更名为南通区行政督察专员公署,气象站亦更名为"苏北南通行政督察专员公署建设科乙种气象站";10月再次改称"南通区专员公署建设科乙种气象站。"

1951年2月更名为"苏北人民行政公署南通区专员公署建设科乙种气象站",并颁发公章一枚。此为南通气象史上最长的一个站名,共计23个字。

1951年9月,根据1950年12月中央军委和政务院联合颁发的《关于全国气象台、站的建制、管理、经费和技术问题的联合决定》和军委气象局提出的"分区建设、集中领导"的建设原则,经华东军政委员会批准,南通乙种气象站划归华东军区司令部气象管理处(该处1953年9月更名为华东气象处),接受其业务指导。

1952年11月,苏南、苏北行署合并为江苏省人民政府,1953年1月专署更名为"江苏省人民政府南通区专员公署"(简称南通专署),气象站亦更名为"江苏省南通区乙种气象站。"1953年4月改称"江苏省南通专员公署乙种气象站"。1953年7月15日颁发新公章,名曰"江苏省人民政府南通乙种气象站",业务上接受华东军区气象处指导。

1953年8月1日中央军委主席毛泽东、政务院总理周恩来签署发布气象系统转建命令,气象部门由军队转至地方,"既为国防建设服务,同时又要为经济建设服务"。1953年11月江苏省人民政府农林厅设气象科(年底改名为江苏省气象科),负责管理全省18个台站,南通乙种气象站从1954年1月起更名为南通气象站,2月22日起业务领导转为华东行政委员会气象处。12月转为省气象科,由省气象科和南通专署双重领导。

1954年11月维持了一年零两个月的华东气象处撤销,11月18日省气象科被省政府改设为"江苏省人民政府气象局",11月22日正式对外办公,负责领导和管理2个气象台、7个气象站(含南通)、17个气候站(含启东)、2个民航气象哨。

1955年12月24日,国务院批准了中央气象局关于合并江苏、浙江两省气象局,成立上海气象局的报告。1956年5月1日上海气象局正式成立,南通气象站归上海气象局"垂直集中领导",并更名为"上海气象局南通气象站",上海气象局负有行政、业务全部领导责任,即和地方脱钩。经过一年多的实践,认为"不适合中国国情,不符合现行国家体制,也给工作带来很多不便"。1957年12月3日国务院第七办公室批准中央气象局关于撤销上海气象局,恢复两省气象局的报告,南通气象站更名为"江苏省气象局南通气象站",但仍保持垂直领导。

1958年10月10日,中共江苏省委、省人委同意省气象局关于《江苏省气象台、站体制下放和业务管理办法》的报告,从1958年第四季度起,南通气象站交由专署领导,气象业务由省人委气象局负责,即实行以地方领导为主的双重领导体制。

南通专署于1958年10月28日成立江苏省南通专区气象台,从此撤销"南通气象站"的名称。

1959年3月成立江苏省南通专员公署气象局,其所属南通专区气象台,根据1959年11月在上海召开的全国气象台长会议精神,于1960年8月24日,根据中央气象局的要求,更名为南通专区气象服务台,即在台名中增加"服务"二字。

1962年5月撤销专署气象局,保留南通专区气象服务台建制。地委委托农工部管理专区台的组织、人事工作,具体由政工科薛良玺科长负责;专署委托农林局管理专区台的行政事务工作,具体分工由董介庚副局长负责;业务仍由江苏省气象局指导。体制属双重领导,以地方为主。

1967年3月上旬更名为南通专区气象台,由南通专区军事管制委员会生产指挥组农水办公室负责管理。

1968年3月23日江苏省南通专区革命委员会成立。4月南通专区气象台革命领导小组成立,由原副台长丁良田任革命领导小组组长。刘炜璋、倪秀根、马鹤松、陈丽萍为组员。

1969年10—12月领导小组在农林局革委会领导下,带薪下放干部6人。

1970年7月徐伟调任气象台台长,丁良田调农林局,革命领导小组遂撤销。

1971年4月南通专区革委会奉命改称南通地区革命委员会(简称地区革委会),南通台随之更名为地区革委会气象台。

1971年10月至1974年4月中国人民解放军南通军分区派现役军人李跃进担任气象台政治教导员,作专职领导,并建立党支部。

1978年8月更名为南通地区行政公署气象台,归行署领导,但公章未及时更换。

第十章 南通市气象局机关

1980年7月16日江苏省人民政府决定,全省气象系统改为以江苏省气象局领导为主的双重领导体制,台名改为"江苏省南通地区气象台",但仍未更换公章。"南通地区革命委员会气象台"的公章,一直沿用至1981年上半年。

1981年6月8日成立南通地区专员公署气象局,与所属南通地区气象台合署办公。

1983年2月地、市合并,改称南通市气象局,所属台也改为南通市气象台。

1984年4月江苏省气象局决定将江苏省海洋渔业气象台建制撤销,所有人员全部调入市气象局,市台增加海洋渔业气象保障任务。

1949—2010年历任领导如表10.1。

表10.1 历任领导名录

单位名称	起止时间	负责人姓名	职务	任职起止时间
南通二等测候所	1949.02—1950.06	陈 潘 蒋亦溪	主任 副主任	1949.02—1950.06 1949.02—1950.06
南通区专署建设科乙种气象站	1950.07—1951.02	陈 潘	站长	1950.07—1951.02
苏北南通区专署建设科乙种气象站	1951.02—1952.06	陈 潘	站长	1951.02—1952.06
江苏省人民政府南通区乙种气象站	1952.07—1954.02	陈 潘	站长	1952.07—1954.02
江苏省南通气象站	1954.02—1956.04	陈 潘 蒋亦溪	站长 副站长	1954.02—1956.04 1955.05—1956.04
上海气象局南通气象站	1956.05—1958.06	陈 潘 蒋亦溪 张锡林	站长 副站长 负责人	1956.05—1958.03 1956.05—1958.02 1958.03—1958.06
江苏省气象局南通气象站	1958.06—1958.10	张锡林	副站长	1958.06—1958.10
南通专区气象台	1958.10—1959.02	张锡林	副站长(负责台务)	1958.10—1959.02
南通专署气象局	1959.03—1962.05	张锡林 茅锡堂 茅锡堂 倪广才	负责人 副局长 局长 副局长	1959.03—1960.02 1960.02—1960.12 1961.01—1961.08 1961.01—1962.02
南通专区气象服务台	1962.05—1968.04	赵陆夫 丁良田 丁良田	负责人 负责人 副台长	1962.05—1964.04 1964.04—1965.02 1965.03—1968.04
南通地区革委会气象台	1968.04—1978.07	丁良田 徐 伟 李跃进 孙 中 刘德清 施 强 丁良田	组长 台长 教导员 副台长 副台长 台长 副台长	1968.04—1970.06 1970.07—1976.07 1971.10—1974.4 1974.07—1977.03 1974.05—1978.07 1976.07—1978.07 1977.09—1978.07

续表

单位名称	起止时间	负责人姓名	职务	任职起止时间
南通地区气象台	1978.08—1981.07	施　强	台长	1978.08—1981.07
		丁良田	副台长	1978.08—1981.07
		刘德清	副台长	1978.07—1981.07
南通地区行政公署气象局	1981.07—1983.01	施　强	副局长	1981.07—1983.01
		丁良田	副局长	1981.07—1983.01
		刘德清	副局长	1981.07—1983.01
南通市气象局	1983.02—	施　强	副局长	1983.02—1983.12
		施　强	督导员（副厅*）	1983.12—1984.04
		薛全礼	党组副书记、副局长	1983.02—1986.02
		薛全礼	党组书记、局长	1986.02—1996.12
		刘德清	党组成员、副局长	1983.02—1991.12
		刘德清	督导员（副处）	1992.01—1996.02
		施元冲	党组成员、副局长	1984.05—1996.12
		施元冲	总工	1996.12—2002.02
		施元冲	调研员（正处）	2002.02—2002.12
		秦德昌	督导员（正处）	1984.06—1994.04
		周春林	党组成员、副局长	1990.06—1998.12
		周春林	党组书记、副局长	1998.12—2000.06
		周春林	调研员（正处）	2000.06—2000.11
		葛汉均	党组书记、局长	1996.12—1998.12
		张秀珠	党组成员、副局长	1998.08—2000.06
		张秀珠	党组书记、副局长	2000.06—2002.02
		张秀珠	调研员（正处）	2002.02—2002.06
		尹成华	党组成员、副局长	1996.07—2000.06
		尹成华	党组成员、副局长	2002.12—2005.09
		尹成华	党组成员、纪检组长	2005.09—
		宗周全	局长、党组副书记	2000.06—2002.02
		宗周全	党组书记、局长	2002.02—
		缪勇谋	党组成员、副局长	1998.08—
		严迎春	党组成员、副局长	2002.12—2007.07
		范德新	党组成员、副局长	2007.07—
		宋宝初	助理调研员（副处）	2002.12—2005.02

*转业前，施强曾任福建省气象局副局长

第二节　局内设机构

一、纪律检查组和监审室

1982年8月成立中共南通市气象局纪律检查组，2002年3月成立监审室，具体负责市局纪律检查和行政监察。业务上接受中共江苏省气象局党组和市纪委监察局指导，行政上接受本局党组、局长室管理,实行双重领导体制。

纪检组负责人如表10.2。

表10.2 历任纪检组负责人名录

负责人姓名	职务	任职起止时间
丁良田	纪检组组长	1982.08—1986.12
刘德清	纪检组组长	1986.12—1992.08
施元冲	党组成员、纪检组组长	1992.08—1998.07
沈晓剑	纪检组副组长	1993.02—2002.02
张秀珠	党组成员、纪检组组长	1998.08—2000.02
宗周全	党组书记、纪检组组长	2002.02—2002.12
严迎春	纪检组副组长	2002.03—2002.12
严迎春	党组成员、纪检组组长	2002.12—2004.12
严迎春	监审室主任(兼)	2002.03—2004.12
尹成华	党组成员、纪检组组长	2004.12—
汤德新	纪检组副组长	2008.01—

二、内部行政机构(1981年成立市气象局后)

1. 办公室(计划财务处)

局办公室,职能有所微调,机构一直保留。负责人名单如表10.3。

表10.3 历任办公室负责人名录

姓名	职务	任职起止时间
周春林	副主任(主持工作)	1981.12—1984.01
马介林	副主任	1984.01—1986.03
赵秀成	副主任(主持工作)	1985.10—1986.12
赵秀成	主任	1986.12—2001.06
王颂章	副主任	1993.12—1997.12
江俊英	副主任	1994.04—1998.01
江俊英	副科级调研员	1998.01—1999.08
严迎春	副主任	1997.12—2000.11
沈晓剑	主任	2001.12—2003.01
范德新	副主任	2001.06—2002.12
范德新	主任	2003.01—2005.10
余震东	副主任	2005.01—2005.11
余震东	副主任(主持工作)	2005.11—2008.09
余震东	主任	2008.09—
黄 亮	副主任	2008.09—

2. 人事教育处(与党组纪检组合署办公、精神文明办公室)

该处名称变化较大,曾名政工科、人事科、人事政工科、人事教育科,2003年起更名人事教育处,仍为科级单位。负责人名单如表10.4。

表 10.4　历任人事教育处负责人名录

姓名	职务	任职起止时间
朱鹏飞	副科长(主持工作)	1981.12—1984.01
马介林	副科长	1986.03—1993.12
戴武杰	科长	1984.01—1994.12
张秀珠	副科长(主持工作)	1994.12—1995.12
张秀珠	科长	1995.12—1999.03
沈晓剑	副科长	1995.12—1999.03
沈晓剑	科长	1999.03—2001.12
严迎春	科长	2001.12—2003.01
沈晓剑	处长	2003.01—2007.02
汤德新	处长	2007.02—

3. 业务法规处

本处曾名业务管理科、业务法规科。1988年曾撤销1年,1989年又恢复。负责人名单如表10.5。

表 10.5　历任业务法规处负责人名录

姓名	职务	任职起止时间
邱训明	副科长(主持工作)	1981.12—1984.01
孙锦铨	副科长(主持工作)	1984.01—1986.03
孙锦铨	科长	1986.03—1988.03
宋宝初	副科长	1984.01—1988.03
陈汉姗	副科级调研员	1984.01—1986.07
宋宝初	科长	1989.03—1994.12
邱训明	科长	1994.12—2001.01
任遵海	副科长	1994.12—1998.01
任遵海	副科级调研员	1998.01—1999.08
汤德新	科长	2001.01—2002.06
顾　茗	副科长	2001.01—2005.02
汤德新	处长	2002.06—2005.01
蒋林冲	处长	2005.02—2007.02
顾　茗	副处长(正科级)	2005.02—2007.02
顾　茗	处长	2007.02—

第十章　南通市气象局机关

4. 财务核算中心

表 10.6　历任账务核算中心负责人名录

姓名	职务	任职起止时间
张　英	副主任（主持工作）	2005.02—2007.02
朱　萍	主任助理	2006.05—2007.02
朱　萍	副主任（主持工作）	2007.02—

5. 农气测报科

本科只存在一年，该年度预报管理任务归天气科，科研管理由各科分担。宋宝初担任科长，时间为 1988 年 3 月—1989 年 3 月。

6. 气象室

成立气象局后，原气象台的任务由本室承担，仅存在两年，后由气象科、服务科分担，再后又合并为气象台，负责人名单如表 10.7。

表 10.7　历任气象室负责人名录

姓名	职务	任职起止时间
陈汉姗	副主任（主持工作）	1981.12—1984.01
孙锦铨	副主任	1981.12—1984.01
胡家瑞	副主任	1981.12—1984.01

7. 气象科

本科承接气象室的工作任务，1988 年曾改名天气科，1994 年并入气象台。本科 11 年中负责人名单如表 10.8。

表 10.8　历任气象科负责人名录

姓名	职务	任职起止时间
邱训明	科长	1984.01—1994.12
周春林	副科长	1984.01—1993.12
胡家瑞	副科级调研员	1984.01—1994.12
陆中平	副科长	1988.03—1992.05
汤德新	副科长	1992.06—1994.12

8. 服务科

本科承接气象科的专业气象服务任务，1994 年并入气象台。负责人名单如表 10.9。

表 10.9　历任服务科负责人名录

姓名	职务	任职起止时间
周春林	科长	1986.12—1990.06
尹成华	副科长	1988.03—1991.06
尹成华	科长	1991.06—1994.12
季　玲	副科长	1992.03—1994.12

9. 气象台

气象台由气象科和服务科合并而成,2001年成立专业气象台之后,气象台的职能有所减少。本台负责人名单如表10.10。

表10.10 历任气象台负责人名录

姓名	职务	任职起止时间
尹成华	台长	1994.12—1996.07
宋宝初	副台长	1994.12—2001.12
汤德新	副台长	1994.12—1997.10
季 玲	副台长	1994.12—1997.10
胡家瑞	副科级调研员	1994.12—1995.10
尹成华	局长助理(兼台长)	1995.02—1996.07
汤德新	台长	1996.07—2001.01
罗晓春	副台长	1997.10—2001.12
季 玲	副科级调研员	1994.10—1999.03
严迎春	台长	2000.11—2001.12
朱竟成	台长	1997.10—2005.02
金步圣	台长	2005.02—2007.02
张 鹏	副台长	2001.12—2007.02
黄 亮	台长助理	2007.02—2008.08
张 鹏	台长	2007.02—2009.09
吴锐涛	副台长	2007.02—2009.12
陈爱玉	台长	2009.09—
陈 铁	副台长	2010.01—

10. 专业气象台

本台成立较晚,属产业方面的科室,名单如表10.11

表10.11 历任专业气象台负责人名录

姓名	职务	任职起止时间
朱竟成	副台长(主持工作)	2000.01—2001.12
王建明	副台长	2000.01—2001.12
罗晓春	台长	2001.12—2004.07
王建明	副台长	2001.12—2007.02
王建明	副台长(主持工作)	2004.07—2005.02
陈 铁	台长助理	2005.02—2007.02
吴振倩	台长	2005.02—2007.02

11. 海洋气象台

本台1997年9月由中国气象局批复成立,与市气象台合署办公,承担本市海面气象预报服务。负责人名单如表10.12。

第十章　南通市气象局机关

表 10.12　历任海洋气象台负责人名录

姓名	职务	任职起止时间
汤德新	台长	1998.01—2001.01
宋宝初	副台长	1998.01—2001.12
罗晓春	副台长	1998.01—2001.12
严迎春	台长	2000.11—2001.12
朱竟成	台长	2001.12—2005.02
金步圣	台长	2005.02—2007.02
张　鹏	副台长	2001.12—2007.02
张　鹏	台长	2007.02—2009.09
吴锐涛	副台长	2007.02—2009.09
陈爱玉	台长	2009.09—
陈　铁	副台长	2009.09—

12. 机关事务管理中心（老干部办公室）

2001年12月局内机构调整时，成立机关事务管理中心，负责行政事务工作，与老干部办公室合署办公，属事业单位，正科级。赵秀成任主任，任职时间为2001年12月—2004年12月。

13. 地面测报站

1994年12月科室设置调整时，将地面组升格为地面测报站（副科级单位）归属业务科，1998年1月起，归属气象台。2007年1月至2008年12月承担国家观象台业务任务，24小时观测，但未对外挂牌。2007年2月测报站升格为正科级单位。2009年1月重新恢复国家一级站观测业务。自1995年元月1日起地面测报站迁至新址：八厂乡厂南村办公。2008年1月迁至南通民航兴东机场附近雷达站内。负责人如表10.13。

表 10.13　历任地面测报站负责人名录

姓名	职务	任职起止时间
任遵海	站长（副科级）	1994.12—1998.01
余震东	副站长	1998.01—1999.06
余震东	站长（副科级）	1999.06—2004.12
张素江	副站长（副科级）	2003.01—2008.08
张素江	站长（正科）	2007.02—
黄新时	副站长（副科）	2005.03—

三、增挂或其他事业单位

1. 农业气象服务中心

本中心1992年6月由市编制委员会批准成立，挂靠业务科，1994年12月与气象台合署办公，2001年1月撤销。同时兼有"农业气象培训中心"职责。负责人名单如表10.14。

表10.14 历任农业气象服务中心负责人名录

姓名	职务	任职起止时间
宋宝初	副主任(主持工作)	1992.09—1997.10
宋宝初	主任	1997.10—2001.01
邱训明	副主任	1992.09—2001.01

2. 南通市防雷中心

南通市防雷中心,市编制委1997年3月批准成立。2001年1月对外挂牌(企业性质)。其负责人名单如表10.15。

表10.15 历任南通市防雷中心负责人名录

姓名	职务	任职起止时间
邱训明	主任	1997.04—1998.01
缪勇谋	主任	1998.01—1999.03
吴建军	副主任	1999.03—2001.01
吴建军	副主任(主持工作)	2001.01—2001.12
吴建军	主任	2001.12—
汤建国	副主任	2001.01—2005.10
周 良	主任助理	2008.04—2009.07
吉慧明	主任助理	2007.02—2009.07
周 良	副主任	2009.07—
吉慧明	副主任	2009.07—

3. 人工增雨防雹工作领导小组

1998年4月成立南通市气象局人工增雨防雹工作领导小组。负责人如下表10.16。

表10.16 历任人工增雨防雹工作领导小组负责人名录

姓名	职务	任职起止时间
尹成华	组长	1998.05—
周春林	副组长	1998.05—2000.11
施元冲	副组长	1998.05—2002.12

4. 综合经营部(专项经营科、科技产业科)

1992年6月成立综合经营科。1993年12科设置调整时改称专项经营科。1996年12月根据江苏省气象局的批复成立科技产业科。负责人变动情况如表10.17。

表10.17 历任综合经营部负责人名录

姓名	职务	任职起止时间
缪勇谋	副主任(主持工作)	1992.06—1994.12
缪勇谋	主任	1994.12—1996.12
缪勇谋	科长	1996.12—1999.03
施忠康	副科长	1996.12—1999.03
何正扬	副科长	1996.12—1999.03
吴建军	副科长	1998.08—1999.03

5. 南通气象影视中心

1996年5月成立南通气象影视中心,2001年1月对外挂牌(企业性质)并采取招聘承包办法运行。负责人如表10.18。

表10.18　历任南通气象影视中心负责人名录

姓名	职务	任职起止时间
吴信明	副主任	1996.05—2007.02
罗祝华	主任	2001.01—2007.02

6. 科技服务中心(见表10.19)

表10.19　历任科技服务中心负责人名录

姓名	职务	任职起止时间
吴信明	副主任(主持工作)	2007.02—2010.01
王建明	副主任	2007.02—
汤建国	主任	2010.01—
盛海峰	副主任	2010.01—

7. 南通市气象执法支队

2003年7月南通市气象局成立"南通市气象执法支队"。负责人名单见表10.20。

表10.20　历任南通市气象执法支队负责人名录

姓名	职务	任职起止时间
尹成华	支队长	2003.07—
汤德新	副支队长	2003.07—2006.01
顾　茗	副支队长	2006.01—

8. 南通市气象执法大队(见表10.21)

2000年11月成立"南通市气象执法大队",2003年7月起隶属于"南通市气象执法支队"。

表10.21　历任南通市气象执法大队负责人名录

姓名	职务	任职起止时间
赵秀成	大队长(兼)	2000.11—2002.06
汤德新	大队长(兼)	2002.06—2005.02
蒋林冲	大队长(兼)	2005.02—2007.02
施忠康	大队长	2006.10—2008.12
杨国清	大队长	2009.01—

9. 气象技术装备保障分中心(见表10.22)

表10.22　历任气象技术装备保障分中心负责人名录

姓名	职务	任职起止时间
汤建国	主任	2005.10—2010.01
林剑秋	副主任兼	2005.10—2010.12
吴信明	副主任(主持工作)	2010.01—

10. 防雷减灾局

顾茗兼任局长,任职时间为2005年2月至2012年4月。

11. 气象招待所

1985年成立,1998年撤销,属企业性质。

表10.23　历任气象招待所负责人名录

姓名	职务	任职起止时间
姚长友	所长	1986.12—1988.3
毛锦权	所长	1988.3—1990.2
印玉田	所长	1990.2—1995.12
王颂章	代所长	1995.12—1996.2
缪勇谋	所长	1996.2—1997.12

第三节　党支部建设

建台初期党员较少,成立党小组,隶属于农林支部。1971年9月成立中共南通地区气象台党支部,属南通地区机关党委领导。1981年7月建立局党组,支部接受局党组和机关党委领导。2005年4月成立党总支,下设2个党支部(局机关支部和离退休支部)。党建工作归地方机关工委直接领导。2006年,市局党组书记、局长宗周全同志当选中国共产党南通市第十次代表大会代表。历届党支部及下属支部领导更迭表见表10.24—表10.25。

表10.24　党支部领导更迭表

时期	时间	支部书记	支部副书记
地区气象台	1971.09	徐　伟	李跃进
	1973.05	徐　伟	李跃进
	1974.08	徐　伟	—
	1975.02	徐　伟	孙　中
	1977.09	丁良田	—
	1980.01	施　强	丁良田
	1982.03	薛全礼	陈汉姗
市气象局	1984.09	薛全礼	邱训明
	1992.06	薛全礼	郁顺和
	1996	施元冲	邱训明
	1998	葛汉钧	邱训明
	2000	宗周全	—

表 10.25　党总支及下属支部领导更迭表

时间	机关总支书记	总支副书记	下属支部书记、副书记	
			局机关	离退休
2002.05	宗周全	缪勇谋	沈晓剑	秦德昌 邱训明
2005.04	缪勇谋		吴信明 何正扬	赵秀成
2008.12	范德新	尹成华	汤德新	施忠康

＊2011年9月总支未改选；支部改选分成5个，支部书记分别是：局机关：汤德新，业务：彭小燕，测报：张素江，科技产业：吴建军，离退休：王建明。

第四节　社团组织与临时机构

一、社团组织

1. 南通市气象学会

南通市气象学会成立于1960年4月，挂靠南通市气象局。1966年文化大革命开始停止活动，1982年9月恢复活动，建立新的组织机构。本会隶属南通市科学技术协会，同时接受江苏省气象学会业务指导。学会会员包括六县(市)气象局站、本市范围民航气象台、本市范围内从事气象气候教学工作的教师等气象科技工作者和支持者。20多年以来共八届常务理事会名单如下：

(1)第一届(1982.09—1985.12)
理事长　　刘德清
副理事长　孙锦铨　严文生
秘书长　　戴武杰
副秘书长　崔广裕

(2)第二届(1985.12—1990.04)
理事长　　刘德清
副理事长　孙锦铨　严文生
秘书长　　戴武杰
副秘书长　赵绳武　苏培仁

(3)第三届(1990.04—1995.12)
理事长　　施元冲
副理事长　孙锦铨　朱谦阳
秘书长　　戴武杰
副秘书长　苏培仁

(4)第四届(1995.12—1999.01)
理事长　　施元冲
副理事长　孙锦铨　周桂芝　朱谦阳

秘书长　　孙锦铨(兼)

副秘书长　宋宝初

(5)第五届(1999.01—2001.12)

理事长　　施元冲

副理事长　朱谦阳　尹成华

秘书长　　宋宝初

副秘书长　耿建生

(6)第六届(2001.12—2006.03)

理事长　　宗周全

副理事长　缪勇谋　宋宝初

秘书长　　宋宝初(兼)

副秘书长　范德新

(7)第七届(2006.03—2010.03)

理事长　　宗周全

副理事长　缪勇谋　尹成华　严迎春(2007年8月免)

　　　　　范德新(2007年9月任)

秘书长　　金步圣

(8)第八届(2010.03—　　)

理事长　　宗周全

副理事长　缪勇谋　范德新　尹成华

秘书长　　金步圣

2. 南通市气象局工会

1989年6月21日正式成立南通气象局工会,已历经四届。

第一届(1989.06—1994.10)

主席:郁顺和

第二届(1994.10—2002.08)

主席:张秀珠

第三届(2002.08—2008.10)

副主席:仲炳凤(享受副科级待遇)

主席:罗祝华(2007.05—2008.10增补为工会主席)

第四届:(2008.10—)

主席:周良

3. 南通市局妇女委员会

本局妇委会于1991年10月成立,已历两届

第一届(1991.10—2002.08)

主任:张秀珠

第二届(2002.08—2011.08)

主任:吴晓萍(享受副科级待遇)

4. 共青团南通市气象局支部

1962年南通专区气象台建立团支部。"文革"期间一度停止活动。在团员较少的时候,作为一个小组,参与其他单位团支部活动。

第一届(1962—1964)支部书记　崔玉兰(专署机关团委委员)
　　　　　　　　支部副书记　王颂章
第二届(1964—1970)支部书记　王颂章
第三届(1970—1976)支部书记　姚长有
第四届(1980—1986)支部书记　管金泉
第五届(1986—1987)支部书记　汤德新
第六届(1987—1989)支部书记　姚　毅
第七届(1989—1992.06)支部书记　耿建生
第八届(1992.06—2001)支部书记　张　鹏
第九届(2001—2004)支部书记　陈　铁
第十届(2004—2009)支部书记　黄新时
　　　　　　　　支部副书记　刘　佳
第十一届(2009—2010.01)支部书记　程向阳
　　　　　　　　支部副书记　刘　佳
2010.01—2010.12 支部副书记(主持工作)刘　佳
第十二届(2010.12—)支部书记　林　应
　　　　　　　　支部副书记　刘　佳

二、临时机构

1. 南通市气象局科研工作管理小组

成立于1988年3月18日(通气发[1988]011号),主要负责自筹科研基金的使用,挂靠业务科。

2. 南通市气象局初级技术职称评定委员会

1980年5月20日成立技术职称评议组,负责技术员和助工的评定。

3. 南通市气象局中级专业技术职称评审委员会

江苏省气象局批准成立,于1989年10月12日发文通知(通气发[1989]24号)。负责中、高级职称的评审和推荐。(市局中级专业技术职称评审委员会仅成立一届,时间2年,后取消,改为初评委)。

4. 南通市气象局科学技术委员会

1989年10月建立,1996年4月25日换选最后一届,即第四届。2000年起由职称评委会代替。

5. 南通市气象系统创建文明行业活动组织委员会

1998年5月成立,与局长室合署办公。

6. 精神文明建设办公室

2007年4月20日成立,沈晓剑任主任。2009年1月汤德新接任主任。

第五节　海洋渔业气象台

1959年春汛起,江苏省气象局每年派出流动气象台,和江苏省海洋渔业指挥部一起,利用无线电台为吕四渔场出海渔民捕捞作业进行现场服务。1960年冬汛起,江苏省气象台派员参加申浙苏闽三省一市的"渔汛服务流动气象台",担负嵊泗冬汛气象服务。

流动台有报务、填图、预报一套班子,在台长带领下,每年春汛即4月10日至6月10日共两个月的时间到吕四渔场;冬汛即11月1日至次年1月31日共3个月的时间到嵊泗渔场作预报服务,从未间断过。

江苏省海洋渔业指挥部设在南通。每次流动台出海都路经南通,一旦人手不够,就在南通台抽调一名预报员或一名填图员加入其中。

1975年9月11日江苏省革命委员会正式批准成立江苏省海洋渔业气象台,地址设在南通。

1976年江苏省气象局开始组建海洋渔业气象台,编制28人。8月任命转业军人秦德昌为副台长,主持创建工作。渔业台下设办公室(主任蔡松青)、预报组(组长施元冲)、报务组(组长魏巍)、填图组(组长印玉田)等四个组室。1981年8月26日省局发文通知(苏气人[1981]4号),任命施元冲为副台长,主持日常业务工作,预报组长由郁顺和接替。

从1979年春汛开始,省海洋渔业气象台正式开始一年三次出海现场服务。

海洋渔业台全体科技人员大力开展技术练兵和实用性科研工作,海洋气象服务及时周到,预报准确率显著提高,从未因气象原因导致海上事故的发生。

1984年3月江苏省气象局决定撤销渔业台,人员除魏巍、姜战平调任省局、蔡秀芳调往上海外,其他人员全部并入南通市气象局,秦德昌任督导员。1984年12月4日江苏省气象局党组发文(苏气党[1984]39号)通知,任命原渔业台副台长施元冲为南通市气象局副局长,并要求南通市局承担全省海洋渔业气象服务保障工作。

第十一章 职工队伍

第一节 队伍构成

一、职工人数

1949年,工作人员5人,其中业务技术骨干2人。

进入20世纪50年代后,逐年有人调进、调出,尤其是1958年调进9人,1959年调进8人,增加较快,南通专区气象台1959年底达27人。

60年代,1962年上半年和1969年第四季度,经历过两次下放运动,至1969年底,南通专区气象服务台只剩18人。

70年代调进大学生16人,向社会招收"以工代干"人员21人,至1979年底,南通地区行署气象台总人数达53人。

80年代,从江苏省海洋渔业气象台调入25人,1984年4月达95人,成为全省地市级台中人数最多的台。此后,调出12人、离休3人、退休1人;调进13人。至1989年底,南通市气象局有91人。

90年代是退休高峰期,共有28人退休,1人离休,调出7人、死亡3人(其中1人已离休),另外调入13人,1999年底全局在职人员降至65人。

2000年调进2人,退休2人。2001年起职工人数又有大幅度增减。2001—2009年退休16人,2002年提前退休6人。职工人数大幅度减少的同时,2001—2009年又调进61人。

二、学历构成

南通气象事业发端之早得益于气象人才的培养和使用。解放初期,南通有3名老气象专家:刘渭清、陈潘和蒋亦溪。刘渭清实际上具备了大学学历(他在中专毕业后到上海接受培训三年零一个月)。由于他在水利战线服务时间比较长,30年代中期曾在黄河水利委员会任职,既有气象专长,又有水利专长,但新中国成立后年逾60,未返回气象部门。陈潘和蒋亦溪则均被聘用,二人年龄相仿,53~54岁,承担了二等测候所重任。

50年代,新中国培养了一批一年制气象中专生,还有一批农校三年制的中专生分配到气象部门。

1961年9月专区台分配了第一位本科生——农学院毕业的张松瑞。由于本人希望回福建老家,因此上岗8个月后,与福建建阳专区气象台胡家瑞对调。

1962年,江苏省气象局向南京大学气象系提出要求,从应届毕业生中挑选江苏籍学生5人,充实到省、专区两级气象台,遂将孙锦铨分至南通。至1969年底,共有3名大专以上毕业生分配到南通专区气象台工作。

至1979年底大专以上毕业生有15人,其中南大8人、南气院4人、空军气象学院1人、西安电子工程学院1人、南农(函授)1人。占全台总人数的28%。之后,此比例一直呈上升趋势,至2009年底达78%。本台学历构成变化,详见表11.1。

表11.1 学历结构阶段变化表

年代	大专以上		中专(含高中)		初中及以下	
	人数	比例%	人数	比例%	人数	比例%
1949	0	0	2	40	3	60
1959	0	0	15	56	12	44
1969	3	17	11	61	4	22
1979	15	28	22	42	16	30
1989	34	37	43	47	15	16
1999	28	43	28	43	9	14
2009	78	79	18	18	3	3

2005年7月彭小燕从南京信息工程大学研究生部毕业,分配到南通市气象台任预报员,是南通气象史上第一位拥有理学硕士学位(气象专业)者。2008年7月宗周全、严迎春在中共中央党校研究生院(党政干部班)毕业获研究生学历(经济管理专业)。

三、技术职称结构

新中国成立后至"文化大革命"前,实行专业技术职务任命制。鉴于陈濂在解放前担任副工程师多年,新中国成立后又被任命为测候所主任,因此1949年10月,他被上海市军管会空军部上海气象台军事代表人任命为工程师,是南通气象史上第一位由上级任命而拥有工程师技术职务的人。

"文革"期间,专业技术职务、职称基本取消。

1978年全国科学大会召开后,南通地、市分别在工程、农业、卫生、科研、会计、统计、经济、档案等8个系列开展职称评定工作。1980年5月南通地区工程技术干部技术职称评定委员会成立。随之,1980年5月20日南通地区气象台成立了"南通地区气象系统初级技术职称评定委员会"(初评委),由台长施强任主任。其主要职责和任务是:

(1)负责对申请晋升职称人员作申报资格的审查;

(2)负责对晋升初级技术职称人员的评定;

(3)负责对申报中级以上技术职称人员资格的评审推荐。

根据地区科委要求,初评委为全地区八个气象台站科研人员套改或评定了初级职称。其中地区台助理工程师19名,技术员10名。

1981年开始实行气象部门与地方政府双重领导,以气象部门领导为主的管理体制。初评委改由江苏省气象局人事处管理。根据中央气象局和国务院科学技术干部局联合制定下发的《气象技术干部技术职称实施办法》和《技术干部技术考核暂(试)行标准》,开展评定初级职称和推荐晋升中级职称工作。

1981年底,初评委推荐19名助工晋升工程师,经江苏省气象局中级职称评定委员会评定,孙锦铨、陈正庠、祁振高、周桂芝、卫祥声、赵绳武、范德明、邱训明、夏桂文、严文生、孙金珠、刘德清、胡家瑞、戴行鼎、苏培仁等15人被批准晋升工程师,其中地区局8人。这是南通气象史上经评定晋升的第一批工程师。1982年2月首批工程师均荣获《中华人民共和国工程师证书》,授予单位为江苏省气象局。

同时,江苏省海洋渔业气象台,经江苏省气象局协调,聘请地区局戴武杰、孙锦铨二位工程师参加,组成由施元冲为主任的评委会,为海洋渔业台技术人员评定初级职称,并推荐申报中级职称。

1984年局、台合并后,具有技术职称(职务)人员共51人(见表11.2),占职工总人数56.0%。另有报务员、填图员、观测员、雷达员等32人在技术岗位,而未评定技术职称,占职工总人数35.2%。

表11.2 南通市气象局1984年12月技术人员职称构成表

工程师(农艺师)		助理工程师		技术员(会计员)	
人数	占比%	人数	占比%	人数	占比%
12	23.5	26	51.0	13	25.5

1987年5月至年底实行技术职称改革工作,专业技术职称评定和专业技术职务聘任分开,有职称者只具备任职资格,须经人事部门聘任后才能取得技术职务。

1987年,江苏省气象局开始在市基层台站评定高级技术职称。主要晋升对象是1963年以前的本科毕业生和20世纪50年代早期的大专生。将申报人员集中于南京北极阁,经过10天的外语培训后举行考试,不及格者只有一次补考机会。后由江苏省气象局技术职称评定委员会评审后再上报"华东区气象高级职称评审委员会"评定。南通市局孙锦铨、周桂芝两人被华东高评委"确认具备高级工程师任职资格",1987年12月获"江苏省科技干部局制发的高级技术职务任职资格证书。该两人是南通气象史上首批经评审获高级职称者。随后,由南通市气象局党组聘任。

1989年10月12日,经江苏省气象局批准,南通市气象局中级专业技术职称评审委员会成立,由施元冲任主任,负责科技计划的拟定实施、科技成果的验收、鉴定、奖励。1996年4月25日最后一次换届即第四届,仍由施元冲任主任。2000年起,由职称评委会代行科技委职务。

1992年起专业技术职务评审工作走上正常轨道,中级职称仍由省局每年评定一次,市局初评委成为兼有科技管理功能的常设机构。至1998年底全市拥有在职高工16人,其中市局8人,县(市)局(站)8人,详见表11.3。

表11.3 南通全市1998年12月技术人员技术职称构成表

所在单位	高工		工程师(含馆员、会计师)		助工(含助会)		技术员(含见习生)		合计	技术人员占职工总人数%
	人数	占技术人员%	人数	占技术人员%	人数	占技术人员%	人数	占技术人员%	技术人员总数	
市局	8	13.3	41	68.3	8	13.3	3	5.0	60	84.5
县(市)局及吕四站	8	8.1	61	61.6	26	26.3	4	4.0	99	86.1
全市高:中:初比率	10.1%		64.2%		25.8%				159	85.5

1998年底,全市技术干部的高、中、初级的比例为10.1∶64.2∶25.8,以高级职称为1,比例为1∶6.36∶2.55,形成中间大、两头小的结构。具有技术职称人员占职工总人数的85.3%。

2001年起,南通市气象局初级技术职称评定委员会平均年龄明显下降。主任宗周全(46岁)。

2010年在职高工市局7人,县(市)局11人(见表11.4),与1998年(16人)基本持平。由于聘用不少年轻大学毕业生,初级职称人数明显增加。

表11.4 南通全市2010年12月技术人员技术职称构成表

所在单位	高工		工程师 (含馆员、会计师)		助工 (含助会)		技术员 (含见习生)		合计	技术人员 占职工总人数%
	人数	占技术 人员%	人数	占技术 人员%	人数	占技术 人员%	人数	占技术 人员%	技术人 员总数	
市局	7	8.0	28	31.2	40	45.5	13	14.8	88	88
县(市)局 及吕四站	11	9.2	52	43.7	38	31.9	18	15.1	119	100
全市 高∶中∶初比率	8.7%		38.6%		52.7%				207	94.5

从1987年至2011年,华东区气象高评委、江苏省气象局高评委共批准南通市气象系统晋升高级职称者51人,年均2.0人;另有调入任局长者2人;"特评"未聘任者1人。先后拥有高级工程师(含高级兽医师1人)53人,均为副研级。绝大多数被聘任高级技术职务(参见表11.5)。

表11.5 1987—2011年南通市气象系统高级工程师评定时间一览表

姓名	高级职称 评定时间	工作单位	备注
孙锦铨	1987.10	南通市气象局	退休
周桂芝	1987.10	南通市气象局	退休
孙金珠	1991.10	南通市气象局	退休后省局授予资格
陈正庠	1992.01	海安县气象局	退休
卫祥声	1992.01	启东市气象局	退休
祁振高	1992.01	海门市气象局	退休
方维之	1992.01	南通市气象局	退休
施元冲	1993.10	南通市气象局	退休
唐斌耀	1993.10	南通市气象局	退休
朱竞成	1993.10	南通市气象局	退休
宗周全	1993.10	南通市气象局	—
邱训明	1994.12	南通市气象局	退休
任遵海	1994.12	南通市气象局	退休
夏桂文	1994.12	海安县气象局	退休
梁玉楼	1994.12	如东县气象局	退休
郑晋芳	1994.12	如东县气象局	退休

续表

姓名	高级职称评定时间	工作单位	备注
葛汉钧	1995.06	南通市气象局	从市政协退休
邱语林	1995.11	通州区气象局	退休
朱益安	1995.11	海安县气象局	退休
宋宝初	1995.11	南通市气象局	退休
苏培仁	1995.11	南通市气象局	退休
赵绳武	1996.11	吕四基准气象站	退休
曹书涛	1996.11	如东县气象局	—
包士芳	1996.11	启东市气象局	退休
仰国光	1996.11	南通市气象局	退休
曹长明	1997.09	南通市气象局	退休
郭 杰	1997.09	如皋市气象局	退休
陆葆跃	1997.09	如皋市气象局	退休
姚树清	1999.03	南通市气象局	退休
成励民	1999.03	南通市气象局	退休
范德明	1999.03	吕四基准气象站	退休
石加庆	1999.03	海门市气象局	退休
程 伋	1999.03	海安县气象局	退休
范德新	2001.10	南通市气象局	—
陈爱玉	2001.10	南通市气象局	—
耿建生	2001.10	南通市环保局	—
汤德新	2002.10	南通市气象局	—
金步圣	2002.10	南通市气象局	—
陈永秀	2002.10	南通市气象局	退休
曹乃和	2003.10	如皋市气象局	—
罗晓春	2003.10	南通市气象局	—
陈佩君	2003.11	南通市气象局	退休
马云龙	2004.12	如皋市气象局	退休
曹汉忠	2004.12	海门市气象局	退休
张 鹏	2005.11	如皋市气象局	交流
严迎春	2006.10	泰州市气象局	交流
钱 明	2006.10	通州区气象局	—
顾 茗	2007.12	南通市气象局	—
吴振倩	2007.12	海安县气象局	—
朱震宇	2008.12	启东市气象局	—
张艳玲	2008.12	南通市气象局	退休
朱同生	2008.12	如东县气象局	—
江志新	2009.11	海门市气象局	—
凌和稳	2009.11	海安县气象局	—
周昌云	2010.11	如皋市气象局	—
汤建国	2011.11	南通市气象局	—

1987年5月起,国家气象局对技术职称评定工作进行改革,实行任职资格评定和专业技术职务聘任分开的办法。恢复技术职称评定工作后,全市历年由省局批准的获中级专业技术职务任职资格人员名单如下:

1. 1987年《关于确认陈尚仁等60名同志为"待批"、"待授"工程师的通知》[苏气人(84)017号],我市11名同志如下:

马炎钊、仰国光、季玲、陆建治、吴之春、郭杰、周世达、郑晋芳、梁玉楼、程伋、杨自植

2. 1987年10月22日和12月17日江苏省气象局中级技术职务评审委员会对工程师任职资格进行了首批评审。我局施元冲等46名同志具备了工程师任职资格。

施元冲、宋宝初、周春林、方维之、唐斌耀、姚树清、崔广裕、任遵海、姚长有、任锡安、张志聪、朱竟成、张忠兵、施忠康、陆忠平、章素珍、吴茂良、毛锦权、马介林、成炽、王颂章、程培进、邱语林、曹将林、郭素英、严汉杰、史国清、包士芳、刘忠、杨仕宽、曹书涛、姜有康、徐善棠、龚希法、曹炳忠、石家庆、吴风清、张锡林、廖佩良、朱益安、牟凤娣、周家英、陈剑雄、徐璞、汤梧松(已调出,代评)、缪祝生(已调出,代评)。

3. 1988年6月11日江苏省气象局中级技术职务评审委员会对工程师任职资格进行了第三次评审。我市陈永秀等10位同志具备了工程师任职资格。

陈永秀、汤德新、尹成华、秦则敏、陆葆跃、马云龙、金步圣、沈兰芳、王雪珍、倪顺昌

4. 经南通市气象局中级技术职称评审委员会于1991年11月22日评审通过并经江苏省气象局同意,下列同志具有气象工程师任职资格。

印玉田、刘守伦、何露莎、许金龙、邱雪、陈佩君、施雪冲、胡正才、陈云龙、东阅平、俞福平、倪秀根(已故)

5. 经江苏省气象局中评委1992年12月28日评审,下列人员通过气象工程师职称资格:

耿建生、陈爱玉、缪素玲、曹汉忠、顾茗、钱国萍、张水明、倪亚香、曹乃和、张革新、刘文玉

6. 南通市董士冲、何正扬、吴振倩、储卫国、罗洪生、吴信明、陆友生七位同志经江苏省气象局中级专业技术职务评审委员会评审通过,并经江苏省气象局人事处核准具备工程师任职资格[苏气人发(1993)24号]。

张秀珠同志由南通市档案专业中级任职资格评审委员会通过馆员资格。

7. 经过江苏省气象局中评委1994年12月16日评审通过,职改办审查同意,南通市施俊荣、沈亚萍、林剑秋、范德新、沈建中五位同志具备工程师任职资格。

8. 经江苏省气象局中级专业技术评审委员会评审通过,并经省局人事处核准,南通市王维林、张鑫、缪勇谋、江志新、梁晓明五位同志已取得工程师任职资格[苏气人发(1995)33号]。资格时间从1995年12月28日起算。

市局沈晓剑同志由南通市档案专业中级任职资格评审委员会通过,具备档案馆馆员任职资格[通职改办(1995)62号]。

9. 南通市张圣泉、杨国清、王建明、吴建军、凌和稳、黄诚、李志耕七位同志经江苏省气象局中级专业技术职务评审委员会评审通过,并经江苏省气象局职改办核准,已取得工程师任职资格[苏气人发(1997)48号]。资格时间从1996年12月起算。

10. 接江苏省气象局[苏气人发(1997)56号]文,张鹏、罗晓春、李桂英、施美清、顾建新(吕四)、崔成斌等同志被确认具备中级专业技术职务任职资格。

11. 经江苏省气象局中级专业技术职务评审委员会评审通过,并经省局职改办核准:严迎春、余震东、张艳玲、仲炳凤、肖卫平、钱明、杨仲生、陈祥甫八位同志具备中级专业技术职务任职资格。任职资格时间自1998年9月起算。

12. 经江苏省气象局中级技术职务评审委员会评审通过,并经江苏省气象局职改办核准,确认朱震宇、丁剑、宪宏、冯芝祥、陈岳周、顾录泉、李汉林、缪剑波、吉鑫根、王玉贵、张素江等11位同志具备了中级专业技术职务任职资格。任职时间自1999年10月起算。

13. 2001年江苏省气象局批准晋升工程师4人:11月1日,郁健、卢秋澄(海安);11月21日,周昌云(如皋)、曹志翔(海门)。

14. 2002年江苏省气象局批准晋升工程师4人:10月1日,张建新、景俊兵(海安);10月31日,徐云(南通)、方方(启东)。

15. 2003年江苏省气象局批准晋升工程师5人:11月1日,陈铁(南通)、张武龙(通州)、陈新育、李存龙(如皋);12月8日张启东(启东)。

16. 2004年江苏省气象局批准晋升工程师1人:12月30日,许春艳(海门)。

17. 2005年江苏省气象局批准晋升工程师6人:11月7日,吴彩霞、顾建新(南通)、顾彦轶、周鑫(通州)、葛亚东(海门)、王炜(启东)。

18. 2006年江苏省气象局批准晋升工程师3人:10月24日,丁爱萍、王鑫、魏昆(南通)。

19. 2007年江苏省气象局批准晋升工程师1人:12月28日,黄亮(南通)。

20. 2008年江苏省气象局批准晋升工程师3人:12月1日,彭小燕(南通)、吴锐涛(通州)、张开进(如皋)。

21. 2009年江苏省气象局批准晋升工程师1人:11月1日,周良(南通)。

22. 2010年江苏省气象局批准晋升工程师4人:刘娟(如皋)、林应(南通)、张洪兵(吕四)、盛海峰(如东)。

23. 2011年江苏省气象局批准晋升工程师6人:吉慧明、刘成兰、朱圣华(南通)、朱海笑(海安)、张春雷(吕四)、彭小燕(海安)。

1987—2011年共有180人晋升工程师(馆员),年均7.2人。

第二节　干部管理

1949年2月至1953年8月南通气象站属军队建制。部队对人事有任免、调配权。

1953年1月7日江苏省军区气象科在镇江成立,既管理军事系统的5个甲种气象站,也管理政府建制的3个(包括南通)乙种气象站。

1953年8月1日省军区气象科由省政府接收,10月21日更名为江苏省人民政府农林厅气象科,11月5日迁至南京农林厅内办公,12月又更名为江苏省气象科,南通气象站的人事、业务、归省气象科管理。

1954年11月18日省气象科改设为气象局,迁至北极阁,南通气象站归"江苏省人民政府气象局"领导。

1956年5月1日成立上海气象局,南通气象站的人事、财务、业务、器材等统一归上海气象局领导,省气象局撤销;1957年1月上海气象局在南通地区沿海建立了吕四气象站;1958年6月江苏省气象局恢复,南通气象站和新建的吕四站复归江苏省气象局直接领导。

从1958年10月起,体制下放,江苏省气象局只管业务工作,南通专署管理南通专区气象台的人、财、物等事宜,专署于1959年3月成立专署气象局,加强领导。(该局1962年5月撤销)

1963年6月省人民委员会同意省气象局收回被下放管理的气象台、站。从1963年至1970年南通台的人、财、仪器供应、业务由省气象局直接管理,行政生活、政治思想和气象服务由南通专区党政部门领导。

1971年5月南通台划归南通军分区领导,1971年10月至1974年4月军分区配备了教导员为专职领导人,全面负责干部调配、任免、党政建设等工作;省气象局负责业务管理和学术、技术交流等事宜。

1974年5月地区气象台由军分区划归专署为主领导。人事调配、任免、党政建设等归地委组织部、专署人事局管理。气象部门有推荐、建议权。

1981年起实行气象部门与地方政府双重领导,而以气象部门为主的管理体制。1981年6月恢复南通地区专员公署气象局,下设办公室、政工科、业务管理科、气象室等科室。干部管理权限为:

地、市气象局局长、高级工程师、研究员、副研究员由省气象局党组协助省委组织部管理;地、市气象局副局长、科长、县(市)气象局(站)局(站)长,工程师、技师、助理研究员由省局党组直接管理。

地、市气象局副科长,县(市)气象局(站)副局(站)长,股(组)长、副股(组)长,地、市、县气象部门的助理工程师、技术员以及一般干部由地、市气象局党组管理。

1983年,气象部门第二步体改后,采取分级管理制度,下放管理权限,原则上只管下一级。干部管理权限为:各市气象局局长、副局长、党组书记、副书记、成员、局(处)级督导员由省气象局党组管理。

市局各科(室)、科长(主任)、副科长(副主任),各县局(站)局(站)长、副局(站)长、科级调研员由市气象局党组管理。

股(组)长由市气象局人事部门管理。

高级工程师由省气象局管理;

工程师由省气象局下达指标,市气象局报批聘用;

助理工程师、技术员由市气象局人事部门管理。

1988年4月15日,省气象局制定了进一步简政放权搞活基层有关政策,规定在不突破机构数和干部职数的前提下,允许调整现有机构设置;允许实行干部聘用制和公开招标聘用干部,提倡压缩精简人员,并逐步做到减人不减编制,不减工资。但技术职称、职务的管理权限不变。

1988年市局曾撤销业务管理科,成立农气测报科,预报管理由气象科兼任。共有办公室、人事教育科、农气测报科、气象科、服务科等5个科室。1989年3月恢复业务管理科,撤销农气测报科。

第十一章 职工队伍

1991年起,对县(市)气象局长、副局长又恢复任命制,由市局党组任命。股长可以由市气象局人事部门任命,也可以由县气象局实行竞争承包,自行任命,报市局人事部门备案。

2001年起,市气象局党组对市局机关及直属单位的科长、副科长或相当这一级的干部,在全市气象部门范围内进行公开竞选,按照"德、能、勤、绩、廉"考核内容选拔任用干部,并在年龄层次上注重年轻化、在学历结构上注重知识化。

省气象局成立高级技术职称评定委员会和中级技术职称评定委员会。每年评定一次。

工程师由市气象局管理,但要按省气象局下达的指标数聘任,并报省气象局审批。高级工程师由省气象局管理。

助理工程师、技术员由市气象局人事部门管理。

2001年内设机构有:办公室、人事教育科(处)、业务法规科(处)、气象台、专业气象台、海洋气象台、防雷中心、人工增雨防雹工作领导小组、气象影视中心、行政执法大队等;2001年12月成立正科级事业单位"机关事务管理中心"与"老干部办公室",二者合署办公。在全国地级气象局中,南通是唯一设有老干部办公室的地市局。

2002年4—5月南通市局完成依照公务员管理的人员过渡培训、考试及过渡工作。

2005年市局制订并开始实施《南通市气象部门专业技术专门人才选拔培养管理办法》。《办法》与省局人才实施战略相衔接,在省局"1050"和南通市跨世纪中青年技术骨干培养对象人才培养工程的基础上,切实加大我市人才培养的工作力度,力争通过3~4年的努力,培养一批在全市乃至全省气象部门初具影响的学科带头人和技术能手。从2005年11月至2010年12月,经过严格推荐评选,共评选出三批。

2005年12月评选出首批专业技术专门人才学科带头人3人次(朱竟成、曹乃和、金步圣);学科带头人培养对象5人次(张鹏、凌和稳、陈铁、汤建国、朱震宇);技术能手4人次(张革新、朱同生、张素江、周昌云);技术能手培养对象3人次(王炜、刘爱彬、刘娟)。

2008年3月评选出第二批专业技术专门人才学科带头人4人次(曹乃和、金步圣、张鹏、朱同生);学科带头人培养对象7人次(凌和稳、陈铁、汤建国、朱震宇、南通彭小燕、钱明、黄亮);技术能手9人次(张革新、张素江、周昌云、林剑秋、冯芝祥、吴彩霞、丁爱萍、许春艳、张启东);技术能手培养对象12人次(王炜、刘娟、黄新时、林应、周良、程向阳、刘成兰、朱圣华、季玲玲、吉慧明、海安彭小燕、赵阳)。

2010年4月第三批专业技术专门人才学科带头人6人次(金步圣、曹乃和、朱同生、陈爱玉、凌和稳、钱明);学科带头人培养对象6人次(汤建国、陈铁、南通彭小燕、黄亮、周昌云、吴彩霞);技术能手8人次(张素江、冯芝祥、丁爱萍、吴锐涛、周良、许春艳、张启东、王炜);技术能手培养对象17人次(吉慧明、黄新时、程向阳、林应、刘成兰、朱圣华、季玲玲、刘娟、海安彭小燕、赵阳、翁亚鸣、唐晓丽、樊璇、刘正洪、蔡奕卉、董计成、杨文渊)。

2006年底,根据江苏省气象局业务技术体制改革的总体部署,启动了南通市气象部门业务体制改革。2007年1月起,作为业务技术体制改革的一个重要环节,按照"公开、平等、竞争、择优"的原则,经过报名、考核、测评和公示后,南通市气象局对中层领导班子作了部分调整。全市气象部门科级干部平均年龄由原来的44.3岁下降到39.8岁,市局科级干部平均年龄由46.6岁下降到38.4岁。在年龄下降的同时,中层领导班子的学历有所提升,中层领导班子中具有大学学历的由原来的7个增加至11个。其中有一名研究生在读,

4名本科在读,1名大专在读,有力地促进了整体素质的提升。

按照江苏省气象局人事处的统一安排和部署,南通市气象局事业单位岗位设置管理工作于2007年9月正式启动,并制定了相应的实施细则和配套办法,包括内设机构及职能、岗位设置及岗位职责、竞聘上岗方案等。按照科学设置、竞争上岗、双向选择、签订聘用合同分步组织实施。每名参加竞聘的同志都严格按照申报职位、资格审查、个人演讲、民主测评、公示等程序进行。共计有124人参加首次岗位聘用,其中管理岗位聘用数为16个,专业技术岗位聘用数为104个,工勤技能岗位聘用数为4个。

第三节 人员调动

新中国成立后调入调出南通气象站、台、局的人员见表11.6。

表11.6 新中国成立后人员调动情况一览表(按进入本单位时间排序)

姓名	性别	出生年月	参加工作时间	进入本单位时间	离开本单位时间	备注
陈潘	男	1895.04	1916.08	1949.02	1958.12	退休后,1979年病故
陈倬	男	—	—	1949.03	1949.05	回专署
蒋亦溪	男	1896	1917.01	1949.04	1958.01	在岗病故
胡志全	男	—	—	1949.04	1951.01	回专署
曹鹤鸣	男	—	—	1949.12	1956	调往溧阳站
徐允淑	女	—	—	1950.06	1957.06	在岗病故
顾冲	男	1935	—	1951.04	1955	后在东台站任站长
张锡林	男	1931.12	1950.03	1952.08	1962.06	调任吕四站长
杨德芳	男	—	—	1952.08	1956	调走从政
吴德贞	女	—	—	1952.09	1957.06	本市从商
胡叔翔	男	—	—	1953.06	1960.07	右派,后平反,扬州做工人
金敏端	男	—	—	1954.08	1960.04	右派,后平反,福州市农业干部
顾兴夏	男	—	—	1955.09	1961	下放后,回苏州老家,校工
朱琛	女	—	—	1955.09	1956.12	调往上海气象局
杨一德	男	—	—	1955.09	1955.12	后调到射阳站任站长
任遵海	男	1939.05	1956.08	1956.08	未	退休
吴杏新	女	1935.06	1957.08	1957.08	未	退休
储淑君	女	1936.11	1957.08	1957.08	1971.12	调往本市石油公司
任锡安	男	1934.11	1955.08	1957.12	未	退休
娄云霞	女	1940.08	1958.09	1958.09	1971	调往湖北宜昌县站
王颂章	男	1937.11	1954.02	1958.11	未	退休
华桂清	男	1937	1958.11	1958.11	1962.07	调往本市企业单位
崔广裕	男	1937.12	1957.11	1958.12	未	退休
陶隆昌	男	1936	1957.11	1958.11	1961	因犯错误劳教后回宝应
刘忠	男	1938.05	1957.11	1958.12	1982	调至如东站
王寿琪	男	1937	1957.11	1958.12	1960	精减回宝应

第十一章 职工队伍

续表

姓名	性别	出生年月	参加工作时间	进入本单位时间	离开本单位时间	备注
刘炜璋	男	1939.12	1958.04	1958.12	未	在岗(1984.4)病故
冯祖田	男	1940	1958.12	1958.12	1962.06	精减回如东双甸
张克勤	男	1941	1958.12	1958.12	1962.06	精减回如东大同
马炎钊	男	1938.08	1957.09	1959.01	未	退休
康健	女	1927.10	1946.01	1959.03	1961.12	本市离休
茅锡堂	男	1914	—	1959.03	1961.10	调专署人事处处长,后任海门县县长,已故
瞿莹	女	1935	1959.5	1959.5	1962.06	下放后到青海,回本市狼山镇务农
陆丽东	男	1937	1957.11	1958.11	1959.12	回海门东灶港
张玉芬	女	1938	1959.09	1959.09	1971	调往南京企业单位
刘少山	男	1928	1959	1959	1960	要求回乡
谢同华	男	1931	1959	1959	1962.07	精减回乡
杨学芳	男	1926	—	1959	1960	气象局科员,调往粮食部门
丁浩儒	男	1937	1959	1959	1962.05	回家乡海门
施忠林	男	1937	1959	1959	1962.05	下放回海门
李玉兰	女	—	—	1960	1961	调往山东
陆德生	男	—	—	1960	1961	调回农业部门
吴锋云	男	1939	1959.08	1960	1962.06	精减回浙江
朱珍美	女	1938	1960.09	1960.09	1963	病故
倪广才	男	1919	—	1960.12	1962.05	离休,2009年病故
倪秀根	男	1938.10	1960.06	1961.04	未	在岗(1991.11)病故
赵陆夫	男	1931.09	1947.03	1961.05	1964.04	调往农业局、交通局
张松瑞	男	1935	1961.06	1961.09	1962.05	调回福建建阳
陈莉萍	女	1941	1962.02	1962.02	1969.12	下放回常熟浒浦
姚长有	男	1940.07	1959.07	1962.05	未	在岗(1994.2)病故
崔玉兰	女	1937.04	1959.07	1962.05	1969.12	调往地委组织部
胡家瑞	男	1935.07	1951.07	1962.05	未	退休
马鹤松	男	1937	1959.07	1962.05	1969.12	下放调回本市木材公司
刘德清	男	1935.12	1957.09	1962.07	未	退休后(2000.12)病故
孙锦铨	男	1939.07	1962.10	1962.10	未	退休
唐信泰	男	1937	1959.08	1962.12	1971	调往浙江宁波鄞县站
朱泉声	男	1938	1963.09	1963.09	1966.09	调往海门环保局,病故
凌光易	男	1943	1963.09	1963.09	1970.10	调往广西钦州台
丁良田	男	1921.01	1943.05	1964.5	未	1982年12月离休(副厅级)
杨锡卿	男	1939.05	1964.09	1964.09	1974.08	调往吴江县站
李其香	男	1949	1966.09	1966.09	1975.09	调往响水县从政
李成长	男	1949	1966.09	1966.09	1976.10	调往阜宁站
徐伟	女	1918.07	1941.03	1970.07	1976.07	调回专署,后离休,2004年11月病故
周桂芝	男	1938.06	1963.09	1970.10	未	退休

续表

姓名	性别	出生年月	参加工作时间	进入本单位时间	离开本单位时间	备注
陆建治	男	1936.09	1965.09	1971.06	未	退休
李跃进	男	1935.08	1950.11	1971.10	1974.04	回军分区机关
潘泓德	男	1944.10	1968.07	1971.01	1978.11	调往苏州台工作
郑汉兴	男	—	—	1971	1973.12	调往启东县
张圣泉	男	—	—	1971	1971	调往柴油机厂
季　玲	女	1944.01	1967.09	1973.08	未	退休
姚树清	男	1945.06	1970.09	1974.01	未	退休
陈学忠	男	1942	1963.08	1974	1976	调往广东湛江台
孙　中	男	1931.10	1949.05	1974.07	1977.03	离休
宋宝初	男	1945.01	1970.08	1974.10.	未	退休
林剑秋	男	1952.10	1969	1975.12	未	—
李振兰	女	1954.08	1970.01	1975.05	未	退休(2002年提前)
何正扬	男	1951.12	1971.01	1975.05	未	退休
盛新宝	男	1952.10	1971.01	1975.09	未	退休(2002年提前)
潘　玲	女	1956.03	1975.12	1975.12	未	退休
施　强	男	1926.11	1943.03	1975.12	未	1983年12月离休(副厅级)，1999年病故
曹长明	男	1940.01	1965.08	1976.01	未	退休
邱训明	男	1941.05	1967.09	1976.02	未	退休
缪旭波	男	1955.05	1976.05	1976.05	1979.08	保送上南大，在宁工作，任国家环保部华东督察中心副主任,教授
游善明	男	1937.08	1955.03	1976	1990.12	提前退休,儿子顶替
陆中平	男	1951.07	1971.01	1976.05	1992.06	本市从商
仲威伟	男	1953.11	1971.01	1976.05	1985.04	调往本市纪委
季连兵	男	1954.07	1972.12	1976.05	未	退休(2002年提前)
崔成斌	男	1956.11	1972.12	1976.05	未	—
张圣泉	男	1952.10	1972.12	1976.05	未	—
张志聪	男	1941.11	1964.12	1976.06	未	退休
龚惠民	男	—	—	1976.06	1976.12	调往启东
夏向东	男	1956.07	1971.01	1976.09	1986	调往水产局
王永平	男	1952.12	1971.01	1976.09	1985.01	调往城中区检察院
张庆平	男	1952.10	1977.02	1977.02	1979.01	调往地委、曾任副市长
陈　川	男	1955.06	1977.08	1977.08	1979.01	调往浙江,曾任水利厅厅长,省纪委副书记
朱鹏飞	男	1943.12	1961.08	1977.08	1984.01	调任吕四镇副镇长
朱　宁	男	1956.05	1972.03	1978.06	1992.03	调往醋纤公司
仲炳凤	女	1954.06	1973.08	1978.08	未	退休
缪勇谋	男	1958.05	1975.08	1978.08	未	—

第十一章　职工队伍

续表

姓名	性别	出生年月	参加工作时间	进入本单位时间	离开本单位时间	备注
吴建军	男	1957.11	1975.08	1978.08	未	—
吴晓萍	女	1956.08	1974.08	1978.08	未	退休
陆士权	男	1952.02	1971.04	1978.08	未	—
管金泉	男	1946.03	1965.08	1978.09	1985	调往昆明市气象台
包国瑞	男	1940.01	1957.01	1978.09	未	退休
陈汉姗	男	1937.11	1954.10	1978.09	未	1987年3月病故
方维之	男	1945.06	1968.07	1978.10	未	退休（2002年提前）
苏培仁	男	1936.06	1951.09	1978.11	未	退休
张艳玲	女	1956.11	1975.12	1978.11	未	退休
余震东	男	1962.10	1979.01	1979.01	未	—
程培进	男	1942.11	1958.12	1979.1	未	退休
周春林	男	1940.09	1965.08	1979.04	未	退休
张庭元	男	1952.09	1971.01	1979.04	未	退休（2002年提前）
戴行鼎	男	1935.04	1951.07	1979.05	未	退休
章素珍	女	1933.12	1958.08	1979.05	未	退休
戴武杰	男	1935.10	1956.09	1979.05	未	退休
孙金珠	女	1935.10	1956.08	1980.01	未	退休
江俊英	女	1944.04	1966.10	1980.02	未	退休
刘守伦	女	1940.10	1958.9	1980.10	未	退休
石汉慈	男	1959.02	1981.07	1981.01	1989.01	调往市中级人民法院
杨国清	男	1960.02	1981.07	1981.07	未	—
成励民	男	1939.03	1959.05	1981.11	未	退休
秦则敏	男	1936.08	1957.08	1982.01	未	退休
赵秀成	男	1947.09	1965.09	1982.04	未	退休
马介林	男	1945.09	1965.08	1982.04	未	退休（2002年提前）
毛锦权	男	1936.05	1956.05	1982.04	未	退休
顾建新	男	1964.08	1982.07	1982.07	未	—
张忠兵	男	1962.06	1982.08	1982.08	1993.03	调往交通银行
薛全礼	男	1936.09	1955.11	1982.12	未	退休
唐斌耀	男	1944.06	1968.07	1983.04	未	退休
陈佩君	女	1951.09	1969.05	1983.06	未	退休
钱　鹰	男	1962.08	1983.08	1983.08	1989.01	调往无锡市气象局，后任局长
姚　毅	男	1962.08	1983.08	1983.08	1992.02	调往南通市信访局，后任副局长
朱竟成	男	1947.12	1982.02	1983.11	未	退休
秦德昌	男	1933.12	1948.01	＊1976.06	1993.12	离休
蔡松青	男	1926.07	1943.05	＊1977.10	1984.04	离休，2010年8月病故
施元冲	男	1942.03	1968.07	＊1977.05	未	退休
仰国光	男	1937.06	1955.08	＊1971.12	未	退休
郁顺和	男	1934.04	1957.10	＊1978.11	未	退休

续表

姓名	性别	出生年月	参加工作时间	进入本单位时间	离开本单位时间	备注
印玉田	男	1939.01	1957.01	*1976.12	未	退休
成 炽	男	1937.01	1956.01	*1976.12	未	退休
崔应生	男	1940.07	1962.05	*1980.02	未	1986年12月在岗病故
杨自植	男	1943.07	1967.09	*1978.09	1985.12	调往上海市气象局
帅建明	男	1956.05	1977.02	*1977.02	1989.01	调往市中级人民法院
周 平	男	1957.06	1972.12	*1978.06	1985	调往市司法局、旅游局
汤新荣	男	1942	—	*1976.06	1985	调往省水产研究所
杜 俊	男	1959.07	1982.02	*1982.02	1984.12	考取南大研究生,现为美国NOAA研究员
姜战平	男	1958.06	1976.06	*1978.06	1984.12	调往省气象局
沈晓剑	女	1955.10	1973.06	*1977.02	未	退休
吴信明	男	1962.10	1980.10	*1980.10	未	—
尹成华	男	1955.02	1974.09	*1976.07	未	曾任泰州市气象局副局长
王建明	男	1957.03	1976.07	*1978.08	未	
施忠康	男	1951.11	1971.11	*1978.08	未	退休
陈永秀	女	1952.07	1970.04	*1980.09	未	退休
汤德新	男	1958.02	1975.12	*1976.07	未	曾任启东市气象局局长
赵兴国	男	1958.02	1975.08	*1978.08	未	—
谢玉娟	女	1956.08	1974.07	*1977.01	未	退休
魏 昆	男	1964.09	1982.12	*1982.12	未	—
何贵宙	男	1958.01	1975.07	*1978.08	未	—
张素江	男	1963.08	1984.07	1984.08	未	
孙元根	男	1962.03	1984.07	1984.09	未	
蒋民勤	女	1969.09	1984.12	1984.12	1992.12	调往兴东机场气象台
李桂英	女	1960.06	1980.10	1985.04	未	—
王 鑫	男	1963.05	1985.07	1985.07	未	—
耿建生	男	1964.12	1985.07	1985.07	2001.01	调往市环保局
顾 茗	女	1964.10	1985.07	1985.07	未	—
陆兰英	女	1942.01	1965.08	1986.03	未	退休
董士冲	男	1947.07	1968.08	1987.03	未	退休
刘文玉	女	1965.09	1987.07	1987.07	1993.03	调往青岛国家海洋研究所
何露莎	女	1946.03	1966.07	1987.08	未	退休
张秀珠	女	1947.01	1968.05	1989.01	未	退休
范德新	男	1964.04	1989.08	1989.08	未	曾任宿迁市局党组成员、纪检组长
游文东	男	1967.12	1990.12	1990.12	未	—
罗祝华	女	1961.12	1980.12	1991.04	未	退休
张 鹏	男	1970.06	1991.09	1991.09	2009.12	调任如皋市局局长
罗晓春	男	1970.06	1992.07	1992.07	2005.01	调往省局(处级)

续表

姓名	性别	出生年月	参加工作时间	进入本单位时间	离开本单位时间	备注
严迎春	男	1970.01	1993.08	1993.08	2007.08	调任泰州市气象局副局长
毛 雁	女	1964.11	1982.07	1994.02	2011.04	在岗病故
汤建国	男	1963.01	1983.07	1993.09	未	—
葛汉钧	男	1948.07	1972.04	1996.12	1998.12	调任农业资源开发局局长
刘爱彬	男	1977.10	1997.07	1997.07	未	—
徐 云	女	1974.07	1997.08	1997.08	未	—
张 英	女	1956.03	1979.12	1998.03	未	退休
黄新时	男	1979.01	1998.07	1998.07	未	—
陈 铁	男	1976.11	1998.08	1998.08	未	曾任通州市局副局长
宗周全	男	1955.05	1977.08	2000.06	未	—
吴彩霞	女	1977.12	2000.07	2000.07	未	—
丁爱萍	女	1977.10	2001.07	2001.07	未	—
程向阳	男	1981.09	2000.12	2002.04	2010.2	调任启东市局副局长
施健蓉	女	1980.12	2002.07	2002.07	未	＊＊
陆 乐	女	1982.01	2002.07	2002.07	未	＊＊
黄春耀	男	1979.07	2003.01	2003.01	未	＊＊
吴小娟	女	1971.09	1990	2003.02	未	＊＊
朱 萍	女	1981.11	2003.07	2003.07	未	—
吉慧明	男	1979.05	2003.07	2003.07	未	—
黄 亮	男	1980.10	2003.07	2003.07	未	—
沈 伟	女	1981.09	2003.07	2003.07	未	＊＊
刘 佳	女	1981.07	2003.10	2003.10	未	＊＊
葛 霄	女	1980.03	2003.10	2003.10	未	＊＊
顾 龙	男	1964.08	2003.12	2003.12	未	＊＊
刘自力	男	1964.11	1983.07	2003.12	未	＊＊
陈佩兰	女	1969.07	1991.02	2003.12	未	＊＊
田 凤	女	1957.09	1975.12	2003.12	未	从泰州市局调来
宋剑飞	男	1970.06	1988.12	2004.01	未	＊＊
赵 辉	男	1979.10	2004.02	2004.02	未	＊＊
周 良	男	1982.10	2004.07	2004.07	未	—
翁亚鸣	男	1981.07	2004.07	2004.07	未	＊＊
杜 翔	女	1983	2004.11	2004.11	2007.12	＊＊辞职
吴振倩	女	1957.10	1975.07	2005.01	2008.12	回海安县局
蒋林冲	男	1957.11	1976.8	2005.01	2007.02	回启东市局
金步圣	男	1952.09	1971.10	2005.01	未	—
季玲玲	女	1982.07	2005.05	2005.05	未	＊＊
顾 园	女	1959.09	1977.07	2005.05	未	＊＊
彭小燕	女	1980.12	2005.07	2005.07	未	—
林 应	男	1982.06	2005.07	2005.07	未	—

续表

姓名	性别	出生年月	参加工作时间	进入本单位时间	离开本单位时间	备注
刘成兰	女	1981.10	2005.07	2005.07	未	—
严晓庆	女	1981.10	2006.07	2006.07	未	＊＊
缪媛媛	女	1981.09	2003.07	2006.12	未	＊＊
吴锐涛	男	1980.07	2001.07	2007.01	2009.12	回通州区局
周 莉	女	1983.12	2007.03	2007.03	未	＊＊
罗 锐	男	1983.11	2007.04	2007.04	2010.01	＊＊调往崇川区公安局
朱圣华	男	1981.01	2007.05	2007.05	未	＊＊
顾丽华	女	1984.10	2007.07	2007.07	2011.01	＊＊调往内蒙古气象局
张树民	男	1984.12	2007.07	2007.07	未	—
唐晓丽	女	1982.01	2007.08	2007.08	未	＊＊
武思维	女	1984.10	2007.09	2007.09	未	—
缪 燕	女	1986.01	2007.12	2007.12	未	—
王海洋	女	1985.09	2007.10	2007.10	2008.04	＊＊辞职,去苏通大桥工作
赵成诚	男	1984.04	2007.12	2007.12	未	—
吴嘉伟	男	1984.05	2007.12	2007.12	未	—
陶红兵	男	1979.01	1997.12	2007.12	未	＊＊
洪 亮	男	1982.04	2008.03	2008.03	未	＊＊
缪明榕	男	1985.03	2008.07	2008.07	未	—
顾晶澄	女	1985.11	2008.09	2008.09	未	＊＊
盛陈凌	男	1981.10	2008.10	2008.10	未	＊＊
许 亮	男	1984.05	2008.12	2008.12	未	＊＊
陈 林	男	1986.02	2009.03	2009.03	2010.2	＊＊辞职
毛立功	男	1980.08	2003.07	2009.03	未	＊＊
汤雅娜	女	1987.07	2009.03	2009.03	未	＊＊
陆建州	男	1987.04	2009.07	2009.07	未	—
江莉莉	女	1986.06	2009.07	2009.07	未	—
陈 聪	男	1987.06	2009.07	2009.07	未	—
张 琪	女	1987.11	2009.07	2009.07	未	—
李 超	女	1986.03	2009.07	2009.07	未	—
郭乃瑶	女	1987.10	2008.07	2009.09	未	＊＊
徐银婷	女	1987.10	2009.09	2009.09	未	＊＊
张 闻	女	1975.11	1998.10	2009.09	未	—
谢君君	男	1986.09	2009.09	2009.09	2010.08	＊＊调出
张 凤	女	1986.02	2009.09	2009.09	未	＊＊
陈爱玉	女	1962.10	1983.07	2009.10	未	—
季晓华	女	1970.07	1989.12	2010.01	未	＊＊
唐媛媛	女	1985.01	2008.11	2010.02	未	＊＊
陈 平	男	1970.05	1987.05	2010.05	未	＊＊
孙 刚	男	1988.12	2010.07	2010.07	未	—

续表

姓名	性别	出生年月	参加工作时间	进入本单位时间	离开本单位时间	备注
王昱苏	女	1989.07	2010.07	2010.07	未	**
张乐蓓	女	1988.01	2010.07	2010.07	未	**
徐国炎	男	1987.09	2010.07	2010.07	未	**
梁 媛	女	1988.01	2010.07	2010.07	未	**
狄婷婷	女	1987.08	2010.07	2010.07	未	**
缪 懿	男	1988.03	2010.07	2010.07	未	**
梁 渠	男	1977.12	1997.10	2010.07	未	**
刘 刚	男	1982.01	2004.07	2010.12	未	—
王 悦	女	1989.02	2011.07	2011.07	未	—
郭 娜	女	1982.01	2004.07	2011.09	未	—
洪 敏	女	1985.09	2008.07	2011.09	未	—
陆旭阳	男	1988.01	2011.09	2011.09	未	**
龚 慧	女	1987.10	2011.09	2011.09	未	**

注:* 为调入江苏省海洋渔业气象台的时间,调入市局时间均为1984年4月。

** 市局聘用人员,一支气象事业发展不可或缺的生力军。

第四节 离退休人员

1958年陈潘老站长退休后,1959年至1980年南通台未曾有人退休,1981—2011年31年间南通市局离休4人、退休62人,合计66人。年代分布如表11.7。

表11.7 1981—2011年离退休人数

年代	总数	分项统计			
		男	女	离休(提前离休)	退休(提前退休)
1981—1990	7	4	3	3(1)	4(1)
1991—2000	28	24	4	1(0)	27(0)
2001—2011	31	18	13	0(0)	31(6)
合计	66	46	20	4(1)	62(7)

20世纪90年代后期迎来了退休职工的高峰时期,尤其1997—1999年三年共退休13人,占90年代退休人数的46.4%。

2010年底,健在离退休人员共55人,占全体在职职工人数51.4%,离退休人员总数已超过在职人数的一半;占在职在编人数84.6%。2011年退休8人。

从全市7个县级局站的情况来看,20世纪80年代先后有离退休人员54人,其中离休人员5人,已去世2人;退休人员49人,已去世4人。2009年有健在的离退休人员48人,占全体在职人员总数(127人)37.8%;占在职在编人数66.7%。

新中国成立后61年间,病故人员共13人(见表11.8),其中1964—1978年及2001—2009年未曾有人去世。

表 11.8　1957—2010 年南通气象站(台、局)人员病故情况一览表

姓名	病故时间	终年岁数	备注
徐允淑	1957.06	不详	病情不详
蒋亦溪	1958.01	62	心血管病
朱珍美	1963.10	25	红斑狼疮,在沪治疗,去世
陈 湑	1979.01	84	肠癌
刘炜璋	1984.04	45	肝病
崔应生	1986.12	46	肝癌
陈汉珊	1987.03	50	肝病
倪秀根	1991.11	53	肝病
姚长有	1994.02	54	肝病
施 强	1999.02	73	胃癌
刘德清	2000.12	65	心血管病
蔡松青	2010.08	84	心血管病
毛 雁	2011.04	47	乳腺癌

除徐允淑外,其余 12 位病故时平均年龄仅 57 岁,尤其是从 1983 年至 1994 年 12 年中病故 5 位中年人,都是在岗时去世,平均终年岁数仅 49.4 岁。

南通市气象局党组对老干部工作一直比较重视,2001 年 12 月专门建立了老干部办公室(正科级事业单位),主任赵秀成曾出席中国气象局在上海召开的老干部工作会议,并介绍管理工作。该办公室维持到 2007 年 9 月赵秀成同志退休。

2005 年 4 月成立老干部党支部,根据老年人的特点安排支部活动。局党组有一名党组成员分管老干部工作。

在局党组的直接关怀下,2008 年 3 月成立了南通市科学技术协会气象分会,会员 39 人,涵盖全市 8 个局站,在局党组和市科协的双重领导下,开展一些有益的活动,并发挥退休人员的作用,"老有所学、老有所教、老有所乐、老有所为"的老干部政策得到了充分落实。首届理事会会长施元冲,副会长张秀珠、孙锦铨。

第五节　社会兼职

南通市气象局担任市县级党代会代表、人大代表、政协委员及其他社会兼职情况如下:

1. 南通市气象局(站、台)工作人员历任中共南通市党员代表大会代表人员

1991 年薛全礼被选举为中共南通市委员会第七次代表大会代表;

1996 年周桂芝被选举为中共南通市委员会第八次代表大会代表;

2006 年宗周全被选举为中共南通市委员会第十次代表大会代表。

2. 南通市气象局(站、台)工作人员历任江苏省、南通市人民代表大会代表人员

刘德清当选为第九届南通市人民代表大会代表 1988—1993 年;

薛全礼当选为第十届南通市人民代表大会代表 1993—1998 年;

陈佩君当选为第十一、十二届南通市人民代表大会代表 1998—2007 年;

陈爱玉当选为第十二、十三届南通市人民代表大会代表 2003—。

顾茗 2008 年当选为第十一届江苏省人民代表大会代表 2008—。

3. 南通市气象局(站、台)工作人员历任南通市政治协商会委员、常委情况

(1)刘渭清(字叔璜),1955 年 7 月 11 日第一届政协委员(特别邀请人士);

1960 年 2 月 29 日当选为市二届政协委员(特别邀请人士),社会工作组组员;

1963 年 12 月 20 日当选为市三届政协委员(特别邀请人士),文史资料研究委员会委员;

(2)陈潘,1963 年 12 月 20 日选为市三届政协委员(市科学技术协会)、文史资料研究委员会委员;

(3)季玲,1988 年 1 月 12 日任市六届政协委员(农工民主党南通市委员会);

(4)宋宝初,1993 年 2 月至 1997 年 12 月任政协南通市崇川区第四届委员会委员;

1998 年 1 月 15 日任市八届政协委员(科学技术界),经济科技委员会成员;

2003 年 1 月 15 日任市九届政协委员,常委(市科学技术协会);

(5)顾茗,2008 年 1 月 15 日任市十届政协委员(农工民主党南通市委员会)。

4. 区、县(市)局(站)

(1)通州区气象局

郭素英:南通市第十届人民代表大会代表(1993—1998 年);

金步圣:中共通州市第八次代表大会代表(1996—2000 年);

张武龙:中共通州市第九次、第十次代表大会代表(2001—2010 年);

严汉杰:政协通州市第八届委员会委员(1993—1997 年);

张武龙:政协通州市第九届、第十届委员会委员(1998—2007 年);

施俊荣:政协通州市第十届、第十一届委员会委员(2005—)。

(2)海安县气象局

唐斌耀:政协海安县第五届委员会委员(1982—1984 年);

张建新:政协海安县第十届委员会委员(1998—2003 年);

郁　健:政协海安县第十一届委员会委员(2003—2008 年)。

(3)如皋市气象局

钱国平:中国共产党如皋市第十次代表大会代表(2006—2010 年),

陈爱玉:如皋市第十四届人大常委会委员(2003—2008 年)、南通市第十二届人民代表大会代表(2003—2008 年)、如皋市第十五届人民代表大会代表(2007.12—)、南通市第十三届人民代表大会代表(2008 年—);

陈爱玉:政协如皋市第十届常委会委员(1998—2003 年);

陈新育:政协如皋市第十二届常委会委员(2008 年—);

陈爱玉:如皋市首届青年联合会副主席(2000.06—2009.10);

陈爱玉:如皋市党外知识分子联谊会副会长(2005.12—2009.10)。

(4)如东县气象局

丁正根:如东县第十届人民代表大会代表(1993—1997 年);

梁玉楼:政协如东县第十届、第十一届委员会委员(1993—2003 年);

缪剑波:政协如东县第十三届委员会委员(2008 年—)。

(5)海门市气象局

石加庆:南通市第八届、第九届人大代表(1983—1993年);

王雪珍:南通市第十届人大代表(1993—1998年);

曹汉忠:海门市第九届、十届、十一届政协委员(1992—2008年)。

(6)启东市气象局

包士芳:中共启东市第七届党代会代表(1990—1994年);

龚慕涛:南通市第九届人民代表大会代表(1988—1993年);

卫祥声:政协启东县第六届、第七届、第八届、第九届、第十届委员会委员(1981—1998年)。

第十二章 气象通信装备

第一节 早期气象通信

1958年10月,江苏省气象局从新浦气象台调王颂章来南通担任气象报务工作,用403型12灯交流收讯机和M137直流收讯机抄收莫尔斯气象广播,提供预报所需的各类气象资料。1959年至1966年省局先后配备7512型12灯交流收讯机2台、222-1型14灯交流收讯机1台、M1138直流收讯机1台和莫尔斯打字机1台(可代替手工抄收电报)。1970年至1972年,省局又先后配备军工产品239-1型和339型交直两用半导体收讯机共3台。1973年12月又配置56型18灯一级收讯机,该机性能很好,使用时间最长。

1971—1973年,因填图员调走,王颂章抄报、填图同时完成,实现了抄填合一值班。

1974年气象通信进入了一个新阶段。省局配发DCY28型机械电传机1台、6610型无线移频终端机1台和56型18灯交流收讯机1台,为确保电源,还配备了一台发电机,从此电传机收报代替了手工收报。但由于当时属无线通信,空间干扰较多,加之电压不稳,电传机时有故障,收报质量不能保证,故仍需手工抄收补救。1975年,省局配发了一台614电子交流稳压器,同时配备了一台当时国内最为先进的62丙型单边带收讯机,使电传机收报质量有所提高。但因DCY28型电传机故障较多,1978—1980年,省局又先后配发55型电传机3台和51型电传机1台(均为机械式),逐步代替了DCY28型电传机。

1975年底配备K18电子管无线电接收机和117型传真收片机,正式接收气象传真图,并作为天气预报的一种工具,接收范围为北京(BAF)和日本(JMH)气象传真广播,地区台预报组还把日本发布的周、月预报翻译成中文,及时寄给各气象站参考。1978年配发117A型传真收片机。

1978年12月启东站首先试用上海有线电厂生产的123型传真机,该机型使用普通纸,滚筒式圆珠笔记录方式,便于保存。1980年2月海安和如皋配发123-1型,1980年如东县、1981年11月南通县和海门县先后配发了123-1A型传真机,性能、质量均逐步有所提高。至此,各县气象站都配备了123、123-1、123-1A型传真机。

专区台采用的117型传真机记录纸是电化学湿纸,有污染且难以保存,因此地区气象台在1983年底更换为采用广西新安生产的普通纸记录的CZ-80型传真收片机,接收范围是北京(BAF)、日本(JMH)和上海(BDF)气象传真广播。收片质量(三类图比)可达200∶1。一天收15张,最多时25张。此后,如皋、海安、南通、海门4县站也由省局直接配备CZ-80型传真收片机,作为备用机。

1984年10月以市局为主台,吕四为属台,在南通和吕四间首先开通了甚高频通讯,采用湖北恩施生产的JZD-5型甚高频无线电话机,市局发射功率25瓦,吕四发射功率10瓦,吕四建有25米高通讯铁塔1座。同时，撤销流动海洋渔业气象台，用甚高频电话提供信息，由吕四站开展渔场气象服务。

1985年8月，海安、如东、如皋、通州、海门、启东六局（站）配发了如东无线电厂生产的1025型无线电话，全市甚高频通讯网组建完成。1985年南通市局首先建成"天气警报系统"网；1986年3月全市组建完成"天气警报系统"，各县用如东无线电厂生产的警报接收机，通过无线电波向专业服务用户及时提供服务。

1987年6月市局配备德国西门子T1000型全电子电传打字机2部，接收北京（BAF）、武汉（BJZ）等区域中心气象无线电传广播，代替机械式电传打字机，设备故障率低，提高了信息传输速率。电传接收质量可达2000:1（站）。

1987年9月江苏全省气象通信网开通。同年，市台开展传真发片业务，用CZF-83型传真发片机和甚高频无线电台对所属台站发送指导预报图和雷达回波图。1988年7月南通市局与盐城、扬州等市台站联合组网，从而可以及时大量地获取上游台站实况资料。1990年2月南通市局参加了华东区域甚高频通讯网的研制及组建，联系范围南至杭州、宁波、舟山，北至兴化、盐城，西至南京。

1988年11月3日起，开通了"南京—南通"的有线电传电路，传输速率为75比特/秒，市台接收省气象台转发的地面、高空、台风等气象情报实时资料，报务组承担了一段时期地面观测站上传的发报业务。1989年12月市台利用PC/FAX卡直接调用省气象台数据为资料，实现了省、市台之间的数据通信，并于1990年中转给南通兴东机场气象台共享。

1991年6月在国家气象局的支持下，建成自动填图和自动分析系统，把填图员从繁重紧张的劳动中解放出来，这又是一次根本性变革，去除了手工填图和报文落地环节，实现了气象信息传输完全自动化。

1992年10月江苏省气象局"GPM甚高频无线数据传输系统"研究成功，每日10次进行数据广播，传输速率达2400比特/秒。传输内容更多，含地面、高空报、卫星云图，11个省辖市和南京郊县中期（4～6天）指导预报，欧州中心和北京气象中心的数值预报等。

1993年4月市局从北京购进数字化卫星云图接收设备，接收日本GMS同步气象卫星的数字化云图。此后，各县（市）气象局也先后添置了卫星云图接收处理系统，直到1999年，因日本"葵花"卫星不能正常播发，该云图接收处理系统才停止使用。

1993年9月，开通南通至南京的分组数据交换网，建立了省地远程微机终端，数据传输速率达9600比特/秒。气象资料的调用、传输更迅速、更准确、更便捷。达到了通讯手段的现代化。

1994年8月市局局域网建成。1994年12月县（市）站与市台之间的微机远程终端联接试验成功，1995年1月正式投入业务运行。

第二节　现代气象通信

1997年12月国家气象局气象卫星综合应用业务系统（"9210"工程）VSAT卫星地面接收站建成并投入业务使用。其系统的核心功能是以卫星通信为主网，地面（ISDN）为备份，实现全国范围内气象资料共享，并同时具有全国气象内部语音通信（卫星程控电话）和视频通信。市局为双工，县（市）气象局为PC-VSAT卫星单收。

第十二章　气象通信装备

以"9210"作为标志,本市气象通信进入了现代计算机网络通信快速发展的时期。2001年组建省—市—县气象通信计算机局域网,定义为内网,通过互联网交换的气象通信定义为外网,省—市—县由多条2~10兆高速光缆为主干,实现了全国气象数据完全实时共享的计算机网络系统。

1999年通过气象卫星网,组建国家—省—市—县视频会商系统。

2005年5月通过内网建成了省—市—县可视化会商系统,实现了面对面的天气会商业务流程。各类气象业务产品,气象业务应用软件,气象办公自动化系统等,以现代计算机网络通信为平台,发挥了巨大的功能。2011年再度进行了升级。

第十三章　科研与教育

第一节　科研活动

基层气象台站的"科学研究"不是真正意义上的科研,而是应用性技术开发和革新;此处按习惯说法,称之为科研。

1958年建立南通专区气象台后,预报员开始写重要天气过程的个例小结,1959年至1962年三年间有关于台风、梅雨、暴雨等天气过程的技术小结10篇,油印后发送至兄弟台站进行交流。

1962年开始对沿海偏南和偏北大风作系统性总结,其中《江苏沿海高压后部偏南大风预报》一文,在1963年9月《天气月刊》上发表,这是南通台首次在全国性刊物发表论文。

1958—1963年期间退休站长陈潘利用解放前、后军山台和南通站的本地资料,参考上海86年连续资料,进行了一些气候分析和农业气象研究,写有《军山台和平地站气象资料之比较》、《南通水情》、《南通旱情》、《南通风情》、《南通冻情》等手册和《棉花生产与气象条件》等研究论文,经专区台有关科技人员校核修订后,由南通市政协油印发送至有关方面进行交流、参考。

1965年11月陈潘与其在军山台时期同事刘渭清合作,向市政协提交了题为《南通专区涉及里下河一带1966年夏季降水量和旱涝的预测》一文,由市政协油印成册发表,也代表了专区台旱涝长期预报。

该文以1917—1965年南通气象资料和1873—1938年上海气象资料,采用相关法、调和解析法等长期预报方法,预报1966年夏全专区面平均降水量306.5毫米,属大旱年,提出"宜注重防旱";实况证明全专区大旱,南通本站1966年夏(7—8月)总雨量276.4毫米,与往年同期相比偏少约六成。而且接着秋旱,9—11月总雨量120.9毫米,也偏少约六成。1966年全年总雨量仅815.3毫米。

刘渭清1936年任黄河水利委员会(郑州)官员时,提出"与其从流量上预报洪水,不如从水位上预报洪水来得可靠与通俗。"新中国成立后,他用黄河流域水文资料,根据当前水情,普查过去记录,预报出洪水、枯水、径流和冰情。他自称"深惬我心"的一次得意之作,是1958年7月黄河发生特大洪水,他预报花园口水位可达94.4米,实况出现了94.39米,仅差1厘米。

刘渭清(1887—1975年)、陈潘(1895—1979年)等老一辈气象专家,对气象科研事业的执着和追求,为后来者树立了良好的榜样。

1964年初,各县气象站已积累了五年以上资料,专区台和六个县站联合组成"专、县配套的补充预报方法会战"小组,专区台预报员娄云霞、孙锦铨参加,县站各派1人,共8人,

第十三章　科研与教育

有集中、有分散，采取天气图、单站资料、群众经验三结合的技术方法，着重攻克降水预报难题，台站各自建立了"预报模式"，取得了初步成果，1965年3月15—19日在如东召开了"南通专区补充预报方法交流会"；会战过程中还培养了参与人员的科研兴趣，学习了一些技术方法。可惜1966年因"文化大革命"而停顿。

中断六年之后，1971年9月南通军分区派李跃进任专区气象台教导员，他极力主张开展预报方法的攻关会战，并且说："你们只管埋头搞科研，一切政治责任由我来负。"

1972年，教导员首先选择"台风路径及其风雨预报方法"来攻关，由谢亮（启东站）、孙锦铨（专区台）、陈正庠（如皋站）等3人集中到专区台"攻关会战"。此举发生在文革中期，对兄弟台站有很大触动，扬州台预报组长曾专程来通"取经"，苏州台教导员看了之后表示钦佩。

1973年起，又先后选择了梅雨、暴雨、春秋季连阴雨等重要天气为攻关项目，一年一项，参加人员不断调整，以期培养更多热心科研的预报人员。

1974年中央气象局在厦门鼓浪屿召开全国台风学术交流会，副局长邹竞蒙到会主持。孙锦铨代表"南通专区天气预报改革会战小组"在大会交流，这是南通气象工作人员首次站在了全国性学术交流会的讲台上进行会议发言。发言稿《台风路径的中短期单站预报方法》一文，当场被《气象科技资料》编辑录用，并于当年在该杂志上发表。

1977年全省农业科研重点项目协作座谈会在南京召开，随后，南通开展了棉花"多结蕾铃、减少脱落"气象条件的研究。

1979年3月起，地区气象局组织地区台及各县站共13人组成《六至七月暴雨的地县配套预报指标》课题组，计算了北纬23°～37°、东经104°～121°之间的高空图物理量场，所建立的预报指标，对各台站提高暴雨预报准确率起了较大作用。

同时，地区台业务管理组任遵海于1974年6月起自制专业曙暮光测定仪，记录光谱信息，后改制为光信息仪，自动记录全天日光信息，用光信息作天气预报，此项研究因具有开创性，得到了南通地区科委、中国气象科学研究院和省局的大力支持。1977年12月任遵海参加了中国气象局在北京召开的全国气象站工作会议；1978年又由地区科委推荐，南通地区行政公署批准，参加了在南京召开的江苏省科学大会。

1979年12月省局为了使科研成果评奖逐步走向正规化，按《江苏省革命委员会气象局科学技术成果管理、奖励办法》，对1976年以来的科研成果进行了一次总清理、总评审。首次颁发科技成果奖。共评出一等奖2项、二等奖21项、三等奖52项。南通地区科研攻关项目获一等奖1项、二等奖1项、三等奖3项；另有《如皋县棉花产量的气象条件分析和预报》获三等奖。全省学术交流暨颁奖大会1980年元月在扬州召开，南通地区获奖项目较多、获奖等级较高，引人注目。这得益于组织科研会战起步早、常态化。

20世纪80年代，全市先后进行了冰雹、近海台风、沿海海面大风、大暴雨、区域性暴雨、长期旱涝预报等预报方法的研究；农业气象方面进行了农业气候区划、农业气象灾害防御等较大规模的科研活动。数理统计方法，广泛应用于长、中、短期预报。用最小二乘法原理，建立预报因子与预报对象之间的回归方程，得到普及。对变幅不大的旬、月平均气温，孙锦铨同志曾使用"平稳时间序列线性外推"数学模型作预报，有效，但因其所借助的电动计算机所发生的电脉冲，影响报务员抄报，因此未能坚持下去。

预报组季玲和南通地区计算站周道林合作,进行《车贝雪夫系数及 FUZZY 聚类分析在短期降水预报上的应用》之初步探讨,论文获得 1982 年南通市优秀科技论文奖二等奖;但是由于计算站的小型计算机内存容量小,运算速度赶不上时效,阻碍了该项研究的进一步发展。

除了自身组织和自发进行科研活动外,市局还积极派员参加省局领题的一些大型课题,如姚毅参加的《江苏省强对流天气短时预报试验研究》获省局一等奖、国家气象局 1989 年度科技进步奖四等奖。孙锦铨、陈永秀、苏培仁参加的《长江中下游春季连阴雨和连晴天气的研究》,由华东六省气象局承担,江苏省气象科学研究所朱盛明所长为组长,其成果获国家气象局 1989 年度科技进步奖四等奖。获奖后 1996 年 1 月有专著《长江中下游春季连阴雨的若干问题》在气象出版社出版;其第一章是南通市局撰写。

1981—1990 年期间全市获行署、市政府、省局科技进步奖共 16 项(市局主持 14 项),其中二等奖 2 项、三等奖 7 项、四等奖 7 项。

为加强科研工作,1987 年南通市气象局从有偿专业服务收入中提取 4%,作为自立课题的科研基金,用于应用性科技开发与研究。同时确定孙锦铨为科研管理员。1987 年 2 月 20 日首次下达科研课题 9 个。此举在江苏省气象部门属第一家,得到省局局长任广昌的高度肯定和支持,并得到中国气象局的肯定和赞赏。其基本经验于次年在江苏省气象系统得到推广。

1989 年省局计财处进一步规定各市必须从有偿服务毛收入中提取 3% 作为"试验研究费"(苏气计[1989]29 号文),南通市局也把 4% 分解为 3% 上缴市局统筹使用,台站自留 1% 备用。1992 年起,进一步把上缴部分降为 2.5%,自留部分升为 1.5%。

1990 年 12 月市局下发《关于设立南通市气象科技进步奖的通知》(通气发[1990]29 号);同时又下发《关于设立南通市气象科技优秀论文奖的通知》(通气发[1990]30 号),由南通市气象学会在举行学术交流会时,互相投票评选产生,占参加交流论文的 1/3。

1993 年 4 月 24—25 日市局邀请省局科教处、无锡市局、盐城市局和本局 8 位专家组成评审组,以无锡市局朱洪绩高工为组长,对上报请奖的科技成果进行认真评选,通过无记名投票方式产生了 1991—1992 年度南通市气象科技进步奖获奖项目 11 项,其中一等奖 2 项,奖金 300 元;二等奖 3 项,奖金 200 元;三等奖 6 项,奖金 100 元。评审组认为这批成果上报材料齐全、涉及面广、实用性强,总体水平比较高;系统内外联合完成的比较多。这是南通市局第一次评定气象科技进步奖。

1994 年江苏省气象学会在江宁召开大型学术交流会,南通各台站有 11 篇论文被录用,均是在做"小课题"的过程中产生的。与专业服务有关的论文数占市县两级论文总数的近三分之一。

1995 年 4 月 20 日市局邀请省局科教处副处长张忠义为评审组组长,评出 1993—1994 年度南通市气象科技进步奖 13 项,其中有 3 项是与其他部门合作完成。

1995 年 6 月出刊的《江苏气象》(双月刊)第三期,发表了江俊英《自筹科研费,用出高效益》的文章,对 8 年来科研费的管理使用作了小结:8 年共统筹经费 14.4 万元,各站自留使用 3.64 万元,合计 17.8 万元。1987—1994 年共立小课题 76 个,年均 9.5 个;经专家组验收结题、获奖的 63 个,结题率占 83%;其中获奖(含市局奖)课题 43 项,占 56%。

小课题经扩大研究范围,升格为省局或市科委课题的有 24 个,占 32%。可以说,市局课题的设立为完成上一级课题打下了坚实的基础。

例如,市局"8806"号小课题"长江下游江面与陆地气象对比观测试验",最初在"滨海号"轮江心装卸平台人工观测,在取得初步成果后,被中国气象局列为"短平快"课题项目,得到中国气象局 5.4 万元拨款,建立了长江江心第一个自动测风站(区站号 58350),为开拓航运系统气象服务提供了有利条件,口岸系统用户发展到 37 家。年均社会经济效益达数百万元。

又如,市局"8707"小课题"湿球温度预报和服务",为纺织厂空调节能服务,得到省局、市科委资助,其论文被录用在"海峡两岸天气气候学术交流会"发表,得到好评。其成果荣获省局三等奖。该项预报服务扩大纺织行业用户 23 家,并为烟草、中药材、糖库等仓储业用户服务。年均社会经济效益达数百万元。

1997 年 3 月 8—9 日市局聘请省局业务处副处长、高工濮梅娟、科教处副处长顾亚进、南通市科委副科长陈永祥、高级农艺师郑忠华等领导、专家和本系统四位高工共 8 人,由施元冲任组长,组成评审(验收)组,评选出 1995—1996 年度南通市气象系统科技进步奖 12 项。

1997 年全市气象科技人员在省级以上会议和出版物发表的科技论文有 35 篇。其中,由气象出版社 1997 年 8 月出版的《江苏省"八五"气象科技论文选集》一书就入选 12 篇。占该书入选论文总数的 21.8%;同时出版的《江苏气象》1997 年增刊,又入选 9 篇,占该增刊入选论文总数的 24.3%。此外,在全国性学术刊物发表 2 篇、全国性学术会议交流 3 篇、华东区域学术会议交流 2 篇。

1997 年 12 月 31 日,对南通市科委和江苏省气象局下达的课题完成情况进行了一次清理,共有在研课题 13 个,其中市科委 6 个,经费余额 33950.13 元;省局 7 个,经费余额 17275.16 元;合计经费余额 51225.29 元。说明每年市科委下达的课题数和省局相当,而市科委课题经费高于省局,占 66.3%,省局占 33.7%。该 13 个课题已结题 4 个、实际未结题 9 个。

南通市气象学会 1998 年 12 月 17—18 日在南通召开学术交流会,会上交流学术论文 19 篇,理事、与会代表投票,评出南通市气象科技优秀论文 7 篇,一等奖 2 篇、二等奖 2 篇、三等奖 3 篇。

1999 年 4 月 19—20 日由施元冲任组长,聘请省局科教处顾亚进副处长、许由喜主任和市科委郑忠华高级农气师为指导专家,组成 8 人评审组,评出 1997—1998 年度南通市气象科技进步奖 13 项。

同年,南通市气象学会评出全市优秀科技论文一等奖 1 篇,二等奖 2 篇,三等奖 4 篇。

1999 年学会会员在省以上学术会议和学会刊物发表论文 19 篇(22 次),其中参加中国科学院大气研究所和中国气象局召开的学术交流会、研讨会有 4 人次、发表论文 4 篇。

1987—1999 年自立课题情况如表 13.1。

表 13.1　1987—1999 年自立课题一览表

年份	课题数目(项)	课题费总额(万元)	金额范围(万元)
1987	9	0.44	0.04～0.08(2 个)
1988	7	0.66	0.02～0.1
1989	6	0.31	0.1

续表

年份	课题数目(项)	课题费总额(万元)	金额范围(万元)
1990	10	0.34	0.03~0.04
1991	15	0.95	0.04~0.12
1992	12	0.84	0.02~0.1
1993	10	0.80	0.05~0.1
1994	8	0.96	0.05~0.12
1995	7	1.13	0.15~0.2
1996	8(追加1项)	1.7	0.1~0.2
1997	10	2.89	0.12~0.32
1998	9	3.92	0.2~0.3
1999	12	3.0	0.1~0.3

2000年起,科研仍归业务管理科、业务法规处管理,先后由方维之、宋宝初、金步圣3位高级工程师具体管理。2009年起由业务法规处处长负责管理。2001年后课题经费才有了大幅度的增加,详见表13.2。

表13.2　2001—2010年南通市气象系统科研课题情况(单位:个、万元)

年份	市局自立课题		市科委下达课题	
	课题数	课题费	课题数	课题费
2001	14	3.0	1	1.0
2002	14	3.0	—	—
2003	16	4.4	1	1.5
2004	15	5.0	1	1.5
2005	16	9.4	1	1.5
2006	22	14.0	—	—
2007	27	16.8	1	4.0
2008	25	17.8	—	—
2009	38	23.6	—	—
2010	37	24.2	1	5.0

由表13.2可见10年中已安排·121.2万元课题费,年均达12.1万元。课题数10年达224个,年均22.4。同时,市科委也平均每两年下达1项气象科技开发应用课题,年均课题费1.45万元。

2001年起,特别是江苏省气象局科教处撤销后,市局既可以向江苏省气象局政策法规处申请软课题,也可以向业务减灾处申请科技开发课题,但一般没有经费或者仅有少量配套资金(例如2005年获2项立题,总经费仅0.5万元);获准课题平均每年还不到1项。县局一级基本无缘省局课题。因此,市局自立课题非常必要。不仅有利于出成果、出论文、出人才,而且有力地推动了业务建设和现代化装备的开发应用。

与此同时,"南通市气象系统科技进步奖"在名称上有所变化,使之更切合实际情况。该奖项包含科技开发和新成果的推广应用两方面的内容。2006年起,该奖项称"南通市气象科技开发项目奖",平均每年的奖项达 12 个左右(表 13.3),是 20 世纪 90 年代的一倍。2008 年起,奖金金额调整为一等奖 800 元、二等奖 600 元、三等奖 300 元,并增设四等奖,但无奖金。

表 13.3　历年南通市气象科技进步奖(气象科技开发项目奖)评定情况(1993—2010 年)

评定时间	奖励项数					备注
	一等	二等	三等	四等	合计	邀请省局、无锡、盐城等市局专家指导
1993.04	2	3	6	—	11	邀请省局专家指导
1995.04	1	3	9	—	13	邀请省局、市科委专家指导
1997.03	2	4	6	—	12	邀请省局、市科委专家指导
1999.04	2	4	7	—	13	市局组织评定
2002.05	4	4	6	—	14	市局组织评定
2005.05	5	3	2	—	10	市局组织评定
2006.10	2	4	4	—	10	邀请市科技局专家指导
2007.10	3	4	6	—	13	邀请市科技局专家指导
2008.10	3	6	6	5	20	邀请市科技局专家指导
2010.06	4	8	10	3	25	邀请市科技局专家指导

第二节　科研成果

1978 年全国科学大会后,科技研究逐渐转入正常。1979 年江苏省气象局经专家和行政领导两级评定,于 12 月公布第一批授奖项目。1980 年南通地区行政公署由科学技术委员会负责征集、评审科技成果上报材料,1982 年 12 月颁布授奖项目,这是行署第一次、也是唯一一次颁发科学成果奖。1984 年地、市合并后,科技管理工作由省气象局和市政府双重领导。

另有一些合作项目,南通市气象系统人员作为主要完成人员获了奖,但不是第一作者,所以未列入统计数中。例如:

(1)1982 年 3 月国家科委、农委颁发的成果推广奖中《东海三省一市海上大风预报研究成果的应用》是集体奖项。江苏省海洋渔业气象台排名第二。

(2)1985 年《抗病品种区域试验及其结果应用》获国家科技进步奖一等奖,为集体奖项,江苏省沿江农科所证明,成励民是主要贡献者之一。

(3)1986 年 1 月《棉花蕾铃脱落气象条件及防御措施的研究》获省局科技进步奖二等奖,严文生是第三获奖者,邱训明是第五获奖者。

(4)1989 年《江苏省强对流天气短时预报试验研究》获江苏省气象局科技进步奖一等奖、国家气象局科技进步奖四等奖,姚毅是该项目第四获奖者。

(5)1989 年《江苏省冬小麦气象条件研究》获省局二等奖,朱益安排名第三。

(6)1992 年《专业气象服务客观化及管理系统的研究》(由朱洪绩、周山松领题,孙锦铨是第三获奖者),获江苏省气象局科技进步三等奖。

(7)1998 年《江苏省农业气象与卫星遥感业务系统》获江苏省第二届农业科技成果转化奖,全省奖励 30 人,范德新排第 26 位,获奖状和奖金。

(8)2007 年,《南通市城市空气质量的数值预报方法》获南通市人民政府科技进步三等奖,张鹏、黄亮、陈佩君排名第三、四、五名。

(9)2008年,《苏通大桥施工期桥位气象环境监测及预警系统研究与应用》获江苏省气象局成果应用奖一等奖,宗周全排名第三、朱竞成排名第九。

(10)2008年,《江苏沿海水产养殖气象条件研究》获江苏省气象局成果应用奖三等奖,张鹏排名第四。

表13.4是获地(市)厅(局)级以上部门科技成果(科技进步、科研开发、成果推广)三等以上奖项。

表13.4 南通市气象系统科技成果获地厅级以上部门三等以上奖励情况(1979—2009年)

年份	获奖项名称	授奖部门	等级	主要完成人员
1979年	台风路径的中短期单站预报方法	江苏省革委会气象局	壹等	谢亮、孙锦铨、陈正庠
1979年	如皋梅雨季节暴雨的短期预报方法	江苏省革委会气象局	贰等	陈正庠
1979年	南通地区梅雨长期预报方法	江苏省革委会气象局	叁等	孙锦铨
1979年	夏季暴雨预报指标	江苏省革委会气象局	叁等	孙锦铨、林修德、陈正庠
1979年	春季连阴雨中短期预报指标及其应用	江苏省革委会气象局	叁等	汤梧松、林修德、孙锦铨
1979年	如皋县棉花产量的气象条件分析和预报	江苏省革委会气象局	叁等	严文生
1979年	棉花育苗气象条件试验小结	江苏省革委会气象局	叁等	邱训明
1980年（三项合得）	用气压曲线型作秋季连阴雨长期预报	江苏省气象局	叁等	胡家瑞
1980年（三项合得）	韵律叠加法在长期预报中的应用	江苏省气象局	叁等	姚树清
1980年（三项合得）	多要素分级综合法作寒露风长期趋势预报	江苏省气象局	叁等	曹长明
1982年	6—7月大暴雨的区域预报方法	南通地区行政公署	叁等	孙锦铨、季玲、陈汉珊
1982年	海安热量条件与双季稻种植制度的分析	南通地区行政公署	叁等	夏桂文
1982年	吕四渔场4—6月低压偏东大风预报	江苏省气象局	叁等	施元冲、蔡秀芳
1982年	三麦赤霉病预报	江苏省气象局	叁等	曹炳忠
1982年	江淮之间涡切变系统降水日雨量的定量预报	南通地区行政公署	叁等	石加庆
1983年	南通地区农业气候资源调查和区划	江苏省气象局区划成果奖	二等	宋宝初、夏桂文、严文生、祁振高、范德明
1984年	500 mb环流型转移概率的主成分分析和预报	江苏省气象局	三等	苏培仁
1984年	南通市农业气候手册	江苏省气象局	二等	宋宝初、严文生、夏桂文、祁振高、范德明
1988年	我国东部海面台风路径预报的一种经验综合方法	南通市政府	三等	周桂芝
1989年	南通市强对流天气短时预报系统试验研究	南通市政府	三等	朱竞成、方维之、姚毅、钱鹰、缪勇谋
1989年	江苏沿海大风预报专家系统	江苏省气象局	二等	施元冲、唐斌耀、汤德新、钱鹰
1990年	省市结合的气候资料自动化处理与服务系统研究	江苏省气象局	三等	张忠兵、孙锦铨、吴峻、陈静
1990年	滩涂开发气象决策服务系统	江苏省气象局	三等	卫祥声、包士芳

续表

年份	获奖项名称	授奖部门	等级	主要完成人员
1991年	南通市寒潮预报业务系统	江苏省气象局	三等	汤德新、董士冲、施元冲、姚毅
1991年	城市应用气象服务系统	江苏省气象局	三等	胡家瑞、周春林、朱竟成、吴建军、王建明
1991年	热带气旋预报警报防灾决策系统	南通市政府	二等	周桂芝、唐斌耀、陈佩君、尹成华
1991年	热带气旋预报警报防灾决策系统	江苏省政府	三等	周桂芝、唐斌耀、陈佩君、尹成华
1992年	长江南通航段大风客观预报方法研究	江苏省气象局	二等	施元冲、任遵海、尹成华、孙锦铨、朱竟成
1992年	南通市蔬菜生产防灾抗灾决策系统	江苏省气象局	三等	张忠兵、孙锦铨、邹德良、李长文、秦则敏
1992年	盐场卤水撤退决策预报方法	江苏省气象局	三等	曹书涛、倪亚香、梁玉楼
1993年	6—8月逐日最高湿球温度短期客观预报微机系统	江苏省气象局	三等	任遵海、季玲、董士冲、陆兰英
1993年	市县结合的短时降水预报方法研究	江苏省气象局	二等	朱竟成、方维之、王建明、吴建军、缪勇谋
1993年	春玉米耗水量及其抗旱对策	江苏省气象局	三等	陆葆跃、严文生、钱国萍
1994年	南通市强对流天气短期—短时预报业务决策系统	南通市人民政府	三等	周桂芝、朱竟成、唐斌耀
1994年	气象为农服务网的建设及其应用	南通市农业科技推广奖	二等	薛全礼、施元冲、周春林、宋宝初、邱训明
1996年	启东市气象灾害数据库和减灾对策研究	江苏省气象局	三等	卫祥声、包士芳、黄诚
1997年	短期预报电子手册	江苏省气象局	三等	罗晓春、张鹏、严迎春、董士冲
1997年	盛夏、秋季强对流天气预报业务系统	江苏省气象局	三等	周桂芝、方维芝
1998年	江雾的研究及其应用	江苏省气象局	三等	任遵海、孙锦铨
1998年	港口气象服务预警技术方法研究	江苏省气象局	三等	姚树清、罗晓春、尹成华、陈爱玉
1999年	暴雨预报警报防洪决策系统	南通市政府	二等	周桂芝、姚树清、曹长明
1999年	MICAPS系统二次开发	江苏省气象局	三等	耿建生、严迎春、朱竟成
2000年	热带气旋客观预报业务系统的应用	江苏省气象局	三等	顾茗、朱竟成、施元冲、吴信明、陈佩君
2000年	南通市空气质量预报业务系统	南通市政府	三等	陈佩君、杜敏敏、朱竟成
2000年	长江口江面气象服务系统试验研究	江苏省气象局	三等	朱竟成、耿建生、俞炳启、阮蔚琳、余震东
2000年	2S技术在海涂开发中的研究及其应用	南通市政府	二等	范德新、孙锦铨、施明德、尹成华、汤建国

续表

年份	获奖项名称	授奖部门	等级	主要完成人员
2000年	2S技术在海涂开发中的研究及其应用	江苏省政府	三等	范德新、孙锦铨、施明德、尹成华、汤建国
2001年	南通市海洋气象预报服务决策系统	南通市政府	三等	汤德新、朱竟成
2002年	吕四渔场海雾客观预报业务决策系统	江苏省气象局科技开发	二等	汤德新、朱竟成
2002年	南通市空气质量预报业务系统	江苏省政府	三等	陈佩君、耿建生、朱竟成、徐云、张志峰
2002年	春秋季港口地区造船、电业、仓储业安全生产相对湿度气象预警服务技术指标的建立、预报和应用	江苏省气象局科研开发奖	三等	姚树清
2005年	长江下游东段高水位成因分析及预报服务决策	江苏省气象局科研开发	三等	曹乃和、钱国萍、陈爱玉、陈新育、周昌云
2007年	长江下游东段高水位成因分析及预报服务决策	南通市人民政府科技开发	一等	曹乃和、钱国萍、陈爱玉、陈新育、周昌云
2007年	能量参数在暴雨强对流天气分析预报中的应用研究	江苏省气象局科研开发奖	二等	张艳玲、寿绍文、张玲、严迎春、黄亮
2007年	南通市沿海春夏渔汛期风力趋势预报服务决策系统	江苏省气象局科研开发奖	三等	汤德新、尹成华

第三节 市局高工获奖情况

1987—2010年南通市局先后有26人被评为高级工程师,聘用25人,获奖情况如下。

一、在职

1. 宗周全(1955年3月—)

1977年7月南京气象学院气象系天动专业毕业。2008年中央党校经济管理专业硕士研究生毕业。1993年10月被评定为高级工程师。

获奖励表彰情况:

(1)《风暴潮恣意肆虐,气象人无私奉献》获江苏省气象局2007年度重大天气气象服务奖一等奖,排名第一。

(2)《苏通大桥施期桥位气象环境监测及预警系统研究与应用》获江苏省气象局2008年度成果应用奖一等奖,排名第三。

获成果奖励情况:

(1)《用500毫巴平均图资料做沿江一线夏季干旱长期预报》1993年获西藏自治区气象局预报工具奖二等奖,排名第一。

(2)《西藏林芝地区气候资源研究》1993年4月获林芝地区行政公署科技进步奖特等奖,排名第一。

(3)《西藏林芝地区气候资源研究》1993年10月获西藏自治区人民政府科技进步奖二

等奖,排名第一。

2. 范德新(1964年4月—)

1989年7月毕业于南京气象学院农气系农气专业。2001年11月被评定为高级工程师。2002年被中共江苏省委组织部确定为"333工程"第一批第三层次培养对象。

获奖励表彰情况:

(1)1997年获江苏省气象局重大天气气象服务奖三等奖。排名第一。

(2)1998年被江苏省气象局确定为"江苏省气象部门中青年科技骨干培养对象"。

(3)2000年,全省气象业务管理考试中取得农气类第一名,获江苏省局表彰。

(4)2011年10月被南通市委、市政府授予"十一五"期间水利工作先进个人称号。

(5)2006年、2008年、2011年被省气象局考核为优秀。

获成果奖励情况:

(1)《水稻旱直播的农业气象条件研究》获1994年度江苏省气象局科技进步奖四等奖,排名第四。

(2)《江苏省农业气象与卫星遥感业务系统》1998年获第二届江苏省农业科技成果转化奖二等奖(共奖30名、排名26)。

(3)《南通市夏季旱情预报服务》获南通市人民政府1997—1998年南通市自然科学优秀学术论文二等奖。排名第一。

(4)《夏秋干旱监测预报及其在人工增雨决策中的应用》获1999年度江苏省气象局科技进步奖(推广奖)四等奖。排名第三。

(5)《"2S"技术在海涂开发中的研究及其应用》获2000年南通市人民政府科技进步奖二等奖。排名第一。

(6)《"2S"技术在海涂开发中的研究及其应用》获2000年度江苏省人民政府科技进步奖三等奖。排名第一。

3. 陈爱玉(1962年10月—)

1983年7月毕业于南京大学大气科学系气候专业。2001年10月经江苏省气象局副研级专业技术职务评审委员会评审为高级工程师。

获奖励表彰情况:

(1)1996年12月获南通市人民政府"八五"期间科技兴农工作先进个人。

(2)2000年获江苏省气象部门1997—1999年度双文明建设先进个人。

(3)2009年江苏省气象局批准"年度考核优秀"。

获成果奖励情况:

(1)《港口气象服务预警技术方法研究》获江苏省气象局1998年度科学技术进步三等奖。排名第四。

(2)《云图和预报图结合报降水的方法》获1997—1998年度南通市人民政府自然科学优秀学术论文三等奖。排名第一。

(3)《如皋市干湿气候指数变化规律初探》2001年获江苏省气象局优秀论文奖。排名第一。

(4)《如皋市干旱的诊断分析及预警技术研究》2003年获南通市人民政府科学技术进步四等奖。排名第二。

(5)《如皋长寿现象与气候条件的分析研究》2005年获南通市人民政府科学技术进步四等奖。排名第二。

(6)《长江下游东段高水位成因分析及预报服务决策》2005年获江苏省气象局科研开发三等奖,2007年获南通市人民政府科技开发一等奖。排名第三。

(7)《影响如皋市蚕桑生产的气象因素及预防对策》2011年12月获南通市政府2009—2010年度自然科学优秀学术论文三等奖。排名第三。

4. 金步圣(1952年9月—)

1977年9月毕业于南京气象学院天动专业。2002年9月经江苏省气象局副研级专业技术职务评审委员会评审为高级工程师。

获奖励表彰情况：

(1)2006年被江苏省十六届运动会指挥部表彰为"江苏省十六届运动会服务先进个人"荣誉称号。

(2)2007年12月被南通市委组织部、人事局、科学技术局、科学技术协会联合授予"南通市第四届优秀科技工作者"荣誉称号。

(3)2009年江苏省气象局批准"年度考核优秀"。

获成果奖励情况：

(1)《西藏那曲地区十级以上大风分析及预报》1980年获西藏自治区气象局优秀科技论文一等奖(排名第一)。

(2)《仪征市丘陵地区气候资源分析及长期预测》2000年获江苏省气象局科技进步四等奖(排名第三)。

(3)《两个相似路径台风天气差异分析》2000年获南通市人民政府自然科学论文三等奖(排名第一)。

(4)《江苏省南通地区干旱灾害及防御对策》2007年获南通市人民政府自然科学论文二等奖(排名第二)。

(5)《0513号强热带风暴外围强降水天气分析》2007年获南通市人民政府自然科学论文三等奖(排名第一)。

(6)《苏通大桥等过江通道建成后对我市的气候评估及气象保障服务务对策》获"长三角"气象科技论坛优秀论文奖(排名第二)

(7)《暖冬气候对农作物生长的影响及其对策研究》获2009年南通市人民政府自然科学优秀论文三等奖(排名第一)。

(8)《夏季雷阵雨天气特征分析》获2009—2010年度南通市人民政府自然科学优秀论文一等奖(排名第一)。

5. 汤德新(1958年2月—)

1980年1月毕业于南京气象学院气象系天动专业。2002年10月被评定为高级工程师。

获表彰奖励情况：

(1)2001年5月荣获江苏省气象局2000年度重大天气气象服务奖二等奖。

获成果奖励情况：

(1)《南通市寒潮预报业务系统》1992年3月获江苏省气象局1991年度科技进步奖三等奖。排名第一。

(2)《江苏沿海大风预报专家系统》1989年4月获江苏省气象局科技进步奖二等奖。排名第三。

(3)《南通市气象减灾预报服务系统》1996年3月获江苏省气象局1995年度科技进步奖四等奖。排名第四。

(4)《南通市海洋气象预报服务决策系统》2001年8月获南通市人民政府科技进步奖三等奖。排名第一。

(5)《吕四渔场海雾客观预报业务决策系统》2002年10月获江苏省气象局2002年度科技开发奖二等奖。排名第一。

(6)《江苏省"海上苏东"气象服务系统》2003年12月获中国气象局科学研究和技术开发奖二等奖。

6. 张鹏(1970年6月—)

1991年7月毕业于南京大学大气科学系气候学专业。2005年11月经江苏省气象局副研级专业技术职务评审委员会评审，获得气象高级工程师任职资格。

2007年7月被南通市专门人才工作领导小组列为"226高层次人才培养工程"首批中青年科学技术带头人。

获表彰奖励情况：

(1)"梅汛期气象服务"2002年6月获江苏省气象局"2001年度重大天气气象服务三等奖"。排名第二。

(2)"重大社会活动气象保障服务"2003年8月获江苏省气象局"2002年度重大天气气象服务三等奖"。排名第二。

(3)2004年4月江苏省科技厅、江苏省委宣传部、江苏省科协联合表彰"江苏省科普工作先进工作者"。

(4)2005年1月江苏省人事厅、江苏省气象局联合表彰"全省气象系统先进工作者"。

(5)"三峡移民转运气象服务"2005年4月江苏省气象局"2004年度重大天气气象服务一等奖"。排名第二。

(6)2005年4月南通市人民政府"南通市劳动模范"。

(7)"南通市大范围人工增雨气象保障服务"2006年3月获江苏省气象局"2005年度重大气象服务二等奖"。排名第二。

(8)"江苏省第十六届运动会气象保障服务"2007年1月获江苏省气象局"2006年度多轨道业务重大气象服务二等奖"。排名第三。

(9)2007年4月南通市人民政府"抗击特大风暴潮先进个人"。

(10)2008年3月南通市人民政府"2008年度春运工作先进个人"。

(11)"抗击3月上旬风暴潮气象服务"2008年6月获江苏省气象局"2007年度重大气象服务一等奖"。排名第二。

(12)2009年3月南通市人民政府"2009年度春运工作先进个人"。

(13)"南通市海洋气象服务"2010年3月获江苏省气象局"2009年度重大气象服务二等奖"。排名第二。

获成果奖励情况：

(1)《短期预报电子手册》1998年2月获江苏省气象局"1997年度科技进步奖三等奖"。排名第二。

(2)《盛夏、秋季强对流天气预报业务系统》1998年2月获江苏省气象局"1997年度科技进步奖三等奖"。排名第三。

(3)《一次罕见的隆冬强对流过程分析》2000年1月获南通市人民政府"1997—1998年自然科学优秀学术论文三等奖"。排名第二。

(4)《MICAPS系统二次开发》2000年2月获江苏省气象局"1999年度科技进步奖三等奖"。排名第三。

(5)《旅游气候咨询检索系统》2000年2月获江苏省气象局"1999年度科技进步奖四等奖"。排名第二。

(6)《如皋主要花卉生长与气象——火棘、唐棣的引种试验报告》2001年3月获江苏省气象局"2000年度科技进步四等奖"。排名第四。

(7)《南通市海洋气象预报服务决策系统》2001年8月获南通市人民政府"2000年度科技进步三等奖"。排名第五。

(8)《吕四渔场海雾客观预报业务决策系统》2002年10月获江苏省气象局"2002年科研开发二等奖"。排名第五。

(9)《预报成品制作服务系统的开发应用》2002年10月获江苏省气象局"2002年度科研开发四等奖"。排名第一。

(10)《一次江苏南部区域性连续暴雨过程的诊断分析》2003年12月获南通市人民政府"2001—2002年自然科学优秀学术论文三等奖"。排名第一。

(11)《"飞燕"台风倒槽暴雨的成因初探》2003年12月获南通市人民政府"2001—2002年自然科学优秀学术论文三等奖"。排名第三。

(12)《供电负荷预测中的气象要素预报方法研究》2004年9月获江苏省气象局"2004年科研开发四等奖"。排名第二。

(13)《地市级气象业务PCM2M专线网络建设中的安全性探讨》2005年10月获南通市人民政府优秀学术论文三等奖。排名第一。

(14)《SARS流行时期天气气候特征分析》2005年10月获南通市人民政府优秀学术论文三等奖。排名第三。

(15)《南通市城市空气质量的数值预报方法》2007年10月获南通市人民政府科技进步三等奖。排名第三。

(16)《江苏沿海水产养殖气象条件研究》2008年8月获江苏省气象局"2008年成果应

用奖三等奖"。排名第四。

(17)2009年7月江苏省气象局"2009年江苏省电视气象节目(市级)优秀作品评比二等奖"。排名第三。

7. 严迎春(1971年01月—)

1993年6月毕业于南京气象学院天气动力学专业。2008年中央党校经济管理专业硕士研究生毕业。2006年10月经江苏省气象局副研级专业技术职务评审委员会评审为高级工程师。

获奖励表彰情况：

(1)1998年被授予"南通市优秀团员"。

获成果奖励情况：

(1)《气象信息自动化业务系统》获1996年度江苏省气象局科技进步三等奖,排名第五。

(2)《短期预报电子手册》获1997年度江苏省气象局科技进步三等奖,排名第三。

(3)《MICAPS系统二次开发》获江苏省气象局1999年科技进步三等奖,排名第二。

(4)《吕四渔场海雾客观预报业务系统》获江苏省气象局2002年科研开发二等奖,排名第二。

(5)《南通市海洋气象预报服务决策系统》获2000年度南通市政府科学技术进步三等奖,排名第三。

(6)《供电负荷预测中的气象要素预报方法研究》获江苏省气象局2004年度科研开发四等奖,排名第三。

(7)《南通市沿海春夏渔汛期风力趋势预报服务决策系统》获江苏省气象局2007年度科研开发奖三等奖。排名第三。

(8)《能量参数在暴雨强对流天气分析预报中的应用研究》获2008年度江苏省气象局科研开发二等奖,排名第三。

(9)《南通干旱灾害及防御对策》获2007年度南通市政府自然科学优秀论文二等奖,排名第一。

8. 顾茗(1964年10月—)

1985年7月毕业于南京气象学院气象系气候专业。2007年12月被评定为高级工程师。

获表彰奖励情况：

(1)2006年被南通市政府授予"服务南通体育会展中心工程建设先进个人"称号。

(2)2006年被江苏省气象局授予"全省气象科技服务先进个人"荣誉称号。

(3)2007年被市政府授予"全市安全生产工作先进个人"称号。

(4)2011年被中国气象局授予"全国重大气象服务先进个人"称号。

获成果奖励情况：

(1)《热带气旋客观预报业务系统的应用》2000年获江苏省气象局科技进步三等奖,排名第一。

(2)《不同积云对流参数化方案对中国东部降水模拟的对比分析》获2008—2009年度南通市政府自然科学优秀学术论文三等奖,排名第一。

9. 汤建国(1963年2月—)

1983年7月毕业于成都气象学院无线电系雷达专业。2011年12月经江苏省局副研级专业技术职务任职资格评审委员会评审为"高级工程师"。

获奖励表彰情况:

(1)2010年4月被中国气象局授予"优秀网络管理员"。

(2)2011年10月获江苏省气象局2011年全省气象影视服务业务竞赛综合奖二等奖。

获成果奖励情况:

(1)"2S"技术在海滩涂开发中的研究及其应用,获2000年南通市人民政府科技进步二等奖,排名第五。

(2)"2S"技术在海滩涂开发中的研究及其应用,获2000年江苏省科学技术进步三等奖。排名第五。

(3)"CINRAD/SA雷达较为特殊的故障维修实例",获2007年第四届苏皖两省大气探测、环境遥感与电子技术学术交流优秀论文奖,第一作者。

(4)"基于信息融合技术的新一代天气雷达维修体系",获2008年南通市自然科学优秀学术论文三等奖,第一作者。

(5)"从人才、科研、现代化建设和预报员综合素质入手,提高天气预报预测准确率",获2010年江苏省气象局气象软科学三等奖。

二、已退休

1. 孙锦铨(1939年7月—)

1962年9月毕业于南京大学气象系气象专业。1987年10月被评定为高级工程师。

获表彰奖励情况:

(1)1992年至1998年连续7年被南通市科普宣传周领导小组评为第四届至第十届科普宣传先进个人。

(2)1998年3月被江苏省气象学会评为"1997年度市级气象学会优秀秘书长"。

获成果奖励情况:

(1)《南通地区梅雨长期预报方法》1979年12月获江苏省革命委员会气象局技术成果奖三等奖。排名第一。

(2)《台风路径的中短期预报方法》1979年12月获江苏省革命委员会气象局技术成果奖一等奖。排名第二。

(3)《南通地区暴雨的短期预报方法》1979年12月获江苏省革命委员会气象局技术成果奖三等奖。排名第一。

(4)《南通地区春季连阴雨的单站预报方法》1979年12月江苏省革命委员会气象局技术成果奖三等奖。排名第二。

(5)《六至七月大暴雨的区域预报方法》1982年12月获南通地区行政公署科技成果奖三等奖。排名第一。

(6)《六至七月暴雨地县配套预报指标》1984年12月获南通市政府科技进步奖四等奖。排名第二。

(7)《省市结合的气候资料自动化处理与服务系统》获1990年度江苏省气象局科技进步奖三等奖。排名第二。

(8)《长江南通航段大风客观预报方法研究》获1992年度江苏省气象局科技进步奖二等奖。排名第四。

(9)《专业气象服务客观化及管理系统的研究》获1992年度江苏省气象局科技进步奖三等奖。排名第三。

(10)《南通市蔬菜生产防灾抗灾决策系统》获1992年度江苏省气象局科技进步奖三等奖。排名第二。

(11)《南通市气象减灾预报服务系统》获1995年度江苏省气象局科技进步奖四等奖。排名第一。

(12)《江雾的研究及其应用》获1998年度江苏省气象局科技进步奖三等奖。排名第二。

(13)《旅游气候咨询检索系统》获1999年度江苏省气象局科技进步奖四等奖。排名第一。

(14)《"2S"技术在海涂开发中的研究及其应用》获南通市人民政府2000年度科技进步奖二等奖。排名第二。

(15)《"2S"技术在海涂开发中的研究及其应用》获江苏省人民政府2000年度科技进步奖三等奖。排名第二。

2. 周桂芝(1938年6月—)

1963年8月南京大学气象系高层大气物理专业毕业。1987年10月被评为高级工程师。

受表彰奖励情况:

(1)1983年1月江苏省农业战线先进代表大会出席者,并获全省先进工作者奖状。

(2)1991年9月南通市抗洪救灾表彰大会出席者,并获市委、市政府记功表彰。

(3)1991年10月获江苏省气象局"全省气象部门抗洪救灾气象服务先进个人"光荣称号。

(4)1991年12月获国家气象局授予的"全国防汛减灾气象服务先进个人"光荣称号。

(5)1995年4月获南通市人民政府授予的"南通市劳动模范"光荣称号。

(6)1996年10月获江苏省人民政府授予的"江苏省劳动模范"光荣称号。

(7)1992—1998年连续7年被南通市科普宣传周领导小组评为第四届至第十届科普宣传周先进个人。

获成果奖励情况:

(1)《南通地区雹暴预报模式》1982年12月获南通地区行政公署奖励,未分等级。

独作。

（2）《我国东部海面台风路径预报的一种经验综合方法》1988年11月获南通市人民政府科技进步奖三等奖。独作。

（3）《热带气旋预报警报防灾决策系统》1992年9月获南通市人民政府科技进步奖二等奖。排名第一。

（4）《热带气旋预报警报防灾决策系统》1992年9月获江苏省人民政府科技进步奖三等奖。排名第一。

（5）《南通市强对流天气短期—短时预报业务决策系统》1995年5月获南通市人民政府科技进步奖三等奖。排名第一。

（6）《盛夏、秋季强对流天气预报业务系统》1998年2月获江苏省气象局科技进步奖三等奖。排名第一。

（7）《暴雨预报警报防洪决策系统》1999年7月获南通市人民政府科技进步奖二等奖。排名第一。

3. 孙金珠

1960年毕业于中国人民解放军气象专科学校。1991年退休后由江苏省气象局评为高级工程师。未聘任。

4. 唐斌耀（1944年6月—）

1967年8月毕业于南京气象学院气象系气候专业。1993年7月被评定为高级工程师。

受表彰奖励情况：

(1)2002年获南通市人民政府授予的"1998—2001年度南通市劳动模范"光荣称号。

获成果奖励情况：

(1)《江苏沿海大风预报专家系统》获江苏省气象局1988年科技进步奖二等奖。排名第二。

(2)《热带气旋预报警报防灾决策系统》获南通市人民政府1991年度科技进步奖二等奖。排名第二。

(3)《热带气旋预报警报防灾决策系统》获江苏省人民政府1991年度科技进步奖三等奖。排名第二。

(4)《南通市强对流天气短期—短时预报业务决策系统》获南通市人民政府1994年度科技进步奖三等奖。排名第三。

(5)《气象信息自动化业务系统》获江苏省气象局1996年度科技进步奖三等奖。排名第二。

5. 朱竞成（1947年12月—）

1982年2月南京气象学院气象系大气物理专业毕业。1993年7月被评高级工程师。

受表彰奖励情况：

(1)1991年2月被江苏省气象局授予"1988—1990年度双文明建设先进工作者"称号。

获成果奖励情况：

(1)《南通市强对流天气短时预报系统》获南通市人民政府1989年度科技进步奖三等奖。排名第一。

(2)《江面风与陆地风对比观测结果分析》获江苏省气象局1990年度科技进步奖四等奖。排名第三。

(3)《城市应用气象服务系统》获江苏省气象局1991年度科技进步奖三等奖。排名第一。

(4)《长江南通航段大风客观预报方法研究》获江苏省气象局1992年度科技进步奖二等奖。排名第五。

(5)《市县结合的短时降水预报方法研究》获江苏省气象局1994年度科技进步奖二等奖。排名第一。

(6)《南通市强对流天气短期——短时预报业务决策系统》获南通市人民政府科技进步奖三等奖。排名第二。

(7)《南通市气象减灾预报服务系统》获江苏省气象局1995年度科技进步奖四等奖。排名第三。

(8)《MICAPS系统二次开发》获江苏省气象局1999年度科技进步奖三等奖。排名第四。

(9)《长江口江面气象服务系统试验研究》获江苏省气象局2000年度科技进步奖三等奖。排名第一。

(10)《热带气旋客观预报业务系统》获江苏省气象局2000年度科技进步奖三等奖。排名第二。

(11)《南通市空气质量预报系统》获江苏省气象局2000年度科技进步奖三等奖。排名第三。

(12)《南通市海洋气象预报服务决策系统》获南通市人民政府2000年度科技进步奖三等奖。排名第二。

(13)《南通市空气质量现状和气象对空气重度污染形成的影响》获南通市人民政府1999—2000年度自然科学优秀学术论文奖三等奖。排名第一。

(14)《南通市空气质量预报业务系统》获南通市人民政府2002年度科技进步奖三等奖。排名第五。

(15)《吕四渔场海雾客观预报业务决策系统》获江苏省气象局2002年度科技开发奖二等奖。排名第二。

(16)《南通市空气质量预报业务系统》获江苏省人民政府2002年度科技进步奖三等奖。排名第五。

6. 方维之(1945年6月—)

1967年7月南京大学大气物理系大气物理专业毕业。1993年7月被评定为高级工程师。

受表彰奖励情况：

(1)1985年3月南通市气象局雷达组,在社会主义建设中成绩优异,被江苏省人民政府省长顾秀莲通令嘉奖,方维之同志为雷达组组长,作为本局代表出席江苏省人民政府召开的表彰大会。

(2)1988年1月获江苏省气象局"全省气象部门双文明建设先进个人"光荣称号。

(3)2002年10月被中国气象学会授予"第六届全国气象科普先进工作者"荣誉称号。

获成果奖励情况：

(1)《南通市强对流天气短时预报系统》1990年5月被南通市人民政府评为1989年度科技进步奖三等奖。排名第二。

(2)《市县结合的短时降水预报预报方法研究》1995年3月被江苏省气象局评为1994年度科技进步奖二等奖。排名第二。

(3)《盛夏、秋季强对流天气预报业务系统》1998年2月被江苏省气象局评为1997年度科技进步奖三等奖。排名第二。

7. 施元冲(1942年3月—)

1967年7月毕业于南京气象学院气象专业。1993年7月被评定为高级工程师。

获奖励表彰情况：

(1)1976年9月被天津市人民政府授予"京、津、唐地区抗震救灾模范人物"光荣称号,并分别参加了中共中央、国务院及天津市委、市政府分别召开的表彰大会。

(2)1978年以省气象工作先进个人身份出席江苏省气象工作先进代表大会。

(3)1980年2月被江苏省人民政府授予劳动模范光荣称号,并参加全省表彰大会。

(4)1992年被南通市科普宣传周领导小组评为第四届科普宣传先进个人。

(5)1996年至1998年连续3年被南通市科普宣传周领导小组评为第八届至第十届科普宣传先进个人。

获成果奖励情况：

(1)《江苏沿海大风预报专家系统》论文获江苏省气象学会1988年度中青年优秀论文奖,排名第一。

(2)《吕四渔场4—6月低压偏东大风预报》。1983年被江苏省气象局评为1981—1982年度科技进步奖三等奖,排名第一。

(3)《江苏沿海春汛(4—6月)大风分析预报研究》,1989年4月评为南通市人民政府科技进步奖四等奖,排名第一。

(4)《江苏沿海大风预报专家系统》,1989年4月被评为江苏省气象局科技进步奖二等奖。排名第一。

(5)《长江南通航段大风客观预报方法研究》,获1992年度江苏省气象局科技进步奖二等奖,排名第一。

(6)《南通市寒潮预报业务系统》,获1991年度江苏省气象局科技进步奖三等奖,排名第三。

(7)《气象为农服务网的建设及其应用》获1993年度南通市人民政府农业科学技术推

广奖二等奖。排名第二。

（8）《气象信息自动化业务系统》，获1996年度江苏省气象局科技进步奖三等奖。排名第一。

（9）《热带气旋客观预报业务系统》，获江苏省气象局2000年度科技进步奖三等奖。排名第二。

8. 邱训明（1941年5月—）

1966年7月毕业于南京气象学院农气系农气专业。1995年2月被评为高级工程师。

获表彰奖励情况：

（1）1997年4月获江苏省气象局"1996年度江苏省重大天气气象服务奖"三等奖。排名第五。

（2）2000年12月被江苏省气象局评为"全省气象部门1997—1999年度双文明建设先进个人"。

获成果奖励情况：

（1）《棉花育苗气象条件试验小结》1979年12月获江苏省革命委员会气象局技术成果奖三等奖。排名第一。

（2）《棉花蕾铃脱落气象条件及防御措施的研究》1986年1月获江苏省象局科技进步奖二等奖。排名第五。

（3）《气象为农服务网的建设及其应用》1994年10月获南通市人民政府"1993年度农业科技推广奖"二等奖。排名第五。

9. 任遵海（1939年6月—）

1964年8月毕业于湛江气象学校仪器检修专业（干部班）。1995年2月被评定为高级工程师。

获表彰奖励情况：

（1）1978年6月获江苏省革命委员会授予的"江苏省先进科技工作者"称号。参加全省科学大会并受到表彰。

（2）1978年获江苏省气象局授予的"江苏省气象先进工作者"称号。

（3）1994年获江苏省气象局"1991—1993年度江苏省气象系统双文明建设先进个人"称号。

获成果奖励情况：

（1）《江面风与陆地风对比观测结果》获1990年度江苏省气象局科技进步奖奖四等奖，排名第一。

（2）《长江南通航段大风客观预报方法研究》获1992年度江苏省气象局科技进步奖二等奖。排名第二。

（3）《6—8月逐日最高湿球温度短期客观预报微机系统》获1993年度江苏省气象局科技进步奖三等奖。排名第一。

（4）《纺织厂空调节能超前决策模型及其应用》获1993年度南通市人民政府科技进步

奖四等奖。排名第一。

(5)《南通市气象减灾预报服务系统》获1995年度江苏省气象局科技进步奖四等奖。排名第二。

(6)《江雾的研究及其应用》获1998年度江苏省气象局科技进步奖三等奖。排名第一。

(7)《旅游气候咨询检索系统》获1999年度江苏省气象局科技进步奖四等奖。排名第三。

10. 成励民(1939年3月—)

1963年7月江苏农学院函授部农业气象专业毕业。1999年5月被评定为高级工程师。

受表彰奖励情况：

(1)1985年被中共南通市委授予"南通市优秀党员"荣誉称号。参加1986年7月1日表彰大会。

(2)1994年度获江苏省气象局重大天气气象服务奖二等奖。

(3)1996年度获江苏省气象局重大天气气象服务奖三等奖。

(4)2000年3月《南通市夏季旱情预报服务》一文获南通市人民政府1997—1998年度自然科学优秀论文奖二等奖。排名第二。

获成果奖励情况：

(1)《抗病品种区域试验及其结果应用》获1985年度国家科技进步奖一等奖(集体奖，本人是主要贡献者之一)。

(2)《水稻旱直播农业气象条件研究》获1994年度江苏省气象局科技进步奖四等奖。排名第一。

11. 宋宝初(1945年1月—)

1969年7月毕业于南京气象学院农业气象系气候专业。1995年11月被评定为高级工程师。

获奖励表彰情况：

(1)1983年4月获南通市人民政府授予的"1982年度劳动模范"称号。

(2)1995年5月获江苏省气象局"1994年度重大天气气象服务奖"二等奖,排名第一。

(3)1997年4月获江苏省气象局"1996年度重大天气气象服务奖"三等奖,排名第二。

(4)2002年10月获中国气象学会"优秀学会工作者"称号。

(5)2004年12月在江苏省气象学会第十二届代表大会上,作为学会工作先进个人受到表彰,同时被中国气象学会评为先进个人。

获成果奖励情况

(1)"南通市农业气候手册"1984年1月获江苏省气象局科技成果奖二等奖,排名第一。

(2)"农业气象灾害警报系统"1990年5月获南通市人民政府科技进步奖四等奖。独作。

(3)"气象为农服务网的建设及其应用"1994年10月获南通市人民政府农业科学技术推广奖二等奖,排名第四。

(4)"水稻旱直播的农业气象条件研究"1995年3月获江苏省气象局科技进步奖四等奖。排名第二。

12. 苏培仁(1936月6月—)

1953年毕业于西北军区气象干部学校,1966年11月参加北京大学函授部气象专业函授,因"文革"中断。1995年11月被评为高级工程师。

受表彰奖励情况:

(1)1988年9月因"从事气象工作30年,为我国气象事业作出贡献",由国家气象局发给荣誉证书。

(2)1990年4月因"第二届中国南通民间艺术节期间预报服务质量优异",被南通市人民政府艺术节领导小组评为先进工作者。

(3)1991年9月因"学会工作成绩显著",被江苏省气象学会评为"1987—1992年度先进工作者"。

(4)1992—1995年有3年被南通市科普宣传周领导小组评为"南通市科普宣传周先进个人"。

(5)1995年5月获"江苏省气象局1994年度重大天气气象服务奖"二等奖。排名第二。

获成果奖励情况:

(1)《500 mb环流型转移概率矩阵主成分分析和预报》获1985年度江苏省气象局科技进步奖三等奖。排名第一。

13. 仰国光(1937年6月—)

1955年8月北京气象学校地面观测专业毕业。1997年1月被评定为高级工程师。

受表彰奖励情况:

(1)1984年被江苏省气象局授予"全省气象系统先进工作者"称号。

(2)1984年被江苏省科委和科协评为"综合考察队"先进工作者。

(3)1984年因气象保障优质服务,获江苏省气象局二等奖。

(4)1988年9月获从事气象工作30年荣誉证书,由国家气象局颁发。

(5)1991年获"华东区域1991年度灾害性天气联防个人奖",上海市气象局根据各有关省局推荐而评定。

(6)1991年9月被南通市委、市政府评为"1991年抗洪救灾积极分子"。

获成果奖励情况:

(1)《东海三省一市海上大风预报研究成果的应用》1982年3月获国家科委、农委"成果推广奖",集体奖项,主要贡献者之一。

14. 曹长明(1940年1月—)

1965年7月毕业于南京大学气象系气候专业。1997年10月被评定为高级工程师。

受表彰奖励情况：

(1)1984年因"秋季长连阴雨的长期预报"显著,被江苏省气象局奖励,集体三等奖,主要贡献者之一。

(2)1985年因"1984年汛期降水趋势预报"质量优异,获江苏省气象局表扬。

(3)1995年获江苏省气象局1994年度重大天气气象服务奖二等奖,排名第五。

(4)1996年被中国气象局授予"1996年度优秀值班预报员"称号。

(5)1997年被南通市区防汛抗洪指挥部评为"1996年度市区防洪保安工作先进个人"。

获成果奖励情况：

(1)《南通市长期预报工具的应用》获江苏省气象局"1980年度技术成果奖"三等奖。独作。

(2)《暴雨预报警报防洪决策系统》获南通市人民政府1998年度科技进步奖二等奖。排名第三。

(3)《夏秋干旱监测预报及其在人工增雨决策中的应用》获1999年度江苏省气象局科技进步奖(推广类)四等奖。排名第三。

15. 姚树清(1945年5月—)

1969年7月毕业于南京大学气象系气候专业。1999年6月被评定为高级工程师。

受奖励表彰情况：

(1)1995年5月获"江苏省气象局1994年度重大天气气象服务奖"三等奖。排名第二。

(2)1996年获"江苏省气象局1995年度重大天气气象服务奖"三等奖。排名第二。

(3)1997年被中国气象局评为"1997年度优秀值班预报员"。

(4)《FSFE02和FSFE03的降水漏报订正及其应用》获南通市人民政府1999—2000年度自然科学优秀论文奖一等奖。排名第一。

(5)《气象信息服务发展的对策研究》获南通市人民政府1999—2000年度自然科学优秀论文奖三等奖。排名第二。

获成果奖励情况：

(1)《韵律迭加法在长期预报中的应用》获江苏省气象局1980年度技术成果奖三等奖。独作。

(2)《南通市六至七月市县配套暴雨预报指标》获南通市人民政府1984年度科技成果奖四等奖。排名第四。

(3)《港口气象服务预警技术方法研究》获江苏省气象局1998年度科技进步奖三等奖。排名第一。

(4)《暴雨预报警报防洪决策系统》获南通市人民政府科技进步奖二等奖。排名第二。

(5)《春秋季港口地区造船、电业、仓储业安全生产相对湿度气象预警服务技术指标的建立、预报和应用》获江苏省气象局2002年度科技开发奖三等奖。排名第一。

16. 陈永秀(1952年7月—)

1978年7月南京气象学院气象系天动专业毕业。2002年10月被评为高级工程师。

受表彰奖励情况：

(1)1995年5月获江苏省气象局"1994年度重大天气气象服务奖"二等奖。

获成果奖励情况：

(1)《东海三省一市海上大风预报研究成果的应用》1982年3月获国家科委、农委授予的"科研成果推广奖"。（集体奖项，主要贡献人之一。）

(2)《江苏沿海大风预报专家系统》1989年4月被评为江苏省气象局1988年度科技进步奖二等奖。排名第五。

(3)《夏秋干旱监测预报及其在人工增雨决策中的应用》获1999年度江苏省气象局科技推广奖四等奖。排名第二。

(4)《中低层环流季节变化与江淮梅雨》获1999—2000年度南通市人民政府优秀科技论文奖二等奖。

17. 陈佩君（1951年9月—）

1978年8月毕业于南京气象学院气象系气候专业。1987年2月至1988年1月在南京气象学院气象系天动专业进修结业。2003年11月晋升为高级工程师。

受表彰奖励情况：

(1)1996年3月获江苏省气象局"1995年度重要天气气象服务三等奖"。

(2)2001年5月获江苏省气象局"2000年度重大天气气象服务二等奖"。

(3)2002年6月获江苏省气象局"2001年度重大天气气象服务三等奖"。

(4)2003年8月获江苏省气象局"2002年度重大天气气象服务三等奖"。

(5)2005年获中国气象局"优秀值班预报员"称号。

(6)2005年4月获江苏省气象局"2004年度重大天气气象服务一等奖"。排名第二。

(7)2006年3月获江苏省气象局"2005年度重大天气气象服务二等奖"。排名第四。

获成果奖励情况：

(1)《热带气旋预报警报防灾决策系统》获1991年度南通市人民政府科技进步奖二等奖。排名第三。

(2)《热带气旋预报警报防灾决策系统》1992年9月获1991年度江苏省人民政府科技进步三等奖。排名第三。

(3)《热带气旋客观预报业务系统》获2000年度江苏省气象局科技进步奖三等奖。排名第四。

(4)《南通市区空气质量预报系统》获江苏省人民政府2002年度科技进步奖三等奖。排名第一。

(5)《南通市空气质量现状和气象对空气重度污染形成的影响》2001年12月获南通市人民政府自然科学优秀论文奖三等奖。排名第二。

(6)《南通市空气质量预报业务系统》获2002年度南通市人民政府科技进步奖三等奖。排名第一。

(7)《南通市空气质量预报业务系统》获江苏省气象局2002年度科技进步奖三等奖。排名第一。

(8)《南通市空气污染的气象特征分析》2003年度获江苏省环境监测优秀论文奖。排名第二。

(9)《一次江苏南部区域性连续暴雨过程的诊断分析》,2003年12月获南通市人民政府自然科学优秀论文奖三等奖。排名第二。

(10)《南通城市空气质量数值预报方法》2007年10月获南通市人民政府自然科学论文奖三等奖。排名第五。

18. 张艳玲(1956年11月—)

2007年3月毕业于南京气象学院大气科学专业,2008年12月经江苏省气象局副研级专业技术职务评审委员会评审为高级工程师。

获奖励表彰情况：

(1)2002年4月荣获"2001年度中国气象局优秀值班预报员"称号。

(2)2001年5月获江苏省气象局2000年度重大天气气象服务二等奖(排名第四)。

(3)2003年获江苏省气象局2003年度重大天气气象服务二等奖(排名第四)。

获成果奖励情况：

(1)"能量参数在暴雨强对流天气分析预报中的应用研究"获省局2007年"科研开发二等奖"(排名第一)

(2)《一次罕见的隆冬强对流过程分析》2000年1月获南通市政府1997—1998年度自然科学优秀论文三等奖(排名第一)。

(3)《SARS流行时期天气气候特征的初步分析》2005年10月获南通市政府2003—2004年度自然科学优秀论文三等奖(排名第一)。

(4)《"03.7"江苏特大暴雨诊断分析》2004年5月获奖江苏省气象学会优秀论文二等奖(排名第一)。

(5)《能量参数在南通地区强对流天气预报中的应用》2011年12月获南通市政府2009—2010年度自然科学优秀论文三等奖(排名第一)。

三、上级领导部门培养计划

(1)1998年汤德新被南通市专门人才工作领导小组确定为"跨世纪学术、技术带头人培养对象"。

(2)1999年陈爱玉被江苏省气象局确定为"江苏省气象部门中青年科技骨干"培养对象。

(3)1999年严迎春、汤建国、张鹏被南通市政府确定为"跨世纪学术带头人培养对象。"

(4)2002年范德新被江苏省委组织部和省人才工作领导小组授予江苏省"333工程第一批第三层次人才培养工程"中青年科学技术带头人。

(5)2004年严迎春被南通市政府确定为南通市新世纪科学技术带头人培养对象。

(6)2007年7月严迎春被南通市政府列为南通市"226高层次人才培养工程"首批中青年科学技术带头人。

第四节　继续教育

继续教育工作，1949—1981年间由站、台长直接负责；1981年12月成立政工科（先后更名为人事科、人事政工科、人事教育科、人事教育处）后，由人事部门具体办理，局党组负领导责任。

1960年7月至1963年7月程伋、刘德清参加南京农学院农业气象专业函授，均取得大专结业文凭。

1963年9月专区气象台就选派了地面观测组组长崔广裕、业务管理组组长任遵海二人到湛江气象学校脱产进修，1964年7月毕业回台。这是新中国成立后第一批选送去培训的在岗人员。

1975年10月又选送何正扬去成都气象学校电子学与信息系统专业学习，1979年7月毕业回台。

1977年选送预报员马炎钊参加南京大学气象系举办的一年制预报短训班学习。

1980—1982年分批安排文革中招收的"以工代干"人员在扬州水利学校一年制气象培训班学习，1982—1991年安排在湖北、安徽等气象学校脱产进行全日制学历教育；1984—1987年安排文革中毕业的大学毕业生"回炉"；20世纪90年代以后，主要是参加成人教育、自学考试和高等院校深造。1982—2011年共94人次，年均3.4人次。其中大专、本科73人次。详见表13.5。

表13.5　1982—2011年南通市气象系统继续教育情况

姓名	入学时间	学校（院系）	专业	毕（肄）业时间	备注
黄　诚	1982.9	湖北省气象学校（襄樊）	气象	1984.7	全日制　启东站
施美清					
方　方					
丁　剑	1983.9	南昌气象学校	气象	1985.9	全日制　南通县站
张革新					全日制　吕四站
缪勇谋	1984.9	安徽气象学校	气象	1986.12	全日制　南通市局
仲炳凤					
王建明					
林剑秋					全日制　海门站
曹志翔					
宋宝初	1984.9	南京气象学院	农气	1985.7	全日制　南通市局
尹成华					
曹书涛			气象		全日制　如东站
马云龙					全日制　如皋站
罗洪生					全日制　吕四站
程　伋		广西气象科技日语函授中心	气象科技日语	1986.10	函授　海安站

续表

姓名	入学时间	学校（院系）	专业	毕(肄)业时间	备注
管金泉	1984.10	南京空军气象学院	气象	1985.5	全日制 南通市局
金步圣					全日制 南通县站
顾益智					
石加庆					全日制 海门站
牟凤娣					全日制 海安站
吴晓萍	1985.7	湖北气象学校	通信	1987.7	全日制 南通市局
盛新宝				肄业	
吴建军	1985.9	安徽气象学校	气象	1987.12	全日制 南通市局
张艳玲					
陆士权				肄业	
张启东		湛江气象学校	农气	1987.7	全日制 启东站 定向招生
沈亚萍		广西农学院	农气	1987.6	全日制 启东站
吴振倩		南京气象学院	气象	1987.7	全日制 海安站
沈晓剑		江苏广播电视大学	档案管理	1988.8	电大形式 南通市局
景俊兵		安徽气象学校	气象	1988.7	全日制 海安站
李存龙		湖北气象学校		1988.12	全日制 如皋站
耿建生	1986.9	北京外国语学院	英语	1987.7	全日制 南通市局
江俊英		中央党校	经济管理	1988.9	函授大专 南通市局
陈佩君	1987.2	南京气象学院	天动	1988.1	全日制 南通市局
李汉林	1987.9	南昌气象学校	气象	1989.12	全日制 南通县站
王炜			农气	1991.7	全日制 启东站
陈岳周		安徽气象学校	气象	1989.12	全日制 吕四站
吴信明		成都气象学校	通信	1989.7	全日制大专 南通市局
谢玉娟	1988.9	成都气象学校	财会	1990.6	全日制 南通市局
熊兆麟	1989.9	县委党校	行政管理	1991.8	函授中专 通州市局
周昌云		南京气象学院	计算机应用	1991.12	自学考试 如皋市局
李振兰		湖北气象学校	通讯	1991.7	全日制 南通市局
余震东	1990.9	南京气象学院	气象	1992.7	全日制 南通市局
魏昆	1991.9	湖北气象学校	通讯	1993.10	全日制 南通市局
陆志刚	1998.9	南京气象学院成人函授中心	会计	2001.7	函授 海安站
张艳玲	1992.9	南京气象学院	气象	1994.7	函授 南通市局
张洪兵	1993.9	安徽气象学校	气象	1994.11	全日制 吕四站
范侃翔	1994.9	南京气象学院成人教育中心	计算机应用与维护	1996.12	
张春蕾	1995.9			1997.7	
缪勇谋		江苏省委党校	经济管理	1998.7	函授 南通市局
江志新	1996.1	扬州大学师范学院	经济管理	1998.10	函授大专 海门站
罗祝华	1996.9	江苏省委党校	经济管理	1997.7	函授 南通市局

第十三章　科研与教育

续表

姓名	入学时间	学校（院系）	专业	毕（肄）业时间	备注
魏　昆	1997.9	南京气象学院	计算机应用与维护	2000.7	半脱产 南通市局
陆志刚	1998.9	南京气象学院成人函授中心	会计	2001.7	函授 海安站
凌和稳	2000.9	南京气象学院	计算机信息管理	2003.7	函授大专 海安站
葛亚东	2000.11	南京信息工程大学	计算机应用与维护	2004.3	函授 海门站
张素江	2002.8	中央党校函授学院	行政管理	2004.12	函授本科 南通市局
潘　玲	2002.9	南通大学成人教育学院	档案管理	2005.7	自学考试 南通市局
朱海笑	2002.9	南京信息工程大学成教院	大气科学	2005.7	函授本科 海安站
程向阳	2004.2	南京信息工程大学成教院	计算机应用与维护	2007.1	函授 南通市局
郁　健	2004.2	南京信息工程大学成教院	大气科学	2008.1	函授 海安站
卢秋澄					
张红兵					函授 吕四站
陆　乐	2004.9	南京师范大学	艺术类	2007.6	函授本科 南通市局
黄新时	2005.2	南京信息工程大学成教院	大气科学	2008.1	函授本科 南通市局
刘　娟					函授本科 如皋站
凌和稳		江苏大学成教院	计算机科学与技术	2008.1	函授本科 海安站
黄春耀		南通大学成教院	计算机应用与维护	2008.1	函授本科 南通市局
吴信明	2005.3	南京大学网络教育学院	电子与信息	2007.3	函授工学学士 南通市局
宗周全	2005.9	中央党校研究生院	经济管理	2008.7	函授,研究生学历 南通市局
许春艳	2006.1	南京大学	大气科学	2008.12	在职研究生 海门站
张艳玲		南京信息工程大学成教院	大气科学	2009.1	函授本科 南通市局
周昌云	2006.2				函授本科 如皋站
刘爱兵					函授理学学士 南通市局
季玲玲		南通大学成教院	土木工程	2009.1	函授本科 南通市局
葛亚东	2006.3	南京信息工程大学	大气科学	2008.10	专升本 海门站
彭小燕	2006.7		天气	2009.7	函授大专 海安站
余震东	2006.8	中央党校函授学院	经济管理	2008.12	函授本科 南通市局
江志新			法律		函授本科 海门站
沈　伟	2006.9	南京大学高等教育自学考试委员会	行政管理	2009.6	自考本科 南通市局

续表

姓名	入学时间	学校(院系)	专业	毕(肄)业时间	备注
葛亚东	2007.2	南京信息工程大学	大气科学	2010.1	函授本科 海门站
宋剑飞					函授本科 南通市局
盛海峰					函授本科 如东站
施洲洲	2007.5	南京信息工程大学	大气科学	2009.5	函授本科 海门站
张革新	2007.9	中央电视大学如东学院	计算机应用与维护	2009.7	函授大专 吕四站
顾录泉					函授大专 如东站
张春雷		解放军理工大学	天气动力学	2010.10	函授本科 吕四站
郁 健	2008.2	南京信息工程大学	防雷	在读	函授本科 海安站
卢秋澄			大气科学		
程向阳	2008.3			2011.1	函授本科 启东站
沈建忠	2008.10	北京航天航空大学专业网络教育学院	会计	2010.7	函授大专 吕四站
陆志刚	2008.11	四川大学	行政管理	在读	函授本科 海安站
彭小燕	2010.2	南京信息工程大学	天气	在读	函授本科 海安站

第五节　西藏气象班

1974年,西藏自治区仅有一家省气象台对外发布天气预报。地区一级还是空白。为此,西藏自治区计划委员会向国家教育部、国家计划委员会等部门提出定向培养,学生毕业后能到西藏工作,到地区一级建立气象台,并能承担开展长、中、短期天气预报的气象技术人才。当时正值江苏省南通县小海公社复员军人倪惠康、李德祥"不恋南通渔米之乡,愿用青春服务西藏"精神激励下,江苏省教委决定在南京气象学院特招一个"西藏班",招生计划全部安排在教育基础较好的江苏省南通地区六个县,名额30名。

1975年7月,南京气象学院选派了学院政工组组长周熙文,年级党支部书记吴克来通招收西藏班学员。条件要求政治素质高、身体健康、能吃苦耐劳、文化基础好的高中毕业生。毕业后必须服从分配,全部到西藏地区一级及自治区气象台工作。每个县招西藏班学员的名额是4~6名,列为特招生,首批录取。8月中旬,经层层筛选,圆满完成招生任务。被录取在西藏班学员的所在乡镇,在所在地贴出大红喜报,向社会公布。有的公社还通过公社广播放大站,公社召开的三级干部大会上进行宣读。当时能被推荐成为"西藏班"学员成了一种莫大的光荣。1975年9月5日,经六县招考录取的30名西藏班学员准时来到南京气象学院报到上课。这30名学员,都是高中毕业在农村摸爬滚打了2~5年不等的优秀青年,其中男生25名,女生5名,中共党员14名。

西藏班原定学制三年,后由于西藏各地区急需建台,教学计划进行了较大幅度的调整,组织小班教学和特殊教学。学校选聘了既有丰富教学经验,又有基层一线工作实践经验的老师作为专业课老师,如中央气象台早期的预报组长吕君宁老师,曾经在县局一线工作过的何金海教授,有丰富教学经验的动力气象学彭永清教授,学生管理经验丰富的吴克老师担任班级辅导员。

1977年暑假,西藏班学员回家乡只进行了短暂的休整后,同年8月中旬,又返回南京气象学院,进行学习、动员、毕业分配。由于学校平时强有力的组织教学工作和思想政治工作,学校分配工作顺利进行。"西藏班"30名学员全部分配到西藏自治区各地区。拉萨气象局分配8人,他们是:宗周全、王飞、周昌荣、孙锦汉、王秀祥、陈翔明、王怀俊、韩云飞。那曲地区6人:金步圣、曹书涛、周维田、严世发、施雪冲、顾培书。昌都地区6人:马云龙、张建明、冒军、倪亚香、冯建平、朱谦林。日喀则地区5人俞福平、梁晓明、顾益智、陈七华、张菊。山南地区5人:唐水江、夏日彬、薛德民、东阅平、黄翠芳。后成都气象学校毕业分配的气象报务员也相继赴藏,又在当地招收了填图员。由此,西藏除阿里地区外,各地区都建立了气象台,不久正式对外发布长、中、短期天气预报。

从1982年起,开始有原西藏班学员内调,至1998年绝大部分都调回内地,南通市及各县接受安排了18人(包括到非气象部门)。扬州市3人,苏州市1人,南京市1人。除目前仍有一人还在西藏工作外。其他的则随家人内调到四川省、山东省、河南省、河北省、福建省等省市工作并安家。

西藏班毕业照(1977年5月10日)

第六节 航海气象教育

航海气象与海洋学是南通航运职业技术学院(原南通河运学校、南通航运学校,以下简称航院)海洋船舶驾驶专业的一门主干课程,1984年由朱谦阳老师开设。在他的指导和培养下,经过几代人的薪火相传与不懈努力,使这门课程不断丰富、充实、完善和提高。航海气象与海洋学课程的建设与改革大致经历了以下几个阶段。

一、起步阶段(1978—1983年)

1978年,航院从内河走向海洋,开始设置海洋船舶驾驶专业,"航海气象"课程被列为该专业的一门专业必修课。当时教学条件十分艰苦,一没教材,二没师资,更没有实践教学环节。教师靠外聘,由南通地区气象台预报员兼任,教材借用高等院校气象教材,难度大,岗位针对性不强;再加上课时少,外聘老师缺乏教学经验,因此教学质量和效果不甚理想。

二、逐步完善阶段(1984—1997年)

1988年,国家港务监督局颁布了《中华人民共和国海船船员适任考试大纲》,将"航海气象"课程正式列为海船船长、驾驶员考证的必考科目。为适应这一变化,航院开始着手航海气象课程的建设,主要体现在:

1. 加强师资队伍建设。1984年、1993年先后从南京气象学院引进了两名专职教师朱谦阳、杨亚新,其中杨亚新为硕士研究生。同时为了增强师资队伍的双师素质,促进教师间的交流与合作,提高教学的实效性和针对性,又从毕业于航海院校的教师中选择了两位具有海船船员职务证书和海上实践经历的教师充实到航海气象教学队伍中。

2. 组织编写校本教材。在多年的教学实践基础上,以《航海气象讲义》为蓝本,自编了《航海气象学》(朱谦阳主编)和《航海气象习题集》、《航海气象实习指导书》等配套教材。自此,航海气象课程首次拥有了一套较为完备的教材体系。

通过这一阶段建设,航海气象课程教学质量得到了明显提高,海船船员适任证书考试通过率在国内同类院校中名列前茅,课程在国内同类院校中的影响力逐步扩大。朱谦阳被交通部评为全国交通职业教育教学带头人、全国交通系统优秀教师。

三、改革推进阶段(1998—2005年)

1997年,国际海事组织(IMO)颁发了《1978年船员培训、发证和值班标准国际公约1995年修正案》(以下称《STCW78/95公约》),以此来规范各国的航运业和航海教育。1998年,为了履行《STCW78/95公约》,进一步提高海员素质,我国国家海事局编写了新的《中华人民共和国海船船员适任考试与评估大纲》,为适应国家海事局颁布的新大纲,海洋船舶驾驶专业教学改革研究和实践工作全面启动,由此也拉开了航海气象教学改革的序幕。这一阶段的教学改革成果主要体现在:

1. 教材建设迈上新台阶

为履行国际国内法规,交通部科教司首次组织编写了航海职业教育系列教材。航院被聘为《航海气象》教材的主编单位,由朱谦阳老师任主编,杨亚新等老师参编。在原有校本教材的基础上,按照新大纲的要求,删除了一些过时陈旧的内容,增加了"海洋学"部分的内容,教材名称也相应改为《航海气象与海洋学》。该教材于1999年由大连海事大学公开出版,并在国内同类院校中得到广泛使用。

2. 引入现代化教学技术

为进一步提高教学质量,2000年,航院自立技术开发课题"航海气象与海洋学多媒体教学课件开发"项目,充分利用现代化教学设备,自制多媒体教学课件,开发了《云》、《热带气旋的结构与天气》、《副热带高压》、《锋》等许多教学课件。其中课件《云》还获得了2002年江苏省高校首届多媒体教学课件竞赛三等奖。

3. 推行"教考分离"的考试制度

为减轻教师的负担,提高考试的信度和效度,航院着手课程试题库的建设,并研制了无纸化网络考试系统,实行教考分离,促进了良好教风与学风的形成。

四、优化提升阶段(2006—)

为了更好地履行《STCW78/95公约》,进一步提高船员素质,国家海事局于2006年2月1日颁布实施了新的《中华人民共和国海船船员适任考试大纲》。为此,航院针对新形势,开始了新一轮的"高职航海气象与海洋学课程教学改革的研究与实践",该课题作为江苏省高校教学改革研究课题,予以立项研究。这一阶段取得的主要成果有:

1. 优化航海气象与海洋学课程体系结构

按照最新国际和国内海事法规的要求,对航海气象与海洋学原有课程体系结构进行了优化,形成了适应新形势下航海技术应用性人才培养的新的课程知识体系结构,并编制完成了《航海气象与海洋学课程标准》、《航海气象与海洋学课程考核标准》、《航海气象与海洋学实验实习考核办法》、《气象传真图识别与综合分析应用评估内容与评估办法》等课程教学标准。

2. 形成了系列化"航海气象与海洋学"立体化教材体系

纸质教材:交通职业教育"十一五"规划教材《航海气象与海洋学》(杨亚新主编,朱谦阳主审,2006年大连海事大学公开出版)和校本教材《航海气象与海洋学实习指导书》、《航海气象与海洋学习题集》和《气象传真图识读与综合分析训练指导书》等3本;

电子教材:全程电子教案、典型多媒体课件、试题库及网上练习测试系统等;

网络教材:航海气象与海洋学网上学习课程。

3. 扩建了航海气象实训室,加强了实践教学环节

2008年,投资10多万元对原来的航海气象实训室进行扩充改造,新添置了多台套干湿球温度表、温湿度计、三杯轻便风向风速表、空盒气压表、水银气压表、气压自记计、船舶气象仪、水温表等满足学生进行船舶水文气象要素测报的仪器设备和一台能自动接收和储存图像、满足学生进行航线天气分析的气象传真接收机参见表13.6,较好地满足了学生实践教学的需要。

表13.6 航海气象实训室设备配备情况一览表

序号	设备名称	数量	功能
1	干湿球温度表	12套	人工观测气温和湿度
2	温度自记计	2台	自动观测和记录气温
3	湿度自记计	2台	自动观测和记录湿度
4	空盒气压表	14个	人工观测气压
5	水银气压表	2个	人工观测气压
6	气压自记计	4台	自动观测和记录气压
7	三杯轻便风向、风速表	20个	观测风向、风速
8	真风计风盘	30个	计算真风
9	船舶数字气象仪	2台	用于测量温度、湿度、风向、风速的综合性仪器
10	水温表	4个	用于测量表层水温
11	气象传真接收机	2台	接收世界各地的气象传真图

4. 构建了一支素质优良的双师素质教学队伍

2006年以来,航院先后从航运企业引进具有职业资格证书的教师2名、从气象院校引进硕士研究生1名充实到航海气象教学队伍中,从而改善了航海气象课程教学队伍的结构,提高了航海气象课程教学队伍的整体实力。目前,航海气象课程有专任教师5人,实践指导教师1人。专任教师中教授1人,讲师3人,助教1人;具有硕士学位2人,在读硕士3人;持有远洋船舶适任证书、GMDSS普操员证书、评估员证书等各类证书者4人,双师型教师比例达80%以上。

5. 取得了一系列教改成果

2002年,《云》获江苏省高校首届多媒体教学课件竞赛三等奖。

2008年,《航海气象》课程被评为江苏省高校精品课程。

2009年,《航海气象与海洋学》教材被评为江苏省高校精品教材。

2008年,《航海气象与海洋学立体化教材建设》被评为学院优秀教学成果一等奖。

2010年,在马尼拉对《STCW78/95公约》又一次进行了修订,为及时、全面和有效履行STCW公约马尼拉修正案,确保海船船员培训、考试质量,使海船船员适任考试和培训合格证考试更加符合航海实践、海上安全的需要,国家海事局正组织对2006年制定的《中华人民共和国海船船员适任考试大纲》进行全面修订。为适应这一变化,航院航海技术专业也在积极筹备,启动新一轮教学改革。

第十四章 财务与基建

第一节 财务管理

中华人民共和国成立后,南通气象站的财务管理体制由专署建设科转到空军系统。1954年1月1日起列入专署财政管理。1955年1月起根据江苏省气象局拟定的《1955年气象事业费管理暂行规定》,由省气象局直接管理。1956年5月1日至1958年4月30日划归上海气象局直接管理。1958年5月1日起列入江苏省财政预算管理。1959年1月起,根据台、站体制下放精神,专区气象台行政、业务和基建经费均由专署列入预算开支。1962年5月调入马鹤松做专职会计。

文革期间。1969年起,马鹤松下放,气象台财务工作撤销,由农业服务站管理,1970年农业服务站改建为农水局,又由农水局管理。1973年农水局改建为农林局和水电局,气象台财务由农林局代管。1977年专署增设农水办公室,气象财务归农水办公室。1980年2月调入江俊英任专职会计,气象财务从农水办公室划入地区行署气象台。

1980年,根据国务院批转中央气象局《关于改革气象部门管理体制的请示报告》及江苏省人民政府批转省气象局《关于调整全省气象管理体制问题的报告》,从1981年1月1日起将气象事业费收归省气象局直接管理,人员经费开支标准,按财政部门规定执行,接受当地财政部门的指导和监督。

南通地区行政公署1981年撤销农水办公室,6月8日单独成立南通地区行署气象局。气象事业经费与地方脱钩,由省气象局管理,1983年根据国务院办公厅批转国家气象局《关于气象部门管理体制第二步调整改革的报告》改由国家气象局垂直管理。气象事业费、基建投资等十分拮据。人均经费总额只相当地方兄弟局的三分之一左右,如表14.1。

表14.1 江苏省气象局下达的南通市气象系统八个台站总经费表(单位:万元)

项目 \ 年份	1981年	1989年	1999年	2009年
在职人员工资	9.63	25.31	80.02	305.50
补助工资	1.73	11.26	5.47	75.32
离休人员费	—	2.87	11.33	88.50
退休人员费	—	0.26	32.31	199.22
职工福利	0.67	3.42	2.56	54.03
公用经费	13.82	10.50	12.89	134.55
业务经费	6.23	4.91	12.52	227.35
航危报费	—	5.0	—	
合计	32.08	63.53	157.10	1084.47
人均	0.23	0.31	0.92	5.12

经历了25年的"艰苦、清苦、辛苦"之后,才有所改善,2009年省局下达的经费总额达到人均5.12万元。

南通台本级在职在编职工基础职务工资的平均状况:1980年以前为月薪43~46元(最高80元,最低26元),1984年达63元(最高108元,最低25元),随着改革开放的深入开展,工资额不断攀升,1984年至1999年15年间增长4.4倍,1999年达279元(最高414元,最低164元);从1999年至2009年10年间又增长4.3倍,2009年达1206元(最高2104元,最低857元)。进入21世纪后,除国家标准工资外,还增发了绩效工资。绩效工资年际变化大,很不稳定,故不列入统计。

第二节　财务管理体制变动

气象财务管理体制变动频繁。大致分5个阶段。

第一阶段:军事系统管理为主,5年时间。1949年4月16日由专署负责恢复了测候所的工作,1949年6月1日至10月1日由上海市军管会空军部直接管理。1949年10月1日至1953年12月属华东军区气象处管理,由于刚解放,百废待兴,经费非常拮据,南通气象站所需用房全部为借用。

第二阶段:上级气象局垂直管理5年时间。1954年1月,气象部门"转建"到地方,气象事业费列入台、站所在地政府财政预算管理。1955年1月,由省气象局垂直管理10个台站,包括南通站。1956年5月至1958年4月南通站财务划归上海气象局垂直管理,气象站获准建简易办公室和简易宿舍。

第三阶段:专(行)署财政局管理。上海市气象局撤销后,自1958年5月起,气象事业经费由地方财政预算管理,南通专区气象台财务归入专署财政局管理。历21年。

1959年12月28日,省财政厅、气象局联合颁发"江苏省气象事业经费开支范围暂行办法",对气象台、站人员经费以及公务费开支标准、专业设备和业务费的掌握使用、基本建设基金等作了规定,从1960年1月1日起开始执行。

1964年6月起,财政部、中央气象局联合颁发的《气象事业费使用管理暂行规定》,明确气象部门在预算外发生的经费,由地方政府解决。经费来源事实上存在两个渠道,而且可以追加。

1970年至1980年地区气象台人员工资到农业部门领取,办公、差旅费等到农业部门报销。大的项目支出由农业部门直接掌握。只要符合"经费开支范围暂行办法",气象台的一切费用都能顺利报支,且农业局会计室就设在气象台内,很方便。

第四阶段:国家气象局垂直管理,21年经费拮据紧张。

1981年1月1日起气象事业费归省气象局,1983年又改由国家气象局垂直管理。国家财政部让江苏省将500万元气象事业费指标上划国家气象局。只有进行人工影响天气所需经费可以向地方申请解决。事业费不仅严重不足,而且经常拖欠,有的年份,气象事业费(含职工工资)到10月份才下达,相当于1—9月要靠借贷度日。经济状况相当拮据。

1985年4月30日省气象局颁发《关于进一步开展专业有偿服务若干问题的暂行规定》,规定有偿服务的纯收入中60%用于弥补气象事业费的严重不足。

1992年1月7日省气象局拟定下发《充放气球技术服务财务管理的几项规定》,规定纯收入的50%弥补气象事业费的不足。

1996年12月农业局葛汉钧副局长调任气象局党组书记、局长,他了解到当时气象事业人均经费为0.8万元,而市农业局人均事业经费为2.5万元以上时,深感吃惊。

气象部门财务管理体制与地方政府财务管理体制极不协调,尤其是经济发展地区,差距太大,所以气象部门谋求逐步建立业务部门和地方政府双重计划财务体制,但很困难,直到2000年1月1日《中华人民共和国气象法》正式颁发实施,才有了转机。

2000年11月28日江苏省人大代表视察南通市贯彻《气象法》的有关情况,市人大、市政府领导陪同;市政府就贯彻《气象法》中双重计划财务体制作了明确表态,气象局列户经费增加至57.5万元。

第五阶段,双重体制。

2002年起南通市气象局气象事业费和基本建设费有显著增加,主要来源于业务部门拨款、地方政府立户和下属单位创收上交三个渠道,比较稳定,经费使用有一定的保障。

2002年2月19日江苏省气象局批复《南通市气象系统内部收入分配制度改革实施意见的请示》,在职职工工资水平有所提高。

至2004年12月底,即"十五计划"前四年,全市气象系统共完成固定资产投资2882.8万元,是"十五"前全市固定资产总和的5倍。

其中:中国气象局投资1450万元,地方投资975万元,自筹资金457.8万元。

这笔钱用于气象业务和现代化建设2192.8万元,基础设施建设540万元,其他150万元。

市局本级固定资产投资2222万元(用于气象业务和现代化建设2122万元,基础设施20万元、其他80万元),是此前50年全区固定资产投资的11倍。

第三节　用房建设

新中国成立后,鉴于原端平桥水文站测候所场地太小,环境太差,专署决定废弃。拟修复军山气象台,但是发现台屋损坏过于严重,一时难以办到,为了早日恢复观测,也放弃了此方案,退而决定使用日本人遗留之破旧测候台。该台在私立南通学院内,由专署征得学院同意后,出资修理,在台前一片空地上,划出22.6米×9.6米的场地,安置仪器,办公、住宿、吃饭等用房,均由学院无偿提供。之后,1951年6月17日借用启秀路20号张姓民房。后该房出售给学院后,又借用启秀路21号朱姓民房。

1952年5月1日观测场移至原址西南方向一公里的青年路保育院附近。1956年朱氏将房子出售给天生港电厂营业所(供电所),气象站又借用供电所的房屋办公、住宿,并在供电所食堂"搭伙"吃饭。

1956年10月22日,位于青年路卫生防疫站南首、小河之南的南通气象站办公室通过竣工验收,总建设面积150平方米。这是新中国成立后南通气象站真正属于自己的办公用房兼宿舍。其建筑特点是5开间、中间加两层形成品字形,有点与军山台台屋相似。居中的三层楼平台,高9.9米。男观测员住宿搬至其中一间办公室,吃饭仍在供电所。

1957年初,在新办公室西侧、观测场(东移几十米后)北侧、小池塘南侧新建两间草房,建筑面积约30平方米。里间做女职工宿舍,上、下铺;外间做储藏室,堆放农具、杂物。这是南通气象站最早的专用职工宿舍。1957年8月毕业的吴杏新,储淑君等,是住进自建宿舍的第一批住户。站址四面围以牛眼竹篱笆,篱高2米,篱内6.6亩。

1957年11月20日,南通气象站与任港乡保安农业生产合作社签订合同,从气象站所征的篱外土地中划出2.4亩土地暂时交还保安合作社耕种(后未收回)。所余竹篱笆范围内的房前屋后的土地自己耕种。

1958年上半年,在新办公室东侧兴建6大4小共10间简易平房,建筑面积174平方米,青砖铺地、无天花板。芦苇顶棚加盖洋瓦。住宿每间安排3～4人,最西头办公,最东头用作"厨房和餐厅"。该房落成为1958年下半年调入10人创造了条件。但因处于河边农田中间,故多鼠、蛇危害。

1961年专署气象局在任港乡剧场大队四队征地2.15亩,1962年3月建成25米×25米的观测场和小楼一座。小楼上、下两层,12间,建筑面积约280平方米。

这是新中国成立后所盖的第一座气象专用楼。1962年初气象局撤销,厨师下放,食堂也停办。

1962年4月1日起,南通专区气象服务台观测组由青年路搬至姚港路西侧。台部、预报组、报务组、填图组仍在原址办公。

从观测组到预报组3里多路,开会、学习、劳动等相互来往,唯一交通方式是步行。二处人员还要走3里多路到专署食堂用餐。

由于吃饭耗时太多,1964年又联系到南通制药厂(现体育公园所在地)"搭伙"。

1965年经专署批准,农林局局长缪叔平大力支持,砍伐农林局东侧一片长着苹果、梨、枇杷等果树的小树林,腾空出两亩多地,兴建气象台办公楼和宿舍楼二层简单楼房各一座,总面积约900平方米。由同济大学一名在通实习生设计,贯彻当时提倡的"节俭"理念,全部使用搭钩空心墙,除一楼会议室因跨两间房,用了两个钢筋水泥立柱外,其余房间垂直方向没有任何钢筋水泥立柱。设计使用寿命20年。

1966年2月将原来青年路(段家坝)21号传染病院南侧的气象台办公和宿舍用房约400平方米,包括10亩地,全部交给传染病院(现第三人民医院)使用。

1966年9月专署气象台迁至桃坞路57号新址,西毗农林局(相当于农林局的一个科室),北与水利局隔路相望,地委、专署也近在咫尺,气象服务非常方便,预报员向地委和防汛抗旱指挥部领导汇报天气时,都习惯带上天气图步行前往。

迁址后,生活条件改善了,在专署食堂搭伙,困扰多年的吃饭问题得到圆满解决。住宿条件大为改善,台长一户两间住房,达40平方米;已婚职工一户一间达20平方米。办公室做到台长单间,各业务组一组一间,甚至还有半间做专用资料室。

1970年,为地面观测组盖小平房4间,依北围墙而建,共约40平方米,分给小家庭做厨房。

1971年在桃坞路宿舍楼后面砍伐一棵大枇杷树盖两间平房。1974年又在桃坞路办公楼左前方小河边盖两间小平房。

1976年下半年南通地区机关在青年路西端北侧征地盖"地区机关宿舍",共6幢,其中第1幢(1号楼)由地区气象台和省海洋渔业气象台合建,总建筑面积1600多平方米,共四层,每层八套,两台各占16套。东半边属渔业台、西半边属地区气象台。

第十四章　财务与基建

1978年,气象职工家庭,原来仅住一间房的,现在可以分到一套房,使用面积小套约35平方米,大中套约55平方米(包括储藏室)。没有大套,人口多的分配两套或者一套半。尽管面积很小,但是这是气象职工第一次住上了"套房"。

1979年,地区台和省海洋渔业台商定,经省局批准,二台在青年西路东段北侧任港乡公社红光大队(即剧场村)6队征地7亩,共建业务办公大楼,建成后,归地区气象台使用,而地区气象台将原址让出给海洋渔业台作办公楼。

1980年7月9日,新办公大楼在红光大队6队建成,通过竣工验收,建筑面积1709平方米。1985年市地名办公室命名该地址为青年西路6号、2006年又改名为青年西路18号。

1981年4月中旬,南通地区行政公署气象台从桃坞路搬迁至青年西路6号办公。办公楼西侧安排做宿舍。

1981年下半年在新大楼北侧兴建平房8间,290平方米,最东首用作厨房、食堂,其余用作职工宿舍。

1985年5月21日南通市财贸办公室批复,同意气象局在桃坞路办气象招待所。气象招待所又在两个小楼中间西侧建4间平房作为厨房和餐厅。原办公室、宿舍都改造成营业用客房。招待所总建筑面积达1073平方米。原海洋渔业台职工宿舍经逐步安置后腾出。

1985年12月26日南通市计划委员会批准南通市气象局在青年西路办公楼西侧新建宿舍8套共600平方米。1986年6月峻工验收。8户职工各自进行简易装修后迁入新居。

1987年7月11日,江苏省气象局批复,同意南通市气象局拆除院内北侧平房兴建三层共18套职工宿舍,总建筑面积1182平方米。1988年8月18户职工各自进行简易装修后迁新居。

1993年12月中旬,根据住房改革办法优惠出售公有住房。

1994年南通市城乡建委所辖的实验房地产开发公司征用南通市气象局姚港路西侧观测场,实验公司提供10套(66平方米/套)住房给市气象局。另在观测场新址盖一座2层小楼供值班使用。

1995年气象局10户职工搬迁到虹桥东村9号、20号楼(三户)、23号楼(七户)。

1998年市气象局党组决定,移用中国气象局下拨的有关建设经费为13户住房面积小于37平方米的职工家庭补贴购房,平均每户补贴7.7万元。各户自行选购商品房,分布在虹桥北村,姚港路副31号,虹桥东村,金桥新村等邻近小区。这是最后一次福利性解决职工住房困难。

2001年9月桃坞路改造工程结束,在原址补还气象局被拆面积1073平方米,使用面积约540平方米,地址位于南通市桃坞路服饰城5号楼。

2002年12月4日,南通市计委同意"南通新一代天气雷达系统"立项。2003年3月3日中国气象局致函江苏省气象局,正式批复江苏南通新一代天气雷达系统立项。

2003年3月25日南通市财政局致函南通市气象局,2003年度安排南通新一代天气雷达年度配套项目补助经费300万元。

2003年4月28日通州市国土资源局下发"关于同意南通市气象局拨用国有土地的批复",征地20亩。

2003年9月26日中国气象局监测网络司批复江苏省气象局,同意南通兴东机场作为江苏省南通新一代雷达站建设站址。

2003年11月15日南通新一代天气雷达塔楼(4层)顺利封顶。

2004年4月13日雷达站土建工程交接验收。

2007年因观测场迁兴东机场,征地8亩,在塔楼东侧偏北位置盖平房10间,作值班室、集体宿舍、会议室,集体宿舍有卫生间。

大气探测中心(雷达站和测报站)总占地面积27.8亩,建筑面积2059平方米。

2008年选址南通市行政中心东侧园林路与世纪大道交叉口附近兴建"南通新一代雷达信息处理楼"暨"南通气象博物馆",征地16亩,由同济大学建筑设计研究院(集团)有限公司设计,共9层,建筑面积11611平方米。2009年11月10日开工典礼,2010年9月主体封顶。

第四节　数据处理设备变更

建站初期,数据处理设备是算盘,算盘也只有观测员、审核员和会计有,预报组可以借用。

1966年,南通专区气象台配备了一台手摇计算机,预报组用于做长期预报,1976年购置一台TDJ 101型台式电子计算器,功能很差,错误百出,没有派上用场,就送给了启东电子研究所;1983年配备了一台702P微机,也未发挥多大作用。1984年10月配备两台PC1500计算器和一台"苹果-Ⅱ"微机,这一台"苹果-Ⅱ"是南通气象台历史上性能较好、功能较全的第一台微型计算机。市局即派钱鹰到计算机厂参加培训班,学习应用技术。1985年南通市气象局添置IBM-286微机、康派克微机各一台,1993年添置IBM-386微机,县站也开始购买微机。从此,微机在气象系统进入了普及时代。至1995年,全市拥有IBM系列386型以上微机20多台,有力地推动了科研工作的开展。2002年基本实现了人手一台电脑用于办公。2010年南通市局本级有各类型号电脑116台,其中台式计算机96台,笔记本电脑20台。

第五节　交通车辆

1962年专区气象台为预报组配备永久牌28型新自行车一辆,用于每天给南通专区、南通市、南通军分区及专区直属单位送天气预报,给广播电台送预报单,让其他各组非常羡慕。在送预报时间之外,只有公事、急事才可以借用,并且必须及时返还。

1976年9月因基建运输需要,从长春汽车制造厂购置(省局支付)解放牌大卡车一辆,南通地区气象台首次拥有汽车。

1978年由省局配备北京212型吉普车一辆。1986年吉普车报废后,购进日本产丰田客货两用车一辆,使用五年后出售。1990年购面包车一辆,后出售。1991年购进上海牌小轿车一辆,这是南通市局所拥有的第一辆小轿车,使用四年后售出,复于1995年8月17日购进上海大众生产的普通桑塔纳一辆。2002年添置上海大众产帕萨特中档小轿车1辆。至2010年12月市局本级拥有各种型号的汽车17辆,其中一汽奥迪A6 1辆,上海大众12辆,上海通用、金杯、本田、尼桑各1辆。防雷中心管理7辆、办公室管理10辆。

第十五章　气象法规

第一节　行政执法

2000年1月《中华人民共和国气象法》颁布以后,气象依法行政工作逐步走上法制化管理轨道。

2002年,市局组建了南通市气象局执法支队,市及所辖六县(市)局均成立专业执法大队,配备专(兼)职人员共30人,通过市政府法制办公室组织的书面考试,合格者持证上岗。其中市局气象行政执法支队现有7人,专职执法人数为2人。配有专门的执法车辆。各县(市)局执法人员基本为兼职。行政执法常规工作由市局业务法规处具体分管负责。每年业务法规处结合省局执法目标管理要求,制定相应的年度工作计划。分类执法的内容涉及气象观测环境保护、防雷图审、防雷检测、防雷竣工验收、氢气球施放安全作业、天气信息归口发布等。仅2007—2009年,对非法传播气象信息执法工作5起,损坏气象观测环境保护1起,督促防雷图纸审批30起,避雷检测合格安全执法检查25起,对无资质、无执照、无施放球许可证的个人违法放球者扣留气球近50个。通过依法行政,有效地规范了气象信息发布、气象探测环境保护、规范施放气球市场、加强防雷安全等工作。

为加强气象执法队伍的建设、提升执法人员素质、提高执法水平,请法制办专家对执法人员进行了相关的行政执法知识培训。组织行政执法人员参加省、市级法制办举办的各类有关依法行政、依法执法等内容的人员培训班,不断提高行政执法人员素质。在执法工作中,建立有相应的执法规章制度,有监督管理措施和罚则规定,这些制度的制定不仅使气象执法工作有了指导原则,而且提高了依法行政的水平。

为了构建南通的和谐社会,营造良好法治环境,气象行政执法创新多样宣传方式,每年充分利用"3.23"世界气象日,组织预报、防雷、测报等一线业务人员走上街头发放宣讲材料,搭台接受市民咨询,开展气象科普知识和气象法律法规知识的宣传活动。

2007年3月31日至4月7日"防雷减灾宣传周"活动中,在全市共设置展板70多块,施放氢气球24只,设立彩虹门8座、发放宣传材料近万份,在主要道路悬挂过街横幅6条、举办防雷知识讲座2次,印发宣传品15000多份,播放防雷减灾专题片、幻灯片近20个小时。并组织了8辆防雷减灾宣传车队为期四天,途经60多个乡镇,行程近2000千米。深入到农村集镇,进行了全方位多层次的立体宣传。

每年还通过组织人员参加全市科普宣传周、"5.12防灾减灾日"和"安全生产宣传周"等全市大型的法制宣传活动,并通过电子显示屏等多样的宣传形式,深入学校、企业进行气象知识和气象法制宣传。2007年开始创办的《南通防雷减灾动态》,每年编发3~4期。使更多的人了解气象法律、法规,增强全社会的气象法制意识,共同搞好气象防灾减灾。

第二节　行政审批

2001年南通市人民政府实行行政审批制度改革,把行政审批的项目汇集在市政府行政中心集中审批。2002年1月23日,经南通市人民政府同意,在行政审批中心设立气象窗口。市气象局吴建军、吴晓萍、毛雁三位同志进驻南通市行政审批服务中心。吴建军首任气象局驻市行政审批服务中心气象窗口首席代表。两年后,顾茗、沈晓剑、杨国清相继接任。2012年2月8日迁至工农南路150号南通市政务中心办公。

根据全国人民代表大会颁布的《中华人民共和国气象法》、中国气象局第八号令《防雷减灾管理办法》,气象窗口负责的行政审批项目主要是建设项目中的防雷装置设施审核。防雷图纸审核通过后,跟踪防雷设施工程的施工、直至防雷工程的竣工验收。设计审核时提交的材料:(1)防雷装置设计审核申请表;(2)发改委建设项目的立项批复、核准或备案通知;(3)建设项目施工设计图纸一套。

竣工验收时提交的材料:(1)建设项目防雷装置的竣工验收申请表。(2)防雷工程的施工单位资质证书。(3)省气象主管机构出具的防雷产品备案材料。(4)防雷装置设计核准书。(5)防雷装置竣工检测合格报告。

2003年,根据国务院、中央军委联合颁布的《通用航空飞行管制条理》、中国气象局第五号令《施放气球管理办法》施行后,市气象局于2003年起依法在行政审批项目的行政许可中增加了无人驾驶自由升空气球施放的审批登记。在审批时需提交:(1)施放无人驾驶自由升空气球施放的资质证。(2)施放无人驾驶自由升空气球施放的个人资格证。(3)施放气球的时间、地点。(4)城市管理部门出具的审批材料。通过规范管理,避免、减少了安全事故,保障了空域安全。

第三节　气象法规及有关规范性文件

一、法　律

《中华人民共和国气象法》(1999年10月31日第九届全国人民代表大会常务委员会第十二次会议通过,自2000年1月1日起施行)

二、行政法规

《人工影响天气条例》(2002年3月13日国务院第56次常务会议通过2002年3月19日中华人民共和国国务院令第348号公布,自2002年5月1日起施行)

《通用航空飞行管制条例》(2003年1月10日中华人民共和国国务院中华人民共和国中央军事委员会令第371号公布,自2003年5月1日起施行)

《国务院对确定需保留的行政审批项目设定行政许可的决定》(2004年6月29日中华人民共和国国务院令第412号发布,自2004年7月1日起施行)

三、地方性法规

《江苏省气象灾害防御条例》(2006年7月28第十届江苏省人民代表大会常务委员

会第二十四次会议通过,自 2006 年 9 月 1 日起施行)

四、地方规章

《江苏省气象管理办法》(2003 年 5 月 22 日省人民政府第七次常务会议通过江苏省人民政府令第 14 号发布,自 2003 年 7 月 1 日起施行)

五、部门规章

《气象行政复议办法》(2000 年 5 月 2 日中国气象局令第 2 号公布,自公布之日起施行)

《气象资料共享管理办法》(2001 年 11 月 27 日中国气象局令第 4 号公布,自公布之日起施行)

《气象预报发布与刊播管理办法》(2003 年 12 月 31 日中国气象局令第 6 号公布,自 2004 年 2 月 1 日起施行)

《气象探测环境和设施保护办法》(2004 年 8 月 9 日中国气象局令第 7 号公布,自 2004 年 10 月 1 日起施行)

《防雷减灾管理办法》(2004 年 12 月 16 日中国气象局令第 8 号公布,自 2005 年 2 月 1 日起施行)

《施放气球管理办法》(2004 年 8 月 9 日中国气象局令第 9 号公布,自 2005 年 2 月 1 日起施行)

《防雷工程专业资质管理办法》(2005 年 1 月 18 日中国气象局令第 10 号公布,自 2005 年 4 月 1 日起施行)

《防雷装置设计审核和竣工验收规定》(2005 年 1 月 28 日中国气象局令第 11 号公布,自 2005 年 4 月 1 日起施行)

《气象行业管理若干规定》(2005 年 12 月 6 日中国气象局令第 12 号公布,自 2006 年 3 月 1 日起施行)

《涉外气象探测和资料管理办法》(2006 年 11 月 7 日中国气象局令第 13 号公布,自 2007 年 1 月 1 日起施行)

《气象专用技术装备使用许可管理办法》(2006 年 11 月 22 日中国气象局令第 14 号公布,自 2007 年 2 月 1 日起施行)

《气象行政许可实施办法》(2006 年 11 月 24 日中国气象局令,第 15 号公布,自 2007 年 2 月 1 日起施行)

《气象灾害预警信号发布与传播办法》(2007 年 6 月 11 日中国气象局令第 16 号公布,自发布之日起施行)

《气象行政许可实施办法》(2008 年 9 月 10 日中国气象局令第 17 号公布,自发布之日起施行)

《气候可行性论证管理办法》(2008 年 11 月 25 日中国气象局令第 18 号公布,自 2009 年 1 月 1 日起施行)

《气象行政处罚办法》(2009 年 3 月 31 日中国气象局令第 18 号公布,自 2009 年 5 月 1 日起施行)

六、规范性文件

南通市人民政府就加强南通气象工作,发展南通气象事业,专门先后下发了两个文件:2006年8月7日,经南通市政府十二届第55次常务会议审议通过《南通市气象管理办法》,并于2006年10月1日起在全市正式实施,2011年11月25日进行了修订。这是南通市颁布的首部规范气象工作管理的规章,标志着南通气象工作进入了全面、深入贯彻实施《中华人民共和国气象法》、《江苏省气象管理办法》的新阶段。

2007年11月《市政府办公室关于进一步加强气象灾害防御工作的意见》(通政办[2007]159号)正式出台。

第十六章　南通市气象学会

第一节　机构职责

南通市气象学会正式成立于1982年9月(原名南通地区气象学会),是气象科技工作者的学术性群众团体。业务活动接受市科协和江苏省气象学会双重指导,挂靠南通市气象局。接受南通市社会团体登记管理机关的监督管理。

南通市气象学会成立以来,每年召开一次学术年会,评选一次优秀论文奖,同时每年出刊《南通气象》两期。南通市气象学会的主要任务是:引导会员深入学习马列主义、毛泽东思想和不断运用邓小平理论及科学发展观等重要思想,指导自身的工作;开展学术活动,活跃学术气氛,提高学术水平;积极普及气象科技知识,反对伪科学,传播先进技术。尤其要致力于做好青少年的气象科技教育;办好内部交流的学术性刊物《南通气象》;举荐人才;表彰奖励优秀会员、先进集体;不定期颁发优秀科技论文奖;加强横向和纵向联系,开展科研活动,进行决策咨询和科技服务;关心帮助会员,反映会员的意见和要求,维护会员合法权益。

南通市气象学会的团体会员单位有11个,由南通市气象局及所属6县(市)局、吕四国家基准站和中国民航南通站气象台、紫琅中学、南通航运职业技术学院等单位组成。学会下设组织、天气、农业气象、气候、大气探测、科普、咨询服务等七个专业组和《南通气象》编辑部。现有会员194人。20多年来市气象学会先后换届8次,历届学会领导紧紧围绕学会宗旨积极开展工作,为繁荣和发展气象事业、为加速地区经济建设的稳步发展做出了积极贡献。

20世纪90年代起,南通市气象学会连年被评为"南通市先进学会"荣誉称号,多次受到江苏省学会和市科协表彰。具体情况如下:

(1)南通市气象学会1992至1998年连续7年获市科普宣传周先进集体;
(2)江苏省气象学会授予南通市气象学会"1993年度市级先进学会";
(3)江苏省气象学会授予南通市气象学会"1994年度气象科普先进集体";
(4)江苏省科普宣传周领导小组授予南通市气象学会"江苏省第九届科普宣传周先进集体";
(5)1999—2009年连续11年被南通市科协授予"南通市科协工作先进学会"称号;
(6)江苏省气象学会授予南通市气象学会"2006年度学会工作先进集体";
(7)江苏省气象学会授予南通市气象学会"2008年度学会工作先进集体";
(8)江苏省气象学会授予南通市气象学会"2005—2009年学会工作先进集体"。

第二节 业务活动

一、科普宣传

科普宣传是南通市气象学会的主要工作之一,同时也是多年来长抓不懈的重要工作。市气象学会注重依托"3·23"世界气象日、"科技节暨科普宣传周"、"安全生产月"等契机,开展大型科普宣传活动。积极创新宣传方式,深入农村、社区、学校、企业、机关等单位,利用电视、广播、报纸、网站等媒体,采取召开座谈会、有奖竞猜、现场咨询等形式,开展广覆盖、多媒介、多形式的宣传工作。主要做法一是每年"3·23"世界气象日期间,围绕纪念主题开展丰富多彩的宣传活动。同时市气象学会召开常务理事会。二是接待市民和广大青少年学生到军山气象台、市气象台预报大厅参观。2006年,还组织了送科普读物到学校、到基层活动,在市紫琅中学举行了赠书仪式。据统计,截至2010年共接待民主党派、学校团体到气象台、兴东雷达站参观6批次。三是主动配合和参与省、市等单位组织的"科普宣传周"活动和其他大型科普活动。

2007年4月,市气象局、气象学会联合市安监局在环西文化广场隆重举行以"防雷减灾为新农村建设服务"为主题的"防雷减灾宣传周"活动启动仪式。南通市人民政府副市长吴晓春、市委宣传部副部长以及各分管区、县(市)长、市、区、县(市)发改委、政府法制办、消防支(大)队、建设局、科协、行政审批服务中心、市电气协会、市部分建筑设计研究院、市部分房地产开发有限公司、市部分化工企业等共计93个政府部门和单位的代表参加了启动仪式。南通电视台、广播电台、南通日报、江海晚报等我市四家主流媒体均派出记者到会采访。当日,还在市环西文化广场设摊开展了大型科技咨询服务活动,过往市民纷纷围绕在展台前进行咨询相关雷电危害、雷电的防护等科普知识或索取资料,宣传效果良好。

活动正式启动后,六辆防雷减灾宣传车绕城区并赴6(县)市开展为期四天的防雷减灾知识大宣传。六辆防雷减灾宣传车队共行程2000多千米深入到各县、乡、镇、村、组,通过广播宣传、发放科普宣传资料,搭台进行咨询,把雷电防护知识宣传做到进村入户,使雷电防护、灾情处置等知识家喻户晓,增强群众自我保护和救助能力,有效避免或减轻雷电灾害给人民群众造成的灾害或损失。

2002—2008年,共展出气象事业发展、气象新科技、气候变化、防雷、气象灾害、气象与工农业生产、气象与生活等展板400多块,发放科普传单30000多份,接待大中小学校学生和公众参观25000多人次,开展科普专题讲座30多场,参加人员20000多人,各有关活动现场咨询20000多人次,发放"市民安全手册"40多万册,回收气象调查问卷4000多份,调查反映天气预报满意率超过95%。

二、学术交流活动

组织学术交流会、学术报告会,为科技工作者营造一个相互学习、相互提高的氛围,是南通市气象学会历年的工作重点。南通市气象学会在南通市优秀科技论文评审工作中发挥了一定作用。

1985—1989年,刘德清任南通市科学技术协会自然科学优秀论文评审委员会委员,兼农牧气象组副组长。

1990—1997年,孙锦铨任南通市科协自然科学优秀论文评审委员会委员,兼农牧气象组副组长。

1997年7月24日,南通市科协在市气象局四楼会议室召开"农牧气象专业组1995—1996年度科技论文评审会",专业组组长是气象局局长葛汉钧。

1998年后,自然科学优秀论文一部分由市政府奖励,另一部分由市科协奖励。成立南通市自然科学优秀论文评审委员会,施元冲为第一届、第二届市评委,兼农牧气象组副组长。

2001年《FSFE02和FSFE03的降水漏报订正及其应用》获"1999—2000年度南通市人民政府优秀科技论文一等奖"。这是南通市气象学会首次获得市政府颁发的优秀科技论文一等奖。

2003年7月7日南通市自然科学优秀论文评审委员会办公室决定成立"农、渔、气象专业评审组",宗周全为第三届市评委,兼农、渔、气象组副组长。

2006年江苏省气象学会召开年会,市局共向大会提交论文18篇,被定为发言交流的有10篇,书面交流8篇,其中有四位同志获得了大会颁发的优秀论文奖。这次交流无论是论文数量,还是获奖人数均为历年最多。同时共推荐参加市科协年度优秀论文评审获优秀论文奖约30余篇。

2007年8月21日南通市第五届自然科学论文评审会在南通市气象局召开。市气象学会共有12篇论文参评,其中《长江下游东段高水位的天气型及预报服务决策》获市政府一等奖,《南通地区干旱灾害分析及防御对策》获市政府二等奖。

2010年1月市政府公布第六届自然科学优秀学术论文奖,市气象学会获1项二等奖、3项三等奖。

2011年12月市政府公布第七届自然科学优秀学术论文奖,市气象学会获1项一等奖,2项三等奖。

三、学术讲座与培训班

1982年10月举办《模糊数学讲习班》,共25名会员参加,为期一周,会员周道林(1966年南京大学数学专业毕业,南通肿瘤医院高工)主讲,有油印本《模糊数学讲义》一书分发。

1983年7月开展《台风路径和风雨预报学术讲座》,30名会员参加,为期一周,由上海中心气象台王志烈和江苏省气象科学研究所唐章敏二位专家主讲。

同年7月南通县气象站预报员林修德(后在美国科罗拉多大学高层大气物理系获理学博士学位)在参加完国际臭氧大气化学学术会议(在希腊召开)后,回南通县气象站度假。这一期间受南通市气象局、南通市气象学会邀请,作学术报告。南通市气象局全体人员参加听讲并作了交流。

1984年7月14—25日开展《PC-1500计算机使用培训班》,各县站及吕四站选派各类业务人员13人参加。培训班后期聘请南京气象学院曹作豪老师讲授有关的应用程序。

1985年3月下旬举办《测报人员PC-1500计算机学习班》,各站测报人员参加,为期10天。能者为师,会员授讲,学会使用,并能排除小故障。

1985年9月3—12日《气候评价学习班》在海安举行,各台站资料员参加,以提高撰写气候影响评价的水平。会员张忠兵主讲。

1985年9月9—28日《农气人员PC-1500计算机学习班》举行,各站农气员参加。会员宋宝初主讲。

1993年6月举办《台风、暴雨学术讲座》,主讲中国气象科学院院长陈联寿教授。省局局长、省气象学会理事长任广昌陪同来通。

1994年11月1日至5日《全国风暴潮基本原理及其预报讲习班》举行,中国气象局业务司海洋处主办,南通市气象学会协办,到班50人(其中南通市气象学会会员10人)。由上海市气象局原副局长秦曾灏教授主讲。

1995年8月《非对称台风的路径预报》学术报告会,由南京气象学院罗哲贤教授主讲,约20位会员听讲。

1995年9月19—20日,《青藏高原对长江流域天气气候的影响》学术报告会,由陈联寿院长主讲,任广昌陪同来通。

1995年12月25—26日《施放气球知识及安全操作培训班》举行,南通市气象学会主办,省学会陈开喜秘书长指导,22位会员接受了培训和考试。

1997年9月中旬,《1997年华东区域预报论文交流会》在南通举办,出席会议代表共48人,交流论文30余篇。交流会技术组主办,南通市气象学会承办。

1999年3月20日中国科学院巢纪平院士在南通中学(校庆日)作《1998年洪涝与厄尔尼诺现象》、《海洋环保与气象》两个学术报告,共有专家领导41人出席听讲,南通市气象学会有7人前往听讲。报告会后,巢纪平院士还来到气象台与气象科技工作者开展了座谈,并对预报组作了业务指导。

2004年12月《施放气球知识讲座》举行,30人参加,由南通市气象学会主办,授讲后进行了考试。

2009年1月10—12日举行了《施放气球资格认证培训班》,苏、锡、通三市45人参加了此次培训,王筛祥(省局)、陈维忠(苏州市气象学会)主讲,南通市气象学会主办。授讲后进行了考试,考试合格率为100%。

2009年3月20日邀请省气象局气候中心主任、高级工程师许遐祯来通作《气候风险评估技术探讨》报告,来自县(市)局共50人听取了报告。

四、在市科协与省学会任职情况

1. 南通市气象学会会员历任南通市科学技术协会委员:
1991年戴武杰当选为第五届市科协委员;
1997—1998年葛汉钧任南通市科协副主席(兼职);
2001年耿建生当选为第七届市科协委员;
2006年金步圣当选为第八届市科协委员;
2010年7月宗周全增添补为第八届市科协常委,2011年3月当选为第九届市科协常委。

2. 南通市气象学会会员历任江苏省气象学会职务起始时间:
1960年2月张锡林任江苏省气象学会第五届理事会理事;

1979年1月起刘德清任江苏省气象学会第六、七届理事会理事；
1984年3月孙锦铨被江苏省气象学会聘为《气象科学》编辑委员会委员；
1987年3月起孙锦铨任江苏省气象学会第八、九届理事会理事；
1996年4月施元冲任江苏省气象学会第十届理事会理事；
2000年6月起宗周全任江苏省气象学会第十一届、十二届、十三届理事会理事。

第三节 《南通气象》

由南通市气象学会主办的《南通气象》创刊于1982年6月，定期出版、内部发行。期刊执行编辑先后由孙锦铨、方维之、宋宝初、金步圣四人担任。其中前15年由孙锦铨主编。至2011年8月，已编辑出版40期。

1982年南通市气象学会成立，《南通气象》也由此应运而生。在此之前，但凡在市局举办的学术交流会上进行交流的技术总结均以论文汇编的形式出版。《南通气象》创刊时为油印本，内容单一，为纯气象业务技术文章，与原来的技术汇编无大差异，明确由市气象学会主办，期刊开始正式编号。从1988年开始，期刊内容增加了全市学会会员参加不同规格学术交流、获奖的情况摘录以及学会活动简讯报导等。自1996年起，对发表的气象业务文章进行了分类，大体分为：天气气候、大气探测、防雷、电子技术、农业气象、应用气象等目录设置。

1997年10月，请时任南通市市长程亚民为《南通气象》题写刊名，从1997年11月《南通气象》第20期起，刊名采用程市长的题字，印数增至360册。

自2006年后，《南通气象》从版式设计到期刊内容进行了较大幅度的改版和调整，栏目重新设置为：本刊专稿、业务技术交流、气象科技服务、防雷减灾、台站园地、专题征文、简讯报导、文苑等。增加了封面、封底、封二、封三摄影图片报道，以图文并茂的形式展现市气象局、市气象学会一段时间以来的一些重大活动和台站新貌。简讯部分，报道在科普宣传、学术交流、气象业务技术等方面工作动态，学会会员参加学术交流和各类气象业务活动以及学会会员受到各级业务部门表彰等情况。为了配合气象文化建设活动开展，《南通气象》从2006年起新增了"文苑"专栏，主要刊登讴歌气象工作者高尚情操、气象事业健康快速发展的短文。这个栏目的开辟，激发了不少同志的兴趣，他们把在气象工作中历史事件、南通气象事业发展历程、从事气象工作体会等以诗歌、散文、随笔、回忆录等形式记录下来，展现出一代又一代气象工作者对气象工作的满腔热情，抒发对事业的不断追求、不断拼搏的豪情壮志。

改版后的《南通气象》半年期刊刊登的内容更为丰富，稿源有了明显的增加，28年来，《南通气象》共发表各类气象技术论文达400多篇，其他类稿件100多篇，受到有关方面的高度关注。全市不少学会会员踊跃向《南通气象》投稿，其撰写气象科技论文的方法和写作水平也得到了逐步提高。不少论文被推荐至气象类核心期刊发表。

《南通气象》的正常编辑、内部发行为全市气象学会会员搭建了一个在业务技术、工作等诸多方面互相学习、互相交流的平台，同时也营造了积极进取、刻苦钻研气象业务和学术科研的氛围。如今分布在全市预报、测报、农气、防雷、业务管理的许多会员都是《南通气象》的忠实读者和作者。

1988年以前，《南通气象》期刊的组稿、审稿、校核均是由局资深专业技术人员兼任。

1988年开始,在每期《南通气象》上注明本期工作人员,分为编辑、绘图、后勤类别。

1996年《南通气象》期刊工作人员由主持人、主编、后勤人员组成。

1997年成立了《南通气象》编辑委员会,由学会理事长、副理事长任编委会正、副主任,理事任编委。主编、副主编由理事长、秘书长或理事担任。编委会负责对《南通气象》期刊设计总体方向。

主编、副主编在编委会的领导下,具体负责期刊的征稿、审稿、校录、目录编排、版面设计和内部发行。表16.1为《南通气象》编辑一览表。

表16.1 《南通气象》期刊编辑情况一览表

年份	期刊编号	年份	期刊编号
1982年	第1期	1997年	第19、20期
1983年	第2、3期	1998年	第21、22期
1984年	第4、5期	1999年	第23、24期
1985年	第6期	2000年	第25、26期
1986年	—	2001年	第27、28期
1987年	第7期	2002年	第29期
1988年	第8、9期	2003年	第30期
1989年	第10期	2004年	—
1990年	第11期	2005年	—
1991年	第12、13期	2006年	第32期
1992年	第14期	2007年	第33期
1993年	—	2008年	第34、35期
1994年	—	2009年	第36、37期
1995年	第15、16期	2010年	第38、39期
1996年	第17、18期	2011年	第40期

第四节 优秀论文评奖办法

南通市气象科技优秀论文奖评奖办法共6条,全文如下:

第一条 本办法根据南通市科学技术协会有关规定制定,并参照其评选办法执行。

第二条 本奖分3个等级,凡具备下列条件之一者,可分获各奖级。

一等奖:1.在气象科技理论上有所创新和有独到见解并取得有关高级专家书面评审意见的论文;2.参加全国性学术会议交流,并得到会议好评的论文;3.在全国性学术刊物发表,确有学术价值的论文。

二等奖:1.在气象科技领域具有省内先进水平的论文;2.参加全省性学术会议交流,得到同行专家好评的论文;3.在省级或市级学术刊物发表,具有一定学术价值的论文。

三等奖:1.在气象科技领域具有市内先进水平,对气象业务、服务有明显作用的论文;2.在市以上学术刊物发表或学术会议交流,确有一定实用价值的论文;3.尚未发表和交流,但经专家评审认为具有一定学术价值的论文。

第三条 获奖论文除发给奖励证书外,另发小额奖金;一等奖50元、二等奖30元、三等奖 20 元。

第四条 本奖每二年评选一次,时间放在市科协优秀科技论文奖评定结果公布之后。凡已获奖者,不再授奖,由于出版周期长而延误了获奖时机的,可予补授。

第五条 本奖的申报、评审、授奖事宜由市气象学会正副秘书长负责,奖级由学会常务理事会主持评定。

第六条 本办法自 1991 年 1 月 1 日起施行,并由市气象学会负责解释。

从 1991 年至 2010 年 20 年间共评南通气象科技论文奖 9 次,奖励优秀论文近百篇。奖金金额 2009 年调整到一等奖 300 元、二等奖 200 元、三等奖 100 元。

2007 年 3 月 23 日,南通日报社组织的外来工子女参观市气象台

2010 年纪念"3·23"世界气象日,气象科普宣传走进"政风行风"热线

第十七章　气象文化

第一节　机关文化

一、机关文化发展历程

20世纪80年代，南通市气象系统各台站抽调专人参加了县志、市志的编辑工作，负责自然环境、气候、气象灾害等有关章节的编撰。南通市局在1992年9月完成《南通市志·气象分志》送审稿（油印本），呈送市志办公室，相关内容被《南通市志》采用。

20世纪90年代初，南通市气象局大门南侧写了"观云测天为人民，优质服务创一流"的大幅标语，它是南通气象人心灵的写照，同时也激励气象人奋发向上的精神。

20世纪90年代中期，南通市气象局向职工提倡文明用语，并把它列入职工考核内容，从制度上规范职工的职业行为。把常用的五条文明用语贴上值班室墙上及楼梯口，职工一抬头就能看到"您好！请！对不起！谢谢！再见！"这些简单文明用语，很快成为了职工的自觉行动。

2002年起，南通市气象局院内建立了宣传窗栏，结合中心内容，定期更换。先后展示过文明用语、南通市市民守则、胡锦涛总书记提出的"八荣八耻"、建党70周年和改革开放30年气象成果展。向社会公布12条服务承诺等。

2006年，根据全国《气象文化建设实施纲要》，结合南通实际和气象工作实际，南通市气象部门也开始启动气象文化建设。

2007年，市局党组把开展气象文化建设活动摆在重要位置。7月份在全市办公会议上，各县（市）局主要负责人一致认为：随着气象事业的不断发展，气象部门干部职工需要气象文化建设，需要有一个展示气象人形象的平台。

2007年全市气象部门在开展文化建设方面卓有成效。各单位都制定了气象文化建设的规划并给予了实施。南通市局组织团员青年上党课；市局党总支积极组织党员同志开展有意义的活动，使广大党员同志深受鼓舞。同时还组织职工开展各种有意义的娱乐活动，举行了跳绳、踢键子、拔河、打牌比赛等，参加了市级机关工委组织的羽毛球比赛，在参赛的50多个球队中取得了优胜奖的好成绩；组织职工开展钓鱼比赛。

为迎接中国气象局在江苏举办的第二届行业运动会，南通市气象局积极选送运动员参赛，并取得了优异的成绩，受到了省局领导的表扬。

2008年南通市气象局继续大力发展气象文化建设。一是在全市台站基础设施建设中取得了明显的成效，开展了预报会商室统一规划、统一设计、统一标准的升级改造工作。二是开展了气象文化建设课题研究，确定了南通气象文化建设的总体思路和框架。如皋局和海安局开展了气象文化建设的试点工作。三是向全市气象部门干部职工公开征集凝练南通气象人精神用语。四是通过网站、办公网等方式向社会公开征集"南通气象"标识,专题开会对征集到的标识进行了讨论,并最终确定了设计方案。五是结合工作实际,对已有的规章制度进行了梳理、补充和完善,形成了《南通市气象局规章制度汇编》,进一步规范内部管理,提高了机关工作的制度化、科学化、规范化水平。六是召开了全市气象文化建设专题研讨会,两个气象文化建设试点单位认真总结、交流了开展气象文化建设以来的经验和体会。确立了下一阶段全市气象部门将在积极探索具有南通特色、行业特点的气象文化;积极弘扬南通气象人精神,树立良好的南通气象人形象和部门形象;加快《南通气象职工道德行为规范》的制订,进一步加强职工思想道德建设,加强科学发展观、人才观和正确的政绩观教育;进一步加强气象文化基础设施和阵地建设,建立五室一场,即图书阅览室、综合活动室、气象事业发展历程室、荣誉室、健身室、室外活动场等,营造团结、和谐、活跃的气象文化氛围等气象文化建设重点工作。

由宗周全局长主持撰写的《加强南通气象文化建设》的论文还获得了南通市机关党建工作研讨论文二等奖。

2009年4月,局党组决定编写《南通气象百年》一书。编辑组由组长金步圣、撰稿人孙锦铨、电子编辑刘佳3人组成,由张圣泉担任资料员协助工作。

2009年国庆前夕,南通市局在市科协大会堂举行了"迎国庆60华诞,展气象职工风采"南通市气象系统首届文艺汇演,并邀请市科协领导参加,组成以宗周全为主任的评委会。节目结束后评选出一等奖一项、二等奖两项、三等奖三项。

2010年6月30日,开展了全市气象部门"迎七一唱红歌"比赛,以一场红歌赛喜迎党的生日。来自全市7个县(市、区)气象局(站),市局机关行政、业务、科技三个党小组,市局团支部等11支代表队参加了比赛。

2010年9月《南通气象百年》草拟稿刊印,并在局内外征求意见。

2011年3月市局党组根据南通市地方志办公室专家意见,决定在《南通气象百年》草拟稿基础上增加"县局篇",进一步修改补充,写成《南通气象志》。4月8日,南通气象志编辑室成立,仍由金步圣、孙锦铨、刘佳为执行编辑,各县(市、区)局及吕四站指定专人参与编写。他们是:通州张武龙、海安朱海笑、如皋曹成、如东任乃鹏、海门许春艳、启东蒋林冲、吕四张革新。

二、表彰奖励

南通市气象局历史悠久。1984年江苏省海洋渔业气象台并入后,成为全省规模最大、任务最重的市级气象局。改革开放以来,气象工作成绩斐然,为经济社会实现又好又快发展、为保障人民生命财产安全作出了巨大的贡献。多年来,南通市气象局汇集、培养了大批优秀的气象科技工作者和管理人才。年年出成果,年年受表彰(参见表16.2)。在广泛征求意见的基础上,通过民意投票形式,南通市气象局荣获2003年度"市级机关人民满意单位"称号。同年获此殊荣的仅5个单位。

表 16.2 南通市气象系统获市、厅级及以上部门奖励的先进集体

获奖项目名称	获奖单位	获奖日期	授奖单位
江苏省科学大会奖	南通地区气象台	1978.06	江苏省革命委员会
东海区三省一市海上大风预报科技成果推广奖	江苏省海洋渔业气象台	1982.03	中华人民共和国农委、科委
《六至七月大暴雨的区域预报方法》成果奖	南通地区气象局气象室	1982.12	南通地区行政公署
《南通地区雹暴预报模式》成果奖	南通地区气象局预报组	1982.12	南通地区行政公署
《棉花有效铃开花终止期温度指标的研究》成果奖	南通地区气象局	1982.12	南通地区行政公署
8406 号台风预报服务准确及时	南通市气象台	1984.12	国家气象局
1984 年成绩显著	南通市气象局雷达组	1985.01	江苏省气象局
冬汛气象服务成绩突出，获二等奖	江苏省海洋渔业气象台	1984.01	江苏省气象局
1984 年南通市文明单位	南通市气象局	1985.02	南通市人民政府
在社会主义建设中成绩优异，特予嘉奖，此令	南通市气象局雷达组	1985.03	江苏省人民政府省长顾秀莲
1984 年度重大灾害性天气、关键性天气预报服务中取得优异成绩	南通市气象局	1985.08	江苏省气象局
服务工作成绩显著	南通市气象台雷达组	1985.01	江苏省气象局
1985 年度文明单位	南通市气象局	1986.03	南通市委、市政府
《我国东部海面台风路径的一种经验综合方法》科技进步奖	南通市气象台	1986.07	南通市人民政府
1987 年度文明单位	南通市气象局	1988.06	南通市委、市政府
《江苏省沿海 4—6 月大风分析预报研究科技进步奖》四等奖	南通市气象局	1989.04	南通市人民政府
1988 年度文明单位	南通市气象局	1989.04	南通市委、市政府
《江苏省强对流天气短时预报试验研究》科技进步奖四等奖	南通市气象局（五个单位排名第二）	1990.11	国家气象局
气象服务工作准确及时	南通市气象台	1990.10	南通市防汛防旱指挥部
1990 年度精神文明建设先进集体	南通市气象局	1991.05	南通市政府
1990 年度双文明建设先进集体	南通市气象局服务科	1991.02	江苏省气象局
南通市抗洪救灾先进集体	南通市气象局	1991.09	南通市委、市政府
南通机场建设工作作出贡献	南通市气象局	1993.02	南通市人民政府
《南通市蔬菜生产防灾减灾决策系统》科技进步奖三等奖	南通市气象局	1993.05	南通市人民政府
1993 年度气象服务先进集体	南通市气象局	1994.02	中国气象局
双文明建设先进集体	南通市气象台	1997.02	江苏省气象局
1996 年度在为农服务工作中成绩显著	南通市气象局	1997.02	南通市政府
1996 年度市区防洪保安工作成绩显著，被评为先进集体	南通市气象局	1997.05	南通市防汛抗洪指挥部
1996 年度市区防洪保安工作成绩显著，被评为先进集体	南通市气象局	1997.05	南通市防汛抗洪指挥部

第十七章 气象文化

续表

获奖项目名称	获奖单位	获奖日期	授奖单位
共创八运会气象服务佳绩	南通市气象局	1997.10	八运会气象服务中心 上海市气象局
1997年防洪抗台工作先进集体	南通市气象局	1997.12	南通市人民政府
1997年度为农服务工作中成绩显著	南通市气象台	1998.02	南通市委、市政府
首批"南通市文明行业"	南通市气象局	1999.09	南通市委、市政府
1997—1998年度文明行业荣誉称号	南通市气象系统	1999.01	南通市委、市政府
1997—1999年度双文明建设先进集体	南通市气象局专业服务部	2000.12	江苏省气象局
1999—2000年度市文明行业	南通市气象局	2001.01	南通市委、市政府
南通市海洋气象预报服务系统	南通市海洋气象台	2001.08	南通市政府
《"2S技术在滩涂开发中的研究及其应用科技进步奖二等奖》	南通市气象台	2001.08	南通市人民政府
《"2S技术在滩涂开发中的研究及其应用》科技进步奖三等奖	南通市气象台	2001.12	江苏省人民政府
三峡移民安置优秀组织单位	南通市气象局	2002.07	南通市三峡移民安置领导小组
公民道德建设演讲比赛"团体优胜奖"	南通市气象局	2002.09	江苏省气象局
"2002年度港洽会组织工作"三等奖	南通市气象局	2002.10	南通市委、市政府
2003年春运组织工作先进单位	南通市气象局	2003.03	南通市人民政府
2002年度市机关"人民满意单位"	南通市气象局	2003.03	南通市委、市政府
青年文明号	南通市气象台	2003.05	南通市委、市级机关工委、共青团南通市委
《江苏省"海上苏东"气象服务系统》获科学研究和技术开发奖二等奖	南通市气象局	2003.12	中国气象局
2001—2002年度省、市文明行业	南通市气象局	2003.12	南通市委、市政府
2003年中国南通港口经济洽谈会组织工作三等奖	南通市气象局	2004.01	南通市委、市政府
2004年度南通市春运工作先进单位	南通市气象局	2004.02	南通市人民政府
省气象局表彰气象记录档案保管体制调整先进集体	南通市气象局	2005.01	江苏省气象局
表彰全省气象系统先进集体和先进工作者	南通市气象台	2005.01	江苏省人事厅、江苏省气象局
2005年度南通市春运组织工作先进单位	南通市气象局	2005.03	南通市人民政府
2004年三峡移民转运接收优秀组织单位	南通市气象局	2005.03	南通市对口支援工作领导小组
2003—2004年度南通市文明单位	南通气象系统	2005.12	南通市委
2003—2004年度江苏省文明行业	南通市气象系统	2006.01	江苏省气象局文明委
2005年度目标考核(本局为优质服务单位)	南通市气象局	2006.03	南通市委
2003—2004年度江苏省文明行业	南通市气象系统	2005.12	市委、市政府
2006年度南通市春运组织工作先进单位	南通市气象局	2006.03	南通市人民政府

续表

获奖项目名称	获奖单位	获奖日期	授奖单位
2005年市级机关作风建设和目标考核优质服务奖	南通市气象局	2006.03	南通市委
江苏省第十六届运动会承办工作先进集体	南通市气象局	2006.12	南通市委
2006年港口洽谈回组织工作三等奖	南通市气象局	2007.01	南通市委、市政府
2006年安全优胜单位	南通市气象局	2007.01	南通市人民政府
抗击风暴潮先进集体	南通市气象局	2007.04	南通市人民政府
2007年度春运工作先进单位	南通市气象台	2007.04	南通市人民政府
全国气象科技服务先进集体	南通市气象局专业气象台	2007.01	中国气象局政策法规处
2007年安全生产优胜单位	南通市气象局	2008.01	南通市人民政府
2008年初低温雨雪冰冻灾害气象服务先进集体	南通市气象台	2008.03	江苏省气象局
2008年度春运组织工作先进单位	南通市气象局	2008.03	南通市人民政府
北京奥运会火炬接力南通境内传递工作先进集体	南通市气象局	2008.09	南通市委、市政府
行政审批服务工作先进集体	南通市气象局窗口	2008.10	南通市人民政府
南通市2008年度安全生产先进集体(优胜单位)	南通市气象局	2009.01	南通市人民政府
2008中国南通港口经济洽谈会组织工作先进单位(三等奖)	南通市气象局	2009.02	南通市委
2009年度春运组织工作先进集体	南通市气象局	2009.03	南通市人民政府
南通市市级机关2008年度服务地方先进单位	南通市气象局	2009.03	南通市委
2007—2008年度全省气象科技服务先进集体	防雷中心	2009.04	江苏省气象局
2009中国南通港口经济洽谈会组织工作先进单位(三等奖)	南通市气象局	2009.10	南通市委
2009年江苏省气象部门庆祝建国60周年暨第二届文艺汇演活动情况的通报(三等奖)	南通市气象局	2009.10	江苏省气象局
表彰2007—2008年度南通市文明行业	南通市气象系统:海安县、如皋县、如东县、海门市、启东市、通州区	2009.12	南通市委
表彰2009年度安全生产优胜单位	南通市气象局	2010.01	南通市人民政府
表彰2010年度春运组织工作先进单位	南通市气象局	2010.03	南通市人民政府
表彰2009年度应急管理工作先进单位	南通市气象局	2010.03	南通市人民政府
南通市机关作风建设目标责任制管理工作领导小组表彰2009年度市级机关先进处室	南通市气象台	2010.03	南通市人民政府

第二节 文明创建

1963年4月9—12日,南通专区气象台召开了专区各县气象站站长会议。会上,对如何做好1963年的工作以及开展"三好"台站和"五好"气象员评比工作,进行了认真讨论。会议还对气象台站的体制调整、基本建设、干部培训等交换了意见。11月4—7日,专区气象台在海安县召开了专区气象工作座谈会。参加会议的有各县气象站及吕四海洋水文气象站的站长、业务负责人和专区台的代表共10人。会议部署继续开展"三好气象站"与"五好气象员"竞赛活动并初步选出全区的"三好气象站"与"五好气象员"。

1965年2月评比了1964年度的"三好气象站"和"五好气象员"。

1966年2月,专区台表彰马鹤松、王颂章、刘德清为"五好气象员"。

1978年3月7—11日,地区行署气象台在南通县召开了全区气象工作和"双学"先进代表会议。参加会议的有各气象站站长、"双学"先进个人和先进气象哨的代表,共43人。会议总结交流了气象部门在"双学"活动中的经验,明确了1978年全区气象工作的主要任务;表彰了"双学"先进单位13个,先进个人11名。气象台农气组为先进单位,刘忠、任遵海、宋宝初为先进个人。

1979年3月8—19日,地区行署气象台组织各气象站站长对1978年开展社会主义劳动竞赛情况进行了检查评比,1978年夺得红旗的单位是南通县气象站(测报)、启东县气象站(预报)、如皋县气象站(农气)。

1980年2月原海洋渔业气象台预报组副组长施元冲被授予"江苏省农业劳动模范"称号。

1986年5月28日,为了加强和改进思想政治工作,推动两个文明建设,江苏省气象局转发了《南通市气象局长思想政治工作责任制》和《南通市气象局科(站)长思想政治工作责任制》两个文件。

1987年2月13日,南通市气象局对在创建"优美环境、优良秩序、优质服务、优异质量、优良作风"活动中的启东、海门气象站确定为"五有"文明单位,给予表彰。

1990年10月22日,江苏省气象局政工处向各市气象局转发了南通市气象局《关于进一步加强思想政治工作的若干规定》一文。

20世纪90年代以来,南通市气象局不断强化精神文明建设,为全市气象事业发展和各项改革提供强大的精神动力和智力支持,创造了良好的工作生活环境。同时开展对农村困难户结对帮扶,帮扶对象为唐闸、通州新生乡、正场乡各一家。帮扶数年。

1991年2月1日,江苏省气象局党组表彰全省气象部门1988年以来"双文明"建设先进集体和先进个人。南通市气象局服务科获先进集体称号,朱竞成、毛锦权、曹书涛、包士芳、张锡林获先进个人称号。

1996年2月16日,为丰富职工业余文化生活,陶冶情操,南通市气象局耗资1.2万元购买卡拉OK机一台,供全局职工开展文娱活动。

1997年3月4日,江苏省气象局召开了全省气象部门精神文明建设工作会议。省人事厅和省气象局联合表彰了8个先进集体和12名先进工作者,其中海安县气象局被授予"先进集体"称号。吕四站赵绳武被授予"先进工作者"称号。全省气象部门表彰了14个先进集体和38名先进个人,其中南通市气象台被授予"先进集体"称号;严汉杰(通州)、王颂章(市局)、曹书涛(如东)、王建明(市局)被授予"先进个人"称号。

6月26日全局干部职工参加了"迎接香港回归联欢会",举行了趣味知识有奖问答、竞猜谜语、歌咏等活动。

1998年3月,江苏省气象局和江苏省精神文明建设委员会办公室(省文明办)联合下发《关于在全省气象系统深入开展创建文明行业活动的实施意见》,根据这一部署,南通市气象部门创建文明行业工作正式启动。

2002年4月26日,南通市政府通政发[2002]77号文,授予市局唐斌耀同志南通市劳动模范称号。

2003年3月25日,南通市委、市政府召开隆重的表彰仪式,对2002年全市"目标责任制考核先进单位"和"人民满意单位"进行表彰。南通市气象局作为全市6家"人民满意单位"之一,受到市委、市政府的表彰,这是全市农口及条管系统中唯一获此殊荣的单位。"人民满意单位"是南通市委、市政府授予市级机关部门的最高荣誉称号。

5月4日,南通市气象台预报组受到机关工委和市共青团联合表彰,荣获"2002年度市级青年文明号"称号。

12月8日,南通市气象台预报中心等全市气象系统6家窗口受到市文明委表彰,荣获市"诚信窗口"称号。

12月23日,南通市气象系统被江苏省文明委授予"2001—2002年度江苏省文明行业"荣誉称号。

12月31日,南通市气象系统被南通市委、市人民政府授予"2001—2002年度南通市文明行业"荣誉称号。

2005年1月25日起,全市气象部门六个单位作为第一批保持共产党员先进性教育活动参学单位,开展了为期4个半月的先进性教育活动。

3月16日,为提高职工身体素质、丰富职工业余生活、增进职工间的了解和友谊,南通市气象局组建了篮球、乒乓球、羽毛球兴趣小组,这也是南通市气象局在精神文明建设工作上迈出的新的一步。

5月5日,全局上下开展"铸诚信、迎十运,满意在窗口优质服务竞赛活动"。这是2005年以来在气象部门推进诚信建设、促进优质服务,以实际行动争创江苏省文明行业的一项重要工作。

6月3—8日,张鹏同志先进事迹宣讲团赴各县(市)局巡回演讲。

7月9日,南通市气象系统举办了首届行业运动会,来自全市6县(市)近百名运动员参加了运动会。

8月4日,南通市气象局领导冒着高温专程到南通西藏民族中学,将爱心基金送到学生梅朵措姆手中,资助她上大学。

9月,城市调查大队对2003—2004年度南通市气象系统文明行业创建成效社会评价满意度测评活动中,对气象行业的满意率为98.71%,整体综合得分为78.96分,均比2001—2002年度有所提高。对市、县气象台的整体预报服务满意程度,综合得分79.25分,均超过总体综合得分。

第十七章　气象文化

12月,以"笔墨清风润台站丹青神韵和人心"为主题的全省气象廉政书画巡展暨廉政对联赠书仪式在南通市局召开。省局监审处单处长向市局及各县(市)局主要负责人赠送了《气象部门廉政对联汇编》,表达了江苏气象人廉洁从政、严拒腐败的坚定决心。

12月9日,南通市气象局在南通市级机关"农口杯"第二届乒乓球比赛中,荣获优秀组织奖。

12月23日,南通市气象系统被江苏省文明委"2003—2004年度江苏省文明行业"荣誉称号。

2006年1月22日,市局帮扶工作组赴局机关"四带四助"结对村启东市启隆乡永隆村,对该村3户困难户和5户鳏寡老人进行慰问,发放慰问金3000元。此外,局党总支还拿出1632元为村委会和各村民小组赠订40多份《江苏科技报》和《农民致富报》,为村民致富增添科技信息。

1月23日,南通市气象系统(含如皋、海门、海安、如东、启东)荣获"2003—2004年度江苏省文明行业"称号。

2月23日,市局人教处处长沈晓剑同志荣获南通市精神文明建设委员会授予的"南通市精神文明建设先进工作者"称号。

9月,为了迎接全省行业文艺汇演,在高温季节创作并赶排出既反映南通气象事业发展历程又表达南通气象人对未来美好向往的《南通气象人之歌》,同时还自创了诗歌与舞蹈《南通气象人抒怀》。这两个节目充分反映了南通气象人对家乡的热爱,歌颂了张謇对中国近代气象事业的贡献以及南通气象人热爱气象奉献气象的美好情怀,受到了气象职工的充分肯定。

2007年3月,由于气象台的女科技人员预报服务和气象科研工作中成绩突出,被南通市级机关妇工委授予2005—2006年度"巾帼文明岗"荣誉称号。

2008年1月15日,南通市气象局被市崇川区虹桥街办评为"2007年度社会治安综合治理和平安建设先进单位"称号。

1月24日,南通市气象局被市崇川区虹桥街办授予"2007年度辖区市容环境卫生责任区管理工作"先进集体,仲炳凤获先进个人表彰。这是继我局获得"创卫结对共创先进单位"后获得的又一项"创卫"荣誉。

在2008年南通市市级机关作风建设大会上,南通市气象局被南通市委、市政府授予"2007年度南通市级机关作风建设优质服务奖"荣誉称号。

3月,南通市气象局业务法规处被市级机关作风建设、目标责任制管理工作领导小组表彰为"2007年度市级机关先进处室"。

5月,南通市气象台获"2007年度市级青年文明号"荣誉称号。

5月12日,四川汶川大地震发生后,南通市气象局迅速召开会议,研究部署全市气象部门支援灾区抗震救灾工作。局党支部、工会、团支部及妇委会联合发出倡议,呼吁全市气象部门广大干部职工迅速行动起来,伸出双手,奉献爱心,投身到支援灾区的募捐活动中,帮助灾区群众尽快度过难关,重建家园。随后,南通各地的气象职工和离退休老同志积极参与赈灾捐款活动,共捐款3万余元,并全部汇到四川省阿坝州气象局支援灾区气象部门抗震救灾,并发出了慰问信。

5月13日,南通市气象局举行了向四川汶川地震灾区交纳"特殊党费"活动。短短半天时间,共收到"特殊党费"2万多元。

20多名团员青年也积极响应号召,纷纷伸出援助之手,踊跃地交缴了饱含爱心的"特殊团费"共2500元,支援灾区人民共度难关,重建家园。

6月25日,南通市级机关举办了迎奥运乒乓球大赛。经过紧张激烈的比赛,南通市气象局代表队荣获女子团体优胜奖。

2009年4月南通市气象局党组决定成立《南通气象百年》编写组,要求以史、志体例,编写百年气象史。

9月全市8个局(站)完成《中国基层气象台站简史·江苏卷》南通部分之送审稿,并上报江苏省气象局。

2012年1月南通气象志编辑室被中共南通市委党史办公室和南通市地方志编纂委员会办公室授予"全市党史、地方志工作先进集体"称号。

第十八章　对外交流合作

第一节　国际交流与合作

1995年8月底,澳大利亚昆士兰州农业代表团两名气象专家参观考察海门市气象局。

2005年4月21日,韩国济州代表团一行8人抵通,对南通市气象局进行了为期1天的学习、交流、访问,江苏省气象局局长卞光辉、省局助理巡视员桑凤章、南通市气象局局长宗周全参加了会见。

2007年11月18—27日,南通市气象局党组书记、局长宗周全随省局代表团参观访问法、意、德等西欧九国,考察学习国外气象事业。

2011年6月29日英国驻华使馆文化教育处梁丽(Rebecca Nadin)博士、英国总领事馆文化官员邵捷主任与南通市气象学会理事长宗周全、秘书长金步圣就"气候变化及生物多样性"主题进行考察交流。

2011年10月8日世界气象组织人事处处长刘水宝在南通市侨联主席镇翔陪同下,到南通市气象局考察并介绍WMO有关情况。

第二节　国内交流与合作

2003年4月,南通市气象局党组书记、局长宗周全率领南通市局参访团赴南方学习考察。

2005年11月6—15日南通市气象局党组书记、局长宗周全率领南通市局参访团前往云、贵两省气象部门进行了学习考察。2006年4月20—21日就此次考察召开了主题调研会议。会议主要形成了"三个一"到乡镇的研讨成果(每个乡镇布设一个自动气象站或雨量站、一块电子显示屏、一个气象农经网服务终端,将气象工作延伸到乡镇,并在此基础上向农村、农户和重点单位延伸,构建气象服务新平台)。决定用三年左右的时间加以实施。

2007年1月南通市气象局党组书记、局长宗周全率领南通市局参访团赴黑龙江、辽宁气象部门学习考察。

2007年9月25—26日,由宁夏固原市气象局副局长杜鑫率领的固原市气象参访团一行8人来南通市气象局考察调研。

2008年9月南通市气象局党组书记、局长宗周全率领南通市局参访团赴西藏林芝、山南、拉萨气象部门进行了学习交流。

2008年11月7—8日,上海市气象局局长汤绪等一行在江苏省气象局局长卞光辉、南通市气象局局长宗周全等有关领导的陪同下在南通考察工作。汤绪局长等一行先后考察了地面测报、气象服务、科技产业和现代化建设等工作,详细了解了南通气象事业发展情况,并前往南通新一代天气雷达站和海安县局实地参观考察。

2009年2月12日,盐城市气象局考察团一行16人在盐城市气象局副局长万洪爱的带领下到南通市气象局参观考察。

第三节　重要活动

一、国家领导人、中国气象局领导来通视察

1959年4月中旬,中央气象局副局长张乃召在处理好吕四渔场特大风灾事故后,到南通专区气象台指导工作。

1960年5月中央气象局局长饶兴就南通专区遭受飑线灾害,在省局关耀庭局长陪同下,到南通专署气象局检查工作。

1961年秋,中央气象局张乃召副局长第二次到南通台指导工作。在地委第一招待所对专区台全体人员和各县气象站负责同志作了"当前气象工作形势和我们面临的任务"的报告,深受欢迎。

2001年,中国气象局副局长郑国光、计财司司长韩通武、江苏省气象局局长胡辛陵、副局长卞光辉、市委副书记曹能新、市政府副秘书长王昀等各级领导视察了南通市气象局。

2001年4月24日,市八届政协经济科技委员会视察气象工作。实地察看了军山气象台,建议崇川区政府和南通市气象局共建军山气象台展馆。

2002年2月10日,中国气象局副局长许小峰在江苏省气象局局长胡辛陵陪同下,视察南通市气象局。市委副书记宋家新、市政府副秘书长王昀、崇川区委书记吴晓春会见了中国局、省局领导一行。

2003年2月28日,在江苏省气象局局长胡辛陵的陪同下,中国气象局副局长许小峰视察了南通市气象局,听取了新一代天气雷达建设情况汇报,冒雨察看了南通新一代天气雷达站拟建站址,并就南通新一代天气雷达建设、县(市)局人才引进、发展地方气象事业、财税制度改革等方面作了指示。许局长在通期间,受到南通市副市长吴晓春、市政府副秘书长王昀会见。

2004年7月9—11日,中国气象局原副局长李黄,在江苏省气象局局长卞光辉的陪同下,先后视察了南通军山气象台、海门市气象局、南通雷达站和南通市气象局预报中心。在通期间,李黄充分肯定了南通近年来气象事业取得的成绩,并对今后南通气象现代化和气象业务建设提出了许多宝贵的指导性意见,并欣然为南通军山气象台和南通大气探测中心题字。

2004年8月4—5日,由中国气象局党组成员、人事司司长萧永生带队的中国气象局三大战略检查组在江苏省气象局局长卞光辉、人事教育处处长单士兴、业务科技处处长濮梅娟的陪同下,对南通市气象局实施三大战略情况进行了检查、调研。

2007年10月5日,中央政治局委员、国务院副总理回良玉在省委省政府、市委市政府主要领导陪同下,视察了南通军山气象台。

2008年4月9日中国气象局副局长王守荣在江苏省气象局领导陪同下,视察了南通气象局和南通雷达站。

2009年8月21日,中国气象局副局长许小峰在江苏省气象局领导陪同下,视察了海安县气象局。

2010年4月9日,中国气象局局长郑国光在市政府领导和省气象局领导的陪同下,视察了南通市气象局。

二、国家局、市委、市政府、市人大、政协召开的会议和调研活动

1996年10月4日,南通市人民政府在市吉星饭店召开了全市气象工作会议,这是市气象局22年来第一次由市政府主持召开的气象工作会议。会议由市政府王昀副秘书长主持,南通市气象局局长薛全礼作了题为《抢抓机遇,加快发展、促进气象事业再上新台阶》的工作报告,江苏省气象局局长胡辛陵代表省局对会议召开表示热烈祝贺并作了重要讲话。副市长季康作了大会总结。各县(市)、区分管气象工作的副县(市)长、区长、部分委办局主要负责人、各新闻媒体约80人参会。

1998年1月19日,南通市海洋气象台成立。中国气象局、江苏省气象局、南通市人民政府、市有关局(委)及市各新闻媒体等参加了成立大会。中国气象局副局长颜宏、南通市委常委、市人民政府副市长宋家新为海洋气象台揭牌。

2000年11月28日,江苏省人大代表视察我市贯彻《气象法》有关情况,市政府、市人大等领导陪同。市政府就贯彻《气象法》中双重计划财务体制作了明确表态,列户经费增加至57.5万元。

2002年3月8日,市政府召开新一代天气雷达建设协调会,会议由市政府副秘书长王昀主持,计划委员会、国土、规划、财政和气象部门主要负责人参加了会议。

2002年9月30日,市政府副市长黄利金主持召开了市政府专题会议,讨论新一代天气雷达建设事项。市政府副秘书长王昀、计划委员会主任江治学、财政局局长施健中以及国土资源局、规划局、气象局领导出席了会议。

2003年9月30日,南通市政府副市长张庆平率领有关部门同志视察南通市气象局。张庆平在视察中指出:目前我市正处于海洋捕捞、养殖的生产高峰,即将进入秋收大忙,气象部门对确保广大渔民生命、财产安全,对取得今年秋熟丰收责任重大,气象部门不仅要提供一流的气象服务,更要将各项管理措施及早落实、落实到人,做到防患于未然。考察期间,张庆平表示要继续支持市气象现代化建设。

2005年8月24日,南通市政协副主席杨伯林一行视察了南通市气象局。视察期间,杨伯林听取了市气象局工作介绍,参观了南通新一代天气雷达站,充分肯定了今年以来我市气象服务工作特别是人工增雨工作,并表示要积极呼吁政府加大对气象事业的投入,同时希望气象部门要继续发扬成绩,针对南通经济社会发展需求做好气象服务工作,按照科学发展观,制订好"十一五"发展规划。

2005年10月20日,中国气象局副局长宇如聪一行抵达如皋市气象局和如东县气象局,视察基层台站及听取了近年来工作汇报,参观了如东风能发电现场。随行的还有中国气象局科技发展司司长郭亚曦,中国气象局监测网络司巡视员段从众,中国气象局办公室副主任刘家清等。

2006年3月6—9日,南通市人大常委会副主任汤桑林率领人大农委执法调研小组,对全市贯彻实施《中华人民共和国气象法》工作情况进行执法调研。6日,调研组在市行政中心会议室召开座谈会,听取了有关执法情况和意见、建议的汇报。市气象局、法制办、发改委、安监局、水利局、农业局、财政局、规划局、广电局等有关部门的负责同志和人员参加了此次座谈会。8—9日,调研组分别对通州、如东、海安三县(市)进行执法调研,实地察看了各县(市)的气象基础设施和工作环境,听取了县(市)政府关于贯彻实施《气象法》的情况汇报。通过此次人大调研视察,有力地推动了我市气象事业依法发展。此次覆盖广、规格高、促动力度大的活动前所未有。

2006年3月23日,市委副书记黄利金、市人大副主任汤桑林以及市法制办、发改委、安监、海事、财政、规划、国土、农业、水利、海洋与渔业、广电等相关部门共40余人应邀出席了世界气象日暨气象工作汇报会议。会上,市委常委、副书记黄利金发表了重要讲话,要求各级政府和有关部门要带着感情、带着责任,关心和支持气象事业的发展,一要高度重视气象工作,二要强化气象事业投入,三要改善气象工作环境。此次会议效果良好、圆满成功。气象部门的社会地位和公众影响力得到了进步的提升。

2008年3月21日,南通市政府在市气象局专题召开了市人工影响天气工作协调会。南通市政府副市长徐辉、副秘书长沈红星,以及相关成员单位负责人出席了会议。会上,徐辉指出,南通经济的发展,气象服务工作功不可没。要进一步落实科学发展观,切实增强气象服务能力建设,统筹兼顾,促进南通气象事业又好又快发展。

2008年9月10日,南通市委副书记、市长丁大卫召开了"南通新一代雷达信息处理楼项目"建设协调会。参加会议的有市政府秘书长屈宝贤、市发改委副主任李炜平和市规划局局长马啸平等相关人员。丁大卫在听取了市规划局和市气象局工作汇报后,对"南通新一代雷达信息处理楼项目"提出了在原有基础上加盖三层,增加3000平方米左右的建设规模,与"南通气象博物馆"合建的要求,并表示将给予大力支持。

2009年11月10日,"南通新一代雷达信息处理中心暨南通气象博物馆"举行开工庆典仪式。南通市委副书记、市长丁大卫出席典礼并下达开工令,江苏省气象局党组书记、局长卞光辉出席并致贺词。南通市委副书记黄利金,南通市副市长秦厚德、江苏省气象局副局长韩苏明、江苏省气象局副局长濮梅娟以及江苏省气象局各处室、直属单位主要领导,全省13个兄弟市气象局主要领导,南通市发改委、财政局、规划局等市直部门主要领导,工程设计、监理和施工等参建单位及全市气象干部职工、社会各界人士等参加了开工庆典仪式。

2010年3月23日,即世界气象组织成立60周年纪念日之际,南通市委书记罗一民到市气象局调研,南通市委副书记黄利金,南通市委常委、市委秘书长黄巍东参加调研。在听取了市气象局局长宗周全的情况汇报后,罗一民高度评价了市气象工作在促进经济社会发展、提高人民生活质量、应对气候变化、保障重大活动等方面发挥的重要作用。

2011年11月6日至7日中国气象局党组书记、局长郑国光来通调研,实地察看了"南通新一代雷达信息处理中心暨南通气象博物馆"建设情况,专程参观了海安县气象为农服务工作现场。他对南通、海安气象工作所取得的成绩给予充分肯定。江苏省局党组书记、局长翟武全,副局长潘敖大;南通市委常委、副市长秦厚德、副市长徐辉,全程陪同。

县局编

第十九章　南通市通州区气象局

第一节　区域概况

南通市通州区位于长江三角洲北翼,江苏省东南部,区域为北纬31°52′—32°15′,东经120°41′—121°25′。东临黄海,海岸线长15.97千米;西部平潮地区南濒长江,江岸线长10.77千米;西南与崇川区相接,东南与海门市为邻,北与如东县毗连,西北与如皋市接壤。总面积1525.74平方千米,其中陆地面积1351.50平方千米、江海水域174.24平方千米。地形横阔纵窄,土地平坦。地势西北部较高,东南部和沿江、沿海垦区较低,高程一般在3.80～4.50米,近海最低处为2.20米。

通州初为长江口海域中几块相邻的沙洲,南北朝后开始有人定居,以煮盐为业,唐末沙洲涨接大陆。五代初称静海镇,后周显德五年(958年)建通州,静海镇改称县,隶属通州。自宋至清,几经易名,建制几经变更。清雍正二年(1724年)通州升为直隶州,领泰兴、如皋二县。民国元年(1912年)5月,废州,改称南通县,属江苏省;1949年2月,南通县全境解放,南通市与南通县分设。南通县政府移驻金沙镇,隶属南通行政区专员公署管辖。1983年,实行市管县体制,属南通市管辖。1993年2月,南通县撤销改设通州市。2009年7月,撤销通州市,设立南通市通州区。2010年末,全区设19个镇,1个省级经济开发区,4个街道办事处,207个行政村,63个社区,5个农场。耕地面积7.06万公顷,户籍总人口124.16万人。

通州季风显著、四季分明。年平均气温15.1℃,年平均降水量1080毫米。年平均日照时数为2144小时,平均日照率为48%。夏半年多东南风,冬半年多为西北风,其次为东北风。年平均风速3.4米/秒。主要气象灾害有:寒潮、涝渍、干旱、暴雨、冰雹、龙卷风、台风等。

第二节　建制沿革

一、体制沿革

1958年10月开始筹建南通县气象站,1959年1月1日正式建立并正常开展气象业务。始建时站址在金沙镇西洋桥东首,后迁至县委试验田,1959年4月1日正式定点在金沙镇西洋桥西首(今金沙镇建材路14号),地理位置为北纬32°06′,东经121°05′,海拔高度4.3米。区站号58268。2008年1月1日,地面气象观测场迁至金沙镇新三园村13组,经纬度与原址相同,海拔高度为4.4米。6月开始,预报等业务、服务陆续迁入新址办公。

南通气象志·县局编

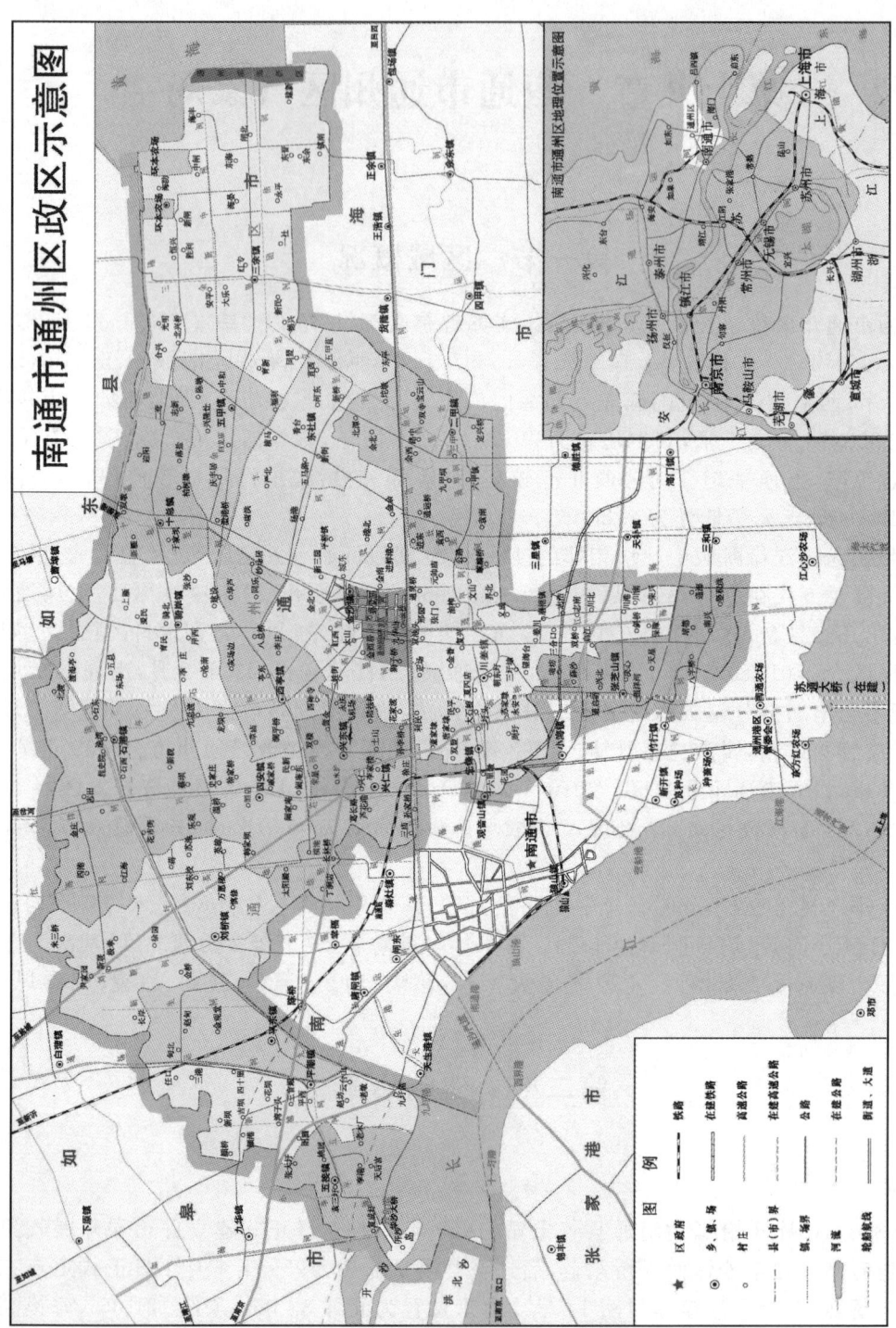

南通市通州区政区示意图

第十九章　南通市通州区气象局

建站到1959年4月为县人民委员会水利科属管,5月划归农林科。1960年2月,单独组建气象科,升格为县人民委员会直属单位。1962年改名为南通县气象服务站,重新由县农林局代管。1981年1月,更名为南通县气象局,为县政府直属机构序列,实行上级气象主管机构与地方政府双重领导、以上级气象部门领导为主的管理体制,挂气象局、气象站两块牌子。1984年9月重新更名为县气象站。1991年3月再度更名为南通县气象局,对外服务仍沿用南通县气象站名称。1993年2月,撤销南通县建立通州市,改称通州市气象局(站),为市政府直属正科级事业单位,依法履行气象主管机构管理职能,管理体制不变。2009年7月,撤销通州市建立南通市通州区,改称南通市通州区气象局(站)。

表19.1　历任局长(站长)、副局长(副站长)更迭表

单位名称	姓名	职务	任职时间
南通县气象站	谭育林	负责人	1958.10—1959.04
南通县气象站	姜锦山	负责人	1959.05—1959.10
南通县气象站	黄甫元	负责人	1959.11—1960.01
南通县人委气象科	黄甫元	科长	1960.02—1960.05
南通县气象服务站	黄甫元	站长	1960.05—1962.06
南通县气象服务站	成本农	站长	1962.07—1966.03
南通县气象站	韩德宗	副站长	1966.04—1972.07
南通县气象站	朱育才	站长	1972.08—1980.11
南通县气象站	陈汉华	副站长	1979.12—1980.03
南通县气象局(站)	严汉杰	副局长	1980.12—1984.01
南通县气象局(站)	严汉杰	局长	1984.02—1993.01
南通县气象局(站)	金步圣	副局长	1984.02—1993.01
南通县气象局(站)	顾彦轶	局长助理	1995.12—1993.01
通州市气象局(站)	严汉杰	局长	1993.02—1997.07
通州市气象局(站)	张武龙	副局长	1996.07—1997.06
通州市气象局(站)	金步圣	副局长	1993.01—2005.01
通州市气象局(站)	张武龙	局长	1997.07—2005.01
通州市气象局(站)	顾彦轶	局长助理	1993.02—2005.01
通州市气象局(站)	施俊荣	局长	2005.02—
通州市气象局(站)	吴锐涛	副局长	2005.04—2006.12
通州市气象局(站)	陈　铁	副局长	2007.01—2009.12
南通市通州区气象局(站)	吴锐涛	副局长	2010.01—

二、内设机构

1981年前,建制规模小,业务单一,而隶属关系变化又比较频繁,大多数时期无内设机构,仅设测报组、预报组、农气组等。1981年体制基本稳定后,随着基本业务和服务的发展,逐步建立、完善内设机构。1984年设有测报股、预报股、农气股等。1998年1月增设办公室。1998年12月,经南通市气象局、通州市编制委员会批准,建立"通州市防雷设施检测所",隶属市气象局,为事业性质股级建制,主要职责为防雷管理,防雷科技知识宣传普

及,防雷技术推广应用,防雷设施安全效果定期检测,新、改、扩建建筑物(构筑物)防雷设施检测验收、计算机防雷防静电技术服务和雷电灾害调查鉴定等。2001年末至2002年初,进行机构改革,将测报科、预报科合并成立气象台,同时单独设立科技服务与产业发展管理机构。改革后的内设机构有办公室、气象台、气象科技服务与产业科、市防雷设施检测所。2002年10月,组建通州市天安气象服务中心,从事气象信息和科技经营性服务。撤市建区后,通州市防雷设施检测所、通州市天安气象服务中心,分别更名为南通市通州区防雷设施检测所、南通市通州区天安气象服务中心。

表19.2 内设机构及负责人更迭表

科室名称	姓名	职务	任职时间	备注
测报股	郭素英	股长	1980.11—1993.02	—
预报股	邱语林	股长	1980.11—1993.02	—
农气股	邱语林	股长(兼)	1980.11—1993.02	—
测报科	郭素英	科长	1993.03—1995.06	
	邱语林	科长	1995.06—2001.12	
预报科	邱语林	科长	1993.03—2001.12	
办公室	顾彦轶	主任(兼)	1998.01—2004.12	局长助理、防雷所长兼办公室主任
	熊兆麟	主任	2005.02—2007.09	
	陈铁	主任	2008.01—2008.10	副局长兼主任
	钱明	主任	2008.11—2009.12	
	严迎凤	副主任	2010.01—	
气象台	邱语林	台长	2002.01—2002.07	
	金步圣	台长	2002.07—2005.01	副局长兼台长
	钱明	台长	2005.02—2008.10	
	周鑫	副台长	2005.02—2008.10	
	丁剑	副台长	2009.01—2009.12	
	周鑫	台长	2008.11—2009.12	
	钱明	台长	2010.01—	
	周鑫	副台长	2010.01—	
防雷设施检测所	顾彦轶	所长	1998.12	
	刘磊	副所长	2009.01—	
科技服务与产业发展科	李汉林	科长	2005.02—2008.12	
	丁剑	副科长(副主任)	2010.01—2010.12	
	何坚	副科长(副主任)	2009.01—	
天安气象服务中心	张武龙	主任(兼)	2002.10—2005.01	局长兼主任
	施俊荣	主任(兼)	2005.02—	局长兼主任

第三节 队伍建设

筹建期仅有1人,具体负责筹建工作。1959年开展观测业务后逐步充实人员,至8月有职工5人。1959—1965年,人员调进调出频繁,人数保持4~5人。1970年开始,由大专院校毕业分配、部队转业或退伍复原分配、外单位调进等,陆续充实一批人员,到 1979 年年底,共有职工 11 人,其中,大专以上文化程度 7 人。值得一提的是:林修德 1976 年从南京大学气象系毕业分配来站工作,1978 年考取研究生,不久后赴美国科罗拉多大学学习取得博士,在美国从事高层大气层的研究。1986 年回国被安排在中国科学院大气物理研究所工作,两年后,再度赴加拿大从事与气象相关的研究工作。他是从气象站走出国门的第一人。恢复高考制度以后,按照国家规定人员编制,以分配大中专毕业生为主充实人员,队伍相对稳定,年龄结构、学历结构、专业结构发生明显变化。1991 年开始在编制外聘用人员,充实气象服务队伍。随着编制外聘用人员逐步增多,2000 年开始探索编制外聘用人员招、聘、用、管等管理机制。2010 年年底,共有职工 21 人,其中在编职工 9 人,占 43%;聘用职工 12 人,占 57%;党员 9 人,占 43%;大学以上学历 7 人,大专 7 人,各占 33.3%;高级专业技术人员 2 人,占 9.5%,中级专业技术人员 7 人,占 33.3%,初级 9 人,占 43%。

表 19.3 人员结构一览表(2010 年 12 月底)

		人数	党员		年龄结构%				学历结构%			技术职称结构%		
			人数	占比%	35 以下	36~45	46~55	56 以上	大学及以上	大专	中专及以下	高级	中级	初级
合计		21	占比%	9	43	48	24	14	14	33.3	33.3	33.3	9.5	33.3	42.9
其中	编制内	9	43	6	67	11.1	22.2	33.3	33.3	33.3	22.2	44.4	22	78	—
	编制外	12	57	3	25	75	25	—	—	33.3	41.7	25			43

表 19.4 通州区气象局(站)历年工作人员一览表

姓名	性别	出生年月	毕业院校	何处调来	调来时间	调出时间	调往何处
谭育林	男	1932.05	—	李港公社	1958.11	1964.06	南通市财政局
姜锦山	男	—	—		1959.04	1959.10	农林局林蚕股
邬月英	女	—	南京大学气象系	袁桥公社	1959.04	1960.09	金沙酱厂
程隆云	男	—	—	袁桥公社	1959.05	1964.04	南通县农行
黄甫元	男	—	—		1959.08	1962.01	金沙区农技站
杨恺	男	—	—		1960.05	1961	南通县中医院
陆仲茂	男	1935	南京农学院	毕业分配	1960.09	1963.01	农林局
马永吉	男	—	—	农林局	1960.10	1962.10	金西电灌站
董汉忠	男	—	—	拖拉机站	1961	1963.02	—
成本农	男	—	—	农林局	1962.07	1965	农林局
詹进源	男	1942	广东湛江气象学校	省统配生	1963.08	1964.03	射阳海洋水文气象站
韩德宗	男	1937	南京大学气象系	南京气象学院	1963.12	1977.10	上海市气象局
戴行鼎	男	1935.04	北京气校	广西百色台	1979.01	1979.05	南通地区气象台
张素珍	女	1933.12	北京气校	广西百色台	1979.01	1979.05	南通地区气象台
李长庆	男	—	—	南通渔船修造厂	1964.03	1967.01	—

续表

姓名	性别	出生年月	毕业院校	何处调来	调来时间	调出时间	调往何处
李永昌	男	1942	湛江气象学校	吕四海洋水文气象站	1964.12	1974.02	广东省肇庆台
黄卓飞	女	1942	湛江气象学校	吕四站	1971.03	1974.02	广东省肇庆台
苗其芬	女	—	山东海洋学院	毕业分配	1970.03	1974.12	福建省
林修德	男	1944.10	南京大学气象系	三余棉场	1971.05	1978.10	北京大气物理研究所
季铨	男	—	—	部队转业	1971.09	1974.02	南京钢铁厂
朱育才	男	1916.10	—	南通县五七干校	1972.08	未	离休/去世
姚树清	男	1945.06	南京气象学院	毕业分配	1973.03	1974.02	南通地区气象台
宋宝初	男	1945.01	南京气象学院	毕业分配	1973.03	1974.11	南通地区气象台
葛美云	女	1944.03	南京气象学院	如东县气象站	1975.04	1979.05	省妇联妇研所所长、研究员
李汉林	男	1951.01	南昌气象学校	部队转业	1976.05	未	退休
邱语林	男	1942.06	南京气象学院	中央气象台	1975.08	未	退休
严汉杰	男	1937.07	空军九航校	部队转业	1978.10	未	退休
郭素英	女	1945.05	中国人民大学	南通县五七干校	1978.03	未	退休
丁剑	男	1952.12	南昌气象学校	部队转业	1978.06	未	—
毛锦权	男	1936.05	西宁气象学校	青海省海北气象站	1978.09	1982.04	南通地区气象局
曹将麟	男	1930.06	北京大学气象专业	南通县余北中学	1979.01	未	退休
金海如	男	1941.06	—	海军转业	1979.10	1981.02	南通县公安局
陈汉华	男	1940.07	—	福建省气象局	1979.12	1980.03	平潮轧花厂
郑建平	女	1954.07	南通地区农大	招工	1980.01	1981.08	南通市水产局
熊兆麟	女	1952.09	县委党校	福建省气象局	1980.03	未	退休
邱雪	女	1943.01	西宁气象学校	港务公司	1981.08	未	退休
吴茂良	男	1937.08	西宁气象学校	青海玉树	1981.12	未	退休/去世
朱竟成	男	1946.07	南京气象学院	毕业分配	1982.02	1983.09	南通市气象局
何露莎	女	1946.03	北京气象学校	部队转业	1982.04	1987.07	南通市气象局
金步圣	男	1952.09	南京气象学院	西藏那曲气象局	1982.07	2005.01	南通市气象局
陈茂荣	男	1962.09	南京大学气象系	毕业分配	1982.08	1984.07	盐城
李明	男	1958.08	南京气象学院	毕业分配	1982.08	未	—
周鑫	男	1962.12	扬州水校	毕业分配	1983.08	未	—
顾益智	男	1956.06	南京气象学院	西藏日喀则气象局	1983.09	1986.04	南通县纪委/去世
徐杨华	男	1940.08	空军三高专	部队转业	1985.03	未	退休/去世
顾彦轶	男	1965.03	扬州水校	毕业分配	1984.07	未	—
杨国清	男	1960.02	扬州水校	南通市气象局	1984.09	1987.12	南通市气象局
杨祥珠	女	1969.08	南昌气象学校	如皋气象站	1989.08	1990.07	浙江上虞气象局
钱明	女	1969.05	南京气象学院	毕业分配	1991.08	未	—
张武龙	男	1958.07	中央党校政治专业大专	县政府办公室	1996.07	未	—
吴锐涛	男	1980.05	南京气象学院	毕业分配	2001.07	未	—
施俊荣	男	1964.07	南京气象学院	如东县气象局	2005.02	未	—

表 19.5 聘用人员一览表

姓名	性别	出生年月	毕业院校	调来时间	调出时间	调往何处
何 坚	男	1967.05	高中	1991.10	未	—
陶 烨	女	1979.07	南昌气校	1999.11	2004.02	辞职
李 炜	男	1982.02	通州西亭职校	2005.03	未	—
刘 磊	男	1981.11	南京信息工程大学	2005.07	未	—
黄爱峰	男	—	南京信息工程大学	2006.01	2007.05	辞职
严迎凤	女	1973.03	省委党校函授大专	2007.02	未	—
李倩文	女	1985.12	南京信息工程大学	2007.07	未	—
袁菁雄	男	1983.07	电大	2007.12	未	—
罗 倩	女	1987.04	成都气院	2008.07	未	—
袁韵超	男	1987.04	江苏电大通州学院	2008.12	未	—
张 超	男	1971.06	南通物资中专	2009.01	未	—
李怿鹏	男	1985.11	北大方正软件学院	2009.02	未	—
杨旭媛	女	1986.07	南京信息工程大学	2009.10	未	—
张 璨	男	1989.11	江苏联合职业技术学院	2010.08	未	—

第四节 气象业务

一、气象观测

地面气象观测。1959年1月1日起,采用地方平均太阳时,每天三次观测,观测时间为07、13、19时。观测项目有:云状、云量、能见度、天气现象、风向风速、气温、湿度、地温(地面与曲管)、降水量、地面状态。6月份起观测次数改为01、07、13、19时四次,开始增发不定时重要天气报。8月份起增加日照观测。1959年1月—1974年2月同时承担水文观测发报任务。1960年1月增加小型蒸发皿观测。1960年8月取消地方平均太阳时,由每日四次观测改为北京时08、14、20时三次观测。1960年11、12月分别增加温度自记仪、湿度自记仪观测。1961年8月增加气压计观测。1967年4月14日停止蒸发及地中15、20厘米地温观测,1970年6月恢复。1971年1月增加气压观测,1974年12月增加电接风向风速自记仪观测,1975年2月增加自记雨量计观测。1990年1月,由一般气象观测站调整为辅助气象站,按"辅助观测站测报业务暂行规定(试行)"开展测报工作,取消守班制度,仅08、14、20时三个时次定时观测相关项目,不发报,观测记录不审核、不上报。但要求减少的观测项目没有减少。2000年12月,撤销辅助气象观测站,恢复为一般气象观测站,从12月31日20时起按一般站要求开展测报业务,每天进行08、14、20时三次定时观测,白天守班。观测项目为:云、能见度、天气现象、气压、空气的温度和湿度、风、降水、雪深、日照、蒸发(小型)、地温(地面和5~20厘米),并编发重要天气报。观测资料审核上报。

表 19.6 部分年份地面气象测报"连续百班无错情"情况表(单位:人次)

年份	1978—1979	1979—1980	1980—1981	1981—1982	1982—1983	1983—1984	1985—1986	1986—1987	2003—2004	2004—2005	2006—2007	2007—2008	2008—2009	2009—2010
百班无错	1	1	1	1	2	2	1	2	3	3	2	2	1	2

自动气象站。2000年10月,通州市计划经济委员会批准"通州市中尺度灾害性天气监测预警服务系统"立项,列为"十五"期间的重点建设项目。2002年3月,在地面气象观测场内安装"ZQZ-CⅡ型地面气象综合有线遥测仪"(自动气象站),并试运行。2003年1月1日开始投入业务双轨运行,其中,2003年用人工观测资料编报、发报,2004年开始用自动站观测资料编报、发报。2005年1月1日起实行自动站单轨业务运行,停止气压、温度、湿度、风、地温等项目的人工观测,停止人工观测记录报表及报表数据文件的制作,但定时降水量(08、20时)仍以人工器测数据作为正式记录,在20时附加一次人工与自动站对比观测。各类人工观测仪器仍保留,并进行正常维护和检定。11月在石港镇政府办公楼顶安装通州第一个中尺度自动气象站,12月在南通盐场安装。该站采用ZQZ-AE型中尺度自动气象站设备,自动采集、传输风向、风速、温度、降雨量等气象要素值,主要用于监测台风、暴雨等中尺度灾害性天气。2004年5月,在刘桥镇测震村地震观测点安装通州第一个雨量遥测站。2008年开始,在其他镇布设中尺度自动气象站和遥测雨量站。到2010年年底,全区安装中尺度自动气象站5个、遥测雨量站10个。

雷达与卫星云图接收。1995年10月,装备高分辨率气象卫星云图展宽接收与处理系统,接收与处理GMS等卫星发送的可见光、水汽和红外云图资料;1996年6月,南通市气象台测雨雷达更新换代,711型测雨雷达转给通州气象局使用。1999年5月以后,卫星云图接收与处理系统和711型测雨雷达逐步停止使用,直接在PC-VSAT站和气象信息综合分析处理系统(MICAPS)中调用卫星云图和多普勒雷达图。

二、气象信息网络

20世纪80年代前,主要通过半导体收音机收听上级气象台播发天气形势和天气预报。80年代到90年代中期,气象信息传输(包括上级台、站对下级台、站指导)以无线气象传真机、高频电话、有线电话和传真为主。1981年11月配备CZ-80型气象传真机接收天气图,后逐步增加接收卫星云图和雷达回波图。1985年配备1025型无线电话(高频电话)。1996年8月开通分组数据交换网作为气象信息资料传输渠道之一。1999年5月建成PC-VSAT站和气象信息综合分析处理系统(MICAPS)。2004年5月,开通2M气象宽带专网,传递气象信息,2005年建成可视化天气会商系统。

三、气象预报

1961年正式开始,根据上级气象台站的指导预报,结合本地实际,制作订正和补充天气预报,以1~3天短期预报为主。汛期和重要农时季节,还制作中、长期预报,但不公开发布,仅供县(市、区)委、政府和相关部门参考。20世纪90年代末开始,预报服务的项目和制作、发布次数逐步增加:有3~5天短期和中、长期预报以及临近预报等,并相继开展人体舒适度、中暑指数、感冒指数、花粉浓度、紫外线强度等与市民生活密切相关的指数预报。2009年8月实行市代县(区)天气预报业务模式,区气象台不再制作常规天气预报,重点做服务工作。

表19.6 1996—2008年通州市天气预报质量表

年份	定性预报准确率(TS)(%)	定性预报技巧水平(SS1)(%)	定量预报技巧水平(SS2)(%)
1996	84	76	83
1997	83	74	82
1998	87	81	79
1999	84	71	79
2000	85	75	78
2001	87	78	80
2002	83	77	78
2003	87	18	83
2004	85	79	89
2005	85	77	85
2006	87	82	84
2007	87	81	82
2008	85	82	85

四、农业气象

1965年开始农业气象观测,主要是定点观测农田墒情。每旬逢8测量农田05、10、15、20、30厘米土壤湿度,参与南通市气象部门农气会商,2005年停止此业务。1972年开始陆续在各人民公社建立气象哨,到1978年共建立气象哨50多个,形成"社社有哨"的格局。

1972至1978年,岸西公社沙坝小学在戴国荣老师带领下,办起了红领巾气象站,颇为有名,香港有一家媒体曾作过报道,戴国荣编著的《民间气象谚语》由气象部门油印发行,很受欢迎。

1979年,根据上级气象部门统一部署,撤销气象哨,仅保留环本农场、通海(张芝山)、石港、新坝四个,定期、不定期报送墒情、雨情、农情和灾情。1982年,与县水利局联合在二窎、十总、东社、二甲、川港、观音山、兴仁、四安、刘桥、新联等地建立14个雨情点,开展降水观测。每年汛期(5—9月)进行降水观测,遇有降水日的次日07时前过电话报告所测降水量,气象站汇总后报县(市、区)委、政府和防汛防旱指挥部办公室。

1995年4月,对气象哨人员和地点进行部分调整,调整后的地点在三余、张芝山、石南、平潮等乡镇。

按照南通市气象局部署,从2007年开始实施"三个一"工程,建立农村气象信息员队伍。到2008年年底,共有镇气象信息联络员20人,村气象信息员300多人。此后,雨情点不再观测上报降水情况,由自动站发送各地雨量。

第五节 气象服务

一、公众气象服务

1981年前,主要通过有线广播发布公众气象信息,主要内容为常规天气预报。

1997年1月,开办《通州日报》《通州大众》天气预报栏目,8月开办电视天气预报节目,刊播短期天气预报;11月,开通天气预报自动答询电话,初期服务号码为"121",1998年6月改为"1210",2000年1月新增"1218"中、长期预报号码,并增加发布3~5天滚动天气预报、周边和旅游城市天气预报及人体舒适度、中暑指数、感冒指数、花粉浓度、紫外线强度预报和农业气象、科普知识等内容,2002年3月由模拟系统升级为数字系统,线路由30路扩展到60路,开通手机短信服务功能,2004年11月,号码统一改为"96121";2000年年初在通州市党政信息网和电信163网站建立气象信息服务网页。

2002年、2003年分别建成"通州天气在线(内网)"和"通州气象网"、"通州兴农网"网站,通过互联网发布公众气象信息,2007—2008年"通州气象网"、"通州兴农网"先后改版为"中国·通州"子网站和"南通兴农网·通州"子网;2005年下半年开始发布突发气象灾害预警信号,开展灾害性天气预警业务。

2008年在全区各镇镇政府办公地布设气象预警信息电子显示屏,由南通市气象台统一发布常规天气预报和气象预警信息等。

二、决策气象服务

20世纪80年代及以前,决策服务方式以口头汇报、电话和传真、报送书面材料为主,以为农业生产服务和抗灾救灾为主。1979年江苏省人民政府授予南通县气象站农业先进集体称号。

1991年5月,在各区指导组(县委、县政府派驻机构)、乡镇政府、部分村民委员会、部分农业生产经营大户和县(市)涉农部门安装无线气象警报机,建成农村气象警报服务网络,一度成为气象为农村和农业服务的重要渠道。

1997年开始,逐步增加网络、电子邮件、手机短信等服务方式,并定期或不定期编印以《通州气象》为主的气象信息服务材料。每年向市委、市政府、市防汛防旱指挥部办公室及相关部门电话、传真服务80次左右,印发《通州气象》和专题服务材料30期左右,向县(市、区)、乡镇有关部门和领导发送电子邮件、手机短信千条(次)以上。服务对象随着为农服务手段不断进步、渠道不断增多,1999年年底,为农服务不再使用农村气象警报机。

气象为农服务取得显著突出成效的典型事例有:1991年抗洪救灾;1993年龙卷风、暴风雨;1994年夏季旱灾;1995年秋播干旱;1996年"烂麦场"天气、夏季干旱、秋播连阴雨和"9608"号台风;1997年春季连阴雨、夏季干旱和"9711"号台风;1998年春秋季寒潮、旱转雨、"9808"号台风和洪峰过境;1999年梅雨、秋季强冷空气;2000年旱转雨、连阴雨;2001年病虫害防治期间天气预报服务、夏秋季干旱;2002年和2005年"烂麦场"天气;2006年强对流天气。历年人大、政协两会、经贸洽谈会、中高考等重大活动和重大投资项目、重大建设工程等也是服务重点。特别是"9711"号台风预报准确,服务及时,气象局被评为"抗台救灾先进集体",受到通州市委、市政府表彰,主要预报服务人员为评为先进个人。

三、气象科技服务

专业专项服务。1985年专业气象有偿服务开始起步,当时主要以有线电话方式,为少数几家露天作业的砖瓦厂砖瓦坯制作提供短期和临近天气预报服务,以后服务用户逐年增多。

1991年开始,服务方式以利用无线气象警报机服务为主,有线电话咨询服务作为补充,2002年开始辅以手机短信服务。服务行业逐渐发展到盐业、建筑施工、道路施工、交通运输、仓储、保险、船舶重工等。为砖瓦厂服务最多时达80多家。

至2010年年底,服务砖瓦厂40多家,船舶重工其他行业用户每年为2家。

防雷减灾服务。防雷减灾工作始于20世纪90年代初期,主要是开展建筑物(构筑物)防雷装置(避雷针)的接地电阻检测,检查其安全性能和可靠性。1996年前,平均每年检测100处(点)左右。

为加强防雷减灾工作,1999年通州市政府办公室下发《关于加强防雷安全管理的通知》,明确通州市气象局防雷管理职能和市防雷检测所的防雷检测等防雷技术服务职能。当年检测避雷设施620多处(点)。2000年11月,通州市防雷设施检测所获得江苏省质量技术监督局计量认证,所有技术人员也先后获得检测资格证。

2003年3月,天安气象服务中心开始开展防雷工程施工服务,先后为通州日报社新闻卫星接收系统和计算机网络、人民医院住院部新大楼和计算机网络、花炮生产储藏企业、江海堤防闸及一些新开发住宅、商务办公楼、部分行政事业单位、学校设计、安装避雷装置。

庆典气球服务。1993年3月,为撤南通县建通州市庆典活动施放气球,从此开始开展庆典气球施放服务。1997年下半年开始增加彩虹门施放业务。2001年9月,增加电子彩花礼炮服务。

人工增雨作业。1995年,出现严重秋季干旱,在南通市气象局组织下,实施人工增雨作业。1997年秋旱期间再次组织人工增雨作业。

2003年,通州市成立人工影响天气领导小组。2005年春夏连旱,6月25—26日,按照省气象局指令,宿迁市气象局派出4人增雨小组携带增雨火箭到通州帮助实施增雨作业,选择先锋镇、平东镇作为火箭发射点实施了增雨作业,共发射火箭20多枚。28日5时实测雨量:平潮23.7毫米、刘桥21.0毫米、石港35.7毫米、石南34.8毫米,通西、通北地区旱情缓解。

第六节　气象科普宣传

利用"3·23"世界气象日和参加全通州市(区)"科普宣传活动周"、服务群众先锋超市和科技商品集市活动,采取多种形式集中开展气象科技知识普及教育。

1999年以来,在《通州日报》开辟气象科普宣传专版,每月1～2期,开展以防雷为重点的科普宣传;与通州市(区)广播电视台合作,在电视和广播"三农在线"节目中开辟专题,结合农时、农事普及农业气象知识。在气象网站开辟科普宣传专栏,经常更新气象知识;印发科普宣传资料,年均1万份左右,其中2001—2004年每年5万份左右;定期开放气象台和地面气象观测场,接待市民和中小学生参观;在天气预报自动答询电话中设置科普信箱。

2003年发生"非典型性肺炎"期间,与卫生部门合作开办"气象与'非典'"信箱,及时普及气象与"非典"预防和治疗知识,受到市民好评。

2004年4月,气象局被通州市政府确定为通州市科普教育基地。2009年5月,与通州市科协等单位联合承办中国科协"中小科技馆"《坚持科学发展,建设生态文明》主题科普展在通州的展出。

2000年以来,每年被评为通州市(区)科普先进集体,2000年被评为南通市第十二届科普宣传周活动先进单位。2010年被江苏省气象学会评为科普宣传先进集体。

第七节 法规建设与管理

加强气象法律法规宣传。为宣传《中华人民共和国气象法》正式实施,2000年以来,通过市长广播电视讲话、书面气象热点话题讨论、发放气象法律法规宣传材料要等方式加强气象法规宣传。

建立执法组织。2003年8月成立通州市气象行政执法大队,配备5名兼职执法人员。气象行政执法大队建立以后,对一些违规违法行为进行了执法。其中,对影响气象观测环境违法建筑执法2次,对违规刊播天气预报执法一次,对违规施放气球执法十多次。

加强社会管理。2000年,以《气象法》正式实施为契机,集中对广播电视、报纸和网站等市属各媒体发布气象预报行为进行了规范。2004年11月,沿海中尺度自动气象站、刘桥遥测雨量站由通州市公安局和通州市气象局定为重点要害部位,标示重点保护标志,加以重点保护。气象双重计划财务管理体制进一步得到强化,《通州市地方气象事业"十一五"发展规划》被列为市"十一五"发展专题规划之一。市财政预算内气象事业经费和专项资助有逐年增长。

通州市政府出台一系列政策、措施,加强防雷减灾和施放气球管理。先后出台《关于加强防雷安全管理的通知》(通政办发[1999]30号文件)、《通州市防御雷电灾害管理办法》(通政办发[2001]18号文件)等文件。气象局与安全生产监督管理局就防雷设施安全检测、施放气球安全管理也多次印发文件和通告(如《关于加强防雷安全工作的通知》〈通安监[2004]5号文件等〉),促进气象法律法规贯彻执行。

2001年,气象局被列为通州市安全生产委员会成员单位,防雷工作列入安全生产管理。12月,气象局在通州市行政审批服务中心设立窗口,"防雷设计审核和验收"进入正常的行政许可程序。当年,防雷设计审核20多个项目。到2010年底,防雷设计审核、竣工验收项目232个、建筑面积590多万平方米。

第八节 党建与气象文化建设

一、党支部建设

1981年5月,5名正式党员组织关系从县农业局党支部转出,建立南通县气象局党支部。1981—2004年,历届党支部书记由行政主要负责人兼任,2005年2月开始,党支部书记由张武龙同志专职担任。2010年年底,有正式党员11人,其中,女党员4人,党员中退休人员2人。2005年以来,先后开展保持共产党员先进性教育、深入学习实践科学发展观和创先争优等活动。1998—2010年党支部书记连续被评为市(区)级机关优秀党务工作者。2009年—2010年,气象局党支部连续两年被评为区级机关先进基层党组织。

表19.7 历任党支部书记

姓名	任职时间	职务
严汉杰	1981.05—1997.08	支部书记
金步圣	1984.02—2005.01	支部副书记
张武龙	1997.09—2010.12	支部书记
李汉林	2005.09—2009.01	支部副书记

二、政务公开

从2000年开始全面推行局务公开工作。建立局务公开领导小组,制订局务公开制度,通过公开栏、网站、广播电视、报纸、印发专辑资料等形式,公开主要职责、内设机构、办事(行政审批)程序、行政执法依据、服务项目、行风监督投诉电话等,对局务管理重大决策事项包括人事变动、重大项目、重大活动和财务情况等实行内部公开。2004年开始实行党务公开工作。2005年荣获"全国气象部门局务公开先进单位"称号。

三、群团组织

1983年11月,共青团南通县直属单位委员会批准成立气象局团支部。1985年,因团员人数减少,团支部撤销,团员组织关系转入县委农工部团支部。2003年建立工会组织,5月召开会员选举产生第一届工会委员会,工会委员会设工会主席、女工委员、经审委员各一名。2005年2月因人事变动补选工会主席。2008年8月改选产生新一届工会委员会。工会组织成立后,开展了学习型职工和文明职工评选、结对帮扶送温暖、维护职工权益、组织职工参与民主管理和监督、职工文体活动等工作。

表19.8 历届工会委员会主席、委员一览表

届别	主席	委员	任职时间
第一届	金步圣	钱 明	2003.08—2005.01
	张武龙		2005.03—2008.07
			2003.08—2008.07
		熊兆麟	2003.08—2007.10
第二届	张武龙	钱 明	2008.08—
			2008.08—
		严迎凤	2008.08—

气象文化与精神文明建设。1998年以来,连续11次开展了"职业道德建设(教育)重点月"专题活动。1999年以来,先后开展了"争先创优,争先创新"、"三优一满意"、"观云测天为人民,优质服务创一流"等主题创建活动和文明科室、文明职工评选活动。1986—2010

年连续被评为县(市)级文明单位。1998—2010年连续被评为南通市文明行业、江苏省文明行业。2003年10月被南通市精神文明建设指导委员会办公室、南通市气象局命名为首批南通市文明诚信窗口。

第九节　获得省(部)级集体荣誉称号

1979年江苏省人民政府授予南通县气象站农业先进集体称号

2005年荣获中国气象局"全国气象部门局务公开先进单位"称号

第十节　台站建设

建站初期，租用一间民房做值班室。1960年下半年建平房一幢120.9平方米，1974—1976年，建二层楼房一幢132平方米，1978年建宿舍楼一幢12间364平方米，1989年建宿舍楼一幢570平方米，1994年建宿舍楼560平方米。1998—1999年，实施台站综合改善，办公楼装修500多平方米，场地、道路硬化2500平方米，对地面观测场进行了整理改造。经验收，评为江苏省第一批台站综合改善达标单位。2000—2003年对办公区域和宿舍楼的水电线路、围墙、绿化进行改造。2005—2008年，新建业务办公楼一幢，1800平方米，建附属房300平方米。

第十一节　其他气象机构

在通州区域内还有其他行业三家气象台站：

南通农场气象站：设在南通农场农科所。1975年建立，隶属江苏省农垦局南通农场农科所管辖，从事气温、日照、气压、降水、蒸发、地面及5～30厘米土壤温度等项目观测记载，主要为农场农业科学试验和农业生产服务。自1975年1月至2011年5月观测基本没有间断，资料连续、完整。

环本农场气象站：设在环本农场场部。1978年8月建立。隶属江苏省劳改局环本农场并管辖。观测人员先后在南通县气象站、扬州水校测报学习班跟班学习和培训。参照国家一般气象站观测项目和要求开展观测和资料记载。同时抄收广播电台广播的省、市、县气象台站天气预报，以黑板报等形式在场内转发。2002年环本农场改制，气象站撤销。

南通机场航务管理部气象台：设在机场内。1992年10月建立，1993年1月具备航空气象保障能力。初期称中国民航南通站气象台，设预报、观测、填图、机务维修等岗位，随自动化程度提高，填图并入其他岗位。主要为南通机场范围内的航空器提供本场气象信息(机场预报、正点、半点实况)、降落机场和备降机场预报、实况以及航路和相关区域的航空气象情报。观测设备有AW11型自动气象站一套、卫星云图接收设备一套、自动填图系统一套。2011年4月开始安装机场自动观测系统。历任台长为程兆云(1992年10月至1997年)、缪勇刚(1997—2011年5月)。

第二十章　海安县气象局

海安东临黄海,南面长江,西与姜堰接壤,北与东台比邻,地理位置为北纬 32°32′至 32°43′,东经 120°12′至 120°53′,处于长江、淮河两大水系尾部交汇处。海安全县总面积 1133 平方千米,人口 93 万。至 2010 年末,下辖 14 个乡镇,212 个行政村。海安历史悠久,约 6500 年前成陆,是南通地区成陆最早之处,有着五千多年的青墩文化。海安属北亚热带季风气候区,有着四季分明、雨水充沛、无霜期长等特点,但受西风带、低纬度东风带天气系统的交互影响,海安也饱经旱灾、涝灾、风灾、冰冻之痛,常受大风、暴雨、冰雹以及极端温度等灾害之苦。

第一节　历史沿革

一、台站变迁

海安气象事业创立于 20 世纪 50 年代末期。1959 年 3 月 1 日海安气象站正式开展气象观测。建站初期,由于条件限制,地址在海安镇三里闸西约 200 米的一所租用的民房内,与水利局下属的水文站合署办公。初名"海安县水文气象站"。主要的业务是从事地面气象资料的观测和搜集,观测时次分别 01、07、13 和 19 时。

由于时代的进步,事业的发展以及城镇规模的不断扩大,建站 50 年以来,海安县气象局(站)历经四次大的变迁(见表 20.1)。

表 20.1　海安气象局(站)站址变迁一览表

年度	台站(名)	经纬度	海拔高度(米)	地址(镇、村、组)
1959.03	海安县水文气象站	北纬 32°33′ 东经 120°27′	5.4	三里闸西 200 米
1962.01	海安县气象服务站	北纬 32°33′ 东经 120°28′	4.2	海安县汽车站西北 150 米
1965.01	海安县气象站	北纬 32°33′ 东经 120°27′	4.5	海安镇大寨桥南 300 米曙光五队
1984.01	海安县气象站	北纬 32°32′ 东经 120°27′	5.2	海安镇新桥四组
2006.10	海安县气象局	北纬 32°31′ 东经 120°27′	5.4	海安镇平桥村 24 组

1961年12月1日第一次迁站。租用在汽车站西北约150米处,原县医药公司4间仓库(约80平方米)作办公生活用房,另租所在地生产队16米×20米土地作为气象观测场。

因体制变化,1962年8月1日和水文站剥离,成立独立的"海安县气象服务站"。

1964年秋进行第二次迁址。新址于1965年1月1日正式启用。站址在原海安镇大寨桥南约300米的南屏公社所属的曙光五队。占地面积为3.83亩。为顺应时代潮流,1971年11月30日,"海安县气象站"更名为"海安县革命委员会气象站"。随着"文化大革命"影响的消除,1981年12月8日建立"海安县气象局"。其后因机构精简等大环境的因素,1983年12月31日"海安县气象局"被撤销,保留"海安县气象站"名称。

随着海安城镇建设的加快和建设规模的不断加大,1984年1月1日海安县气象站实施了第三次搬迁。新站址位于南屏公社新桥村4组,总占地面积9.78亩。此次迁站,建成了标准的气象观测场和近500平方米的办公楼以及1200平方米的职工宿舍楼。1991年3月15日重新恢复"海安县气象局"的建制。

为了服从海安县城改造的整体规划,2006年10月1日,海安县气象局及气象观测场实施了第四次迁移。新建成的局地址位于县城黄海大道369号,经纬度分别为北纬32°31′,东经120°27′,地面海拔4.5米。局(场)总占地面积20亩。新址于2008年3月23日建成并投入使用。新建办公用房总面积为2689平方米。

二、建制情况

1. 管理体制

自建站开始到1981年5月,海安县气象局(站)运行体制实行的是:业务上接受上级业务部门指导,人员调动、行政事务归地方管辖,接受水利局、农林局管理。1971年1月起改由人民武装部领导。1973年1月起确定由县农水办公室管理。1981年6月起实行的是部门和地方双重性质的管理体制,即业务、财务、人事条上主管、行政、党务、中心工作地方上负责。

表20.2 机构沿革

机构名称	时间	管理体制
海安县水文气象站	1959.01—1962.07	双重管理,以地方政府管理为主
海安县气象服务站	1962.08—1971.11	双重管理,以地方政府管理为主
海安县气象站、海安县革命委员会气象站	1971.11—1981.12	双重管理,以地方政府管理为主
海安县气象局(一套班子、两块牌子)	1981.12—1983.12	双重管理,以上级气象部门管理为主
海安县气象站	1983.12—1991.03	双重管理,以上级气象部门管理为主
海安县气象局	1991.03—	双重管理,以上级气象部门管理为主

2. 班子建设、人员配备

表 20.3　历任行政领导(含非领导职务)一览表

单位名称	姓名	职务	任职时间	备注
海安县水文气象站	杜道尧	临时负责人	1959.03—1959.12	—
	严茂堂	负责人	1960.01—1960.10	调出
海安县气象科	崔念佐	副科长	1960.06.27—1960.08.02	调出
	韩召元		1960.09—1962.07	气象科撤销
海安县气象服务站	王以孝	副站长	1960.10.26—1965.08	调出
	姜汉洲		1965.05.29—1977.05	调出
	于和礼		1977.06.02—1980.11	调出
海安县气象站	顾炳芝		1978.10—1982.01	站改局
海安县气象局		副局长	1982.01—1984.04	离休、病逝
海安县气象站	夏桂文	副站长	1980.04.03—1982.01	
			1984.02—1991.03	
海安县气象局		副局长	1982.01—1984.02	
		局长	1991.03.12—1996.12	退二线
海安县气象站	朱益安	副站长	1983.04—1991.03	
		副局长	1991.03—1996.12	
		局长	1997.01—2005.02	退休
海安县气象局	陆志刚	副局长	1996.04.10—2000.12	从海门调回
			2004.01—2005.01	
		局长	2005.02—	
	吴振倩	副局长	1997.01—2005.02	南通市气象局交流
	郁　健		2005.03—2010.12	与海门市局交流
	葛亚东	副局长	2011.01—	

3. 股室负责人配备情况

1959年建站初期至1980年体制上属水利局、农业(林)局管理，加上业务人员较少，未设中层(股)建制。至1980年体制独立后，设股、组级中层岗级。

表 20.4　科室负责人任职情况

姓名	职务	任职时间
廖佩良	测报股副股长	1980.12—1988.01
凌和稳	测报股副股长	1988.01—1993.12
陆志刚	测报股副股长	1993.12—1996.04
郁　健	测报股副股长	1996.04—2001.01
唐斌耀	预报股副股长	1980.12—1983.03
陈正庠	预报股副股长	1983.03—1986.12
	股长	1986.12—1993.04
吴正倩	副股长	1993.04—1996.12
凌和稳	副股长	1996.04—2001.01

续表

姓名	职务	任职时间
朱益安	农气股副股长	1980.12—1983.04
凌和稳	气象台台长	2001.01—
张建新	办公室主任	2001.01—
王维林	防雷设施检测所所长	1999.03—2001.12
郁 健	科技产业科科长	2001.01—2010.12

4. 职工队伍人员状况

自1959年建站以来,50年内先后有51人在海安县气象局(站)供职过。

表20.5 历年工作人员一览表

姓名	性别	出生年月	调来时间	调出时间	去向	备注
周建业	男	—	1959.01	1962.05	下放农村	—
王文铀	男	—	1960.01	1962.05	回乡支农	—
程 伋	男	1941.05	1959.11	未	退休	1969—1978年在物资局
严茂堂	男	—	1960.01	1960.10	丁堡闸闸管所	—
王以孝	男	—	1960.10	1965.08	县兽医院	—
崔益铀	男	—	1963.04	1963.12	农林局	—
廖佩良	男	1939.01	1963.08	未	退休	—
姜汉洲	男	—	1963.09	1977.05	淮阴专区气象台	—
郭 杰	男	1940.01	1968.06	1974.01	如皋县气象站	—
唐斌耀	男	1944.06	1970.03	1983.03	南通市气象局	—
汪学鹏	男	—	1972.10	1975.12	海安无线电元件厂	—
周家英	女	1941.12	1973.01	未	退休	2000年去世
夏桂文	男	1940.09	1975.10	未	退休	
张建新	男	1953.08	1976.05	未	—	
王维林	男	1953.02	1976.05	未		2002年提前退休
张晓群	女	1957	1977.04	1984.12	县检察院	
于和礼	男	—	1977.06	1980.11	县档案馆	
牟凤娣	女	1944.08	1977.07	1999.12	退休	
朱益安	男	1946.09	1978.03	2006.12	退休	
顾炳芝	男	1924.04	1978.10	1984.04	离休	逝世
吴振倩	女	1957.11	1979.12	2004.1	南通市气象局	2009.01调回
朱祥林	男	1943.03	1981.08	未	提前退休	
陈正庠	男	1937.06	1982.04	未	退休	
陆志刚	男	1964.04	1982.07	未	—	
王玉贵	男	1964.03	1982.07	未	—	
严世发	男	1954.12	1982.10	1985.03	县计经委	
张瑞芹	女	1953.11	1982.10	未	提前退休	
凌和稳	男	1962.09	1983.07	未		
张水明	男	1957.10	1983.08	1993.12	海门县气象局	

续表

姓名	性别	出生年月	调来时间	调出时间	去向	备注
孙元根	男	1962.03	1984.07	1984.09	南通市气象局	—
景俊兵	女	1959.07	1985.08	未		
郁 健	男	1967.06	1992.01	未		2011年去海门局交流
卢秋澄	女	1967.09	1992.01	未		
彭小燕	女	1980.07	2001.10	未		
朱海笑	男	1978.01	2002.04	未		
赵 晖	男	1979.10	2002.09	2004.01	南通市气象局	—
华 珣	女	—	2004.01	2007.07	考研上学	—
徐婷婷	女	1985.10	2005.07	2010.03		辞职
孙艳芳	女	—	2007.08	2008.09		辞职
缪小勇	男	1987.09	2009.12	未		
景澄程	男	1989.08	2010.08	未		
储 晶	男	1981.11	2005.03	未		
朱益权	男	1964.06	2004.07	未		
顾雯静	女	1982.10	2005.09	未		
杨文渊	男	1982.01	2006.07	未		
刘 兵	男	1972.11	2007.04	未		
陈珊珊	女	1985.01	2007.08	未		
张季祥	男	1960.11	2008.11	未		
万 伶	男	1990.02	2009.12	未		
葛亚东	男	1973.12	2011.01	未	—	2011年来局交流

5. 职工学历、职称情况

1959年3月1日初建站时，在职业务人员1人，学历初中。1978年度，在编工作人员增至12人，其中大学学历5人，中专学历3人。

2010年共有在编人员9人，聘用人员11人。20人中，研究生1人、本科学历5人、大专学历8人。其余学历6人。在职人员中，具有高级职称2人（另有退休高工4人）（见表20.6），中级技术职称7人，初级技术职务6人。

建站50年来，在职工作人员认真抓紧学历教育，气象科学技术业务水平不断增强。

表20.6 在职学历教育（含脱产和不脱产）

姓名	起迄时间	学校名称	专业	毕业（结业）情况（证书、文凭、学位等）
程 侣	1960.07—1963.07	南京农学院	农业气象（函）	结业
	1960.07—1962.01	苏北农学院	农学专修（函）	肄业
	1984.09—1986.10	广西气象科技 日语函授中心	气象科技日语（函）	结业
王维林	1982	扬州水校	气训班	毕业
吴正倩	1980	扬州水校	气训班	毕业
	1985.09—1987.07	南京气象学院	气象专科	毕业

续表

姓名	起讫时间	学校名称	专业	毕业(结业)情况(证书、文凭、学位等)
张晓群	1981	扬州水校	气训班	毕业
景俊兵	1985.09—1988.07	安徽气象学校	气象	毕业
陆志刚	1998.09—2001.07	南京气象学院	经济管理专科(函)	毕业
	2008.11—	四川大学	行政管理本科(函)	在读
凌和稳	2000.09—2003.07	南京气象学院	计算机信息管理专科(函)	毕业
	2005.02—2008.01	江苏大学	计算机管理本科(函)	毕业
郁 健	2004.02—2008.01	南京气象学院	防雷专科(函)	毕业
	2008.02—	南京气象学院	防雷本科(函)	在读
卢秋澄	2004.02—2008.01	南京气象学院	防雷专科(函)	毕业
	2008.02—	南京气象学院	大气科学本科(函)	在读
彭小燕	2006.07—2009.07	南京信息工程大学	天气专业(函)	毕业
	2010.02—	南京信息工程大学	天气专业本科(函)	在读
朱海笑	2002.07—2005.07	南京信息工程大学	天动专业本科(函)	毕业

6. 学科带头人、技术能手培养对象

至2010年,海安凌和稳被确定为南通市气象局学科带头人。彭小燕、杨文渊被确定为南通市气象局技术能手培养对象。

第二节　气象业务与服务

一、地面观测

1. 观测时次

1959年3月1日开始地面观测,使用《地面气象观测暂行规范》,每天观测4次,分别为01、07、13、19时,采用地方平均太阳时。1960年8月1日起改为每日观测3次,分别为08、14、20时,采用北京时,夜间不守班。1980年1月起执行《地面气象观测规范》,恢复02、08、14、20时4次观测。1981年起夜间守班。1989年1月1日起改为观测3次,夜间不守班。

2. 观测项目

建站时观测项目有:云状、云量、能见度、天气现象、风向风速、空气温度、湿度、降水、蒸发、地面状态、地面温度、地中5、10、15、20厘米温度。1961年取消地面状态,1962年1月起观测地中40厘米温度,1966年4月取消。1963年起增加日照观测。1965年9月起增加气压观测。

3. 观测仪器

1959年建站时使用仪器大都为苏式仪器,苏式百叶箱、2米高带防风圈雨量筒、百叶箱温湿度感应部分离地面高2米,使用大型蒸发皿。1960年以后逐步改用国产仪器,雨量筒取消防风圈,高度改为70厘米。百叶箱温、湿度感应部分距地改为1.5米,改用小型蒸发皿。1969年维尔达风压器改电接风仪。

1970年1月起,温、湿、气压、雨量、风全部安装使用自记仪器。2002年8月安装ZQZ-

CII型地面气象综合有线遥测仪,温、湿、气压、风、雨量、地温自动化遥测。

观测业务2003—2004年实行人工和自动化仪器双轨运行,2005年起单轨运行。

4. 气象电报

1959年6月21日开始编发重要天气不定时报。1959年12月至1965年,每天两次定时编发小区域定时天气分析报。1962年起参加台风联防,按预约编发不定时台风联防报、加密观测报。1965年11月起承担如皋机场航危报任务,1993年9月取消。

5. 气象报表

1959年3月起按月抄报气表-1、气表-3、按年手报气表-21、气表-23和年简表;1961年起合并为气表-1和气表-21;1996年6月起气象报表改为计算机计算打印。

6. 气象监测网

从1958年开始全县普遍建立气象哨,每个公社一个,观测项目分别为降雨量、气象灾害。1980年经历农村气象哨整顿,至1983年3月,经海安县革命委员会农业办公室批准,以海革农办(80)23号文件明确在全县建立四个重点中心气象哨。分别为古贲、沙岗、张垛、李堡气象哨,主要承担各片(点)雨情、农情、灾情和土壤墒情的观测以及资料的搜集和上报任务。

为了及时掌握了解全县天气、气候情况,2003年5月至2008年4月先后安装中尺度自动站6个,二要素自动站8个。2008年建成老坝港海边70米测风塔。2010年全县建成中尺度自动站20个,聘用乡镇气象信息员237名。

二、天气预报

1959年7月起制作单站补充订正预报,通过海安有线广播每天发布3次短期预报和2~3天天气趋势预报,另外每旬末发布一次次旬天气预报。

1963年起,逐步开展了长期天气预报业务,建立了各种主要天气的基本资料、基本图表、基本档案、基本预报方法。1971年以后,引进数理统计预报方法,完成地县配套的暴雨、台风、春季连阴雨、梅雨等预报方法。1978年海安县气象站成立了预报股。1980年配备气象图片传真接收机。

1987年配备VHF无线通讯系统,参加上海区域天气联防组织;1996年卫星云图地面接收系统投入使用;1997—1999年相继建成PC-VSAT卫星地面接收站、天气预报人机交互处理系统;2000年通过"9210"卫星通信系统编发上传本县城市天气预报;2004年开通了SDH 2M数字专线用于传输自动站资料、各类气象申报、新一代雷达资料,并开通了气象Notes信息网络,建成省、市、县天气预报可视化会商系统。

三、农业气象

海安县是农业大县,海安局(站)常年紧密结合农时、农事切实做好"气象为农业、农民、农村"的服务。从1960年起开始进行土壤墒情观测,每月逢8、18、28日定期测定土壤含水量,干旱时逢"3"加测。测定土壤深度分别为5、10、20、30和50厘米。所测结果均以书面或电话、电报的形式向政府领导、涉农部门以及上级机关报告。

1976年开始配备农气专职人员。1979年成立农气股。1978年起,除正常的提供墒情服务外,每月初则将上月各类气象要素及墒情灾情等向上级业务部门编发农业气象月报,并及时向农业部门通报。

1978—1980年参加江苏省杂交水稻气象研讨协作组,进行杂交稻高产气象条件研究。1982年开展了小麦赤霉病预报和农作物年景,以及主要农作物适宜播种期预报。其中1979年在省农业气候区划科研协作组领导下,进行农业气候资源调查。落实农业区划工作。1982年完成《海安农业气候手册》的编写和出版工作。1990年以后,除按时编发旬、月报和测墒情外,还按"周年服务方案"的要求,全面开展农业气象情报、农业气象预报工作。1995年在全市县级站中率先建成省、县农业气象卫星遥感接收处理系统。

四、气象服务

1. 公众气象服务

1960年1月起通过县广播站发布天气预报;1964年起增加电影幻灯片、小黑板等发布形式;1997年10月28日,开通了"1210"气象信息自动答询电话,经过1999、2001、2003年3次升级改造,建成了数字式60条中继线、10个语音信箱的24小时服务工作站;1998年5月20日,海安电视天气预报正式开播;1999年天气警报自动播音控制系统建成投入业务使用;2002年10月开通"海安气象网站";2004年11月20日开通"海安兴农网";2008年在全县14个镇建设完成为农服务"三一个"工程。2010年完成全国5个、江苏唯一的气象为农服务示范县创建工作,并顺利通过验收。

海安县气象局(站)坚持"质量第一、服务至上"的气象人精神,努力工作,积极奉献,在业务工作中取得多项荣誉。

表20.7 天气预报服务获市厅级奖项一览表

时间	姓名	奖励名称	授奖部门、奖励等级
2000年	卢秋澄	重大天气气象服务	江苏省气象局三等奖
2000年	程伋、吴振倩	1999年重大天气气象服务	江苏省气象局三等奖
2004年	吴振倩、凌和稳	2003年梅雨期暴雨预报服务	江苏省气象局三等奖

2. 决策气象服务

决策服务,主要为领导制定政策、指挥生产提供依据。

建站初期,为领导提供决策服务主要途径有:电话汇报、带图口头汇报、抄送天气公报和灾害性天气警报。其中典型的是2000年5月9日,根据本局提供的服务,紧抓有利时机,在全市率先实施了人工增雨作业,降水量达18.3毫米,作业效果明显。

2005年6月27—28日在海安县天气严重干旱的紧要关头,在市局技术人员的帮助下,组织力量分别在雅周、南莫成功地进行了火箭人工增雨作业。

2002年,建立县级远程气象服务系统,通过计算机发布各类气象信息。

2004年开始,对重要节日、重要农事季节、春运、高考和重大社会活动均使用专题公报的形式进行决策气象服务。社会反响热烈,领导十分满意。

2006年建成手机短信编发系统,确保在第一时间把气象信息送到领导手中,供决策参考。

3. 专业气象服务

1985年开始发展专业气象服务,1987年成立专业气象广播台。主要通过气象警报广播网提供全天候预报、警报服务。1992年该警报接收机部分升级为无线对讲。1999年天气警报自动播音控制系统建成并投入使用。2002年对部分重要专业气象用户安装了"远程气象信息服务系统"。2010年再次更新警报接收系统。

4. 气象科技服务

1985年始,开展气象科技有偿服务;1990年起为各单位建筑物开展防雷设施检测;每年被检测单位达200多个,检测点数多达800多处。1992年开始施放庆典气球;1999年开始制作电视天气预报;2002年底在行政服务中心气象窗口开展防雷设计审核;2005年对全县计算机房进行全面系统检测;2008年对重大工程建设项目开展气象灾害风险评估。

5. 气象科普宣传

多年来,海安气象人结合海安气候特点,撰写并发展气象科普文章120多篇。在海安电视台、电台《农家农事》、《野萍说农村》、《行风政风热线》等节目中多次专题宣传气象法规和气象知识。共参加了22届科普宣传周活动,连年获得市、县科普宣传先进集体奖,14人次获先进个人奖,有8篇科普作品获得省气象学会、市科协优秀科普作品奖(见表8)。2000年以来,在科普、安全生产月以及"3.23"世界气象日纪念活动中,每年发放气象宣传材料上万份。期间,共组织送科技下乡50余次。

表20.8 科普宣传工作获重要奖项情况一览表

年度	获奖人员	获奖名称	授奖单位	主要作品
1990	程彶	投稿积极分子	南通科技报	—
1990	程彶	科普征文	南通市科协、南通日报	《陆台风——飑线》
1990	程彶	科普征文	江苏省农林厅、环保局、环境科学委员会、省电台	《鸟与天气预报》
1991	程彶	科普文章评选二等奖	江苏省气象学会	《航海与气象导航》
1998	程彶	优秀科普作品二等奖	江苏省气象局	《防病治虫看天气适时适量巧用药》
2002	程彶	优秀科普作品二等奖	江苏省气象学会	《开发空中水源缓解用水危机》

6. 气象科技论文获奖情况

20世纪80年代以后,海安局(站)科研气氛浓厚,科技成果丰硕。各项奖项较多。

表20.9 获市厅级以上优秀科技论文奖情况一览表

年度	获奖作者	获奖论文名	备注
1999	程彶、卢秋澄	GMS-5多通道云图资料与海安春季降水实况分析	上海区域气象中心优秀论文
2001	凌和稳、卢秋澄	PC-VSAT预报产品查询与应用平台	江苏省气象学会优秀论文
2003	凌和稳	县级远程气象服务系统	苏皖二省气象学会优秀论文
2007	凌和稳	江苏省自动站资料收集整理存档方法研究	长三角科技论坛苏皖二省气象学会优秀论文

第三节 党建和气象文化建设

一、党的组织建设

建站之初,仅有一名党员,支部、党员活动从属于水利党支部。1977年9月,党员人数增加到3人,经机关党工委批准,成立了"中共海安县气象站支部"。至2010年,气象支部党员共有9名。党建工作、支部活动等均在机关党工委的部署和领导下,与地方同步进行。

表20.10 历任党支部书记一览表

起止日期	支部名称	支部负责人
1959—1976	附属水利局支部(气象党小组)	—
1977—1979	气象站支部	于和礼
1980—1990	气象站(局)支部	顾炳芝
1991—1999	气象局支部	夏桂文
2001—2006	气象局支部	朱益安
2007—2008	气象局支部	陆志刚
2009—	气象局支部	吴振倩

50年来,海安气象支部的党建工作得到了县级机关党工委的充分肯定并赢得了诸多荣誉。据初步统计,近30年内,有30多人次获得"优秀共产党员"荣誉称号;"先进(优秀)党支部(小组)"荣誉的获得超过10次;支部负责人中,有5人次被评为"优秀党务工作者";在"三大建设"进程中,有近20项单项工作得到了县委、政府或机关党工委的嘉奖和表彰。

二、精神文明建设

2000年以后,先后开展了"保持党员先进性"、廉政、职业道德"双教月"、效能建设、实践科学发展观等教育活动,获省、市、县三级"文明行业";县级"文明单位"、"文明机关";"为农服务"、"为经济建设服务"、"安全生产"等先进单位(集体)。连续多年在市局年终目标考核中评为"优秀"、"特别优秀"、"达标单位"。帮扶解困,乐于奉献,开展结对帮扶,被县政府评为2008年度"部门包村、党员联户"帮促工作先进单位。

表20.11 精神文明建设成果一览

年代	文明(成果)名称	授予单位(部门)
1964	三好气象服务站	江苏省气象局
1978	双学评比先进单位	南通市革命委员会气象台
1981	预报服务成绩显著	中央气象局
1989	江苏省双文明先进单位	江苏省气象局
2003	2001—2002年度江苏省文明行业	省精神文明建设指导委员会
2005	2003—2004年度江苏省文明行业	省精神文明建设指导委员会
2005	2003—2004年南通市文明行业	南通市委、市政府
2007	2005—2006年度江苏省文明行业	省精神文明建设指导委员会

续表

年代	文明(成果)名称	授予单位(部门)
2007	2005—2006年南通市文明行业	南通市委、市政府
2009	2007—2008年度南通市文明行业	南通市委、市政府
2010	2007—2009年度江苏省文明行业	省精神文明建设指导委员会
2010	省级廉政文化示范点	江苏省气象局

2005年起每年组织职工参加市局、县政府组织的各项活动,获三等奖三项。2008年举办了"气象杯"县级机关女子乒乓球比赛,获得个人三等奖。组织老干部参加省局廉政书画作品比赛,获二等奖一项。2008年起每月10日定为老干部活动日,获得总工会"优秀职工之家"称号。

三、机关作风建设

2002年起设立海安县气象局局务公开公示栏,实行服务承诺制和首问负责制。坚持做到"五公开":即公开办理事项、公开办理依据、公开办事程序、公开申报材料、公开承诺期限。窗口印制办理事项业务告知单进行公示,2007年将气象行政职能、办事依据录入政府网站。

四、气象文化建设

2008年海安县气象局专门成立了"气象文化建设创编组",邀请退休老同志一起参加。五个月内编辑完成了"海安县气象局(站)五十年变迁史"、"五十年大事记"、"海安气象科技成果展示"、"海安气象荣誉榜"、"海安气象文章汇集"、"海安气象科技论文汇编(一至四卷)"以及"海安地区天气谚语"、"海安气候之最"、"海安历史水旱灾害年表"等各种文化、科技、科普册子。

第四节 法规建设与管理

一、气象行政执法

2000年1月1日《气象法》颁布实施以来,每年利用"3·23"世界气象日、6月安全生产月、法制宣传周(日)、科普宣传周等活动开展气象法律法规宣传。2002年12月28日,县政府服务中心设立气象窗口,履行气象行政审批职能。2003年成立海安县气象行政执法大队,有4名兼职执法人员。执法大队第一任负责人:朱益安(2003年至2006年)、第二任负责人:陆志刚(2007年—)。每年与安监、建设、消防、教育等部门联合开展气象行政执法检查20次以上。

二、气象社会管理

1. 气象灾害应急响应体系

2005年后,每年6月份进行了化学危险品救援演练,提供实时实地的气象资料,通过演练不断增强预案的针对性和实效性。

2007年5月,海安县人民政府下发《海安县重大气象灾害应急救援预案》(海政办发[2007]107号),根据《中华人民共和国应对法》及县应急办对气象应急预案体系和应急管理组织体系的要求,对《重大气象灾害应急预案》进行配套分解,建立了高温中暑、危险化学品泄漏事故、海上救援、经贸洽谈会气象保障等一系列应急方案,确保灾害来临时有章可循、有据可依。

2008年建立了镇、村两级气象信息员队伍,对气象应急工作进行了培训。

2. 防雷减灾管理

1990年起,以气象局名义开展防雷检测、防雷技术咨询等业务。1995年城乡建设委员会、公安局、气象局联合下发文件对新建建构筑物实施防雷检测验收。1998年县人事局批准成立"海安县防雷设施检测所",为气象局下属股级建制事业单位,2000年11月通过计量认证。

2002年海安县政府办公室下发《海安县防御雷电灾害管理办法》(海政办发[2002]26号),2002年12月28日在县行政服务中心气象窗口开始防雷图纸审核,履行"防雷装置设计审核和竣工验收"行政许可职能。

2004年取得防雷检测资质。2005年开始开展计算机信息系统检测。

2000年后,每年召开全县防雷安全工作会议,近几年共与建设局、安监局、教育局、卫生局等单位联合下发了10余份规范性文件。县气象局、防雷检测所获10次全县安全生产先进集体,10人次获县安全生产先进个人。

第二十一章　如皋市气象局

如皋市位于长江入海口北岸，北纬32°00′至32°30′、东经120°20′至120°50′。总面积约1477平方千米，总人口141.01万人，辖20个镇，2个开发区。如皋历史悠久，千年古镇如城镇境内有国家重点文物保护单位水绘园，有千年古刹定慧寺，是花木之乡，长寿之乡。

如皋是南通地区置设最早的地区之一，有1600多年的气象灾害历史资料。属北亚热带湿润气候区，气候温和，四季分明，雨热同季。年平均气温14.7℃，极端最高气温38.9℃，极端最低气温－13.4℃。1月为最冷月，平均气温2.1℃；7月为最热月份，平均气温27.1℃年。年均日照2016.4小时，年均降水量1056.8毫米，全年盛行东南风。

第一节　历史沿革

一、始建情况

根据历史记载，如皋最早的气象观测机构为如皋测候所，成立于1931年，地点设在县建设局内，四等所，观测次数少。1936年如皋县建设局推荐仲兆乾于2月16日至29日到省会测候所训练两周，经考核合格，发给"所字7号"证书，并加委为如皋县掘港四等测候所测候员。当时，"测字"和"候字"证书可委为观测员。

同为四等所，如皋的季恒被委任为观测员，比测候员高一级。但1936年下拨的全年经常费，掘港为360元/年，每月拨支30元；而如皋只有120元/年，每月10元，仅及掘港的三分之一。

1936年12月省会测候所派巡视指导员陈文熙到如皋测候所巡视，指导规划县内两个四等测候所的改进事宜。

1938年3月19日和27日日军先后进犯如皋、掘港，观测停止，记录资料散失。

1956年8月气象部门接管如皋县农场气候站；1959年1月，省气象局编发气象台站区站号，如皋站区站号为58255。1979年中央气象局确定如皋县气象站为国家级农业气象基本站。根据（苏气发[2006]138号）文件《关于站网调整业务切换的通知》通知，如皋市气象局从2007年1月1日起升级为国家气象观测一级站。

1956年建站时站址位于如皋县城以西陆家庄农科所。1959年11月1日迁至如城南郊东兴桥东宏坝村。1978年1月由于通扬公路调直拓宽，迁址到如城南门外城南村8队。2004年4月1日，因海阳路南伸，再次搬迁至如城镇纪庄村24组（北纬32°22′，东经120°34′），观测场海拔高度6.4米。

表 21.1　如皋市气象局站址变迁一览表

年代	台站(名)	经纬度	海拔高度(米)	地址(镇、村、组)	类别
1956	如皋县气候站	32°24′N 120°29′E	6.3	陆家庄农科所	三次观测气候站
1959	如皋县气象服务站	32°23′N 120°34′E	5.1	如城镇宏坝村	三次观测气候站
1978	如皋县气象站	32°23′N 120°34′E	4.4	城西乡城南村8队	三次观测气候站
2004	如皋市气象局	32°22′N 120°34′E	6.4	如城镇纪庄村24组	一级站

二、机构沿革

1956年建站初,如皋县农场气候站隶属上海气象局领导;1957年12月关系转为隶属江苏省气象局。1958年10月起交由地方政府主管,气象业务由上级气象部门管理;1963—1970年,气象台站实行业务部门与地方政府双重领导,地方管理为主;1971—1972年,地方人武部管理为主;1973年3月重新划归地方政府领导;1981年起实行由上级气象部门和地方政府双重领导,以气象部门为主的管理体制。如皋县气象站、如皋县气象局两块牌子,一套班子办公;1983年2月地市合并,县气象局建制撤销,复名为如皋县气象站;1989年再次更名为如皋县气象局。1991年,如皋县撤县建市,如皋县气象局相应改称为如皋市气象局。

表 21.2　局(站)负责人变更表

单位	姓名	职务	任职时间
如皋县气候站	汪露华	负责人	1956.01—1957.11
江苏省如皋气候站	汪露华	负责人	1957.12—1960.02
如皋县气象服务站	朱　杰	负责人	1960.03—1962.12
	程　沉	负责人	1963.01—1963.06
	汪露华	负责人	1963.07—1965.09
	苏　纯	负责人	1965.10—1969.12
如皋县革命委员会气象服务站	苏　纯	站长	1970.01—1977.02
	朱玉生	副站长	1976.01—1977.02
如皋县气象站	苏　纯	站长	1977.03—1984.02
	朱玉生	副站长	1977.03—1979
	严文生	站长	1984.03—1989.10
	王兆祥	副站长	1985.05—1989.10
如皋县气象局	严文生	局长	1989.11—1991.05
	王兆祥	副局长	1989.11—1991.05

续表

单位	姓名	职务	任职时间
如皋市气象局	严文生	局长	1991.06—1992.10
	王兆祥	副局长	1991.06—1992.10
	葛仁金	局长	1992.11—1996.12
	王兆祥	副局长	1992.11—1996.12
	陈爱玉	局长助理	1994.03—1996.11
		副局长（主持工作）	1996.12—1998.01
		局长	1998.02—2009.10
	王兆祥	副局长	1997.01—1997.10
	陈新育	副局长	2005.07—
	张鹏	局长	2009.10—

1956年建站初，全站仅有2人，后增加到4人；20世纪60年代期间，人员进出调动频繁，但每年实际工作人员基本维持在4人；70年代中后期人员迅速增加，1990年在职在编人员达18人。2006年全国气象部门实行业务技术体制改革，核定如皋气象局在编人员14人。随着气象业务、科技服务工作的不断拓展，上级给予的编制数人员已难以完成工作任务，从2003年8月开始从人才市场招聘人员。2008年在职人员增加到21人（其中在编14人，聘用7人）。在编人员中本科6人，高级工程师4人，工程师6人，中、高级技术人员占在职在编人数的70%。在职职工中，年龄50岁以上7人，40～49岁3人，40岁以下11人。

表21.3　历年工作人员一览表

姓名	性别	出生年月	调来时间	调出时间	去向
夏寿坤	男	—	1956.08	1957.05	服兵役
汪露华	女	—	1956.10	未	1966年7月16日自缢逝世
张庆威	男	—	1957.02	1957.08	北京气象学校上学
马正华	男	—	1957.08	1964.10	供销部门
钱菊华	女	—	1957.08	1964.10	供销部门
朱杰	男	—	1960.03	1960.05	组织部调动
吴士来	男	—	1960.08	1962.05	江防棉场
姚振根	男	—	1961.11	1963	白蒲
程沉	男	—	1962.12	未	逝世
陈学忠	男	1942	1963.08	1972.07	南通台
陈正庠	男	1937.04	1964.10	1981.10	海安站
苏纯	男	1927.01	1965.09	未	离休
许金龙	男	1941.07	1967.07	未	退休
季玲	女	1944.01	1970.10	1973.07	南通台
倪顺昌	男	1941.12	1971.09	1975.2	吕四站
唐务全	男	1945.11	1972.07	1978.06	苏州台
郭杰	男	1939.11	1974.04	未	退休
陈剑雄	男	1942.03	1975.05	未	退休

续表

姓名	性别	出生年月	调来时间	调出时间	去向
李存龙	男	1953.01	1976.06	未	—
储卫国	男	1951.10	1976.10	未	退休
严文生	男	1941.10	1977.01	1992.10	市农工办,2001年逝世
钱国平	女	1958.06	1978.01	未	退休
徐璞	男	1938.11	1978.12	未	退休
冯志友	男	1954.1	1979.01	1992.08	市科协,逝世
周世达	男	1938.12	1979.12	未	退休
冒贤芬	男	1941.08	1981.01	未	逝世
陆葆跃	男	1949.10	1982.07	未	退休
马云龙	男	1951.10	1982.08	未	退休
周昌云	男	1962.10	1983.07	未	—
曹乃和	男	1959.07	1983.08	未	
陈爱玉	女	1962.10	1983.08	2009.10	南通市气象局
王兆祥	男	1937.10	1985.02	未	退休
杨祥珠	女	1969.08	1989.07	1990.02	南通县气象局
陈翔明	男	1954.08	1990.04	未	
葛仁金	男	1948	1992.10	1996.12	市工商局
陈新育	男	1968.12	1993.12	未	—
张开进	男	1981.10	2003.06	未	—
赵阳	男	1980.10	2003.06	未	
刘娟	女	1982.07	2003.08	未	
肖霁	男	1979.02	2004.05	2010.02	吕四国家基准气候站交流
韩良宏	男	1958.06	2004.08	未	
蔡奕卉	女	1984.06	2005.08	未	
朱爱军	男	1976.03	2005.11	未	
曹阳	男	1984.12	2006.08	未	
董计成	男	1984.08	2007.07	未	
张书伟	男	1987.06	2007.08	未	
王书兵	男	1979.09	2008.02	未	
杨宝宏	男	1971.01	2008.06	未	—
吴汉凯	男	1987.10	2009.07	未	
张鹏	男	1970.06	2009.10	未	南通市气象局交流
曹成	男	1986.01	2010.08	未	—
袁睦鑫	男	1987.03	2010.02	未	—
蒋莉莉	女	1982.11	2010.08	未	—
顾伟	男	1969.04	2010.09	未	—

表 21.4　如皋市气象局基础职务工资一览表（单位：元/月）

年份	人数	平均基础职务工资	最低	最高
1981	12	45.6	40.5	83.0
1985	15	66.1	50.5	85.0
1990	15	86.4	58.0	122.0
1995	14	296.0	214.0	422.0
2000	11	553.1	389.0	720.0
2005	13	935.3	582.0	1095.0
2010	11	1352.4	777.0	2064.0

第二节　气象业务与服务

一、气象业务

1. 气象观测

1956年12月建站至70年代，测报业务单一，资料整编用算盘统计，信息传递靠当地邮局转发。1957年开始，每天进行01、07、13、19时4次定时观测，1960年8月起改为北京时间08、14、20时3次定时观测，夜间不守班。

1980年4月17日起，开始向江苏省水利部门拍发汛期雨量报（全省气象部门只有3家）。1996年7月起，地面观测开始使用计算机办公，装备了遥测观测仪器。报表改由电脑制作，从此结束了建站以来近40年人工抄录报表的历史。1999年1月1日开始试行网络传送气象重要天气报文，4月1日正式结束了拍发重要天气报须经电信部门报房转发的历史。

2003—2008年，先后在本市各乡镇建设自动观测站18座，与本站的Ⅱ型自动站形成覆盖全市的气象信息自动监测网，实现了气象数据监测、采集、整编及编发报的自动化，测报业务迈上一个崭新的台阶。

根据《关于站网调整业务切换的通知》（苏气发[2006]138号）文件通知，如皋市气象局从2007年1月1日起升级为国家一级站。地面观测全日值守，增加雪压、冻土和大型蒸发器（E601B）观测，同时编发全部重要天气报告。

表 21.5　地面测报任务一览表

年份	常规项目观测次数	雪压	E601蒸发	浅层地湿	较深层地湿	冻土	电线积冰	地面天气报次数	航危报	每小时补充天气报	重要天气报	上报省局、市局气表份数 气表1 省	气表1 市	气表21 省	气表21 市
1959	3			△							△	△	△	△	△
1969	3			△							△	△	△	△	△
1979	3			△							△	△	△	△	△
1989	3			△							△	△	△	△	△
1999	3			△							△	△	△	△	△
2009	4	△	△	△	△	△					△	△	△	△	△

表 21.6 自动气象站分布情况表

台站名称	区站号	建站时间	功能
如皋国家基本站	58255	2002.07	温度雨量、中尺度、雨量
雪岸	M2632	2005.05	雨量
常青	M2633	2005.05	雨量
奚斜	M2634	2005.05	雨量
袁桥	M5641	2007.04	温度雨量
高明	M5642	2007.04	温度雨量
磨头	M5643	2007.04	温度雨量
桃园	M5644	2007.04	温度雨量
丁堰	M5645	2007.04	温度雨量
白蒲	M5646	2007.04	温度雨量
九华	M5647	2007.04	温度雨量
石庄	M5648	2007.04	温度雨量
江安	M5649	2007.04	温度雨量
下原	M5650	2007.04	温度雨量
如皋港	M3631	2005.05	中尺度
柴湾	M6831	2009.03	中尺度
吴窑	M6832	2009.03	中尺度
吴窑立新大棚	M6833	2010.05	中尺度
吴窑立新	M6834	2010.05	中尺度
常青土山	M6835	2010.05	中尺度

2. 气象预报

20世纪60年代天气预报办公设备主要是一台收音机和一台电话机,采用"听、看、收、转"办法,主要收听上级台天气预报,走"图、资、群"相结合的路子。绘制简易天气图、点绘气象要素的曲线图、点绘图、剖面图等。同时运用群众看天经验,验证"农谚"。全县聘请老农作看天顾问,饲养泥鳅、乌龟等动物,观察其活动情况,作为天气预报参考。

70年代初,军民联报联防很有特色,与如皋机场气象台预报员共同研讨业务,撰写《如皋气象战备手册》。1971年参加了在北京举行的全国气象工作会议,并在会上交流了县站开展天气预报的经验和体会。

80年代初,配备了气象传真图片接收机、PC-1500型袖珍计算机,天气预报开始了应用计算机。1986年在全县范围内建立天气警报系统,除每日定时广播天气预报外,遇有重大或特殊天气,随时传递突发性天气信息。配备了对讲机,用户与预报员能随时互通信息(专用频率为149.225),天气信息传输十分方便。1987年全市甚高频无线通讯联网成功,提高了中、小尺度,局地性天气过程的预报能力,加强了对灾害天气的联防工作。

90年代加快了气象现代化建设的进程,1995年建成了9210卫星通讯工程,有了卫星云图接受系统;1997年开通了"121"电话咨询服务系统,同年7月1日起自行制作的电视天气预报节目首播;1999年开始使用天气预报智能业务系统为平台的"气象信息综合分析处理系统(MICAPS)";2006年建成"天气可视会商系统",增进了技术交流,开阔了预报思路,提高了分析能力。升级换代的气象现代化设备,为预报业务的开展提供了强有力的硬件支持,天气预报准确率稳步提高。

3. 农业气象

物候观测。1956年建站起,即为农业气象观测点,主要开展农作物生育期观测。1957年确定观测棉花、冬麦(大麦或小麦)、玉米;1966年"文化大革命",农业气象一度被迫中断;1979年中央气象局确定如皋为国家级农业气象基本站,从1980年春播开始工作(作物生育期物候观测和自然物候观测);1983年开始观测木本植物(银杏、楝树)、动物(青蛙、布谷鸟)。

土壤湿度观测。1956年建站后即进行50厘米深度的土壤湿度观测,人工取土烘土。"文化大革命"期间一度中断,1980年土壤湿度观测恢复后,测定深度为100厘米。1992年,确定固定地段观测,同时开始使用恒温两用箱进行烘土;2005年5月安装自动土壤水分数据采集系统,2008年8月设备进行了更新。

农业气象情报。1958年1月16日起开展单站农业气象旬报,1962年1月起发至江苏省气象局,1965年编报中断,1970年2月恢复向中央气象台发报。1975年起,新增不定期农业气象情报工作,主要有农作物生育期阶段的气象条件,农业气象灾害调查、墒情、雨情、农情、灾情等情报资料。1983年1月11日起执行农业气象旬(月)报试行新电码(HD-02)。1984年5月起,本站开始编报农作物冬小麦、棉花。1989年国家气象局正式通知,农业气象旬(月)报项目纳入日常业务渠道。1991年7月中旬起,启用新的气象旬(月)报电码(HD-03)。

农业气象资料。参加了1979年江苏省农业区划委员会开展的农业区划工作,于1981年完成了县级农业气候区划,编写出版了《如皋县农业气候手册》。与南通地区各县气象部门协作《南通地区农业气象规划》。1978—1983年承担江苏省"棉花气象"试验课题,写出《棉花花铃期干旱指标及其防御措施的研究》技术报告。

农业气象哨组。1958年开始建立公社气象哨,全县乡乡有哨,共建立气象哨49个。后来逐渐撤销。1978年,根据全县区域天气变化和农业生产水平差异,保留加力乡、雪岸乡、车马湖乡、胜利乡中心气象哨,进行降水、土壤湿度、主要农作物物候的观测,并提供"雨情、墒情、农情、灾情"报告。1992年后保留的气象哨是:雪岸、常青、加力、高井四家,成为提供雨情、墒情、灾情、农情的"四情"情报服务点。

表21.7 如皋农业气象仪器配备表

年代	品名	型号	数量	备注(停用报废年份等)
1981	架盘天平	JPT-2	2	2000
1981	游标卡尺	—	1	—
1981	标准皮尺	—	1	—
1981	大土钻	—	1	1996
1987	望远镜	—	1	1996
1992	显微镜	—	1	2000
1996	小土钻	—	1	—
1998	干燥箱	NC75-3A	2	—

续表

年代	品名	型号	数量	备注（停用报废年份等）
2000	电子秤	ACS-02EAS	1	2009.04
2004	望远镜	—	1	—
2006	农气观测取土箱	—	2	—
2009	电子秤	ACS-SA	1	—
2010	自动土壤水分观测仪	DZN1	1	（上海长望气象科技有限公司）

二、气象服务

1. 公众气象服务

1956年建站时就向如皋县广播站提供早、中、晚三次天气预报。1995年开始向如皋市电视台提供天气预报内容，由电视台制作电视气象节目。

1997年7月1日由如皋市气象局应用非线性编辑系统自行制作电视天气预报节目并首播，同年电话自动答询天气预报系统"121"（后改号升级为"96121"）开通。

2008年全市20个镇和两个开发区安装了气象信息电子显示屏，同时开通南通兴农网站。目前已构成电视台、电台、"96121"自动答讯电话、兴农网、电子显示屏、短信等全方位多渠道的气象服务网，逐步实现了气象预警信息"进农村，进企业，进社区"。加强与新闻单位的联系与合作，保证气象新闻和重大气象信息准确、及时、有效地向社会发布。"96121"电话日最高拨打量突破2万人次。

表21.8 电视天气预报节目制作设备构成一览表

购置时间	主要设备名称及型号	台数
2003、2010	图像制作系统	2
2005	扫描仪	1
1997	录像机	1
1997	放像机	1
1997	主控台	1
1997	监视器	1
1997	调音台	1

2. 决策气象服务

每次遇有重要性、关键性和转折性天气来临，以及重要节日、关键农时和重大活动期间，全力以赴为市党政领导和有关部门提供准确及时的气象预测预报、天气实况和灾情信息，为领导指挥生产、防灾抗灾决策提供科学依据。20世纪80年代之前决策服务方式以口头、书面材料和电话汇报等方式向县委、县政府提供；90年代改为传真和发布《重要天气公报》；21世纪初有了微机终端、Emial信箱和短信服务平台。重要天气信息通过短信平台快速传递到市、镇、村各级领导，防汛指挥部成员、各镇气象信息员、设施农业大户。

3. 气象科技服务

1984年开始开展专业服务，主要为砖瓦厂、水泥厂、纸箱厂等依靠露天生产为主的企业提供天气预报信息。

2008年起针对不同行业的特殊气象服务需求,为供电、船舶行业做精细化的气象服务,服务内容主要有短时、短期、中期和旬天气过程和气象要素预报,高空风等级预测,气象历史资料信息和气象灾害风险评估;服务手段也发展到安装自动站、电子显示屏、发送邮件和传真等方式。

1989年开展防雷设施的设计、施工、检测工作;1996开始实施第一个防雷工程,先后为工商系统、邮政系统、卫生系统等多家单位设计安装防雷设施。1999年8月经如皋市机构编制委员会批准,成立了"如皋市防雷设施检测所";2000年成立如皋市气象科技开发中心;2001年取得中国气象局颁发的防雷工程设计、施工丙级资质;防雷装置常规检测覆盖范围逐年扩大,每年防雷检测单位均在300家左右。

施放氢气球服务。1992年首次承接施放庆典气球业务,聘请如皋机场气象台人员现场制氢,开展施放氢气球业务。

人工影响天气服务。1994年夏季持续干旱。省人工增雨办公室决定在南通市实施人工增雨作业。这也是如皋首次人工增雨。

2005年6月27—28日,在江安镇实施人工增雨作业两次,作业增雨效果明显,全市普降中雨,局部地区达到暴雨,农田的旱情得到缓解,连日的高温得到缓和。

4. 气象科普宣传

从2000年起,每年参加如皋市科协组织的科普宣传周、安全监督局组织的安全宣传月活动,把气象科普知识送到各镇、村和社区,举办各镇安全员防雷知识专项培训班,举办各镇气象信息员气象知识培训班。每逢"3.23"世界气象日,根据当年宣传主题开展有关的文体活动。气象电视节目有气象小知识;"96121"信箱设有气象知识分箱;政府法制栏中有气象专版。连续多年被南通市气象学会表彰为"科普工作先进集体",被江苏省气象学会表彰为"2002—2005年度科普工作先进集体"、2006年获中国气象学会颁发的"第七届全国气象科普工作先进集体"、江苏省气象局颁发"科普工作先进集体"。

5. 科研成果

1991年以来,如皋市气象局承担江苏省、南通市气象局和如皋市政府科研项目30多个,获县、处级科技进步二等以上奖励18项;获厅级论文奖6项。2003年参加了在北京举行的"气候变化国际科学讨论会"交流。

表21.9 获江苏省气象局、南通市政府科技开发奖获奖情况

年代	获奖项目名称	授奖部门	奖级	主要完成人员
1988年	小麦赤霉病流行的气候条件分析和预报	南通市人民政府	科技进步四等奖	陆葆跃、严文生
1995年	春玉米耗水量及抗旱对策	江苏省气象局	科技进步三等奖	陆葆跃、严文生、钱国平
2001年3月	如皋主要花卉生长气象条件	江苏省气象局	四等奖	曹乃和、花汉民
2002年	水稻耗水规律及节水灌溉	江苏省气象局	科技开发四等奖	陆葆跃、钱国平、曹乃和
2003年	如皋市干旱的诊断分析及预警技术研究	南通市人民政府	科技进步四等奖	马云龙、陈爱玉、周昌云、曹乃和、陈新育

续表

年代	获奖项目名称	授奖部门	奖级	主要完成人员
2005年	如皋长寿现象与气候条件的分析研究	南通市人民政府	科技进步四等奖	马云龙、陈爱玉、宗周全、周昌云、曹乃和、陈新育
2005年9月	长江下游东段高水位成因分析及预报服务	江苏省气象局	三等奖	曹乃和、杜永红、钱国平

第三节　气象法规建设与管理

2000年以来，市气象局认真贯彻落实《中华人民共和国气象法》、《江苏省气象管理条例》等法律法规。2003年6月进入如皋市政府行政服务中心，设立气象窗口，承担气象行政审核职能，主要是对建筑物防雷装置设计审核，施放庆典气球的审批。对气象行政审批办事项目、程序、承诺，气象行政执法依据、服务收费依据及标准等内容全部向社会公开，印制成手册公布，并张贴上墙。落实首问负责制、气象服务限时办结、气象电话投诉等制度，在办事窗口、网站及媒体上公布。

2003年12月，成立气象执法大队，有7名兼职执法人员，持有如皋市政府法制办制发的行政执法上岗证。

2005—2008年，与如皋市安监、公安及南通市气象局执法支队联合开展气象行政执法检查20多次。

2005—2008年，制订下发一系列配套性法规文件。每年市气象局与市安全生产监督局联合下发《关于加强雷电灾害防御工作的通知》，2007年与如皋市卫生局联合下发了《关于切实做好防雷安全年检的通知》，2008年与如皋市教育局联合下发了《关于加强学校防雷安全工作的紧急通知》。

第四节　党的建设与气象文化建设

一、党建工作

从建站到1983年，党员隶属如皋县农业局党支部，组织生活到农业局参加。1984年4月经如皋县县级机关党工委批准建立如皋县气象局党支部，党支部书记严文生，副书记王兆祥。1992—1996年10月党支部书记葛仁金，副书记王兆祥；1996年10月至2000年6月由党支部副书记陆葆跃负责；2000年7月至2007年6月党支部书记钱国萍；2007年6月到至2011年底由党支部副书记、书记马云龙负责。

二、气象文化建设

坚持以人为本，深入持久地开展文明创建工作。"观云测天为人民，优质服务创一流"是如皋市气象局创建文明行业的口号。政治学习有制度，文体活动有场地，职工业余生活丰富多彩，文明创建工作跻身于全省先进行列。

积极参加各种社会活动,结对扶贫送温暖。2003年起先后与如皋市高明镇卢庄村,袁桥镇何庄社区、朱厦村,常青镇土山村结对,本单位干部职工与结对村的10户贫困户结对帮扶。经常深入结对村,与农户进行实地交谈,了解他们有什么困难和想法,研究解决问题的办法,为促进民营经济发展,摆脱贫困,走向富裕,献策献力。支持村基础设施建设、绿化工程,村委会办公现代化建设;为民办实事,提供农村医保、养蚕种苗费、节日慰问。

积极参与建设"爱心城市"活动,建立了"爱心"组织,设立"爱心"基金。与如皋特殊教育学校聋哑学生许雁翎建立结对帮扶关系。

2005年10月份职工刘娟代表江苏省气象局在北京举办的全国气象行业运动会上荣获女子4×100米接力跑第六名。

2011年4月起,储卫国、曹成先后参加了《南通气象志》"县局编"的撰稿工作。

三、集体荣誉

2001年以来连续获得"江苏省文明行业"、"南通市文明行业"称号,2006年获"第七届全国气象科普工作先进集体",是"南通市文明诚信窗口"单位,2007年获南通市第二批"人民满意服务品牌"称号。

2002、2005、2007、2008年被中共如皋市委员会授予"先进党支部"称号。

获"2003—2006年度江苏省文明行业"、"2007—2009年度江苏省文明行业"荣誉称号,"2003—2006年度南通市文明行业"、"2007—2008年度南通市文明行业"荣誉称号,南通市第二批"人民满意服务品牌",南通气象系统"优秀达标单位"、"如皋市文明机关"等荣誉称号。

被南通市气象学会评为"2002—2005年、2007—2010年年学会工作先进集体"。被南通市科普宣传周领导小组授予的"2006年度南通市第十八届科普宣传周活动先进集体"、"2010年度南通市第二十二届科普宣传周活动先进集体"称号。

第五节 台站建设

如皋市气象局于2004年3月随如皋市政府办公区南移而搬迁新建。新办公楼位于如皋市政府行政中心南约1千米的10万亩花木示范基地内,周围环境优美,树木郁郁葱葱。观测场及业务办公区占地10亩,围墙为白底蓝条PVC护栏,实用大方。道路硬化平坦,水系畅通。办公楼两层,建筑面积1200平方米,框架结构,欧式风格,外形典雅大方,内部设置合理,功能齐全。办公楼内底层设有地面测报值班室、会议室、荣誉室、档案室、科普室、活动室和防雷技术服务科;二楼设有局长室、财务室、气象台办公室、预报会商室、影视制作室、接待室、阅览室、文印室、休息室等。另有附属用房200平方米,为职工餐厅、汽车库和储藏室等。院内绿化草坪面积近5亩,栽种了各种风景树,四季常绿。

表 21.10 1981—2010 年如皋市气象局气象事业费一览表（单位：万元）

年份	合计	气象事业费					
		人员经费		业务经费		公用经费	
		小计	占事业费%	小计	占事业费%	小计	占事业费%
1981	1.14	1.14	100	—	—	—	—
1982	1.37	1.37	100	—	—	—	—
1983	2.18	1.43	66	0.4	18	0.35	26
1984	2.23	1.47	66	0.44	20	0.32	24
1985	2.6	1.91	73	0.39	15	0.30	12
1986	3.48	2.37	68	0.39	11	0.31	9
1987	3.58	2.8	78	0.4	11	0.38	11
1988	3.93	3.10	79	0.43	11	0.4	10
1989	4.03	3.11	77	0.42	10	0.5	13
1990	4.84	3.95	81	0.32	7	0.57	12
1991	4.69	3.38	72	0.56	12	0.75	16
1992	7.18	4.86	68	1.7	24	0.62	8
1993	8.76	5.82	66	1.83	21	1.11	23
1994	15.5	12.0	77	2.05	13	1.45	10
1995	11.41	7.54	66	2.32	20	1.55	14
1996	11.50	8.9	77	1.84	16	0.76	7
1997	16.06	10.03	62	1.20	7	4.83	31
1998	20.74	10.7	52	5.02	24	3.02	24
1999	22.7	16.3	72	5.1	22	1.30	6
2000	22.73	16.7	74	2.89	13	3.14	14
2001	21.21	16.15	76	2.18	10	2.88	14
2002	25.85	20.45	79	2.28	9	3.12	12
2003	26.73	21.07	79	2.35	9	3.31	12
2004	29.55	23.21	79	2.38	8	3.96	13
2005	31.55	25.61	81	2.4	1	5.54	18
2006	44.07	36.28	82	3.17	7	4.62	11
2007	52.24	40.57	78	4.47	9	7.2	13
2008	59.97	45.02	75	6.51	11	8.44	14
2009	60.1	44.89	75	6.99	12	8.22	13
2010	60.22	41.1	68	10.51	17	8.61	15

如皋市气象局基本建设主要项目含业务用房、生活用房、道路环境建设、大型业务和科研用的设备、器材、维修、改装改造、迁站建站等。2004 年，实际完成基本建设投资 390 万元，其中气象部门投资 20 万元，地方政府投资 280 万元，自筹 90 万元；完成建筑面积 1400 平方米。

第二十二章　如东县气象局

如东县地处北亚热带中部,长江口北岸,即北纬 32°12′ 至 32°36′,东经 120°42′ 至 121°22′,东西长 68 千米,南北宽 46 千米,陆地面积 1872 平方千米,常住人口 99.6 万人。南与通州区接壤,西与如皋市毗邻,北面与东面是南黄海,隔海与韩国、日本国遥遥相望,是上海经济圈的组成部分。

如东是南通地区成陆较早的地区之一,汉代形成海扶州,是典型的东亚季风气候区,受海洋性气候调节,全年气候温和湿润。具有光照充足、雨量充沛、无霜期长的特点,适合于多种动植物生长。如东有辽阔的海涂,其面积与陆地相近。适合于多种海洋生物生长与养殖。

如东滨江临海,空气清新,空气中负离子充足,是一个得天独厚的适合人类居住的长寿之乡。但由于兼受西风带、副热带和低纬东风带天气系统的交错影响,热带风暴(台风)、暴雨、冰雹、龙卷、寒潮、风暴潮等灾害性天气时有发生。

第一节　基本情况

一、机构沿革

如东县气象站始建于 1959 年 1 月 1 日,是如东县政府的一个职能部门,接受县农林局领导,由于地方机构几次调整,领导关系多次变更,分别受当地县农业服务站、县革命委员会农水局、县人武部、县农业局领导。1980 年起与县农业局分开,实行以气象部门为主的管理体制。1982 年 1 月,县政府批准成立县气象局(东政人[1982]第 11 号),属县政府的工作部门(正科级)。1983 年起实行双重财务体制。1984 年 2 月撤销气象局牌子,保留县气象站。1991 年 3 月恢复县气象局名称。自建站起,气象业务一直受上级气象部门管理。

表 22.1　机构沿革

时间	机构名称	主管部门	业务管理
1959.01—1960.05	如东县气象站	如东县农林局	南通专区气象台
1960—1962.05	如东县人民政府气象科	如东县农林局	南通专区气象台
1960.01—1962.05	如东县气象科(科站合署办公)	如东县农林局	南通专员公署气象局
1960.05—1972.03	如东县气象服务站	县农林局、如东县革命委员会农业服务站(1969.04—1971.02)如东县革命委员会农水局(1971.02—1973.12)	南通专区气象台

续表

时间	机构名称	主管部门	业务管理
1972.03—1973.12	如东县革命委员会气象站（县革委会直属单位）（1971.05—1973.10实行军管）	如东县人民武装部、县农水局双重领导（1971.05—1973.10）	江苏省南通地区革命委员会气象台
1974.01—1982.01	如东县气象站（县人民政府直属单位）	县农水局（1971.05—1979.03）县农业局（1979.03—1980.03）	南通地区气象台南通地区行政公署气象局
1982.01—1984.02	如东县气象局 如东县气象站（二块牌子一套班子）	双重管理，以上级气象部门管理为主	南通市气象局
1984.02—1991.03	如东县气象站（原正科级不变）	双重管理，以上级气象部门管理为主	南通市气象局
1991.03—	如东县气象局（正科级）	双重管理，以上级气象部门管理为主	南通市气象局

　　建站至 1978 年，站内没有内设机构，1978 年起，分成预报、测报、农气三个组，1982 年 1 月起正式设立预报、测报、农气三个股（1985 年 5 月起一度改为气象服务与测报二个股），第一任预报股长、测报股长和农气股长分别为梁玉楼、郑晋方和缪祝生。1999 年 5 月增设如东县防雷设施检测所，第一任所长顾录泉；2000 年起设局长室、办公室、气象台、气象科技服务中心；2003 年 11 月创办如东县云海科技开发有限公司。截止到 2010 年底，气象局机构有一室、一台、一中心、一所、一窗口、一公司。

　　此外，江苏省气象局于 1959 年 10 月在环港建立了"江苏省环港海洋水文气象站"，这是江苏沿海兴建的五个海洋水文站之一，地点在环港码头三岸角，即北纬 32°31′，东经 121°06′，即之后的环渔乡乡政府所在地。一开始没有房子，向水产部门借用了三间房子，于 11 月正式开始观测记录，接着省气象局在码头盖起了草房 10 间，造 45 吨木板船一条，县抽调水产干部吴大发任站长，观测员大多经过省气象局委托华东水利学院海洋水文气训班六个月培训而分来工作的，有丁正根、张法、黄正岗、顾锦台、顾汉兴、张文清、姜徐清 7 人，省气象局指定丁正根为业务负责人。

　　观测部分分陆地和海洋两部分，陆地有一个 25 米×25 米观测场，设备安装及观测项目同县气象站。海洋部分用船下海观测，项目有气温、气压、湿度、风向风速、能见度、潮位、海水流速、波浪、海水绿度等。海洋部分观测条件比较艰苦，遇有大风船不能出海（45 吨船太小）因而记录断断续续，代表性差，关键时段数据反而测不到，而且距离琼港海洋水文站较近。该站于 1962 年 2 月撤销，人员也就分散了，有的分配到国家海洋局东海分局，有的到吕四小庙洪。丁正根被分到如东县气象站工作。

　　有两年多观测资料，陆地部分比较完整，归江苏省气象局档案馆。海洋部分归国家海洋局东海分局（地点在上海）。资料从 1959 年 11 月至 1961 年 12 月断断续续。1997 年为了筹建洋口港，需要海洋水文资料，丁正根出差上海，将此时段资料复印带回，保存于县气象局科技档案室。

二、领导更迭

如东县气象站第一任站长许达贤,原是栟茶林场支部书记,建站三个月后上任,工作一年半后调走。测报员张嘉安,于1959年4月参加江苏省气象局业务培训,10月回站,并被任命为副站长。许达贤调走后由张嘉安主持工作。之后康林和丁正根都曾二度担任气象站领导。1971年5月至1973年10月气象站实行军管,县人武部派谢文亮、徐宽荣二位科长先后担任气象站指导员主持工作。1982年1月建立县气象局,丁正根、杨再谦分别担任第一任副局长,丁正根主持工作。从1982年1月起气象局为正科级单位,局(站)负责人变更情况详细见表22.2。

表22.2 局(站)负责人变更情况

姓名	职务	任职时间
许达贤	站长	1959.04—1960.10
张嘉安	副站长	1959.10—1962.08
宋家俊	气象科长	1960.02—1960.10
康 林	气象科秘书	1960.02—1962.05
张嘉安	副站长(主持工作)	1960.10—1962.08
康 林	副站长(主持工作)	1962.08—1964.08
丁正根	副站长	1964.03—1964.08
丁正根	副站长(主持工作)	1964.08—1972.11
谢文亮	指导员	1971.05—1972.12
徐宽荣	指导员	1972.12—1973.10
康 林	站长	1972.11—1974.02
丁正根	副站长(主持工作)	1974.02—1986.12
梁玉楼	副站长	1974.02—1978.05 1987.06—1991.03
杨再谦	副站长	1980.01—1982.01
缪祝生	副站长	1984.02—1986.05
丁正根	站长	1986.11—1991.03
丁正根	局长	1991.03—1995.03
曹书涛	副局长	1993.03—1995.05
曹书涛	局长*	1995.05—
施俊荣	副局长	2000.07—2005.12
盛海峰	副局长	2005.08—2010.12
顾录泉	副局长	2010.01—

* 江苏省气象局苏气发2009年200号文:聘用曹书涛同志为六级职员(副处)。

表 22.3　科室负责人更迭表

单位名称	姓名	职务	任职时间
如东县气象站	郑晋方	测报股股长	1982.01—1985.05
如东县气象站	梁玉楼	预报股股长	1982.01—1987.06
如东县气象站	缪祝生	农气股股长	1982.01—1985.01
如东县气象站	刘　忠	测报股副股长	1982.07—1985.05
如东县气象站	姜有康	测报股副股长	1983.03—1987.08
如东县气象站	杨仕宽	测报股股长	1985.05—1987.08
如东县气象站	刘　忠	农气股副股长	1986.12—1988.04
如东县气象站	曹书涛	预报股股长	1987.06—1991.04
如东县气象站	冯芝祥	测报股副股长	1987.08—1989.12
如东县气象站	朱同生	测报股副股长	1989.12—1991.04
如东县气象局	朱同生	预报股股长	1991.04—2001.12
如东县气象局	顾录泉	农气股副股长	1993.05—1999.03
如东县气象局	陈祥甫	测报股副股长	1991.04—2000.12
如东县气象局	施俊荣	局长助理	1999.03—2000.07
如东县气象局	缪剑波	办公室副主任	1999.04.—2008.01
如东县气象局	顾录泉	防雷所所长	1999.04—2007.01
如东县气象局	朱同生	气象台台长	2002.01—
如东县气象局	缪剑波	办公室主任	2008.01—
如东县气象局	符云鹏	气象局驻行政服务中心办事处副主任	2008.01—
如东县气象局	倪业香	科技服务中心主任	2008.01—2009.12
如东县气象局	盛海峰	防雷所所长（兼）	2008.01—2010.12

三、职工队伍

建站初期只有行政站长 1 人，没有大学生，没有气象专业人员，县农林局派来农技人员作观测员，又从银行调来张嘉安，并派到省局参加培训六个月，站上只有 1 名观测员工作。至 1964 年，工作人员逐步增加到 4 人，其中有 1 名南京大学气象系肄业生。1969—1972 年人员快速增加，先后有气象专业大学生 5 人分配到县气象站工作，至 1983 年如东县气象局人数达 20 人，有大学毕业生 13 人（其中气象专业 12 人）、中专生 4 人（其中气象专业 2 人）。之后部分职工调动频繁，人员有所减少。二十世纪九十年代后期至二十一世纪初期，迎来了老职工退休高峰，先后有 2 名高级工程师，8 名工程师退休，在编人员再次减少，至 2010 年底，如东县气象局在编职工 9 名，在职聘用人员 9 名，返聘人员 1 人。其中有高级工程师 2 名，工程师 5 名，助理工程师 9 名。

表 22.4　工作人员统计表（至 2010 年 12 月）

人员数			人员技术职称							人员特殊身份				
			高工		工程师		助工	会计师	获市局专门技术人才	中共党员		县人大代表	县政协委员	
在编	退休	聘用人员	在职	退休	在职	退休	在职	返聘者		在职	退休	退休	在职	退休
9	10	10	2	2	5	8	9	1	2	7	6	1	1	1

第二十二章 如东县气象局

表 22.5 工作人员表(至 2010 年 12 月)

姓名	性别	出生年月	工作时间	毕业学校	技术职称	备注
叶国琪	男	1939	1958.11—1961.10	中专	高农	从农林局来,回农林局去,后调上海市农林局
张嘉安	男	1932.09	1959.02—1962.08	省地面观测培训班 6 个月	会计师	后调农机公司,党校任总帐
许达贤	男	—	1959.04—1960.10	—	—	调五义供销社任副主任
秦 春	男	—	1960.03			雇用几个月
姚春山	男	1930	1960.03			雇用几个月
康 林	男	1923.04	1960.02—1964.08 1972.11—1974.02	初中		调县农机公司
端木传义	男	1929.06	1960.03—1960.12	—	农艺师	从农林局调来搞农业小气象,后调回农林局
周 旭	男	—	1960—1962	南通农校	—	从农林局来,后调岔河轧花厂
曹成明	男	1944.01	1961—1970.02	南通农校	—	后调马塘化肥厂
丁正根	男	1937.12	1962.03—1997.11	省气象培训班	工程师	1970—1973 年在县农业服务站,县农水局任政工组副组长
童国俊	男	1933.09	1962.10—1983.10	山东大学海洋系	助工	省局业务科下放到如东 1983.11 病退 1992.9.6 病逝于上海
张毓坚	男	1939.02	1964.10—1982.05	南京大学气象系	工程师	调武进(常州台)工作
徐善棠	男	1934.01	1969.05—1994.01	南通农校	工程师	从县农林局种子站调来
郑晋方	男	1943.11	1969.09—2004.01	南京气象学院气象系	1994.12 高工	曾在丰利农技站蹲点
黄更生	男	1944	1970.03—1971.12	北京大学地球物理系	高干	调云南省台后,再调国家气象局曾任业务司、计财司司长
梁玉楼	男	1940.03	1970.04—2000.04	南京大学气象系气候专业	1994.12 高工	从南大分配工作来如东 2000 年退休
缪祝生	男	1946.09	1971—1986.05	南京大学气象系	工程师	调农业局、土管局、掘港区委、应泉乡、农工部区划办、开发局
谢文亮	男	1935.12	1971.05—1972.12	—	—	人武部政工科科长气象站指导员
葛美云	女	1944.03	1971.12—1975.04	南京气象学院	研究员	调通州站,后到省局资料室,到省妇联妇女问题研究所,任所长
刘益明	男	1945	1972.07—1978.04	南京大学数学天文专业	—	调县人大办公室,后调任物价局副局长

续表

姓名	性别	出生年月	工作时间	毕业学校	技术职称	备注
徐宽荣	男	1937.12	1972.12—1973.10	—	—	人武部政工科科长,气象站指导员
沈兰芳	女	1948.07	1977.02—2003.08	南京大学气象系	工程师	退休
杨仕宽	男	1945.02	1978.04—2005.03	南京气象学院气象系	工程师	1972—1978年在如东盐场搞气象工作
李德华	男	1955	1978.06—1980.03	部队复员(初中)	—	调物资局木材公司
缪素玲	女	1951.11	1978.06—2006.12	南京气象学院气象专业	工程师	退休
缪剑波	男	1958.02	1978.06—	安徽气校培训班(高中)	工程师	1999.04任办公室副主任
何耀武	男	1942.12	1979.02—1985.10	南京气象学院农气系	高工	从赤锋站调来,调吴县市站
林美琴	女	1941.07	1979.02—1985.10	南京气象学院农气系	工程师	从赤锋站调来,调吴县市站
柏长银	男	1949.05	1979.05—1987.05	南京气象学院气象专业	助工	从国家局政工组调来,后调马塘化肥厂
杨再谦	男	1939.10	1979.11—1984.05	军队转业干部初中	助工	后调县工商局任副局长
陈祥甫	男	1958.10	1981.07—	扬州水校气象班	工程师	工会副主席
刘忠	男	1938.05	1982.03 1998.03	扬州农校土地规划	工程师	从市台地面组调来
冯芝祥	男	1964.06	1982.07—	扬州水校气象班	工程师	2002.01任副台长
冒军	男	1954.03	1982.12—1987.03	南京气象学院西藏班	助工	从昌都气象台调来.辞职搞个体。
姜有康	男	1938.02	1983.02—1998.03	军队气象速成班	工程师	从海军航保部资料室调来
曹书涛	男	1954.12	1983.02—	南京气象学院西藏班	1996.11 高工	海门局副局长(1991.03—1993.04)如东县局局长(1995.03—)
倪亚香	女	1952.10	1983.07—2008.11	南京气象学院西藏班	工程师	从昌都地区气象台调来
顾录泉	男	1964.12	1987.07—2006.12	南通农校	工程师	2007.01调吕四任副站长,2010回如东任副局长
施俊荣	男	1964.07	1987.08—2005.02	南京气象学院	工程师	2005.02调通州任局长
郁健	男	1967	1987.08—1991.12	湛江气象学校	工程师	调海安气象局后任副局长
朱同生	男	1951.11	1988.01—	南京空军气象学校(后改院)	2008.12 高工	2002.01任台长
卢秋澄	女	1967	1988.07—1991.12	湛江气象学校	工程师	调海安气象局

续表

姓名	性别	出生年月	工作时间	毕业学校	技术职称	备注
盛海峰	男	1973.09	1997.10—	南京气象学院成教院计算机专业	助工	2005.03任副局长
杨丽莉	女	1979.11	2002.10—	淮阴工学院会计专业	助工	公司会计
翟伶俐	女	1981.06	2003.06—2004.02 2006.05—2010.07	南京气象学院大气科学	助工	2010.07调省局
曹书英	女	1962.08	2003.10—	庭贵中学	—	后勤
陈拥军	男	1969.01	—	掘港中学	助工	防雷所副所长
符云鹏	男	1981.11	2004.01—	南京气象学院信息工程专业	助工	行政服务中心
张宗玉	女	1944.11	2004.06—	如东县中学	会计师	公司会计(返聘)
莫佳瑜	女	1985	2004.07—2008.12	南昌气校	助工	调海口市气象局
金鑫	男	1982.11	2005.03—	南京气象学院信息工程系	助工	防雷所
陈娅瑜	女	1976	2005.03—	长春税务学院	—	调吉林
葛晓敏	女	1985.06	2006.06—	南京气象学院防雷工程	助工	防雷所
李国栋	男	1984.10	2007.02—	南京气象学院防雷工程	助工	防雷所
任乃鹏	男	1983.10	2007.02—	南京气象学院会计专业	助工	办公室
周金磊	男	1985.12	2007.07—	南京气象学院应用气象	助工	—
缪剑	男	1981.05	2007.07—2010.11	南京气象学院大气科学	助工	车祸去世
冯卫	男	1980.12	2009.04—	南京信息工程大学应用电子专业	—	防雷所
汤婷婷	女	1987.02	2009.10—	南京信息工程大学防雷专业	—	防雷所
庄蓉蓉	女	1984.10	2010.07—	南京信息工程大学统计专业	助工	影视气象台

四、职工历年发表的文章

表22.6 历年发表的文章(国家级、省级刊物)

时间	作者	论文题目	收入刊物或书名	主办单位
1992	缪素玲	如何获取正确的干球温度	《气象知识》第6期	中国气象学会
1994	梁玉楼、顾录泉	通气网膜育苗与常规膜育苗的小气候分析	《中国农业气象》第4期,复载《江苏气象》1996年第4期	中国农业科学院农业气象研究所

续表

时间	作者	论文题目	收入刊物或书名	主办单位
1996.01	梁玉楼、郑晋方	21世纪将是海洋的世纪	《中国2000年农业发展问题探讨》(2000年中国农业发展战略学术研讨会论文集)	中国科学技术协会
1996	曹书涛、顾录泉、王新林、刘宝华、钱仲华、徐长青	水稻旱育稀植纹枯病防治初探	《气象》22卷第3期,同时收入《中国农学报》1996年第12卷第2期	中国气象局国家气象中心
1996	顾录泉等	移栽地膜棉高产群体质量指标及其调控技术	《江西棉花》1996年第1期 总第63期	江西省棉花研究所等
1996.04	缪启龙、曹书涛、施俊荣	气候变化对长江三角洲沿海滩涂开发的可能影响	《全国气候变化学术研讨会论文摘要》	国家气候变化协调组、中国气象学会气候学委员会
1996	曹书涛、梁玉楼、郑晋方、施俊荣、沈兰方	沿海滩涂盐场卤水撤退时机的确定及其预报	《气象科学》第16卷第2期	江苏省气象学会
1998.10	梁玉楼、陈祥甫、冯芝祥	无头棉发生原因探讨	《江西棉花》1998年第5期	江西省棉研所等
2000.12	冯芝祥、缪剑波、梁玉楼	如东海滨风能资源分析	《气象科学》2000年第4期	江苏省气象学会
2005	曹书涛、朱同生、顾录泉	南通沿海条斑紫菜养殖的气象条件	《气象》2005年第1期	中国气象局国家气象中心
2008	朱同生等	海难事故潮水特征——以如东4.15为例	《安徽农业科学》2008年35期	安徽省农科院
2009	曹书涛、朱同生、冯芝祥	如东紫菜大面积病烂气象原因及防治对策	《世界农业》2009年第8期	中国农业出版社
2010	曹书涛、商兆堂等	南通洋口港海洋环境要素分析和预报	《海洋预报》第3期	国家海洋环境预报中心
2010	曹书涛、朱同生等	如东风电单机发电量预报初探	《环球风力资讯》第4期	华夏风力发电信息网

表22.7 历年发表的文章(《江苏气象》等)

时间	作者	题目	收入刊物或书名	主办单位
1984	梁玉楼	气象科技转化为生产力一例	《江苏气象》1984年第7期	江苏省气象局
1986	梁玉楼	新型气象警报系统问世	《江苏科技报》1986年5月12日第204期	江苏省科委
1989	梁玉楼	把赌博消灭在萌芽状态	《江苏气象》	江苏省气象局

续表

时间	作者	题目	收入刊物或书名	主办单位
1989	曹书涛	省县MOS配套预报短期降水效果明显	《江苏气象》1989年第1期	江苏省气象局
1989	姜有康	桃子与气象、鳗鱼捕捞与气象	《江苏气候评价》	江苏省气象局
1989	梁玉楼	老工具尚有生命力	《江苏气象》1989年第5期	江苏省气象局
1989	梁玉楼	关于气象警报系统分部选购的几个问题	《江苏气象》1989年第6期	江苏省气象局
1991	曹书涛、梁玉楼、郑晋方、沈兰方、施俊荣	盐场卤水撤退决策预报方法	《江苏省专业气象服务技术文集》	江苏省气象局
1992	倪亚香	一次成功的低温冻害预报服务	《江苏气象》1992年第1期	江苏省气象局
1993	郑晋方	一次成功的低温阴雨预报	《江苏气象》1993年第2期	江苏省气象局
1993	缪素玲	过去不能代表将来，将来更需继续努力	《江苏气象》1993年第4期	江苏省气象局
1996	倪亚香、朱同生	狂风巨浪早预报，围垦大堤保得牢	《江苏气象》1996年第2期	江苏省气象局
1996.12	梁玉楼	搞好气象现代化建设功在国家利在人民	《江苏气象》1996年第6期	江苏省气象局
1996.12	顾录泉、曹书涛、管信山、陆子培	移栽地膜棉耕作层小气候分析	《江苏气象》1996年第6期	江苏省气象局
1996.12	郑晋方、倪亚香、梁玉楼	南通一如东一日游气象保障系统	江苏省八五气象科技论文选集	江苏省气象局
1997.08	曹书涛、顾录泉、王新林、刘宝华、钱宗华、徐长青	水稻旱育稀植纹枯病防治策略	江苏省八五气象科技论文选集	江苏省气象局
1997.08	梁玉楼、邢志良	蔬菜反季节栽培日光温室小气候分析	江苏省八五气象科技论文选集	江苏省气象局
1997.10	倪亚香、梁玉楼	深秋长连阴雨的跟踪服务	《江苏气象》1997年第5期	江苏省气象局
1998	倪亚香、梁玉楼	一种汛期降水量的预报方法	《江苏气象》1998年第1期	江苏省气象局
1998.03	曹书涛、梁玉楼	争取地方政府支持，发展地方气象事业	1998年全省气象局长会议材料汇编	江苏省气象局
1998	冯芝祥、缪剑波、曹书涛	海边江面陆地测风资料对比分析	《江苏气象》1998年第3期	江苏省气象局
1998	冯芝祥、陈祥甫、梁玉楼	3.20暴雪灾害及所引起的思考	《江苏气象》1998年第3期	江苏省气象局
1998.6	朱同生	3.20暴雪个例分析	《江苏气象》1998年第4期	江苏省气象局
1998.6	冯芝祥、梁玉楼	海边风与内陆风对比初步分析	1998气象学术交流会论文摘要汇编	江苏省气象局 江苏省气象学会

续表

时间	作者	题目	收入刊物或书名	主办单位
1998.06	顾录泉	秋热对晚秋棉铃发育的影响	1998气象学术交流会论文摘要汇编	江苏省气象局 江苏省气象学会
1998.10	成爱华、刘爱云、梁玉楼	春季暴雪后小麦补伤肥增产效应	《江苏气象》1998年第5期	江苏省气象局
1998.12	陈祥甫、冯芝祥、梁玉楼	无头棉发生原因之探讨	《江苏气象》1998年第6期	江苏省气象局
1999.05	缪剑波、顾录泉、梁玉楼	环境微气候温度与人体健康	《江苏气象》1999年第3期	江苏省气象局
1999.08	缪剑波、顾录泉、梁玉楼	环境微气候温度的测定与应用	《江苏气象》1999年第4期	江苏省气象局
1999	冯芝祥、缪剑波、梁玉楼	如东海滨风能资源分析	《江苏气象》1999年第5期	江苏省气象局
1999	曹书涛	专业服务稳定及发展的对策研究	江苏省专业气象服务经验交流论文集	江苏省气象局
2000	顾录泉、梁玉楼	水稻引距与光照利用率	《江苏气象》2000年第3期	江苏省气象局
2000	朱同生、倪亚香、梁玉楼	南黄海大风数值预报产品之释用	《江苏气象》2000年第3期	江苏省气象局
2001	冯芝祥、沈兰芳、梁玉楼	南黄海太阳沙气象要素的对比分析	《江苏气象》2001年第4期	江苏省气象局
2001	曹书涛、盛海峰	一次涌潮事故的气象、海况及地形条件分析	《江苏气象》2002年第3期	江苏省气象局
2003	曹书涛、朱同生、顾录泉	南通沿海条斑紫菜养殖的气象条件分析和预报	《江苏气象》2003年第5期	江苏省气象局
2005	朱同生等	春夏季T213降水预报产品在如东地区的释用	《江苏气象》2005年第4期	江苏省气象局
2006	朱同生、曹书涛	气象条件对紫菜养殖的影响及思考	《江苏气象》2006年第6期	江苏省气象局
2007	朱同生、曹书涛、冯芝祥	如东4.15海难事故潮水特征分析	《江苏气象》2007年第5期	江苏省气象局
2008	朱同生等	如东紫菜大面积病烂气象原因分析	《江苏气象》2008年第5期	江苏省气象局
2008	朱同生、冯芝祥、翟伶俐	两次暴雪成因对比分析	《江苏气象》2008年专刊	江苏省气象局
2010	曹书涛、朱同生、冯芝祥	0605号对流天气浅析	《江苏气象》第4期	江苏省气象局
2010	曹书涛(参编)	建筑物防雷工程施工与质量验收规范	国家标准,已推广执行	住房和城乡建设部

五、基本建设投资

表 22.8　基本建设投资情况　　　　　　　　　　　　　　　　　　　单位：万元

时间（年）	合计	气象部门投资	地方政府投资	其他方面投资	自筹	项目及规模
1982	3.3	3.3	—	—	—	520平方米办公楼
1984	2.9	2.9	—	—	—	附房150平方米 厨房80平方米
1991	18	14	—	—	4	商品房424平方米
1995	3	3	—	—	—	征用2亩农气地
1995	6	6	—	—	—	洋口港自动测风站
	4.8	—	4.8	—	—	卫星地面接收站
1997	120	14	—	—	106	宿舍楼2000平方米
	5	—	—	—	5	121自动答询系统
1997	7	—	5	—	2	电视天气预报制作系统
	2	—	2	—	—	气象预报台发射铁塔
1999	40	15	15	—	10	办公楼400平方米
1999	5	5	—	—	—	9210地面接收站
2002	58	8	15	—	35	征地4300平方米
2004	10	6	4	—	—	双甸4要素、洋口港6要素自动站
	5	—	5	—	—	电子显示屏
2005	11	—	6	—	5	洋口港生态站
2006	366	—	—	366	—	洋口港浮标站
2008	170	30	15	—	125	征地13000平方米
	16	9.6	—	—	6.4	袁庄、丰利4要素自动站
2009	380	70	—	—	310	征地准备迁站

六、气象行政执法大队

2000年《中华人民共和国气象法》（以下简称《气象法》）颁布后，为了保障《气象法》顺利实施，保障气象事业的健康发展，2002年如东县气象局派冯芝祥、顾录泉参加南通市法制局举办的气象行政执法培训班，经考试合格，颁发了行政执法证。2003年，如东县气象局派曹书涛、施俊荣、朱同生参加南通市法制局举办的气象行政执法培训班，经考试合格，取得了行政执法证。8月15日市气象局正式批复"同意成立'如东县气象行政执法大队'"（通气发[2003]52号），并任命曹书涛为大队长，施俊荣为副大队长，朱同生为成员。正式开始气象行政执法工作。

七、办公住宿用房变化表

表 22.9　办公住宿用房变化表

时间	建房面积	投资	附注
1959.03	三间平房约 100 平方米 新光村一组（现校所在地）	2000 多元	1964 年因高压线经过房顶而拆除
1964.09	6 间平房约 140 平方米 新光村一组（现农林局宿舍所在地）	8300 元	此房因迁站，农林局拿去
1973	6 间平房 176 平方米 新光村一组	7000 元	此房因迁站，农林局拿去
1976.11	两层楼房 16 间约 530 平方米 新光村一组（桃园西侧）	2.1 万元	此房 1996 年重建宿舍楼拆除
1982.07	原办公宿舍楼前建办公楼 16 间约 580 平方米 新光村一组	3.3 万元	此楼在 1998 年加一层，1999 年完工
1983.12	原办公楼后西侧建两间附房约 154 平方米 新光村一组	1.1 万元	此房在 1996 年拆除二楼最北一间（因阻宿舍楼光线）
1984	原宿舍楼扩建厨卫间约 80 平方米 新光村一组	1.8 万元	此厨卫间在 1996 年与原宿舍楼一并拆除
1990	碧霞六区 430 平方米	18 万元	此房 1993 年底房改时分给职工购买
1996	原宿舍楼拆除改建卫集资房 1760 平方米（不含附房）	省局投资 14 万元，总投资 130 万元	此房完工后分给职工成为私房
1998	办公楼向上加一层约 300 平方米（1999 年 4 月完工）	省局投资 15 万元，总投资 42 万元	此房称戴帽子穿褂子工程构筑了门厅

八、土地情况变化

表 22.10

时间	变化原因	变化项目	建筑面积
1959	建气象站	办公住房加观测场，占地 2.02 亩	1358 平方米
1964	迁移办公宿舍房	增加土地 0.27 亩，合计占 2.29 亩	1525 平方米
1975	迁移气象站	征地土地 3.85 亩（含原观测场调换面积）	2564 平方米
1995.03	征用农气实验地 2 亩	在原办公楼和观测场之间，占地 5.85 亩	3896 平方米

续表

时间	变化原因	变化项目	建筑面积
2007.07	征用测场保护地（碧霞中路北侧、测场周围那块）	6.45 亩	总面积 6725.38 平方米（除去职工宿舍楼占地 330.4 平方米）
2009.07	征用观测场保护地碧霞中路南及观测河东河西三块划拨土地（耕地 17.4808 亩，水面 2.0777 亩）另征新光村集体土地（耕地 1.2377 亩，水面 0.3873 亩）	19.55 亩	总划拨面积 19764.58 平方米 另集体土地 1083 平方米

第二节　气象业务

如东县气象站建站初期是普通气候站，承担地面气象要素观测，县域天气预报和普通农业气象三大任务。1965 年 11 月起承担起航危报任务，成为航危报站。1986 年 4 月至 1998 年 6 月成为江苏省农气基本站。2004 年 11 月，航危报任务终止，恢复一般气候站。

一、大气探测

1. 地面气象要素观测

1959 年 1 月 1 日起就进行地面气象要素观测，观测项目有 13 大项 25 小项。

表 22.11　地面气象要素观测项目

云		能见度	天空状况	天气现象	气压	温度				湿度毛发湿度表	风		降水				日照时数	蒸发量	地温					
云状	云量					干球温度	湿球温度	最高温度	最低温度		风向	风速	雨量	雪量	积雪深度				0 厘米	地面最高温度	地面最低温度	5 厘米	10 厘米	15 厘米	20 厘米

1959 年 10 月至 1960 年 12 月进行过 80、160 厘米深层地温观测。

1959 年 10 月至 1962 年 12 月进行过 40 厘米地温观测。

1981—1983 年，7 月 15 日至 10 月 15 日为全国台风业务试验期，承担台风加密报观测任务。做台风联防观测报表。

1981 年 7 月—1983 年承担了长江三角洲强对流天气观测任务。

1979 年 10 月 10 日，为黄渤海科研开发气象考察进行对比观测。

1979 年 10 月承担了江苏省人工增雨实时资料观测任务。

2004 年 1 月起，因县域经济发展需要，开始了东凌、小洋口、长沙三个点潮汐到滩时间观测。东凌和小洋口 2006 年 12 月终止。

关于观测时次和日界，1959—1960 年变动较多，1961 年起趋于稳定。

表 22.12　观测时次和日界变化

起止时间	1959 年 1—3 月	1959 年 4 月至 1960 年 7 月	1960 年 8 月至 1979 年 12 月	1980 年 1 月至 1989 年 12 月	1990 年 1 月至 2008 年 12 月
观测时间	07、13、19 时	01、07、13、19 时	08、14、20 时	02、08、14、20 时	08、14、20 时
观测时次	三次观测	四次观测	三次观测	四次观测	三次观测
日界	地方平均太阳时 19 时	地方平均太阳时 19 时	北京时 20 时	北京时 20 时	北京时 20 时
夜间守班否	不守班	不守班	不守班	守班	不守班

地面气象要素探测所使用仪器都由江苏省气象局提供。建站初期的仪器都由气象部门定点厂家生产或是国外进口的。

表 22.13　气象仪器一览表

仪器名称	型号	制造厂家或产地	附注
水银气压表	寇乌式	长春气象仪器厂	1960 年 7 月起用（1963 年 1—3 月停测）
	动槽式（福丁式）	上海气象仪器厂	1967 年起用
空盒气压计	周转	捷克产	1960 年 1 月起用
	日转	解放军 3613 工厂	1972 年起用
干球温度表	套管式耶拿 16 型	苏联产	1967 年改上海科化仪器厂产品
湿球温度表	套管式耶拿 16 型	苏联产	1969 年改上海医用仪表厂产品
最高气温表	套管式耶拿 16 型	上海天平厂	1964 年改东德厂,1970 年改上海天平厂 1984 年改上海气象仪器厂产品
最低气温表	套管式耶拿 16 型	北京正大厂	1964 年改上海理工厂,1984 年改上海气仪厂
地面温度表	套管式耶拿 16 型	上海天平厂	1984 年改上海气象仪器厂
地面最高温度表	套管式耶拿 16 型	上海天平厂	1984 年改上海气象仪器厂
地面最低温度表	套管式耶拿 16 型	北京正大厂	1984 年改上海气象仪器厂
5 厘米曲管地湿表	套管式耶拿 16 型	上海天平厂	1984 年改上海气象仪器厂
10 厘米曲管地湿表	套管式耶拿 16 型	上海天平厂	1984 年改上海气象仪器厂
15 厘米曲管地湿表	套管式耶拿 16 型	上海天平厂	1984 年改上海气象仪器厂
20 厘米曲管地湿表	套管式耶拿 16 型	上海天平厂	1984 年改上海气象仪器厂
40 厘米直管地温表	套管式耶拿 16 型	上海理工厂	1959 年 10 月至 1962 年 12 月使用
80 厘米直管地温表			1959 年 10 月至 1960 年 12 月使用
160 厘米直管地温表			1959 年 10 月至 1960 年 12 月使用
温度计	双金属片	长春气象仪器厂	1963 年 1 月 1 日起用
湿度计	毛发湿度计（日转）	苏联产	1963 年 1 月 1 日起用
温湿联计	DZJ 型	上海气象仪器厂	1975 年起用
毛发湿度表		长春气象仪器厂	初期使用
风向风速仪	仿苏维尔达轻/重型	长春气象仪器厂	1959 年 1 月 1 日起用
	电接风向风速仪 EL 型		1967 年 6 月 11 日起用,1973 年 3 月 1 日增加自动记录部分,1975 年起作正式记录
	EN 数据处理仪	上海气象仪器厂	1995 年 6 月 1 日起用

续表

仪器名称	型号	制造厂家或产地	附注
大风警报器	EL5 型	上海气象仪器厂	1974 年起用
雨量器（计）	20 厘米口径虹吸式雨量计翻斗式遥测雨量计	南京产 上海气象仪器厂	1959 年 1 月 1 日启用 1974 年 4 月 1 日起用 1984 年 3 月 1 日起用
蒸发皿	20 厘米口径 小型台称式	南京产	1959 年 1 月 1 日起用
日照计	乔唐式	天津气象仪器厂	1959 年 1 月 1 日起用

（1967 年 6 月 EL 型电接风向风速仪投入业务使用,仅为显示部分和记录部分）

1976 年底,由于测场环境条件恶化（主要是航危报能见度条件太差）,经江苏省气象局局长李凤鸣亲临勘定,气象站向原址东北方 1 千米桃园西侧迁移,1976 年 1、4、7 月三个月进行了对比观测,差异甚微,新址于 1977 年 1 月 1 日起观测,并作正式记录。气象要素记录视为连续性记录。1981 年,因新建气象办公楼的需要,测场向南平移了 35 米,2002 年 8 月因建 ZQZ-CII 型自动气象站,测场向南平移了 10 米。

观测设备：

1967 年 6 月 1 日,使用 EL 型电子风向风速仪,风杯距地高度 11.8 米。

1982 年 6 月 27 日,EL 风仪感应部分移至新建办公楼平台上。平台距地面 9.7 米,风杯距平台 6.3 米,风杯距地面实际高度为 16.0 米。

1986 年 5 月 10 日,风向杆上装气象警报台发射天线,风杯上升了 0.6 米,这时风杯距地面实际高度为 16.6 米。

1995 年 6 月 1 日,EL 风仪记录部分改用 EN 数据处理仪。

1997 年 3 月 5 日,因建宿舍楼高 5 层,对风仪感应部分有影响。风杯又升高一次,即风标距平台 10.4 米,平台距地面 9.7 米,实际风杯距地面 20.1 米。

1998 年 5 月将 EL 风仪感应部分移至铁塔上,风杯距地面高度为 24.8 米。

1985 年 3 月 1 日,使用翻斗式遥测雨量计,作正式自记记录。

1989 年 10 月使用 PC-1500 计算机编发航危报。

1996 年 7 月地面气象报表改由微机制作。

2002 年 8 月,地面气象观测场加装 ZQZ-CII 型自动气象站。2003—2004 年进行了人工与自动站资料对比分析观测。2004 年 1 月 1 日起,自动观测资料作正式记录。除云、能见度、日照、蒸发外,其他项目由探头探测,常规仪器仍作备用。

联防报：

1959 年 6 月 20 日起拍发"江苏省灾害性天气联防报"。

1962 年 4 月 5 日起,改发"江苏省重要天气报",报文有 9 组：日雨量、(首次降水包括降雪,或由雨转雪,首次打雷下雨,雨量达 25、50、100 毫米等量级加报)大风、冰雹、龙卷、霜或霜冻。

1984 年 5 月起,南通市搞市内重要天气联防,报文同"江苏省重要天气报"。

2. 航危报

如东县气象站1965年11月承担航危报任务起成为国家航危报站,先后向三家机场拍发航危报。

表22.14 航危报任务表

机场名称	起止时间	每日拍发时段
如皋机场	1965.11—1989.12	4:00—18:00 每小时一次
	1990.01—2004.11	6:00—18:00 每小时一次
盐城机场	1976.09—1985.12	4:00—18:00 每小时一次
兴东机场	1997.01—1999.12	6:00—18:00 每小时一次

3. 其他辅助站点探测

1995年6月,由中国气象局业务司海洋处投资,在如东洋口港建了一个自动测风站,地点位于黄海渔村长沙边防哨所二楼平台上,距海岸约140米,即北纬32°24′48″,东经121°17′42″。站号58355。所用仪器为长春气象仪器研究所研制的"N-DZF"自动测风站,风杯距地面高度10米,7月1日正式开通,用1645无线话机自动向如东县气象局发报。1998年春,因仪器坏了而终止,积累了二年多海边风资料。

2002—2008年,由江苏省气象局统一规划,在如东县域内建起了14个自动气象站,其中1个9要素海上生态自动监测站(位于洋口港),1个6要素自动站(位于长沙镇),5个4要素中尺度自动站(位于双甸、洋口闸、东凌、丰利、袁庄),7个温雨2要素自动站(位于大豫镇、苴镇、马塘、曹埠、岔河、栟茶、新店)。海上生态监测站和中尺度站所用仪器都是无锡生产的ZQZ系列。温雨站仪器为江苏省气象科研所产品。

2006年10月,由县政府投资,在太阳岛建起了直径约10米,高约10米的洋口港全自动海上水文气象浮标站。浮标体和软件是山东海洋仪器仪表研究所研制生产的。所用仪器基本上都是进口的(美国、日本、芬兰)。分水上和水下两部分,水上部分测量气温、气压、湿度、风向风速、能见度、雨量。水下部分测量波浪、8层海流、潮位、水温等。在水质方面测量溶解氧、PH值、导电率、泥沙浓度、浊度、盐度和叶绿素等。

为了对全国风能资源详查,2009年3月,由国家发改委投资,中国华云公司承建,在如东沿海建起了两座梯度风测风塔,一座位于东凌海边,高度为100米,测风分5层,另一座位于刘埠新闸,高度70米,测风也分5层。4月正式投入运行。

二、天气预报

如东是农业大县,农业是露天工厂,历代以来如东老百姓饱受气象灾害之苦,所以特别关心天气预报。天气预报节目成为电台、电视台收听率、收视率最高的节目之一。50年来,如东的天气预报经历了一段艰难探索的过程,粗略地可分四个阶段:20世纪60年代收听看天阶段;70年代求索发展阶段;80年代改革加快气象现代化建设阶段;90年代以后成熟发展阶段。

1. 60年代收听加看天阶段

建站初期没有专业气象人员,县站制作天气预报没有方法,缺少工具。主要是借助于收音机,收听上级气象台天气预防和形势分析,加上气象员看天经验,有时还要访问老农,作出补充订正预报。最初阶段还曾养过泥鳅、蚯蚓。观其反常反应作预报参考。这一阶段注重"图、资、群;长、中、短;大、中、小"三个三结合,并强调"以土为主,以群为主,以小为主"。客观上阻碍了天气预报准确率的提高。那时的服务产品和服务手段都十分有限。将短期预报发送到县广播站就算完事了。也用过小黑板写上天气预报挂在墙头上,遇有大风天气也用不同颜色的旗子挂在竹杆上表示警报。

2.70年代求索发展阶段

进入70年代,如东县气象站技术力量有所增加,南通地区气象台也十分重视搞预报科研会战。

1972年郑晋方参加南通地区气象台组织的连阴雨预报方法会战,写了"如东县春季连阴雨预报方法",论文刊于南通地区气象台《预报技术材料汇编》上。

1972—1973年,缪祝生参加南通地区气象台台风预报方法会战,写出了"如东县台风预报一个单站方法"。

1974年,刘益明参加地区气象台梅雨预报方法会战,写出了"如东县梅雨预报方法",从入梅、出梅、梅雨量三个方面给出了三组预报方程。

这一时期,苏南一些台站广泛开展了数理统计预报方法的研究和运用,如东县气象站梁玉楼、何跃武等人制作了因子库,进行了多种预报方法的集成尝试,使用阴阳历叠加法、优选法、拟合误差法、海气偶合法、MOS法、多因子综合相关法制作季度预报,汛期降水和温度预报。并组织人员将三要素曲线图标准化,从曲线图上找梅雨、暴雨、冰雹、连阴雨预报指标。如东县气象站是江苏省气象台指定参加秋季天气预报会商的站点,先后四次参加省台会商(1984年江苏省气象局作出县站不做长期预报的决定,会商终止)。这一阶段利用天气形势、要素曲线、指标站资料。采用数理统计、气象韵律、天气周期、阴阳历叠加、特征相似以及老农经验,制作长中短期预报,农事关键时期天气预报。并将天文因子(太阳黑子、水星留等)、环流因子(西风环流指数、副高指数、极涡指数等)、海洋因子(海水温度场、厄尔尼诺现象、拉尼娜现象)、地理因子(西藏高原雪盖、火山活动)等一大批物理意义明确、预报效果稳定的因子吸纳进预报方程,使预报准确率有所提高。

3.加快气象现代化建设阶段

进入80年代,如东县人民政府批准成立如东县气象局,实行局站两块牌子,一套班子的体制,并同农业局分开,实行以气象部门为主的领导体制,这一阶段,如东县气象局特制注重气象现代化建设。

1977年,如东县气象站从上海计算机厂购买了TQ-12B型台式电子计算机一台,它给预报方程计算带来了方便,虽然它的功能只相当于目前一台普通的计算器,但它是南通地区县站中最早使用计算机的。

1981年11月,江苏省气象局为如东县气象局配备了ZSQ-1A型气象传真收片机,天线为YYF型(四组双园环)。1983年改为CE-80型。接收日本国JMH气象卫星发布的气象信息。

1983年春江苏省气象局在朝天宫举办了一期Basic语言培训班,如东县气象局梁玉楼参加了培训,结束时,省局为如东局配备了一台PC-1500小型计算机。

1985年5月,江苏省气象局为如东县气象站装备了甚高频无线话机。主台是如东无线电厂生产的SV-1025无线话机,全套设备(包括天线、馈线、稳压电源)计2950元。这样,可以同南通市气象台直接通话,进行天气会商。

1986年3月,如东县气象站组建了气象警报发射台,主台是如东无线电厂生产的SV-1025无线话机,频点是149.875 MHz天线高度27米,并为21家用户配备了QJ-IS台式接收机,这是南通市域县站中第一家建气象警报台的。

80年代初,如东县气象局与南通市气象局联合用MOS法制作24小时降水量级预报。检验证明预报效果优于经验预报,但当时如东局无法接收北京B模式预报产品,此成果无法投入业务使用。

1983年何跃武制作了《8—9月短期天气MOS预报》。

1989年曹书涛制作了《省县MOS配套预报短期降水》。

1990年,如东县气象局与南通市气象局朱竟成合作,利用市局雷达回波信息作如东县分片降水预报,这是如东局在短时天气预报领域的起步。实行了两年,预报效果较好,很受专业气象用户的欢迎。

4. 90年代以后成熟发展阶段

90年代以后,进入了成熟发展阶段,设备更加完善,更加先进。借助于通讯技术的现代化,计算机技术加上专家系统的应用,使预报和服务跃上了一个新台阶。

1993年,如东县气象局购置了上海组装的XD386-33微机,用接口同甚高频相连接,可以接收南通市气象局发布的软件包。

1995年8月,如东县气象局建起了气象卫星地面接收站,采用的是南京大桥机器厂生产的TS-W8型接收系统,接口和显示屏是无锡市气象局钱鹰提供的,用以接收日本国气象卫星发布的云图。这在南通市县气象站中是第一家,在江苏省县气象站中第三家。

1996年10月,如东县气象局建起了分组交换网。

1997年5月,如东县气象局建起了PC-VSAT地面单收站,与中国气象局"9210"工程配套,可以接收北京气象中心发布的国内外气象信息。

2004年初,建立了SPH高速专线数字电路网络,与江苏省气象台"现代天气预报智能业务平台"相沟通,此平台集成最新的气象科学、计算机网络、数据库、可视化、多媒体、VIS5D图型图像处理等高新技术,实现了预报服务产品从信息收集、处理、分析、加工、制作到分发的自动化、智能化,使县级气象台共同享受这一成果,此系统还可进行视屏电话会议,可进行可视化天气会商。

进入90年代,县站天气预报的重点是完善MOS配套以及结合决策服务,专业气象服务所需而进行的专题研究。

1989—1993年,由曹书涛牵头,完成了"盐场卤水撤退决策预报方法"课题,研究了全年分量级降水预报问题。

1994—1995年,由郑晋方牵头,完成了"南通—如东一日游气象保障系统"课题,研究了汛期4～5天降水预报,汛期高温、大风、大雾预报问题。

1998—1999年,由朱同生牵头,完成了"南黄海大风数值预告产品之释用"和"春夏季全国降水预报产品在如东地区的释用"。研究专业服务、决策服务中的难点问题。

近10多年来，如东县气象局预报人员的目光投向了与当地经济发展密切相关的课题研究，如"海面、江面、陆地测风资料的对比分析"、"海边风能资源的研究"、"海难事故与涌潮的研究"、"条斑紫菜养殖的有利和不利气象条件的研究"、"近海面风力与海浪浪高的研究"、"如东县海洋预报预警服务系统"等，都分别有论文发表。

三、农业气象

如东县气象站建站之初就开展了农业气象工作。1960年3月，从农林局抽调端木传义来搞农田小气候观测。很长一段时间内没有专职农气人员，由测报人员兼搞农气工作，维持定期测量土壤湿度和拍发农气旬月报。1974年起，江苏省气象局恢复农气工作，如东县气象站也明确由缪祝生、徐善棠兼搞农气。并同农业局叶国琪、陈恭裕合作，在潮桥公社9大队搞了"早稻薄膜育秧小气候观测"写了总结材料，以供推广双季稻参考。

1977—1978年，如东县气象站承担了江苏省气象局研究课题"杂交水稻栽培农气条件分析研究"。此课题是冯秀藻教授和汤志成主持的，如东站是苏北地区唯一的试验点。确定在九总公社农科站进行四个品系观测试验，有详细的观测记录和试验总结。试验期间，南通市气象局农气专家邱训明多次来如东指导，使此试验得以圆满成功。

1978年2月南京气象学院农气系毕业生林美琴、何跃武来如东县气象站工作，同年成立农气组，缪祝生任组长。农气组承担农气观测、农气预报、气象哨管理、县农干校讲课、农业气象资源调查、农气四基本资料整理等方面工作。

1979—1983年，如东县建立农业技术干部培训学校，先后开办四期，如东县气象站承担农业气象的讲课任务，分别有林美琴、梁玉楼、缪祝生前去讲课，学员中有4位后来成为中心气象哨的兼职气象员。

1981年，农气组重点搞农业气候区划工作，从气候资源、农业气象灾害，主要农作物与气象等方面作了科学分析，为省市县农业区划提供了科学依据。这一成果（南通市统一完成的）获得了江苏省气象局科研成果奖。

1982—1983年，农气组将农业气候区划时所用资料进行了整编，协同如东县科委、县委农工部区划办一起，于1983年6月，出版了《如东县农业气象工作手册》，此手册成了基层农业技术干部的工具书。

1986年4月，如东县气象站被江苏省气象局确定为省农气基本站，承担冬小麦和棉花两种作物全生育期的观测任务，农气组将这一任务分解到中心气象哨来完成，此项工作至1998年6月结束，恢复一般农气站。这一时期，农业气象设备得到了加强，先后配备了恒温箱、电烘土箱、扭力天平、数粒仪、生物显微镜、遥测土壤湿度表、照相机等。这一时期除搞农气观测，还搞农气预报和服务，每年对棉花薄膜育苗适播期、三麦赤霉病发病趋势、麦收、棉花前后五抢、秋收、秋播期天气作出预报，提出农事建议，书面呈报县领导，县委农工部领导、农林局领导。参加县委县政府农事会商会。1986年起，农气人员试作干热风预报，寒露风预报，喷洒乙稀利最佳时段预报。同时还制作三麦、水稻产量预报。

1993年，在如东县政府的支持下，办起了"多功能农业气象警报系统"，主台设在气象局，6月底为全县53个区乡及4个渔区装了接收机，7月1日正式开播。此系统一天两次定时广播，内容安排是：县委、县政府领导有关农事问题的讲话简要精神；县委、县政府下发的通知；日常天气预报及灾害性天气预报；降水实况及春播期5厘米地温实况、土壤湿度；农事小建议；专家谈生产技术等。形式不固定。此警报台前后开办近4年，后来县政府到区乡有了传真电话，此台停办。

1974年中国气象局提出气象哨组四自原则：自愿、自建、自管、自用。经费上采取民办公助形式。如东县办起了8个中心气象哨（红旗、九总、南坎、石屏、于港、沿南、古坝、潮桥）另外还有三个场办气象哨（如东盐场、环东林场、如东棉场）。1985年江苏省气象局由于气象经费紧缩，不再过问气象哨的事，至1987年，全省其他县市气象哨全部消失，唯独南通市争取到地方政府的支持，保留了少数四情点（即农情、雨情、墒情、灾情）。如东县保留了四个四情点：即于港徐军（后改石屏陈南山）、潮桥陈淑和陈爱华、南坎包正平（后改马焕民）、沿南康承勇（后改双甸冯志芳）。陈爱华、陈南山等人一干就是二、三十年。本县气象哨工作具有南通特色。

为了做好为地方经济建设服务，1988年起，如东县气象站先后承担了10多个农气课题。都是针对实际情况，解决实际问题而作的。

1983年，根据掘东地区西瓜大面积种植之需要，徐善棠调查并撰写了"西瓜种植与气象条件"。论文收入《南通气象》第9期。

1992年梁玉楼与邢志良合作研究"秋玉米种植气象条件分析"，论文收入《1995年江苏省气象学会论文集》。

1992年梁玉楼与顾录泉合作，撰写了"棉花通气网膜育苗气象条件分析"，论文发表在《中国农业气象》1996年第4期，其论文摘要编入了《中国科学技术文库》。

1992—1993年，施俊荣与朱同生合作，试验研究了"蔬菜大棚微气候分析及服务对策"，论文收入《南通气象》第16期。

1993—1994年梁玉楼与邢志良合作，进行了"日光温室蔬菜反季节栽培试验"，论文收入《1996年江苏省气象学会优秀论文集》。

1994年顾录泉、曹书涛等撰写了"水稻旱育稀植与纹枯病防治研究"，论文收入《1996年江苏省气象学会优秀论文集》。

1996年顾录泉、曹书涛等承担的课题"移栽地膜棉耕作层小气候分析"，论文收入《江苏气象》1996年第6期。

1998年，梁玉楼、陈祥甫、冯芝祥合作调研了"无头棉发生原因探讨"，论文发表在《江西棉花》1998年第5期。

1988年顾录泉撰写了"秋热对晚秋棉铃发育的影响"。论文收入1998年江苏省气象学会学术交流会《论文摘要汇编》上。

1998年梁玉楼与陈爱华等合作，撰写了"春季暴雪后小麦补伤肥增产效应"，论文发表在《江苏气象》1998年第5期。

1999年顾录泉、梁玉楼合进行了"水稻行距与光照利用率"试验研究，论文收入《江苏气象》2000年第3期上。

2001—2002年，曹书涛、顾录泉等进行了"南通沿海条斑紫菜养殖的气象条件分析和预报"研究，论文发表在《气象》2005年第1期上。

2009年朱同生等撰写的"如东紫菜大面积病烂气象原因及防御对策"论文,发表在《世界农业》2009年第8期上。

四、气象服务

20世纪60年代,中央气象局提出的气象方针是:"以生产服务为纲,以农业服务为重点"。所以如东县气象站站名上冠有"服务"二字,全名为"如东县气象服务站"。如东气象人也以搞好服务为宗旨,直到今天,如东气象人的口号仍然是:"观云测天为人民,优质服务创一流"。50年来,如东气象人努力为农业、为国防、为国民经济各部门服务,不断增加服务产品,不断拓宽服务领域,使广大民众打开收音机能听到气象,打开电视机能看到气象,拨动电话手机能听到能显示气象,渔民下海,经过卡口能从电子显示屏上看到气象。在气象服务工作中,坚持以决策气象服务为重点,全面做好公共气象服务和精细化的专业气象服务,并努力做到决策服务领导满意,公众服务社会满意,专业服务用户满意,成为名副其实的"文明行业"。

1. 公众服务

20世纪60年代气象服务产品和服务方式比较单一,受益面较窄。随着社会经济的发展,随着气象科技的进步,气象产品增多了,服务载体拓展了,服务方式也多种多样了。截止到2010年底,已在全县15个乡镇安装了电子显示屏,分布率达100%。

表22.15 公众气象服务情况简表

时间	服务载体	服务内容
1959.01—	如东人民广播电台(原称如东县广播站)	短期天气报告,灾害性天气警报,20世纪80年代起增加节日天气公告
1988—1989	如东新闻气象节目(与电台合办)	重要天气预报,中期天气展望,天气形势解释,天气实况分析,1989年起增加24节气系列节目
1993.01—	如东电视台 1997年12月以前电视台制带 1997年12月起气象局制带	短期天气预报灾害性天气警报,节假日天气公告,重要天气增加流动字幕。1997年12月起制作县域分片预报及周边城市天气预报,2004年起沿海增加海面风力浪高预报
1993.06—1997	如东县农事信息台(甚高频发布53个区乡机关)	天气预报警报,县委县政府下发的通知,气象小知识,专家谈农事,春播期地温实况,县域降水实况等
1996.10—	《如东日报》中缝(后改《如东快讯》、《如东快报》)	5天天气趋势滚动预报
1995.07—1999.11	如东电讯局121公共信息台(与电讯局合办)	短期天气预报
1999.12—	96121气象自动答询台(与电讯局合办)	24小时天气预报,6小时天气预报,5天气象预报,沿海天气及海况,旅游城市天气预报,天气热点特别提醒,开心乐园等(最多时10个信箱)
2003—	气象传真电话(政府有关部门,重要经济实体,重大工程指挥部)	每天常规天气预报,灾害性天气警报,5天滚动预报,特殊天气短时预报

续表

时间	服务载体	服务内容
2004.11—	气象电子显示屏(全县15个乡镇及沿海7个卡口)	短期天气预报,灾害性天气警报,潮汐海浪预报,近海风力预报
2004.11—	手机短信发布平台(县镇领导及重要服务单位)	常规天气预报,灾害性天气警报,风力与浪高预报,特殊天气短时预报

表22.16 自动气象站分布情况表

站名	区站号	安装时间	功能
洋口港	M3641	20031130	中尺度站
双甸镇	M3642	20010517	中尺度站
洋口闸	M3643	20041030	中尺度站
洋口港太阳沙海洋生态站	M8003	20051226	中尺度站
东凌	M8021	20080712	中尺度站
丰利镇	M6841	20080312	中尺度站
袁庄镇	M6842	20080312	中尺度站
苴镇	M5656	20061120	温雨站
新店镇	M5657	20061120	温雨站
栟茶镇	M5658	20061120	温雨站
马塘镇	M5659	20061120	温雨站
岔河镇	M5660	20061120	温雨站
曹埠镇	M5661	20061120	温雨站
大豫镇	M5662	20061120	温雨站

2.决策服务

决策服务是围绕县委、县政府防灾抗灾、指挥生产、举办重要活动、组织重点工程施工而展开的服务,包括事前天气的选择、事中精准的预报、事后(灾害性天气)灾情调查等系列服务。

表22.17 决策服务简例

服务部门	服务内容与服务方式	部分事例或效益
县委 县政府 县防汛指挥部	重要农时(春播、插秧、夏收、秋收) 重大节日(春节、国庆、五一节) 重大灾害(台风、大暴雨、龙卷、冰雹、高温伏旱等) 书面报告、电话传真、灾情调查	1983年7月1日龙卷风,获江苏省气象局预报服务一等奖 1984年06号台风,获江苏省气象局预报服务一等奖 1997年防汛抗台获南通市政府防汛抗台先进集体称誉 2007年风暴潮预报获南通市政府抗击特大风暴潮先进集体称誉
县委 县政府	大旱时段人工增雨	2005年6月干旱,无水栽秧,27日至28日凌晨发射火箭8枚,全县普降中雨,解除了旱情。 2007年6月干旱,无水栽秧,13日、28日两次人工增雨,下了小到中雨,使80万亩水稻如期栽插。

续表

服务部门	服务内容与服务方式	部分事例或效益
洋口港工程指挥部	2003年11月18日开工,2008年10月18日初步通航、气象保障对海洋大风、浪高做出精准预报,采用电话传真手机短讯服务。	2004年获南通市气象局"洋口港开发区和温州工业城开工庆典重大天气服务"二等奖。 2007年获如东县政府"洋口港开发建设工作先进集体"三等奖。
围海造田工程指挥部	施工期间天气,海面大风寒潮冰冻进行电话传真,手机短讯服务,闭龙口天气选择,包括现场服务	1995年起凌洋围垦,东凌围垦,洋口港区围垦,洋口闸、掘苴闸、东安闸下迁围垦,未出差错,保证了工程顺利完工。
国际风筝节筹备组	中期天气选择,临近天气预报,现场服务	1990年黄海渔村国际风筝节,3月22日预报26日白天连阴雨暂停,可以举办,预报与实况相符,受县政府表扬。 2006年10月28日小洋口国际风筝节,预报准确,现场服务圆满成功。

3. 专业服务和综合经营

(1)专业服务

如东县气象局专业气象服务是1983年开始起步的,当年只有一个用户即如东盐场。1985年国务院批转了国家气象局"关于气象部门开展有偿专业服务和综合经营的报告",随后江苏省气象局制订了"关于进一步开展有偿专业服务若干问题暂行规定"。县气象局开展专业服务有了政策依据,如东县气象局有偿专业服务也步入了快速发展的轨道。

1986年4月,建起了气象警报台,主台是SV-1025甚高频无线话机,接收机是如东无线电厂生产的QJ-IS台式机,频点是149.875 MHz。当年用户发展到21家。至1990年有10家用户改用JBD三瓦无线话机同主台进行异频对讲。它的发射频点是143.225 MHz。至1996年用户达到158家,涉及农业、盐业、建材业、食品加工业、农副产品加工业、供电、供水、水利、交通、渔业、保险、建筑等10多个行业,其中主要的是砖瓦厂,计107家,占服务单位的68%。1996年以后,县政府出台限制用泥土烧砖的政策,很多小的窑厂被裁减掉,服务单位明显减少。为了抑制专业服务下滑的势头,县气象局研究了一些对策。一些重点用户开展了电话传真服务,并向沿海捕捞业、养殖业拓展。

为了做好专业服务工作,自1988年开始,如东县气象局先后完成8个课题,使服务工作更有针对性,更加精细化。例如"对虾养殖的气象条件问题"、"盐场卤水撤退时机问题"、"南通—如东一日游气象保障问题"、"蔬菜大棚微气候条件问题"、"如东沿海风能资源问题"、"南通沿海条斑紫菜养殖气象条件问题"、"如东县海洋预报预警服务系统"等都立题进行了研究,探索服务指标,制作预报工具并投入服务使用,增加了专业服务的后劲。2004年1月起,对东凌、小洋口、长沙潮汐进行了观测研究,为洋口港海上施工以及沿海风电项目提供优质服务。

(2)综合经营

施放彩庆气球的业务是1993年开始的,第一次放球在东凌,是为"南通集成水产品有限公司"成立庆典施放的,当时没有钢瓶,是借用的南通市气象局的。开始没有经验技术,南通市气象局派员来做技术指导。此项业务以后在县城展开了。为了保证此项工作顺利开展,县气象局购买了20个钢瓶,备足了氢气,可以随时使用。

1998年起,如东县气象局购置彩拱门,第一次施放是在如东县中学成立60周年庆典会场,喜庆效果较好。以后县域内大型庆典活动都用上了,在国际风筝节,洋口港开工庆典,通航庆典,在那光秃秃的海滩上,以大型彩拱门作为主席台背景,既喜庆又壮观,近10多年来,平均每年有10多家次施放任务。

2003年10月,如东县气象局购置了8门礼炮,参与县域内重大庆典活动施放礼炮任务,第一次使用是为临港工业园区围垦开工庆典施放的,以后海洋铁路奠基,洋口港通航,海洽会、小洋口国际风筝节开幕等重大活动都进行了施放。

4. 防雷减灾服务

(1)避雷针检测与防雷检测所

1991年3月起,如东县气象局开展了建筑物、构筑物防雷设施检测工作,检测的第一个单位是如东县掘港油米厂。之后在县公安局消防大队支持下,对全县轧花厂系统全面进行了检测,并将此项工作向社会其他行业及单位进行了延伸。检测中发现有的单位办公楼避雷针引下线被人剪去了,使"避雷针"成了"引雷针"。有的化工企业避雷针引下线被腐蚀已完全断开。有的单位将原有楼房增高或在原址上扩建,使原有避雷针不能安全保护。不少单位设计不合理的有之,施工不规范的有之,偷工减料的有之。存在问题确实不少。根据《气象法》赋予气象部门的管理职能以及中国气象局"防雷减灾管理办法"的规定,加强防雷减灾工作的规范管理已刻不容缓。2001年6月如东县政府办公室发文"关于加强全县防雷安全工作的通知"(东政办发〔2001〕78号)。2006年7月如东县政府办公室再次发文"关于进一步加强防雷减灾工作的通知"(东政办发〔2006〕第104号)。2006年8月,如东县气象局与如东县安全生产监督局联合发文"关于加强防雷安全管理工作的通知"(东安监〔2006〕20号)。2007年5月,如东县气象局与如东县教育局联合发文"关于加强学校防雷安全工作的紧急通知"。2007年8月,如东县气象局与如东县卫生局联合发文,"关于加强卫生系统防雷安全工作的通知"这一系列的文件,引起了各部门各单位的重视,使全县防雷设施检测工作得以紧张而有序的进行。气象局将检测任务交由如东县防雷设施检测所进行。

1999年5月,如东县编委批准建立"如东县防雷设施检测所"(东编〔1999〕18号),2000年11月江苏省质量技术监督局经检查,发给了如东县防雷设施检测所计量认证合格证书,证号〔2000〕量认苏字Z0611号。如东县防雷设施检测所属事业法人单位,直属如东县气象局领导,业务上接受南通市防雷中心指导。第一任所长顾录泉。2007年1月,盛海峰任防雷所法人代表,顾录泉调吕四气象站工作,陈拥军接任防雷所副所长。至2010年底,防雷所有工作人员5人,其中2人是南京信息工程大学防雷工程专业毕业生,1人是南京信息工程大学信息工程专业毕业生。现在每年都对全县大约300家企事业单位进行防雷防静电检测。

2008年4月,原"如东县云海科技开发有限公司"气象职工股权全部退出,转让给如东县防雷设施检测所。

(2)气象行政服务许可窗口

2000年,如东县气象局派缪剑波赴盐城等地学习防雷图纸审核规范化管理经验,并向县行政服务中心申请将防雷图纸审核工作纳入中心审核项目。得到许可,9月,缪剑波到县行政服务中心上班,当时中心设在荧屏楼。后来改由施俊荣到中心上班。2005年2月施俊荣调通州市气象局工作,改由符云鹏负责此项工作,参与建筑图纸审核与竣工验收工作。

2008年起加强了危化企业、人群密集场所、以及高层建筑的防感应雷工程建设。

2009年起增设防雷技术服务中介窗口,先由缪剑负责此项工作,后改为汤婷婷负责。

(3)防雷工程设计施工

1999年起如东县气象局派员先后三次参加江苏省气象局、南通市气象局防雷工作技术培训,听取了国内知名防雷专家讲防雷技术,1999年,如东县气象局开始了防雷工程设计施工工作,第一个工程是如东县供电公司,施工过程中得到南通市防雷中心技术指导。这项工作由顾录泉、缪剑波主管。以后在一些重点部门展开。近几年已在医院、学校、化工企业、县直机关部分局机关开展。平均每年所承担的大型防雷工程项目约为15家。

目前,防雷工程设计施工工作纳入了"如东县云海科技开发有限公司"经营的项目。

第三节 县域其他气象探测组织

一、如东盐场气象哨

盐业生产部门对气象相当重视,1971年底如东盐场从分来如东的南京气象学院毕业生中挑选杨仕宽做专职气象工作,建有25米×25米的气象观测场(距离宿舍楼约50米,不符合规范要求),有百叶箱温湿度表、风向风速仪,配备有压、温、湿自记仪器,并抄收南京、上海天气预报。绘有简易天气图和三要素曲线图。生技科科长刘海涛到县气象站进行过一个月的气象培训,学习预报知识。回场后其基本工作程序同县气象站。盐场气象哨的仪器都是正规气象仪器厂出厂的。所用自记纸、简易天气图底图、气簿1都是县气象站向省气象局代购的。县气象站经常派技术人员去盐场指导。1986年起装备气象警报接收机,1990年改用JBD对讲机,保持同县气象站密切联系。

1978年4月杨仕宽调县气象站工作,接替杨仕宽的是天津轻工业学院毕业的王志华(女)。王退休后接替王志华的是如东电大毕业生杜亚飞。使气象工作保持了连续性。

2006年5月,如东盐场的土地划归地方政府,建如东科技园区,盐场撤销,气象哨停止工作,积累30年的气象资料下落不明。

二、棉花原种场气象站

1979年12月,南通地区气象局根据农业区划工作需要,向江苏省气象局报告建三个海岸带气象站,如东县棉花原种场(原名环东林场)气象站是其中之一。经同意于1980年1月1日正式开测,观测员赵桂民曾在县气象站进行过业务培训,该站建有20米×20米的观测场,配备有百叶箱、温度表、风向风速仪、雨量筒、蒸发皿,并有气压、温度、湿度自记仪器,仪器由南通地区气象局提供,安装调试由南通地区气象局派员完成的。开始阶段如东县气象站派缪祝生到场辅导了一段时间。

此项工作直至1982年2月结束。气压、温度、湿度自记记录以及气表-1工作时段为

1980年1月至1982年2月,风向风速自记为1980年10月至1982年2月。气象记录均经县气象站缪祝生审核报南通地区气象台。南通市气象局将资料于2004年秋上交给江苏省气象局档案馆。

三、如东棉场气象哨

如东棉场位于大豫镇东,靠近海边,属江苏省农垦局所办的国营农场。由于近海,土壤沙质严重,河水含盐量较高,春季回温迟,干旱指标、耕作制度以及作物适播期与县域中西部地区有所不同。为了搞好生产,1977年自办了一个气象哨。直属场部农业科管理。有10米×10米的观测场,配有百叶箱温度表,风向风速是维尔达轻型风压板。有雨量筒。观测员赵俊如是海军退伍军人,曾到气象站受过短期辅导。他们观测自成体系,随季节而定,记录并不完整连续。先后约有20余年。以后江苏省农垦局撤销,如东棉场划归地方管理,气象哨也消失。

四、九总农科站气象哨

1977年,九总农科站建了一个气象哨,位于农科站办公室西南50米左右。有一个小型观测场,约10米×10米,有百叶箱、温度表、雨量筒、简易维尔达风向风速仪。这些仪器设备是江苏省气象局统一采购的。观测员沈云峰,曾到县气象站短期培训,观测资料自办自用。

1977—1978年,如东县气象站承担江苏省气象局课题:"杂交水稻栽培农气条件分析研究",目的是解决杂交水稻制种问题。此课题是冯秀藻教授和汤志诚主持的。如东县气象站是地苏北地区唯一的一个试验点。任务落实到九总农科站气象哨进行四个体品系的栽培试验,试验面积约0.13公顷,有详细的观测记录,上报省课题组。

该哨于1985年哨组紧缩时,未能列入四情点保留下来。先后持续有8年多时间。

五、海生集团自动测风站

如东县海生集团董事长徐长生渔民出身,数十年与海洋打交道,感觉小洋口的风力总比其他地方大,萌生搞风力发电。欲与美国安然公司合作。安然公司缺少实地测风资料,于是拟定先建一个自动测风站,1998年在新围的凌洋垦区建了两个测风杆,杆高40米,分四个层次,10、20、30和40米,邀请县气象局参与管理,答应资料共享。1999年起有比较完整的分层测风资料,后海生集团垮台,副总魏国平调县风电办工作,资料由魏国平带到风电办。2000年后,又增加了一组仪器,此仪器是由北京华瑞公司提供,目的是进一步验证小洋口地区风能资源,至今仍在观测记录。

海生自动测风站资料,魏国平曾分层整理分东西二个杆子各一本给县气象局,后因与投资商谈判需要而要回去。县气象局电脑里有存盘,但不完整。

六、太阳沙自动气象站

如东县洋口港筹建组因建港需要,要建一个自动气象站,提供太阳沙海洋气象实况。邀请国家海洋局东海分局参与建造。东海分局委托杭州海洋二所工程中心具体操办。

1996年10月在太阳沙建起了海洋气象自动站,位于北纬32°31′,东经121°24′,使用仪器为美国"STRUN8210"自动站,观测项目有气压、温度、水温、潮位、风向风速、湿度、能见度等。1997年8月18日,因9711号台风影响,自动站被刮走了。先后只有10个月不到的记录。后改迁到岸内观测,地点在北渔乡政府楼上,凑满一整年记录,其中风向风速用县气象局长沙边防哨所自动测风资料进行延伸至完整一年资料。此资料洋口港筹建组(后称港口办)保存。

第四节　气象社团

一、如东县气象学会

1985年12月,如东县科学技术协会批准成立"如东县气象学会",成立时有会员23人,其中县气象站20人,县农业局金城飞、钱仲华2人,县中地理老师李衡一1人。成立大会在气象站会议室举行,由梁玉楼主持,缪祝生作筹备工作情况报告,县科协缪三文主席到会作了指示。会议选举产生了第一届理事会,缪祝生任理事长,郑晋方任副理事长,梁玉楼任秘书长,另外两名理事是丁正根、杨仕宽。会议另一个议程是郑晋方作"强对流天气预报着眼点"讲座。

第二届理事会于1990年12月召开,会议选举产生新一届理事会,梁玉楼任理事长,朱同生任秘书长,另有3名理事是曹书涛、郑晋方、杨仕宽。气象学会成立后,每年都要进行1到2次学术讲座。

二、如东县气象局工会

2006年2月,如东县气象局在职职工组建如东县气象局工会,宗旨是协调会员与局领导的关系,组织职工努力完成目标管理任务,保障职工的合法权益和合理的生活福利待遇。工会有会员22人(包括借调外县市的施俊荣和顾录泉),会议选举产生第一任工会主席是缪剑波。

2009年2月,全体会员大会选举增补陈祥甫为工会副主席,并经县气象局批准。东气发〔2009〕1号。

第五节　党建工作和部分荣誉

一、党建工作

1980年底,如东县气象站有6名中共党员,经县级机关党委批准,建立党支部,至2010年12月底有三任支部书记。

杨再谦　1980年底至1984年5月;
丁正根　1984年5月至1997年11月;
曹书涛　1997年11月至今。

二、部分荣誉

表 22.18　历年集体受各类表彰和奖励(省、部级)

获奖时间	颁奖单位	获奖名称
1993 年 3 月	中国气象局	1992 年度灾害性天气预报综合服务奖

表 22.19　历年集体受各类表彰和奖励(地市级、省局级)

获奖时间	颁奖单位	获奖名称
1982 年 12 月	江苏省气象局	气候资料整编优秀奖
1984 年 1 月	江苏省气象局	83701 龙卷风预报服务,一等奖
1984 年	江苏省气象局	省气象文明单位
1985 年 5 月	江苏省气象局	预报股为省气象系统先进集体 8406 号台风预报服务,一等奖 5.29 冰雹预报服务,四等奖 8411 台风暴雨预报服务,四等奖
1991 年	江苏省气象局	省气象系统双文明单位
1991 年 1 月	南通市委市政府	南通市科技战线先进红旗
1994 年 10 月	南通市政府	南通市农业科学技术推广奖二等奖 (薛全礼牵头全市气象系统合作项目)
1997 年 12 月	南通市政府	1997 年防汛抗台先进集体
1999 年 12 月	南通市精神文明建设指导委员会	1997—1998 南通市文明行业达标单位
2000 年 12 月	江苏省气象局、江苏省人事局	1997—1999 年度先进集体
2001 年 1 月	江苏省气象局	全省县(市)级台站基础设施综合改善优秀达标单位
2004 年 1 月	江苏省气象局	2000—2003 年度省气象工作先进集体
2005 年	江苏省气象局	省气象工作先进集体
2005 年	江苏省精神文明建设指导委员会	2003—2004 年度江苏省文明行业
2005 年 12 月	南通市委市政府	2003—2004 年度南通市文明行业
2006 年 8 月	江苏省气象局	县级电视天气预报节目三等奖
2007 年	江苏省精神文明建设指导委员会	2005—2006 年度江苏省文明行业
2007 年 4 月	南通市政府	抗击特大风暴潮先进集体
2007 年 12 月	南通市委、市政府	2005—2006 年度南通市文明行业

表 22.20　历年个人受各类表彰或奖励(部级)

时间	奖励名称	受奖人	颁奖单位
1978 年	业务服务科研工作奖	郑晋方	江苏省革命委员会
1993 年 7 月 8 日	测报 250 班无错情	缪素玲	中国气象局
2003 年 12 月	海上苏东气象服务系统获中国气象局科学研究与技术开发二等奖	曹书涛等	中国气象局

表 22.21　历年个人受各类表彰或奖励(地市级、省局级)

时间	奖励名称	受奖人	颁奖单位
1985 年	百班无错情	冯芝祥	江苏省气象局
1987 年	北三县冰雹预报方法,科技进步四等奖	郑晋方	江苏省气象局
1987 年	先进工作者	冯芝祥	江苏省气象局
1987 年	百班无错情	冯芝祥	江苏省气象局
1988 年	先进工作者	曹书涛	江苏省气象局
1989 年	农气百班无错情	顾录泉	江苏省气象局
1990 年	农气百班无错情	顾录泉	江苏省气象局
1991 年	农气百班无错情	顾录泉	江苏省气象局
1991 年	省气象系统抗洪救灾先进个人	梁玉楼	江苏省气象局
1991 年 2 月	1988—1990 年度双文明建设先进工作者	曹书涛	江苏省气象局
1993 年 2 月	盐场卤水撤退预报系统,省局科研进步三等奖	曹书涛、梁玉楼 郑晋方、沈兰芳 施俊荣	江苏省气象局
1993 年	百班无错情	冯芝祥	江苏省气象局
1993 年	省气象系统先进个人	朱同生	江苏省气象局 江苏省人事局
1994 年	农气百班无错情	顾录泉	江苏省气象局
1996 年 3 月	县站优秀值班预报员	朱同生	江苏省气象局
1996 年 3 月	南通—如东一日游气象保障系统 省局气象科技进步四等奖	郑晋方、倪亚香 梁玉楼	江苏省气象局
1996 年 10 月	八五期间科教兴农先进个人	朱同生	南通市人民政府
1996 年 12 月	百班无错情	刘忠	江苏省气象局
1997 年 2 月	1994—1996 年度省气象系统双文明建设先进工作者	曹书涛	江苏省气象局
1997 年 6 月	长虹杯迎回归书画比赛硬笔书法,二等奖	梁玉楼	江苏省气象局
1998 年 4 月	重大天气服务三等奖	梁玉楼、沈兰芳	江苏省气象局
1999 年	百班无错情	冯芝祥	江苏省气象局
1999 年	农气百班无错情	顾录泉	江苏省气象局
2000 年 1 月	无头棉发生原因之探讨 市自然科学优秀学术论文提名奖	陈祥甫、冯芝祥 梁玉楼	南通市人民政府
2000 年 1 月	海边、江面、陆地测风资料对比分析 市自然科学优秀学术论文三等奖	冯芝祥、缪剑波 曹书涛	南通市人民政府
2000 年 1 月	如东海滨风能资源分析 市自然科学优秀学术论文三等奖	冯芝祥、缪剑波 梁玉楼	南通市人民政府
2002 年	优秀值班预报员	朱同生	江苏省气象局
2002 年 10 月	南通沿海条斑紫菜养殖的气象条件分析和预报 省局 2002 年度科研开发二等奖	曹书涛、朱同生 顾录泉、袁明	江苏省气象局
2003 年	百班无错情	冯芝祥	江苏省气象局
2003 年	二个百班无错情	朱同生	江苏省气象局
2004 年	三个百班无错情	冯芝祥	江苏省气象局

续表

时间	奖励名称	受奖人	颁奖单位
2004 年	二个百班无错情	陈祥甫	江苏省气象局
2004 年	二个百班无错情	朱同生	江苏省气象局
2005 年	二个百班无错情	朱同生	江苏省气象局
2005 年	气象记录档案保管先进个人	冯芝祥	江苏省气象局
2006 年	百班无错情	冯芝祥	江苏省气象局
2006 年	省气象系统廉政书法展二等奖	梁玉楼	江苏省气象局
2006 年	百班无错情	朱同生	江苏省气象局
2007 年 1 月	省气象部门 2006 年度十佳廉政干部	曹书涛	江苏省气象局
2007 年 4 月	抗击特大风暴潮先进个人	曹书涛	南通市人民政府
2007 年	百班无错情	朱同生	江苏省气象局
2008 年	百班无错情	冯芝祥	江苏省气象局
2009 年	百班无错情	陈祥甫	江苏省气象局
2009 年	百班无错情	冯芝祥	江苏省气象局
2010 年	百班无错情	朱同生	江苏省气象局
2010 年	百班无错情	冯芝祥	江苏省气象局
2010 年	百班无错情	陈祥甫	江苏省气象局
2010 年	百班无错情	周金磊	江苏省气象局
2010 年	省局考核年度优秀	曹书涛	江苏省气象局
2010 年	省局考核年度优秀	盛海峰	江苏省气象局
2010 年	省局考核年度优秀	朱同生	江苏省气象局

第六节　附记

民国 17 年(1928 年)，中国近代气象事业的开创者竺可桢先生创立中央气象研究所并任所长，先后在全国设立测候所。1936 年，省会测候所按照《整理及改进江苏省测候事业计划》在苏北沿海增设六个四等测候所，其中在现如东境内设立了两个四等测候所。一个是掘港测候所，设在掘港大于中乡棉作场(当时属如皋县)，并由经过省培训的仲兆乾为测候员。另一个是栟茶测候所，设在栟茶镇公园内(当时属东台县)，都是 1936 年 1 月开测，1938 年 3 月 27 日军侵华波及掘港时停止。此后又经解放战争，气象机构一直没有恢复。新中国成立后，1953 年，华东军区气象处指定在如东农场进行气象观测，地点位于马塘南郊区王家渡，有观测场并有专人观测，资料报华东军区气象处。1956 年，如东农场迁至栟茶镇南长潦荡(即今新林林场)有吴以有(女)、方炳祥继续进行气象观测，至 1958 年如东农场撤销建立林场止。1956 年，县农林部门在掘港镇南芳泉村建了一个 20 米×20 米观测场，并进行气象观测，观测资料报太湖流域水利委员会。1958 年 6 月江苏省气象局成立，统一规划管理全省气象事业，要求县县有站、社社有哨。1959 年 1 月 1 日，如东县气象站应运而生，站号 58264，地址在掘港镇西郊，现如东县人民医院南侧，即北纬 32°20′，东经 121°11′。并从 1 月 1 日起正式观测记录。开始时没有房子，仍在芳泉村观测，3 月站长许达贤到站(许原是栟茶林场支部书记)并开始建起了三间民居式平房，这时观测业务才全部迁移过来。如东气象站的建立开创了如东气象事业新的一页。标志着如东有了真正意义上的现代气象事业,从此有了规范化的、连续性的、可比性强的气象要素记录,至今已有整整50年了。

与县气象站差不多同时建站的还有江苏省环港海洋水文气象站。1959年10月筹建,11月借用水产部门三间房子开始正式观测记录,由于记录代表性差,此站于1962年2月撤销。

1958年9月23日,中共江苏省委批准全省专署(市)、县建立气象管理机构,专署成立气象局、县(市)设立气象科,并采取"行政与台站合一办公,一个大门、两块牌子"的办法。1960年初,县人民政府设立如东县气象科,与县气象站合署办公,负责管理全县30多个气象哨,1962年,中央提出"调整、巩固、充实、提高"的八字方针,5月,根据上级指示,县气象科撤销。

1962年初环港海洋水文气象站撤销,部分人员和设备充实到县气象站,使县气象站得到了加强。1965年县气象站承担航危报任务,先后向如皋机场、盐城机场、兴东机场拍发航空报和危险报。1986年4月,县气象站被江苏省气象局确定为省农气基本站,担负着冬小麦和棉花全生育期观测任务。

20世纪70年代初,台湾当局乘大陆"文革"之机,扬言要反攻大陆,1971年5月至1973年10月县气象站实行军管,实行以县人武部与县革命委员会农水局、南通地区气象台三重领导,以人武部领导为主的管理体制,县人武部先后派谢文亮与徐宽荣担任县气象站指导员。

1980年3月,气象站同农业局分开,实行以气象部门领导为主的新的体制,人、财、物划归南通专署气象局管理。

1982年1月,经县政府批准,建立如东县气象局,实行局站合一,两块牌子,一套班子的体制,定为同级人民政府的直属单位(正科级)。属事业单位。

1984年2月,贯彻中国气象局第二步体制改革,撤销县气象局保留县气象站,原正科级不变。

1991年3月,经南通市气象局批准,恢复"如东县气象局"名称,气象事业得到了快速而稳定的发展。下设气象台、办公室、气象科技服务中心、防雷检测所、云海科技开发公司等五个部门,承担管理全县气象行政事务。

1995年6月,由国家气象局投资,建起了海边自动测风站,地点在北渔乡黄海村长沙边防哨所二楼平台上,即北纬32°12′48″,东经121°17′42″,站号58355,二年后因仪器被雷击坏了而停止。

1996年7月,由江苏省电业局投资,由洋口港筹建组具体办理,在太阳沙建起了自动气象站,地点在北纬32°31′30″,东经121°24′32″,使用仪器为美国"STRUN8210"自动气象站,1997年8月18日自动站被台风冲走而结束。

2002年8月,如东县气象站观测场改换成Ⅱ型自动气象站,以后4年,先后建起了一个六要素中尺度自动站(洋口港)、五个四要素中尺度自动站(双甸、洋口闸、东凌、丰利、袁庄)和七个二要素自动站(大豫镇、苴镇、马塘、曹埠、岔河、栟茶、新店)。

第二十三章 海门市气象局

海门位于江苏省东南部,长江口北岸,东濒黄海,故有"江海门户"之称。全市陆地面积1148.77平方千米,耕地面积90.3万亩。人口90.76万。海门市地处中纬地带,属北亚热带南部湿润季风气候,气候特点是:气候温和,四季分明,雨水充沛,雨量集中,雨热同季,冬冷夏热,春温多变,秋高气爽,光能充足。海门市年平均气温15.2℃,年平均降水量1056.3毫米,年均日照2080.1小时,无霜期平均为223天。

海门市优越的气候资源为工农业的发展提供了有利的条件,但由于地处中纬地带,海陆相过渡带和气候过渡带,是气候灾害频发区。常见的气候灾害有洪涝、干旱、梅雨、暴雨、热带气旋、连阴雨、高温、冰雹与龙卷、寒潮、冻害、大雾等。

第一节 历史沿革和基本情况

1958年,经海门县政府批准,在茅镇中山路东侧建立海门县气象站;1959年1月1日正式开始工作,区站号58360。1990年1月1日,迁至秀山乡棉场村1组;2001年9月1日,观测场迁至开发区利北村(北纬31°55′,东经121°12′,海拔高度3.3米);2002年8月20日,局办公楼迁至海门镇秀山西路241号。

一、历史沿革

1931年8月在海门县政府内建有四等测候所。至1935年列入建设局财政预算,1936年全年经费120元。1936年12月省会测候所派员巡视。1938年3月21日日军侵占海门,测候所被毁。

海门县气象站1959年1月至1971年8月先后隶属海门县农科所、科委、农水局;1971年9月至1973年4月,由农水局和人武部双重领导,以人武部为主;1973年5月至1981年3月归农业局领导;1981年4月改为部门和地方双重管理,以部门垂直管理为主,一直延续至今。

表23.1 海门市气象局(站)机构沿革管理体制变化

机构名称	时间	管理体制
海门县气象站	1959.01—1960.04	双重管理,以地方政府管理为主
海门县气象服务站	1960.04—1971.08	双重管理,以地方政府管理为主
海门县革命委员会气象站(其中1971.09—1973.04实行军管)	1971.09—1973.04	双重管理,以县人武部管理为主
海门县革命委员会气象站	1973.05—1981.04	双重管理,以地方政府管理为主

续表

机构名称	时间	管理体制
海门县气象站 海门县气象局（一套班子、两块牌子）	1981.04—1982.02	双重管理，以地方政府管理为主
海门市气象站	1982.03—1994.06	双重管理，以上级气象部门管理为主
海门市气象局	1994.06—	双重管理，以上级气象部门管理为主

二、基本情况

建站时仅有工作人员2人(1961年12月曾增加到6人,1963年又减为2人),20世纪70年代逐步增加至8人,直到1981年7月才增加到12人。海门市气象站现有在编职工10人,聘用人员8人。在职18名人员中,有中共党员9人,共青团员1人;在职研究生学历1人,大学本科学历9人,大专学历5人,中专学历1人;高级技术职称1人,中级技术职务人员6人,初级技术职务人员9人。气象职工中先后有6人8次接受在职学历教育。

表23.2 局站领导更替情况

单位名称	姓名	职务	任职时间
海门县气象站	顾志周	站长	1960.04—1962.05
海门县气象服务站	黄建邦	负责人	1962.06—1971.08
海门县气象站	沈志达	副站长（主持工作）	1971.09—1982.04
海门县气象局	刘成甫	副局长（主持工作）	1982.05—1983.03
海门县气象站	沈志达	副站长（主持工作）	1983.04—1984.04
	陆也礼	站长	1984.05—1985.07
	沈志达	副站长、站长	1985.08—1989.10
海门县气象局		局长	1989.11—1991.02
	石加庆	副局长（主持工作）	1991.03—1994.05
	曹书涛	副局长	1991.03—1993.03
海门市气象局	石加庆	局长	1994.06—2000.10
	江志新	副局长（主持工作）	2000.11—2003.08
	陆志刚	副局长	2000.12—2004.01
	江志新	局长	2003.09—2011.12
	葛亚东	副局长	2005.03—2010.12
	郁健	副局长	2011.01—

内部科室设置情况:1979年4月起设立预报、测报、农气三个股,1986年4月农气股与预报股合并为服务股,2001年设有办公室、气象台、气象服务与产业科,2002年起到现在设有局长室、办公室、气象台、气象科技与产业科、防雷减灾所。

表23.3 科室负责人(含非领导职务)一览表(1981—2010年)

单位名称	姓名	职务	任职时间
海门县气象站	陆友生	测报股副股长	1984.11—1993.10
海门县气象站	龚希法	地面测报股股长	1985.10—1990.07
海门县气象站	吴之春	服务股股长	1986.12—1996.12
海门县气象局	曹志翔	测报股副股长	1990.07—1991.03
海门县气象站	曹志翔	测报股副股长	1991.03—1993.05
海门县气象站	曹汉忠	预报股副股长	1991.03—1993.05
海门县气象局	王雪珍	预报股股长	1993.05—2004.06
海门县气象局	曹汉忠	预报股副股长	1993.05—2001.06
海门县气象局	曹志翔	测报股股长	1993.05—2001.12
海门市气象局	曹志翔	气象台台长	2001.12—2003.01
海门市气象局	曹汉忠	气象台副台长	2001.12—2007.11
海门市气象局	张水明	气象服务与产业科科长	2001.12—
海门市气象局	葛亚东	办公室副主任	2001.12—2005.03
海门市气象局	曹志翔	气象台副台长	2003.01—2005.03
海门市气象局	曹汉忠	气象台副台长	2003.01—2007.09
海门市气象局	许春艳	气象台台长	2005.03—
海门市气象局	曹志翔	财务负责人	2005.03—
海门市气象局	施永华	台长助理	2010.12—

表23.4 在职职工人数阶段变化统计表

单位\年份	1959	1969	1979	1989	1999	2009	2010
海门	2	2	8	12	12	19	20

表23.5 海门气象局(站)历年工作人员一览表

姓名	性别	出生年月	调来时间	调出时间	去向	备注
王鹤洲	男	—	1959.01	1962.05	—	—
顾志周	男	—	1960.01	1962.07	—	病逝
姜松春	男	—	1960.01	1963.09	调海门种子公司	
黄建邦	男	—	1960.12	1973.07	海门师范	
朱德贤	女	—	1961.09	1964.01	调出	
庄树灿	男	1940	1963.08	1968.09	回广东	
朱泉声	男	1938	1966.03	1968.09	江心沙农场	调环保局后在职病逝
张留春	男	—	1969.08	1971.09		
王德隽	男	1945.4	1970.08	1979.02	调苏州地区气象台	
沈志达	男	1936.08	1971.09	1996.09	退休	
夏萍	女	1946.10	1971.09	1979.02	调苏州地区气象台	
祁振高	男	1936.12	1972.02	1996.12	退休	—

第二十三章 海门市气象局

续表

姓名	性别	出生年月	调来时间	调出时间	去向	备注
陈天成	男	—	1972.05	1975.06	调海门盐场	—
陆友生	男	—	1976.04	1993.10	调环保局	—
曹志翔	男	1952.03	1976.04	—	在职	—
吴桂芳	女	—	1978.08	1986.10	调劳动局	—
吴之春	男	1936.12	1979.04	1996.12	退休	—
曹炳忠	男	1946.02	1979.04	2006.10	退休	—
张忠	男	1944.10	1979.05	2000.03	退休	—
石加庆	男	1944.04	1979.09	2002.05	退休	—
陆望祥	男	1934.12	1981.06	1994.01	退休	—
倪顺昌	男	1941.12	1981.07	1992.11	退休	—
江志新	男	1960.11	1981.07	—	在职	—
王雪珍	女	1948.12	1982.02	2004.01	退休	—
曹汉忠	男	1947.09	1982.02	2007.11	退休	—
刘成甫	男	1927.08	1982.03	1983.03	离休	—
施雪冲	男	1954.04	1983.01	—	在职	西藏调回
俞福平	男	1952.02	1984.03	—	在职	西藏调回
陆也礼	男	—	1984.05	1985.07	调省局	空军转业,病逝
龚希法	男	1939.01	1985.10	1999.03	退休	—
曹书涛	男	—	1991.04	1993.03	调如东	如东调来
张水明	男	1957.09	1993.09	—	在职	海安调来
葛亚东	男	1973.12	1994.07	2011.01	去海安县交流	—
彭国锋	男	—	1999.08	2000.08	解雇	—
陆志刚	男	—	2000.12	2003.12	调海安	海安调来
许春艳	女	1975.07	2001.11	—	在职	吉林辽源调来
施洲洲	男	1979.12	2004.08	—	在职	—
缪剑	男	1980.05	2004.08	2007.07	调如东	2011年车祸去世
倪玉华	女	1970.04	2004.06	—	在职	司机
施永华	男	1977.09	2004.12	—	在职	退伍
周锋锋	男	1982.04	2005.08	—	在职	—
东卫兵	男	1973.06	2005.12	—	在职	司机
姜蔚明	女	1972.10	2006.11	—	在职	—
袁晶	女	1986.09	2008.09	—	在职	—
顾耀红	女	1966.06	2009.02	—	在职	—
陈磊	男	1987.12	2009.07	2010.08	中科院读研究生	—
张希杰	男	1984.09	2009.12	—	在职	—
王凯	男	1988.04	2010.07	—	在职	—
孙熔	女	1988.08	2010.07	—	在职	—
蔡伟	男	1984.10	2010.07	2010.12	海门市信息中心	—
郁健	男	1967.07	2011.01	—	—	交流干部

在职职工中,历年受江苏省气象局和南通市政府表彰奖励的10人19次,受南通市气象局和南通市科协、南通市气象学会表彰奖励的有16人120余次。

表23.6 海门市气象局先进集体和个人受表彰情况

获奖集体或个人	授奖名称	授奖单位	授奖年度(年)
江志新	全省气象系统先进工作者	江苏省气象局	1984
倪顺昌	预审百班无错情	江苏省气象局	1984
龚希法	百班无错情3次	江苏省气象局	1985
曹炳忠	农气百班无错	江苏省气象局	1990
曹炳忠	农气百班无错	江苏省气象局	1991
祁正高	农气百班无错	江苏省气象局	1991
江志新	全省气象系统"双文明"建设先进个人	江苏省气象局	1991—1993
江志新	百班无错情2次	江苏省气象局	1995
施雪冲	百班无错情1次	江苏省气象局	1996
石加庆	南通市"八五"期间科教兴农工作先进个人	南通市政府	1996
施雪冲	百班无错情1次	江苏省气象局	1999
江志新	全省气象系统先进工作者	江苏省气象局	2000—2003
江志新	全省气象科技服务先进个人	江苏省气象局	2007—2008
施洲洲	百班无错情1次	江苏省气象局	2007
施洲洲	百班无错情1次	江苏省气象局	2008
许春艳	省优秀值班预报员	江苏省气象局	2010
海门县气象局	6号台风的预报服务工作二等奖	江苏省气象局	1984
海门市气象局	台站综合改造达标单位	江苏省气象局	1999
海门市气象局	南通市文明行业	南通市委、市政府	2001
海门市气象局	2001—2002年度江苏省文明行业	江苏省文明委	2003
海门市气象局	2003—2004年度江苏省文明行业	江苏省文明委	2005
海门市气象局	2003—2004年度南通市文明行业	南通市委、市政府	2005
海门市气象局	全国气象部门局务公开示范点	中国气象局	2008
海门市气象局	2007—2008年度南通市文明行业	南通市政府	2009

表23.7 市厅级优秀科技论文奖情况一览表

年份	获奖论文名	获奖单位及主要作者	备注(市科协还是市政府奖)
1982	江淮之间涡切变系统降水日雨量的定量预报	石加庆	南通地区行署科技成果三等奖
1991	龙卷风及其成因		江苏省气象学会三等奖
2009	海门市暴雨预报和防御对策	江志新 缪 剑 许春艳	南通市政府优秀论文三等奖

第二十三章　海门市气象局

第二节　气象业务与服务

一、气象业务

1. 气象观测

1959年1月1日起采用地方时07、13、19时,每天三次观测;1960年8月1日起改为北京时08、14、20时。观测项目有:天气现象、能见度、云状云量、风向风速、气温、湿度、地面温度、地中温度(5、10、15、20厘米)、降水量、蒸发、日照等。1964年1月增加气压观测。并向南通、南京编发重要天气报(WS报)。

手工制作的气表-1(月报表)和气表-21(年报表),1996年11月开始由微机编制。1996年5月安装了分组交换网并进行了微机联网;2005年1月开始向省、市局传输资料,停止报送纸质报表。

2001年6月,ZQZ-CⅡ型气象观测自动站建成并试运行;2005年1月1日开始正式投入业务使用。观测项目包括气压、温度、湿度、风向风速、降水、地面温度和地中温度,并以自动站资料为准发报。

表23.8　海门气象局(站)地面测报所用仪器一览表

年份	地面观测所用仪器
1959.03.01—	干球温度表(自然通风)
1959.03.01—	湿球温度表(自然通风)
1959.03.01—1998.12.31	套管式0.5℃分度最高气温表
1999.01.01—	最高气温表
1959.03.01—1998.12.31	套管式0.5℃分度最高气温表
1999.01.01—	最低气温表
1959.03.01—1998.12.31	套管式0.5℃分度地面(0厘米)温度表
1999.01.01—	地面温度表
1959.03.01—1998.12.31	套管式0.5℃分度地面最高温度表
1999.01.01—	地面最高温度表
1959.03.01—1998.12.31	套管式0.5℃分度地面最低温度表
1999.01.01—	地面最低温度表
1959.03.01—1998.12.31	套管式0.5℃分度5厘米地温表
1999.01.01—	曲管地温表
1959.03.01—1998.12.31	套管式0.5℃分度10厘米地温表
1999.01.01—	曲管地温表
1959.03.01—1998.12.31	套管式0.5℃分度15厘米地温表
1999.01.01—	曲管地温表
1959.03.01—1998.12.31	套管式0.5℃分度20厘米地温表
1999.01.01—	曲管地温表
1962.01.12—1962.12.31	套管式0.2℃分度40厘米地温表
1963.02.19—1966.04.10	套管式0.2℃分度40厘米地温表

续表

年份	地面观测所用仪器
1962.04.01—1973.01.31	空盒气压计周转
1973.02.01—	空盒气压计日转
1968.04.01—	动槽(福丁)式水银气压表
2004.01.01—2006.09.30	振筒式气压传感器
2006.10.01—	膜盒式气压传感器
1962.01.01—1965.08.31	温度计双金属片周转
1965.09.01—	温度计双金属片日转
2004.01.01—	铂电阻温度传感器
1962.01.01—	湿度计毛发日转
1999.01.01—	湿敏电容湿度传感器
1959.03.01—1973.12.31	轻重型维尔德测风器
1974.01.01—1983.12.31	EL型电接风向风速计
1974.01.01—	EL型电接风向风速计
2004.01.01—	单翼风向传感器
2004.01.01—	风杯风速传感器
1959.04.01—1960.09.30	雨量器(带防风圈,20厘米口径)
1960.10.01—	雨量器(不带防风圈,20厘米口径)
1975.04.01—1985.05.31	虹吸式雨量计
1985.06.01—	翻斗式遥测雨量计
2004.01.01—	双翻斗遥测雨量计
1960.10.01—	蒸发称抬称式0.1毫米分度
1960.10.01—	小型蒸发器(20厘米口径)
1963.01.01—	暗筒式日照计
2004.01.01—	遥测地温传感器
2004.01.01—	浅层遥测地温传感器
1999.01.01—2006.09.30	百叶箱(木制)
2006.10.01—	百叶箱(玻璃钢)

2. 气象哨

江心沙农场气象哨位于海门市西南部,20世纪60年代末,时任江心沙农场农业科科长的曹云珠(女,江苏农学院农学专业本科毕业)负责建立了江心沙农场气象哨,在距二层办公楼100余米处建设了16米×25米由圆钢做围栏的观测场,观测环境符合规范要求。观测场内安装气象设施和仪器有2个百叶箱,百叶箱内安装干湿球温度表,最高最低温度表和温度计、湿度计,场内还有地面0厘米温度表、地面最高温度表、地面最低温度表、地中5厘米温度表、地中10厘米温度表、地中15厘米温度表、地中20厘米温度表、日照计、蒸发器、雨量筒、压板式风向风速仪等。观测项目有云状、云量、天气现象、气温(包括最高、最低)、相对湿度、地面温度(包括最高、最低)、地中温度、日照、风向、风速等。观测时间为08、14、20时。制作月报表和年报表。建哨的头5年由扬州水校气象专业毕业生蓝天任专职观测员,后来先后由知识青年余汉元(农业科统计员)、陈尚君(农业科统计员,现任复旦大学文学系主任)兼任观测员。1984年下半年起由农场种子公司技术员、会计姜红江(1983年在海门气象局测报培训3个月)兼任气象哨观测员,他按《地面气象观测规范》对观测场内的仪器进行了重新安装调整,雨量筒更换为虹吸雨量计,增加了气压自记观测,姜红江1984年秋季参加了江苏省气象局在南通举办的为期20多天的气象仪器检修培训班的学习,通过培训学习,业务素质有了明显提高。1993年10月姜红江调任农场机关负责财务工作,由顾立新(农场会计,江苏农垦职大财务大专毕业)兼任气象哨观测员,1995年底江心沙农场气象哨停办。建哨以来的观测资料全部保存在农场档案室。

海门盐场气象哨位于海门东北沿海,建于20世纪60年代末,归盐场管,观测人员先后有陈天成(生产场长)、杨德康(生产场长)、袁潜(生产科长、工区主任)等人兼任。观测项目有气温、湿度、降水、蒸发、风向、风速等,有温湿自记仪器,无气压观测。

包场气象哨位于海门市东北部,建于1977年。1977—1982年由新余乡农技站人员赵新梅任观测员。1983—2011年由新余乡农技站人员陆国华任观测员。观测任务为"四情"观测,即雨情、墒情、农情、灾情观测。观测上报内容有:汛期5月1日至9月30日05—05时日降水量,07时前上报海门市气象局;3月至11月每旬逢"8"测定深度为10厘米、20厘米、30厘米的土壤湿度,次日上报海门市气象局;观测小麦、油菜、玉米、棉花等作物播种期、移栽期、发育期、成熟收获期等生育期的情况。1984—1986年增加气温、地温、日照、降水、风向、风速等项目的观测,观测时间为3年。制作"四情"月报表上报海门市气象局和南通市气象局。

四甲气象哨位于海门市中北部,建于1977年。1977—1982年由四甲乡农技站人员负责气象哨工作。1983—1984年由四甲公社林场大队社员葛裕兰负责气象哨工作。1985年起由葛广洲(四个公社林场大队会计)负责气象哨工作。气象哨工作任务为"四情"观测。观测上报内容有:汛期5月1日至9月30日05—05时日降水量,7时前上报海门市气象局;3月至11月每旬逢"8"测定深度为10、20、30厘米的土壤湿度,次日上报海门市气象局;观测小麦、油菜、玉米、棉花等作物播种期、移栽期、发育期、成熟收获期等生育期的情况。制作"四情"月报表上报海门市气象局和南通市气象局。2004年在四甲气象哨建设了一座中尺度自动气象站,观测项目有温度、雨量、风向、风速等。

悦来气象哨位于海门市中东部,建于1977年。1977—1996年先后由悦来农技站葛文潜、黄菊琴负责气象哨工作。1997年起有村民黄玉香担任气象哨工作。气象哨观测任务为"四情"观测。观测上报内容有:汛期5月1日至9月30日05—05时日降水量,7时前上报海门市气象局;3月至11月每旬逢"8"测定深度为10、20、30厘米的土壤湿度,次日上报海门市气象局;观测小麦、棉花等作物播种期、移栽期、发育期、成熟收获期等生育期的情况。制作"四情"月报表上报海门市气象局和南通市气象局。2004年建设雨量自动站。

3. 自动气象站

2004年4月至2008年4月,先后在悦来镇、四甲镇、青龙港码头、江心沙农场、树勋镇、正余镇、德胜镇、万年镇、临江镇、东灶港近海、刘浩镇、王浩镇、常乐镇、三星镇、三阳镇、货隆镇、天补镇、三和镇、余东镇、麒麟镇、包场镇、海永乡、海太汽渡等地建设雨量自动站1座、温雨自动站15座、中尺度自动站4座、多要素站3座,2010年4月又在海门城区建设了1座城市自动气象站,初步建成了海门气象灾害自动监测网。

表 23.9　海门自动气象站分布情况表

台站名	区站号	建站时间	功能（温雨、中尺度、雨量等）
悦来镇	M3662	2004.04	雨量
四甲镇	M3663	2004.12	中尺度
青龙港	M3661	2004.12	六要素站
江心沙	M5684	2007.02	温雨
树勋镇	M5685	2007.02	温雨
正余镇	M5686	2007.02	温雨
德胜镇	M5687	2007.02	温雨
万年镇	M5688	2007.02	温雨
临江镇	M5689	2007.02	温雨
东灶港	M8009	2007.04	七要素站
刘浩镇	M5663	2008.03	温雨
王浩镇	M5664	2008.03	温雨
常乐镇	M5665	2008.03	温雨
三星镇	M5666	2008.03	温雨
三阳镇	M5667	2008.03	温雨
货隆镇	M5668	2008.03	温雨
天补镇	M5669	2008.03	温雨
三和镇	M5670	2008.03	温雨
余东镇	M5690	2008.03	温雨
麒麟镇	M6861	2008.03	中尺度
包场镇	M6862	2008.03	中尺度
海永乡	M6863	2008.03	中尺度
海太汽渡	M8024	2008.04	五要素站
城市站	M6864	2010.04	中尺度

4. 气象信息网络

1959—1996年，气象信息的上传下达都依靠电话电报进行。1996年5月，建成分组交换网，改用微机通过网络向上传输。

1983年，配备了无线传真机；1984年，配备了PC-1500计算机；1989年，配备了甚高频电话；1996年建成地面卫星云图接收站；1999年市—县远程工作站（VSAT站）开通；2002年建成了县站微机终端，利用气象局域网为气象信息的采集、传输处理、分发应用和会商分析提供支持；2003年1月停收传真图。2005年又建成了省—市—县视频会商系统，实现了与上级台站的面对面对话；2006年1月，建起了"海门兴农网"，并在全市各乡镇开通了信息站，为天气预报服务信息进村入户提供了有利条件。

5. 气象预报

气象预报的内容有：

（1）短期天气预报（0～36小时）：1959—1983年主要资料来自收音机收听天气形势，再加上本站自己制作的预报工具作补充天气预报。1982年建成基本资料、基本图表、基本挡案和基本方法即"四基本"，成为短期天气预报的主要工具。1983年—2002年，传真图表成为主要预报工具。2003年以来主要依靠气象局域网。同时开展灾害性天气预报预警业务和决策服务。

(2)中期天气预报：从20世纪80年代初开始，制作发布旬天气过程预报和月天气趋势预报。

(3)长期天气预报：主要有季度预报、汛期(5—9月)预报、年度预报。到20世纪末，上级业务部门对县站的中、长期天气预报不再作为考核项目，但因服务需要，这项工作仍在继续。

6. 农业气象

农业气象服务的具体工作是一旬一次土壤湿度观测，对本地主要农作物棉花、玉米、元麦、小麦、油菜、马铃薯进行各生育期情况观测记录，制作农业气象旬、月报，主要农作物的病虫害流行情况分析预报，收获期天气趋势预报和产量预报，并向县政府、涉农部门及各乡镇寄发。此项工作由于"文革"影响，1967—1981年期间停止，1981年10月再次恢复。1983年编印了《海门县气候手册》。1986年农业气象合并到预报服务股后，停止农作物生育期情况的观测记录。

二、气象服务

1. 公众气象服务

公益天气预报服务一日3次通过县有线广播站对外服务。1990年起增加了调频电台的无线广播；1994年起，在海门电视台播放海门及周边台站的天气预报；2002年开始在《海门日报》上登载当日的天气预报。每年节假日、中、高考、政协和人大会两会、农业观摩会、游泳比赛、植树节、科普宣传周等重大活动提供气象保障服务。

1999年2月，正式开通"1210"天气预报自动答询电话；2004年11月，"1210"电话升位为"96121"；2006年1月，建成"海门市兴农网"，并在全市各乡镇开通了信息站；2007年，每个乡镇建起了一个电子显示屏，用于发布每天的天气预报和预警信息。

2. 决策气象服务

1981年开始，通过书面材料、当面汇报等方式为县政府及有关部门提供决策气象服务。1985年，为县政府主要领导和有关部门安装了气象警报接收机，2002年建起了微机终端。2004年编印了《海门市决策气象服务手册》。2008年开始利用移动短信服务平台及时向市政府和有关部门发布气象服务信息，提供决策服务。内容有天气预报、重要天气报告、实况通报、重要天气预警信息等。

3. 专业和专项服务

1983年开始，以电话通知为主要方式，对全县砖瓦行业作专项服务。1985年开始为用户安装无线气象警报器，服务单位从砖瓦行业逐步扩展到重大工程在建项目、供电、港口、交通、盐场、工厂、保险等各行业。特别是对重大工程项目进行了从立项论证、建设施工气象保障到竣工防雷验收的一条龙服务。近年来有1992年东灶港围海造闸建港、2001年的"鑫源热电厂"建设、2002年的"海门市海洋功能区划"、2003年的崇海长江公路大桥桥位风速观测和设计风速计算、沪崇海铁路建设规划论证、2006年开始的东灶港围海造港工程及外围道路建设等专项服务项目。从1994年开始为一年一度的"海门市金花节"提供气象保障。2006年开始为"海门之夏"大型广场文艺演出提供气象保障服务,到2010年气象局已经连续5年获得市委宣传部和市文化局颁发的特别贡献奖。

4. 气象为农服务

2006年,海门市气象局围绕构建农村新型气象工作体系,开展了"气象为新农村建设服务"工作。先后进行了问卷调查,实地调研,推进了现代气象业务体系向农村延伸,创新气象为"三农"服务的模式,开展了新农村建设气象服务试点工作。

5. 人工影响天气

海门市人工影响天气工作始于2004年,主要为农业抗旱实施人工增雨。2004年作业1次,2005年作业5次。2008年,由海门市政府投资购置了一组人工影响天气作业系统。

6. 气象科技和科普宣传

20世纪80年代以来,开展了20多专项课题研究。学术论文多次在各级刊物上发表,多人次应邀参加了全国、省、市召开的学术交流会。

20世纪90年代以来,参加了海门市科协举办的每年一次科普宣传周和科技送下乡活动;每年的世界气象日除向社会开放一周外,还专门上街设摊进行科技服务。2005年与广电局电台部联合设立气象知识专题讲座节目,全年共做节目5次。2008年,把气象科普知识和防雷减灾知识制成碟片赠送给教育部门。2009—2010年每年都进行科普下乡、科普早市、科普进学校、进社区活动。

第三节　法规建设与管理

一、气象行政执法

2001年市政府先后出台《海门市防御雷电灾害管理办法》、《关于保护气象观测环境的意见》等文件,气象工作也纳入了市政府目标责任制考核体系。并在市政府审批中心设立气象窗口。2002年,海门市气象局被海门市政府列为市安全生产成员单位。2003年8月,成立了气象行政执法大队,先后有5名兼职执法人员通过考核办理了行政执法证持证上岗。2004年以来,与安监、建设、城管、教育等部门联合开展了气象行政执法十余次。

二、气象社会管理

1. 建立健全气象灾害应急响应体系

2000年1月,海门市公安局和海门市气象局联合下发了《关于加强全市计算机系统防雷减灾工作的通知》;2005年8月,海门市政府出台《海门市重大自然灾害防灾减灾应急预案》,应急预案中共设立24个应急指挥部,明确气象局参加的有13个;2006—2008年,全市22个乡镇、223个行政村实现了镇镇有气象工作站,村村有气象信息员的目标。100%的乡镇完成了《气象灾害应急响应预案》的编制,建立了"部门—乡镇—村"的三级气象灾害应急响应机制。2008年由海门市政府投资添置了多要素移动气象站,近年来气象局多次参加海门市地方政府部门组织的应急演练活动和突发事件的应急响应行动。

2. 加强防雷减灾管理

1996年开始开展避雷针检测以及防雷设施的设计安装工作。1998年6月防雷检测所成立后,开展防雷减灾工作,每年为重点防火单位进行检测。2001年海门市编委发文列编的"海门市防雷检测所",开展了建筑物防雷装置、机算机信息系统防雷等的安全检测和新建建筑物防雷工程图纸审核、施工监理、竣工验收工作,先后为全市金融、税务、工商、人民医院、危化企业、学校等单位安装了避雷装置。2001年开始,海门市防雷行政审批工作纳入海门市政府审批中心运行。经排查,2008年确定全市防雷安全重点单位185家;2009年全市防雷安全重点单位133家;2010年全市防雷安全重点单位121家。

第四节　党建与气象文化建设

一、党支部建设

建站初期,组织关系一直在农水局党支部。1981年4月,建立站党支部,沈志达、石加庆、江志新先后任支部书记,先后发展了8名新党员。2001—2008年,党支部每年一次组织党员和入党积极分子参观"一大"会址、周恩来纪念馆等革命圣地。2008年度被评为市级机关"五好"党支部;2009年度海门市级机关"五好"党组织;2009年度党支部组织的"5.10"思廉系列活动被评为市级机关优秀组织生活实例二等奖;2010年海门市级机关"五好"党组织。江志新2005—2010年连年获得海门市级机关优秀党支部书记称号;另外有5人8次获得海门市级机关优秀共产党员称号。

表23.10　历任党支部书记(自建支部时起)

姓名	任职时间	职务
沈志达	1985.08—1991.02	支部书记
石加庆	1991.03—2002.05	支部书记
江志新	2002.06—	支部书记

二、党风廉政建设

2000—2008年,海门市气象局参与气象部门和地方党委组织开展的党章党规、法律法规知识竞赛、廉政书法、摄影比赛等共10次,两次组织单位全体人员撰写"廉政警言警句"、人生格言。2002年,海门市气象局成立三人决策小组,规范决策程序。财务上实行收支两条线和政府采购。每年4月为党员廉政教育和职工道德教育"双教育"活动月。2004年起,每年开展一次局领导廉政述职报告和群众评议活动,并层层签订廉政目标责任书。2007—2008年,全体党员对照《中共中央纪委关于严格禁止利用职务上的便利谋取不正当利益的若干规定》(中纪发〔2007〕7号),进行自查填表报告。2000—2008年,为规范职工行为,推行"机关效能革命",开展"诚信机关、诚信科室"创建活动,制订完善并实施了"岗位责任制"、"服务承诺制"、"限时办结制"、"首问负责制"等各方面的制度。

三、精神文明建设

1990年起,海门县气象局开展争创文明单位,建设一流台站的活动,凝炼了"观云测天为人民,优质服务创一流"的理念;1997—2008年6次获"南通市文明行业";2001—2009年

4次获"江苏省文明行业";2003年度获"海门市文明城市五星单位"称号;2003年获南通市文明诚信窗口;2005年获得海门创建全国科普示范市先进集体称号;2005年度和2007年度在机关评议中获"海门市级机关先进部门"称号;2007年在南通市廉政书画比赛中,有5件作品分获一、二等奖;1998年获得南通市第十届科普宣传周活动先进集体;1999—2009年5次获得海门市科普宣传周活动先进集体;获得2008、2009年度南通市气象部门信息宣传先进集体称号;2009年南通气象系统"迎国庆六十华诞展气象职工风采"文艺汇演三等奖;2010年南通市气象系统迎"七一"红歌比赛三等奖。

四、政务公开

2003年起,对气象行政审批办事程序、气象服务、气象承诺、气象行政执法依据、服务收费依据及标准等内容向社会公开,并在办公大楼前宣传栏上公布。2005年成立工会。2006年制定了《局务公开工作细则》。2007年南通市气象局在海门召开了"局务点题公开现场会";2008年海门市气象局被中国气象局授予"全国气象部门局务公开示范单位"。

第五节　台站建设

1990年随着城市的扩展,由海门县政府出资28万元,海门气象站南迁,建造了559.83平方米的办公楼,另有200平方米的花园和400米的水泥道路,办公环境得到了改善。1997年初筹资为每个职工建造了一套90~100平方米的住房。2001年,建造了观测站和局办公大楼。其中观测站占地1981平方米,建筑面积209平方米;局办公大楼占地4723平方米,建筑面积2502平方米。建立了职工健身活动室、文化宣传栏、党员活动室、阅览室、篮球场等硬件设施。现在,海门气象站已成了具有现代化气象装备,先进的网络通信技术,整洁美观的环境设施,管理措施完善,向着"四个一流"目标稳步前进的基层气象站。

1984—2009年大事记:

1984年11月10日陆也礼同志任海门县气象站站长(正科级)

1986年12月9日沈志达任站长(正科级)

1987年5月海门气象站办柴油助燃剂厂,由张忠负责

1987年11月县站浮动工资一级

1989年1月征用土地4.8亩,12月新建办公用房266平方米、宿舍用房20平方米

1989年12月29日县华达贸易公司停办、县柴油助燃剂厂转为县药材加工厂

1990年1月观测场与预报股迁往秀山棉场村一组

1991年3月18日任命石加庆、曹书涛为副局长,沈志达为调研员

1993年3月20日免去曹书涛副局长职务,调回如东

1994年6月27日站名改为海门市气象站,地址改为海门市海门镇棉场村一组

1994年12月19日石加庆任海门市气象局局长

1995年8月30日澳大利亚昆士兰州农业代表团气象专家三人参观考察海门市气象局

2000年12月江志新任副局长主持工作、陆志刚任副局长、免去石加庆局长职务

第二十三章　海门市气象局

2001年9月1日观测场迁移至开发区利北村,并正式投入业务使用

2002年4月10日1210系统升级为7号信令30路线

2002年8月20日气象局搬入新办公楼,原办公楼拆除

2003年8月15日组成海门市气象执法大队,江志新任大队长,陆志刚任副大队长,葛亚东为成员

2003年9月11日江志新任海门市气象局局长

2004年1月12日免去陆志刚同志海门市气象局副局长职务,回海安县气象局工作

2004年6月21日建立海门市气象局三人民主决策小组,组成人员江志新、曹志翔、张水明

2004年7月10日中国气象局副局长李黄视察海门市气象局

2005年3月28日葛亚东任海门市气象局副局长

2006年2月11日中国气象局党委办公室主任季本峰视察海门市气象局

2006年6月28日海门气象局事业核算6月1日起采用计算机代替手工记账

2006年7月9日海门市人民政府副市长柏云冲来气象局视察

2006年11月20日聘请曹志翔为海门市气象局廉政监督员

2006年12月31日20时观测业务调整切换

2008年2月5日中共海门市委书记曹斌视察海门市气象局

2009年2月27日海门市人大副主任陈水平视察海门市气象局

2009年8月8日海门市市长姜龙来海门市气象局视察防汛情况

2009年8月10日起开始市代县制作天气预报

第二十四章 启东市气象局

启东市地处长江入海口,三面环水,形似半岛,集黄金水道、黄金海岸、黄金大通道于一身,是出江入海的重要门户。与上海隔江相望,距浦东直线距离仅50多千米。全市陆地面

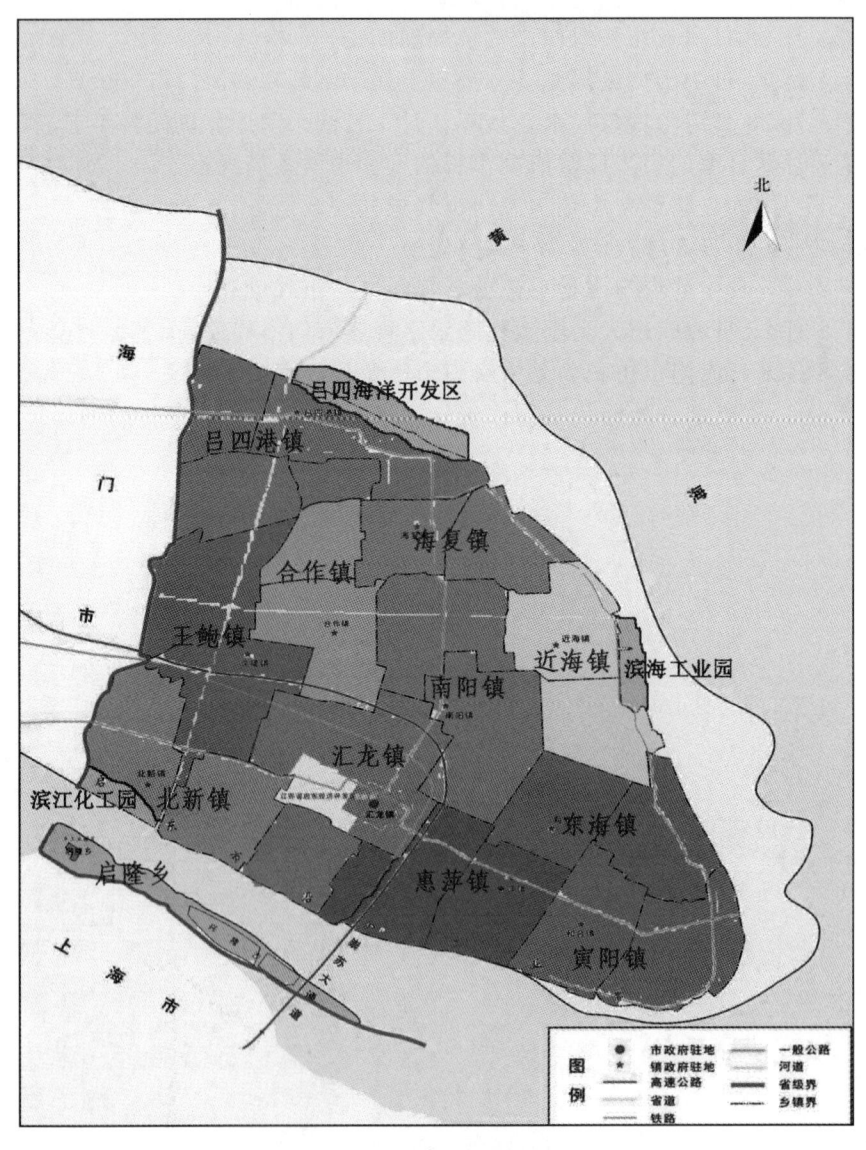

启东市行政区划图

第二十四章 启东市气象局

积1191.37平方千米,总人口97.3万,下辖11个镇、1个乡以及4个省级经济开发区、2个街道办事处。

启东由黄河、长江两大水系泥、沙沉积而成(大致以蒿枝港为界),是南通地区成陆最晚的地方。1928年3月1日才撤销崇明县外沙市,建立启东县。启东属北亚热带海洋性湿润季风气候区,四季分明,光照充足,日照时数年均2100小时;雨水丰沛,降雨量年均1040毫米;无霜期长,年均达225天。

第一节 机构与队伍

一、历史沿革

1930年(民国十九年)秋,江苏省建设厅在启东县设立四等测候所,于1931年9月开测。1935年升为三等测候所,1936年9月24日至11月23日,李治在省会测候所测练两个月,经考核合格,发给候字第2号证书,并加委为启东县三等测候所观测员。1936年11月省会测候所巡视指导员陈文熙到启东巡视。同年12月1日正式开测。

1936年县建设局按每月50元拨支作为测候经常费,全年600元列入预算。

民国二十七年(1938年)3月27日,日军侵犯汇龙,启东三等所被毁停止工作。

二、机构变化

1953年1月,由启东县农场(江南乡解放村)自购气象仪器成立农场气候站,每天2次定时(07、19时)观测气温、能见度、地温、降水、天气现象等项目,由江苏省农林厅农场管理局领导。1955年12月,由江苏省气象局接管,建立启东县解放村气候站。1956年1月改称江苏启东县气候站。1956年5月至1958年3月隶属上海气象局领导。1958年4月起归江苏省气象局领导。1958年10月更名为启东县气象站。1958年10月改为由地方政府和江苏省气象局双重领导,以地方政府为主。1959年1月至1959年10月成立启东县气象科。1959年4月改称启东县气象服务站。1959年11月至1969年12月由启东县农业局代管。1968年4月改为启东县革命委员会气象站。1971年1月至1973年由启东县人武部管理。1974年重新归地方管理。1979年5月隶属启东县委农工部。1980年12月复称启东县气象站。1981年1月起改由地方政府和业务部门双重领导,以业务部门为主。1991年12月改为启东市气象局。内设机构为:

表24.1 启东市气象局(站)体制变化

机构名称	时间	管理部门
启东县农场气候站	1953.01—1955.12	江苏省农林厅
启东解放村气候站	1956.01—1956.04	江苏省气象局
	1956.05—1958.03	上海气象局
	1958.04—1958.09	南通专区气象台、启东县政府
启东县气象站	1958.10—1958.12	启东县政府、南通专区气象台
启东县气象科	1959.01—1959.10	南通专署气象局、启东县政府

续表

机构名称	时间	管理部门
启东县气象服务站	1959.11—1968.03	启东县农林局、南通专区气象台
启东县革命委员会气象站（其中 1971.03—1973.12 实行军管）	1968.04—1980.11	启东县革委会（县政府）、南通地区气象台（其中 1971—1973 年由启东县人民武装部为主管理）
启东县气象站	1980.12—1991.11	南通地区行署（市）气象局、启东县政府
启东市气象局	1991.12—2010.12	南通市气象局、启东市政府

局长室：局长、副局长、书记；

办公室：党务、文明建设、文秘、后勤管理、车辆管理、资料室、会计室；

气象台：地面测报、天气预报、农业气象业务值班及服务、中尺度自动站布设维护；

防雷减灾所：防雷工程设计施工、新扩建建筑防雷、气象灾害风险评估、防雷图纸审批

气象科技服务中心：电视天气预报制作、气象影视广告业务、专业气象服务、乡镇电子屏管理。

三、人员状况和领导更替

1. 人员状况

1956 年初建站时只有 2 人，1957 年增加到 3 人。20 世纪 60 年代维持在 5 人。70 年代中后期，人员迅速增加，至 1978 年 11 人。其中本科学历 4 人。至 2010 年 12 月，在职人员 20 人，在编人员 11 人，聘用 9 人。其中本科 7 人，大专 5 人，中专 6 人；高级工程师 1 人，工程师 11 人。离退休人员达 9 人。

表 24.2　历年工作人员一览表

姓名	性别	出生年月	调来时间	调出时间	去向
史国清	男	1935.11	1955.08	1995.12	退休
倪振昌	男	1934.06	1955.12	1956.04	宁波气象站
仇建德	男	1934.08	1956.05	1958.02	上海市气象局
邵义华	男	1936.06	1957.08	1964.02	木材公司
秦则敏	男	1936.08	1958.02	1981.10	南通市气象局
于云波	男	1925.11	1962.06	未	离休
谢行硕	男	1940.07	1963.08	1971.03	广东深圳台
谢 亮	男	1944.08	1970.08	1983.04	浙江温州气象台
沈维立	男	1935.05	1970.12	1983.12	上海市卫生系统
卫祥声	男	1936.10	1972.06	未	退休
顾 铨	男	1938.11	1972	1974	兴隆沙农场场长
陈云龙	男	1949.10	1978.02	未	退休
黄 诚	男	1957.07	1978.09	未	—
张 鑫	男	1948.01	1978.11	未	退休
范仲硕	男	1940.09	1978.12	1979.12	南通退休

第二十四章 启东市气象局

续表

姓名	性别	出生年月	调来时间	调出时间	去向
龚彪	男	1938.08	1979.03	1984.10	种子公司退休
汤梧松	男	1940.06	1979.04	1987.07	广东新会环保局退休
陈新	男	—	1979.09	1980.05	临工
宪宏	女	1957.03	1979.10	未	退休
黄锦海	男	—	1979.12	1980.05	临工,海防气象哨
顾裕兵	男	—	1979.12	1980.05	临工,海防气象哨
施美清	女	1957.02	1979.12	未	退休
沈亚平	女	1958.08	1979.12	未	—
顾钎	男	1938.11	1980.05	1983.06	启东五.七农场退休
方方	女	1963.11	1980.09	未	—
王飞	男	1953.04	1981.01	1984.05	启东市政府
东阅平	女	1954.03	1981.04	未	退休
龚慕涛	男	1939.10	1981.07	未	在职病故
包士芳	女	1947.07	1982.02	未	退休
陆政飞	男	1952.12	1982.02	1989.03	银行
龚万锌	男	1934	1982.02	1982.05	启东市体育局退休
黄思尧	男	1947.11	1982.08	1986.08	启东化工公司退休
张锡林	男	1931.12	1984.03	1984.10	吕四站退休
杨仲生	男	1945.01	1984.03	未	退休
黄煜	男	1958.02	1984.03	1995.01	启东市政府
张启东	男	1967.12	1987.07	未	—
朱震宇	男	1969.02	1992.10	未	—
王炜	男	1970.02	1994.12	未	—
梁晓明	男	1955.03	1995.02	未	2002年内退
蒋林冲	男	1957.11	1996.09	未	—
金浩	男	1979.10	2003.10	2010.03	自谋职业
汤德新	男	1958.01	2005.03	2008.06	南通市气象局
张蓉蓉	女	1981.10	2005.03	未	—
樊璇	男	1982.05	2005.09	未	—
盛炳良	男	1959.01	2005.10	未	—
刘正洪	男	1975.03	2007.05	未	—
庄蓉蓉	女	1984.10	2007.09	2010.08	如东县气象局
潘云峰	男	1984.04	2008.02	2008.07	东泰电工
陈晓琳	女	1986.01	2008.08	未	—
吴辰雪	女	1988.01	2009.06	未	—
胡昕烨	男	1988.05	2009.07	2010.06	南通工商银行
程向阳	男	1981.09	2010.01	未	—
卢高	男	1977.03	2010.03	未	—
牛宇宁	男	1988.08	2010.07	未	—
谢鹏	男	1989.03	2010.07	未	—
梁碧丽	女	1981.11	2010.07	未	—

表 24.3 在职职工人数阶段变化统计表

单位＼年份	1959	1969	1979	1989	1999	2009	2010
启东站(局)	3	6	14	15	15	18	20

表 24.4 在职职工学历结构阶段变化表

年份	大专及以上		中专(含高中)		初中及以下	
	人数	比例(%)	人数	比例(%)	人数	比例(%)
1959	—	—	3	100	—	—
1969	—	—	4	80	1	20
1979	3	22	9	64	2	14
1989	5	33	10	67	—	—
1999	8	53	7	47	—	—
2009	9	50	9	50	—	—
2010	12	60	7	35	1	5

20世纪90年代初期,国家气象局同意在县局设置高级工程师岗位。

表 24.5 工作人员统计表(至 2010 年 12 月)

人员数			人员技术职称						社会兼职		
			高工		工程师		助工	会计师	中共启东市党代会代表	南通市人大代表	县政协委员
在编	退休	聘用	在职	退休	在职	退休	在职	聘用			
11	9	9	1	2	11	7	4	0	1	1	1

启东市气象局自1956年建站起,到2010年12月已有9人离退休,1人在职去世。

2. 局(站)领导更替情况

建站开始到1958年底前,史国清负责气象站工作。1959年1月启东县委设立气象科,行政上由钮希隆负责,史国清同志负责业务。1962年于云波同志从吕四调来启东后,明确为站长。"文化大革命"中的1971年至1973年实行军管,朱传华是指导员,于云波同志负责气象业务。1979年3月启东县委委派龚彪为启东县气象站党支部书记,负责党务和人事工作。1982年起气象局明确为正科级单位,领导成员具体的变化如表24.6所示:

表 24.6 领导成员更迭表

单位名称	姓名	职务	任职时间
江苏启东县气候站	史国清	负责人	1956.01—1959.01
启东县气象科	钮希隆	科长	1959.01—1959.10
启东县气象服务站	史国清	负责人	1959.11—1962.06
	于云波	站长	1962.06—1968.03
启东县革命委员会气象站	于云波	站长	1968.04—1980.11
	朱传华	指导员	1971.01—1973.12
	龚 彪	党支部书记	1979.03—1984.08

续表

单位名称	姓名	职务	任职时间
启东县气象站	于云波	站长	1980.12—1983.07
	龚万梓	站长	1983.07—1984.02
	包士芳	副站长	1984.02—1984.10
	张锡林	站长	1984.03—1984.10
	包士芳	副站长（主持）	1984.11—1986.12
	杨仲生	副站长	1984.06—1987.09
	包士芳	站长	1986.12—1988.08
	卫祥声	站长	1988.08—1991.03
	包士芳	副站长	1988.08—1991.03
启东市气象局	包士芳	局长	1991.03—2000.10
	卫祥声	副局长	1991.03—1997.01
	蒋林冲	副局长	1997.11—2000.10
		局长	2000.10—2005.02
	朱震宇	副局长	2000.10—2008.06
	汤德新	局长	2005.03—2008.06
	朱震宇	副局长（主持工作）	2008.06—2011.03
	程向阳	副局长	2010.01—
	朱震宇	局长	2011.03—

启东市气象局从1979年4月开始设立（中层）科室，具体见表24.7。

表24.7 科室（中层）负责人一览表

姓名	职务	任职时间	备注
谢 亮	预报股长	1979.04—1983.04	调浙江平阳站，后调温州台
沈维立	测报股长	1979.04—1983.12	调沪卫生系统
史国清	农气股长	1979.04—1995.01	退休
卫祥声	预报股长	1983.04—1986.12	退休
汤悟松	测报股长	1984.01—1987.07	调广东新会环保局
施美青	预报股长	1987.01—1994.12	—
黄 诚	测报股长	1987.01—1994.12	—
陈云龙	农气、预报服务科长	1995.01—1995.12	
朱震宇	测报科长	1995.01—1995.12	
黄 诚	专业服务科长	1995.01—1995.12	
陈云龙	测报科长	1996.01—1996.12	
黄 诚	农气、预报服务科长	1996.01—1996.12	
朱震宇	专项服务科长	1996.01—1996.12	
蒋林冲	测报科长	1997.01—1998.12	1998年副局长兼

续表

姓名	职务	任职时间	备注
朱震宇	预报服务科长	1997.01—1997.12	—
杨仲生	农气科长	1997.01—1997.12	—
陈云龙	专项服务科长	1998.01—1998.12	—
朱震宇	农气、预报服务科长	1998.01—1998.12	局长助理兼
王 炜	测报、农气科长	1999.01—2001.12	—
朱震宇	预报、专业服务科长	1999.01—2000.12	局长助理兼
梁晓明	专项服务科长	2000.01—2000.12	
黄 诚	预报服务科长	2001.01—2001.12	
张启东	测报、农气科长	2002.01—2002.12	
王 炜	预报服务科长	2002.01—2002.12	
方 方	预报服务副科长	2002.01—2002.12	
方 方	预报服务科长	2003.01—2005.12	
王 炜	测报、农气科长	2003.01—2005.12	
黄 诚	气象台长（预、测、农气）	2005.03—	
王 炜	气象副台长（专业服务）	2005.03—2009.03	
宪 宏	办公室主任	2005.03—2006.12	
张启东	科技服务中心主任	2005.03—2009.03	
蒋林冲	办公室主任	2007.04—	党支部书记兼
王 炜	科技服务中心主任	2009.03—	
张启东	防雷减灾所所长	2009.03—	

第二节　气象业务

一、地面测报

启东气象站从1956年1月起进行基本气象观测，每天进行四次定时（01、07、13、19时）观测。观测项目有气压、气温、湿度、风向、风速、云量、云状、能见度、日照、降水、蒸发、地温、冻土、雪深和天气现象。观测仪器有温度表、雨量器、日照、蒸发皿、维尔达风向风速仪、气压表和温度、雨量、气压自记仪等。1965年气象观测改为02、08、14、20时四次定时观测，拍发不定时报。1971年8月，维尔达风向风速仪更换为国产电接风向风速仪。1981年增加全国局风实验业务工作，拍发局风联防观测项目。1980—1987年增加向江苏省水利部门拍发汛期雨量。2005年初改为以自动站资料为主，上传和作为拍发观测记录报的依据。

表24.8 地面测报任务一览表

年份	常规项目观测次数	雪压	E601蒸发	浅层地湿	较深层地湿	冻土	电线积冰	地面天气报次数	航危报	每小时补充天气报	重要天气报	上报省局、市局气表份数			
												气表1		气表21	
												省	市	省	市
1959	4	×	×	3	×	×	×	×	×	×	×	1	1	×	×
1969	3		×	3	×	△	×	×	×	×	×	1	1		
1979	3	×	×	3	×	△	×	×	×	×	△	1	1		
1989	3	×	×	3	×	×	×	×	×	×	△	1	1	×	×
1999	3	×	×	3	×	×	×	×	×	×	△	1	1		
2009	3	×	×	3	×	×	×	×	×	×	△	1	1		

注1. 常规项目包括：云、能、天、压、温、湿、降水、风、雪深、日照、蒸发(小型)、地温(0厘米)、云天观测。该栏只填次数。
    2. 有某项目者，用"△"表示。

手工抄写编制报表的工作，从2002年8月开始改用电脑打印。

2004年4月开通2兆光缆专线，解决了资料上传的问题，测报业务有人工站与自动站双轨运行，2007年开始以自动站运行为主。

2002年8月24日建成了第一个ZQZ-Ⅱ型自动气象站，进入地面测报试运行，2004—2008年全面铺开，在启东24个乡镇布设了24个气象自动监测站，初步建成了7千米格距"地面中小尺度气象灾害自动监测网"。

表24.9 自动气象站分布情况表

局站名	区站号	建站时间	功能(温雨、中尺度、雨量等)
启东	58269	2002.08.24	Ⅱ型站
久隆镇	M3673	2004.11	中尺度站
塘芦港	M3671	2004.11	中尺度站
圆陀角	M8023	2004.11	中尺度站
兴隆沙	M6871	2007.02	中尺度站
协兴闸	M3672	2008.08	中尺度站
和合镇	M5629	2006.03	温雨站
惠丰镇	M5699	2006.03	温雨站
惠萍镇	M5698	2006.03	温雨站
北新镇	M5691	2006.03	温雨站
民主镇	M5681	2006.03	温雨站
南阳镇	M5683	2006.03	温雨站
秦潭镇	M5693	2006.03	温雨站
三条港	M5697	2006.03	温雨站
少直镇	M5628	2006.03	温雨站
东海镇	M5695	2006.03	温雨站
天汾镇	M5682	2006.03	温雨站
王鲍镇	M5700	2006.03	温雨站

续表

局站名	区站号	建站时间	功能（温雨、中尺度、雨量等）
向阳镇	M5696	2006.03	温雨站
新安镇	M5630	2006.03	温雨站
合作镇	M5626	2006.03	温雨站
兆民镇	M5694	2006.03	温雨站
海复镇	M5692	2006.03	温雨站
志良镇	M5627	2006.03	温雨站
东元滩涂	M8007	2005.12	中尺度站

二、农业气象观测

1956年起中央气象局确定启东为国家级农业气象基本站。主要开展棉花、元麦、小麦、玉米等农作物生长期土壤水分测定，100厘米人工取土、烘土业务。1958年开展农业气象旬报业务。1962年1月起每旬（月）后一天编发农业气象旬（月）报，向中央气象局、省气象局拍发。1963年开始使用恒温箱进行烘土。此项工作于1966年停止。1968年恢复土壤湿度观测，1979年起，我站参加省局棉花农业气象协作组。

1979—1981年完成县级农业气候区划，编写出版了《启东县农业气候手册》，参与写出《南通地区农业气候区划》。

1980年起对木本植物广玉兰、紫薇、合欢、银杏、桃树、田槐和草本植物芦苇、莲藕以及动物类的家燕、蝉、青蛙进行物候观测。

2001年起由于农村产业结构调整，元麦种植面积萎缩到很小的面积，失去了观测的意义，经南通市局请示省气象局后同意取消这一作物的观测。

气象哨的气象观测：

1958年10月，全县在各人民公社建立气象哨。全县乡乡有哨、大队有气象组、小队设气象员。公社每哨2人（除汇龙、吕四外），进行定时（08、14、20时）气温、降水、地温、风观测。1960年逐渐撤销，仅剩雨量点25个。1978年建立中心气象哨，有海防、久隆、天汾、西宁、聚阳、新安和近海农场、五七农场，进行降水、土壤湿度、主要农作物物候的观测，提供"雨情、墒情、农情、灾情"四情服务。

表24.10 启东农业气象仪器配备表

年代	品名	型号	数量	备注（停用报废年份等）
1981	架盘天平	JPT-2	2	2000
1981	游标卡尺	—	1	—
1981	标准皮尺	—	1	—
1981	大土钻	—	1	1996
1987	望远镜	—	1	1996
1992	显微镜	—	1	2000
1996	小土钻	—	1	—
1998	干燥箱	NC75-3A	2	—

续表

年代	品名	型号	数量	备注(停用报废年份等)
2000	电子秤	ACS-02EAS	1	2009.4
2004	望远镜	—	1	—
2006	农气观测取土箱	—	2	—
2009	电子秤	ACS-SA	1	—
2010	自动土壤水分观测仪	DZN1	1	(上海长望气象科技有限公司)

三、天气预报

建站初,工作重点是气候观测,设备只有收音机。1958年开始进行补充预报,通过广播站对外发布。

1960起,走"图、资、群"相结合的路子,绘制压、温、湿曲线图,绘制简易天气图等,并聘请老农作看天顾问。1970年3月编写《启东天气谚语》一本。开展常规的"长、中、短"天气预报。另外还针对农事,发布不定期中、短期天气预报。

1979年开始,通过无线传真机,接收天气图表;1986年开始使用高频无线通讯,加快了气象信息传递的速度;1993年建成了微机终端工作站,通过工作站接收省、市的指导产品;1995年安装了卫星云图接收装置,于当年6月正式投入业务使用。1999年12月安装了VSAT卫星接收站,取消了传真机,2005年5月开通可视化天气会商系统。

表24.11 曾用和现用数据处理设备(含计算机、填图、卫星云图接收等)一览表

机型机号	数量	购置年月	主要用途	备注(报废、处理、现用等)
70-2型晶体管一级短波接收机	1	1979年3月	传真接收	报废
79型短波定频接收机	1	1981年5月	传真机用	报废
WT-8A型	1	1985年	卫星云图接收	报废
SONY20寸显示器、电脑	1	1985年	卫星云图接收	报废
PC-1500	1	1985年5月	数据处理	报废
286电脑	1	1993年5月	业务用	报废
386电脑	1	1994年5月	业务用	报废
卫星云图接收机	1	1995年5月	接收卫星云图	报废
联想奔月2000	1	1998年7月	VSAT小站	备用
方正文祥	1	2004年7月	自动站	现用
SONY视频	1	2005年6月	视频会商	现用
浪潮NF190服务器	1	2006年3月	VSAT数据处理	现用
PC-VSATU6	1	2008年6月	VSAT小站	现用
联想家悦H1508	1	2008年6月	VSAT小站	现用
浪潮NF29002服务器	1	2008年6月	数据处理	现用
联想开天X8000	1	2008年10月	农气专用	现用
E-QE-C221型自动气象站	1	2009年1月	自动站	现用
联想扬天M6650N	2	2010年	天气预报	现用
Thinkcentre	1	2010年	大屏电脑	现用
中达电通数码显示系统 DVS-60-X6A	2×4	2009年	视屏会商系统	现用

表 24.12　通信设备一览表

机型机号	数量	购置年月	使用年限	备注
传真机	1	1979 年 4 月	—	报废
卫星云图接收装置	1	1995 年 5 月	—	报废
7512 收报机	1	不详	—	报废
卫星接收站	1	1999 年 7 月	—	现用
GD8-12D 光端机	1	2005 年 3 月	5	现用
华为 R1760 路由器	1	2005 年 3 月	5	现用
华为 S1016 交换机	1	2005 年 3 月	5	现用
华为 S1016 交换机	1	2005 年 3 月	5	报废
兄弟 2820 打印传真机	1	2006 年 4 月	5	现用
腾正 2400S 交换机	1	2009 年 12 月	1	现用

启东市气象局业务技术人员,在完成业务值班和服务工作的同时,进行气象技术科研课题研究,形成了一批科研成果。

表 24.13　获中国气象局气象服务奖情况（以时间为顺序）

年度	获奖项目名称	授奖部门	奖级	主要完成人员
1981 年	重大灾害性天气预报服务	中央气象局	奖状	启东县气象站
1985 年	8509 号台风天气预报服务	国家气象局	奖状	启东县气象站

表 24.14　获江苏省气象局及南通行署、南通市政府科技成果奖情况

年度	获奖项目名称	授奖部门	奖级	主要完成人员
1979 年	人工控制天气科技研究	江苏省气象局	三等奖	启东县气象站
1982 年	30 年资料整编	江苏省气象局	嘉奖	启东县气象站
1982 年	用上海百年气象资料制作启东站天气预报	江苏省南通地区行政公署	三等奖	启东县气象站
1982 年	气象条件对蚕豆产量影响的观测试验	江苏省南通地区行政公署	三等奖	启东县气象站
1989 年	"海洋开发气象决策服务系统"	江苏省气象局	科技进步三等奖	卫祥声、包士芳等
1989 年	江苏省气象系统科技技术开发三等奖	江苏省气象局	三等奖	卫祥声
1990 年	"海滩开发气象决策服务"系统	江苏省气象局	科技进步三等奖	沈亚萍
1990 年	气象灾害数据库和对策研究课题	江苏省气象局	三等奖	包士芳
1990 年	海涂开发气象决策服务系统课题	江苏省气象局	三等奖	包士芳
2001 年	《厄尔尼诺现象对启东气候的影响》课题	南通市人民政府	三等奖	朱震宇
2005 年	江苏省局课题《商业与气象决策服务系统》	江苏省气象局	科研开发进步奖四等奖	朱震宇
2007 年	江苏省局课题《南通市沿海春夏渔汛期风力趋势预报服务决策系统》,	江苏省气象局	科研开发三等奖	朱震宇

四、气象服务

1. 公众气象服务

20世纪60年代初期开始,利用农村有线广播站定时将气象节目并通过电台、电视台对社会公众发布天气预报;1997年1月1日起,气象预报节目由气象局制作供电视台发布(苏北县级局第一家开始制作电视天气预报);2002年通过手机发布3~5天和24小时气象信息服务。

表24.15 电视天气预报节目制作设备构成一览表

主要设备名称及型号	数量
CPU P4 3.0G	1个
DDR 1G 内存	1个
三合一(DVD)刻录光驱	2局
17″纯平环保彩色监视器	1块
CANOPUS EDIUS SP 非线性编辑卡	—
X700 显卡	1个
80G 高速 AV 视频硬盘	1块
80G 系统硬盘	1块
工作站专用工控机箱	1局
101200*2400dpi 扫描仪	1局
ASUS 华硕主板	1块
声卡、音箱	各1个
非线性音频编辑系统	1个

2. 决策气象服务

20世纪80年代以前,以口头或传真方式向市委、市政府提供决策服务。2000年建立了市政府突发气象灾害预警信息发布平台,气象局承担气象灾害预警信息的发布与管理。

3. 气象为农服务体系建设

2004年起,围绕构建农村气象工作体系,推进现代气象业务体系向农村延伸、公共气象服务向农村延伸,创新气象为"三农"服务模式,实施气象服务"三个一"工程,在12个乡镇建立了24个自动气象站,24个为农服务终端,34块气象信息电子显示屏。

表24.16 电子显示屏分布情况表(2010年)

地区	乡镇数(个)	布机数	布几率	渔业村级数(个)	渔业村布机数
启东	12	16	133%	18	18

表24.17 气象警报接收机布机数

年份	1988	1989	1990	1991	1992	1993	1994	1995	1996	1997	1998	1999	2000
布机数	15	18	21	22	27	35	46	51	65	66	58	49	50
年份	2001	2002	2003	2004	2005	2006	2007	2008	2009		2010		
布机数	46	43	44	47	39	35	36	35	95(其中渔业45只)		95		

表 24.18　气象信息自动答询系统拨打率统计表

年份	总拨打率	电信用户
2004	4.03%	12103
2005	4.65%	14417
2006	3.76%	11662
2007	3.59%	11146
2008	3.2%	9913
2009	3.33%	10327
2010	3.1%	9331

4. 气象科技服务与技术开发

1985年3月,专业气象有偿服务开始起步。1990年起,为各单位建筑物避雷设施开展安全检测;1996年起,全市各类新建建(构)筑物按照规范要求安装避雷装置;2000年起,开展防雷图审,2008年10月起,对重大工程建设项目开展雷击灾害风险评估。

5. 气象科普宣传

每年的"3.23"世界气象日及科普宣传周组织全体职工到文峰广场宣传气象科普知识。组织学校学生来单位参观,讲解气象知识,到社区、进农村向市民和群众普及气象常识和防雷知识。

第三节　气象管理与党建与文化

一、气象行政执法

2000年以来,气象工作被纳入市政府目标考核体系。2000年起,每年3月和6月开展气象法律法规和安全生产宣传教育活动。2000年12月,市政府行政服务中心设立气象窗口。2002年8月,成立气象行政执法大队,3名兼职执法人员均通过省政府法制办培训考核,持证上岗;2004—2008年,与安监、建设、教育等部门联合开展气象行政执法检查20余次。为气象观测环境保护、气象信息的发布及防雷减灾提供重要依据。

二、气象社会管理

1. 建立健全气象灾害应急响应体系。2005年8月,出台《启东市突发公共事件总体应急预案》;2006年5月,出台《启东市气象灾害应急预案》,并纳入市政府公共事件应急体系。2007年建立了一支由12个乡镇气象信息联络员组成的队伍,实现了镇乡有工作站、村村有信息员。建立了"部门、乡镇、村"三级气象灾害应急响应机制。

2. 加强防雷减灾管理。1998年市编委发文成立启东市防雷减灾所。开展建筑物防雷设计、新建(构)筑物防雷工程图纸审核、竣工验收、计算机信息系统等防雷安全检测。2001年1月,启东市防雷行政审批工作纳入市政府行政服务中心运行。2004年市政府发文确定"防雷装置设计审核和竣工验收"为行政许可项目。

三、党建与气象文化建设

1. 党组织建设

1962年只有一名中共党员,隶属农业局党支部。1979年站初,气象站有3名党员,4月上级派龚彪为气象站党支部书记,从而建立了党支部。

自建立党支部以来已发展党员6名。2010年党员达到11人。先后被各级党委评为先进党支部16次,优秀党员34人次;1998年被省文明办、省气象局授予"文明单位示范点",连续21年荣获"启东市文明单位";2000年以来被授予省、市文明行业荣誉称号。

历任支部书记先后有龚彪、杨仲生、卫祥声、杨仲生、陈云龙、蒋林冲、汤德新、蒋林冲。

表24.19 历任党支部书记(自建支部时起)

姓名	任职时间	备注
龚 彪	1979.04—1984.08	书记(县委委派)
杨仲生	1984.09—1986.08	书记
卫祥声	1986.09—1990.08	书记
杨仲生	1990.09—1995.08	书记
陈云龙	1995.09—1998.06	书记
蒋林冲	1998.07—2005.02	书记
汤德新	2005.03—2007.03	书记(南通市气象局交流干部)
蒋林冲	2007.04—	书记

2. 获奖情况

1980年2月省政府授予启东县气象站"省农业先进单位"称号。

1988—2009年期间,集体和个人获市(厅)级以上政府或部门工作奖分别为11次和7次,合计18次,年均0.8次。详见表24.20。

表24.20 获市(厅)级以上集体荣誉和受表彰先进个人

获奖集体或个人	授奖名称	授奖单位	授奖年度
启东市气象站	省长嘉奖令	江苏省人民政府	1980年
包士芳	双文明先进工作者	江苏省气象局	1984年
包士芳	先进工作者	江苏省气象局	1985年
启东市气象站	双文明先进单位	江苏省气象局	1986—1988年
启东市气象站	五优先进单位	江苏省气象局	1986年
卫祥声	江苏省气象系统先进工作者	江苏省气象局	1987年
卫祥声	全国气象系统先进个人	国家气象局	1988年
卫祥声	全国气象系统先进工作者	国家气象局	1989年
包士芳	江苏省气象系统先进工作者	江苏省气象局	1988—1990年
启东市气象局	全省气象部门先进气象站	江苏省气象局	1989—1992年
启东市气象局	双文明单位	南通市委、市政府	1989—1992年
启东市气象局	全省气象系统先进单位	江苏省人事局、江苏省气象局	1991—1993年
启东市气象局	文明单位示范点	省文明办、省气象局	1998年

续表

获奖集体或个人	授奖名称	授奖单位	授奖年度
启东市气象局	江苏省创建文明行业示范点	省文明办、省气象局	1999 年
启东市气象局	局站综合改善优秀单位	江苏省气象局	2000 年 2 月
启东市气象局	江苏省创建文明行业工作先进行业达标单位	江苏省气象局	2000 年
包士芳	江苏省双文明工作先进个人	江苏省气象局	2000—2001 年
启东市气象局	江苏省文明行业	江苏省文明委	2007—2009 年

1984—2010 年期间，启东市气象局（站）集体或个人受启东市委、市政府和南通市气象局工作奖分别为 43 次和 12 次，合计 55 次，年均 2 次。

第四节　局站基础设施建设

一、办公地址的变迁

办公地址从建站到现在，进行了四次搬迁。1953 年 1 月刚成立时，地址在启东县农场（现在的化纤厂）；1955 年 12 月江苏省局接管后重新选址，搬离原来观测场，向东移 100 米；1961 年 1 月 1 日迁至城西小学西南的细菌肥料厂内（汇龙西四里）；第三次于 1964 年 12 月迁至汇龙乡一大队（汇中村），现在的启东中学西侧；1993 年 1 月 1 日迁至现址。

二、办公环境的改善

1956 年仅有一间平房，既是办公室又是值班室；1961 年有三间平房，其中宿舍二间，办公室一间；1963 年 1 月兴建六间平房，约 128 平方米；1973 年扩建三间平房 79 平方米；1975 年省局拨款扩建二层楼宿舍 314 平方米；1981 年新建二层职工宿舍 345 平方米；1983 年省局拨款建二层、局部三层的办公楼共 268 平方米，解决了办公用房困难问题。1993 年 1 月 1 日兴建 700 平方米办公楼和六套住房。2008 年 12 月进行了扩建，在原楼东侧新建框架结构 560 平方米的业务楼，南立面整体幕墙装修，现代、豪华，院内绿化草坪面积有 8 亩多，道路硬化平坦，水系畅通，并建有凉亭、葡萄架，办公楼前建有莲花喷池和曲径小道，整个大院占地 18 亩。建成了景观式的观测场和业务办公区，成为启东市新区的一个亮点。

第二十五章　吕四国家基准气候站

吕四,别称"鹤城",地处长江入海口北侧,是启东境内成陆最早的地区。宋仁宗时(1023—1063年),朝廷曾派两淮巡抚使吕夷简四次到此采鹤备贡,并辟有"放鹤池"将其驯养。1054—1056年首次修筑海堤而后逐渐成陆。吕四渔场是全国四大渔场之一。吕四海洋经济开发区是江苏唯一的省级海洋开发区。

吕四属北亚热带海洋性气候,季风环流是支配境内气候的主要因素。气候温和,四季分明,雨水充沛,雨量集中,雨热同季,春温多变,秋高气爽,光能充足,热量充足。气象灾害有干旱、梅雨、暴雨、低温连阴雨、大风、热带风暴、风暴潮、高温、冰雹、龙卷、寒潮、冻害、大雾等。年平均气温14.9℃,年平均降水量1025.4毫米,年平均日照2219.3小时。

第一节　历史沿革

1956年12月经上海气象局决定,兴建吕四气象站,选址在启东县吕四镇南门外高桥下,1957年1月1日起开始正式观测记录。

1959年由于在站址西侧开掘一条"通吕运河",河面30多米,对气象观测资料有影响,故于1959年在原址东北方向距离2000米处选定新站址。于1960年1月1日在新站址正式观测记录。观测场位于北纬32°04′,东经121°36′,海拔高度5.5米。

建站初隶属当时的上海气象局领导。1958年3月起隶属关系转为江苏省气象局领导,站名为"江苏省吕四气象站"。1959年3月原吕四水文站撤销,划入吕四气象站,名称改为"启东县吕四海洋水文气象站"。1959年4月1日起实行双重管理,行政划归地方,由启东县人民政府委托启东县水产局领导,业务由江苏省气象局管理。1960年,根据中央气象局指示,站名改称为"启东县吕四海洋水文气象服务站"。

1966年"海洋"和"气象"分家,"海洋"部分的资产、业务、人员归在上海的国家海洋局东海分局管理。1968年行政属启东县水产局、启东县吕四港委员会领导。1969年11月站名称为"启东县吕四气象站"。1971年1月由启东县革命委员会和启东县人民武装部双重领导,1971年11月更名为"启东县革命委员会吕四气象站"。1973年1月由原县人民武装部管理,重新改划归地方政府领导。

从1981年起实行以省气象局领导为主的管理体制,1982年站名称"启东县吕四气象站"。1986年9月1日吕四站由国家基本站升格为国家基准气候站,站名为"吕四国家基准气候站"。1991年11月开展辐射观测站建设,为三级站。1991年12月试观测,1992年1月1日正式观测。2007年1月1日站网调整业务切换,调整为一级站,站名为"吕四国家气象观测站一级站"。2007年3月新增酸雨观测项目,3月底之前,完成观测场、实验室改造和人员集中培训、设备调试和安装。2007年4月,进入业务试运行。2008年1月1日08

时起,正式开始观测记录数据上传。

从 2009 年 1 月 1 日开始(实际时间是 2008 年 12 月 31 日 20 时后)实施站名调整和业务切换工作。调整后的站名称恢复为吕四国家基准气候站,取消国家气象观测站一级站名称。业务内容继续维持原基准站工作任务不变。1984 年 5 月定为国家六类艰苦气象站,2004 年 1 月定为国家五类艰苦气象站。

第二节　人员情况

一、人员变化

1956 年建站时,全站有 5 人,1980 年后增加到 14 人。20 世纪 60 年代期间,人员进出调动频繁,70 年代初,陆续有 4 名大学毕业生分配来站工作。

1975 年 12 月,1976 年 1 月本站先后有二位女职工去世,她们都是 70 年代初大学毕业分配来站工作的,病逝时年龄都不到 30 岁。

70 年代中后期,知青招工、院校毕业生分配和在外地工作的启东籍气象人员内调,人员迅速增加,至 1978 年达 11 人,其中本科学历 3 人。1997 年达 18 人,其中大专以上学历 7 人。1992—2008 年,先后有 6 位同志退休。

2004 年之后,业务体制改革,重新调整任务和核定在编人员为 14 人。至 2008 年 12 月,在职职工 14 人,其中聘用人员 1 人。在职人员中大专以上文化程度有 6 人,其中本科 1 人;工程师 10 人。至 2010 年在岗人员 11 人(含自聘人员 1 人、交流干部 1 人),内退人员 3 人,退休人员 6 人。

2001 年 12 月 31 日张勤、罗洪生、胡正才、吉鑫根、韩云飞五位同志内退,自 2002 年 1 月份起享受内部退休待遇。

2005 年 12 月南通市气象局评选出首批专业技术专门人才,张革新被评为技术能手。2008 年 3 月张革新再度被授予第二批技术能手称号。

二、站领导人员变化

表 25.1　吕四站领导更替情况

单位名称	姓名	职务	任职时间
江苏省吕四气象站	林诗政	副站长	1956.08—1957.07
江苏省吕四气象站 启东县吕四海洋水文气象站 启东县吕四海洋水文气象服务站	于云波	站长	1957.08—1959.02 1959.03—1959.12 1960.01—1962.05
启东县吕四海洋水文气象服务站	朱文余	副站长	1961—1966
启东县吕四海洋水文气象服务站 启东县吕四气象站 启东县革命委员会吕四气象站 启东县吕四气象站	张锡林	站长	1962.06—1969.10 1969.11—1971.10 1971.11—1982.05 1982.06—1984.01

续表

单位名称	姓名	职务	任职时间
启东县吕四气象站 吕四国家基准气候站	范德明	副站长	1984.02—1986.02
		站长	1986.03—1988.09
启东县吕四气象站 吕四国家基准气候站	赵绳武	副站长	1984.02—1988.09 1990.02—1997.09
吕四国家基准气候站	张勤	站长	1988.10—2001.12
吕四国家基准气候站 吕四国家气象观测站（一级站） 吕四国家基准气候站	张革新	副站长	1997.10—2001.12
		副站长（主持工作）	2002.01—2008.08
		站长	2008.09—2010.12
吕四国家气象观测站（一级站） 吕四国家基准气候站	顾录泉	副站长	2007.01—2009.12
吕四国家基准气候站	肖霁	副站长	2010.01—2010.12

三、站内设机构

表 25.2　站内设机构

内设机构	姓名	职务	任职时间
海洋水文组	朱文余	组长	1959.03—1960.12
陆地气象组	蒋继均	组长	1959.03—1965.06
测报组	龚希法	组长	1965.06—1985.09
测报组	陈岳周	组长	1985.10—1995.12
测报组	张革新	副组长	1986.05—1995.12
测报组	胡正才	副组长	1985.04—1985.12
预报组	胡正才	组长	1986.01—1995.12
综合服务部	胡正才	主任	1996.01—2001.12
综合服务部	韩云飞	副主任	1996.01—2001.12
测报股	陈岳周	股长	1996.01—2006.12
测报股	萧卫平	副股长	2004.01—2006.12
科技服务股	顾建新	股长	2004.01—2006.12
办公室	沈建忠	副主任	2007.01—2010.12
业务科	陈岳周	科长	2007.01—2010.12
业务科	萧卫平	副科长	2007.01—2010.12
科技服务科	顾建新	科长	2007.01—2010.12
科技服务科	张春雷	副科长	2007.01—2010.12

四、历年工作人员一览表

表 25.3　吕四站历年工作人员一览表（按调入时间排序）

姓名	性别	出生年月	调来时间	调出时间	去向
林诗政	男	—	1956.08	1957.08	江苏省气象局
张思驹	男	—	1956.10	1958.03	调离
李文铭	男	—	1956.12	1970.01	调离
张世元	男	—	1956.12	1958.10	调离
吴风清	男	1937.01	1956.12	未	退休
盛贤顺	男	—	1957.04	1961.12	调离
王明辉	男	—	1957.08	1959.10	调离
于云波	男	1925.11	1957.08	1962.06	启东县气象站
蒋继均	男	—	1958.03	1965.06	调离
周佐凡	男	—	1959.03	1966.01	调离
倪思明	男	—	1959.03	1966.01	调离
彭长春	男	—	1959.06	1962.09	调离
朱文余	男	—	1959.07	1966.05	调离
龚希法	男	1939.01	1959.07	1985.10	海门县气象局
杨锦如	男	—	1961.06	1961.12	调离
王国桢	男	—	1961.09	1961.10	调离
张文清	男	—	1962.04	1966.01	水文
姜徐清	男	—	1962.04	1966.01	水文
张锡林	男	1931.12	1962.06	1984.03	启东县气象站
顾汉兴	男	—	1962.06	1966.01	水文
张　法	男	—	1962.06	1966.01	水文
李永昌	男	1940	1962.09	1964.12	南通县气象站
姜汉洲	男	—	1963.01	1963.09	海安县气象站
汤梧松	男	1940	1963.09	1979.03	启东县气象站
黄卓飞	女	1940	1964.08	1971	南通县气象站
汪桂兰	女	—	1967.08	1970.12	调离
潘泓德	男	1944.10	1970.12	1975.01	南通地区气象台
周桂珍	女	1946	1972.06	未	1975年12月逝世
顾美芳	女	1946	1972.06	未	1976年1月逝世
倪顺昌	男	1941.12	1975.02	1981.04	海门县气象局
范德明	男	1940.08	1975.08	未	退休
张　勤	男	1948.08	1976.02	未	2002年内退
郁运逵	男	—	1976.04	1977.08	调离
罗洪生	男	1952.06	1976.04	未	2002年内退
赵绳武	男	1939.01	1976.04	未	退休
吉鑫根	男	1953.06	1977.08	未	2002年内退
陈岳周	男	1956.08	1979.01	未	—

续表

姓名	性别	出生年月	调来时间	调出时间	去向
张革新	男	1963.12	1979.01	未	—
顾建新	男	1956.12	1979.04	未	—
黄 煜	男	1959.03	1981.07	1984.03	启东县气象站
沈建忠	男	1959.03	1981.07	未	—
李志耕	男	1963.06	1984.08	未	—
张锡林	男	1931.12	1984.09	未	退休
胡正才	男	1946.02	1985.04	未	2002年内退
萧卫平	男	1963.07	1985.07	未	—
韩云飞	男	1952.04	1989.10	未	2002年内退
张洪兵	男	1968.11	1989.12	未	—
王 炜	男	1970.02	1991.07	1994.11	启东市气象局
范侃翔	男	1973.03	1991.12	未	—
黄继红	男	—	1997.07	1998.08	上学
张春雷	男	1976.02	1997.08	未	—
顾录泉	男	1964.12	2007.01	2009.12	回如东县气象局
徐 沈	男	1984.06	2007.06	未	—
肖 霁	男	1979.02	2010.01	未	干部交流

五、平均基础职务工资变化情况

表25.4 吕四站平均基础职务工资一览表　　　　　　　　单位:元

年份	人数	年平均基础职务工资	年最低	年最高
2003	18	18117.47	13550.40	21324.00
2004	18	18419.33	14384.40	22203.60
2005	18	23409.46	17918.40	27362.40
2006	18	25309.66	18884.40	29318.40
2007	18	27209.87	19850.40	31274.40
2008	18	27421.80	20042.40	31898.40
2009	18	31977.00	21218.40	34562.00

第三节　气象业务与服务

站基本业务工作有:基准气候资料采集统计处理及上报、太阳辐射和酸雨的观测及资料统计处理上报、各种气象电报编码上传等任务,承担全球气象资料交换、民用及军用航空天气保障。同时也为港口开发、电厂建设、绿色能源开发等工程建设提供资料。为当地党委、政府防灾减灾、保障沿海渔民海上生产安全提供决策依据。

一、气象观测

1957年1月1日安装仪器有动槽式水银气压表、维尔达风向风速仪、干湿球温度表、气压计、温度计、湿度计、测云器、暗筒式日照计、小型蒸发器、雨量器、地面温度表,仪器由观测员自行安装,1957年4月1日开始使用虹吸式雨量计。1957年7月1日前安装5、10、15、20厘米曲管地温表。1960年1月1日取消测云器观测。1961年1月1日雨量器安装高度为70厘米(原2米高),雨量计安装高度为自身高度(原2米高)。1962年1月1日百叶箱高度由1.75米改为1.2米、干湿球表由2米改为1.5米、温湿度计高度也作相应调整。1967年6月11日维尔达风向风速仪改为电接风向风速仪。1980年1月1日至1986年12月31日增加百叶箱通风干湿表。1983年3月1日增加遥测雨量计。1987年9月安装E601型蒸发器、电线结冰架、80厘米地温、160厘米地温、320厘米地温。1991年9月安装总辐射表。2002年9月,建成了CAWS600SE型自动气象站。从2002年1月1日开始停止观测小型蒸发。2007年3月安装酸雨观测架。2010年11月安装能见度观测仪,型号:前向散射能见度仪CJY-1G,凯迈(洛阳)测控有限公司出品,测量范围:10～50000米,传输方式:无线GPRS,接口:RS232。2010年12月将电线积冰观测导线由直径为4毫米的导线更换为直径为26.8毫米的电缆,从2011年1月1日起至春季电线积冰观测结束期间均开展4毫米和26.8毫米电线积冰对比观测,待对比观测结束后,拆除4毫米的电线积冰观测电线。

1957年执行中央气象局制订的《地面气象观测暂行规范》、气技104、气技921、暂行五字码,1957年3月开始绘图报使用《GD-01》电码、航空报使用《GD-21》电码、航空危险报使用《GD-22》电码,以地方平均太阳时01、07、13、19时进行四次定时观测,昼夜守班,并以记录编制报表。1960年8月1日起改为北京时间02、08、14、20时四次定时观测。观测项目:能见度、云(云量、云高、云状、云向、云速)、天气现象、风、温度、湿度、降水、地面状态、气压、地温(只有最高、最低)、蒸发、雪深、日照。1957年7月1日开始增加地面温度,5、10、15、20厘米地温观测,1960年1月1日开始取消云向、云速观测。1980年1月1日开始增加冻土观测。1980年1月1日开始使用百叶箱通风干湿表并与普通干湿表对比观测(对比观测时间为1980年1—8月,后停止普通干湿表观测),1986年12月31日21时起停止使用百叶箱通风干湿表改用普通干湿表观测。1981年4月1日开始增加40厘米地温观测。1981年7月15日开始增加全国台风业务试验,拍发台风联防报(每年7月15日—10月15日)。1980年起执行新修订的《地面气象观测规范》。2004年起执行新版《地面气象观测规范》。建站时为国家基本站,1987年1月1日起业务调整为基准气候站,每天进行24次地面定时观测。观测项目有风向、风速、温度、湿度、气压、云、能见度、天气现象、降水、日照、辐射、E601B型蒸发、地面温度、浅层地温、深层地温、雪深、雪压、电线积冰、酸雨等。1992年1月1日开始总辐射观测(辐射观测三级站)。

开始发报时间1957年1月1日,每天编发02、05、08、11、14、17、20、23时(北京时)八个时次的定时天气报;每天编发24次定时航空天气报和不定时航空危险报。

据上海气象局1957年5月3日(57)沪气站发字第0146号通知,自1957年6月10日(北京时)开始换用新区站号58265(原57932)。

1959年6月开始编发重要天气报;1981年7月15日开始预约进行台风联防加密观测,编发台风联防报。

1986年1月配备了PC-1500袖珍计算机,使用PC-1500袖珍计算机取代人工编报,提高了测报质量和工作效率,减轻了观测员的劳动强度。从1997年1月开始使用PC计算机编报,安装安徽省气象局研发的测报业务软件。2002年9月,建成了CAWS600SE型自动气象站,2003年1月1日投入业务运行,使用全国统一的测报业务软件。自动站观测项目包括温度、湿度、气压、风向风速、降水、地温(0～320厘米)、蒸发、总辐射,自动站采集与人工观测记录双轨业务运行。

2007年1月开始编发气象旬月报;2007年4月开始酸雨观测,每天编发酸雨报。

表25.5　吕四站现用数据处理设备一览表

机型	台数	购置年月	主要用途	备注
联想	6	2006	业务	现用
Dell 5150	2	2008	业务	现用
清华同方 E710	2	2010	业务	现用

表25.6　吕四国家基准气候站地面测报任务一览表

年份	常规项目观测次数	雪压	E601蒸发	浅层地湿	较深层地湿	冻土	电线积冰	地面天气报次数	航危报	每小时补充天气报	重要天气报	上报省局、市局气表份数			
												气表1		气表21	
												省	市	省	市
1959	4			△	△	△		8	△		△	2	1	2	1
1969	4			△	△	△		8	△		△	2	1	2	1
1979	4			△	△	△		8	△		△	2	1	2	1
1989	24	△	△	△	△	△	△	8	△		△	2	1	2	1
1999	24	△	△	△	△	△	△	8	△		△	2	1	2	1
2009	24	△	△	△	△	△	△	8	△	△	△	2	1	2	1

注1. 常规项目包括:云、能、天、压、温、湿、降水、风、雪深、日照、蒸发(小型)、地温(0厘米)、云天观测。该栏只填次数。
　2. 有某项目者,用"△"表示。

二、气象电报的传输

所有电报用专线电话经吕四邮电支局传启东邮电局报房拍发;1990年7月26日0时后用专线电话传吕四邮电支局报房拍发;2000年8月28日08时起天气报、重要报、台风报、加密天气报通过X.25分组交换网上传至江苏省气象台网络中心服务器RECEICE目录,然后由他们上传北京气象中心。发往苏州市气象台的重要报通过电话传输(2002年12月1日停发)。航空天气报及航空天气危险报仍然用专线电话传吕四邮电支局报房拍发。航空天气报及航空天气危险报从2002年4月1日8时30分开始通过X.25分组交换网上传至南京电信分公司,然后由他们转发给用户,自此全部结束气象电报由报房发出的历史。

2007年1月开始X.25分组交换网故障不断,2007年6月已很难正常使用,从2007年7月4日开始所有电报及数据改用2M光缆专线传输。路由较X.25分组交换网有很大不同,改造后使用2M光缆专线连接到启东市气象局,由启东市气象局2M光缆专线连接到南通市气象局,再通过南通市气象局光缆专线连接到江苏省气象台网络中心服务器。

三、气象报表的制作

气象月报表、年报表,用手工抄写方式编制,一式四份,分别上报国家气象局、江苏省局气候资料室、南通市气象局(台)各一份,本站留底一份。从1997年1月开始使用PC计算机编制打印气象报表,同时向上级气象部门报送报表数据文件磁盘。2002年1月开始停止打印、上报气象记录报表,仅需按规定上报报表数据文件。

四、业务质量、竞赛、奖励

1977年开展百班无错劳动竞赛以来吕四站共获得百班无错402个,年均11.5个;1983年至今共有24人次被中国气象局授予"质量优秀测报员"称号,年均0.8人次;多人次在全国、省市测报业务竞赛、比赛及业务考核中取得好成绩。

表25.7　吕四站历年获得"质量优秀测报员"一览表(部级)

姓名	授奖单位	授奖年度(年)
陈岳周	国家气象局	1985
张革新		1988
张革新		1989
张革新		1990
张锡林		1990
张革新		1992
沈建忠		1992
张锡林		1992
陈岳周		1993
萧卫平		1993
张革新	中国气象局	1995
沈建忠		1995
沈建忠		1996
沈建忠		2001
陈岳周		2003
张洪兵		2005
陈岳周		2005
陈岳周		2009
张洪兵		2009
沈建忠		2010
陈岳周		2010
沈建忠		2011
陈岳周		2011
张红兵		2011

表 25.8　吕四站历年业务竞赛获奖人员一览表(厅局级及以上)

姓名	授奖名称	授奖单位	授奖年度(年)
张革新	全省地面气象测报技术比赛中荣获笔试单项第二名	江苏省气象局	1991
张革新	全省地面气象测报技术比赛中荣获报表统算单项第三名	江苏省气象局	1991
张革新	全省地面气象测报技术比赛中荣获全能第四名	江苏省气象局	1991
陈岳周	全省地面气象测报业务考试成绩优异	江苏省气象局	1991
萧卫平	全省地面气象测报业务考试成绩优异	江苏省气象局	1991
萧卫平	全省地面气象测报技术比赛中荣获笔试单项第三名	江苏省气象局	1991
张革新	第二次全国地面气象测报技术比赛中荣获查算和预审单项第六名	国家气象局	1992
张革新	全省地面测报业务考试第四名	江苏省气象局	1997
萧卫平	全省地面测报业务考试第六名	江苏省气象局	1997
张革新	全省地面气象测报业务技能竞赛中取得地面气象测报计算机综合操作考试第二名	江苏省气象局	2006

表 25.9　吕四站 1977—2011 年百班无错、质量优秀测报员、错比一览表

年度	百班无错(人次)	质量优秀测报员(人次)	错比
1977	2	—	0.5
1978	3	—	0.5
1979	3	—	0.6
1980	4	—	0.5
1981	6	—	0.5
1982	6	—	0.4
1983	7	—	0.5
1984	7	—	0.6
1985	8	1	0.5
1986	6	—	0.4
1987	8	—	0.4
1988	9	1	0.4
1989	10	1	0.3
1990	11	2	0.2
1991	12	—	0.2
1992	12	3	0.1
1993	12	2	0.1
1994	12	—	0.1
1995	9	2	0.1
1996	9	1	0.1
1997	13	—	0.1
1998	17	—	0.1
1999	19	—	0.1
2000	15	—	0.1

续表

年度	百班无错（人次）	质量优秀测报员（人次）	错比
2001	17	1	0.1
2002	15	—	0.1
2003	17	1	0.1
2004	18	—	0.1
2005	21	2	0.1
2006	19	—	0.1
2007	18	—	0.1
2008	15	—	0.1
2009	12	2	0.0
2010	15	2	0.0
2011	15	3	0.0

五、气象科技服务

吕四站气象工作重点是地面气象观测，1960年开始做天气预报，设备主要是一台收音机和一台电话机，采用"听、看、收、转"办法制作发布天气预报，主要收听上级气象台天气预报。

走"图、资、群"相结合的路子。也就是绘制简易天气图、点绘气象要素的曲线图、点聚图、剖面图等方法分析气象资料，同时注重土法看天，运用群众看天经验，验证"农谚"。养殖了泥鳅、乌龟等动物，与老农共同观察其活动情况，研究不同天气发生前的反应，作为天气预报参考。同时也做长期、中期天气预报。长期预报主要发布春季、汛期、秋季、冬季四季天气预报，中期预报主要发天气趋势旬报。1982年4月根据江苏省气象局会议精神，天气预报由启东县气象站负责，吕四气象站停止该项工作。

1985年起，国家配发无线电话气象专用频率（1025 MHz），从此开通甚高频电话。1986年在吕四范围内建立天气警报系统，站内设立发射台，用户配备天气警报接收机，除每日定时广播天气预报外，遇有重大或特殊天气，随时传递突发性天气信息，使用户能及时掌握天气变化情况，避免因天气原因造成损失。1987年全南通市甚高频无线通讯联网成功，汛期南通市气象局随时通报雷达回波信息，每天下午与各县气象局和本站进行天气会商。周边台站运用甚高频电话进行信息交流，加强了对灾害天气的联防工作。在无线电话（手机）尚未普及的20世纪80年代，甚高频电话为提高预报准确率和突发天气的联防发挥了重要作用。

2004年3月16日成立了南通气象科技有限公司启东第一分公司，气象科技服务主要开展防雷安全检测。本地区雷暴频发，全年雷暴日数平均为33.9天，最多年份达47天（1963年），雷击事故时有发生。防雷设施安全检测工作从1989年开始。2006年成立了"南通市防雷中心吕四检测站"，负责启东市全境防雷防静电设施安全检测和技术咨询。

另外，也接受客户委托开展庆典氢气球、充气模型的施放。

表 25.10　吕四站避雷检测户数统计

年份（年）	避雷检测（户）
2004	300
2005	330
2006	360
2007	360
2008	360
2009	380
2010	380

六、业务科研、论文

表 25.11　吕四站获江苏省气象局科技成果奖、科技进步奖获奖情况

年度	获奖项目名称	授奖部门	奖级	主要完成人员
1983 年	南通地区农业气候资源调查和区划	江苏省气象局	区划成果奖二等奖	范德明（排名第五）
1984 年	南通市农业气候手册	江苏省气象局	科技成果奖二等奖	范德明（排名第五）
1996 年	"E-601B 型电针"的改进与实验	江苏省气象局	科技进步奖四等奖	顾建新、赵绳武

表 25.12　吕四站获南通市优秀科技论文奖情况一览表

年份	获奖论文名	获奖单位及主要作者	备注
2000	总辐射资料分析与应用	萧卫平、张勤、陈岳周	南通市人民政府 自然科学优秀学术论文叁等奖

第四节　气象法规与行政管理

加强雷电灾害防御工作，对启东市的建（构）筑物、危险化工企业（场所）进行防雷防静电安全检测工作，查找隐患提出改进意见。加强气象探测环境保护。在启东市、吕四港镇建设规划部门的大力支持下，由启东市建设局签发了保护吕四国家基准气候站探测环境的批文，向周围群众宣传有关气象观测环境保护的法律法规，在气象站醒目位置树立气象探测环境保护的警示牌，依法开展气象探测环境保护工作。

加强气象政务公开。对气象服务内容、服务承诺、服务收费依据及标准等，采取了通过公示栏向社会公开。干部任用、财务收支、目标考核、基础设施建设、工程招投标等内容则采取职工大会或公示栏张榜等方式向职工公开。财务一般每半年公示一次，年底对全年收支、职工奖金福利发放、领导干部待遇、劳保、住房公积金等向职工作详细说明。干部任用、职工晋职、晋级等及时向职工公示或说明。

健全内部规章管理制度，主要内容包括局务公开制度、公示制度、学习制度、职称申报规定、工作制度、工作纪律、廉政监督制度、安全生产管理规定、车辆管理制度、请假休假制度、业务值班室管理制度、会议制度、财务制度、福利制度等。

第五节 党建与气象文化建设

建站初,仅有党员1人,组织生活在启东县吕四镇党委机关支部,1960—1962年在启东县海洋渔业捕捞公司党支部,1963年在启东县渔轮修造厂党支部,1964—1965年在启东县吕北中心小学党支部。

1966年党员增至3人,成立了党支部,支部书记张锡林。支部先后隶属启东县吕四港党委、启东县吕北公社党委。1990年7月至2003年1月党支部书记先后由范德明、赵绳武、胡正才担任,隶属启东市水产局党委。

2003年2月至2008年12月党支部书记由张革新担任,隶属启东市海洋与渔业局党委。

表25.13 历任党支部书记(自建支部时起)一览表

姓名	任职时间	职务
张锡林	1966年1月—1990年6月	支部书记
范德明	1990年7月—1993年6月	支部书记
赵绳武	1993年7月—1996年12月	支部书记
胡正才	1997年1月—2003年1月	支部书记
张革新	2003年2月—	支部书记

开展创建文明气象站活动,大力弘扬气象文化,两个文明协调发展。如今的吕四站达到了美化、绿化、净化的要求。吕四站除进行职业道德和普法教育外,还建立了干部廉洁等十多项制度,公布文明用语和服务忌语、开展文明职工评比活动,把创建文明气象站纳入目标管理,做到党政工一齐抓,取得很大成果。

1978年被评为江苏省气象系统先进站;获"2003—2006年度江苏省文明行业"荣誉称号。1963年李永昌被江苏省气象局评为"五好气象员";1978年张锡林、龚希法同志被评为江苏省气象部门先进工作者;1978年10月张锡林同志出席全国"双学"代表大会;1983年至今共有21人次被中国气象局授予"质量优秀测报员"称号;1985年6月15日陈岳周同志获得全国边陲优秀儿女评选委员会颁发的"全国边陲优秀儿女铜质奖章";1992年张革新同志荣获全省气象部门优秀青年气象工作者光荣称号;1992年5月"第二次全国地面气象测报技术比赛"中张革新同志获一个单项第六名。1997年2月赵绳武同志被江苏省人事厅、江苏省气象局联合表彰为"全省气象系统先进工作者",享受地市级劳动模范待遇。

表25.14 集体荣誉和受表彰先进个人(厅局级及以上)

获奖集体或个人	授奖名称	授奖单位	授奖年度(年)
李永昌	五好气象员	江苏省气象局	1963
吕四气象站	江苏省先进站	江苏省气象局	1978
张锡林	先进工作者	江苏省气象局	1978
龚希发	先进工作者	江苏省气象局	1978
陈岳周	边陲优秀儿女铜质奖章	中国青年杂志社等单位	1985
吕四国家基准气候站	双文明单位	江苏省气象局	1989
张革新	优秀青年气象工作者	江苏省气象局	1989—1992

续表

获奖集体或个人	授奖名称	授奖单位	授奖年度(年)
张锡林	双文明建设先进工作者	江苏省气象局	1991
赵绳武	全省气象系统先进工作者，享受地市级劳动模范待遇	江苏省人事厅 江苏省气象局	1997
吕四国家基准气候站	江苏省文明行业	江苏省精神文明建设指导委员会	2003—2006

吕四站以"观云测天为人民，优质服务创一流"为口号。要求全站职工做到：忠于职守，爱岗敬业，服务大众，奉献社会。发扬团结进取，求真务实，廉政勤政，艰苦奋斗精神。加强部门建设，接受人民监督。

第六节 台站建设

1960年1月1日，迁入新站后，其管辖土地总面积为3094平方米。

为了更进一步改善观测场环境，以保证资料"三性"，1982年7月11日征用土地2.1亩，从1982年3—9月，原观测场东南方50米处平房四间、西南方35米处平房二间及南方30米处的平房四间先后迁移(都是村民住房)。1982年12月1日把观测场向南移了33米，从而使观测场周围环境得到较好的改善。1985年征用观测场南、北面土地3.73亩。1986年9月调整为国家基准气候站，南移并扩大观测场：由原址南移8米面积扩大为25米(东西向)×35米(南北向)。

1975年在观测场北侧25米兴建三间平房(工作生活兼用)，长12米，高5.5米。1976年在观测场东北侧26米兴建平房四间长16米，高5.5米(工作用)。

1956—1984年只有十几间芦苇天面青砖瓦房和一幢单间二层测报值班室(俗称小炮楼)。

1984年12月在观测场北方约86米处本站新建宿舍楼456平方米一幢高度约6米。

1986年8月在观测场北方约58米处本站新建办公楼335平方米一幢高度约6米。

1986年8月在观测场北方约73米处本站新建宿舍楼323平方米一幢高度约6米。

1986年10月在站东北角翻建机房等附房二间。

1993年5月在观测场北方约73米处本站新建宿舍楼284平方米一幢高度约6米。

2006年10月在观测场北方约65米处翻建业务用房710平方米一幢高度约4米。初步完成了办公区的绿化、美化、道路场地硬化等工程，使职工有了一个美观、整洁、舒适的工作环境。

表25.15 吕四站气象事业费支出情况表　　　　　　　　　　　　　单位：万元

年份	气象事业费						
	合计	人员经费		业务经费		公用经费	
		小计	占事业费%	小计	占事业费%	小计	占事业费%
2003	56.49	44.05	78	6.22	11	6.22	11
2004	65.59	50.94	78	7.32	11	7.33	11
2005	92.18	54.06	58	19.06	21	19.06	21

续表

年份	气象事业费							
	合计	人员经费		业务经费		公用经费		
		小计	占事业费%	小计	占事业费%	小计	占事业费%	
2006	74.04	49.49	67	20.27	16	20.28	17	
2007	97.07	57.96	60	19.55	20	19.56	20	
2008	99.42	53.68	54	22.87	23	22.87	23	
2009	119.39	77.00	64	21.20	18	21.19	18	

表25.16　吕四站1978—2007年基本建设投资实际完成数　　　　　　　　　　单位：万元

年份	合计	气象部门投资	主要项目或建筑面积（平方米）
1978	0.76	0.76	132
1985	9.00	9.00	456
1986	12.04	12.04	667
1992	11.80	11.80	284
2007	138.00	138.00	710

主要项目含业务用房、生活用房、道路环境建设和科研用的设备、器材、维修，改装改造等。

表25.17　吕四站现用交通车辆一览表

车辆牌照名	购置年月	主要用途	备注（报废、处理、现用等）
苏FU1720	2005.4	科技服务	现用
苏FU2836	2006.6	公务	现用

资料编

第二十六章　气象灾情辑要

气象灾害包括短时、短期内影响的天气灾害和某一地区内受影响的气候灾害。天气灾害经常是一次强烈的冲击，如损害庄稼，危害人身和牲畜安全。但气候灾害则往往是持久性的，并且时间愈久、灾情愈重、损失愈大。

气象灾害标准是用气象要素定义划分的。灾情的构成，固然与要素值密切相关，但它又与发生时间及发生地区的经济发展水平有关。比如，大暴雨落入大海中则不会形成洪涝。同样的大风雨对苗期麦子影响就小，而对成熟期麦子的影响则大。又如荒漠上人烟稀少，即使从气象要素值看灾害很重，实际损失却微乎甚微。而盐场2~3毫米的雨量就能造成损失。

20世纪70年代之前，农村草房多，瓦房也不坚固，一旦遇有大风暴雨，倒房众多。进入21世纪以来，农村楼房多了，大风倒屋现象明显减少。良好的水利系统，对减轻洪涝、干旱灾害更是作用巨大。

除了气象要素值、时间地点、防灾抗灾能力这三大要素以外，灾情本身的调查、统计、收集、整理、保存，直接影响灾情内容详略。自1964年起，南通专区气象台有专人收集、登记灾情（含古代和近代），并整理、抄写、装订成册，为本志编写创造了良好的条件。

然而，本志所列灾情虽然详尽，却也挂一漏万。尤其是古代、近代，大量灾情并未调查统计、记录存档，有关资料毁于天灾人祸。仅存的一些文献记载资料，有的简略到只剩一两个字。如"水"、"旱"、"大饥"、"海溢"等，其中不知多少生灵涂炭，却不着一字。因此，本章只能说辑录了重大和重要的灾情。

本章能使人们全面地了解和认识南通市全境天气和气候灾害特点，便于做好灾害风险评估，以采取针对性的防灾减灾对策和措施，做到趋利避害，充分利用气候资源。

第一节　水灾与潮灾

解放前河浅闸少，一遇大暴雨就会发生涝灾。新中国成立后虽筑堤造闸，河网密布，但遇到大暴雨，内河水位猛涨，在江海潮位升高、涵闸来不及泄洪时，仍可发生涝灾。南通地区常年平均大暴雨（日雨量大于100毫米或2日合计雨量大于150毫米）日数2.5~3.1天，主要集中在6—7月的梅雨季节以及8月下旬—10月上半月的热带气旋影响盛期。如1923年南通梅雨期间下了数场暴雨，使梅雨总量达600毫米，7月6日一天降水量126毫米以上，高田积水严重，低田淹水数尺，内涝10余日，棉花、水稻大面积受损。又如1960年8月3日至5日受台风倒槽内停滞的暖性切变线影响，3天内普降400~500毫米特大暴雨，如东县潮桥达934毫米，使部分农田积水4尺*深，可以陆地行舟，损失巨大。

---

*　1尺=33.3厘米，或3尺=1米

一、公元 435—1840 年水灾和潮灾

南朝　宋　元嘉十二年(公元 435 年)如皋:夏,大水。
南朝　陈　太建十四年(572 年)如皋:秋,江水赤如血,东尽于海。
唐　贞元八年(792 年)江淮大水,漂没人民庐舍。
唐　大和四年(830 年)淮南、江南夏大水伤稼。坏河堤,入郡郭,溺庐井。
北宋　太平兴国四年(979 年)如皋:雨水害稼。
北宋　乾兴元年(1022 年)如皋、吴县、泰兴:大水,无禾。
北宋　天圣二年(1024 年)如皋:大水。
北宋　嘉佑六年(1061 年)如皋:秋,淫雨伤稼。
北宋　元丰四年(1081 年)七月四日甲午夜,静海,海门大风雨,漂没沿海官私庐舍二千七百三十有六,损禾稼。
北宋　元佑八年(1093 年)如皋:秋,八月大水。
南宋　绍兴五年(1135 年)如皋:大水。
南宋　绍兴二十八年(1158 年)如皋:大水。
南宋　隆兴二年(1164 年)扬州、通州各处淫雨害稼。如皋:霖雨害伤稼,大饥。
南宋　乾道三年(1167 年)如皋:秋,霖雨,田禾多腐。八月扬州、通州淫雨,禾粟多腐。
南宋　淳熙三年(1167 年)通州:夏积雨伤稼,民饥。如皋:夏,积雨损稼。饥。
南宋　庆元五年(1199 年)如皋:大水,民乏食。
南宋　嘉定元年(1208 年)全境发生大水灾,饥民无食,少穿。次年春,又发生大饥荒。
南宋　嘉定十六年(1223 年)如皋:五月大水,无麦禾。
南宋　咸淳元年(1265 年)通州:海潮涌溢,溺人无算。
南宋　咸淳七年(1271 年)如皋:海堤决口,海潮涌溢,溺人无算。
南宋　景炎元年(1276 年)水旱缺食,如皋:大饥、人相食。
元　至元二十年(1283 年)如皋:大水。
元　大德二年(1298)通州:七月暴风,江水大溢,高四五丈*,漂没人畜庐舍无算。如皋:江水暴溢,高四五丈,漂没人畜庐舍无算。
元　大德五年(1301 年)七月暴风,江水大溢,高四五丈,崇明、通州、泰州、真州沿江之地,漂没庐舍,受灾者三万四千八百户。
元　大德十一年(1307 年)通州、静海水。
元　皇庆二年(1313 年)通州、如皋:八月大风,海溢。人、物损失严重。
元　泰定二年(1325 年)如皋:大风海溢。
元　泰定三年(1326 年)十一月通州、海门水溢,没民庐。
元　至和元年(1328 年)通州:大风海溢。六月静海雨水伤稼。
元　至正六年(1341 年)通、泰等州海潮涌溢,溺死一千六百余人。通州、如皋:海潮涌溢,人多溺死。

---

*　元代延用南宋旧制,1 尺＝28.30 厘米,1 丈＝2.83 米

第二十六章　气象灾情辑要

　　明　洪武五年(1372年)通州：大雨潮涌,漂民庐舍。
　　明　洪武二十二年(1389年)七月海潮涨溢,坏捍海堰,漂溺吕四等场盐丁三万余口。通州七月海溢捍海堤,溺死盐丁无算。如皋：七月海潮溢,坏堤堰,盐丁溺死无算。
　　明　成祖永乐九年(1411年),江潮涨四日,漂人畜甚众。
　　明　英宗正统九年(1444年),江水泛溢。
　　明　英宗正统十四年(1449年),大水。
　　明　代宗景泰六年(1455年),江水溢。
　　明　成化元年(1465年)江南、北各郡县春涝夏旱。如皋：水。
　　明　成化三年(1467年)通州七月海溢,坏捍海堤六十九处,溺死吕四等场盐丁二百七十四人。如皋：七月海水涨,坏堤。
　　明　成化八年(1472年)七月,大雨,海溢,坏盐仓、军民庐舍不可胜计。
　　明　成化十一年(1475年)免通州、如皋……以水灾故也。免扬州府、通州、高邮、如皋、兴化、泰兴、宜兴、江都县及和州秋粮豆共十一万……以水灾故也。
　　明　成化十三年(1477年)徐州、盐城、泗阳、淮安、盱眙、通州大水。通州：赈南直隶诸府州水灾。
　　明　成化十七年(1481年)春夏不雨、秋冬霖潦。如皋：大饥,人相食。
　　明　正德六年(1511年)通州：六月大雨,海溢伤禾。
　　明　正德七年(1512年)通州：七月十八日风雨大作,海潮漂没官民庐舍,溺死男、妇三千余口。
　　明　正德十一年(1516年)通州：淫雨伤禾。
　　明　正德十二年(1517年)如皋：大水无麦禾。
　　明　正德十三年(1518年)如皋：大水,民多疾疢。
　　明　正德十五年(1520年)如皋：水、大饥。
　　明　嘉靖元年(1522年)通州、如皋：七月十五日震雷风雨大至,江海暴溢,民舍荡折,死者数千人。
　　明　嘉靖二年(1523年)通州：秋大水。饥民相食。如皋：自正月至六月不雨。秋大水。民饥人相食。
　　明　嘉靖七年(1528年)如皋：秋大水。
　　明　嘉靖八年(1529年)水。
　　明　嘉靖十年(1531年)通州：江溢(大水年)。
　　明　嘉靖十一年(1532年)如皋：水。
　　明　嘉靖十二年(1533年)如皋：淫雨伤禾。
　　明　嘉靖十八年(1539年)(闰七月初三台风)通州：秋闰七月,海水骤溢高二丈余*,溺死民灶男妇二万九千余口,漂没官民庐舍畜产不可胜计。如皋：秋闰七月海水骤涨二丈余,民多漂溺死。
　　明　嘉靖十九年(1540年)通州、如皋：秋大水伤稼。

---

　　*　明代1尺等于34.50～35.80厘米,1丈等于3.45～3.58米

明　嘉靖二十年(1541年)通州、如皋：春大水。夏，旱，蝗。

明　嘉靖三十七年(1558年)通州：秋大水害稼。如皋：秋大水害稼，坏官民庐，无收。

明　嘉靖三十九年(1560年)通州、如皋：大饥、民食草木。(靖江：淫雨自六月至重阳)

明　嘉靖四十年(1561年)如皋：大水。

明　隆庆元年(1567年)通州：大雨连春夏。

明　隆庆二年(1568年)通州：正月雷。七月风雨大涨，坏民庐田舍。

明　隆庆三年(1569年)通州：七月，风雨暴至，海潮横溢，高二丈余，石港等场受损，漂没庐舍，溺死者众。如皋：大水海溢高二丈余，城市中以舟行，溺人无算。

明　隆庆五年(1571年)如皋：水。……赈济。

明　隆庆六年(1572年)如皋：水。

明　万历二年(1574年)通州：七月十四日风雨异常，江海泛滥，拔木发屋，溺死者不可胜计。如皋：大风雨江潮漂溺，死者甚众。

明　万历三年(1575年)通州：六月朔大风，坏民居，伤禾稼。

明　万历四年(1576年)如皋：霖雨伤禾稼。

明　万历六年(1578年)如皋：大水，雨木冰。

明　万历九年(1581年)如皋：八月大水，圩圩坡埂尽决，溺死甚众。

明　万历十年(1582年)如皋：正月海涨浸丰利等场，淹死二千六百余人。秋大风，拔树毁舍，人多死去。通州：七月乙巳夜大风拔木，海潮泛滥，漂溺民舍，人多死者。十年、十一年皆大有年。

明　万历十三年(1585年)如皋：海水溢。

明　万历十五年(1587年)(七月)通州：大水。

明　万历二十一年(1593年)如皋：雨黑黍。大水。

明　万历二十二年(1594年)如皋：水。

明　万历二十三年(1595年)如皋：水。

明　万历二十四年(1596年)如皋：大水。

明　万历二十五年(1597年)(连阴雨)通州：水啸。

明　万历二十六年(1598年)通州、如皋：春淫雨无麦。

明　万历二十九年(1601年)如皋：春大水，伤麦。

明　万历三十年(1602年)如皋：秋大水。

明　万历三十六年(1608年)如皋：大水。(二百年来未有之灾)

明　万历四十年(1612年)如皋：大水。

明　崇祯元年(1628年)通州：七月癸酉大风至八月辛卯止，共十八天。沿江田地半为江潮所蚀；冬十一月癸未，雷电；乙酉，天大昏雾，著草木，皆为冰，数日不解。

明　崇祯二年(1629年)通州：六月丁亥巳时飓风大作，驾海潮，坏田庐，溺死二十九人。

明　崇祯三年(1630年)通州：八月潮，没田庐。

明　崇祯四年(1631年)通州：五月淫雨四十余日。

明　崇祯五年(1632年)如皋：饥(秋大水)。

第二十六章　气象灾情辑要

明　崇祯十五年(1642年)如皋：闰正月。岁大饥,人相食。

清　顺治三年(1646年)通州：三月苦雨淹麦。

清　顺治四年(1647年)如皋：海溢,漂没人民庐舍无算。

清　顺治五年(1648年)通州、如皋：两伤谷。民饥,又秋旱。

清　顺治八年(1651年)通州：四月苦雨,民饥,大水复冲坏民舍。如皋：淫雨,民饥,大水坏民舍。

清　顺治十一年(1654年)通州：六月二十二日飓风,涌潮,死者数以万计。如皋：秋涝。

清　顺治十五年(1658年)通州：十月初二、初三,风潮越望江楼。……

清　顺治十七年(1660年)如皋：大水。

清　顺治十八年(1661年)通州：夏,旱；七月十四日,风拔狼山四贤礼祠大木,祠宇尽毁；次日海潮灌河,河水尽黑,鱼虾之属俱绝。如皋：江溢。

清　康熙二年(1663年)通州：九月雨不止,江乡被汩,农民弃田转徙。如皋：大饥。民掘鼠为食。

清　康熙三年(1664年)如皋：大饥。

清　康熙四年(1665年)如皋：夏大风,海潮大上。

清　康熙九年(1670年)江潮内蚀海门县城,庐舍尽圮。

清　康熙十一年(1672年)海门县大部分坍没,废县为海门乡,划入通州。

清　康熙十五年(1676年)如皋：大水,六月七日雨鲤。

清　康熙十六年(1677年)通州：江水溢。如皋：大水。

清　康熙十七年(1678年)如皋：大水。

清　康熙二十二年(1683年)通州：春夏绵雨,黑虫食麦。

清　康熙三十年(1691年)通州：六月海潮暴溢,溺死者无数。

清　康熙三十四年(1695年)如皋：大水。

清　康熙三十五年(1696年)通州：江潮溢,溺人无算。如皋：海潮,溺人无算。（七月二十三日台风袭击,发生海啸）

清　康熙四十一年(1702年)如皋：大水。

清　康熙四十四年(1705年)通州、如皋：大水(梅雨期)。

清　康熙四十七年(1708年)如皋：大水。

清　康熙五十年(1711年)通州：大饥。

清　康熙五十四年(1715年)如皋：大水(梅雨期)。

清　康熙五十七年(1718年)因灾如皋全境人口仅为50208人。

清　雍正二年(1724年)通州、如皋：夏,蝗；秋七月,大风雨,海啸,市上行舟,潮涌范堤,沿海漂没一空(七月中旬台风)；十二月,雷。

清　雍正十年(1732年)七月中旬台风。通州：秋风雨大作,江海水溢。如皋：秋风雨大作,坏屋拔木,陆地深尺许*,江海溢。

---

* 清代1尺等于35.26～35.51厘米

清　雍正十一年(1733年)通州、如皋：六月大水。秋雨黑豆。

清　雍正十二年(1734年)通州、如皋：春,饥荒,老弱饿死者甚多。夏,六月三日至六日,连降暴雨,行潦成渠。淹庐舍,坍井灶,毁桥梁,家家户户断绝烟火。大风坏屋无算。海潮溢。

清　雍正十三年(1735年)通州、如皋：秋大水。冬雨黑豆。

清　乾隆元年(1736年)通州、如皋：四月二十三日夜大风雨,水溢市衢。秋大水。

清　乾隆二年(1737年)如皋：夏雨伤麦,六月大风雨,拔木坏屋。

清　乾隆六年(1741年)水年。如皋：夏大风。雷坏屋。

清　乾隆七年(1742年)如皋：秋大水,无禾。民饥。通州：秋大水,无禾。

清　乾隆十二年(1747年)通州：春正月,雷;秋七月,大风雨,拔木坏屋,江溢伤禾。如皋：秋大风雨,拔木坏屋江溢伤禾。泰州：秋七月十四、十五、十六日大风潮溢,淹损通泰属盐场男妇丁口。靖江、泰州、太仓……通州、泰兴等十五州县……潮灾。

清　乾隆十三年(1748年)通州、如皋：夏五月暴风雨拔木坏屋无算。

清　乾隆十四年(1749年)如皋：七月大风雨、坏庐舍。

清　乾隆十五年(1750年)通州、如皋：夏大疫。

清　乾隆十九年(1754年)通州、如皋：春,旱;夏大水;秋大风;海溢。

清　乾隆二十年(1755年)通州：自二月雨至八月止,江海暴溢。冬大雪。大饥。如皋：自二月雨至八月止。八月江溢。九月海溢。冬大雪。大饥,道殣相望。

清　乾隆二十一年(1756年)通州、如皋：春大饥,夏大疫,比户无免者。

清　乾隆二十九年(1764年)通州、如皋：夏大水。秋大风海溢。

清　乾隆四十六年(1781年)六月十八、十九日台风。通州：立秋前一日大风,江溢,沿江郡邑伤人无数。秋日玉兰花再花。如皋：立秋前一日大风,江溢沿江郡邑伤人无算。

清　嘉庆二年(1797年)大风雨,海溢,居民伤,亡甚众。

清　道光元年(1821年)水年。通州：夏秋大疫。

清　道光三年(1823年)通州：夏大水。

清　道光十一年(1831年)通州：夏大雨,江潮暴涨。

清　道光十三年(1833年)春大水;秋,大风,潮溢,日光黯淡作淡绿色,掘港、丰利盐场被水淹;十月雷雨兼旬,岁歉成灾。

清　道光十四年(1834年)通州：秋大水。如皋：七月大水。

清　道光十五年(1835年)如皋：秋大水。

清　道光十八年(1838年)通州：六月大风雨,江水涨溢。

清　道光二十年(1840年)如皋：庚子秋大水。

二、公元1841—1949年水灾和潮灾

1. 1841—1911年水灾和潮灾

清　道光二十三年(1843年)如皋：秋大水。

清　道光二十八年(1848年)通州：六月壬戌,自寅至申,东北飓风大作,拔木毁屋,江海暴溢,平地水深数尺,岁大歉。如皋：六月二十八海溢,秋大水。

清　道光二十九年(1849年)如皋：夏,大水,江潮泛涨。江海暴涨成决,居民漂没溺死者甚众。

清　道光三十年(1850年)如皋：八月十四日大水。

清　咸丰元年(1851年)如皋：八月二日海溢。

清　咸丰七年(1857年)如皋：七月十九日海溢，决堤堰，溺人无算。八月江溢。

清　咸丰八年(1858年)如皋：七月海潮泛涨，通州发大水。

清　咸丰十一年(1861年)如皋：八月朔。初二初三等日海溢，冲开范堤及民屋、煎舍无算。

清　同治六年(1867年)如皋：秋八月初二、初三等日海溢。

清　光绪二十五年(1899年)通州：九月的飓风适与大潮相值，水势冲决，致使崇明及长江两岸尽成泽国，约有一万七千人葬身鱼腹。通州城直至西门望江楼，一片汪洋。

清　光绪二十七年(1901年)六月二十一日台风大潮，江流汹涌。如皋长江边"二百亩"(地名)西北的周圩港口，港形弯曲，急流穿过港弯，切开二百亩，江岸大坍。

清　光绪三十一年(1905年)，七月二十九日，大风将树根拔起，夜潮比日潮高出尺余，晚间潮水浸没床，天明起视四顾，东北地区一片汪洋，居民房屋无二、三，白水如海水，青苗没过头顶，南洋村周围受灾人口有二万三千多名，死于潮灾者有数千上万，尸横遍野，或十余步见一浮尸，或五、六步见一浮尸，惨目伤心。八月初三台风，夜潮骤涨，溢水尺余，沿海居民溺死男女万余人。通海滨江海之地，棉苗极盛，为数十年所未有。讵八月初三飓潮为灾，江海之滨荡然无遗，即内地亦为飓潮所伤，损折过半。

清　宣统三年(1911年)闰六月十六、七、八数日这风潮，沿江七十华里，破堤三十多处，受灾4655户，致使20700人流离失所，衣食荡然无存。

2.1912—1949年水灾和潮灾

民国三年(1914年)南通县志：6月初汛沿江一带受潮灾，秋收作物受损殆尽。阴历七月初二又起洪潮，沿江十圩尽成泽国，秋收无望，房屋漂没者十之八九，妇孺淹死者不计其数。

民国四年(1915年)通海新报：五月十五夜，海门暴雨倾盆，田苗淹水，全县都成泽国。奈天不悔社祸，连日滂沱，至二十三夜，复大雨盈尺，茅檐尽作浮家，公所半为泛宅。汪洋极目，浑似江湖；舟楫横行，不问河港。南通县志：民国四年7月28日即六月十七日有11～12级台风为灾，江潮和暴风雨毁堤，西乡圩田一片汪洋，淹损农田7384亩，漂没房屋6761间，溺毙农民504人，受灾3244户。天生港码头被风吹坏，房屋吹倒。舟楫之失事不知凡几。损伤树木亦多，棉花受伤尤重。

民国五年(1916年)如皋县：春，连绵阴雨。七月二十一日岔河特大暴雨，非船不能入市。

民国六年(1917年)军山气象台：三次台风经南通北上：①8月18—21日，近海北上台风，最大风速30.0米/秒(西南风)；②9月9—10日，台风从太湖以东北上，最大风速20.0米/秒(西南风)；③9月12—14日台风中心经南通向东北移出，最大风速18.9米/秒(北风)。田圃受风雨伤害严重。姚港堤岸被恶浪冲坍甚多。

民国七年(1918年)8月21日17时50分至19时50分大雨，街道淹水数寸，历半小时方退。

民国八年(1919年)8月1—3日、25—29日、9月2—4日各一次飓风,三次飓风的最大风速分别是20.6米/秒(北风),21.7米/秒(东南偏东风),24.7米/秒(西南偏西风)。因每次飓风续吹时间都甚长。南通地区农作物大受损伤。

民国九年(1920年)7月13—17日和9月3—8日各有一次飓风影响。前一次飓风最大风速19.2米/秒(东北偏东风),且与大潮相值,致江水泛滥,南通沿江田圃及作物均遭大潮灾。后一次飓风最大风速22.8米/秒(东北偏东风),且降雨特大,棉花花果被打落者约十分之三以上。

民国十年(1921年)夏秋共大淹五次。其中8月19—21日飓风,在浙江镇海登陆后伸入内地,南通风、雨、潮三碰头,灾害极其严重。最大风速28.9米/秒(东北风),22日测得雨量达228毫米。沿江破堤、破围圩,可谓绝无仅有。交通受阻、房屋倒塌、农田一片汪洋,沿江各圩民舍漂流,更伤及许多生命,人畜漂没无数。

民国十二年(1923年)梅雨总量达600毫米,7月6日一天降水量126毫米,造成高田积水严重,低田淹水数尺,内涝二十余日,棉花、水稻大面积受损。倒房、溃堤、交通断绝、陆可行舟,粮草飞涨,锅灶没入水中,无法举火为炊。种种灾况,难以罄述,为五十年之最。民国以来,无可与比,比道光三十年之潦水,亦有过之而无不及。

民国二十年(1931年)大涝。军山气象台测得,全年总雨量1524.6毫米。6月14日至7月30日梅雨期,长达47天。7月23—25日连降暴雨到大暴雨,江河水位猛涨,大江南北一片汪洋,平地行舟,田庐淹没,米价飞涨,商市萧条,哀鸿遍野。海安县里下河淹死2500人,为明清以来未有之大水灾。

民国二十二年(1933年)9月6日(农历七月十七日)启东台风暴潮造成海堤决口数十处,淹死上千人,漂没庐舍数千间,受灾4~5万人,哀鸿遍野。同日,南通沿江破堤,死一百多人。

民国二十六年(1937年)台风在浙江温岭登陆,深入内地,农历八月初二、三日,台风、暴雨、高潮同时袭击南通地区,海堤破缺,平地积水,吹倒房屋无数,禾收减半。

民国二十八年(1939年)八月沿海发生风暴潮,海堤溃决,仅双洋、大喇叭等地就死亡1300多人。南通测候所测得:8月28日雨量91.6毫米;29日36.8毫米,西北风平均风速8.8米/秒。

民国三十五年(1946年)农历九月二十六至二十七日台风在福建霞浦登陆后,转向东北行,狂风暴雨,浪潮夺岸,灾民流离失所。十月初,更连日风雨交作,海水倒流,庐舍倾倒,田间一片汪洋,粮棉收成大减。

夏秋之交,南通、如皋、海安地区洪水泛滥,田禾绝收,加之疟疾、霍乱、鼠疫流行,数十万灾民处于水深火热之中,这便是震惊全国的"丙戌天祸。"

民国三十七年(1948年)农历七月初四至初六日,狂风暴雨,河港浸溢,农田受淹,秋熟濒于绝望。初六至初七日,东南、如东二县沿海地区遭大雨大潮袭击,江海堤多处决口,九专署组织力量抢救堤岸100多千米。是年,秋粮减产,灶民、渔民损失较大,九专署拨出大量钱粮急赈灾区,其中粮食56.62万千克。

民国三十八年(1949年)5月29日,因连日大雨,南通沿江地区大部分农田遭水淹没。

6月25—29日阴雨连绵,内河水位高涨。南通县紫琅、川港3500亩禾苗遭水淹没。棉苗死伤5%～20%。

7月4日降暴雨,内河水位急涨,最低水位距岸一尺,最高水位超过地面五尺,受淹面积,南通县十二个区达14万亩左右,占全县总面积(150万亩)的9.5%。

7月22—25日,6号台风正面袭击南通。内陆风力8～9级,沿江沿海风力10～11级,并有暴雨。7月25日军山台测得71.1毫米,过程总雨量100毫米。由于堤防残破,江堤决口198处。内河堤决口,仅启东、海门二县就有580处。全地区受涝农田326.4万亩。积水累月不退。许多地方七淹七种。高杆作物几乎全部折断,失收67.73万亩。据启东、如东、南通县统计被毁房屋26.09万间。死亡304人,其中启东县280人,受伤126人。再如损耗农本、农具、粮食霉烂、盐场、渔船工具被毁无法统计。灾区有50万人因失去房屋一时无以安身,断炊者150万人。专署调拨1000多万千克(市区8.2万千克)粮食救灾。

三、公元1950—2010年水灾和潮灾

1951年 7月6—13日连续8天大雨,如东全县66.2万亩农田被淹。南通县内河水位突然上涨,低洼地区田禾被淹。启东县共降雨223.4毫米,15.6836万亩农田被淹没。

8月21日16号台风在长江口150千米处掠过,转向东北方向,台风夹带暴雨,南通过程雨量147.2毫米,日最大雨量111.1毫米;19日风力10级,20日达11级。台风高潮正面袭击江海堤防,启东决口8处;沿江支堤决口1044处。倒塌房屋1446间,淹死妇幼13人,农田被淹16.26万亩。另外,如东决口7处,海水倒灌,6万亩农田被淹。

1952年 8月底至9月中旬连阴雨,南通县、如东县共有100多万亩低田被淹,如东21天降雨377.7毫米。

1953年 7月24日南通县连续三天连降暴雨,水位由3.73米上升至4.29米,全县13个区22.56万亩田受淹,占耕地面积的20%。

1954年 大水年。5—7月连续阴雨不止,全专区面平均雨量1400毫米以上,不少低洼处积水30～40尺,全专区受涝成灾343.7万亩,倒房4.38万间,淹死84人,倒房压死21人,大量牲畜死亡。内外洪涝,江堤多处决口。

1956年 6月30日至7月5日连下大雨和暴雨低洼地被淹,最深1尺以上,未淹的普遍积水。

8月1—2日受台风影响,启东县吹坏房屋64329间,倒1132间,刮坏渔船7只,打坏捕捞海蜇网1724条,伤193人,军舰营救在外沙捞草群众153人。海门被淹89000亩,刮坏23076间,倒464间。如皋风力11级,南通县江堤冲破多处,受灾7988户,淹没田禾近2000亩。

9月13—25日,连阴雨11天。南通县降雨量为296.9毫米,其中日雨量最大117.6毫米,低洼田受涝14.9119万亩,占10%。3～5寸深,最深2尺多。

1960年 8月3—5日,6007号台风倒槽造成特大洪涝。暴雨极值至今未打破。如东潮桥24小时822毫米,34小时934毫米,全市农田受涝430.25万亩,其中绝收118万亩。倒塌房屋154328间,死216人,伤589人,死伤猪近万头,耕牛死25头伤56头,压死淹死鸡鸭兔不计其数。

1961年 10月4—5日,26号台风在浙江海门登陆,吕四附近出海,全市普降大雨,局部暴雨，内河水位上涨，39.155万亩田积水。吹坏房屋19971间，吹倒6894间，死12人，伤138人，死伤牲畜236头。

1962年，6205号、6207号和6208号台风自7月20日至8月8日先后影响本地区，5号台风期间，如皋、海安局部地区有龙卷风。全区农作物损失20%以上。房屋损坏122617间，倒塌7383间，共13万间。死亡25人、伤154人。损坏畜舍7866间。伤亡牲畜319头。受潮和冲毁粮食37.2万斤*。渔业方面沉1船、坏2船、死7人。海蜇生产工具损失30%~50%，如东损失海蜇80%。6214号台风穿过本地区北上，全区受涝185.4万亩，受潮粮食1174.5万千克，刮坏房屋203915间，倒毁35738间，刮坏仓库3529间，畜棚796处，车蓬914个，死18人，伤256人，死耕牛19头、伤12头。海安里下河地区有18万亩农田积水，约50天才排出。本次台风期间如东测得阵风40米/秒，过程雨量274.8毫米。孙窑公社达285.5毫米，而且7日下午潮桥、栟茶、浒零等公社还受到龙卷风袭击。房屋被吹走，人畜击伤。

1965年，6513号台风在福建登陆后，8月21日穿过南通地区入海，8月19日起连降大雨和暴雨。里下河地区水位达3.13米，受涝16万亩，部分地区经历了十涝十排，早稻损失25%~50%，中稻损失15%，棉花失收2500亩。

1969年，受6911号台风影响，9月29日暴雨，如东降雨量61毫米，南通县石港达114毫米。并有7~8级东北大风。启东吕四海堤遭受严重损失，沿江的江海农场、五七农场先后发生险情。

1970年7月中旬，连续发生3次大暴雨，7月12日南通闸日雨量242.2毫米。南通地区214.5万亩农田受涝。倒房15958间，畜棚8317间。死20人，伤27人；死牲畜104头，伤101头。7月雨量超常年值228%。

9月17日（农历八月十七日）天文大潮，下午1时许，海边风力6~7级，如东沿海潮位达5.73米，北垦区海堤洋北港西溃决，缺口宽达200米。新围垦区全部为海水所浸，海水倒灌，直流至内地古坝。县政府组织4万人抢险，筑牢海堤。

1974年8月19—22日受7413号台风影响，实测风速16.8米/秒，由于正值大潮期，又是长江上游洪峰下泄期，造成天生港水位超历史25厘米，江堤坍塌，决口11处，淹没农田3.38万亩，倒塌房屋2300间，猪羊舍590多间。粮食受潮220多万斤。死亡4人，伤10人。死猪羊1000只，牛2头。

1975年6月20—27日南通市连续出现3场暴雨、局部特大暴雨过程，加上上游高水位下压，西水东泄，造成内河水位猛涨，普遍超过警戒水位0.5~1.3米，海安通扬河水位达4.38米，如皋县丁埝水位4.07米，搬经水位4.2米，不少地方水漫出地面，局部水深1米以上，全市农田积水243.9万亩，严重受涝143.7万亩。仅海安、如皋两县就冲坏桥梁、涵洞6245座；土涵洞、土下水道31448座。全市公路决口10多处。倒屋2.704万间，粮食受潮284.6万千克。死亡6人，伤76人。

1977年9月9—12日受7708号台风（在启东南部登陆后，折向苏南再进入皖南山区）袭击，启东县阵风11级（吕四实测29米/秒），其他县（市）阵风10级。全区普降暴雨，10—

---

* 1斤＝0.5千克，1公斤＝1千克

11日,24小时雨量110～150毫米,启东县大同公社雨量最大,达205毫米。不仅风大雨大,而且潮大,启东大洋港潮位6.05米,南通天生港水位4.75米,内河水位也陡涨,从10日的2米升到11日中午的2.9米,最高3.18米。据不完全统计:损坏房屋38万间,其中倒塌25.5万间;吹倒吹坏畜舍10多万间。倒房、触电、翻船死亡共42人、伤3085人;压死牛10头,猪1592头,羊874头,受伤牲畜2600头。受灾农田415.05万亩,严重成灾农田344.55万亩,受涝失收5万多亩。

海堤损失土方1400多万立方米,块石护坡8万多平方米,翻、损出海渔船139条,失踪26条。启东、如东两县防汛专用电话线路毛竹杆有6条被刮断。南通、海安两县倒桥21座;海安、如东两县倒树135万多棵;海安、如皋两县粮食受潮631万斤,发芽70万斤。

1980年 7月8—9日,如皋、如东、海安、南通等4县普降暴雨。面平均降雨量如皋县190毫米(最大勇敢244毫米),如东县142毫米(最大潮桥187毫米),海安县117毫米(最大张垛193毫米),南通县60毫米(最大石港130毫米)。10日10时海安通扬河水位由1.34米猛涨到3.72米。4县共350万亩农田受灾,其中严重成灾80万亩。如皋县损坏房屋43504间,其中倒房15332间,因灾死亡7人,受伤57人。海安县倒房50间。公路、桥梁、涵洞、下水道等也受到一定程度损坏。

8月29—30日受8012号台风倒槽内诱生低压影响,海安降雨118毫米,30日晨里下河水位2.45米,通扬运河水位2.75米,都超过警戒水位。农田积水严重。

1981年 8月31日上午至9月2日上半夜"8114"号台风影响南通地区长达60小时。内陆风力7～8级阵风10级(南通县实测23米/秒),沿海海面风力9～10级阵风11级。江海潮位超过历史最高潮位。如东小洋口闸达6.77米,是清雍正二年(1724年)出现过的6.97米以来又一高潮位,比新中国成立后最高潮位高0.67米。吕四浪高2～3米,浪花打到堤内数百米。江海堤防遭受到建国以来最严重的损失。江堤被冲坏9处,20千米,海堤被冲坏28处,45千米,洲堤被冲坏3处,12千米,冲坏丁坝25条。共损失土方434.6万立方米,块石43.93万吨。冲破沿江沿海小坼、盐场、副业场、渔场11050亩。损失皮棉80万担。40万亩中稻受影响较大,减产20%。受损树木120万株,损坏房屋26980间,其中倒塌682间,严重损坏1574间,死亡6人,伤30人。启东、海门两县损失尼龙网具5070米。启东县仅堤防和农田两项直接经济损失就达4000多万元。

10月上旬如皋县连续阴雨9天,总雨量116.5毫米,皮棉平均亩产损失5～7.5千克,晚稻瘪谷增加,千粒重下降,山芋出现水伤,大头菜出现烂根。

1982年 8月10—13日受8211号近海北上台风袭击,12日下午风力最大时,内陆8级,沿海10级,海面11级,伴有中雨。风高浪涌潮位增高1.5～2.0米,江海堤防遭到不同程度损坏,损失土方20.2万立方米,块石2.7万吨。受灾棉田20万亩,棉桃脱落,铃面擦伤烂桃,棉株倒伏倾斜一般30～60度,严重的70～80度,损失皮棉15万担以上。水稻玉米也受到一定影响。吹坏民房387间。

1983年 6月2日下午3时25分至3日下午4时02分南通地区受江淮气旋影响达25小时,平均风力7～8级,阵风9～10级,普降暴雨。如东站实测到:10分钟平均风速20米/秒,瞬时风速26米/秒。启东县31个雨量点(2日08时至3日08时),面平均雨量67.8毫米,最大的通兴公社124.0毫米。

南通地区六县一市受灾玉米田 135.3 万亩,棉花田 149.8 万亩,小麦田 63 万亩,合计 348.1 万亩。如皋、如东、海门、启东、南通等 5 县统计,损坏房屋 9317 间,其中倒塌 1701 间。如东县死亡 1 人、伤 21 人,启东县伤 12 人;合计死亡 1 人、伤 33 人。如东县小麦损失 375~450 万斤。启东县倒水泥杆 235 根。

9 月 27 日 8310 号近海转向型台风,转向时离吕四仅 270 千米,造成沿海东北风,风力 9~10 级阵风 11 级,使潮位异常,浪高一般 2 米左右,造成江堤 10 处、海堤 28 处,共 38 处发生险情,损失土方 51.7 万立方米,打坏石方 34882 立方米,水泥土护坡 1160 平方米,混凝土 20 立方米。

1984 年 7 月 31 日至 8 月 2 日 8406 号台风正面袭击本市,时值七月初三大潮,出现"风、雨、潮"三碰头的严重汛情。7 月 31 日夜间,本市东南部降雨量 100~150 毫米,启东沿江沿海和南通县沿海达 200 毫米以上,启东三和闸最大,达 238 毫米,全市面平均雨量 112 毫米。造成内河水位猛涨,加之台风中心移动缓慢,大风维持时间长,对江海堤防造成严重损失。全市 155 万亩田间积水 2~4 毫米,棉田面积 130 万亩,蕾铃脱落,叶片破碎,倒伏、积水、根系受伤较重。玉米田 60% 折断、倒伏。启东、海门两县部分乡镇调查,玉米损失 5000 万斤。

海堤有 7000 米石护坡被风浪冲击损坏,启东、如东、南通 3 县海堤损失土方 200 多万立方米,沿江丁坝等护岸工程同样受到损坏。沿江、沿海护坡损失石方 23900 立方米。倒塌房屋 6400 间,损坏 1.58 万间,伤 25 人,死牲畜 178 头、伤 166 头。如皋县倒树 52700 棵,断树 27100 棵。如皋、南通两县倒、断水泥杆 304 根。

1985 年 7 月 31 日至 8 月 1 日 8506 号台风中心穿过南通市、启东、海门、吕四等地,雨量超过 100 毫米,陆地风力 6~7 级阵风 8 级,沿江、沿海风力 7~8 级、阵风 9 级。又逢六月十五大潮,江潮增水 0.5~0.7 米。台风暴雨和高潮同时袭击,江海堤防损失土方 12.6 万立方米,石方 7780 立方米。棉花倾斜 186 万亩,启东、海门两县即将成熟的玉米 40 多万亩全部倒伏,薄荷、黄麻也受影响,共倒塌房屋 732 间,损坏 939 间。南通县损坏三棚 873 间。造成 1 人死亡,13 人受伤。

8 月 17—18 日 8509 号台风中心穿过南通市,风力 10~11 级、阵风 12 级,普降大到暴雨,局部大暴雨。据不完全统计,棉花受灾 74 万亩,棉叶破碎、蕾铃脱落,其中 12 万亩严重倒伏。倒塌房屋 1.2 万间,损坏 3 万多间。死亡 5 人,伤 104 人,其中重伤 31 人。江海堤坡损失土方 25 万立方米,护坡陷塘 25275 平方米。如东、启东两县刮断、刮倒电杆 1381 根。启东县吹倒围墙 2543 米,损失砖坯 248 万块。如东县家畜死亡 252 头,家禽死亡 7235 只。刮倒树木 1.3 万棵。

1986 年 6 月下旬如皋市连遭暴雨袭击,其中 24 日勇敢乡降雨量达 174.3 毫米。有 65 万亩农田受淹,严重受淹的 13 万亩。受损桥梁 32 座,涵洞 649 座,下水道 399 处。倒塌房屋 3156 间,受伤 15 人,其中 5 人被雷击伤。

1987 年 7 月 28 日 8707 号台风中心经过南通市,风力 8~10 级、阵风 11 级,普降大到暴雨,最大值在南通县,为 74 毫米。全市受灾农田 344 万亩,其中棉花倒伏 141.6 万亩,占棉田总面积的 85%;水稻 59 万亩,叶片受损,占水稻总面积的三分之一。全市倒塌房屋 1.5056 万间,严重损坏房屋 1.1505 万间,合计近 2.7 万间。死亡 5 人,其中如皋县触电死亡1人,伤31人。死家畜858头。倒电线杆1577根,倒树10万棵。

1989年 8月3日晚至4日8913号台风影响,风、雨、潮并袭。8月4日雨量40~70毫米,沿海风力10级,大潮增水0.9~1.2米。全市163.87万亩棉花普遍受损,其中86万亩严重倒伏。倒伏玉米田55万亩。吹倒房屋1237间,损坏3842间,共5079间。伤11人。吹倒、吹斜三线杆1380根。江海堤防有21处发生险情,损失土方17.79万立方米、块石17090吨。

8月4日8913号台风倒房2741间,损坏8518间,共11259间。

9月15日夜至17日晨,8923号台风影响,南通全市先后发生大暴雨,南通县达241毫米,伴有6~7级阵风8级大风。更为严重的是台风倒槽内发生16次龙卷风。因灾倒塌房屋153605间,损坏11466间,共约6.5万间。死亡36人,伤1440人,其中重伤355人。农田受淹积水250万亩,且主要集中在沿江洼地和通吕河、通启河两岸,积水深20~30厘米。如东、启东、海门3县直接经济损失就达7300万元。全市直接经济损失2.5亿元。

1990年 6月24—25日9005号台风中心穿过苏州、南通、盐城各市(县)时,风力8级阵风10~11级,部分地区有中到大雨,局部暴雨。受台风和大潮汛共同影响,启东市江海堤岸损失土方16700立方米、石方460立方米。倒房25间,损坏船只、鱼网等,经济损失694.7万元。有30%的玉米、棉花严重倒伏。启东、海门二县倒伏玉米100万亩。

8月31日9015号台风中心在浙江椒江市登陆,9月1日8时经常州,直接袭击南通,经如皋后远离南通,傍晚从大丰入海。风力8~9级阵风10级,沿海有10~11级阵风12级的东北大风。同时有暴雨到大暴雨,过程总雨量:东部70~100毫米,中部100~150毫米,西部150~280毫米,海安测得日雨量200毫米。这次台风风力强,雨势猛,危害范围大。全市共倒塌损坏房屋17356间,其中倒塌房屋5566间,严重损坏5089间,损坏6701间。死亡5人,伤36人。全市400万亩农田积水成灾,其中150多万亩农田受涝成灾,120万亩棉花倒伏。江海堤岸损失土方15.5万立方米,护坡1.98万平方米,折合块石1.8万吨。刮倒三线杆3500多根。全市直接经济损失1.9138亿元,其中农业损失1.7亿元。

9月5—6日受9017号强热带风暴袭击,普降暴雨至大暴雨,如东、吕四等站超过100毫米,南通市有480万亩农田积水,其中157万亩积水严重,最深处达70厘米。江堤塌失土方9万立方米,冲坏涵洞150座,桥梁135座,有7000多户居民家中进水,倒塌房屋3045间,70个粮囤进水,近50万千克粮食受潮。如东县有139.5万亩积水,72万亩受淹,其中淹70厘米以上的达30万亩,损失成鱼186万千克,倒塌房屋500余间,损坏352间,死1人,伤62人。海堤损失土方4万多立方米。掘港镇有2000户住家进水达20厘米以上。由于灾上加灾,全市直接经济损失达2.2206亿元,其中农业损失2.0627亿元。

1991年 是特大洪涝年,南通市全市降水量1577毫米,比正常年份多约500毫米。海安墩头降水量达1812毫米,为历史之最。梅雨期从5月18日至7月15日,梅长59天,南通梅雨量816毫米,六县一市面平均总雨量739毫米,梅长、梅雨量均为历史之最。持续降水造成内河水位猛涨,海安里下河超警戒水位达58天,7月11日海安串场河水位达3.57米,创历史纪录。7月14日农历大潮汛,天生港潮位达5.96米,江堤险情重重。狼山发生山体滑坡,僧人住房塌方500平方米。

这次洪涝损失十分严重。全市500多万亩农作物重复受涝,里下河地区34万亩田遭灭顶之灾。粮食总产量下降10％以上,发生霉变在9％以上,油菜总产量下降4.6％以上。改种23万亩。暴雨造成倒房2.1万间。死亡10人,其中海门雷击死2人;伤119人,其中海安重伤17人。海安县50多个村被水围困,被迫转移3万余人。公路被毁35千米,交通一度中断,损失成鱼价值1000万元以上。

全市江、海、洲堤和里下河河堤共损失土方132万立方米,水泥土护坡3000平方米,损失大量护坡块石。倒塌桥梁670座,大量农田水利配套建筑物毁坏。1140家工厂受淹停产,造成工业直接经济损失7256万元。全市各行各业总计经济损失29.7亿元。

1992年 8月30—31日9216号台风影响南通市,风力8~9级,并有暴雨。启东最大雨量120毫米,如东最大90毫米,而且正值大潮汛。风大浪急,来势凶猛。如东县53万亩棉花倒伏,枝叶被吹坏,蕾铃有脱落,造成内伤;60多万亩水稻正处于抽穗扬花期,受灾后形成花壳和瘪谷。海堤被冲毁水泥护坡1万平方米,冲塌石护坡1500平方米,损失土方12.1万立方米。倒塌房屋267户430间。另外严重受损573间,刮断三杆*153根,刮断树木2000余棵。损坏砖坯15万块,伤1人。启东县农作物普遍倒伏刮伤,棉花烂铃、蕾铃脱落增加,倒房25间,死亡5人。估计直接经济损失1673万元。

9月23—24日9219号台风袭击南通市,陆地风力8级沿江沿海阵风9~10级。24日各地普降暴雨50~80毫米,如皋县最大雨量(柴湾)123毫米。全市有50多万亩棉花严重倒伏,减收皮棉20万担,80万亩水稻严重倒伏,损失产量1亿千克。另外,造成江海堤流失土方近20万立方米。全市倒塌民房912间,损坏1594间,压伤9人。60余家工厂和砖瓦厂遭受严重损失。直接经济损失达1.63亿元。

1993年 8月5日18时至7日5时,南通市全境普降暴雨,部分地区特大暴雨,如东县站测得36小时雨量236.8毫米,岔河镇340毫米。全市农田积水640万亩,其中如东、如皋、海安3县205万亩。据如东县统计:受灾50万亩棉田中,有5万亩遭受灭顶之灾,减收六成以上。有20万亩淹水20厘米以上,估计减收二成以上。受灾67万亩水稻田中也有5万亩遭受灭顶之灾,20万亩水深齐膝。估计有46.9万亩水稻减收五成以上,其余20.1万亩减收三成左右。如东、如皋两县倒塌房屋6679间,损坏房屋8000多间。全市死亡7人(其中雷击死3人,倒房死4人),受伤200人。死亡畜禽共46万多头(只)。受淹企业2551家,其中停产1830家,损失砖坯3亿块。水利、通讯供电等设施也遭到不同程度的损坏。据不完全统计,全市直接经济损失7亿元以上。

1995年 6月20日下午至21日上午南通市全境普降暴雨到大暴雨(海门162.4毫米、南通151.0毫米、海安59.4毫米),并伴有8级偏北大风,如皋南部、海门、启东、南通市受灾严重。农田积水受淹87万亩,倒塌房屋207间。市区许多新村和地段被淹,新胜新村居民楼底层住宅门关不住,家里水深没膝。虹桥新村和倪虹河有的地段河、路不分。港闸区3万亩农田被淹,80％的菜田受灾。启东市倒房95间,损坏67间。海门市因大风倒伏玉米15.44万亩。

1996年 7月30日至8月1日9608号台风形成风暴潮。8月1日是农历六月十七日,加之台风带来的强劲东风顶托,长江流量又居高不下,风、潮、径流三碰头,7月30日出现

---

* 三杆:电线杆、电话线杆、有线广播线杆,也称三线杆

第二十六章 气象灾情辑要

高潮位,8月1日天生港高潮达6.71米,超过历史极高值0.33米,比百年一遇潮位高0.10米。在狂风卷着恶浪的袭击下,南通市、如皋沿江及长青沙多处塌坡、决堤,出险长度5088米,其中缺口525米,损失土方20.2万立方米,石方5100立方米。受淹农田6638亩,受淹工厂11家、窑厂3个。受灾居民246户1192人,倒房229间。高、低压线路5.5千米,损失砖坯1000万块以上,抢险受伤11人。通州市开沙岛被迫转移400余人,疏散到江北。海门市险段10处,长3105米,其中1900米受损严重,近三分之一崩坍。损失土方4.78万立方米。启东市江海堤受损1.57万米,土方5.6万立方米,块石800吨,特别是兴隆沙出现20多个洞穴,最大的3米×3米。

据统计,这次潮灾共造成堤防险段63处,长81.9千米,其中缺口831米。损失土方49万立方米,石方3.6万立方米,砼753立方米。企业和自围堤除外,水利工程直接经济损失1800多万元。

9月19日10时,如东县苴镇近海,突起怪潮,造成严重海损事故。时值八月初七小汛,当时有数十辆拖拉机载数百人下海拾海蜇,突然潮水涌来,淹没拖拉机排汽管无法发动,人们弃车逃跑,但是天黑雨急,能见度极差,不辨方向,造成不少人被淹,死亡3人,有30多辆拖拉机陷在海滩里。经查看天气图,当时9617号台风中心在北纬24°、东经132°,近中心最大风速40米/秒;台风倒槽和小股冷空气结合,在长江口区形成一弱波动中心。

1997年 8月18—19日受9711号台风袭击,南通市全市风力8～10级、沿江沿海9～11级,持续36小时。并且普降暴雨到大暴雨,过程降水量最大达197.9毫米。时值农历七月十八日天文大潮,形成"风、雨、潮"三碰头,长江天生港水位7.08米,超过历史最高水位(1996年)0.37米。沿海遥望港水位达5.39米,超过历史最高水位(1960年)0.19米。全市受灾农作物621.269万亩,成灾面积280.758万亩,绝收17.26万亩。倒塌民房4644户7022间。严重受损9096户14515间。死亡16人,失踪4人,重伤16人,轻伤31人。紧急转移安置灾民8045人。粮食受潮霉变525.5万千克。江、海、洲堤44处出险,其中决口11处,损失土方11.2万立方米,石方4.6万立方米,钢筋混凝土1.7万立方米。折断三杆3140根、大树11.8万棵,1000多养殖户渔塘、蟹池被冲毁,家禽、牲畜损失不计其数,许多工厂、商店、仓库被淹,被迫停业停产,公益设施遭到损坏,居民家中进水,家俱受损。各行各业直接经济损失总计为15.18129亿元。

1998年 7月31日狂风暴雨袭击南通市,部分乡镇受损严重。据统计,全市共倒塌民房632户1220间,严重损坏1368户2775间,死伤65人,农作物受灾面积13.05万亩,灾害造成直接经济损失9780万元。

1999年 6月27日晚至28日晨南通市普降大暴雨,崇川区南通闸12小时达175.0毫米,港闸区闸东乡达152.2毫米,如皋市江防镇170.2毫米。全市受灾143个乡镇、严重成灾120万亩,其中棉花、玉米倒伏78.2万亩。农户进水9680户,倒塌民房420户724间,损坏民房723户1412间,因倒塌受伤3人。水产养殖业损失惨重。仅通州市:蟹池淹掉3000多亩、逃蟹150多万只;成鱼塘受淹8000亩、逃鱼1000吨左右;鱼种池被淹100亩、逃蟹种800万只;稻田养殖受淹1000多亩、逃蟹300多万只。

8月24日21时30分至25日03时通州市南通盐场遭受罕见的特大暴雨袭击,当时雷声隆隆、暴雨倾盆,连续6小时降雨185毫米,加上正值大汛,盐场内一片汪洋。盐场损失卤水2.93万立方米,折合原盐3400吨,直接淌走原盐2150吨。合计损失166.5万元。

8月30日受江淮气旋影响,如皋市和如东县出现大暴雨,如皋站08时至08时55分下雨66毫米,24小时雨量148.6毫米,如东站103.3毫米。造成农田被淹,街道被淹,蔬菜田被冲毁。如东县有60万亩旱田作物渍害严重。

2000年 8月30—31日受"0012"号近海台风影响,启东、海门、如东最大风力11级,并有暴雨到大暴雨。据南通市民政局报告:全市26个乡镇受灾,受灾人口106万,成灾人口51万,因灾倒塌民房331间,损坏房屋530间。农田受灾面积213万亩,成灾面积102万亩。另外,水利、交通、电力、通讯等基础设施,海水养殖等多种经营和群众家庭财产也蒙受较重损失。因灾造成直接经济损失3823万元。

10月12—31日南通全市出现半个多月的秋季连阴雨,特别是10月下旬各县(市)降水比常年偏多八成至2.5倍,如皋、海安日照不足10小时,仅为常年的七分之一,使全市100多万亩棉花产品质量由二级降至五级或六级,加之产量也下降,所以损失严重。据通州市三余镇估算,棉花一项该镇直接经济损失为139.2万元。全市棉花产值损亏1亿元以上。另外稻飞虱暴发,严重影响水稻产量和质量,用药过多,上市之米人们都不敢吃。

2001年 6月22—25日,南通市崇川区、港闸区、开发区和通州、如东、海门、启东4县(市)受冷空气和0102号台风(飞燕)倒槽共同影响,下了暴雨到大暴雨,其中海门23日08时至24日08时降水量220.9毫米,悦来过程降水量347.00毫米;启东吕四过程雨量307.8毫米。南通台172.2毫米。最大风力6级。

南通全市受淹农田330万亩,其中失收50多万亩,菜田瓜田,果树尤为严重。鱼塘水溢、虾蟹苗流失和海涂养殖直接经济损失超过1亿元。据不完全统计,倒塌房屋360多间,损坏房屋1000多间。直接经济损失10亿元以上。

据启东市调查统计,该市农户进水率达60%,城区21个居民小区的积水率50%,底层和车库进水达40%;倒房123户184间,损坏211户350间;家禽家畜棚舍积水11.72万平方米,倒塌0.88万平方米。农田受淹85万亩,绝收22万亩。直接经济损失:农业2.79亿元、工业8850万元、三产5650万元,共计4.94亿元。

11月12日傍晚,如东县长沙镇13名在海上补种紫菜的村民,遭怪潮袭击,10人死亡,3人生还。当天13时许他们下海,18时左右,突然起潮,海浪咆哮,他们赶紧下工撤离,但拖拉机发动不起来,耽搁十几分钟,终成大难。

2002年 7月4日下午至5日上午,0205号近海北上台风(威马逊)影响启东、海门、如东和海安等县市,有8级以上大风和大到暴雨。启东5日02时26分极大风速24.0米/秒,海门出现22.7米/秒;启东站下雨48.6毫米,海门市悦来镇73.0毫米、包场57.3毫米。8级以上大风持续时间:启东14小时、如东12小时。受其影响全市倒"三杆"902根,倒、断树木31.53万棵。水利设施江海堤防损失土方30万立方米、石方3.5万立方米。据启东、海门二市民政部门统计:两市倒塌房屋1435间,损坏1223间,倒棚架14.58万亩,倒"三舍"*7000多间。

全市95个乡镇1399个行政村受灾人口331万;受灾农作物359万亩、成灾173万亩、

---

* 三舍:羊舍、鸡(鸭)舍、猪(牛)舍之总称

绝收25.5万亩。玉米倒伏倾斜严重达125万亩,其中启东倒伏60万亩,海门倒伏20万亩。所幸仅伤2人。养殖业、砖瓦厂、交通、供电、电讯等都有损失。全市因灾造成直接经济损失6.3143亿元,其中农业经济损失5.9167亿元。

2003年6月30日至7月7日如皋、如东和海安、通州等县市遭受洪涝灾害。7月5日8时至18时10小时雨量如皋车马湖测得173.5毫米,7月5日18时如东掘港水位上升至2.9米,越过了警戒水位0.1米,7月6日6时更是猛涨到3.27米。如皋、如东两市县受灾人口130万,受灾农田114.56万亩。倒塌房屋1047间;损坏房屋1806间。如皋倒塌桥梁30座,防渗渠道85千米。合计直接经济损失约8000万元。海安县受灾人口78万,成灾人口53万;受灾农田96万亩,成灾66万亩;倒塌房屋302间,其中倒塌民房255间;损坏房屋1100间。紧急转移安置人口98人;无家可归人口93人。海安县直接经济损失820万元,其中农业损失340万元。通州市倒塌房屋283间,漫溢鱼塘12180亩,损失成鱼500吨,农作物受灾19275亩,通州市直接经济损失254万元。

9月26日如东县苴镇镇王潭村刘小妹带领9名养殖工乘一辆拖拉机从紫菜养殖场返回,在滩涂上,来了怪潮,拖拉机头进水熄火,9人下车涉水逃命,结果7人死亡,2人生还。

2004年1月11日上午如东县长沙镇新亚水产公司组织21人分乘2辆拖拉机下海采摘紫菜,中午11时涨潮前返回途中,一辆拖拉机深陷滩中,另一辆在牵拉中发生机械故障,导致21人无法及时撤离,接报后,迅速组织全力搜救,至21时止救出13人,死亡2人,失踪6人。这是一起人为因素潮难。

6月24日夜至25日白天南通市普降暴雨到大暴雨,通州、启东、如皋、海门等4县(市)受淹农田252.7万亩。如皋市部分玉米倒伏,10万亩花木严重积水;通州市1000多亩鱼塘外溢,倒房36间;如东县倒房180间,300名群众紧急转移;启东市有数十户居民、农家进水,养殖业专业户损失较大。

7月3日0407号强热带风暴"蒲公英"外围影响,南通市台观测到日降水量119.6毫米,极大风速23.0米/秒(北北东风);启东塘芦港2分钟平均20.6米/秒、瞬时风速30.4米/秒,志良和吕四的雨量分别达101.9毫米和110.9毫米;如东县8级以上大风持续12.5小时,极大风速24.2米/秒、沿海风速28.0米/秒;掘港雨量99.9毫米;通州市雨量最大的川港达136.7毫米,盐场129毫米,通州站极大风速25.2米/秒,盐场29.3米/秒。

受"蒲公英"袭击,海门、启东、如东、通州等4县(市)80多个乡镇98.41万人受灾,17.48万人成灾,死亡1人,紧急转移人口3013人。农作物受灾175.8万亩,其中成灾155.4万亩,绝收6.15万亩,倒塌房屋654间,损坏房屋813间。直接经济损失:海门1.0937亿元、启东1.4356亿元、如东3200万元、通州758.45万元,合计2.9252亿元,其中农业直接经济损失2.59亿元。

2005年8月6—7日0509号台风(麦莎)影响,造成南通市区和6县(市)遭受强风暴雨袭击,风力10~12级,南通、启东、如东、海门实测极大风速分别是24.0米/秒、26.7米/秒、25.0米/秒、23.4米/秒,海门青龙港27.5米/秒。海门过程雨量144.3毫米。市内最大雨量161.8毫米。并遇上农历天文大潮。

受"风、雨、潮"危害,全市农田受灾面积601.1万亩,成灾面积368.6万亩,绝收面积9.7545万亩。倒塌民房2062间;损坏3246间。紧急转移安置5183人。死亡2人,一人系

6日上午南通郊区放大风筝的男子,被连人带风筝刮上天,再坠落身亡。另一人系通金公路兴东路口骑电动车的市民在交通事故中被撞身亡。伤11人,其中启东6人,海门3人,如皋2人。受灾人口368.45万人。水利、交通、电信、供电等部门损失也很严重。全市直接经济损失5.21亿元,其中农业直接经济损失4.89亿元。

9月11日夜里至12日16时南通市区和6县(市)受0515号台风"卡努"影响,出现9级或9级以上大风,沿江沿海出现10~11级大风。洋口港测得东北偏东风31.9米/秒;老坝港28.7米/秒。并伴有暴雨、局部大暴雨。如东站80.8毫米,如东大豫镇139.5毫米;海门站82.5毫米,海门悦来镇112.6毫米。启东全市过程平均雨量72.1毫米。

因"卡努"台风袭击,全市成灾农田384万亩,造成严重的倒伏、折断、内涝、损坏,直接经济损失:如皋市估计达1.51亿元,如东县1.2亿元,海安0.9亿元。海安、如皋、如东、通州、启东5县(市)倒塌房屋645间;损坏房屋665间。重伤8人。直接经济损失总计5.33亿元。

2007年 7月7日05时至8日05时,南通市全市普遍下了暴雨到大暴雨。如皋达116.9毫米,如东达105.7毫米;雨量站中最大的是海安雅周镇,达148.9毫米。8日05时以后,海门、通州连续出现了强降水。

民政部门在如东县了解到,双甸有3户、新店有1户、掘港有3户,因暴雨而房屋倒塌;内河水位已满,河面与农田同高。南通市区部分低洼路段和田块积水。海门农作物受灾面积达9000亩,直接经济损失138.75万元;三和镇新远村5组和3组共倒塌房屋3间;海门市民政局估算损失2.4万元。通州市农田受灾面积35.4万亩,有39户房屋受灾,倒塌53间、损坏68间;通州市农林局、民政局估算损失7900万元。全市直接经济损失约2.4亿元。

9月18—20日受0713号台风(韦帕)影响,过程降水量在80毫米以上的站占二分之一,如皋市石庄镇、海门市正余、万年2镇、启东市启东站、新港镇、海复镇、大唐电厂、兆民镇、吕四站等9个站超过100毫米,最大吕四站140.5毫米,而且7级以上大风持续了3天,如东洋口港漂浮站达21.1米/秒(9级)。受这次台风影响,全市农田受灾面积270.3万亩,倒塌房屋105间,损坏373间,紧急转移安置人口3122人(其中海门3071人、启东51人)。海门、启东、通州、如皋4县(市)统计,直接经济损失6703.5万元,其中农业损失6564.2万元。

10月6日20时至9日05时受0716号台风(罗莎)影响,全市出现7级以上大风,最大的如东洋口闸,7日25.7米/秒,8日27.0米/秒,均达10级;同时下了中到大雨、局部暴雨。受这次台风影响,全市水稻严重倒伏,占总面积的25%~40%。倒塌房屋35间,损坏房屋76间。

2008年 6月13日20时至14日20时南通市普降暴雨,108个雨量站中89个站雨量超过50毫米,11个站超过100毫米;最大雨量出现在如东县袁庄镇,达119.9毫米。还出现7级雷雨大风,如东洋口闸达26.7米/秒(10级)。少数农田被淹;如皋市如城镇、吴窑镇共有3户9间房屋倒塌。

6月17日08时至18日08时,南通市普降暴雨,局部大暴雨,最大雨量通州兴东镇121.5毫米,南通市区也达117.4毫米。据海门市22个乡镇上报的数据分析,严重积水的农田面积 2.95 万亩,占总耕地面积的 3.25%。

6月21日凌晨,如皋、吕四出现暴雨,降水量如皋 75.2 毫米,吕四 59.4 毫米。受暴雨影响如皋市下原镇、磨头镇和开发区等乡镇,受灾较为严重。

7月28日08时至31日08时受0808号台风(凤凰)影响,南通市中、西部出现中到大雨,局部暴雨,过程最大雨量出现在海安雅周,达 114.4 毫米。并普遍出现 7 级以上大风。南通军山达 24.8 米/秒(10 级)。7月29日如皋市白蒲、搬经、江安、磨头、高明等乡镇有 471 人受灾,其中紧急转移安置人口 43 人;倒塌房屋 14 户 37 间,受损房屋 141 间;农业损失 10 万元、公益设施损失 20 万元、家庭财产损失 55 万元,合计直接经济损失 85 万元。

9月15—16日受0813号台风(森拉克)影响,15日南通市开发区正大饲料有限公司 90 吨饲料遭受暴雨袭击,直接经济损失 30 多万元。9月16日涪港 901 号轮,在南通市一码头装载大豆子,被突然阵雨及江上大风袭击,大豆子受潮,直接经济损失 3 万元。

2009 年 6月29—30日受梅雨锋影响,南通市出现暴雨到大暴雨过程。根据29日20时至1日08时自动站资料统计显示,全市有 95 个点雨量达到 50 毫米以上,有 50 个站点雨量超过 100 毫米。过程最大雨量 169.2 毫米,出现在南通观音山。

据各县(市)气象局和农业部门调查,暴雨造成全市大部分街道、农田严重积水,在田农作物受到不同程度影响。

南通:市区部分路段严重积水,对交通产生影响。

如皋:部分沿江乡镇农田积水严重,长江镇 300 亩大棚受灾。

启东:暴雨造成 3 万亩低洼地区农作物短时轻度积水,无灾害性影响。

海门:全市 22.1 万亩农田积水,严重积水面积 8.3 万亩,其中玉米 4.2 万亩,倒伏 0.33 万亩;棉花 3.35 万亩,倒伏 1.5 万亩;大豆 3.6 万亩;花生 1.06 万亩积水;4.1 万亩露地蔬菜积水;1.02 万亩设施蔬菜积水;0.46 万亩果园积水;其他零星作物有 1.2 万亩积水。水产养殖漫堤进水面积累计 0.03 万亩;禽畜舍进水面积累计 1200 平方米。形成严重积水的一是低洼地,二是沟系排水不畅的田块。常乐镇的常来村有两户三棚倒塌;常中村梁春耀家 3 间房屋严重漏水、瓦片掉落。海门市区海门师范院内和部分地势较低的居民区有积水。

通州:通州南部地区受灾较重,暴雨造成农田积水涝渍,川姜等部分乡镇家纺企业厂房和仓库进水,造成设备损坏。全市农田受灾面积达 5 万亩,倒塌房屋 17 间,转移安置 2 人,5 家工厂停产,损坏设备 4 台。经济损失 280 万元,其中农业直接损失 250 万元。

7月22—24日,受副热带高压减弱东退和冷空气南下共同影响,南通地区出现了一次明显降水过程,中到大雨,局部暴雨、大暴雨,自动站统计23日6时到24日6时,降水量达 50 毫米以上的有 14 个站点,最大为 177 毫米出现在如东洋口港。其中如皋、海安本站也出现了大于 50 毫米的暴雨。启东王鲍乡长安村 2 组施井飞家的住房和养鸡场 568 平方米(平房)全部坍塌,2000 只半月大的鸡苗死亡,生活用品、家用电器全部损坏。陆介康家的 4 间平房 150 平方米全部坍塌,门前玉米田 1 亩半倒伏折断。损失共计约 5 万元左右。

7月28日南通市受高空槽和地面气旋共同影响,出现大暴雨和大风天气。根据27日20时—28日20时自动站资料统计显示,全市有 111 个点雨量达到 50 毫米以上,有 45 个站点雨量超过 100 毫米,有 2 个站点雨量超过 200 毫米,最大雨量 259.3 毫米,出现在如东洋口港，南通本站雨量194.8毫米；另外，大部分地区出现6~8级大风，沿海地区8~10级，最大风速26.3米/秒（10级），出现在如东洋口闸。

暴雨造成全市大部分街道、农田严重积水，在田农作物受到不同程度影响。37万人受灾，紧急转移人口40人，农作物受灾面积20.733万亩，成灾面积10.5万亩，共有20多户、50多间房屋倒塌，直接经济损失约520万元，其中农业损失430多万元。

南通：南通市区部分路段严重积水，对交通产生影响。

通州：全区部分农作物受灾，其中8万亩棉花倒伏，1.5万亩玉米倒伏，50亩豇豆棚架倒伏；9间民房倒塌，17间损坏。

如东：全县20.5万人受灾，棉花、玉米和黄豆倒伏，水稻、胡桑等农作物大面积受淹，受灾面积26.79万亩，成灾面积2.616万亩；暴雨还造成209间房屋倒塌。直接经济损失2126万元。

8月2日受低压系统影响，南通市出现强降水过程。根据8月2日08时—3日08时自动站资料统计，全市有64个点雨量达到50毫米以上，其中有41个站点雨量超过100毫米，有1个站点雨量超过200毫米，最大雨量205.4毫米，出现在启东民主镇，南通本站雨量139.8毫米。另外，局部地区出现7级大风，最大风速21.9米/秒（9级），出现在南通军山。

暴雨造成全市大部分街道、农田严重积水，在田农作物受到不同程度影响。全市棉花、水稻、玉米、大豆等在田农作物大面积受灾，受淹面积达123万亩，倒伏35.1万亩，其中棉花16.4万亩，玉米5.4万亩，大豆13.3万亩。

通州：农作物普遍受淹，其中三余镇有1.5万亩棉花倒伏、大片玉米倒伏；兴仁镇有400亩大豆和花生受淹，7间民房倒塌。

启东：市区一些街道、小区积水，东南部的寅阳、和合、东海、惠萍等地农田积水。造成1万人受灾，农作物受灾面积27万亩，受淹12万亩，倒塌房屋23间，损坏房屋15间。

海门：市区部分小区积水，地势低洼乡镇农田积水严重。田间积水总面积26.65万亩，其中严重积水6.98万亩；玉米播种面积14.04万亩，积水面积5.93万亩，倒伏面积1.96万亩；棉花播种面积11.93万亩，积水面积5.67万亩，倒伏面积6.38万亩；露地蔬菜播种面积9.55万亩，积水面积4.78万亩；设施蔬菜播种面积7.25万亩，积水面积2.25万亩；大豆播种面积8.48万亩，积水面积3.8万亩，倒伏面积2.76万亩；花生播种面积6.48万亩，积水面积3.39万亩；果园面积1.44万亩，积水面积0.5万亩；其他积水面积1.49万亩。

8月9日起，南通地区受第8号台风"莫拉克"外围影响，全市范围内出现暴雨、局部大暴雨和大风天气，最大风力8级，对本市农业生产影响较大。据农业部门统计，全市农作物受灾面积236万亩，其中成灾面积70.9万亩，占受灾面积的30%。全市有53.1万亩水稻受淹；棉花倒伏19.6万亩，积水面积19.3万亩，占总积的三成以上；大豆积水面积18.4万亩，占总面积的26%；大豆积水31.1万亩，占总面积的32.5%；花生积水10.2万亩，占总面积的27.1%，露地蔬菜积水24.9万亩，设施蔬菜积水5.0万亩；山芋及其他作物也不同程度受灾。因涝直接经济损失3.3亿元。

2010年7月12日至13日，南通市各地普降大暴雨，局部最大雨量达200毫米，造成海安县胡集镇、南莫镇、曲塘镇、如皋市吴窑镇、桃园镇、通州区东社镇、刘桥镇等地受灾较重。造成714500多人受灾,紧急转移人口155人,农作物受灾面积约54.1万亩,其中成灾面积19.9万亩,损坏房屋135间,共有28户、57间房屋倒塌,灾害造成直接经济损失约1010万元,其中农业损失约930万元。

南通市区12日7时至13日7时下雨148.4毫米,不少小区一夜成泽国,严重的是天生港、光明南村、西南营国强巷、北园新村等处,有的向消防队求助抽水,有的用抽水泵自行抽水排水。菜价因灾平均上涨45%,其中豇豆由每500克0.9元上升到2.0元,包菜由0.23元上升到1.0元。

第二节 干旱与高温灾害

干旱是南通地区的重要灾害性天气之一,它是一段时间内地表、水面蒸发和植物、农作物蒸腾所耗损的水分大于降水量补给,所造成的水分平衡遭到破坏的灾害。干旱灾害与持续时间、范围大小以及主要河流、水库蓄水的丰枯程度密切相关。

夏季风的强弱直接影响南通降水的季节变化和年际变化,南通多年平均降水量1088毫米。降水量少于850毫米的年份为旱年,大致五年一遇;降水量小于700毫米的年份为大旱年,约10年一遇。建国以来,全市范围内的大旱年有1959年、1966年、1971年、1978年、2005年。其中1978年为百年一遇的大旱。各地降水量仅580~670毫米。旱年往往出现在"空梅"、"枯梅"或者"台风雨很少"的年份。

一年四季均有可能出现干旱,其中以盛夏伏旱出现几率最高,秋、冬旱其次,春旱较少。夏季干旱主要在梅雨结束后的伏天,大暑到立秋往往是伏旱发展的严重阶段,处暑节气时旱情一般可解除或缓和,抗伏旱宜早不宜迟,立秋后宜小抗而不宜大抗。40天以上无透雨的严重伏旱约10年三遇,如1978年7月6日至8月16日长达42天,全区大部分地区未下透雨,导致棉花、水稻、蔬菜严重缺水。

秋旱主要发生在10月中旬至11月上旬,这时有利于秋收;但秋旱早,旱期过长的年份,会导致棉花早衰或影响秋播。少数年份会出现秋冬连旱,如1973年9月底先后开始的秋旱一直持续到次年元月中旬,旱期长达100天左右。冬旱中以初冬干旱出现几率较高,遇强寒潮袭击时,越冬作物易遭干冻灾害。春旱较少,常发生在旱春,春分节气前后即得缓解。一般情况下不需抗春旱。

高温给人民生活在和工农业生产带来不利影响,使水、电的需求量急剧上升,造成供需矛盾,严重影响生活和生产。持续性高温还会给人们健康造成危害,甚至危及生命,所以高温也是一种气象灾害。

一、公元464—1840年干旱与高温灾害

南朝 宋 大明八年(公元464年)江东诸郡旱,斗米钱数百,民饥者十之六七。
南朝 宋 泰豫元年(公元472年)如皋:泰始六年秋至八年春大旱,运河竭。
南朝 梁 天监元年(502年)江东大旱,民多饥死。
南朝 梁 普通元年(520年)如皋:旱饥。
唐 总章元年(668年)江淮大旱饥。

唐　永贞元年(805年)秋,江浙、淮南等二十六州旱。
唐　元和四年(809年)春,江南旱饥。秋,淮南等二十六州旱。
唐　大和八年(834年)夏,江淮大旱。
唐　咸通二年(861年)秋淮南不雨至于明年六月,民大饥。
北宋　咸平元年(998年)如皋:旱。
北宋　大中祥符五年(1012年)夏五月江淮旱。
北宋　大中祥符九年(1016年)如皋:秋蝗。
北宋　天禧元年(1017年)如皋:蝗。时刮大风,吹蝗入江。
北宋　明道元年(1032年)通州静海、海门、泰兴、如皋大旱饥。
北宋　庆历四年(1044年)如皋:春旱。
北宋　熙宁七年(1074年)如皋:大旱。自春至夏淮南诸路久旱,九月复旱。
北宋　熙宁八年(1075年)大旱。饥。民多殍死,闾里无烟。
北宋　天佑元年(1086年)水、旱。大旱。
北宋　大观二年(1108年)如皋:大旱。自六月不雨至于十月。江南、淮南大旱。
北宋　宝和元年(1119年)如皋:秋旱。
南宋　绍兴二年(1132年)如皋:旱。
南宋　绍兴三年(1133年)如皋:大旱疫。
南宋　绍兴六年(1136年)五月,真、扬、通、泰大旱。如皋:五月大旱。
南宋　绍兴七年(1137年)如皋:大旱。
南宋　绍兴二十六年(1156年)秋,如皋蝗,有鹜食之尽,诏禁捕鹜。
南宋　绍兴三十二年(1162年)如皋:蝗。通州:六月各处蝗。
南宋　淳熙三年(1176年)如皋:七月大蝗,日捕数十车,群飞绝江。
南宋　淳熙五年(1178年)八月黑鼠食禾,既岁大饥,人食草木。
南宋　淳熙六年(1179年)通州旱,冬大饥,人食草木。如皋:大饥,人食竹木。
南宋　淳熙八年(1181年)通州、如皋:旱。
南宋　淳熙九年(1182年)如皋:秋大蝗。
南宋　淳熙十年(1183年)通州:旱。旧蝗遗育害稼。如皋旱,蝗害稼。
南宋　绍熙二年(1191年)五月通州旱,饥。如皋:蝗。
南宋　庆元六年(1200年)通州:旱。润、扬、楚、通、泰各州大旱、水稻、大饥。
南宋　嘉庆元年(1208年)八月大旱,江淮间杯水数十钱,渴死者甚众,淮南大饥,民流徙江浙者百万人。如皋:大饥,死者十之三四。
南宋　嘉庆二年(1209年)春,两淮旱饥,斗米钱数千,人食草木。
南宋　嘉庆八年(1215年)如皋:春旱,夏蝗,食竹木皆尽。(是年自春不雨至八月)。
南宋　嘉定十一年(1218年)泰兴、如皋旱,无麦。七月不雨至于冬。
南宋　淳佑六年(1246年)如皋:六月飞蝗蔽天。
南宋　景炎元年(1276年)如皋:大饥,人相食。(先涝后旱)。
元　大德九年(1305年)通州:六月蝗。如皋:蝗。
元　至正二年(1342年)通州:八月江水一夕忽竭。如皋:八月江水一夕忽竭,沿江居民争取河中货物,潮至辄走,潮退复然,多有溺死者,累日如故。

元　至正二十年(1360年)通州:大旱。

明　洪武二十五年(1392年)如皋:大旱。

明　宣德三年(1428年)如皋:蝗,有鹭食之。

明　宣德五年(1430年)如皋:大饥,民流多殍。

明　宣德八年(1433年)旱。

明　宣德九年(1434年)连岁亢旱,百姓无食。

明　正统三年(1438年)如皋:灾(旱饥)。

明　正统五年(1440年)通州:大旱饥。如皋:大旱。

明　景泰七年(1456年)通州、如皋:旱蝗。

明　天顺五年(1461年)海门、春、夏亢旱伤稼。

明　成化二年(1466年)如皋:旱。

明　成化六年(1470年)通州、如皋:秋至七年春,大旱,运河竭。

明　成化七年(1471年)通州:六年秋至七年春大旱,运河竭。如皋:旱,运河竭。

明　成化八年(1472年)如皋:六年秋至八年春大旱,运河竭。

明　成化十七年(1481年)春夏不雨,秋冬霖潦。如皋:大饥,人相食。

明　成化二十年(1484年)通州:大旱,河竭。斗粟易子女。如皋:秋大旱。

明　成化二十三年(1487年)如皋:旱。

明　弘治十四年(1501年)如皋:春至十六年秋,大旱。

明　弘治十五年(1502年)如皋:大旱,疫。

明　弘治十六年(1503年)如皋:十四年春至十六年秋大旱。疫。通州:夏秋大旱。

明　弘治十七年(1504年)通州、如皋:大饥,死者相藉。

明　弘治十八年(1505年)如皋:大旱,蝗。通州:大旱,蝗,饥。

明　正德八年(1513年)如皋:旱,自五月不雨至秋七月。

明　正德九年(1514年)如皋:旱。

明　嘉靖二年(1523年)通州:春夏大旱。饥民相食。如皋:大旱,自正月至六月不雨。民饥人相食。

明　嘉靖五年(1526年)如皋:旱,无麦。

明　嘉靖七年(1528年)如皋:夏旱蝗。

明　嘉靖八年(1529年)七月蝗。

明　嘉靖十四年(1535年)通州、如皋:大旱蝗。

明　嘉靖十九年(1540年)通州、如皋:旱蝗。

明　嘉靖二十年(1541年)夏旱,蝗。

明　嘉靖三十三年(1554年)如皋:大旱疫。

明　嘉靖三十八年(1559年)通州:是年夏秋大旱。如皋:大旱疫。

明　万历十六年(1588年)通州:大旱,民饥。人相食。(太湖为陆地)如皋:大饥,疫。

明　万历十七年(1589年)通州:旱。(太湖涸,行人兑趋足至扬尘)夏六月乙巳发帑金赈之。

明　万历三十五年(1607年)如皋:夏旱,秋甘露降。

明　万历四十一年(1613年)通州:飞蝗害稼。

明　万历四十三年(1615年)通州:大饥。如皋:夏旱。

明　万历四十四年(1616年)通州、如皋:九月蝗。

明　万历四十五年(1617年)如皋:夏蝗七月旱,运河竭。

明　天启五年(1625年)通州:六月大旱。

明　崇祯六年(1633年)通州:二月辛卯至五月丁未,大旱,河皆龟坼。民饥。如皋:大旱。饥。

明　崇祯十一年(1638年)通州:大旱。民饥。自春不雨至冬,水竭。如皋:大旱,蝗飞蔽天。大饥。

明　崇祯十二年(1639年)通州:大旱。蝗飞蔽天。民大饥。疫病流行。如皋:大旱,蝗飞蔽天。大饥。

明　崇祯十三年(1640年)通州:大旱。蝗食草木叶皆尽。如皋:大旱,大饥,大疫,民相食。

明　崇祯十四年(1641年)通州:大旱。自春不雨至冬,溪、河涸竭,蝗蝻复生,多去岁蛰者。民大饥大疫,死者不计其数。如皋:大旱。大饥、疫。

明　崇祯十五年(1642年)如皋:闰正月。岁大饥,人相食。

清　顺治元年(1644年)通州:大疫。

清　顺治二年(1645年)如皋:闰六月雨沙,九月甘露降。是年,如皋全境6671户,27794口;而1621年为40117口。

清　顺治四年(1647年)通州:大旱,饥、疫。死者甚众。

清　顺治五年(1648年)通州、如皋:秋旱。

清　顺治六年(1649年)通州:七月大旱。

清　顺治九年(1652年)如皋:旱。

清　顺治十年(1653年)如皋:大旱。

清　顺治十一年(1654年)如皋:夏旱。

清　顺治十四年(1657年)如皋:旱蝗。

清　顺治十八年(1661年)通州:夏旱。

清　康熙二年(1663年)通州:五月不雨至七月,禾苗尽枯。次年大饥。

清　康熙十年(1671年)通州:六、七月大旱。

清　康熙十一年(1672年)通州、如皋:蝗。

清　康熙十八年(1679年)通州、如皋:大旱。飞蝗蔽天。

清　康熙三十二年(1693年)如皋:大旱。

清　康熙三十八年(1699年)通州:大旱,蝗。如皋:大旱,飞蝗蔽天。

清　雍正二年(1724年)通州、如皋:夏蝗。

清　雍正六年(1728年)通州、如皋:夏、旱。

清　雍正七年(1729年):夏旱,蝗。

清　雍正十一年(1733年)通州:夏大旱,岁大饥。如皋:夏大旱。

清　乾隆三年(1738年)通州、如皋：秋大旱。河竭民饥。

清　乾隆四年(1739年)通州：夏，大旱，疫。如皋：夏大疫。

清　乾隆九年(1744年)通州：夏大旱。秋蝗。如皋：夏大旱。

清　乾隆十一年(1746年)通州：夏大旱。如皋：夏亢旱。

清　乾隆十九年(1754年)通州、如皋：春旱。

清　乾隆二十四年(1759年)通州、如皋：夏，大旱，蝗。

清　乾隆五十年(1785年)通州：大旱，大饥。夏大疫。如皋：大旱，大饥，流民载道。夏大疫。

清　乾隆五十一年(1786年)通州、如皋：春旱，至六月始雨。饥，疫。

清　乾隆五十四年(1789年)旱。

清　嘉庆十九年(1814年)通州：夏大旱，河尽涸。

清　嘉庆二十五年(1820年)通州：夏旱。

清　道光六年(1826年)夏秋，连续发生瘟疫，每天有数十人死亡。

清　道光九年(1829年)通州：七月旱。

二、公元1841—1949年干旱与高温灾害

1. 1841—1911年干旱与高温灾害

清　道光二十三年(1843年)通州、如皋：夏旱。

清　咸丰六年(1856年)通州：夏秋亢旱，飞蝗蔽天，落地积二、三寸，户外皆满，饥民满道，岁大歉。

清　咸丰七年(1857年)如皋：闰五月蝗。

清　同治元年(1862年)如皋：夏六月蝗。

清　同治十二年(1873年)通州、如皋：夏旱。

清　光绪二十四年(1898年)大旱。

清　光绪二十七年(1901年)秋，发生大旱灾，瘟疫流行，患者大多数死亡。

清　光绪三十年(1904年)大旱。

2. 1912—1949年干旱与高温灾害

民国二年(1913年)通海新报：旱荒，全县70万人生计顿失。

民国三年(1914年)旱。年雨量仅有864.6毫米。

民国六年(1917年)大旱。军山气象台测得全年降水量仅771.5毫米。12月15日至1918年2月4日达52天，无雨雪。同时气温很低，以致内河干涸，长期冰冻，舟楫不通，农作物干冻受伤，多呈枯萎之象。

民国八年(1919年)自1918年12月15日至今年2月4日52天不雨，内河干涸，农作物多枯萎。

民国十一年(1922年)大旱。军山全年降水量仅787.2毫米。南通闸水文站年雨量490.5毫米，其中5—9月仅222.7毫米。初夏航运不便，粮价大涨，火灾迭见。阴历五月二十四日入梅后稍减，但梅雨量少，入夏后苦旱寡雨，沟渠浅涸。

民国十三年(1924年)大旱。全年降水量仅630.7毫米。

民国十四年(1925年)旱。全年降水量818.9毫米。

民国十六年(1927年)旱。全年降水量899.1毫米。

民国十八年(1929年)大旱。全年降水量仅668.8毫米。夏启东县蝗灾,部分地区颗粒无收。

民国十九年(1930年)旱。全年降水量975.2毫米。

民国二十一年(1932年)旱。全年降水量743.1毫米。7月11日至8月11日32天无雨,大小河道干涸。秋,仅南通县就有1万亩农田绝收。由于秋旱,对稻作极其不利,易罹白穗为患。对棉作则铃小,衣分不足。秋熟农田失收,万余人逃荒。

民国二十二年(1933年)旱。军山台全年降水量717.8毫米。是年,启东特旱。启东雨量站年雨量243.6毫米,其中5—9月仅63.8毫米,创历史最低值,一直保持至今。

民国二十三年(1934年)奇旱,夏酷热。全年降水量622.5毫米,其中8月高温,月平均气温达29.3℃,而降水量仅15.5毫米。7月12日最高气温达42.2℃,为历史极值。伏旱接秋旱,蝗虫猛发。40℃以上高温日数5天,35℃以上高温日数42天,也都是历史极值。

民国二十四年(1935年)旱。全年降水量775.9毫米。

民国二十五年(1936年)旱。全年降水量869.1毫米。

民国二十六年(1937年)旱。全年降水量988.6毫米。

民国三十一年(1942年)大旱,全年雨量仅830.5毫米,7月9日至8月12日雨量0.0毫米

民国三十二年(1943年)大旱。南通县志:南通县石港地区三个月未下雨,河道干涸,庄稼枯死。7月17日出梅后至8月9日雨量0.0毫米。直到8月10—12日大风暴雨(134.9毫米)解除旱情,但是8月13日至9月23日仅得于16.0毫米。

民国三十三年(1944年)全年干旱,11个月(缺6月雨量)总雨量527.0毫米,9月14日至12月31日三个半月仅有32.7毫米。

民国三十四年(1945年)全年干旱,年雨量仅883.1毫米,而且分布不均,其中7月523.5毫米,占全年总雨量的59.3%。

民国三十五年(1946年)大旱。有记录的4—7月总雨量160.3毫米,仅相当于常年值的三成。

民国三十六年(1947年)罕见干旱。全年雨量仅有394.3毫米。

三、公元1950—2010年干旱与高温灾害

1953年,春季大旱,盛夏高温。串场河海安水文站6月19日水位0.32米,为历史最低值。

1958年初夏大旱。5—7月长期晴热少雨,连续50~60天无雨。如泰运河掘港站6月25日水位0.41米,为历史最低值。

1959年7月6日至8月29日55天干旱酷热。7—10月大范围夏、秋连旱。全地区受旱337.5万亩,许多河沟干涸。83.4万人投入抗旱,抗旱面积484.95万亩,投入抽水机458台,水车52529部,风车1587部,牛车2240部,挖塘14260个,拆堤引水6337处。

1961年 6月1日至7月24日期间50天未下雨,气温高达35～36℃,河塘干涸,如皋高沙土地区挖土3尺不见湿润。全地区受旱面积422万亩。

1965年 久旱不雨,至6月上中旬时,海安通扬河水位仅0.7米,河沟干涸;如皋89个电灌站被迫停机,107个电灌站打打停停。全区受旱面积242.5215万亩。

1966年 4月下旬至9月底,久旱无雨,6—8月晴热高温,大河断航,中、小河沟干涸,电灌站打不到水。至8月20日止40多天中有35.0℃以上高温日19天,最高39℃。长江出现26年最低水位,沿江抽水站被迫停机。海安旱田40厘米深土壤含水率一般在10%以下,最严重的仅3%。全区严重干旱196.8万亩,海安、如皋、如东3县群众吃水也有困难。而且延续至1967年春、夏、秋三季。

1967年 旱。八月中旬至9月上旬高温。

1968年 旱。通扬河海安站6月25日水位0.61米,创历史最低。

1969年 旱。全年降水量857.3毫米,10月1—22日连续22天无雨。

1971年 大旱。夏酷热。6月20日至8月24日全地区面平均雨量仅85.7毫米,至8月18日前成灾面积已达185万亩(旱作物116万亩、水稻69万亩),最高峰时,成灾面积294.69万亩,另因咸水影响成灾达41.62万亩。南通全年降水量仅688.2毫米。通吕运河启东货隆站8月22日水位0.95米,为历史最低值。

1973年 大旱。南通市自8月3日至24日22天只降雨1毫米。从9月20日向后,110天中仅下雨13.5毫米。11月9日至12月31日53天无雨。全地区受旱灾农田226.5万亩,为1905年以来少见的伏旱接秋冬干旱之年。

1978年 特大干旱年。空梅。全地区面平均年降水量仅568.5毫米,约为常年的一半;南通年降水量也仅641.3毫米。海安墩头年降水量466.0毫米,是新中国成立后极低值。夏季酷热,高温达38℃左右。7月15日至9月13日60多天未下透雨,如皋等县高沙土地区100多天未下透雨。里下河有261个电灌站打不到水,海安有51条大中沟出现断流无水。全地区434万亩农作物受旱,如东、通州等县30万亩农田受咸水威胁,水质含盐量最高达5.48‰。生活用水也十分困难。水源之枯,旱情之重,持续时间之长,都是历史罕见,而且持续到1979年上半年。

1979年 3月至6月18日在大旱之后,连续干旱,长江上、中游来水大幅度减小或枯竭,给抗旱带来极大困难。9月25日至12月20日出现秋冬连旱,严重影响三麦播种,受旱424万亩。由于干旱,虫害也严重。

1981年 旱。由于长期降水稀少,上游水源枯竭,引水困难。太湖、固城湖、石臼湖、里下河及南通地区,河网水位比1978年还低。

1982年 1—6月南通地区面平均雨量仅301毫米,比常年少六成,尤其是4月26日至7月4日70天干旱少雨,面平均雨量只有92.2毫米。至5月下旬全地区受旱面积已达324.7万亩。

1983年 旱、热。7月19日至9月1日副高不断增强,持续高温,炎热干旱,启东出现历史最高气温38.4℃,南通市高温时间长达20多天,最高气温37.5℃。海安、串场河水位仅0.38米,有261个电灌站打不到水。全地区受旱农田213万亩。

1986年 5月30日至6月11日连续40天干旱少雨,总量仅60～70毫米,比常年偏少五成至六成,造成南通市352万亩农田受旱,1000多个车口打不到水,抗旱困难。海安15万亩玉米出现卷叶,海门县悦来乡25%的直播棉花出苗率仅50%。

1988年枯梅,南通市平均梅雨量仅62.5毫米。大旱,受旱面积400万亩。高温,7月5日至21日全市35.0℃以上高温日数14天。9月23日至12月31日南通总雨量22.6毫米,是历年同期最少年,使三麦、油菜受旱,有30%的三麦不能全苗,有3.1万亩没有出苗。

1990年7月5—28日连续晴热高温。还出现了历史上少见的"秋老虎"。

1994年枯梅年。旱情严重程度与特大干旱的1978年大致相同。从4月开始旱象露头,汛期5—9月雨量,通州石港307.5毫米、启东货隆282.8毫米,均为历史最低值。春旱、夏旱,缓、急相间。伏旱接秋旱,持续时间长;而且气温高、蒸发量大,灾情严重。8月7日如泰河掘港水位只有1.24米(常年2.30米)、海安里下河水位只有0.46米(常年1.60米)。海安有3条三级河断流,1200多条四级河中有800条干涸。3400多座电灌站有60%提水困难。沿海新老垦区水质恶化,局部含盐度达5‰,最高7‰。海安县有30万人饮水困难,大面积在田作物无水可灌或者有水不能灌。至8月8日全市受旱面积543万亩,严重成灾284万亩,死亡或改种19.5万亩。全市148万亩棉花有30万亩严重成灾,1万亩死亡;70万亩杂粮有20万亩绝收,蔬菜早衰,虫害大发。农业损失约5.52亿元、副业生产和其他损失各1亿元,合计直接经济损失7.52亿元。

1997年5月下半月至6月下旬海安县严重干旱,通扬河水位6月17日仅0.72米,6月18日以后局部断流,全线断航,串场河水位6月17日仅0.56米,6月18日以后断流,水尺测不到。海安县已抛秧的25万亩稻田严重缺水,3万亩死苗;尚有8万亩无法抛秧。河东地区盐碱化加剧,一般要经过5次提水,才能到田。九圩港河石港水文站6月16日测得水位1.03米,为历史最低。

6月30日至7月19日梅雨期如皋和南通闸水文站雨量仅分别有72.0和67.7毫米,继续干旱。

2000年如东县干旱严重。3月12日至5月7日57天中降水仅为38.2毫米,距平百分率为-74%;而7月15日至8月14日31天中降水量仅15.3毫米,距平百分率为-90%。

2001年出现春旱和秋旱。3月1日至6月3日96天中,如东县降水量80.6毫米,其降水距平百分率为-69%,全县157.5万亩夏熟作物受影响。南通全市受灾人口约30万人,成灾面积300万亩,农业直接经济损失1200万元。

9月1日至10月31日61天中,如东县降水量55.5毫米,其降水距平百分率亦为-69%,对秋熟粮食作物有影响,但对棉花吐絮有利。全市受灾面积150万亩,估计农业直接经济损失700万元。

6月28日至7月31日海安、如东、通州及南通市崇川区高温(7月下旬高温日数:通州11天,如东10天,海安8天)造成用电量迅猛上升,因暑热引起的生病人数急剧增加,车祸也增多。蔬菜产量锐减。病虫害增多。直接经济损失2200万元。

2003年7月上旬至9月上旬南通市崇川区、如东县、通州市、海安县出现高温灾害,是1949年以来最严重的一年。8月2日最高气温:崇川区39.5℃、如东39.1℃、通州38.3℃、海安39.0℃;全年高温日数:崇川区19天,如东17天,通州16天,海安15天。由于炎热,7

月25日,通医附院急救中心就诊病人比平日增加100%,挂水病人比平日增加80%。用电比去年高峰期还多19.28万千瓦,创历史新高,当日电网紧急限电21万千瓦,是近10年来所罕见。8月1—2日中暑人数增多,并有死亡事故。直到9月5日还有"秋老虎"造成市区两位老汉分别在12时30分和14时30分晕倒路边。

2004年 7月20—30日南通市市区连续11天高温,创市区连续高温之最,全年高温日数17天。7月20日10时一名老汉在南通汽车站外,拎着15千克大米准备进站上车,身子一下子撑不住,就躺在地上,两名联防队员立即报警,当"120"急救车赶到,抬上担架时,他已经中暑死亡。7月21日市区气温升至37℃,自来水公司日供水量突破50万立方米大关,达到50.9万立方米,创历史之最。

另外,海安和通州高温日数分别达到20天和18天,也是历史罕见。海安极端最高气温(21日)达38.9℃,仅次于历史极值39.0℃(2003年)。

2005年 大旱。从5月1日至6月26日全市面均降水量仅有40多毫米,仅是常年同期一至二成。6月26日入梅,6月29日出梅,姗姗来迟又匆匆而去。这期间进行了最大规模的人工影响天气作业。得面平均雨量29毫米,但海门、通州、启东3市旱情未能得到缓解。6月中旬有270万亩水稻栽插。内河出现低水位,是近20年罕见,三、四级河道河底朝天,无水可提,全市遭遇了近50年最严重的旱灾。有5万亩水稻缺水改种,已栽插的水稻,有30%僵苗不发。另外全市有400万亩旱作物,大部分减产三成以上,据农业部门测算,这场旱灾造成直接经济损失约7.5亿元。

同年高温。全市6月中旬至8月中旬高温日数(含参差出现)21天,高温日数超过13天的有海安、通州、市区、如东,分别是17天、16天、15天、14天;极端最高气温分别是36.8℃、37.4℃、36.8℃、36.4℃。

2006年 6月18日至8月29日南通市区及6县(市)持续72天高温干旱。高温日数达13天或以上的有:南通市区、海安、通州;极端最高气温:市区38.0℃(8月13日)、海安37.5℃(7月30日)、通州37.4℃(6月21日)。

8月13—15日中暑伤亡事故频现,报载的有6起。

(1)8月13日如皋市天平市场中巴站附近,一男子行走间突然昏倒不醒,有人急报"120",经"120"医生抢救脱险。

(2)8月13日通州市某中学有10多名学生中暑昏迷,经校医及时抢救恢复清醒。

(3)8月13日南通市崇川区跃龙南路糖库附近,有一男子倒地不醒,"120"医生确定为中暑死亡。

(4)8月13日上午,南通市崇川区姚港路姚港油库以南闸桥附近,一骑摩托车的男子,30多岁,身子突然摇晃起来,瞬间连人带车栽倒路面上,"120"救护车迅速赶到现场,发现他已停止呼吸,诊断为受热过度猝死。

(5)8月15日9时南通市崇川区钟秀东路特伟箱包厂内,35岁的务工人员徐女士,突感头晕,随即失去知觉,同厂职工当即叫出租车急送通大附院,途中徐女士情况危急,几次呕吐,并且呼吸一度失常,急救中心诊断为中暑,经抢救脱险。

(6)8月15日晚,崇川区某建筑工地一名工人杨先生在上夜班时,突然头昏不适,一头栽倒在地上,"120"救护车将其送到第一人民医院,当晚9时许,患者有虚脱、头痛及神志模糊等症状,诊断为中暑。患者经抢救脱险。

2007 年南通市出现35℃或大于35℃的高温日有18天(6月25日起到8月22日止),其中6月2天、7月10天、8月6天。市区7月31日出现38.6℃,为年极端值。各站高温日数7~17天,最多是市区达17天,其次是通州15天。由于雷阵雨多,没有出现干旱。

2008 年南通市出现高温日8天,时间从7月4日起到8月17日止。其中7月7天,8月1天。年极端最高值为38.4℃,出现在如东、通州,市区7月6日出现38.1℃。各站高温日数4~8天,最多是市区达8天,其次是海门7天。没有出现干旱。

2009 年 10月1日至29日南通全市各地降水量仅为1~6毫米,加上整个长江流域少雨,长江水位和流量持续走低,造成九圩港、通吕河等骨干河道水位2.0米左右,必须蓄水保水,才能保障生活、生产、生态用水。

8月20—22日,高温不退,用水量节节攀升。南通市自来水公司的供水量8月20日70万立方米,21日71万立方米,22日72万立方米,以惊人的速度在上升,为了迎接新一波供水高峰,确保市区及通州、如东、启东片区的供水,四座水厂满负荷生产。

2010 年 7月30日晨8时一位中年男子在虹桥公园打乒乓球,俯身拾乒乓球时,倒地身亡。据其朋友说,该男子5时即到公园打球,从5时一直打到8时,未吃早饭,也没有喝水,加之高温闷热,所以猝死。

8月3日晚9时通州开发区星源佳苑小区配电房因气温持续攀高,用电量不断增大而起火,1000多户居民受影响,烧了四个店面房,经消防官兵扑救,供电部门抢修,11时后恢复供电。

8月4日下午2时,49岁的瓦工,如皋人陈某在酷暑高温下,来到如皋市石庄镇思江村11组季某家做建筑小工,攀上房顶时,不慎失足,颅脑损伤,不治身亡。

8月14日如皋市桃园镇马塘村14组路段,一位63岁的拾废品董姓老太被晒死。同日,如皋三位女生在军训中中暑,均送通大附院抢救。

8月15日南通"120"抢救中暑人员共13人,分别送至通大附院、人民医院、中医院诊疗。因中暑和"空调病"而住院的人数以千计。

南通市9月16日至12月10日降水量72.1毫米,降水距平百分率-34.6%,尤其是11月1日至12月10日期间基本无雨,降水距平百分率-98.1%。为南通市自1961年以来最严重的秋旱。如东县10—11月降水量28.9毫米,在各县(市)中最少,降水距平百分率-74.1%。对种播影响最大。

第三节 风灾

大风是南通地区主要的灾害性天气之一。大风刮起,建筑物、广告牌、大树等迎风面垂直于风速方向形成过大的"动压强"和背风面的"吸压强",致使树倒屋塌,危及人民的生命和财产;同时,大风能使植株折断倒伏,落花落果,并且使水分代谢失调,酿成严重风害。大风也影响交通运输,特别是船舶的航行安全,严重的会导致海损事故。本节以有灾情上报政府及有关部门、保险公司为采集标准。

大风的成因是水平气压梯度加大和高低空湍流的动量交换。能满足以上条件的天气系统主要是强冷空气、江淮气旋和热带气旋。冬半年是南通受北方强冷空气影响的集中时段,尤其是冷暖空气交换频繁的季节,也是冷空气大风频次较多的时段。南通本站历史瞬时极大风速为29米/秒。江心站测得10分钟平均风速33米/秒(1989年8月13日飑线大风)。江淮气旋在入海前的强烈发展,与外围冷空气结合,有63%会产生大风。且具有风力大,突发性特强的特点,更易酿成灾害,1959年4月11日吕四渔场死人逾千的特大海损事故就是江淮气旋大风造成的。

夏半年是南通受热带气旋影响集中时段,本节收集了以大风为主的热带气旋风灾,强雷雨大风和龙卷风,虽然影响时间不长、范围也不广,但其破坏力极大,除在"强对流天气"一节有收集,本节也有涉及。

一、公元1017—1911年大风灾害

北宋　天禧元年(1017年)如皋:夏六月大风。
南宋　绍兴二十八年(1158年)九月大风水溢。
南宋　淳祐十一年(1251年)如皋:大风。
南宋　咸淳元年(1265年)通州:海潮涌溢,溺人无算。
南宋　咸淳七年(1271年)如皋:海潮涌溢,溺人无算。
元　　皇庆二年(1313年)八月通州如皋大风海溢。
元　　泰定二年(1325年)如皋:大风海溢。
元　　至和元年(1328年)通州:大风海溢。
明　　永乐十一年(1413年)通州海门官民田被风潮冲塌入江。
明　　正统九年(1444年)七月十七日风雨暴至。
明　　正德十年(1515年)通州四月有龙起,西北风大作,沙石蔽空,摧毁本州礼房、架阁库、军器库及坏民居四百余间。
明　　万历三年(1575年)(如东县志):大风灾,吹倒树木,刮伤禾苗。
明　　万历十年(1582年)(如东县志):秋遭受大风灾,许多树木被拔起。
明　　崇祯元年(1628年)通州:七月癸酉大风至,八月辛卯止,沿江田地半坍于江。
明　　崇祯五年(1632年)通州:六月辛巳大风拔州城南张武定公祠中树,树几三百年。坏民间庐舍无算。
清　　顺治十五年(1658年)通州:十月朔虹见,二日大风潮没望江楼。
清　　顺治十五年(1658年)通州:七月十四日风拔狼山贤祠大木,祠宇尽毁。
清　　顺治十八年(1661年)(如东县志):大风拔起树木,吹倒房屋甚多。
清　　雍正十二年(1734年)通州、如皋:大风坏屋无算,海潮溢。
清　　乾隆元年(1736年)通州、如皋:四月二十三日夜大风雨。
清　　乾隆二年(1737年)如皋:六月大风雨拔木坏屋。
清　　乾隆五年(1740年)通州:春三月朔狂风拔木飘瓦。
清　　乾隆十二年(1747年)通州、如皋:秋大风雨,拔木坏屋,江溢伤禾。
清　　乾隆十三年(1748年)五月四日如皋全境受暴风雨雹袭击,拔起树木、吹坏房屋无数。
清　　乾隆十四年(1749年)如皋:七月大风雨,坏庐舍。

清　乾隆十九年(1754年)如皋：秋，遭大风袭击，发生海溢。
清　乾隆二十年(1755年)如皋：七月十四、十五遭大风雨袭击，海潮涌入。
清　道光十三年(1833年)通州：秋大风，潮溢，十月雷兼旬。岁歉，成灾。
清　乾隆四十六年(1781年)：六月十八日，晦，空中黄云乱发，甚阴惨。至夜，风雨大作，老树拔起根株，鸦雀死者无数。二十日始复，海潮淹没沙洲居民万余。
清　嘉庆二年(1797年)大风雨，海溢，房舍飘没，伤亡甚众。
清　咸丰元年(1851年)如皋：八月二日海溢。(飓风)
清　宣统三年(1911年)通州：闰六月十六至十八日风潮破堤，受灾面积35平方千米，4654户，20700人流离失所。房屋漂没，老弱号泣。

二、公元1912—1949年大风灾害

民国四年(1915年)南通县7月28日(农历六月十七日)有11~12级台风为灾……

民国六年(1917年)南通县8月18日至9月14日三次受飓风袭击。姚港堤岸被恶浪冲坍甚多。

民国八年(1919年)南通县8月1日至9月4日三次受飓风袭击。南通地区农作物大受损伤。

民国九年(1920年)7月13—17日和9月3—8日各有一次飓风影响南通。农作物遭损。

民国二十二年(1933年)9月6日(农历七月十七日)台风造成启东海堤决口数十处，淹死上千人，漂没庐舍数千间；同日南通江堤决口，淹死100多人。

民国二十六年(1937年)农历八月初二、初三日台风、暴雨、高潮袭击，海堤破缺，平地积水，刮倒房屋无数。

民国三十五年(1946年)农历九月二十六至二十七日受台风袭击，狂风暴雨，浪潮夺岸，灾民流离失所。

民国三十六年(1947年)：6月8—9日长江口区有10~11级暴风及濠雨为灾。达丰轮行至吴淞口外沉没，沿江一带帆船沉没者约一百余艘，溺死乘客约2000多人。

民国三十八年(1949年)7月25—26日6号台风正面袭击南通，南通地区江、海、圩堤决口697处，其中海堤决口16处、江堤决口198处。淹死、压死300多人，受伤126人。高杆作物几乎全部折断，失收67.73万亩。毁坏房屋26.09万间，50万人无以安身，150万人无以为炊。

三、公元1950—2010年大风灾害

1951年 8月20—22日受5116号近海北上台风影响，南通所属各县(市)风力8~9级，沿江、沿海10~11级，并有暴雨至大暴雨，启东104.0毫米，南通111.6毫米，吕四55.5毫米，如皋104.6毫米。海潮猛涨，启东石堤及北堤潮深4.5米，如东小洋口6.49米。启东县长久圩、石堤、四堤的北四、东西、正圩、脚盆圩、海六圩、张良民圩等8处海堤决口。如东县不仅春修的外堤被刷洗一空，二道堤也被打光。海堤大决口2处，小决口5处，还有20多处被打成险段，其中长沙棺材园决口宽达20~30米，海水倒灌到凤凰嘴，55万亩农田被淹;环港九总桥破堤,1.99万亩农田被淹。

1954年 8月25日14时5411号台风在海门县登陆,登陆时近中心风力8级,南通市及沿海风力8~9级,并有大到暴雨。26日启东、吕四62.0毫米。损失严重。

1959年 4月11日正值吕四渔场春夏渔汛期间,因江淮气旋入海加强,渔场上突然刮起9~10级大风,又逢大潮汛,潮高浪大。当时在渔场上作业的是苏、浙、沪、闽三省一市近5000艘渔船,绝大部分是风帆船,一时措手不及,造成大批船翻人亡的惊人海难,损失惨重。特别是浙、闽两省渔民,对吕四渔场地形不熟,很多误入浅滩,遭到搁沙覆沉。据查,此次风灾中共翻船133艘,其中浙江119艘、福建6艘、上海2艘、江苏6艘;死亡渔民1635人,其中浙江1300多人、福建300人左右、上海6人、江苏29人。获救渔民650人,获救遇险船只334艘。吕四当地渔民熟悉地形,避沙走洪,故无伤亡。

1961年 5月3日黄海低压强烈发展,西北风达8~9级,阵风11级,吕四渔场和浙江北部沿海,翻沉57条船,死亡62人。

1963年 7月中旬由于6306号台风残留的低压与大陆高压之间梯度大,南通全市刮东南大风3天,在田作物受损严重。

1967年 9月9日下午5时起涟水县陡起10级左右的西北风,这次大风过程先后影响江苏全省。南通专区、南通市灾后由领导带队,有关部门参加,组成工作组,深入灾区慰问、安排灾民生活。动员1.2万人抓紧清沟理墒,扶理倒伏的棉花,加强田间管理。

1973年 7月18日7303号台风近海北上,引起高潮位,海门县沿海有0.5千米水泥护坡被冲垮。

1977年 9月11日7时7708号台风在崇明登陆,启东吕四最大风速22米/秒,瞬时风速达29米/秒。大风持续时间之长,历史上所罕见。南通地区受灾严重,农作物受灾415万亩,水稻倒伏55万亩,棉花倒伏289.5万亩。死42人,伤3085人;倒塌房屋25.5万间,损坏房屋38万间,翻损渔船139条。海安、如皋两县刮倒树木135万棵,南通、海安两县倒塌桥梁21座,出海渔船失踪26条。海堤损失土方140多万立方米,块石护坡被打坏8万多立方米。

1979年 8月15—17日7909号台风近海北上,南通地区沿海风力9~10级。南通全区230万亩棉花落花、落铃、落桃,部分植株倒伏,叶片破损,内伤较重。其中启东县25万亩棉花倒伏,棉叶被打碎20%~30%,落桃严重,损失皮棉1250万千克。如东、海门和南通3县沿海地区棉花同样有损失。大风拥高海潮水位近1米,海堤冲塌土方44万立方米,块石护坡冲坏2.5万立方米。死3人,伤2人。

8月24—25日受7910号台风影响,南通全区风力7~8级、阵风9级,并有中到大雨,加之初三大汛高潮,江海堤防严重受损,被冲掉土方86万多立方米,石方1.9万立方米。对棉花和正在抽穗扬花的水稻影响很大,如东、启东、海门、通州等4县统计,有22万亩棉田成灾,共损失皮棉1400万千克。倒损房屋1.2万间。

1982年 8月10—13日8211号台风沿江苏沿海北上,盐城、南通有40万亩棉花严重损伤,共损失皮棉1500万千克。

1983年 6月2日15时25分至3日16时02分,受江淮气旋影响,刮了25小时7~8级阵风9~10级的大风,并有暴雨,尤其是如东、启东损失严重。受灾农作物81万亩,成灾

50万亩。如东损失小麦210万千克。启东倒水泥杆235根。全地区损失房屋5502间,其中倒毁1023间。死1人,伤37人。

1985年 7月31日至8月1日8506号台风正面袭击南通市,风力8～10级,并有暴雨。全市倒塌房屋732间,损坏933间。有40多万亩低洼田积水。海门有30米江堤护坡受损。

8月18日11时30分8509号台风在启东县寅阳镇登陆,登陆时近中心风力10～11级,阵风12级,普降大到暴雨,局部大暴雨。南通市雨量100毫米,又正值七月初大潮汛,沿海出现大高潮,江海堤防同时遭受风、雨、潮侵袭,损失严重。启东、如东尤其严重。共倒塌房屋1.2万间,损坏3万多间。死亡5人,重伤31人,轻伤73人,江海堤防护坡损土方25万立方米,护坡陷塘2.5275万立方米。启东、如东二县倒伏棉花56.01万亩,其中启东46.025万亩。

1986年 6月12日受江淮气旋影响,南通市各县风力8～10级、阵风11级,海安、如皋、如东、南通市、启东等5县(市)24小时雨量100毫米以上,解除了旷日持久的旱情,但由于风狂雨猛,造成了损失。据海安、海门两县调查有52.95万亩玉米、棉花受灾。

8月27—28日受8615号沿海北上台风影响,南通市沿海风力达9～10级、阵风11级,启东县8级以上风力持续16小时,倒塌房屋1118间,损坏房屋4589间,损坏堤坡20千米,棉花、黄豆等农作物严重倒伏,直接经济损失3000万元。全市倒塌房屋696间,损坏6752间,死2人,伤19人,损失土方6.6万立方米,块石1.3万吨。

1989年 8月4日6时30分8913号台风在上海市川沙附近登陆,登陆时近中心风力10级,登陆后经苏南进入安徽省境内减弱为低压,南通市以风灾为主,共177个乡镇受灾。吹倒房屋1237间、损坏房屋3842间,伤11人,吹倒、吹斜三线杆1380根。江海堤防有21处发生险情,损失土方17.79万立方米,石方1.709万吨。全市163.8万亩棉花受损,其中85.95万亩严重倒伏。

1992年 2月23日13时30分,受东路冷空气南下影响,南通市东南沿海及长江口一带突然刮起偏北大风,风力达8～9级、阵风10级。持续了3小时,启东站在13:56—14:38和15:10—16:25两段时间超过17米/秒。200多条个体捕鳗苗船遭大风袭击。共有21条船沉没,64人落水,54人获救,2人死亡,8人失踪,出事海域在北纬31°40′、东经122°31′附近。船只、渔具损失50万元。

5月6日受江淮气旋影响,如东、海安、如皋3县(市)风力9～10级,部分地区10级以上,并有暴雨。造成拔树倒屋,人员伤亡,农作物倒伏,三线杆倒、断等损失。

1994年 5月10日受中路冷空气南下影响,南通全市出现8～9级、阵风10级的偏北大风。造成住房倒损,船舶翻沉损坏,人员伤亡,三麦油菜倒伏,果树、树木、电线杆倒、断等损失。

1995年 5月18—20日受江淮气旋影响,南通全市遭受风灾。据海门市估算,该市直接经济损失260～300万元。因灾死亡1人。

11月7日受北方强冷空气影响,9时30分至16时30分,吕四站测得瞬时最大风速25米/秒,海安21米/秒,南通19米/秒,南通航段江心站19.3米/秒,估计9时30分左右风力最大时江面11级、沿海海面12级。大风给南通全市人民生命财产造成严重损失。全市共翻船、沉船33艘,死亡41人,失踪17人,伤16人。其中大风将航行于如东附近海面的如皋"晨望号"海轮掀翻,该船2100吨位,满载钢材;有4位刚从南通航运学院毕业的新船员遇难。估计经济损失5200万元。启东、海安两市(县)被大风刮倒房屋579间、损坏3199间,死亡1人,砸伤4人;海安电力线路损坏3000米,断电6小时,34个蔬菜大棚被彻底刮坏。全市折断刮倒各类电线杆1108根、树2.87万棵,围墙27处483米,损坏砖瓦坯80万块,直接经济损失9000万元。

1996年 2月2日凌晨3时40分启东市大洋港吕滨村3126号渔船,遇阵风8～9级的大风浪而沉没。船上13人下落不明。与之相距1000米的3115号渔船前去救人,什么都没有找到。

1998年 3月14日15时,南通市江面突然刮起偏北大风,江心站测得瞬时风速22.5米/秒。造成了几起(确知2起)外地船只翻沉事故,人员获救。沿江两家企业部分围墙被刮倒。

3月17日8时,南通市江面刮起8～9级大风,天生港附近江面,有3艘船翻沉,3人失踪。3月18日凌晨又刮起8～9级大风,4艘100～500吨的驳船沉没,24人获救,1人失踪。

6月1日上午,受偏南大风影响,启东市吕四区吕丰渔业村270匹马力的3608号渔船,被横浪掀翻,船上15人落水,12人死亡,3人获救;同日上午龙王渔业村90吨的木船0121号在海上作业,有1人落水失踪。吕四站7时11分测得10分钟平均风速11.0米/秒、东南偏东风。

12月2日凌晨1时,吕四渔场近海发生10级大风,吕四渔民袁纪芳等8人乘坐一只小舢板到港外近海作业,将船开到离港5千米处抛锚,8位渔民在各自的网具处作业,此时,海上开始起风,他们无法回到小舢板上去,被风浪吞没。上午渔民家属请人到作业区寻找,见小舢板完好无损,寻到6具尸体,另2人失踪。据查,吕四站12月1日23时25分测得瞬时风速18米/秒,东北偏北风,出事的2日1时测得东北偏北风10米/秒(海、陆风速换算推知,当时海上为阵风22.4米/秒)。

2000年 3月27日受华北低气压前部影响,江苏省出现40小时的7～9级大风,风向由西南转西北。南通市海安、如东、通州3县(市)因风灾倒塌房屋138间,损坏房屋536间。在田小麦、油菜出现倒伏。直接经济损失约1000万元。

8月10日,0008号台风"杰拉华"在浙江象山登陆,减弱为强热带风暴,对启东的影响,以风为主。

8月25日8时受0010号台风碧丽斯影响,南通港4号码头和南通航段25号浮筒附近各沉船一艘。共救起落水船员4人,失踪1人。

8月28日7时52分长江南通航段一艘芜湖载黄沙的船,由于风浪急而沉没,两名落水船员被救起。8时03分一艘货船在华洋集团港口附近沉没,该船为80吨舱位却装有120吨石子,船主是安徽颖上人。当时江风5级以上,浪头较大,落水船员3人,救起2人,失踪1人。

11月7日在长江南通航段一艘兴化船"苏兴挂02654"号,从江阴运石子到南通,遇冷空气大风在27号浮筒附近沉没,无人员伤亡。

11月19日夜受强冷空气影响,江面出现大风,运钢材的鄂航317号、363号船在长江南通航段沉没,船载钢材330吨;航建107号工程船在新大港外200米处沉没。此次事故没有人员伤亡。

11月30日下午射阳的苏射渔1806号船在吕四渔场长网作业,15时左右下起了大雨,并伴有7~8级大风,船上吴某等4人坠海,经努力抢救,2人被救起,吴某溺死,另一人失踪。

2001年 3月15日凌晨,苏射渔3208号船在启东市连兴港外捕捞鳗鱼苗,因冷空气大风影响,20余吨的船体被海浪掀翻,船上9人全部落水,经抢救,8人获救,1人死亡。

4月21日8时许,受冷空气大风影响,在如东县长沙港附近海面,一艘当地渔船苏如渔2343号沉没,造成1人死亡、1人失踪。

11月13日22时30分,通沙汽渡"苏路渡2009号轮",满载25辆汽车从沙洲码头驶离港池时,因风大浪急,船体偏离航道,不慎触碰江底暗桩,导致船舱进水,并搁浅在离岸不远的江底,30分钟后所有人员获救,51名乘客和6名渡船工作人员被安排住进南通中华园饭店。

2002年 3月20日夜,如东县环港镇临海村"苏如渔6303号"船在启东蒿枝港海域生产时,因遭遇大风,船上作业人员刘克银(男,35岁)、刘克林(男,32岁)在固定舢板时,被刮离大船,坠海失踪。

9月7日(八月初一)10时许,因0216号台风"森拉克"影响,长江涨水时出现3米多高的浪潮;在海门市三厂镇泰西村地段,长江主航道上,一艘"苏射渔14902号"渔船被潮浪掀翻,船上9人落水,其中5人被救起,4人失踪。

10月19日晨,寒潮在海上刮起了11级大风,启东、如东有3艘渔船在启东海域遇险,省、市领导迅速组织抢救,并请上海部队、民航等单位协助抢救。登陆艇救出105人,自救生还27人。启东3人遇难、4人失踪,如东3人下落不明。

2003年 12月21日8时启东市"苏启渔2122号"从海上返航避风,9时30分左右其他船只与之联系不上;22日上午,在北纬32°08′,东经122°02′附近海域找到2122号船上的网具、桅杆等漂浮物,据分析,该船已沉没,船上11人失踪。

2004年 2月20日22时30分在通常汽渡南边的江面上有两条捕鳗小船被大浪掀翻,船上3人落水,2人获救,1人失踪。

2月22日因风浪大,一艘浙江"萧山货23378号"轮,在狼山龙爪岩下游,系浮筒避风,但是其他小船来绑靠该船时,系缆桩绷断,一船员不幸被缆桩击伤,伤势严重,海巡艇0888号冒着大风浪于9时30分将伤员送上码头,当即被等候江边的"120"救护车救走。

3月10日傍晚前后北方冷空气南下,大风夹带着大量沙尘降落南通,可吸入颗粒浓度直线上升。

3月16—17日寒潮南下,海门极大风速达21.2米/秒,造成海门市大棚倒塌1887个,棚膜受损坏5790个。31655亩油菜和10325亩蚕豆不同程度地倒伏,其中折断严重田块分别为油菜3085亩和蚕豆1153亩。大风刮倒"三舍"19间,压死畜禽37头(只)。

3月17日7时10分大风掀掉苏通大桥建造工地的24间营业用房顶;8时左右,刮倒虹桥东村56幢501室一扇玻璃窗,满地碎玻璃;9时多,小石桥东侧新市街8幢401室一只

第二十六章　气象灾情辑要

重 5 千克的大砂轮被刮落地面,砸了一个坑,差点砸在 101 住户头上,让人吓得脸色发白。

3 月 17 日凌晨江面上突然刮起 8 级大风,通沙汽渡附近,建湖一艘 6583 号挂船,倾覆下沉,2 人落水,南通出动了 3 艘海巡艇搜寻,中午救起 1 人,另一人失踪。

4 月 6 日夜至 7 日受强冷空气影响,长江南通航段出现偏北大风,南通台测得东北偏北风 16.6 米/秒,一艘满载黄沙(1000 吨)的货船"高机 1016 号",沉没在南通港 2 号锚地附近,船上有两对夫妻溺水身亡。

2005 年 3 月 10 日夜里开始,南通市区及各县(市)普遍出现寒潮大风和剧烈降温,南通台 11 日零时 48 分测得东北风 17.0 米/秒。南通顺达集团集装箱公司堆放在场地上的 10 只自重 3.9 吨的空箱被大风刮倒,压垮房屋两间,直接经济损失 40 万元。

4 月 25 日 19 时,长江南通航段出现 9 级以上大风,并有暴雨,一条装载着 300 吨钢渣的安徽籍小货轮"江淮 1 号",由于避风不及时,船体进水,沉没在苏通大桥 7 号桥墩附近水域,一家 3 口均被海巡艇救起。

2006 年 4 月 4 日 7 时多,南通开发区有一名男子,正在房顶观看风景,被大风刮倒,从 3 米高处坠地受伤。

4 月 22 日凌晨 1 时许,一艘射阳渔船"苏射渔 1216 号"船在吕四渔场作业,返航途中,在北纬 30°10′、东经 122°50′海域遭遇风浪袭击而沉没,船上 8 人全部落水,其中 7 人被"苏启渔 03346 号"和"苏赣渔 02851 号"救起,1 人失踪。

4 月 26 日凌晨 2 时许启东市协新港外侧,赣榆籍"苏赣渔 03049 号"木制船(载重 7 吨、150 马力、航速 8 节)在得知预报 26 日有大风,返航回港避风,可是为时已晚,行至北纬 31°54′、东经 122°05′海域时,遭受 9 级风浪袭击,渔船立即倾覆倒扣,船上 8 人落水,其中 4 人奋力攀爬到倒扣的船底,等待约 3 小时,被经过的渔船救起,另有 4 人失踪。

4 月 27 日凌晨 4 时许,吕四渔场如东籍渔船"苏如渔 2421 号"的一条附属舢板船,在北纬 29°48′、东经 121°41′从事定置网作业时有风浪,由于船舱进水而沉没,船上 3 人全部落水,其中 2 人被救,1 人失踪。

5 月 27 日 16 时 30 分左右通州市内一信用合作社的一金属块被大风吹落,正巧砸到路过的一小孩,眼睛受伤。同时南通市内一咖啡店的户外广告牌被大风吹落,一骑电瓶车路过的女士被砸,电瓶车的反光镜被折断,人员无大碍。

6 月 19 日深夜,一艘装载了 100 吨钢棒的"淮北 1259 号"铁船,从青龙港驶往南通市区,在途经海门港海螺水泥厂码头下游 400 米水域时,因风急浪高,江水倒灌船舱,致使铁船迅速下沉,2 人落水,被"崇海 8 号"船和"浙普 251 号"船救起。估计财产损失约 60 万元。

7 月 14 日下午至 16 日早晨受 0604 号台风碧利斯外围及其低压槽的影响,全市普遍出现了 14～22 米/秒的东南大风。15 日沿海风速:海安老坝港 3 时 13 分 20.2 米/秒,启东园陀角 4 时 02 分 23.3 米/秒,如东洋口港 4 时 42 分 20.9 米/秒。大风造成南通市通沙汽渡停航 48 小时,通常汽渡 42 小时,不少车辆绕道江阴长江大桥。还有的班车停开。海上作业全停。

12 月 16 日 14 时 46 分寒潮大风达 9 级,市水上搜救中心,接到船舶遇险报警,迅速对遇险 5 个拖船队救助,将落水的 7 名人员先后救起,遇险船舶也得到及时救助,无大损失。

2009 年 4 月 20 日受江淮气旋影响,20 日早晨到中午南通大部分地区出现 7～8 级西北大风,自动站最大风力上午出现在洋口闸(如东),极大风速为18.8米/秒(8级)。如皋下原镇、林梓镇、磨头镇等地受大风袭击,倒塌房屋30多户。

8月9日20时到11日20时,受台风莫拉克影响,南通地区普遍出现暴雨至大暴雨。全市有111个站点雨量超过50毫米,65个站点雨量超过100毫米,最大雨量182.5毫米,出现在如皋柴湾。全市普遍出现大风,最大风力陆上18.1米/秒(8级),出现在如皋本站;沿江16.0米/秒(7级),出现在启东兴隆和南通狼山;沿海26.3米/秒(10级),出现在如东洋口闸。

据市民政部门统计,此次台风共造成全市122.35万人受灾,紧急转移人口736人,农作物受灾面积120.44万亩,共有236户、439间居民住房倒塌,损坏944间,造成直接经济损失约20130万元,其中农业损失近19110万元。

海安:台风造成倒塌房屋39户150间,损坏房屋92间,转移安置254人,农作物受灾面积24.4万亩,成灾面积1.5万亩,直接经济损失2095万元。

通州:台风造成40%的在田农作物受淹,部分房屋倒损,工厂企业进水受损。截止8月10日下午16时,灾害造成倒损房屋501间,其中倒塌13间,损坏488间,直接经济损失约75万元;农作物受淹面积达3.87万公顷,直接经济损失达4000多万元。

海门:受"莫拉克"影响,全市90.24万亩总耕地中,农作物积水面积约25.5万亩,占总耕地面积的28.3%,严重受灾农田面积8.7万亩,占总耕地面积的9.6%,成灾面积4.2万亩,占总耕地面积的4.65%,预计造成经济损失达6603.8万元。其中棉花积水8.1万亩,倒伏6.9万亩,经济损失2025万元;大豆积水4.04万亩,倒伏2.47万亩,经济损失432万元;玉米积水3.4万亩,倒伏0.65万亩,经济损失510万元;花生积水3.1万亩,经济损失372万元;露地蔬菜积水面积4.83万亩,经济损失2583万元;设施蔬菜积水1.94万亩,经济损失570万元。畜禽棚舍进水面积38331平方米,倒塌面积2140平方米,经济损失42.8万元;水产养殖池塘5.9万亩,其中漫堤逃逸面积达1.14万亩,经济损失114万元。田间积水较为严重的乡镇有天补、德胜、三厂、悦来、其林、四甲、王浩、余东、正余、树勋、滨海新区等乡镇。暴雨造成市区部分低洼的小区积水;老通吕线、海防公路等部分路段积水,滨海新区因准备充分,大雨未造成内河水位猛涨现象,但海堤部分地段出现流槽;三厂镇镇区因施工造成排水不畅,积水较多;三和镇短时间田间有积水,沿江公路的路肩经过长时间雨水冲刷,泥土出现流失,影响与之交叉的田间小路;王浩镇部分地势较低的农田出现积水,最深处达40厘米;悦来镇转移了2户住房存在安全隐患的贫困户;四甲镇一些地势低洼的地方出现了短时间积水。全市一共倒房9户21间;损房7户27间;经济损失13.8万元。

如皋:台风造成如城等17个镇125户群众住房倒塌225间,损坏房屋167间。农作物受灾面积2万多公顷,成灾面积达1.6万公顷,直接经济损失9668万元,其中农作物经济损失9238万元。

11月2日12时许,正在锚泊避寒潮大风的工程船"航工桩8号",在如东洋口港黄海大桥西侧5千米处遇险,经南通海事局搜救,15名遇险人员安全上岸。

2010年 8月7日下午3时许,苏通大桥附近长江江面上,两艘渔船突遇风浪,进水下沉,三名落水船员被南通和常熟警方合力救起,送医诊治。

第四节 强对流天气

雷电、冰雹、龙卷风和雷雨大风,统称强对流天气,均属于中小尺度天气系统。由于它们具有突发性、破坏力极强,同时又相伴发生,是南通地区主要灾害之一。

强对流天气的发展,不稳定的大气温度层结和充沛的水汽是热力因素,而风随高度的切变和气流的辐合,则是动力因素。常见的有四类触发天气系统,分别是:

(1)华北冷涡后部有冷平流南下,涡后西北风急流使中低层切变加大,气流辐合加强,使不稳定能量释放。

(2)沿海低槽后高层冷空气随西北气流快速南下,而中、低层却是暖平流和增湿过程,形成强烈的位势不稳定,地面冷锋或暖性切变线触发不稳定能量释放。

(3)大气中层低槽底部出现冷涡东移,使冷空气迅速南下,使锋区斜压性加大,同时冷锋前后风切变增大,辐合上升加强,触发强对流天气。

(4)低空有暖性切变,低层西南急流源源不断输送对流性不稳定能量,也加大了垂直风切变,由地面上倒槽中的暖性切变线触发不稳定能量释放。

此外,发展强盛的江淮气旋以及登陆后到达中纬度并接近衰亡的热带气旋中,也会出强对流天气。

1956—2005年50年间,江苏省共发生过1070次龙卷风记录,平均每年江苏会有21.4次的龙卷风事件,在江苏地区,苏州、无锡、南通为龙卷风灾害的高风险区。

一、公元1301—1911年强对流天气灾害

元　大德五年(1301年)七月朔,昼晦,暴风起东北,雨雹兼发,江湖泛溢,通、泰、真州,民被灾死者不可胜计。沿江之地漂没庐舍三万四千八百余户。

元　至正十九年(1359年)通州:雨雹害稼。

明　正德十年(1515年)通州:四月有龙起,西北风大作,沙石蔽空,摧撤本州礼房、架阁库、军器库及坏民居四百余间。

明　嘉靖元年(1522年)通州、如皋:七月二十五日震雷,风雨大至,江海暴溢,民舍荡折,死者数千人。

明　嘉靖九年(1530年)如皋:冬雷雨冰。

明　嘉靖十六年(1537年)通州:夏雷击通州长文庙左鸱吻及左楹。

明　嘉靖二十年(1541年)如皋:九月雨冰。

明　万历二十一年(1593年)如皋:雨黑黍。

明　万历四十二年(1614年)如皋:八月雨雹伤稼。

明　元启元年(1621年)通州:二月雨雹。

明　崇祯元年(1628年)通州:雨雹大雪,雪中间霜。冬十一月癸未雷电。

明　崇祯七年(1634年)通州:正月戊子雷震雨雹,十二月丁亥未时雷。

明　崇祯九年(1636年)通州:正月二十八日早,昏黑如夜,疾雨轰雷中,陨黑豆满地,拾之须臾盈掬,其甘苦不一。

明　崇祯十六年(1643年)通州、如皋:冬至夜雷大震。

清　顺治三年(1646年)通州：九月霜降日闻雷。

清　顺治六年(1649年)通州：六月二十三日龙现全身。

清　顺治九年(1652年)通州：二月雨雹。

清　康熙元年(1662年)如皋：大风拔树坏屋。是年正月震雷达旦。四月雨雹大如斗，禾麦尽伤，坏屋伤人无数。

清　康熙二年(1663年)通州：正月雷震达旦。十一月四日雷电。

清　康熙十五年(1676年)如皋：六月七日雨鲤。

清　康熙五十五年(1716年)通州：八月雷击。

清　雍正十一年(1733年)通州、如皋：正月雨雹。秋雨黑豆。

清　雍正十三年(1735年)通州、如皋：冬雨黑豆。

清　乾隆二年(1737年)如皋：夏雨雹伤麦。

清　乾隆五年(1740年)通州：春三月朔狂风拔木。如皋：春三月朔狂风拔木飘瓦。

清　乾隆六年(1741年)如皋：夏大风雷坏屋。

清　乾隆九年(1744年)通州、如皋：春雨雹。

清　乾隆十二年(1747年)通州：春正月雷。

清　乾隆十三年(1748年)通州、如皋：夏五月暴风雨雹，拔木坏屋无数。

清　乾隆十四年(1749年)如皋：四月雨雹损麦。

清　乾隆五十五年(1790年)通州、如皋、泰兴：夏四月大雨冰、麦尽损，赤地数十里，木叶尽脱。

清　嘉庆十二年(1807年)通州：七月大雨冰。如皋：七月，全境大雨雹袭击，秋稼受严重损失。

清　道光十九年(1839年)通州：三月大雨雹。

清　道光二十一年(1841年)如皋：秋九月九日未刻大雨雹雷。

清　咸丰十一年(1861年)如皋：四月十四日雨冰。

清　同治十一年(1872年)通州：三月雨雹。

清　同治十三年(1874年)通州：雷震白蒲……

二、公元1912—1949年强对流天气灾害

民国六年(1917年)5月3日下午南通下冰雹：14时14分至14时35分雹之直径小者5厘米成卵形，大者10厘米成锥形。15时00分至17时28分又下，雹之大者比白果大，成锥形。雨颇大。

民国七年(1918年)立夏节后，以金沙为中心下冰雹宽约5千米，长约10千米，自西北向东南，雹块大的有酒盅儿大，积雹2寸厚。麦子损失70％，棉花重播。

6月15日晚19时平潮降红雨，内含红色矿物质，由旋风所致。

民国八年(1919年)四次雷击：(1)3月26日，南通县吕四区有一农人触电(雷击)；(2)7月20日唐闸区电话公司接电机触电；(3)7月21日天生港有一船夫触电，刘桥有一蛇触电；(4)7月25日狼山区有一农人触电。

三次冰雹：(1)3月26日14时59分至17时47分南通冰雹；(2)小满节后，海安北凌地

区下大冰雹,除早元麦已收外,其余全部打光;(3)5月27日18时南通县城东降雹,大者直径6厘米;农作物被其击伤。

民国九年(1920年)平潮区8月7日有一古树触电。8月29日余东区有二人同时一齐触电,金沙区一古树触电。

民国十年(1921年)立夏至小满期间海安李堡地区和如东栟茶地区下冰雹,大如鸡蛋,移向自西南向东北。麦子损失60%～90%。

民国十一年(1922年)2月10日城区陆洪闸有一村妇触电毙命。

2月25日15时26分至20时45分下冰雹,直径约5厘米。

7月1日15时(五月初七)石港镇东北二里许之横河口龙卷风为灾,被风卷去房屋171户,4人死亡,受伤者不计其数。乡民目击者说有两条龙。自西北向东南再向东北达掘港境内。飞沙走石、异常之响,瞬间卷走一切。

7月19日观永区三圩头发生龙卷风,一户陆姓人家房顶被卷走。

民国十三年(1924年)6月5日如皋县江安地区下了大冰雹,最大的饭碗大,瓦片打碎,作物打光,不少人头被打破。

民国十四年(1925年)7月26日20时39分至21时25分军山台下雷雨,平潮市区有古树一株遭雷击。

民国三十年(1941年)6月5日下午南通大雨雹,多数大如鸡蛋,最大者如小磨,历一小时之久,打坏玻璃窗、瓦不计其数,有行人被大雹击毙,朝北的墙脚下,积雹二、三尺。该冰雹自东北而来,向西南而去,是南通百年来未有之大冰雹。

民国三十四年(1945年)清明节,南通县正场地区下了大冰雹,小的碗大,大的有钵头大,麦子被打光。这次冰雹是自西北向东南移去。

民国三十七年(1948年)在麦抽穗时,海安李堡地区由北向南下了冰雹,一般鸡蛋大,大的拳头大,从东台的丁家庄到海安李堡几十里长、三里宽的一块地区,麦穗打得像鸭吃的。

三、公元1950—2010年强对流天气灾害

1950年 7月6日晚如东县掘东区突发大风,吹坏房屋329户702间,吹倒玉米200余亩。

9月2日24时至3日01时,自如东丰利区海滨起向东南至启东县惠安区,长110千米,宽10千米(最狭4千米)范围内下了冰雹刮了大风,雹径1～1.5厘米,风力7～10级。如东县4个区,南通、海门、启东三县各一个区受灾,受灾农作物11.0612万亩。损坏房屋914间,倒毁358间。伤5人,伤牲畜4头。丰利区四民乡30厘米直径的树被拔起。

1951年 5月20日18时20分如皋县西北起夏堡乡卢家庄东到丁埝;西南起江安的苍燕头北到柴湾,纵横60华里,下了10分钟大冰雹,一般鸡蛋大,大的钵头大,最大积冰一尺多厚,少的有三至四寸厚。共有64281亩麦子失收,另有22万亩麦子严重受损。毁坏房屋7300多间。飞禽走兽被砸死无数。

5月25日启东县寅阳带被旋风吹倒房屋数百间。

9月2日南通县沿海地区遭受暴雨和冰雹袭击。

1953 年 5 月 6 日 15 时至 18 时海安、如皋、通州、如东四个县 16 个区受冰雹、龙卷风袭击,共有 64 个乡约 400 个村受灾。冰雹一般如汤圆大、拳头大。最大的一个,刘桥新生乡称得 8 斤十两(4312.5 克)!南通县平东区长行桥被龙卷风卷升到树头高,从三户人家屋顶上打过去二十九丈远。葛家一只船被卷上了岸,另一只船被竖插在河里。有 8 万亩麦子失收,损失 5 至 7 成者 52216 亩。损坏房屋 5342 间,倒毁瓦屋 174 间。拔树 340 棵。毁坏水车 24 部,车棚 189 座,许多鸟类和动物被打死。

6 月 2 日 17 时如东县苴镇、蒲东、掘郊、丁埝等区 18 乡受冰雹、大风袭击。重灾区棉花损失 50%~80%,玉米倒伏,小麦损失 10%。房屋倒了不少,如苴镇的常信、友山等 5 个村刮倒房屋 500 余户。另外毁倒房屋蒲东 75 间、掘郊 21 间。

6 月 19 日 17 时如东县栟北、丰利等区受冰雹大风袭击,倒房 4158 间,水车棚 100 座。全县其他地区也受到不程度的影响。

6 月 19—27 日海门县常乐、王鲍、新南、四甲、六甲等 10 个地区先后受狂风暴雨袭击,受灾农田 3 万余亩,吹坏吹倒房屋 700 多间,轻重灾户 400 多户,受伤 9 人。

9 月 3 日海门县横沙、四甲等部分地区受龙卷风袭击,吹倒吹坏房屋 620 多间,受灾农户 273 户。

1954 年 10 月 24 日海安北凌、李堡地区,自西北向东南沿海安、东台二县交界处有冰雹、大风,荞麦被打光,红薯、芋头、青菜等均受损失。李堡三里大队干群反映,冰雹大的有鸡蛋大,历时 30 分钟。立发区西洋乡群众反映,冰雹大的有碗口大,地面积冰 1~2 寸,该区 296 亩荞麦有 129.8 亩被打光。

1955 年 7 月 29 日 15 时 42 分、15 时 47 分、15 时 51 分三次在南通站东南约 1 千米处发现球状闪电。事后调查,大生副厂街 1 号内雷击楼房山头墙的屋瓦一行损坏,房内电灯电表炸毁,屋内一妇女受震跌伤,并成痉挛,另有两老人因惊骇神经失常。

1956 年 6 月 6 日 14 时南通市西郊的城港乡、任港乡、市区及东南郊,受冰雹、大风袭击。测站风速达 26.6 米/秒,风向西北转西风。雹径大的如鸡蛋一般,小的如银杏果一般。大风共刮倒房屋 400 余间(任港乡占 300 多间),毁坏 300 余间。市区倒墙 23 处。受伤 14 人。压伤牲畜无数。郊区有 60~70 万斤粮食受到影响。电线杆被刮倒十多根,大小树木吹倒很多。

7 月 17 日在如皋县石庄区发生龙卷风,人民财产受到损失。

1957 年,据回忆,如皋县西马塘和丁埝之间赵明下冰雹,打掉很多庄稼。时间在夏天。

1958 年 4 月 17 日 20 时至 20 时 30 分,海安县河东地区 14 个公社和如东县如泰河北 9 个公社,自西北向东南,受冰雹、龙卷风袭击。最严重的是北凌公社二灶大队、白果大队及海安农场的六一大队。雹径一般碗大,小的有磨子大。风力 10~12 级。最严重地区积雹一尺余厚。共打死 4 人,重伤 22 人,轻伤 77 人。死牛 1 头、伤 3 头;死猪 10 头,伤 12 头。坏房 9741 间,倒毁 1941 间;雷击烧掉 7 间,毁坏车棚 135 座,打坏水车 21 部。二灶大队一户屋梁被打断。受灾三麦二豆 156378 亩,其中失收占三成。灾后哭声连天,一片凄凉。

1959 年 6 月 8 日 14 时至 15 时,如皋县南部九华、龙舌、营房、郭园、车马湖、下原、新姚、勇敢、白蒲、蔡炎等十个公社 41 个大队,南通县平潮、石港等 4 个公社,如东孙窑、饮泉等 3 个公社受冰雹、龙卷风袭击。雹径一般豌豆大,少数汤园大。风力 10 级。受其影响,死7人,伤23人。死猪7头,鸡119只。吹坏房屋3436间,其中倒毁吹走357间。刮倒猪舍135间,车棚179座,水车16部,风车48部,打破锅48只。如皋县有1465亩割好的小麦被刮卷一空。共19个公社的94个生产大队受灾。在东西长50千米,南北宽2~3千米范围内,一般小麦每亩落粒10~20斤,棉花、玉米、秧苗除叶子打碎外,有10%~20%死亡。

7月17日17:55—18:10如皋县倪健、子厚、戴庄、仁静、胡芝、磨头、大明、新民等八个公社43个大队受从西北向东南移动的龙卷风、冰雹袭击。冰雹最厚的积4~5寸。龙卷风刮坏房屋1432间,倒毁253间。死伤猪19头,羊1只。3万多亩棉花、水稻、玉米、花生、芋头等作物受损失。

8月26日15时至16时,海安县沙岗公社3个大队和北凌公社受冰雹袭击,一般大豆大,大的有汤园大。损失不大。

8月27日14时至14时30分,南通县忠义、国华、金余、济凡等公社的部分大队受冰雹、大风袭击。雹径一般白果大,大的鸡蛋大;风力10级以上。伤28人,其中重伤5人。死伤牲畜13头。70%的棉花、玉米、水稻、大豆等作物受损失,棉花严重的被打成光秆。

如皋县马塘公社,是秋,在8华里长的狭长地带也受到冰雹、龙卷风的袭击,当时黄豆正开花,损失很大。

1960年 4月9日20时至20时30分,启东县和合、惠和、大丰3个公社部分大队下了冰雹,并刮了6级以上大风,从西北向东南移动。主要是蚕豆受害较大,花蕾脱落,叶片打伤。

5月3日15时至15时10分,海安、如皋、如东、南通四县共有11个公社下了冰雹。农作物受灾1739亩,损失60%以上,倒房56间,猪舍20间。打死8岁小孩1人,伤8人。触电烧掉草房1间。

5月27日16时50分至20时,龙卷风和冰雹自西北向东南影响如皋胜利、吴窑、邓白、蔡炎、石庄、石南、江防、郭园、车马湖、龙舌、勇敢等11个公社和海门县瑞祥、德胜、悦来、平山、麒麟、临江等7个公社,跳过南通县,龙卷风持续5分钟,风力9~10级,冰雹持续10分钟,雹径一般大豆大,大的似蚕豆。海门临江地面上积了白白的一层。共计刮坏房屋2837间,倒348间。伤7人。伤牲畜8头。在田小麦也受了损失。

7月13日17时至18时在南通县骑岸、五总两公社的15个大队,自西南向东北,在长5千米、宽4千米的范围内,下了8分钟冰雹,

雹径一般豌豆大,最大的蚕豆大。刮了1小时的大风,风力7级以上。该地区共刮坏房屋2546间,其中倒毁246间。一头耕牛因触电死亡。水稻、玉米、棉花均受到不同程度的损失。

同时,海门县东兴、刘浩两公社34个大队遭受龙卷风袭击,还夹带小冰雹。有177户共刮坏、倒塌房屋304间。有9000亩玉米和8000亩棉花遭受了近20%以上的损失。

7月17日15时前后如东县五义、丰利、古坝、潮桥、德贵、四明、光荣等15个公社下了15分钟的冰雹,并有龙卷风。雹径小的如黄豆般大,大的如鸡蛋一般。最大的有汤碗大。自西北向东南移。其中五义公社损失最大。这次灾害共死亡4人,伤12人。刮坏房屋9359间,其中倒毁429间。此外刮坏厕所、猪舍1829间,风车25个。受灾农作物共10万亩,其中损失严重的17200亩。

同时，南通市唐闸、天生港两公社也遭受冰雹、龙卷风袭击。雹径1~4厘米。其中沿通吕运河两岸的金余六大队、七大队、金中二大队、金沙一大队、二大队最严重。从新华公社俞家园粮库向东南至金余公社长14千米、宽4千米范围内有1177亩农作物受损失，特别严重的141亩。死1人，伤4人。刮坏房屋329间，其中倒塌38间。

1961年 4月1日15时40分至15时57分如皋县有48个公社的452个大队受大风影响，其中中部和南部受灾比较严重。共计死2人、重伤43人、轻伤238人。伤亡猪21头、牛5头。倒屋9544间。

5月9日夜如皋县江防、邓白、蔡炎、磨头等公社出现冰雹，没有明显灾害。灌浆期小麦受隐形损失。

1962年 "6205"号台风来袭后，7月20—23日期间，在海安县和如皋县局部地区出现了龙卷风。尤其是海安县，受龙卷风袭击范围长45千米、宽0.5千米有11个公社的52个大队12000户人家被刮倒房屋19400间。

1963年 5月21日16时，如皋县江防、二案、石南、营防、吴窑、九华等公社部分大队自西向东遭龙卷风，同时下了10分钟冰雹，有蚕豆大。大风把二案供销社的500张芦筐刮上天，其中200多张刮到江里。共死亡1人，受伤100多人，压死猪2只。损坏房屋11959间，其中倒毁2521间。二案港一艘6吨重的船被吹翻。麦田倒伏855亩。

5月29日17时，如皋县自西南向东北有石北、吴窑、蔡炎、新建、黄市、雪岸等12个公社12个大队受龙卷风、冰雹灾害。雹径：白果大，小的豌豆大。共伤84人。打死猪7只、牛1头。吹坏房屋11442间，其中倒房2121间，刮走大场麦秆4410多万斤，车棚16个。在田作物严重损失。

7月14日13时后海安县仁桥、海南、南屏、海安镇、平等、立发等6个公社和南通县陈桥、祖望、幸福等公社，从西南向东北发生了龙卷风，共压死2人，伤16人。死猪2头、伤2头。刮坏房屋2284间，倒756间。另倒猪舍19间，牛棚71个，风车23部。

8月24日17时10分至17时40分海安县农场和北凌公社白果、先锋两个大队下了冰雹，雹径一般3~4厘米，最大7~8厘米。路径自西北向东南移，然后折向东北，宽2千米、长3千米。受灾作物3467亩，其中失收1087亩。

1964年 4月6日凌晨02时海安县北凌、韩洋、南屏、海安镇、雅周等地发生冰雹、大风。雹径：蚕豆大、黄豆大。共死亡3人，伤22人；刮坏房屋28000间，其中倒624间；猪舍53间，烟囱11个，电杆4根，水车棚24个。

4月21日下午如皋县江安、丁埝、磨头、白蒲、薛窑、石庄等6个区31个公社近万户和如东县双甸、庭贵等29个公社有小冰雹、雷击和大风。倒房1454间，倒墙5638间，损坏房屋8634间。屋面吹翻1.2万间，倒房打伤56人，雷击死亡2人，伤6人。其中如皋县江安中学数学教师陈有别，在打扑克牌时，被雷击身亡。其坐位紧靠墙，球状闪电受阻爆炸，与他相邻的徐志老师受伤，另二人无恙。农作物受灾1410亩。

1965年 5月16日下午海安县北部的8个公社51个大队受冰雹、大风袭击，雹径小的米粒大，一般如樟脑丸大，大的拳头大。冰雹带宽约3千米，西起灯头公社林塘大队，东至北凌公社八灶大队，持续5~15分钟，重灾有18个大队，灾情不详。

5月20日下午13时至14时专区6县计84个公社受冰雹、大风袭击。历时一般10~

20分钟,最长40分钟。雹径一般1～2厘米,最大4厘米(如鸭蛋大)。路径自北而南,南三县仅影响北部。灾情最大的是如东县双甸、岔河、马塘、掘港、掘东五个区的20多个公社和海安县的李堡、西场、曹园3个公社。在田作物大麦、蚕豆、棉花损失二成以上,黄豆断七至八成。海安损失夏熟粮食180～200万斤。大风造成的损失也不小。

6月17日12时40分启东县向阳公社和近海公社遭龙卷风袭击。群众看到一条龙从天空伸向地面,淡黄色,声音如几百架飞机似的,上下串流,由西南向东北移动,速度很慢,从开始到消失约两小时左右。受其影响损坏房屋49间,其中倒毁25间;压伤25人,其中重伤6人。

7月4日,龙卷风、大雨、冰雹袭击如皋县薛窑、白蒲、丁堰、城东等区的15个公社,雷击死亡1人,伤1人。打死猪11头。遭灾农田11.5万亩,倒、坏房屋3500间。

7月18日上午南通县恒兴、东余、尊山、华丰等公社刮了龙卷风,恒兴公社还伴有冰雹和雷击。有14人被压伤,其中重伤2人。222户338间房屋被刮坏,其中倒塌70间。倒烟囱50多个,车棚3个。农作物也有损失。

8月13日14—15时如皋县东陈公社和海安县丁所、曹园、李堡、沿口、角斜等公社自西南向东北下了冰雹,刮了大风。雹径白果大。总计受灾面积25000亩,其中棉花19000亩,损失最为严重,仅李堡损失棉花2000亩,亩产仅为10多斤皮棉。春玉米断秆破叶的有2800亩,其中损失四成以上的573亩。中晚稻受灾3100亩,其中损失达四成以上的80亩。

8月17日15时海安县南莫公社秦楼大队下了冰雹,地上积了白白的一片,蚕豆大。青稻粒被打落,估计早稻每亩损失80斤,棉花只有对成收。这次大风和冰雹是从泰县曹庄向东北移入的。

8月27日14时至20时,南通县四安、垦南、西亭、高东、二鸢等公社和南通农场;启东县江海区、吕四区的约10个公社,先后刮了龙卷风,下了冰雹。雹径:小的0.4～1厘米,大的2～3厘米,农作物损失不大。但龙卷风共刮损房屋216间,其中倒塌83间。

1966年 3月2日8时30分启东县汇和、惠丰、大兴等3个公社,自西南向东北受冰雹、龙卷风袭击。雹径:一般鸡蛋大,最大饭碗大。共损坏房屋712间,其中倒塌262间。死1人、压伤15人。三麦、蚕豆、油菜被冰雹打坏共7235亩。

6月4日19时,如东县石桥二大队,南通县五总、石港、岸西、五窑公社,如皋县奚斜、林梓公社受龙卷风袭击,风力11～12级,持续时间5～20分钟。如东毁坏房屋22户。如皋县毁坏房屋584户,仓库33间。南通县受灾最重的是石港、五总两公社,石港有1000多户受灾,重灾300多户,屋顶被卷走,烟囱被刮倒,压伤3人;五总186亩麦子损失二成,一生产队在场的1300多斤小麦被卷走,吹坏仓库23间,社员房屋192间,厕所、猪舍177个,一部水车被刮出去100多米远。

6月29日深夜至30日凌晨,海门县刘浩、东兴、包场、万年、海洪、余东、树勋、四甲、国强等9个公社和启东县通兴、吕四、三甲、民主等4个公社,共37个大队受龙卷风袭击,风力12级以上。共吹坏房屋605间,倒320间。雷击死1人,烧毁房屋1间。打伤57人。打死猪1头,伤130头。玉米80%倒伏,其中10%～15%折断。

7月22日15时30分南通县正场公社受风雹灾害,历时5～6分钟,雹径2厘米;风力9级以上。该公社被刮坏房屋340间,其中倒房220间。雷击死1人,伤14人(包括倒房压伤）。6000亩玉米倒伏，其中15％折断，黄麻损失10％～15％。

8月10日下午海安县王垛、雅周、营溪、张垛4个公社，如皋县袁桥、夏堡、何庄3个公社，如东县双甸公社，受风雹袭击。雹径：小的如黄豆大，一般蚕豆大。最大的如拳头大。风力8～9级。持续时间短的2～3分钟，长的15～20分钟。自西北向东南移，至如东后又折向东北。灾情以王垛公社最为严重，受灾农作物14600亩，其中棉花果枝折断，花蕾被打落的有1479亩。水稻每亩减产100斤。吹倒房屋685间，伤2人。伤耕牛1头。

8月12日下午海安县青萍公社受风雹灾害，小冰雹无损失，但大风有8～9级，刮坏房屋155间，其中倒24间。另倒猪舍25间，车棚17座。房屋倒塌压伤4人，电话杆刮倒若干。

1967年 3月26日11时至12时，南通市郊区4个公社和南通县25个公社共有29个公社受强对流天气袭击，雹径一般蚕豆大，最大的如鸡蛋大，大风8级，郊区龙卷风10级以上，兴东出现雷击。这次过程起自南通市东风公社向东北方向至南通县三余公社，冰雹一般无积聚，个别地区积有1～2寸，后屋檐下3～4寸厚。南通市损失最重的是东风公社跃进大队，共计损坏房屋180间，其中倒伏92间。打掉三麦6100亩，损失50％～80％。死亡7人，伤90多人。南通县仅东余和兴东两公社有灾情报告，兴东有4间仓库雷击失火，损失粮食2000斤。东余三麦二豆损失50％～55％。

4月30日14时20分至15时20分海安县瓦甸、曲塘、仇湖、韩洋4公社有小冰雹，韩洋、西场、北凌、丁所等15个公社和如东县洋口、于港、光荣、五义、丰西、南澪、岔北等24个公社有大风，最大12级以上。从西北向东南移。冰雹很小，无损失。大风造成压死儿童1人，伤55人，其中重伤8人。刮坏房屋55596间，倒6710间；倒猪舍3300间，车蓬785座，刮断桥梁11座。6万亩三麦倒伏。

9月30日，如皋纤维厂因雷击起火，烧毁布机、电动机各8台。

1968年 5月27日晨，南通市红旗公社沿江五个大队和南通县小海、通海、川港等公社遭风雹灾害，雹径小的黄豆大，大的蚕豆大。起自南通市黄泥山德兴镇，向东南移至南通县川港。损失最大的是川港14大队，割好放在田里的油菜，打落菜籽每亩40～50斤。

5月28日傍晚南通县恒兴、东海、东余等3个公社和海门县万年、海洪、三阳等3个公社，自西北向东南发生风雹灾害，最长20分钟。南通县损失小。重灾的海门地区雹径鸡蛋大，最大的拳头大。总计受灾农田32861亩，其中失收或重种12657亩。吹坏房屋85间，其中倒13间，压伤2人。鸟、蛇等野生动物被打死不少。

6月1日16时30分至18时南通县西亭、金西、亭东等25个公社和三个农场受大风、龙卷风、冰雹袭击。雹径一般蚕豆大，大的如白果大，少数鸡蛋大。

6月30日13时30分—龙卷风自南通县石港公社十三大队八小队向东，经五总公社六大队、十三大队最后在遥望港消失，全长4华里，宽10米左右。计64户122间房屋受损坏。其中倒塌67间，损失水车2部。

1969年 6月18日16时至16时45分，海安县仇湖、灯头、烈士、隆政、古贲、平等、立发、南屏等10个公社和海安镇，如皋县戴庄、城西、邓元、柴湾、下原等10个公社遭受风雹灾害。大风8～9级，冰雹最大的有鸡蛋或拳头大。重灾区地上积一层冰块。路径：自海安的仇湖、灯头起，向东南移至如皋下原，宽约5千米，长约60千米的带状地区。历时6～15

分钟。棉花头打断30%以上的8753亩,其中戴庄有2868亩被打断70%~90%,玉米被打断5%。损坏房屋430间,其中倒19间。

6月20日18时至19时冰雹自如皋县西部高明公社向东南移动,经南通县平潮、南通市东郊直至南通县竹行止,宽5~10千米,长75千米。竹行有龙卷风。雹径最大的个别有面盆大。风力10~12级。受灾严重的是如皋县高井公社、南通县观河、东社、竹行公社和南通市东方红、工农公社。面盆大的冰雹出现在东社公社15大队5小队。重灾区地上积满冰雹块。受灾棉田22440亩,要改种;玉米田9733亩;瓜果、蔬菜800亩。共约33000亩。压死1人,伤20多人。压死猪2头、牛2头,鸟雀打死不少。共损坏房屋2055间,其中倒431间。高压线多处刮断。

6月29日16时至17时在如皋县勇敢公社五、六、七、八4个大队,即东西长3.5千米、南北宽1.5千米的范围内,有一条龙卷风自东南向西北移动,刮坏40间房屋,其中严重损坏23间。庄稼损失不大。

7月24日13时至16时如东县14个公社、南通县两个公社先后受龙卷风、冰雹袭击。持续时间几分钟。一条路径自如东县河口公社向东南移至大同公社入海;另一条自南通县刘桥公社向东移至英雄公社,风力估计有12级。雹径大的似桃子,小的似黄豆。如东县河口、于港等11个公社35个大队统计,计受损民房929间,集体房439间,在田作物35000亩,玉米、棉花有折断、倾斜、倒伏和破叶落蕾。南通县两个公社5个大队统计,吹坏房屋107间,仓库9间,猪舍27间。在田作物1177亩,玉米倒伏,棉花倾斜。

8月18日13时12分至16时启东县吕四公社,南通县东余、忠义、金余、唐洪、袁灶、金乐、金南、金北公社,如东县大同、兵房、南坎、潮桥、新店、石甸等公社受风雹灾害。风速:陆上20米/秒,海上27米/秒。雹径一般蚕豆大,个别鸡蛋大。路径南起启东吕四向西北经南通县三余、金沙等地至如东掘东、马塘、岔河、双甸为止。密度:稀,个别地区较密。据三县16个公社58个大队统计:伤18人,其中重伤6人。损坏房屋455间,其中倒塌227间。受灾作物:棉花10596亩,其中严重的5933亩;水稻2165亩,其中严重的606亩。严重的田块减产30%~50%。

9月3日14时30分至15时启东县卫东、卫丰、圩角公社发生龙卷风。路径自北而南。据3个公社受灾严重的5个大队统计:雷击死2人,房倒压伤2人。损坏房屋56间,其中倒13间。田间棉花铃桃脱落较严重。

1970年 6月12日13时20分至15时05分,自海安县李堡起向东南偏南方向移动至如皋县白蒲地区止,长50多千米,宽约5千米,先后发生风雹灾害10~20分钟。风力8~9级;雹径一般蚕豆大,大的有小鸡蛋大,一般无聚积,但严重的平地积1~2寸厚,低处5~6寸。海安县4个公社受灾,灾情较轻。如皋县12个公社94个大队722个生产队受灾,最严重的是雪岸公社。棉花约两万亩受灾,棉苗损失严重的10942亩,其中部分需改种。玉米共约1万7千亩受灾,损失严重的8235亩。水稻(包括秧田)共约2千多亩受灾,其中严重的830亩。小麦有11400亩落粒5%~20%。

7月11日15时至16时,一条龙卷风自海安县角斜公社团结大队第五生产队向西北方向经李堡公社永忠、光明等4个大队的10个生产队,向东台县唐洋公社移去。在宽为60~100米的一条带子内,受灾死亡1人,重伤5人,轻伤16人。打死猪2头、伤2头。受灾102

户损坏房屋382间,其中严重的38户117间。倒塌房屋9间、猪舍95间。玉米倒伏、折断211亩,棉花受损139亩。还有许多社员家俱、衣物被卷走。粮食损失4400斤。

7月26日14时至15时30分,如皋县自北而南发生风雹灾害。自夏堡起,经加力、场北、磨头、桃园、花园、蒲西至龙舌,再向东南跳跃前进至南通县、南通市,伴有暴雨。冰雹直径2厘米以下,少数鸡蛋大;风力8~9级,持续时间10分钟。龙舌公社刮坏房屋1000多间,倒塌178间。玉米倒伏20%,棉花亦有影响,十五大队的棉田断头46%,断枝30%。

7月27日从06时至15时30分,如东、海门、启东3县8个公社先后发生风雹和龙卷风灾害。6时以后在如东县岔南公社五、六大队起经岔河镇岔北公社一大队、岔东公社四大队。丝厂受伤6人,其中重伤2人。沿途房屋损失50%。12时45分至13时30分海门县万年公社再次发生,并移至悦来公社,打伤小孩1人,倒房50多间。15时30分以后,启东少直、合丰两公社第三次发生灾害,少直公社一、三、五3个大队死8人,重伤40人,轻伤80人。损坏房屋130间。

1971年6月19日17时至18时如东县红旗公社三、四、五、六、十五共5个大队刮了突发性大风,吹掉屋草150多间,倒烟囱102个,吹倒玉米苗150多亩、棉花苗300多亩。

7月3日15时28分起,如东县、启东县、海门县共有13个公社受风雹袭击。风力8~9级;雹径一般蚕豆大,大的拳头大。持续一支烟的时间,路径从如东县新林公社起,向东南经岔北、古坝、五义公社,然后经海门县三阳等6个公社的部分大队,至启东县聚南、向阳、新义等公社。农作物共有169000亩受灾;海门县成灾面积26700亩。房屋损坏800间,倒45间。猪舍损坏113间,倒24间。压伤5人。

7月11日13时30分至14时30分南通县、海门县自西南向东北受龙卷风袭击,持续时间15分钟。南通县忠义公社死亡2人,重伤50人,轻伤92人。倒房865间,其中集体房243间。成灾玉米、棉花6000亩,其中严重损失3540亩。海门县新建公社成灾玉米田1000多亩,吹坏房屋1间。

7月24日18时至20时,从海安县瓦甸、灯头、仇湖起,向东南经胡集公社、胡集镇、海北公社,至南通县陈桥公社,有风雹灾害,其中海北公社、陈桥公社有龙卷风。雹径一般蚕豆大,大的似桃子。海北公社伤7人,重伤1人。倒塌房屋40多间;陈桥公社十八大队刮坏房屋70间,无人畜伤亡。另有海安县新海公社触电死2人,伤1人。

8月12日,海安县北凌公社下了小冰雹,刮了大风。造成1人重伤,四人轻伤。损坏仓库、棚舍29间,其中倒塌15间。受灾棉田40亩,蕾铃脱落。

8月25日20时海安县北凌、海防公社下了冰雹。南通县通海区突发大风。通海区刮坏房屋206间,其中倒毁24间;刮坏仓库10间,其中倒毁7间;刮坏猪舍118间,其中倒毁51间。损坏薄荷灶40多个。川港公社十二大队九小队倒房压死14岁女孩1人。

1972年6月11日上半夜出现两次风雹灾害:

第一次,20时37分到21时海安县西北部4个公社和如皋西北部1个公社,共5个公社受灾,其中海安县沙岗公社和如皋县戴庄公社有冰雹,海安县新南公社有150毫米的特大暴雨。雹径:蚕豆板儿大,风力8~9级。沙岗公社有8个大队、棉苗打破三分之一,损坏房屋18间。戴庄公社一、五、六、十五等4个大队玉米、棉花共1020亩倾斜、倒伏。其中雹打395亩,破叶率80%。

第二十六章 气象灾情辑要

第二次,22时至24时,自海安县河东地区向南经如皋县东陈、丁堰两公社和如东县双甸、岔河二区,直至南通县平潮区,有小冰雹和大风。各地持续时间15～30分钟。如皋站测得风速27米/秒。共计损坏房屋9000多间、猪舍795间,烟囱321个,刮断电线、广播线杆990多根。倒树仅海安就有1128棵。因高压线断触电和房屋倒塌造成死亡4人,重伤6人,轻伤5人。海安玉米倒伏3037亩,小麦受损1911亩。此外,海门县因大风翻船淹死6人。启东玉米倒伏20万亩。

6月12日15时45分如皋县石北、石南、江防、长江等4个公社和石庄镇下了冰雹,雹径有蚕豆大、小汤圆大。棉花和玉米倒伏、折断较多。江防、长江两公社受灾26000亩,严重成灾10000多亩。

6月14日20时至22时海安县海北公社和如东县岔河区有小冰雹和大风,风力8～9级,持续5分钟。海北公社雷击烧掉房屋9间,触电死1人,水泥电杆刮坏7根,北凌闸小船被冲走。

1973年 7月10日16时至18时,南通县幸福、陈桥两公社的11个大队和南通市红卫公社新村大队出现冰雹和龙卷风,持续时间5分钟。雹径小的如黄豆,大的有蚕豆大;风力9～10级。据陈桥三大队、幸福八大队和红卫新村大队统计:损坏民房、粮仓、牛棚、猪舍共325间,其中倒塌69间。受灾玉米、棉花737亩,成灾302亩。

7月14日14时15分至45分,海安县灯头公社的卫东、东升等5个大队7个生产队和1个小集镇刮了龙卷风。龙卷风起自卫东大队五队,移到新新大队把一条船卷到空中,抛在80米以外的棉田里。受龙卷风袭击,损坏房屋140间,倒塌28间,受伤24人,其中重伤4人。受灾棉花、水稻1400亩,刮走粮店大麦1000斤。

8月1日下午南通县金沙镇和如东潮桥七大队受龙卷风袭击,风力10级以上(测站25米/秒)。损坏房屋160多间,断桁条、柱子37根,吹断电线杆63根。100多个电话机被击坏。棉花倒伏370多亩。

1974年 5月19日下午到夜里南通县五甲公社有4个大队出现短时间的风雹灾害,雹径最大的黄豆大,风力8级。刮坏刮倒房屋30多间,其中民房8间。元麦每亩损失10多斤。

5月31日21时至6月1日零时30分从如东县栟茶区的浒澪公社开始到掘东区的大同公社结束,50多千米受风雹袭击,雹径最大鸡蛋大,维持了3～5分钟;风力9～10级,维持5～10分钟。从西北向东南先后有18个公社受其影响,其中如东县有新林、于港、花丰、同甸等17个公社,如皋县有丁西公社。房屋受损15间,无倒塌,无人畜伤亡。受灾农作物共73010亩,其中棉苗折断五成以上的有22781亩,严重打坏玉米1478亩,小麦800亩,油菜200亩。

6月2日上半夜海安县烈士、古贲、立发、西场、新生、壮志、丁所等8个公社和海安镇以及如皋县雪岸公社受风雹灾害,风力6级,雹径最大的蚕豆大。灾情不显著。

6月4日13时30分至14时,南通县兴东、观河、先锋、姜灶等4个公社和启东县圩角公社受风雹灾害,雹径最大的10厘米(但圩角仅有豌豆大,无损失)。风力8级。持续时间3～5分钟。据南通县4个公社统计受灾农田38143亩,其中打掉五成以上的7221亩,被打光3799亩。伤16人(姜灶1人,先锋15人)。有287户800多间房屋损坏,其中71户175

间倒塌。

6月9日22时如皋县袁桥公社八、九、十、十七4个大队和邓元公社七、八、九3个大队的部分生产队,自西向东刮了龙卷风,宽23千米,长3千米范围内有民房167间、集体房88间,共255间房屋受损,其中严重受损67间。在田玉米、棉花倾斜。

7月12日16时至17时海安县圩头、邓庄、烈士、新南等4个公社17个大队的31个生产队自西北向东南刮了龙卷风,伴有暴雨。损坏民房196户540间,其中倒毁37户129间。损坏仓库、工厂、商店共计38间,蚕室22间,猪舍牛棚238间,吹断高压线两处,广播线杆35根。伤11人,其中重伤4人。死猪2头。受灾作物2332亩。

7月23日15时10分左右,海安县烈士、向阳、青萍、胡集、海北、隆政、仇湖等9个公社的31个大队受龙卷风、冰雹袭击。路径:在海安县北部作逆时针旋转后向北移出,如皋县局部地区也降了小冰雹。

7月24日14时30分至22时,从如皋到启东5个县先后受大风、龙卷风、冰雹、大暴雨危害。如皋新民二十大队,南通县陈桥有鸡蛋大的冰雹。如皋奚斜公社有碗口粗的树被拔起。启东王鲍区刮了半小时10级雷雨大风。路径自西北向东南,缓慢移动,历时5~10小时,最严重的是如皋、南通二县,海门次之,启东、如东二县较轻。共19个区、82个公社的494个大队受灾,其中如皋县200个大队、南通县36个大队。

两次过程涉及6县22个区91个公社525个大队。共因触电死亡5人,倒房受伤112人,其中重伤17人。损坏房屋10929间,其中吹倒2564间。吹倒吹坏猪舍、牛棚、仓库等2167间。受灾农田778000亩,其中棉田428000亩,玉米266000亩,早稻84000亩。

7月26、27日下午到夜里全地区均有7级阵风、9~10级的雷雨大风,并伴有冰雹、暴雨、雷击。26日海安县仇湖公社,如皋县江安、龙舌公社,南通县金乐公社有冰雹;风力大的有如东县栟茶、掘东,南通县刘桥、平潮、金沙、通海、余西等地区,如皋县龙舌、江安公社和启东县江海区等。据了解,如东刮断35千伏电线,供电中断。南通县金东十八大队雷击死一人、死牛一头。启东县江海区刮倒玉米40%~50%,东海公社农机站配电板起火烧毁房屋3间、拖拉机2台、80马力柴油机1台。暴雨造成海安县低田积水12万亩,其中棉田4万亩,水深1~1.5尺。南通县先锋、竹行公社沿江低田受涝。

8月6日15时至17时,南通县二甲、余西两公社16个大队下了10~30分钟的冰雹,一般蚕豆大,最大鸡蛋大。并伴有8~10级大风。如皋县奚斜、蒲西、花园等3个公社10个大队遭龙卷风和冰雹袭击。海门四甲公社合兴大队和新建公社齐力大队各有1人被雷击死亡。据南通县、如皋县5个公社统计:伤13人,损坏房屋128间,倒塌15间。受灾棉田7930亩,其中严重受灾3771亩,受灾水稻1800亩。

9月1日17时至20时如皋、海安二县共12个公社遭风雹袭击,其中严重的有如皋县高明、常青、江安、石北、石南、新建等6个公社和海安县李庄、张垛、王垛等3个公社。雹径一般蚕豆大,大的有鸡蛋大、拳头大。风力10级。两县受伤5人,刮坏房屋564间,其中倒塌181间,刮断水泥电杆33根。棉花受灾面积18502亩,其中严重成灾6144亩;水稻受灾726亩,严重成灾43亩。另有5亩荞麦和200亩红薯、高粱被打光。

1975年 5月30日18时10分至20时如皋、如东二县下了冰雹,一般蚕豆大,最大的拳头大,同时有7~8级最大10级以上的大风,持续时间4~20分钟不等。这次过程是来自泰兴县移入如皋县高明、常青公社再向东北偏东方向移经磨头、丁埝公社至如东县双甸、古坝、丰利、长沙、北坎等公社,最后入黄海。其宽度约10千米,影响如皋、如东各18个公社共36个公社。其中成灾的有10个公社:如皋县常青、高明两公社和如东县石甸、双甸、新乐、丰西、五义、红旗、长沙、北坎等8个公社。受灾面积约20万亩,严重成灾1600亩。大风刮坏房屋3722间,其中倒塌349间,刮坏猪舍202间。伤3人。

6月7日21时至22时自盐城地区的响水、射阳向南至本地区海安县角斜、海防及如东县的靖海、洋口、长沙等公社受冰雹、龙卷风袭击。冰雹小而稀,未造成损失。洋口公社有龙卷风,并且1小时下了33毫米的暴雨,吹坏房屋340间,吹倒猪舍30间。棉花花蕾打光200多亩,玉米倒伏折断50多亩,小麦掉粒一成。

6月20日夜入梅,如东县掘东、花丰、大同、兵房等4个公社的5个大队遭龙卷风袭击,同时有小冰雹,一般雹径小于5毫米,最大的约1厘米,并有暴雨。大风刮坏房屋3188间。死1人,头部重伤1人,轻伤5人。受灾农田60万亩,成灾27万亩。

7月17日16时如东县兵房、南坎两公社的部分大队及掘东盐场,自南向北,宽约80米,受龙卷风袭击,风力估计有12级。刮坏房屋80户233间,其中倒塌105间。刮倒车棚6座,猪舍10间。盐池被吹坏,吹走芦筐1000张,吹走大帐篷两块。伤49人,其中危重2人,重伤14人。玉米、棉花严重受灾300亩。

7月21日03时到05时如皋县北部8个公社和海安县南屏、海南公社,如东县河口公社,从西南向东北刮了龙卷风,估计有12级。据如皋县戴庄、邓元、袁桥、城西、柴湾等5个公社不完全统计:损坏房屋2140间,其中倒塌1332间,倒塌土园仓8座。倒烟囱700多个,雷击击坏变压器一台。戴庄公社十一大队召开社员大会,参加人数700~800人,会堂被大风刮倒,死9人,重伤114人,轻伤267人;另外邓元伤2人,袁桥1人。共打死羊53只。倒电杆18根。玉米、棉花折断达25%~30%。受灾面积11309亩。受潮粮食132万斤。

8月27日,海安县沿江公社东风大队的一、二、三等3个小队和海门县正余公社十、十一、二十二等3个大队,受大风袭击(群众反映是龙卷风)共吹掉房屋90间,其中倒塌18间。重伤3人。雷击死耕牛1头,作物(主要是玉米)受灾90多亩。

8月29日11时30分至13时30分,如皋县如城、丁埝、新民等3个公社和海门县王浩、正余、四甲等3个公社的部分大队下了3~15分钟的小冰雹,雹径1~1.5厘米。测站风速:阵风31米/秒。起自海安、如皋二县交界处,移向东南偏东。据王浩公社统计:有8个大队共吹倒房屋20间,轻伤1人。6000亩棉花,叶被打碎、黄花脱落。其余均无明显灾情。

9月14日11时30分至12时,龙卷风在南通县金西公社的十、十一、十二大队发生。由西南向东北偏东方向前进,至海门县东兴公社、海洪公社的大东大队、渔民大队,最后从启东县天汾公社六、七、八、九大队入海。从生成至入海约半小时。吹到吹坏房屋418间,其中南通县65间、海门县226间、启东县127间。另有猪舍70多间。共死亡2人,受伤50人,其中重伤13人。海门县受灾棉田1600亩。

1976年 4月22日下午12时30分至18时,如东、如皋、南通、海门、启东等5个县的局部地区自西北向东南下了冰雹,雹径比黄豆大,个别有鸡蛋大,并有雷击。13时海门县天补区、南通县通海区遭龙卷风袭击。17时45分至18时如东县掘港区也遭龙卷风袭击。因雷击死亡6人（海安2人，南通、海门、如东、启东各1人），伤4人（海安）。据海门、如东、南通等3县统计：三麦、蚕豆、玉米等在田作物倒伏79136亩，塑料薄膜和营养钵损失也不小。3县共损坏房屋2240间，其中倒塌798间。倒猪羊舍1237间，倒薄荷灶154个。压伤33人。压死猪、羊各1头。

6月10日13时30分至15时30分，海门县三和公社发生龙卷风。龙卷风路径：由长江上岸，在三和公社永兴大队登陆，到横桥大队落地，经四队和六队造成严重房屋倒塌后，又离地，由东向西走，到三南大队六队落地造成灾害，再向西到近江大队二队，又受灾，由近江大队转向北上，又移向东北方向在河南大队使玉米、棉花受灾，最后经三和大队撤走。群众看见有两条龙，一黑一白，影响宽度50米左右，历程3~4千米。同时，启东县决心公社有蚕豆大的冰雹。据三和公社统计：三联大队六队房屋倒塌压死1人，伤3人。共有30户114人受灾，损坏房屋69间，其中倒塌34间。受灾棉花20亩、玉米213亩。决心公社玉米、棉花受灾11100亩，严重成灾3060亩。

6月30日15时至16时启东县海边的三甲公社五大队的五、六两小队受龙卷风袭击，造成重伤2人，轻伤2人。刮倒房屋14间，其中掀掉上盖4间；损坏畜牧场房屋18间。刮倒玉米50亩。

8月6日12时40分至13时一条龙卷风在南通县兴仁上空形成，向东移至正场公社，再向东南到姜灶公社刮倒房屋65间后，转向东北袭击海门县国强公社3个大队，然后向西北回到南通县金南公社九大队，再折向西行横扫幸福公社。此龙卷风呈逆时针方向转了大半圈。据姜灶、国强、金南等3个公社统计：金南九大队重伤1人、轻伤2人。3个公社共损坏房屋268间（含仓库4间），其中倒毁128间。金南刮倒电杆15根。在田作物也有损失。

8月15日6时海门县麒麟、六匡、悦来等3个公社的14个大队受冰雹、龙卷风袭击，雹径小的蚕豆大，大的拳头大。历时3分钟。这次龙卷风损坏房屋432间，其中倒塌186间。吹倒吹坏棚舍515个。吹倒高压线杆3根、广播线杆18根。伤15人，其中重伤4人。冰雹造成4200亩棉花受灾，其中严重成灾2100亩，失收600亩。

1977年 3月15日20时40分至45分如皋县戴庄公社二大队下了小冰雹，雹径为0.5~1.0厘米。测站风速在20时43分为20米/秒。移动方向自东南向西北。经查，薄膜苗床上每平方米有130多个孔。

4月23日20时30分至21时如东县环北、南坎、大同等3个公社先后有2~3分钟的冰雹和5~6分钟的龙卷风。冰雹有小圆子大，风力有12级。路径自西南向东北走。起自环北公社十大队，影响100米宽、1000米长的地区，再跳跃至南坎公社，同时影响大同公社，最后经北坎公社入海。受灾严重的是环北十大队和南坎四大队。共有12人受伤，其中重伤2人。倒房81间，其中集体仓库18间、大队机房1间。另外吹坏房顶和倒烟囱的还有100余户。环北公社新建的瓦房被刮倒，碗口粗的桁条被刮到50米以外。

7月4日下午12时30分至17时南通地区先南后北出现强对流天气。12时海门县四甲、新建、江滨等公社，14时启东县吕四区吕北、吕四、吕东、三甲等公社有冰雹和10级以上雷雨大风；17时前后海安县王垛、张垛、营溪和如皋县夏堡等公社共13个大队有冰雹、雷雨大风、龙卷风。4县共11个公社受灾。死1人，重伤2人，轻伤5人。伤牛1头，猪2

头。刮坏房屋2030间,其中倒塌449间。刮倒猪棚177间。雷击打坏变压器1个。刮倒树木1000多棵。棉花、玉米等农作物受灾面积约3万亩。其中严重成灾10236亩。

7月11日13时30分至14时30分南通县忠义公社8个大队85个生产队、金中公社十二大队和海门县新建公社协力、联合两个大队共11个大队,自西南向东北先后受龙卷风袭击。15时海安县海防公社也遭到龙卷风袭击。3县4个公社统计:损坏房屋1842间,其中倒塌896间,主要是忠义公社倒房占865间。死亡2人,伤142人,其中重伤50人。受灾玉米、棉花6040亩,其中严重受灾3550亩。

7月15日上午7时,海门县沿通吕运河一带遭雷雨大风袭击,包场、四甲、天补、悦来等4个区受灾农作物18万亩,其中玉米倒伏129600亩。损坏房屋1021间,其中倒房298间。伤15人。7~8时启东市天汾公社有雷雨大风从海门方向沿海边而来。7时30分海洋站33米/秒,阵风37米/秒。吕四气象站17米/秒。七至十一大队受灾,雷击死亡1人。损坏房屋4间,倒猪棚40间,玉米倒伏重的地方90%,轻的地方30%~40%,大风所到之处,防坡林倒伏30%~40%。

7月16日中午海门县天补区的三和、天补、秀山、新海等4个公社的40个大队受风雹袭击,31个大队有冰雹,并伴有雷击。雷击死亡3人,伤5人。吹倒吹坏房屋244间,其中三和公社240间。玉米倒伏23600亩,其中三和公社19800亩。棉花受灾10800亩,断枝占15%;另外黄麻断头率46%。

7月17日8时启东县新垦农场八大队一小队,东海公社十七、十八、十九等大队的8个大队下了黄豆大小的冰雹,在田棉花叶子被打破,新垦农场有20亩破叶率30%。

8月4日15时海安县河南地区、河东地区的部分发生雷击,青萍公社永红大队第三生产队有三名妇女合用一块塑料布避雨一起遭雷击,一人死亡,两人重伤。

1978年 5月8日18时至19时海安县李庄、花庄、营溪、仁桥、海南、曲塘、向阳、章郭等8个公社和如皋县戴庄公社,由西北偏西方向向东南偏东方向,受飑线灾害,风力短时间9~11级,冰雹一般有蚕豆大,最大的鸭蛋大。海安县烈士公社和棉花原种场触电死亡4人,受伤2人;章郭公社淹死1人。2县共死亡5人,受伤12人;死猪6头,羊3只。三麦、棉苗、蚕豆、小秧田都受灾,受灾面积约60万亩,成灾面积35.3万亩,失收5万亩。损坏房屋17123间,其中倒塌2305间,吹坏吹倒猪、牛舍2320间,其中倒毁1082间,吹断三线杆400根,吹断高压线杆30多根,损坏粮仓49个。

7月10日16时至17时海安县白甸、瓦甸、新南、沙岗、章郭、李庄、新海等7个公社,如东县新店公社下了冰雹。如皋县奚斜、林梓、下原、九华等公社刮了雷雨大风。如东县岔河区,海门县四甲、瑞祥、国强、平山公社,海安县白甸、章郭、李庄、曲塘公社,南通县金中、忠义、亭东、金南公社和金沙镇共4县约17个公社(镇)刮了龙卷风。经核实,5县28个公社的部分大队受灾,共伤32人,其中重伤3人。死羊1头。损坏房屋27151间,其中倒毁2303间;损坏仓库1099间,猪、羊、牛舍428间;刮倒电杆动力线745根,广播线杆1302根。受灾247000亩。其中成灾棉花43737亩、玉米98298亩共142035亩,失收86782亩。

7月14日17时如皋县雪岸、磨头、大明、场北、丁北等公社刮了10分钟的龙卷风,风力7~10级,并有雷击。5个受灾公社,因雷击死亡1人,因房屋倒塌伤19人,其中重伤4人。伤亡牲畜18头。吹断吹倒玉米10730亩,其中折断30%以上的5126亩;吹倒棉花6767

亩。粮食受潮 6.42 万斤。大明一队砸坏家俱 69 件。

7 月 15 日海安县韩洋公社红星、新华两个大队和朝阳公社八大队二、三两个小队受冰雹、雷雨大风袭击,并伴有雷击。由于刮大风,海安县河东地区玉米大部分倒伏,其中 20% 比较严重。刮坏房屋 104 间,其中倒毁 63 间,刮坏刮倒仓库、蚕室、猪牛舍 52 间。压伤一人。海防公社永红九队遭雷击,3 间房着火,烧伤 1 人;朝阳四大队四小队薛金山家四间猪舍被雷击烧光,烧伤猪 1 头。有一棵直径 30 厘米粗的树被刮断。

1979 年 3 月 29 日下午到上半夜启东县吕四和南通县等地出现冰雹大风。

6 月 8 日 21 时至 9 日 5 时海安、如皋、如东、南通等 4 县 7 区 26 个公社 95 个大队下了 1~12 分钟的冰雹。雹径一般黄豆大,最大鸡蛋大,伴随的大风风力 9~10 级、阵风 11 级。海安站 20 时 30 分时风力 25 米/秒。移向:从西北向东南或从西向东。受其影响,共 14 万亩农田受灾,吹倒吹坏房屋 4640 间。刮断电线杆 67 根,损坏土园囤 9 个。受伤 8 人。海安县胡集公社育红小学有 12 棵碗口粗的树被刮断。如东县北部的长沙等 3 个公社在 9 日凌晨 1 时 30 分至 37 分和 5 时 22 分至 31 分下了两次冰雹。后一次雹径有蚕豆大、白果大,密度也大些,地面基本被覆盖。如东县南部的潮埠等 5 个公社凌晨 1 时至 2 时雹粒 1 厘米。移向自西向东。海安县张垛等 3 个公社 8 日 23 时降雹,直径 2 厘米,最大鸡蛋大,历时 3~5 分钟,阵风 11 级。

7 月 8 日凌晨 4 时南通县石港公社十大队、十一大队和九大队的一部分受龙卷风袭击有 16 户社员被刮坏 30 间房屋。农田受灾玉米 10 亩、棉花 50 多亩。

7 月 9 日 20 时 30 分至 21 时 10 分如东县栟茶区受龙卷风袭击,并有暴雨,风力 12 级以上,范围东西宽 10 千米,南北长 20 千米。全区 156 户刮倒或损坏 356 间房,19 人受伤,其中重伤 5 人。受灾棉花 4500 亩,玉米 1400 亩。

同日 21 时南通市向阳公社前进、曙光、向阳、先锋大队和东风公社跃进、果园大队的部分生产队遭龙卷风袭击。受灾 369 户。损坏民房 849 间,其中倒塌 261 间;损坏仓库 68 间,倒塌 28 间。压伤 24 人,其中重伤 6 人。倒塌电灌站 2 座、电线杆 60 根,破坏输电线路 11.2 千米,电话线 6.9 千米。22 时南通县亭东公社三、四、五、六、七等 5 个大队受龙卷风袭击,重灾户 43 户。倒塌房屋 138 间。伤 5 人。玉米倒伏 24 亩。

三县(市)共 568 户受龙卷风袭击。刮坏刮倒房屋 1411 间,伤 48 人,其中重伤 11 人。倒塌电灌站 1 座,电线杆 60 根,影响输电线路 11.2 千米,电话线 6.9 千米。受灾农田 5984 亩。

7 月 21 日 19 时如皋县长青、吴窑、花园、桃园等 4 个公社的 18 个大队受龙卷风袭击,目击者说,工棚被吹上天,在天上打转,稻田里的水被吸干。龙卷风影响宽度 15~35 米,行程约 7.5 千米。损坏房屋共 200 余户 595 间,其中倒塌 247 间,损毁牛、猪、羊舍 113 间。共 23 人受伤,其中重伤 4 人。受灾农田 12750 亩,其中棉花普遍倒伏 6320 亩;玉米 5830 亩断秆率 12%~18%,个别田块 19.3%。

1980 年 4 月 15 日 16 时至 17 时如东县受风雹袭击,并有雷击。五义、丰西、丰利、凌河、新林、新乐、岔北、古坝、岔南、永江、新光、北坎等 12 个公社 38 个大队 127 个生产队受灾。冰雹有蚕豆大,风力 8~9 级。持续 5~10 分钟,中心位置丰利公社持续 1 小时。因雷击死亡 1 人。刮坏刮倒房屋 193 间,其中集体仓库 4 间。受灾三麦、蚕豆、玉米、棉花苗床共33000亩。

6月23日16时,启东县近海公社有14个大队受雷雨强风袭击,风力9级,持续5分钟。下雨46.0毫米。伤小孩1人。倒房4户8间,受灾玉米22000亩。

6月27日22时至28日3时,海安、如皋、如东、南通、海门等5县先后遭受飑线灾害。海安全县9~10级,重灾是曲塘、雅周、海安等3个区,花庄、向阳两公社有小冰雹。如皋县51个公社有9~10级大风。戴庄、江安两公社有冰雹。如东县普遍狂风暴雨,局部地区有龙卷风和冰雹。南通县只有金西公社有灾。海门县风力8级以上,普降暴雨,遍及全县。如东、如皋、海安伤亡较大,共伤121人;死亡6人。其中雷击造成死亡的如东2人、如皋1人。损坏房屋54700间,其中倒塌14100间。吹倒三杆8200多根。刮倒树木仅如东栟茶、双甸两区就达11830棵。如东县死亡猪羊27头,伤15头。灾区农田受灾面积共188.6万亩,毁坏秧池1800亩。受潮受淋粮食2280万千克。如东县被刮走粮食15.1万千克。

7月17日18时30分至23时30分,如皋、南通、海门、启东等4县沿江一带先后受到大风、暴雨、冰雹袭击。大风从靖江县侵入如皋县黄市、石南、九华、江防、营防等11个公社,穿过南通县平潮区、南通市胜利、东风、向阳、红卫、东方红等公社,南通县金沙区、十总区等12个公社,21时进入海门县大新、临江两个公社,最后影响启东县启西、卫东、海东等3区18个公社,入黄海。南通县的平潮、金沙、十总等3个区有冰雹,小的黄豆大,大的汤园大,时间只有5分钟,十总雷击死亡1人。海门县万年公社雷击烧房1间。据灾区45个公社统计,共死亡1人,伤184人,其中重伤43人。损坏房屋14195间,其中倒毁4598间。受灾农作物58万亩,严重成灾14.2万亩。树木折断、倾倒5.3万余株。南通县损坏猪舍牛棚1965间,淋湿粮食21.285万千克。

7月26日8时至9时南通县东社公社的6个大队、余北公社4个大队及忠义公社1个大队共11个大队遭龙卷风和冰雹袭击。龙卷风由西北向东南移去,纵深了3~5千米;冰雹大的如红枣,仅有2~3分钟。灾区重伤2人,无死亡。损坏房屋343间,其中倒塌200间。

8月12日13时30分至14日龙卷风从泰县大伦公社移入海安县李庄公社勇敢、联合大队,经花庄、青萍、田庄、海南等公社进入海北公社的明道、红光两个大队终止,行程25千米。受灾宽度50~200米,跳跃着地很明显,风力在12级以上,海安染织厂250千克的水泥瓦板被卷起77片摔落地面。124医院内直径60厘米的大树被连根拔起。30厘米粗的槐树在2米处被扭断。高压线刮断10多根。共损坏房屋3606间,其中完全倒毁1009间,损坏猪、牛舍1024间。被打死4人;伤137人,其中重伤47人。刮走粮食6.8万千克。压死牲畜18头、伤8头。在田作物受灾3471亩,棉花严重倒伏1363亩。建筑物直接经济损失46.7万元,工厂停产损失14.2万元。

同日19时至20时,启东县近海公社出现龙卷风,有两个生产队受灾,倒房15间,压伤10人。该公社十五大队和十一大队山芋田被损坏。一户农家6间瓦房顶全部被掀掉,被子、蚊帐及家具飞上了天。

1981年 4月1日南通县站出现了初雷。石港公社十九大队第二生产队社员曹二,雨中撑伞行走,受雷击,当场死亡。

4月17日夜至18日凌晨,自西向东,6个县都受雷雨大风和小冰雹影响。如皋县新姚公社雹径7毫米,受灾主要作物是蚕豆。受灾面积全区83.5万亩;其中严重成灾5万亩。如东县花丰公社,18日夜下了10分钟小冰雹,有1200亩蚕豆打碎失收。

5月1日19时30分至21时30分南通地区6县1市自北向南受冰雹、大风、龙卷风袭击。如皋县有21个公社下了冰雹,以胜利、常青、场南、高井、吴窑、长庄、下原等7个公社最严重,冰雹直径一般4~6厘米,大的达10厘米,而且密度大,墙脚下可用手捧起来。场南公社九大队一块12米长的苗床薄膜有203个洞,最大洞直径8厘米。如东县主要受灾于龙卷风。一条龙卷风自南通县北兴桥镇,经二鸾镇进入如东县童店、华丰一带,龙卷风所经之处,倾刻夷为平地,估计有12级以上。在龙卷风肆虐的同时,下了5~6分钟、长的17分钟的冰雹,雹块大的有鸡蛋大,以潮埠、饮泉两公社最严重。其次海安县有59个大队、南通县有50个大队受灾。启东县、海门县未成灾。

全地区共有76个公社(镇、场)、666个生产大队,178.1万亩农田受灾,其中冰雹所及83.5万亩,成灾面积80.74万亩,损失3成以上;失收3.42万亩,基本打光刮光。损坏房屋3770间,其中如皋倒毁1232间。海安县因雷击多处失火,烧毁民房4间,集体房10间。全地区死1人(如皋),伤73人。其中有14人雷击烧伤。如东县重伤2人。如皋雹块打死耕牛1头,生猪5头,家禽5羽。

5月2日零时30分,海门县包场等6个公社下了冰雹,黄豆大小,历时10分钟,无明显损失。23时至3日1时30分启东县西宁、天汾、通兴、吕四、三甲、吕复、建设、志良、海复、东元、近海等11个公社和近海农场下了冰雹,雹径小的黄豆大,大的蚕豆大,由于时间性短、密度小,所以灾情不重。

5月10日16时至17时启东县近海、东元、合丰等3个公社下了短时间蚕豆大小的冰雹,倒房7间。19时40分海门县新建公社4个大队,自西北向东南,受龙卷风袭击,大风区宽度50~70米,持续3分钟。所经之处,麦子全部倒伏。倒塌房屋16.5间,受伤5人。7米高的电线杆吹倒断裂10根,损失10000元。

6月24日下午自西向东,如皋县的高井、石北、吴窑公社和南通县的新坝、平东、平西、刘桥、幸福等共8个公社的49个大队,自15时20分至16时遭冰雹、龙卷风、大风、暴雨袭击。雹粒一般蚕豆大,大的鸡蛋大,新坝公社有一块冰雹有墨水瓶大。吴窑公社五大队15时30分刮了龙卷风,风力11级。大风也有8~9级,阵风10级。8个公社成灾棉田、玉米田共23242亩;其中629亩基本失收。损坏房屋864间,其中倒塌287间;倒树964棵,其中吴窑643棵。伤7人,其中重伤2人(新坝)。压死猪2头(新坝)。吴窑有10个粮囤被揭顶,粮食受潮9.1万千克。

6月26日18时02—04分海安县城及其周围两个公社下了两分钟的冰雹,大的直径4厘米,平均重4克,伴有大暴雨。除棉花、玉米破叶损失外,灾情很小,但雷击死亡2人。

7月1日17时15分和17时30分如皋县、海安县和如东县先后受龙卷风、雷雨大风袭击。如皋县17时35分至18时受雷雨大风袭击,阵风8~10级。海安县17时15分至19时27个大队50个生产队有龙卷风,风力12级以上。龙卷风有两条路径:一路起自海防公社六大队,经一大队、十六大队、林蚕场、渔业公社由北凌闸出海。另一路由泰县移入沙岗公社的高垛大队,经白甸公社的刘舍等10个大队17个生产队跳跃式前行,损失较大。共损坏房屋598间,其中倒塌326间;伤23人,其中重伤12人。有1500亩玉米、棉花严重倒伏。如东县龙卷风自如皋县、海安县移入沿口公社袭击了9个大队后进入河口、浒澪两公社消失。南北宽约200米,东西长8～10千米,沿南公社气象哨的重型风压板打到顶,所以估计12级以上。倒房27间,倒仓库6间,有数百亩农作物被刮倒刮断。如皋县虽然风力小些,但范围大,所以灾情最重。房屋损坏2304间,其中倒塌1376间。25人受伤。打死牛2头,猪6头。玉米倒伏93800亩,折断3300亩。棉花倒伏125500亩。

7月9日15时—16时如东县岔南、古坝、新林、凌民、南坎等公社先后受龙卷风袭击,其中岔南公社雨前一次、雨中一次,先后两次经过。总体上由西向东移,从南坎出海,历时1个多小时。这次龙卷风共损坏房屋119间,其中倒塌47间。棉花、玉米共倒伏56000亩。

7月15日15时—16时如东县童店、华丰、饮泉3个公社遭受龙卷风、冰雹袭击,龙卷风自南通县北兴公社起,从华丰进入童店再进入饮泉,又从饮泉返回童店,风力12级以上。华丰三大队、童店牛场、峰北二大队有冰雹,大者拳头大,历时10～20分钟。受其影响,死1人,伤50多人。其中重伤23人。损坏房屋1856间,倒房840间。棉花、玉米、早稻受灾3万多亩,严重成灾18912亩。猪、羊死伤32头。另外,南通县北兴公社有3个大队受龙卷风冰雹袭击,只有5分钟,损坏20多间房屋,其中倒塌10多间。农作物无损失。

7月28日13时30分至15时如皋县丁北公社有短时间小冰雹和7～8级雷雨大风,灾情不明显。

7月29日下午,海安、如皋、如东、南通等4县8个公社受强雷雨大风和强雷雨袭击。风力7～8级。降水强度如皋县龙舌公社1小时58毫米,戴庄公社2小时80毫米。据反映,海安县伤3人。如皋戴庄公社受灾面积13540亩,严重成灾9924亩,倒房91间。如东县岔南公社损坏房屋65间,其中倒塌24间。粮食受潮47.75万千克。

7月30日11时10分至20分海门县厂洪公社七大队一、二、四生产队和青龙港、新镇受龙卷风袭击。龙卷风是从崇明县红星农场过江后,在青龙港汽车站东南角登陆,向西北偏北方向移动,其宽度约30米,登陆后行程约1千米。共损坏房屋、仓库37间,倒塌30间。受伤6人,其中1人重伤。轮窑厂房倒塌三分之一,损失6000元。

8月10日15时30分海门县东北部正余、新余、东兴、刘浩等4个公社受龙卷风、冰雹袭击,自西北向东南,行程5千米;最小宽度70米,最大宽度200～300米,冰雹如豆粒;最大的有鸡蛋大,出现在新余公社新余大队。大风维持4分钟左右。据不完全统计:受损房屋230间,其中倒塌90间;伤6人。受灾农作物1万多亩,造成失收5000亩。直接经济损失达55万元。

1983年 4月3日13时30分至16时30分,南通地区六县一市出现大范围冰雹,涉及99个公社,最早出现是海安县,自西向东,下雹范围21个公社,最大的小拳头大,南屏乡高庄四大队北墙下积雹三寸厚。如皋县北部13个公社在14—15时之间下冰雹,气象站测得雹径1.6厘米,调查发现雪岸公社最大的有如鸡蛋大。如东县有34个公社在14时55分至15时02分遭受风雹袭击,最大风力10级。最大雹径鸡蛋大。海门县自15时30分至16时自西向东,15个公社下冰雹,最大直径4厘米。最后是启东县,16时至16时30分,20个公社下了小冰雹。据灾情较重的如东、海安、海门、如皋等4个县统计:受灾面积229.9万亩,成灾面积39.9万亩。大风刮倒房屋700多间。损失薄膜22万千克。刮断电线杆37根。

4月26日海安县出现雷雨大风,局部地区有冰雹。三麦倒伏18.9万亩,占三麦总面积的32%,倒损房屋600余间。

4月28日01时飑线影响如东县,阵风25米/秒,02—03时海门有冰雹,启东有冰雹、龙卷风,南通县也受雷雨大风影响,阵风24米/秒。

四县重灾区分别是:如东县岔河、马塘、双甸3个区最严重;南通县刘桥、石港、平潮3个区,启东县王鲍、海东两个区较严重;海门县临江、三阳两个公社的14个大队又次之。共有104.6万亩农作物受灾,其中严重成灾70.4万亩。损、倒房屋约2万间,其中倒塌4315间。死1人,伤30人。倒烟囱875个,断倒电线杆60余根。

5月1日如皋、海安等县遭龙卷风、冰雹、暴雨袭击,刮倒房屋3.72万间;死1人,伤53人。农作物倒伏127.95万亩。

7月1日下午海安、如皋、如东3县遭受历史罕见的特大龙卷风袭击,同时伴有暴雨、冰雹。两条龙卷自西向东偏东平行移动。共有12个区、39个公社、163个大队、904个小队受灾,直接受龙卷风之灾的18471户,共7万多人。砸死(雷击死)共31人,伤1757人,其中重伤516人。无家可归的5693户,2.3万人。损毁房屋6.812万间,其中倒塌房屋3.2324万间。农田受灾面积245万亩,其中严重成灾125万亩。粮食受潮685万千克,被风刮走粮食342万千克。电杆折断6684根。受灾较重的如东、如皋两县统计,直接经济损失5752.59万元。

7月23日下午如东县沿老海堤出现雷雨大风和冰雹,风力8~10级,雹径蚕豆大。路径呈西北向东南走向。栟茶、马塘、掘东3个区的靖海、环北、曹埠、环镇、丁店、南坎等6个公社遭到不同程度的影响和破坏。

8月9日15时海门县新海公社南部、秀山公社北部、三和公社东部及本站周围下了冰雹,一般雹径1厘米,最大的2厘米;同时有大风,秀山、新海、江滨、常乐、厂洪等6个公社刮坏房屋3120间,其中倒塌30间,严重损坏90间。吹倒电线杆7根。受伤10人,其中重伤2人。15时左右青龙港江面有龙卷风自东向西走,历时10分钟,无灾情。

1984年 5月29日15时42分如东站下冰雹,最大直径1.2厘米。如东全县掘港、栟茶、丰利、苴镇4个区的12个乡和4个农场、107个村遭受风雹灾害,路径:南路从掘郊乡向北推进;北路从靖海乡的新垦村向东南移动。南路损失不大;北路强度大、面积广,南北约10千米,东西宽约50千米,并伴有狂风暴雨。时间长达1小时,损失大。在12个乡中受雹灾最重的是苴镇、新光,受风灾最重的是石屏乡。共损坏民房1900间,其中倒塌600间。受灾三麦,棉苗、秧苗、油菜约12万亩,一般损失三成,重者五至七成。

7月9日16时17分至20分如东县气象站降雹3分钟。最大直径0.8厘米。如皋县雪岸乡15时05分至20分遭受风雹、雷雨袭击。阵风9~10级,雹径有麻雀蛋大,受灾较重的是田庄、纪庄、何庄、刘窑等5个大队21个生产队,最重是纪庄大队。受灾面积8534亩,其中倒伏4580亩。十一大队、十二大队有7间蚕室被刮倒,直径一尺二寸的泡桐树被大风刮断。

8月14日17时如皋县高井乡高楼村5组、6组之间刮起一条龙卷,向西南移了一华里,在庙庄村4组、5组之间消亡,只有几分钟生命。在起点和终点刮倒18户人家的房屋,刮断刮倒29棵树,卷走一个柴草堆。人畜无伤亡。另在南通县金中公社发生雷击,损毁9

间库房,直接经济损失3.5万元,间接损失8万元。

10月1日17时许,南通县金西、袁灶、四安乡一带出现飑线灾害。有4人被雷击死亡,40户68间房屋被损坏,其中15户18间全部倒塌。飑线所经之地,蔬菜田被小冰雹打烂,小菜秧倒伏。

1985年5月4日12时左右如皋县葛市乡下了10～20分钟的冰雹,雹径一般蚕豆大,最大有鸡蛋大,最密处1平方米砸了254个洞,最大的洞8厘米×6厘米,并伴有雷雨和8～9级大风,范围300～500米宽,2500米长,影响9个村,倒房26间(瓦房10间,草房16间),倒树32棵,砖瓦厂损失砖坯57万块、平瓦两万多片。三麦倒伏4502亩。另外,在南通县先锋、竹行两乡遭龙卷风袭击,损坏房屋84间,其中倒塌11间。

5月5日20时40分从如皋县龙舌乡砖瓦厂开始,雷雨大风向东北方向袭来,横扫小马桥村和姜园村,历时5～10分钟。21时丁埝乡双码村5组、6组遭雷雨大风袭击,风向西南。历时5分钟,从乡砖瓦厂向东北方向而去,约7.5千米范围内,庄稼、房屋遭灾。21时至21时30分如东县岔河区汤园乡九大队遭雷雨大风袭击,倒房较多,有受伤人员。据2县3乡报告:损坏房屋770间,其中倒塌48间,倒树524棵。伤7人,其中重伤1人。受灾农田约5万亩,其中三麦严重倒伏2.455万亩。

5月12日19时至19时30分海安、如东两县暴雨中夹有冰雹,并有雷雨大风,风力有8级,雹径鸡蛋大,持续6分钟。海安县的沿口、角斜、丁所、北凌、大公等乡和如东县沿南、袁庄、景安等乡受灾。如东县灾情小些,有一部分房屋被大风吹坏,三麦蚕豆倒伏1.802万亩。海安县,房屋被损坏225间,其中倒塌42间,打伤1人。两县受灾面积约83.5万亩,其中三麦、蚕豆、油菜倒伏17.556万亩。

7月25日如东县东北部的黄海渔业大队出现龙卷风,最大风力12级,但历时短、范围小,仅刮坏17间房屋,无人畜伤亡。

8月4日6时30分至8时之间,如皋县从建设到东陈、丁北一线刮阵风9～10级西南风,普降雷阵雨;如东县双甸、岔河二区的12个乡自北而南受10级以上大风和暴雨袭击,历时30分钟。如皋县柴湾乡十六大队二队一12岁男孩被雷击死亡,如东县被压伤1人。两县共损坏房屋1027间,其中倒塌170间。如东县损坏砖坯459万块,盖顶2500块,计人民币23万元。棉花倒伏共31250亩。

9月14日21时05分如皋县加力、场北、大明3个乡的部分村遭受龙卷风袭击,其中加力乡汤庄是生成地,灾情最重,而后向东北偏东方向移动,跳跃着地,影响场北十二大队,最终消失于大明乡六大队,持续10多分钟。龙卷风南北最宽处100～150米,东西长约4千米。共倒房89间,死亡1人,受伤10人,折断高压电线杆15根,树木845棵,禽畜伤亡未统计。受灾农作物335亩。

10月9日22时海安县20个乡镇受特大风雹袭击。气象站22时35分至37分测得雹径5.5厘米,平均每个重30克。严重受灾的双楼和青萍二乡,民房小瓦80%被打碎,平瓦20%被打碎,最大雹径19.5厘米。双楼乡王奇拾得一块,称得3.6斤(1800克),刘圩村当日14时浇灌的2平方米的水泥楼板,被雹击后,上面出现拳头大的雹孔98个。全乡平房洋瓦破损率75%。白甸乡官垛村四组一棵直径24厘米的大树被折断,估计风力10级。全县受灾41836户,损坏房屋49844间,校舍25000平方米,受伤8人,牲畜死亡12头。损失砖坯4137万块、瓦坯9万片,损坏低压电线杆181根。因雷击损坏各类电器110只,电动机2台,损坏低压电线28千米。损失粮食125万千克,棉花12.26万千克。估计直接经济损失250多万元。

1986年 6月12日雷雨大风伴大暴雨,启东县全县倒塌房屋213间,吹坏13间,死亡3人,冲毁盐1000吨,玉米普遍倒伏,棉花也受影响,田间积水6.8万亩。同日海安县15万亩玉米有40%倾斜,海门县26万亩玉米倒伏。总计农田受灾面积约75万亩。

7月13日16时南通县平潮镇、新坝乡雷雨大风8~9级,持续5分钟。二乡(镇)10个村274户受灾,损坏房屋397间,其中倒塌30间。伤2人,其中重伤1人。玉米、黄豆倒伏150亩。

7月20日17时35分至17时45分启东县大丰乡3个生产队受龙卷风影响,宽200米、长6000米,风力12级以上。共损坏房屋51间,其中倒毁5间。玉米、棉花、黄豆等农作物1151亩,倒伏成灾。受伤2人。

7月21日零时15分至25分如东县掘郊乡十五大队5个生产队遭雷雨大风袭击,风力10级以上。有60间草房刮坏,共中倒塌10多间,死亡1人,重伤1人。

7月23日08时至24日10时受大暴雨、雷雨大风、雷击等强对流天气危害,全地区受灾面积152.3万亩,其中如皋、如东、南通、海门等4县灾情较重,农田成灾面积58万亩。损坏房屋3000多间,其中倒塌1670间。南通县和海门县因雷击各死亡1人。如皋县和南通县因雷击各有一人受伤,另有5人被房塌压伤。共伤亡9人。死耕牛1头,家禽10000多只。三个变电所10台大型变压器遭雷击,造成48条供电线路中断,因雷击烧毁房屋6间,全县砖坯损失3000万块。暴雨不仅造成田间积水,民房进水,还使养鱼塘的水溢出,遭到损失。南通县统计直接经济损失1310万元。

7月27日15时30分海安县章郭、沙岗、南莫、白甸、邓庄、双溪、灯头、瓦甸、仇湖、烈士等10个乡的119个村、896个村民小组受强雷雨大风袭击,造成1人死亡,124人受伤,其中重伤51人。打死牲畜36头、伤57头,打死兔子277只。损坏房屋2440间,其中倒塌846间。棉花倒伏23439亩,水稻亦有损失。

8月2日14时至15时30分,海安县新生乡受雷雨大风袭击,风力10~11级。伴有大暴雨,雨量130毫米。棉花、黄豆、玉米等农作物330多亩受灾,直接经济损失50万元。

8月5日中午,南通县金中乡青墩村等地雷雨大风阵风29米/秒,1小时雨量44毫米。伤2人,倒房81间。

8月9日17时05分至40分海安县王垛、张垛和营溪乡受风雹袭击,风力最大达10~11级,雹块大的如鸡蛋,小的似蚕豆。下雨15~30毫米。造成5人受伤,损坏房屋722间,其中倒塌89间。张垛乡统计:农田受灾面积7050亩,其中胡桑田2100亩。

8月21日5时30分南通县石港、五窑两乡(镇)受风雹灾害,冰雹小的如黄豆,大的似蚕豆。44个村民小组的152户共损房263间,其中倒塌75间。倒树31棵,倒电线杆5根,损坏电视机1台,损失砖坯300多万块,倒伏水稻400多亩,棉花700多亩。

9月9日18时30分如皋县有一条龙卷风,起于石北乡石北村,途经张黄港乡杨庄村,至郭园乡老圩村结束,行程2千米。造成151户受灾,损坏房屋355间,其中倒塌77间。受伤12人,其中杨庄村重伤3人。压死畜禽120多只。棉花、水稻严重倒伏500多亩。

第二十六章 气象灾情辑要

9月30日13时15分至30分海门县平山乡降水中有黄豆大小的冰雹,平山乡北首雹直径有蚕豆大,而且密度大。14时20分至45分海安县大公、韩阳二乡在雷雨中夹有1厘米直径的小冰雹。水稻受损1.5万亩。

1987年 4月24日6时25分,镇江纸厂驻如皋县长江边草场因雷击起火,烧毁芦柴2万捆,经济损失15.7万元。南三县10时38分和11时40分各有一次雷雨大风和冰雹,并有暴雨和雷击。启东、海门、南通3县受灾面积86.044万亩,其中启东县有4535万亩严重倒伏。启东房屋受损299间,其中倒塌58间。夏粮减产至少6000万斤,损失砖坯485万块,启东全县直接经济损失3000万元。启东县海复乡、海门县德胜乡、南通县秦灶乡各有1人被雷击身亡。

5月25日16时40分至17时45分海安县里下河地区白甸、邓庄、沙岗、双溪、南莫等乡受风雹袭击。风力10级以上,冰雹最大的有鸡蛋大,一般的白果大。受灾户4152户,损坏房屋7575间,房屋倒塌打伤19人。刮断电线杆140根,广播线260多根,树1280多棵。损坏砖坯、瓦坯841万块。受灾农田7.28万亩,其中三麦倒伏5.63万亩。

6月5日17时如皋县柴湾、新民两乡16个村和海安县新生乡8个村遭雷雨大风和冰雹袭击。风力8~9级,雹径蚕豆大,历时30分钟。如皋县损坏房屋476间,伤6人。损失砖坯115万块、瓦坯31万块。倒伏三麦、玉米、蚕豆共2089亩。直接经济损失8.0535万元。海安县损失较小。

7月21日如皋县高井乡、长江乡和长青沙岛,南通县余北、东余两乡受雷雨大风袭击,并伴有暴雨和雷击。风力9~10级。共倒房61间。死4人,其中长江乡雷击死1人,伤3人。受灾农田3575亩,其中高井乡邹岱村615亩玉米倒伏失收。南通县有21吨氧化锌受损。

8月10日12时45分至13时05分启东县寅阳乡五、六、七大队,由东北向西南受龙卷风袭击,最后进入长江。龙卷风直径3~10米,行程2.5千米,历时20分钟。共损坏房屋56间,其中倒塌1间,压伤1人。玉米、棉花各倒伏100多亩。

11月11日16时至18时如东县岔河、丰利、马塘、双甸、栟茶等5乡镇,受雷雨大风袭击,并有大暴雨。风力10级。损坏倒塌民房1000多间,成灾农田35万亩,其中1万亩麦田必须重播。

1988年 5月3日夜至4日上午海门、通州、如东、海安、如皋和南通市郊区,5县1市受飑线袭击,南通市自北而南出现狂风暴雨,海门站测得最大风速25米/秒。海安县丁堡闸148.6毫米。全市三麦严重倒伏286.7万亩,占三麦面积的70%;而发生根部倒斜的面积有107万亩,占27%。蚕豆倒伏51.2万亩,占59%。油菜倒伏4.04万亩,占54%。全市损坏房屋5596间,其中倒塌1506间。因灾死亡7人,伤68人,其中重伤22人。大风刮断10千伏高压电线15条,刮断刮倒高压电线杆108根。海门市统计:直接经济损失2385万元,其中工业损失85万元。

7月15日如东县五义、光荣、丰西、新林、古坝等5个乡遭受龙卷风袭击。损坏房屋385间,其中倒塌14间。倒伏玉米、棉花、水稻等作物1.345万亩。

7月22日海安县麻纺厂麻堆遭雷击起火,损失0.9万元。

1989年 6月7日17时海安县北凌乡二灶村受到8~9级雷雨大风和冰雹袭击。17时

35分角斜镇的汤灶、王墩、堤北、耒南4个村共计24个村民小组遭龙卷风袭击,并伴有大雷雨。19时40分如皋县南部营防、江防二乡的部分村组受狂风暴雨袭击,风力9～10级,持续10～20分钟。以上2县4乡(镇)共损坏房屋837间,其中倒塌57间、严重受损141间;海安角斜镇压伤2人,死家畜2头、家禽14只。受灾农作物2.2万亩,严重成灾7000亩。

7月14日17时10分如东县有龙卷风生成于洋口港农场附近海面,在农场砖瓦厂西北方向雷雨云中挂下一龙,着地10米宽,把石棉瓦卷上天,远处目击者看到一白一黄两条龙。除洋口农场外,还有光荣、五义、丰西、丰利、凌河等5个乡镇受龙卷风和雷雨大风袭击。涉及27个村920户共损坏房屋1861间,其中倒塌272间,倒树1666棵。死1人,伤24人,其中重伤7人。死畜禽121头(只),伤504头(只)。受灾棉花、玉米4727亩。估计直接经济损失100万元。

20时30分至21时30分启东县中部的志良、少直、海复、向阳、大丰、新安、新垦等乡镇由西北向东南,受罕见的冰雹袭击,并伴有8级以上雷雨大风。雹区宽7千米,长30千米,直径一般在1～1.5厘米左右(蚕豆大),最大的5厘米。持续10～15分钟。损坏房屋409间,其中倒塌54间,秋熟作物失收约1万亩。电力线路、通讯线路中断。

7月15日15时30分至45分启东县新港乡一、十六、十七、二十一大队和民主乡六、十两个大队受龙卷风袭击,由西北向东南移,宽200～250米、长2500米的灾区房屋夷为平地,其中新港乡湾洪村4个组,村民房屋倒塌无存,家俱四处飞舞,大树连根拔起,楼板飞出数十米,一辆卡车被卷入河中,驾驶员离开驾驶室后被卷出30米外摔死,一座水泥桥倒塌。玉米连根拔起,棉花成光杆,完全失收达1000亩。倒房239间,另有117间被损坏。吹倒三棚255间,断电线路5千米。压死7人,连司机共死8人。受伤64人,其中重伤26人。直接经济损失460多万元。

9月15日晚至17日凌晨,受8923号热带风暴和北方冷空气共同影响,形成极不稳定的强对流天气,南通市6县一天之内先后出现16次龙卷风,造成历史上罕见的特大灾害。6县1市共有126个乡镇受灾,占全市乡镇总数的44.4%,其中龙卷风袭击的乡镇63个,重灾42个,21000户。因灾死亡36人,伤1440人,其中重伤355人。倒塌房屋53605间,其中如皋县瓦房33075间,草房12245间;另损坏11466间。受灾农田150万亩,其中重灾31.5万亩,失收1832亩。家畜家禽死亡不计其数。江海洲堤损失土方7.39万立方米,损失石方4230立方米,2000多平方米的水泥护坡被冲坏。倒塌涵洞297座,受损490座。倒桥11座,造成危桥15座。倒塌电灌站4座,损坏111座。10家轮窑厂和300多家砖瓦厂有2亿多块土坯报废,电杆、广播线杆折断8600多根。这次灾害直接经济损失2.5亿元。

1990年 5月11日08时左右海安北凌等6个乡镇先后遭到小冰雹袭击,冰雹似黄豆、蚕豆大,持续几分钟,伴有雷雨。三麦和油菜受损1500亩,估计减产一至三成;玉米被打碎叶片4000亩。受损坏房屋35间,其中倒塌8间。

6月22日凌晨04时45分至05时03分,南通市区和南通县金沙镇、正场、先锋、观音山、小海、金乐、金西等7个乡镇59个村受飑线袭击,风力普遍8～9级、最大12级,过程雨量40毫米左右。南通市飑线移向:任港造船厂→城港→洪江→桃园→狼山→剑山→军山→星火村。南通县发生了龙卷风,并伴有鸡蛋大的冰雹。因灾死亡3人,伤163人,其中重伤67人。倒塌房屋1424间,严重损坏2237间。南通市郊被大风刮倒蔬菜大棚38座,直接损失蔬菜约 200 万千克。南通市区有 10 条 1 万伏供电线路受到破坏而造成局部停电。南通县断电线杆 321 根,损坏变压器 5 台。损毁电灌站 7 座。有 1100 亩棉花因灾改种;1200 亩黄、红麻和 2900 亩大豆因灾而需补种;750 亩水稻受灾减产。

同日上午 9 点 05 分至 15 分海门县东部遭受冰雹袭击,最大的鸡蛋大,一般有黄豆、蚕豆大。约两万亩农作物受灾,其中三阳镇 6 个村 44 个村民小组受灾最严重。2500 亩玉米 60% 的叶片打碎;2000 多亩棉花 15% 的头被打断、叶子打落;100 多亩水稻出现断秧。农家屋顶也受到轻度破坏。

6 月 29 日 15 时至 16 时启东市天汾等 10 个乡镇受 8~9 级的雷雨大风袭击,1 小时降雨 50 毫米左右。造成 25 万亩玉米倒伏;严重损坏房屋 867 间,其中倒塌 352 间;伤 16 人。

7 月 18 日 20 时 30 分至 21 时,海门县德胜、新海、三星、天补等乡镇遭受龙卷风和雷雨大风袭击。造成 7 万亩玉米、棉花严重倒伏和折断。70 多根高压电杆被刮断,德胜乡供电中断。严重损坏房屋 2000 多间,其中倒塌 60 间。伤 12 人。

同日 9 时 40 分至 45 分,南通县正场乡受龙卷风袭击,农作物受灾 3271 亩,成灾 3004 亩。12 个村 1521 户受损,共约 338 万元。另外工业损失 10 万元、农业损失 72 万元,总计 420 万元。

1991 年 6 月 12 日 14 时 50 分至 16 时 50 分,启东市汇龙、永阳、永和、惠丰、民主、万安、北新、圩角共 8 个乡镇 54 个村先后受冰雹袭击,并传闻有暴雨,其中民主、万安两乡还出现雷雨大风,持续 15~20 分钟,雹径一般 2~3 厘米,最大 5 厘米左右,风力估计在 12 级以上。农作物受灾 14.4 万亩,其中严重失收面积达 5.14 万亩,失收粮食 1960 万千克。毁坏房屋 473 间,还有棉花苗床薄膜损坏,砖坯损失等,共计经济损失 1788 万元。

7 月 11 日凌晨 1 时 30 分至 3 时 40 分如东县石甸、双甸、景安、孙窑等 4 个乡和如皋市高明、常青、丁埝等 3 个乡先后受飑线大风、龙卷风、大暴雨等天气袭击。如东县 1 时 30 分开始刮风,风力 8~9 级,倒塌民房 63 户 147 间,猪舍 3 户 3 间,机坊 2 户 6 间,折断 75 米高的高压线杆 47 根,倾斜 15 根。刮倒树木 300 多棵,双甸乡一农户三棵 18 年龄桑树,直径 24 厘米,被风刮断。如皋市 3 个乡的 10 个村 410 户受灾严重,损坏房屋 407 间,死亡 1 人,伤 6 人。玉米倒伏 800 多亩、棉花 1300 亩,刮断高压电线杆 65 根,广播电线杆 70 根,刮断树木 2100 余棵。

7 月 14 日 15 时 15 分至 16 时 30 分如皋市新姚、勇敢两个乡遭受雷雨大风袭击。勇敢乡文峰村还下了 20 分钟冰雹,小的蚕豆大、大的鸡蛋大,每平方米 100 粒左右。约 1500 亩农作物受害,倒房 110 间。如东县潮桥、于港两乡遭受冰雹袭击,潮桥乡十四大队在 16 时 30 分左右。冰雹区长 1500 米、宽 800 米,历时 10 分钟,并伴有大风、阵雨,冰雹有蚕豆大、小的黄豆大;于港乡在 15 时 30 分下冰雹,有黄豆大小,只倒塌 12 间草房。如东县两乡共倒塌草房 35 间,折断电线杆 15 根,受灾农作物 400 多亩。

1992 年 5 月 6 日 19 时 40 分左右,如东县景安、双甸、于港、岔河、石甸、汤园等 8 个乡镇 57 个村 1230 户人家受飑线大风袭击,最大风力 11 级,大风范围呈东北—西南向,宽约 1 千米,持续 10 分钟,并伴有大雨,最大雨量 46.9 毫米。严重损坏房屋 2140 间,其中倒塌房屋 981 间。刮断三线杆 354 根,损坏砖坯 200 多万块。受灾农作物 10 万余亩。受伤 32 人,其中重伤 10 人。

5月19日16时如皋市夏堡乡和城东区部分乡、村下了冰雹,雹径2厘米。22时40分如皋市伴今、加力、袁桥、奚斜、林梓等乡镇受飑线大风影响,并伴有雷雨;棉花倒伏、砖坯倒塌。白蒲化肥厂一宿舍楼遭受雷击,二十余户的电话、电视机、电冰箱等家用电器被击坏。

5月21日启东市聚阳、大洋港、合丰3个乡19个大队受冰雹、大风袭击,冰雹最大直径1.5厘米,风力10级。持续15分钟,短时间雨量20~30毫米。受灾面积15690亩,其中玉米14190亩,仅叶片破碎;棉花1500亩,叶碎,棉苗头打伤,比较严重。损坏房屋123间,其中倒塌10间。

7月9日19时05分至15分启东市通兴乡受雷雨大风袭击,风力8~10级。玉米、棉花倒伏、断枝共8540亩,广播线、电话线、电灯线也受到破坏。

7月12日12时25分至13时07分启东市聚南、久隆、王鲍、合作、少直等5个乡镇先后遭受风雹袭击,风力8~9级,冰雹直径一般蚕豆大。倒房6间,刮坏房屋11间。受灾玉米、棉花共67397亩,其中20%田块倒伏严重,1500多亩棉花头打断,严重失收面积774亩。

同日16时10分至40分,如皋县袁桥、何庄、夏堡、邓元等乡镇遭受冰雹袭击,持续30分钟,最大直径3厘米,并伴有雷雨大风。30多个村灾害严重,15000亩棉花倒伏、被砸伤,袁桥乡有1400亩棉花被打成光秆。1000多亩中稻被打断。20%的玉米被折断。倒毁瓦房8间。邓元乡一农民被雷击身亡。

同日16时10分至17时15分海安县瓦甸、墩头、王垛、营溪、雅周、北凌、李堡、角斜等乡镇受风雹袭击,风力9级以上,冰雹蚕豆大小,局部很密集。丁堡闸降水24.3毫米。因灾倒塌民房1379间,倒工厂围墙38米,烟囱3个。因雷击损坏变压器4台,家用电器121台。雅周乡陈灯村有一6岁小孩儿被刮倒的树打成重伤。李堡一家医用材料公司仓库漏雨,出口产品受潮损失5千元。

同日17时,如东县石甸、双甸、岔河等5个乡镇的37个村,受风雹袭击,风力10级,雹块一般白果大,最大的鸡蛋大,并有暴雨。因灾重伤1人,损坏房屋160间。棉花倒伏、断头、掉蕾、落叶3.5万亩,其中2100多亩打成光秆;水稻受灾700亩。

7月13日12时至15时海门县东兴乡、万年乡、江心沙农场相继受暴雨、龙卷风、冰雹袭击。东兴乡雨量83.0毫米。13时30分出现龙卷风,风力9级,自东北向西南移,约15分钟,造成6000亩棉花倒伏,大部分玉米倒伏。万年乡北片8个村受雷雨大风影响,3877亩棉花倒伏,1326亩玉米倒伏率34%、断株率9%。损坏房屋18间。江心沙农场17大队遭冰雹、龙卷风袭击,雹径1~1.5厘米,龙卷风范围:宽380米,长1000多米,造成100亩棉花打成光秆,200多亩黄豆打光,一般受灾237亩,共537亩。民房也有损坏。

同日14时如东县掘港、苴镇、九总、南坎、兵房、丁店受风雹灾害,风力9级,雹块有小鸡蛋大,持续时间8分钟。2.5万亩农作物倾斜、倒伏,其中2500多亩棉花被打成光秆,集中于苴镇的冯曹村和北坎乡的三八村;30%的水稻被打断。倒塌房屋400余间,伤2人。

7月19日13时如东县掘港、饮泉、新林、河口、于港、古坝、岔北、桐本、曹埠、环镇、袁庄等11个乡镇受风雹雷雨袭击,冰雹持续时间30分钟。雷雨量50~100毫米。棉花倒伏倾斜48164亩,其中损失五成以上6250亩。倒塌民房213户445间,损坏民房441户757间,损坏附属用房475间;合计1677间。折断三线杆164根,损失砖坯591万块。损坏变压器

4台,饮泉乡和古坝乡广播放大站遭雷击。饮泉乡七大队季某在骑车途中遭雷击身亡,还有1人重伤。

同日22时40分至23时10分海安县仁桥、胡集、海北等25个乡镇局部受飑线大风袭击,短时间风大雨陡、天昏地暗、地动山摇,22时45分测得瞬时风速22米/秒。全县倒塌民房327间,损坏2211间,刮倒刮断三线杆643根,损失砖坯1740万块,损坏家用电器47件,大风引起火灾4起,烧毁房屋8间。倒伏棉花5万多亩、玉米1.2万亩、黄豆420亩;12万亩胡桑不同程度倾斜、断枝、叶面损伤。因灾死亡1人、重伤2人、轻伤2人。

7月27日南通县平南乡川夹村、老墩村、沈川村及新坝乡的6个大队受龙卷风袭击约1小时,降水20多毫米,并伴有直径0.6厘米的冰雹。损坏房屋100多间,倒塌16间,刮断电线杆6根,倒大树20多棵。直接经济损失4万元。

7月29日下午南通县新坝乡二十大队、十一大队和六大队受龙卷风袭击,刮倒大树20多棵,有的大树有面盆粗,受灾农作物约700～800亩。

7月31日14时30分如皋市袁桥乡下了冰雹,玻璃被击破,无大损失。

1993年3月24、25日,海门县树勋乡佼千村两次遭到严重雷击,两个村民组的照明、广播线路被击断多处,20多个村民家中的电视机、电度表等30多件家用电器被击坏。

1993年6月17日15时12分南通市区下了冰雹,一般黄豆大、最大蚕豆大,没有明显影响。

6月28日19时如东县掘港、马塘、掘东、丰利、苴镇等乡镇受雷雨大风危害,如东站测得日雨量88.5毫米,最大风速16米/秒(南风)。因灾死亡3人,伤125人,其中重伤15人。共倒塌瓦房1028户2810间,损坏房屋3700户6210间,损坏附属用房280间;刮断三线杆1520根,树木5100棵,损失砖坯2600万块。受灾棉花51.8万亩,玉米8万亩。据不完全统计,直接经济损失2900万元。

同日晚通州市十总区五甲、二鸯、庆丰等乡镇遭受龙卷风袭击。龙卷风把重达500千克的脱粒机卷上天抛到100多米以外的地方。十总区104个村受灾,其中重灾35个村,有重灾的村民小组1082个,重灾户11768家。死亡6人,重伤110人,轻伤970人。倒塌房屋395间,严重损坏房屋4136户8453间,2554户家俱受损坏。3014户种粮户61万斤粮食受潮。砖瓦厂损失砖坯2300万块。28所学校受损教室850个,3所学校被迫停课;78家企业倒房,54家企业停产。倒、折三线杆1234根,影响供电线路50600米,倒、折树木10000多棵,倒塌车口44座。7000亩水稻、49739亩棉花和50000多亩桑田受严重损失,玉米更是遭灭顶之灾。直接经济损失5519万元;其中群众损失1906万元。

8月1日14时15分如皋市营防乡受龙卷风、冰雹袭击,雹径3.5厘米,持续5分钟。受灾131户,倒房199间,其中21户全部倒毁;倒树560棵,折断电线杆33根。棉花断头、倒伏、落铃,有765亩预计减产三成以上。因倒房重伤1人,轻伤1人。直接经济损失45万元。

同日14时15分至15时通州市五接、平潮等22个乡镇出现龙卷风、冰雹灾害,受灾重的22个村503户996间民房倒塌,600多户1100间民房受损。死亡1人,重伤11人,轻伤38人。刮倒电灌车口4座、配电间1座,11家企业倒塌厂房52间。农作物受灾20000多亩。

同日,启东市也有灾,灾情不详。

9月13—16日,启东市、海门县有龙卷风、冰雹、暴雨灾害,具体情况不详。

1994年 5月31日15时至17时如皋市长江、高明、场南、江安、城西、龙舌等6乡镇,通州市刘桥、英雄、横港、赵甸、新联、兴仁等6乡镇,南通市港闸区秦灶乡,海门市五七农场等出现了5~10分钟的大风、冰雹,并伴有雷雨,风力10级,雹径0.6厘米。对尚未收割的麦子有影响。雷击死亡1人,房顶被揭10多家。砖坯损失400万块,价值30多万元。如皋市场南化工厂一车间遭受雷击引发火灾,导致车间被烧毁,江安工商所的办公楼遭受雷击袭击,通讯电台、配电设施等被击坏。城西税务所办公楼遭受雷击,室内的电话、电扇等被击坏。

9月4日21时30分海门市余东镇和树心乡各有两个村受龙卷风和雷击,共倒房184间,严重损坏148间,1500多亩棉花全部倒伏,1400多亩黄豆、赤豆受灾严重。损坏电视机8台、录像机2台。重伤3人(其中遭雷击1人),轻伤1人。

1995年 2月27日16时如皋市郭园乡中心小学一棵白果树遭雷击烧焦,当时看到5个红色火球,教室玻璃震碎,有3位女生被砸伤,其中1位肩骨粉碎性骨折,但衣服未破。张黄港花炮厂因生产区内无任何防雷装置,位于小河边的一装药车间遭受雷击,造成一死三伤的雷击事故。如皋市电信局林梓分局遭受感应雷击,数据通信设备被击损坏,直接经济损失十几万元。

4月22日16时40分至50分启东市兴隆沙由西南向东北受龙卷风袭击,并有小到中雨。损失主要集中在兴隆沙窑厂,窑头屋被"搬家"40多米远,厂内部分墙体被推倒,直接经济损失5万元。

6月27日14时20分至50分如东县丰利、马塘、掘港、掘东等4个区遭受风雹灾害,如东站测得风速18.0米/秒;环北乡六大队最大雹径6厘米。因灾伤1人;损坏房屋仓库660间,倒塌65间;倒塌大棚25个,刮倒三线杆44根,损失砖坯790万块。棉花受灾面积5.25万亩,其中3.56万亩严重成灾;水稻受灾5.8万亩;玉米2754亩;胡桑、西瓜等农田7700亩。直接经济损失150多万元,间接经济损失2500多万元。

6月30日下午如东县苴镇、长沙、新林等3乡镇爱龙卷风、冰雹袭击,倒房28间,受灾棉田3000亩。如皋市马塘乡受龙卷风袭击,倒房105间。

7月20日16时海安县北凌乡西洋村六组,刚从南京审计学院毕业的储勤被雷击身亡。响雷前刮了一阵大风,储母叫储勤去西房关窗户,突然一声巨响,一碗口大的火球从草房上滚下来,从储母身上经过,储母安然无恙,关窗的儿子却倒在窗下。火球在房内乱窜,打坏17寸黑白电视机,炸坏木箱,击碎橱内碗盆,后窜上草房顶,滚入场头。

7月21日5时30分至6时如东县光荣、新林、新光、石屏、石甸等5个乡的7个村受龙卷风袭击。因灾倒塌民房215间,损坏民房666间。伤16人。农作物受灾1.65万亩。倒断"三杆"171根,树1106棵,损坏砖坯280万块。直接经济损失526.5万元。

同日,15时至15时05分海门市海门镇圩西村八、九、十组受龙卷风袭击,并伴有大雨。倒塌瓦房两间,家俱全部压坏,倒塌"三棚"20多个,10多家围墙被刮倒,许多房顶被毁坏成洞。农田受灾面积60亩,部分玉米倒伏。

7月24日下午南通市崇川、港闸二区和海门、通州、启东等市连续强雷暴5小时之久,出现雷击、冰雹和暴雨。15时15分海门市天补镇合理村下了短时间0.5厘米的小冰雹,风力9级。南通市气象台两台甚高频电话,一台原装AST服务器被击毁,其他一些附属电器设备也有不同程度损失。南通市崇川区城港新村60多户人家家用电器被雷击。这次过程造成直接经济损失约100万元,其中南通市市区38万元。

8月7日19时至19时03分海门市王浩乡得利村受龙卷风袭击。共倒塌房屋23间,损坏85间,刮断电线杆7根。重伤1人、轻伤4人。受灾棉花300多亩,玉米200多亩。该村保温杯厂部分厂房被损坏,其中一座楼房顶被掀翻,一座熔炉受雨浇淋,当即熄灭,生产中断,该厂经济损失6万多元。

8月30日15时至17时海安县雅周、花庄两乡发生雷击、雷雨大风、小冰雹、暴雨等灾害,花庄雨量78.0毫米。雷击死2人。大风损坏房屋、仓库共55间,倒塌7间,花庄砖瓦厂损失砖坯30万块。有5家乡镇企业受损4万元,总计直接经济损失10万元。

1996年 3月22日19时至20时从扬州地区移来的雷雨云在海安县西北部下了冰雹,大的蚕豆大、小的碗豆大,密度小,时间4~5分钟和10~20分钟不等,对油菜花蕾有影响。

6月9日17—19时南通市港闸区天生港镇、闸西乡受龙卷风袭击;通州市张芝山、川港、竹行、南通农场、新垦农场等15个乡镇场受龙卷风、雷击、冰雹袭击;如东县凌河、石屏等乡遭受雷击和小冰雹袭击;如皋市葛市、江安、石北等乡遭受雷击、龙卷风袭击。其中灾情最重的是南通市港闸区和通州市。因灾死亡2人,均系雷击,重伤4人,轻伤19人(含雷击1人);死猪1头,系雷击。损坏房屋1000多间,其中严重损失220多间,通州市75户倒塌168间;倒树、拔树800多棵,刮倒电线杆、通讯杆40多根,造成供电、通信中断。翻沉300多吨水泥船1艘。24家企业重灾。天生港电厂一块钢板打在升压区的避雷针设备上,造成12.5万伏的9号机组停发电7小时,损失发电量100万度。通州市受灾作物10.8万亩,新垦农场有1000亩割好的小麦被刮得无影无踪。估计直接经济损失890万元,其中通州市689万元。

6月17日15时30分左右,海门市海门镇,汤家、三阳等乡及启东市南部地区受雷雨大风袭击。启东站测得平均风速11.9米/秒,阵风21.3米/秒;45分钟下雨20.4毫米。受大风影响,海门镇玉米倒伏面积超过60%,严重倒伏占30%,启东玉米田有三分之一以上倾倒45°左右。

7月17日22时40分如皋市磨头镇21个村受龙卷风袭击。倒塌房屋184间(草房27间,瓦房157间),刮倒电线杆43根,影响线路1750米,电信杆8根,广播杆2根,倒树1175棵。磨头中学倒围墙80米,镇办工厂有35间厂房被揭顶掀翻,磨头砖瓦厂损坏砖坯42万块。受伤1人。家禽家畜死伤35只(头)。倒伏玉米4164亩。直接经济损失129万元。

7月20日16时至18时如东县新林乡戴园村等6个村和农科所遭龙卷风袭击,同时光荣、岔南、于港等3个乡和林场也遭暴风雨袭击,并夹带着冰雹。风力10级以上,雨量达大暴雨,最大雹径0.6厘米。共33个村受灾,其中重灾12个村。共倒房181户397间,受到严重损坏的房屋398户906间。因灾死亡1人,重伤11人。砸死家禽20000羽,生猪32头。电力线路损坏20000余米,中断供电24小时。损失砖坯200万块。60000亩农田受灾,其中倒伏1400亩。

7月21日14时12分通州市金西、金沙、金余等3个乡镇遭龙卷风袭击,其余还有19

个乡镇的210个村遭雷雨大风袭击。通州站测得瞬时风速29米/秒（西北偏西风），雨量25.1毫米。据了解，受灾农户910户，受损坏房屋1960间，其中220户460间房屋倒塌。死亡2人，重伤5人（其中1人有生命危险），轻伤33人。34家企业受损严重。供电、邮电、广播电视设施损失也很严重。受灾农作物20万亩，其中10万亩棉花严重倒伏。家禽家畜死亡不计其数。初步估算直接经济损失1800万元，其中农户损失1000多万元。

同日14时10分如皋市长江镇遭雷雨大风袭击，估计风力10级以上，持续10～20分钟后向东南方向移去。全镇6个村受灾，倒房25间，重伤3人，轻伤5人。打死鸡25只。刮倒树木1500棵，电线杆56根，有3个砖瓦厂倒坯75万块。被雷击打坏电视机4台，电冰箱1只。农作物受灾6000多亩。直接经济损失100万元。

8月20日下午海安县海安、李堡2镇和新生、沿口2乡受短时间强雷雨、雷雨大风、龙卷风、雷击袭击，海安站从13时30分至14时10分，40分钟下雨42.3毫米，测得风速12.5米/秒。海安化肥厂等5家企业受淹，新生农机厂配电室遭雷击。李堡镇东北方向的三里村出现龙卷风，自西南向东北移动，路径长约1千米，跳跃式卷走屋顶、楼顶、刮倒侧墙，7户人家遭灾。

8月27日17时启东市久隆乡协和村15岁的初二女生未穿雨衣，脚穿塑料凉鞋骑车回家，这时雷雨已近尾声，突然一道闪电从天而降，该女生被雷击身亡；和她相距1米并排而行的另一女生穿雨衣只感到眼前一黑，耳朵有点聋，无伤。

同时，东海乡兴垦村有一对夫妻跑海，丈夫肩扛铁锹被雷击身亡，妻子昏迷片刻，未伤。

9月12日14时30分南通市区惊雷滚过后下起瓢泼大雨，1小时达50毫米，居民区、街道严重积水。易家桥变电所遭雷击，14时58分至16时35分断电线路达21条次；电视台、气象测报站也因雷击损坏了线路和仪器。崇川区一位70岁的退休工人在风雨中骑自行车，不慎跌入南濠河溺死。

同日，14时57分如东县南坎乡遭受风雹雷击灾害。14时57分如东站测得23米/秒（西北偏北风），二大队雹径2厘米，最大的一个重50克；农机站刮倒两间房，东凌砖瓦厂被雷击死亡2人。

1997年 3月11日夜间如东县潮桥普降大雨并有短时间大风和小冰雹，对三麦、油菜、蚕豆、蔬菜有不同程度危害，预计减产一成左右。下半夜，即12日02时，海安县李堡镇雷声隆隆，大雨倾盆，镇郊敬老院82岁的崔广美老太太睡觉不习惯关门，使得雷电火球进入屋内，引起火灾，造成屋毁人亡。

5月15日15时15分至40分如东县石屏乡新庄村发生龙卷风，短时间风力9级以上，1.7万亩小麦倒伏，西瓜棚严重受损。

同日启东市通兴乡十村83岁的姜老爹，在责任田遮盖棉花苗床时，遭雷击身亡。

5月23日19时48分至20时海安县南屏乡高庄村六组徐根家遭雷击。老徐家是三间平房外加厨房，前后人家都是楼房。雷击火球入户滚动，其爆炸气浪使厅间后墙北移20厘米，同时部分房顶被掀掉，家中玻璃全部震碎，玻璃最远飞出10米以外。家俱都发生或大或小的位移，家电全部击毁，电线烧成裸线，广播线烧焦了20多米。全家六口人，包括刚过门的儿媳，当时正在厨房吃饭，厨房玻璃也全部震碎，虽然房屋、新嫁妆报废了，但无一人伤亡，是不幸中之万幸。

第二十六章 气象灾情辑要

5月26日19时42分海安县海安镇受突发性大风袭击,海安站测得风速17.1米/秒。造成1000多户居民和单位玻璃被打碎,7家企业厂房房顶被掀掉,砖瓦厂都有轻度损失,直接经济损失共约10万元。

同日如东县圩港、古坝、景安、新林、光荣、苴镇、石屏等10个乡镇遭受大风袭击,共倒房24户51间,严重损坏355户789间,轻度损坏501户530间。死亡1人,伤2人。农作物受灾1500亩,成灾980亩。直接经济损失56万元。晚20时许,如东沿海突起9级大风,正在海上作业的"苏如渔4529号"舢板上的船员见势不妙,赶紧向大船靠拢,在航行途中不幸翻沉,于永林等4人全部落水身亡。南通市江面有两条外省打沙船,因大风袭击而相撞,小有损失。

6月3日20时至21时如皋市东北部的东陈、雪岸、南凌3乡出现风雹灾害,阵风10级;下半夜,即6月4日1时至2时30分,如皋市西北部搬经、夏堡、高明3乡下了冰雹。受灾行政村共43个,受灾面积3.7万亩,其中玉米绝收9173亩,棉花无头光秆1090亩,小麦6360亩减产约30万千克,银杏2200株落果30%以上。倒塌房屋38间,电力、通讯设施也有损失,1人在清理路障时触电身亡。直接经济损失约600万元。

同日19时40分至20时20分和6月4日1时至1时30分海安县大公、北凌、壮志、西场、沿口、雅周等乡镇先后遭受雷雨、大风、冰雹袭击,风力8级以上,雹径达2厘米。因灾死亡2人,重伤2人;损坏房屋452间,其中倒塌160间。小麦受灾面积19725亩,其中减产三成以上13700亩,绝收2710亩;玉米受灾3800亩,其中绝收1518亩,其他作物受灾920亩,银杏、果树普遍落果30%以上,银杏每棵损失15千克,另外,大棚蔬菜、胡桑也遭到不同程度的损失。总计直接经济损失1200万元,其中农业损失900多万元。

7月11日15时海安县海防乡东北大队受龙卷风袭击,损坏房屋150间,其中倒塌30间,有3户人家倒毁12间大瓦房;损坏猪舍61间,其中全部倒塌21间。受灾玉米、棉花29亩。

7月15日17时50分如东县光荣乡、丰利镇受大风暴雨袭击,持续20分钟,倒塌民房11间,损坏22间。光荣乡有9000亩棉花、1000亩黄豆和400亩玉米倒伏。直接经济损失45万元。

7月16日17时30分海安县隆政镇北窑村1组村民陆从根和妻子周文一起从田间回家,在离家200米处,突然一个惊雷将陆击死,其妻双目失明1小时后恢复。

8月7日中午前后南通市崇川区、通州市、海安县局部发生雷击、冰雹灾害,并有8级以上大风。崇川区12时30分外环西路一高压线铁塔被雷击,目击者看见火球;起凤园一株水柳是国家级文物,遭雷击拦腰折断,其树枝压在供电线上,造成跳闸。16时50分才修复送电,长桥线停电4个多小时。通州市金沙镇出现黄豆大的冰雹,金沙酱厂坛盖被击坏,厂房被大风刮掉;金沙一酒家遭雷击,音响、冰箱被损坏;三余一户农家楼房遭雷击。海安县有17个乡镇受灾,有三处遭雷击,但无人员伤亡;企业16家受到损失,淹水泥11.5吨,化肥10吨,针织品受损6000元;还有51户农户受灾。

10月21日下午海安县北凌农场和大公镇遭雷击,死亡2人。北凌农场周建平,男,19岁,海安双楼职高毕业,当时在萝卜田干活。从右肩到左脚有一条电击带,脚板底有洞,衣服成碎片,紫色裸身,其状甚惨。大公镇陈兴村十一组杭开和,男,45岁,当时正在场上抢盖稻谷。另外，相邻的东台市富安镇陈凤村一组陈锡标，男，50岁，当时也在场上抢盖稻谷，雷击身亡。这三人可能是同一雷暴单体所击。

1998年4月22日13时22分至16时如东、海安、海门、启东4个县(市)共有22个乡镇226个村遭受强雷雨、龙卷风和冰雹袭击，最大风力12级，冰雹直径2～4厘米，降雹持续时间达10～15分钟。全市因灾倒塌民房324户603间，严重损坏民房550户1342间。受灾人口40.8万，成灾人口19.2万。死亡6人(其中5人因雷击死亡)，伤8人(重伤4人，轻伤3人，雷击伤1人)。因灾三麦倒伏，麦穗被打断，农作物受灾面积29.4万亩，成灾面积14.4万亩。供电、邮电、广播等公益设施也受到较大损失，倒损砖坯瓦坯600多万块。海安倒断树木1108棵，击坏变压器3台、电视机6台。灾害造成直接经济损失4955万元，其中农业直接经济损失3950万元。

5月1日21时40分至22时30分，南通市长江沿岸港区及如东、通州、如皋、海安等4县(市)受暴雨、飑线、龙卷风袭击，南通站21时43分至47分测得风速20米/秒，江心站两分钟平均风速22.1米/秒(西南偏西风)。集装箱港务公司门吊司机在43米高处看到漏斗状龙卷风；九圩港船舶修造厂平放在场地上的钢板，每张约200千克，被风卷起吹到10米以外。据沿江5家公司和3个厂的初步估算，直接经济损失500万元。如皋市电信局石庄分局遭受感应雷击，数据通信设备被击穿，直接经济损失几十万元。四县(市)有47个乡镇326个村受灾，因灾倒塌房屋265户503间，严重损坏783间。受灾人口36.1万人，死亡2人，重伤9人，轻伤16人，紧急转移安置208人。农作物受灾21万亩，成灾16.95万亩。折断"三杆"416根，树木53000棵，因灾造成直接经济损失2263万元，其中农业直接经济损失1595万元。

7月4日16时26分海门市遭飑线、龙卷风袭击，海门站测得极大风速19.4米/秒，并伴有中到大雨，悦来出现暴雨。临江、六匡等乡镇遭龙卷风袭击，移向从东南向西北。临江乡坚平、天南、怀义、其祥、玉丰等5个村倒塌民房55间，"三棚"306间，受伤5人；全乡玉米、棉花受灾面积750亩。六匡镇受灾玉米、棉花9000亩，西瓜田3000亩。

7月19日17时海安县丁所乡受龙卷风袭击，该龙卷风从如东县沿南移入，先进丁所乡钱港村，后向北进堡河村三组、四组，到姚庄村后消失。有群众看到旋风在转。南北长约3千米。主要损失有：丁所砖瓦厂窑棚上盖被掀翻，砖坯倒塌并遭雨淋，损失50万块。堡河村六组一户两间楼房房顶被掀，姚庄村四组一户人家房屋倒塌。

7月31日凌晨00时20分至01时20分南通市全市先后受大风、暴雨、龙卷风袭击，阵风9～10级最大达12级，降水量10～90毫米不等，如东双甸达102毫米。有42个乡镇314个村受灾。受灾最重的是通州市忠义、余北等18个乡镇，其次是海门市。据两市统计，因灾死亡3人，重伤24人，轻伤37人。倒塌民房632户1220间，企业、学校房屋50多间；严重损坏民房1368户2775间。倒塌砖瓦土坯2200万块，吹倒折断"三杆"90多根，雷击损坏9台变压器和许多家用电器。直接经济损失9780万元。

8月3日18时15分如皋市袁桥镇狮垛、双桥两村的9个组受龙卷风袭击。50多间房屋受损，其中14间楼房严重受损，狮垛砖瓦厂窑棚倒塌，220万砖坯损毁，1300多棵树木被截断或连根拔起。两台变压器被雷击，供电线路断61路。估计经济损失约150万元。

8月12日12时至13时启东市志良、海复、东元、秦潭等乡镇受8～10级大风和直径1

厘米左右的冰雹袭击,降雹时间较短。东元乡三余村有一块300亩的棉花田,一顺严重倒伏。海复降水32毫米,有田间积水。

8月17日13时海门市常乐镇一人在关窗时被雷击身亡。

8月22日22时海安县北凌乡的白果村、二灶村,大公镇的陈兴村、早稼村、群盖村、潼口村及北凌农场,由西向东长度4~5千米,宽度0.5千米的范围内受龙卷风袭击,北凌农场的辅料焊条厂厂房房顶水泥瓦被掀翻,卷走到数十米以外;农场变压器厂锅炉房房顶也被掀翻;海林内衣厂倒塌围墙50米。白果、二灶两村有278户遭灾。因灾重伤4人,轻伤10人。倒塌房屋58间,严重损坏286间。刮倒胡桑9000多亩,晚玉米4600亩;蔬菜田200多亩严重受损。倒塌灌溉车口房1个,村办公室和卫生所房屋4间,刮倒三线杆62根,断倒大树356棵。直接经济损失1000万元。

8月23日凌晨04时30分启东市东海、希士、惠萍3个乡镇受龙卷风袭击,倒塌房屋156间,损坏房屋236间,电话线被刮断,造成通话中断。有2900亩棉花被刮断,倾斜度达90°,估计直接经济损失500万元。

8月25日海安县墩头镇姚段村一妇女在农田拾棉花整枝时遭雷击死亡,死者前额有一雷击小眼。

1999年 5月5日17时50分至18时05分如皋市西南部江安、黄市、葛市、石庄等乡镇先后遭受冰雹、暴雨袭击,最大雹块直径1.5厘米。受灾农田3.2万亩,其中江安乡占了2.2万亩。损失重的达80%。有6750亩小麦麦穗打落。估计经济损失200多万元。如皋市卫生防疫站办公楼楼顶被击损坏一角。

5月10日海安县沙岗墙体材料厂遭雷击,损失4200元。章郭乡顾庆相家洗衣机遭雷击,损失1300元。

7月23日海安县老坝港乡发世持水产养殖场变压器遭雷击,损失3万元。

7月29日海安县老坝港乡万港养鳗场配电柜遭雷击,损失2200元。

同日下午15时40分启东市新港电信局和砖瓦厂遭雷击,损失10万元。

8月10日15时左右通州市发生两起雷击:张芝山镇通启桥村黄玉冲家遭雷击,屋脊受损,彩电被打坏,附近一台变压器被击坏,邻居家几台电视机不出图像;同时,四安镇陈坎村沈新泉家也遭雷击。他家楼房有7处破损,西山墙屋脊断落,屋内照明、电视、广播喇叭、电风扇等全部打坏。一个碗口大的火球在电饭堡锅盖上打转数十秒,接线被击成两段。两起雷击都没有人员伤亡。

同日,海安县墩头广播电视站放大器遭雷击,损失1497元。

8月11日海安县供电局变压器遭雷击,损失1800元。

8月15日海安县5起雷击:南莫加油站配电电器遭雷击,损失1118元;沙岗耐火纤维材料厂配电电器遭雷击损失2985元;双楼镇刘家坤家电冰箱遭雷击,损失2400元;顾如林家彩电被雷击,损失2400元。

8月24日22时10分至24时,启东市东部地区有龙卷风自南往北袭击了4个乡,龙卷风起自新安乡群众村,经大丰乡作兴村,跳过向阳乡,又在近海乡大圩村落地,后经东元乡兴益村转向东北,从新伍村出海,历程20千米左右,历时1.5小时。据受灾重的3个乡13个村统计,共倒塌房屋59间,损坏房屋131间,伤10人,其中重伤1人。受灾农作物9000

多亩,其中绝收 117 亩。

近海乡大圩村 5 组一妇女反映,听到"呼呼呼"的声音,令人毛骨悚然;她的丈夫睡在床上竟"腾空而起"被刮到离房 20 多米远的棉花地里;两个十几岁的女儿被夹在倒塌的墙体中间。村民陆亚飞家刮得只剩下一个灶台和一堆瓦砾,真可谓"荡然无存"。

8 月 25 日 14 时南通市港闸区秦灶镇西安桥村、苏桥村先后受到龙卷风袭击。目击者说,当时在空中形成约直径两米粗的象鼻,然后向东北方旋转横扫过去,它所到之处,棉花、水稻、黄豆等作物成片倒伏或卷走,房屋受损、倒塌,并有人员受伤;相邻的通州市横港乡也受了灾。

9 月 4 日 14 时 30 分至 16 时如东县岔北、古坝、新林、栟茶等 4 个乡镇的 11 个村遭受暴雨和雷雨大风袭击,风力最大时 11 级以上。这次过程造成古坝许甸村四组龚明英死亡,受重伤住院 4 人,轻伤 8 人。倒塌民房 144 户 437 间;损坏民房 210 户 378 间;大量猪舍、厕所倒塌,砸死鸡 6000 只,生猪 12 头。农作物倒伏 4500 亩,损坏"三杆"200 根,部分乡镇通讯和照明中断,估计直接经济损失 680 多万元。

9 月 6 日凌晨 3 时许通州市张芝山镇通启桥村三组、四组遭雷击。吴锦良夫妇起床看到窗外一个火球在地上打滚,他们家后屋被击一个洞,邻居艾文达家楼房西山头玻璃窗被击碎,家中电视机、电话机被击坏;关锦华家外墙被击坏,当时觉得房子摇动。

9 月 11 日 18 时至 18 时 15 分,南通市区上空电闪雷鸣,部分城市供电供水设施受到雷击,多条供电线路跳闸,供水压力大幅度下降。18 时许,狼山线、开发区线、刘桥线、二药线、新开线等 5 条电路先后出现跳闸。市区大部分地区出现断电。两条线路变压器受损。18 时 15 分左右,受雷击影响,狼山水厂高压总开关跳闸,整个水厂完全停电,机器停止运转,该厂是市区供水主力,停电后供水压力急剧下降,大片地区停水。经紧急抢修,至 18 时 40 分,狼山水厂才恢复运转。

2000 年 5 月 12 日 19 时至 20 时海安县、如皋市、如东县和通州市的 71 个乡镇先后遭受雷雨大风、冰雹袭击,风力 10~11 级,如东站测得极大风速 31.5 米/秒。雹径 1.5 厘米。最长持续时间 15 分钟。受灾人口 254.5 万人,成灾人口 56.9 万人。共倒塌房屋 1573 间,受损房屋 9585 间。死亡 7 人,重伤 13 人,轻伤 7 人,还有大批"三舍"倒塌和禽畜死亡。海安县鸡羊死亡 9650 只。倒损砖坯 1.4 亿块,倒"三杆"1191 根,倒大树 510 棵。农田受灾 275.8 万亩;成灾面积 102.8 万亩。工业、养殖业、水利、航运等各业损失也很大。总计直接经济损失 1.6975 亿元,其中海安县民政局报告该县直接经济损失 0.98 亿元。

5 月 19 日 19 时 50 分至 20 时 15 分启东市近海、王鲍、久隆、聚阳等乡镇和启东盐场受冰雹袭击,雹径大者 3 厘米。损失最大的是近海乡 14 个村,玉米 5000 亩、露天蔬菜 1400 亩、桑树 1000 亩、棉花 300 亩,共 7700 亩受损严重,大圩村、塘芦港村有 50 亩塑料大棚被打坏。启东盐场有 30 万平方米蟹塘及塑料薄膜被打坏,5 万平方米防雨用的油布被打成网眼状,2 万平方米盐滩报废,盐场直接经济损失 20 万元。

6 月 23 日 17 时 15 分至 30 分如皋市郭园镇的 7 个村和石庄镇的两个村共 9 个村,受狂风暴雨袭击,风力 9 级以上。受灾人口 9600 人,成灾人口 5000 人。倒民房 7 户 17 间;损坏民房 30 户 62 间。砸伤 3 人。倒断电线杆 28 根。农作物受灾面积 7000 亩。市民政局调查人员估算,直接经济损失 21 万元。

第二十六章 气象灾情辑要

7月12日16时左右,启东市惠萍镇鸿西村第十七、十八村民小组遭受龙卷风袭击,但时间短、范围小、损失轻。两村民小组共倒房1间,损坏两间,倒烟囱20个,拔起大树1棵。有5亩棉花田和黄豆田叶子被吹落。直接经济损失1万余元。另外启东海四达公司被雷击坏锅炉1只,价值1万元。

7月13日17时至17时40分海安县北部瓦甸、墩头、仇湖、大公、立发、角斜等乡镇由西向东先后遭受龙卷风和狂风暴雨袭击。海安站测得瞬时风速17米/秒(17时43分,西南偏西),同时普降暴雨,墩头镇24小时雨量63.0毫米,主要下在17—20时。这次龙卷风是从扬州与泰州交界处移入。受灾地区死亡1人、重伤12人、轻伤3人,转移灾民280多人。倒塌民房216户496间,损坏民房1010户2117间;断、倒高压电线杆60多根,雷击损坏配电间5个、车口6个,倒塌副业用房1200间,受灾乡镇全部停电。棉花、玉米倒伏1.5万亩,损坏砖坯250万块,砸死家禽1.2万只。直接经济损失1000多万元。

8月4日如东县城区从酒厂到通用水泥厂约400米范围内遭雷击,俞志祥等10多户人家电视机、电冰箱、电话机损坏。

8月16日中午前后南通市崇川区发生雷击。市东线变压器遭雷击损坏;钟秀乡城北村真空开关出现跳闸,崇川区大面积停电。另外,如皋市石庄至如城的邮电传输电路也遭雷击。11时40分一个惊人的炸雷使车马湖地区供电中断,薛田村配电间被击毁;位于范湖村十七组的变压器被毁,配电间被电击,烧了一个大洞;伴桥、谢庄的变压器、配电间也同样遭到破坏,还有许多电线被打断。如城镇纪庄村一村民三层楼房遭受雷击,房屋受损。估计损失1万多元。

2001年 6月18日15时30分海门市货隆镇金跃、闸南两具村遭雷雨大风和龙卷风袭击。两村共有18户24间民房倒塌,22户30间遭严重损坏。河边有大树被刮断。群众反映,大风一吹而过,时间很短。

7月11日12时至12日6时05分通州市、如东县、启东市、海安县先后遭受暴风雨、冰雹、雷击灾害。通州市五甲、三余、东社、金沙、平东等20个乡镇和如东县的岔河镇,短时风力7~8级,最大风力9级以上,并有部分乡镇下了冰雹。两县21个乡镇受灾72.5万人,成灾人口41.2万人。倒塌房屋52户106间,严重损坏民房241户495间。农作物受灾面积62万亩,成灾面积31.275万亩。通州市金沙、五甲二镇有雷击。造成直接经济损失2410万元,其中农业2030万元,雷击损失1.4万元。

启东市吕四镇12日06时左右,因雷击起火,来鹤路海州商场临街四间门面房全部烧毁,直接经济损失超过20万元。合作镇一户人家遭雷击,楼房被揭了盖,家中所有电器设备被烧坏。

海安县曲塘镇等地发生雷击死亡事故。曲塘镇富民村四组发生雷击,七组的杨宝俊(男,59岁)死亡。杨宝俊帮助王月兰家施胡桑田肥料,手举长长的粪勺,因下雨,长柄导电,当场被打死,周围桑树被烤焦、烤黄。同时,章郭乡东庄村一组鲁长高家的家用电器遭雷击,损失3000多元。沙岗砖瓦厂烟囱遭雷击损坏;北凌、李堡等乡镇企业和家庭,也出现多处彩电、电表、电动机、配电柜等遭雷击损坏的现象。

7月13日深夜至14日00时30分,如皋、如东、通州等局部地区遭雷雨大风和雷击灾害。14日00时24分南通台测得阵风15.0米/秒(西南风)。13日深夜如皋港江面有江都一艘拖轮因雷雨大风而沉没,没有人员伤亡,由盐城郭锰打捞公司打捞,打捞费2万元。如皋市桃园镇育华小学一校舍因无任何防雷装置而遭受雷击,导致电线被烧、人字梁被打裂,部分电器受损,房屋结构多处裂缝。14日零时30分左右,如皋市雪岸镇的12个村(居)因雷雨大风袭击,倒塌房屋72间,损坏109间。受灾人口37741人,成灾人口3431人,轻伤3人。受灾农田3.02万亩,成灾面积0.905万亩。直接经济损失140万元,其中农业损失90万元。

14日如东县人民医院遭雷击,直接经济损失约5万元;通州市有5家邮政局遭雷击,直接经济损失5万元。均无人员伤亡。

7月29日15时15分如皋市东陈、雪岸二镇遭受雷雨大风和暴雨袭击,风力7～8级、最大9级。受灾人口1650人。33户92间房屋倒塌,63户153间民房严重损坏。刮倒树木240棵,刮倒刮断电线杆11根,受损高压线路1.2千米,低压线路5.5千米。受灾农田1400亩。直接经济损失69万元。

同日下午海安县墩头镇双新村陈德民家受龙卷风袭击,二楼上约260多平方米的铝合金阳台,被"连根拔起",像"飞碟"一样抛向天空,玻璃片四溅,最远抛落到60米以外。陈家厨房、蚕室、猪舍等也不同程度受损,估计经济损失9000多元。

8月5日17时前后,通州、如皋2市和南通市崇川区遭雷击。通州市平东镇大冬桥村15组村民金维明家的稻田中,在一声震耳欲聋的雷声后,出现一个耀眼的火球,还带着一股青烟,贴着稻叶由西向东快速移动,随后钻进稻田,不见了踪影。金家有半亩中稻稻片枯萎。如皋市白蒲镇一村民遭雷击身亡。

同日17时11分崇川区供电线路10千伏布厂线遭雷击,致使光明新村、光明南村、江东广场等居民小区停电,21小时后,通过易家桥变电所灰堆坝线转移负荷,才恢复供电。同时南通市"政府网站"遭雷击破坏,直接经济损失4万元。

8月7日如皋市公安系统计算机网络系统遭雷击,无人员伤亡,直接经济损失约20万元。

8月8日南通市崇川区、港闸区遭雷击。南通市教育局网络系统遭雷击,直接经济损失1万元。南通市"政府网站"又遭雷击,损失6万元;港闸区秦灶乡遭雷击,家用电器损坏,价值约20万元。均无人员伤亡。

2002年 3月20日20时至21时,如东县和启东市遭受雷雨大风和雷击灾害。20时后如东丰利镇106户农民住房被大风刮坏,3200亩农田受损,龙口村有10多台电视机、10多部电话机被雷电击坏,1000多米有线电视光缆被烧坏。21时如东掘港镇新皇族家俬公司东厂房油漆车间北墙突然倒塌,一名工人被砸伤,两台喷台被砸坏;全镇1000多个大棚遭不同程度损坏。

同日夜里,在启东蒿枝港海域,"苏如渔06303号"渔船作业时遭遇大风,刘克银、刘克林在固定舢板时被风刮离大船,生死不明。

4月2日7—8时海门、启东二市下了冰雹。海门临江镇浦民、临江、解阴等3个村,雹径有3厘米,最大积雹厚度5～6厘米。受灾蚕豆、豌豆、蔬菜、油菜、桑园、果园共28600亩,其中基本失收的有5500亩,损失中等程度的有9800亩。另有大棚种植400亩受损。合计直接经济损失455.88万元。

第二十六章 气象灾情辑要

7时30分左右启东市东新镇与海门临江相邻的部分村和汇龙镇的西北部也下了5~10分钟冰雹,雹径一般1厘米以下,最大的是2厘米左右。共32万亩作物受影响,油菜菜花脱落,直接经济损失不大。

4月5日如皋市东陈镇一农户家电视机遭雷击起火。

4月6日东陈镇一农户家围墙被雷电击倒,二层楼房受损。

4月16日凌晨4时许如皋市雪岸镇凌云村、雪东村的18户居民和3家企业遭受雷雨大风袭击。倒损房屋33间,雪岸、南凌两个砖瓦厂倒塌砖坯100多万块,300多亩小麦、油菜倒伏。如城镇宏坝村7组一成片居住区8户遭受感应雷击,导致电话等家电受损。合计损失50多万元。

7月12日海安县雷击死亡1人。

7月17日早晨海门市大范围遭雷电打击,电视机、电冰箱等家用电器获保险公司理赔的有15户,没有投保者不计其数。海门镇城北新村一农户遭雷击起火,经过半小时才扑灭。

20时30分南通市崇川区电闪雷鸣,南通台测得54.6毫米的强降水。供电系统遭雷击,城南新村、观音山等4处变压器被雷击起火,21时10分起大面积停电。连"小灵通"和电视信号都受到影响。

10月5日20时30分南通市港闸区东乡闸东村五组陆萍家遭雷击。当时陆萍一家人正在看电视。一声响雷后,家里一片漆黑,楼梯和二楼砖屑洒了一地,两台彩电被击坏,日光灯被击碎,所有电线被烧毁。雷击集中在二楼,墙体有6处洞。陆萍的丈夫左脚被击伤,缝了20针。这场雷致使附近200多户有线电视信号中断;击坏彩电10台。

2003年4月18日如皋市如城镇新生小区19号卜建明家因雷击烧毁电脑一台,电视机两台。同日,供电局职工朱益梅家雷击烧毁传真机一台、电脑一台、电视机一台。共损失2万元左右。

5月19日15时30分海门市万年镇仲文村遭受龙卷风袭击,并下了雨,持续时间20分钟。龙卷风刮倒村民楼顶屋脊3米;门3扇;刮倒村办公室围墙10米;刮坏砖瓦厂窑顶玻璃瓦屋面长30米、宽20米;把一辆三轮电瓶车吹到河里,损失2.5万元。损坏蔬菜大棚55个,其中14个损坏严重,减收六成。测算损失4.4万元。

6月30日海门市三阳丝绸染织厂遭雷击,损失1.5万元。如东县荣华水产食品有限公司遭雷击,损失1万元。

7月5日海安县气象局一台服务器和两台计算机被雷击所毁,直接经济损失7万元。

8时左右通州市气象局办公楼遭雷击,自动站采集器、终端机、电台发射机、电脑、电视等设备受损,合计直接经济损失3.32万元。

7月6日18时10分至19时40分,启东市气象局的"自动答询机"及电源、2千瓦UPS不间断电源、自动站采集器、EN风仪主板等11件电子设备被感应电雷击受损,直接经济损失5.225万元。吕四基准站的同步调制解调器、打印机、计算机、自动站等7件电子设备也遭雷击受损,直接经济损失0.46万元。另外,同日2时30分合作镇周云村五组有两户农家遭雷击,二层楼顶被击坏,家电全部毁坏,直接经济损失1万元。

7月8日12时40分起南通市崇川区9条10千伏线路和2台公用变压器因雷击损坏

断电，市政府、中医院等城北片许多重点单位部门及居民新村直到20时32分才恢复供电。13时至13时30分沿江的亚华造船受雷雨大风袭击，四台根基牢固的龙门吊被刮断，砸向北边的厂房和职工宿舍，一名正在午睡的工人被砸死，所幸当天因停电，职工休息未上工，故未造成其他伤亡。该厂直接经济损失950多万元。另外，附近的通顺船舶公司1台自重150吨的龙门吊也被刮断，损失100多万元。

7月10日21时启东市近海镇压大圩村22组一农户二楼被雷击，损失5000元。

7月14日18时30分启东市海复镇北固村2组一块棉田遭雷击，损失5000元。如东县财保公司机房遭雷击，损失3万元。通州市人民医院结算中心遭雷击，网络被击坏，损失2万元。

7月17日18时至20时南通市经济技术开发区和海门、启东二市，先后受雷雨大风和龙卷风袭击。18时左右突然一股强风将通常汽渡南迁工地的工棚刮倒，将配电房房顶掀掉，后又将开发区世纪大道工地的活动房刮倒，两块彩钢墙体挂在苏通大桥供电线路上，殃及南通农场10千伏供电线路，造成工地现场、农场南片、江海港区全部停电，直到21时才恢复供电。

同时，海门全市普遍出现雷雨大风，海门站测得最大风速19米/秒，部分地区有10级以上。倒塌房屋1000多间，伤12人。损毁大棚2737个；薄膜受损坏的大棚3994个。棚内作物损失1.28万亩。玉米、棉花、黄豆倒伏折断共21.1万亩，预计减产四成以上。直接经济损失4000多万元。

同日19时30分至20时启东市吕四、兆民、王鲍、天汾、志良等5镇遭受龙卷风袭击。因灾倒塌房屋213间，其中民房104间；损坏房屋109间，死亡1人，伤6人，无家可归125人。受灾人口20.7万人。成灾人口11.5万人。农作物受灾11.7万亩，成灾8.19万亩。倒树85棵。吕四镇十甲村高压电线被大风刮断，造成全村停电。估计直接经济损失1200万元，其中农业损失1000万元。

7月19日海门市正章染整有限公司、四甲自来水厂遭雷击，直接经济损失2.9万元。南通市崇川区任港乡任港村一组姜富林及其家人反映，凌晨1时30分一团火球突然穿过二楼后窗进入房间，房内电视机、空调、冰箱、微波炉及电话都被烧坏，同时房内椅子、棉絮也燃烧起来。姜家估计损失2万元。周围另有10户人家共有20多台电视机和1台电脑被烧坏。

7月20日凌晨01时40分至03时30分，启东市惠萍、少直、和合、志良、东海等11个乡镇71个村遭受雷雨大风和雷击袭击，01时53分启东站测得极大风速24.4米/秒，01时40分至03时40分两小时雨量22.8毫米。受灾农作物60万亩，玉米、棉花倒伏占50%，其中甜玉米绝收1.05万亩。倒房51间，损坏房屋59间。重伤1人。和合镇村民张某冒雨赴江边拴牛时，不幸被雷击身亡。他身后的那头牛却安然无恙。海门市临江自来水厂、江苏通光集团有限公司遭雷击，直接经济损失3.7万元。总计受灾人口51万人，直接经济损失4459万元。

7月21日傍晚海安县和如皋市局部地区遭强雷雨大风、龙卷风、雷击等灾害。17时30分起海安全县普遍受雷雨和大风袭击，21时角斜镇滩河村一、二、三、四组遭龙卷风袭击，李堡测得过程降水量94.8毫米。18时前后，大公镇群盖村一组张某到外面办事，在离家不远的小路上遭雷击,当时鼻孔出血,已无呼吸,深度昏迷,随即送医院急救。海安全县受灾人口7.8万人,成灾人口3.5万人;农作物受灾面积1200亩,其中绝收75亩。倒塌民房36户71间;损坏民房56户142间。重伤1人(雷击),轻伤4人。直接经济损失150万元。

同日如皋市丁埝、下原、东陈、雪岸、常青、磨头等6个乡镇于19时30分左右相继受龙卷风和雷雨大风袭击。倒塌房屋496间,损坏房屋1652间。受重伤2人,轻伤5人,紧急转移安置55人。供电部门遭雷击仅丁埝镇,就打坏变压器6台,交流接触器49只,触电保护器68只,动力表50只,家用电表114只。直接经济损失8万元。受灾农作物3.15万亩,成灾1.5万亩,折、倒树木1200棵,直接经济损失1250万元。其中农业损失360万元。

7月22日15时通州市西亭、石港二镇受龙卷风和雷雨大风袭击,倒塌房屋40多间。倒树数目不详。16时许村民季某和儿媳在稻田里追施化肥,不顾雷电交加及邻居劝告,坚持做完后回家,她家稻田上空有高压线,在耀眼的闪电过后,有一个火球伴随巨响落下,季某当场倒在田里,后在送医院途中死亡。同时南通市崇川区新建新村49幢4楼一户居民屋顶被炸出一个脸盆大小的窟窿,电话被雷打坏。

7月24日16时南通市港闸区唐闸公园内,一棵百年肉桂树树顶被雷击炸开,15米高的古树被劈掉五分之四,仅剩被烧焦的树干。

8月2日如皋市如城镇陆桥小学宿舍楼遭雷击,楼板被击穿。自来水厂、矿山机械厂的通讯网络被击坏。直接经济损失10多万元。

同日海门市正章染整有限公司、海洪砖瓦厂、正余加油站等处遭雷击,直接经济损失2.9万元。

8月18日海门市造纸毛毯厂、冠东车灯有限公司、宝隆化工有限公司、常乐卫生院等处遭雷击,直接经济损失2万元。

9月5日16时以后南通市崇川区雷电交加,16时50分在南通锅炉厂堆场工地,工人们正在吊车旁装锅管,准备发往南京。一个响雷劈下来,10多名工人倒在地上,雷击现场有一滩血,是外地民工被雷击留下的,经送医院急救,无生命危险。其余工人都是触电感觉,只有轻伤。崇川区雷击断电事故频发,尤其城西片大面积停电。

9月8日海门苎麻厂遭雷击,直接经济损失1.4万元。

9月16日启东市吕四镇茅家港小学变压器配电房遭雷击,直接经济损失2万元。

2004年5月30日7时左右如东县曹埠镇冯桥村五组村民徐振新(男,54岁)在自家油菜地(空旷)收割油菜时,遭雷击身亡。

7月8日17时如皋市搬经镇大雨伴有冰雹从天而降,以后向东南方向移动。18时吴窑镇几个村冰雹竟有小鸡蛋大,吴窑邻近的石庄镇冰雹也有蚕豆大。雷雨大风阵风10级。据不完全统计,此次灾害共涉及9个乡镇,比较严重的是吴窑、常青、石庄3个乡镇,受灾人口1.2万人,成灾1200人,受伤1人。紧急转移安置110人。农作物受灾面积22500亩,成灾面积3000亩,绝收900亩。倒塌民房200间,损坏房屋2300间。另外电线杆、树木、防渗渠等也遭到不同程度的破坏。直接经济损失1000万元,其中农业损失230万元。

7月12日17时30分,海门市包场镇致中村、河南村受冰雹、龙卷风袭击,雹粒如蚕豆大,历时10分钟左右,移向:由西北向东南。致中村一棵直径70多厘米的百年老榆树,被拦腰刮断并吹出5米多远,龙卷风经过的地方,不仅农作物一扫而空,"三杆"也全部刮断刮倒。具体灾情是：成灾农田2860亩，其中绝收1150亩(内有400亩蔬菜田、绝收130亩)。摧毁钢制蔬菜大棚8个，断"三杆"5根，断树85棵。倒房9户15间、严重损坏20户30间、损坏33户36间，共倒损房屋62户81间，伤1人。倒"三棚"120户240间，压死羊1只、伤2只。估计直接经济损失225万元。

7月13日15时20分至18时启东市东南部寅阳、和合2镇和寅兴垦区受龙卷风、暴雨袭击，并发生雷击。共有15户28间房屋遭到损毁，其中寅兴垦区4户人家12间住房被龙卷风卷走，夷为平地。和合镇庆佳村8组村民朱玉英遭雷击身亡；供电、电信设备也遭雷击，造成停电和通讯中断。1200亩农田受涝，300亩水产养殖池塘被淹没。造成直接经济损失550万元，其中农业损失240万元。

7月14日晚通州市普遍遭强雷雨大风袭击，一农民遭雷击身亡。兴仁、川港、西亭3镇倒房11间。严重损坏房屋32间。18时左右，海门市海门港变电所遭受雷击，致使自来水厂停水4小时，供电线路26条次跳闸，电视网络一大批放电器、分配器被毁。

7月25日17时左右，通州市平东镇奋勇村十一组村民钱淑芳(女,55岁)在水稻田喷洒农药时，被雷击身亡。

7月30日13—15时如皋市雷雨时有雷击、有雷雨大风8级、最大风力9~10级。14时左右，郭园镇富宇村一村民(女,33岁)在自家门外树下干活，遭雷击，当即身亡。搬经镇芹界村六组一农户正在建房，因狂风暴雨，将三楼西山墙由西向东刮倒，造成二楼、一楼楼板折断，正在一楼避雨的施工人员5人死亡，2人受伤住院治疗。

8月4日下午如东县不少地区遭遇雷击，并发生龙卷风，气象站电话、自动气象站综合遥测仪专用电脑、EN风仪均遭雷击；民用家电受雷击损坏在1000台以上。15时30分兵房、大豫2镇刮了龙卷风，农作物受灾3090亩；倒塌民房115间，损坏民房173间；压死1人，重伤5人，轻伤2人。直接经济损失450万元。

8月21日13时许，启东市惠萍镇长兴村、同北村遭龙卷风袭击。受灾人口700余人，29户67间民房倒塌，112户225间民房遭破坏，21人受伤，其中8人重伤住院。受灾农作物600多亩。直接经济损失426万元，其中农业损失60万元。

11月9日傍晚到夜里通州市石港、西亭、四安、先锋等4个乡镇的8个村出现冰雹和雷雨大风，受灾作物8250亩，倒毁房屋58间，损坏162间。直接经济损失450万元。

2005年 3月10日夜如皋市加力乡电话总线打坏，造成1000多门电话瘫痪，部分电话击坏，有一农户草堆起火。夏堡原茧站遭雷击，密封件厂烟囱倒塌，有两小孩受伤。南通华冠电器公司财务室大部分账册、票据遭雷击烧毁，损失严重。

4月25日18时30分至19时30分南通市崇川区一场特大暴雨夹有雷击，造成供电系统事故频发，导致曙光新村等许多社区供电中断，至20时止客户服务中心接到报修电话200多个。另外，由于天气恶劣，视线模糊，在暴风雨中发生5起车辆相撞事故，伤者被送医院救治。

4月29日14时30分至15时，南通中学教学楼遭雷击，功放设备、监控室探头、照明灯等电器设备被打坏，一教室屋顶被击出一个20厘米的大洞。估计损失6~8万元。

6月27日15时左右，启东市向阳镇新阳村2组遭受陆龙卷袭击，持续2~3分钟，东西长250米，造成3户4间房屋倒塌、13户14间房屋严重损坏；伤1人。另外，大兴、南阳、新安3镇共计6个组遭雷雨大风袭击。8个村民小组共110人受灾,3人重伤往院,倒塌民房17户31间,损坏民房15户45间,蔬菜大棚受损4个。造成直接经济损失60多万元。

7月27日15时38分如皋市磨头镇出现了直径1厘米的冰雹,未造成重大损失。

15时左右如东县中、西部遭受雷雨大风袭击,双甸中尺度站15时46分测得了瞬时风速23.7米/秒,风向东南;15—17时两小时雨量40.2毫米。双甸镇玉米倒伏3000亩,低洼农田积水,不少广告牌被刮倒,有数台电视机被雷击毁坏,12间房屋受损。另外,袁庄镇4户农家被雷击,其中一家屋脊被击坏,其他3家屋顶或墙角受雷击。

15时50分南通市港闸区闸东乡,雷雨大风掀掉南通食品城店面房顶12间。

7月28日12时40分通州市海晏镇3人下海捕捞后,返回途中,一人遭雷击身亡,一人被击昏倒,后苏醒,另一人无恙。

7月30日16时35分海安县角斜镇五虎村16组申某,在田间劳动时,被突然降临的响雷打倒在地,经抢救无效死亡。

如东县16—17时出现雷雨大风,洋口自动站16时40分测得西风23.3米/秒,掘港16时45分钟测得西风19.3米/秒。受大风影响,马塘和掘港2镇刮倒民房106间,刮倒低压电线杆50根。掘港镇小河村和三里墩村下了直径0.6厘米的冰雹,胡桑损失严重。

如皋市16时至16时30分出现10级雷雨大风。常青、磨头2镇7个村28个组受灾农田4200亩;受灾人口4370人;倒塌房屋42户103间、损坏房屋587户867间;受伤5人。电力、通讯、有线电视等设施也有损失。总计经济损失1593万元,其中农业损失1300万元。

通州市13—14时西亭、东余出现冰雹,雹径1.5厘米左右,约持续10分钟,忠义新桥村一户人家山墙遭雷击,海晏晋余村一户人家屋脊遭雷击。通州站测得瞬间风速16.5米/秒。

8月3日南通市区供电系统29条线路遭雷击跳闸,其中7条线路造成较大面积停电,海门市海门镇秀山村一妇女遭雷击,衣服被烧坏,皮肤小面积灼伤。

8月17日16时30分海安县曲塘镇郭楼村17组一村民陈某受雷击身亡。

9月2日14时20分如皋市气象站遭雷击,自动站采集器、自动风传感器、计算机、EN风仪均被击坏。

同日15时20分至17时30分如东县处于13号台风倒槽内,出现龙卷风、特大暴雨。新店、岔河、丰利、双甸、河口等镇受灾,降水量实测值:双甸254.8毫米、丰利147.4毫米、潮桥131.00毫米。据不完全统计:倒塌房屋57户143间、损坏房屋114户605间;死亡3人,重伤16人,转移安置310人。受淹农田20多万亩,双甸积水过膝,内涝严重。

2006年4月4日16时40分启东市南阳镇光明村2组一村民家遭受雷击,屋脊连顶倒塌约2平方米,同时摧毁了部分电路、电器。另外,该村有3户村民家中一台洗衣机、2台电话机遭雷击损坏,共损失700元。

6月10日傍晚启东市启隆乡出现了直径为2厘米的冰雹。

6月21日下午通州市北兴桥镇中闸、海防等6个村遭受雷雨大风袭击,倒塌房屋20间,损坏房屋142间,受伤6人,受灾西瓜田、棉花田共5600多亩。

同日14时13分南通市经济技术开发区的华通化纤公司一台电机被雷击,价值2000

多元;有10多根电线杆被刮倒,造成停电;南通农场一农户被大风掀去了屋顶。

6月24日下午如东县苴镇九阳村一组村民刘某(女),在秧田拔秧苗时,不幸被雷击身亡。同时,南通市市区多处供电线路跳闸,教育路、秦灶乡、闸西乡、虹桥等多处出现停电事故,其中节制闸村6组一根电线被雷击后着火。

6月29日12时左右海安县墩头镇双新村22组遭受雷雨大风袭击,倒塌房屋2间,损坏房屋9间,直接经济损失9000元。

7月4日22时左右通州市海晏镇东余村村民王某家遭雷击起火,火势很猛,楼上新装潢的三间房屋内所有东西,包括电视机、电冰箱、电脑等全部被烧毁。当时家中无人。

7月8日13时40分海门市刘浩镇场城河村、六甲村受雷雨大风袭击,并有暴雨倾盆而下。据不完全统计:15户农家倒房4间,损坏18间;损坏三棚及副业用房50间,压死山羊3只。农作物受灾195亩,其中绝收30亩。直接经济损失30多万元。

7月18日22时02分海门市余东镇一户人家遭雷击起火,被周围群众、民警、消防队员合力扑灭。

7月21日11时多海门市三和镇三南村一户人家被雷电击中房屋,两间屋顶坍塌,民政局估计损失6000元。

7月22日17时42分在电闪雷鸣中,南通狼山水厂供水管路控制装置被雷击跳闸,多台控制仪表受损坏,使日供25万吨的水厂立刻停止供水,主城区用水告急。

8月1日下午13—14时如皋市丁堰镇三个村出现冰雹,直径1.5厘米,并有阵风8级。农作物受灾面积2025亩,受灾人口4680人,损坏房屋28间,直接经济损失7.6万元。

同日下午,南通市崇川区芦泾港水厂供电线路两次受雷击,主控室的电路立即跳闸断电,大量积水涌入主泵房,而机泵又因停电无法启动;后来,水厂南围墙外的主变压器又遭雷击,发出一阵火光后停止运行。自来水厂被迫停产,唐闸和天生港一带数十万户家庭和企业断水,经抢救,17时以后恢复正常。这场雷雨,还使港闸区许多企业进水,其中亚联针织厂主车间和锅炉房被淹,大量布料和化学材料来不及转移,损失惨重。

8月10日17时如皋市常青镇一户农家的三层小楼被雷击起火,派出所民警和消防官兵冒雨赶往现场扑灭,但电视、电话都坏了,楼房的屋面及堆放在三楼的木材均被烧毁,藏在木材堆中的2000元现金被烧光。估计直接经济损失7000元。

8月16日15时18分如皋市如城镇受雷击,造成25条10千伏线跳闸。15时30分通州市平东镇一工厂进行彩钢瓦屋面施工时,一浙江籍来通务工人员王飞(男,33岁)遭雷击身亡。

8月22日南通市工农北路东侧的中南木器制造公司、嘉豪电器公司仓库,南通凤凰地毯公司等多家企业因雷雨强度大,造成进水,产品或原料受损。

8月25日如皋市因雷击发生交通事故。公安局调查证实:在发生一个炸雷后不到1秒钟,一辆拖拉机变型后失控撞向一辆大货车,拖拉机驾驶员和2位乘客当场死亡,另2人重伤。

8月26日18—20时如东、海门、启东3县(市)发生了8起雷击事故,造成1死2伤,直接经济损失1359万元。

(1)江苏宝宝集团淀粉车间生产线"三相自动电源稳压器"被击坏,经济损失5.6万元。

(2)如东咏峰织造厂9台织机主板被损坏,经济损失0.4万元。
(3)如东一家个体户织造厂12台织机受雷击起火烧毁,损失30万元。
(4)丰利镇江边村三大队陆某(男,55岁)打工回家,在离家100米处遭雷击身亡。
(5)20时长沙镇兴港村陈某(女,38岁)乘坐拖拉机回家途中,在长沙养殖场滩涂离岸4.5千米处遭雷击,脖子上有烧焦痕迹,造成长时间昏迷;驾驶员和其他乘员无恙。
(6)长沙镇许某(男,44岁)乘坐拖拉机在离岸10千米处遭雷击,胸口大面积烧伤,当时是20时左右,他将电瓶灯挂在胸前,以上2拖拉机相距不到5千米。
(7)海门市气象观测站和海门市气象台两处,分别同时遭雷击,造成电子仪器设备损坏,直接经济损失1.5万元。
(8)启东市汇龙、吕四、惠丰、大兴等10多个乡镇遭强雷雨袭击,雷击造成居民和单位电子设备、家用电器受损,据不完全统计:电视机4000台、冰箱100台、电脑1000台被雷击坏。直接经济损失1300多万元。

8月28日12时许海门市三星镇遭受雷击,直接经济损失23万元。
(1)汇南村二十八组施裕新家3个车间受雷击起火,电脑绗车等设备全部烧毁,总价值20万元。
(2)安南村十组黄元新家是三层楼房,西屋顶被雷击,形成一个洞,屋内3台电视机全部毁坏,损失2万元。
(3)安南村九组高培生三层楼的屋顶被击出一洞,屋内电源线报废,一台电视机损毁,价值1万元。

8月30日如东县马塘镇王长庄村五组杨某(男,53岁)早晨5时多在田里掰玉米时,遭雷击身亡。8时左右,通州市石港镇"南通紫鑫化工有限公司"遭雷击,导致重要仪表和贵重设备损坏,造成生产线停工,损失20万元。

2007年 3月31日早晨,海安县部分乡镇有线电视设备遭雷击损坏。

4月15日下午南通市区和海门、启东2市先后出现雷雨大风和冰雹。南通市惠升重工公司一座30吨的龙门吊被大风吹动撞击它前面一座20吨龙门吊,造成20吨龙门吊出轨倾斜;另外,公司在江边的一条输电线路被吹断;公司内一间简易房屋被刮倒。

18时15分启东市大兴镇泰安村、惠丰镇临江村下了5~10分钟的冰雹,雹径大者1.6厘米,蚕豆田受到损伤。

17时20分至18时海门市江心沙农场十六大队刮起了7~8级雷雨大风,17时20~23分下了3分钟的冰雹,直径约2厘米,而且密度较大。18时左右海永乡永北、沙南、东西场大队也下了冰雹,直径2厘米左右。合计受灾油菜770亩、蚕豆520亩、小麦5070亩、大麦60亩、西瓜1000亩、苗床360个。估计直接经济损失78万元。

5月17日下午至18日凌晨,海安县海安、南莫、胡集、墩头等4镇和如东县袁庄、景安、双甸、岔河、掘港等5镇出现冰雹并伴有雷雨大风,如东双甸的极大风速达27.2米/秒(西北风)。海安县受灾村15个,受灾人口29341人。受灾面积42704亩,其中小麦受灾25720亩,减产二成;蚕桑10710亩,损失程度25%;油菜6274亩,减产一成。造成直接经济损失1208.8万元。

如东县受灾人口15000人,受灾面积22500亩,其中大麦和小麦19500亩,减产二成;

玉米1050亩,减产七成;胡桑1350亩。另外还有20户民房受损,双甸镇有一配电箱遭雷击。直接经济损失634.7万元。

以上2县直接经济损失共1843.5万元,无人员伤亡。

6月23日16—17时南通市开发区和海门市海门镇发生雷击灾害。16时45分左右,南通开发区江山农化公司遭雷击,击坏1只仪表、9只设备卡件,直接经济损失1.5万元。17时在海门市大港公路和沿江公路交叉路口西侧200米处有一四川省简阳市的男子(31岁)骑车途中遭雷击身亡;17时左右海门镇棉场村七组顾、徐两户人家遭雷击。顾家厨房(平房)房顶被击穿,楼房三层顶击穿;徐家楼房三层顶东首屋脊倒塌,房顶击穿。

7月2日15时38分左右一陈姓妇女(47岁,洪泽县籍)正在南通市崇川区节制闸外江口南通港村七组河段,用小船摆渡,突然一个霹雷从天而降,陈某当即被劈死;与此同时在通沙汽渡北侧约百米远处,又有一名女子遭雷击掉江身亡。

同日22时许,如皋市黄市镇一名40岁左右的居民,在乡间道路冒雨骑自行车行驶时,一声闷雷响过,突然连人带车摔倒在地,全身抽搐,倒地身亡。

7月3日20时海安县李堡镇居民李先全家中一头耕牛从牛舍出去吃草,突然被一个惊雷击中,倒地而亡。

7月7日傍晚至8日凌晨,海门市和南通市崇川区遭雷击。7日傍晚,南通市濠西路供电设施遭雷击损坏,供电电压骤降,18时以后,人民西路以北、孩儿巷北路以西,大范围停电,经彻夜抢修,8日凌晨恢复供电。

8日早晨6时多,海门市海门镇海兴路社区居委会九组居民家遭雷击,数十台家电被损坏,其中一户人家房了被击坏,直接经济损失5万元。同时,东风新村、公园新村、富民新村、海南新村等地段,居民家中电器,也有不同程度的受损。

海门市货隆、三和、德胜、王浩等镇也有地方遭雷击。6时15分海门市气象局电子设备也遭雷击,直接经济损失5.5万元。另外,雷雨大风造成包场镇有两间房屋受损;三和镇新远村五组和三组倒塌房屋3间,直接经济损失2.4万元。

7月17日19时10分左右,随着一声雷响,南通市港闸区、唐闸、天生港地区相继有5条10千伏的线路遭雷击而跳闸,出现大面积停电。

7月22日16时20分,海安县大公镇马舍村二组卢基全(男,62岁)在田埂上走,遭雷击身亡。

7月25日17—22时南通市在高温后普降雷阵雨,并伴有7级大风,18:30—20:00如东县岔河、丰利2镇共7个村遭受冰雹和雷雨大风袭击,雹径3厘米。农作物受灾15780亩,其中水稻12150亩、棉花510亩、黄豆1185亩、玉米795亩、蔬菜150亩、其他990亩。倒塌房屋22户62间,损坏房屋122间,倒塌鸡舍77间、猪舍164间,死亡生猪9头、鸡1.9万羽,倒低压电线杆17根。直接经济损失902万元。

7月26日傍晚,南通市在高温后出现局部雷阵雨,通州市十总镇双甸村18时左右出现冰雹;如东站18时15分至23分出现直径1厘米的冰雹和22.8米/秒的雷雨大风。如东县海通化肥厂盐酸储罐,17时40分遭雷击,其中一个储罐爆炸燃烧,经应急处置,事故得到有效控制。

7月30日18时10—25分海安县南莫镇的林庙、严马、丁桥3个村受雷雨、冰雹和雷雨

第二十六章 气象灾情辑要

大风袭击,临近的沙岗站测得最大风速20.8米/秒。因灾倒塌房屋1户3间,损坏房屋43户58间,转移人口16人。雷击损坏电视机96台。严马村七组丁桂芳(女,42岁)因灾受轻伤。有10多棵直径40多厘米的大树被连根拔起;890亩胡桑被冰雹打坏;一个大型广告牌被吹断;一些厂房被揭顶;估计风力有10级。总共直接经济损失58万元,间接经济损失50万元。

8月1日13时通州市金沙镇出现风雹灾害,通州站测得雹径1.2厘米,极大风速30.3米/秒,因大风造成56间房屋损坏,其中倒塌39间,屋顶被掀17间。厕所倒塌34间,12户封闭阳台受损,21户太阳能热水器受损。大风还造成部分广告牌倒塌、树木折断,市政府大楼外墙装饰损坏。

8月2日12时30分至13时,海门市三阳镇福山、鲜行、友爱和永平村受雷雨大风、飑线、雷击突然袭击,倒塌平房1间;损坏房屋45间,其中友爱村六组施家遭雷击,除楼顶击穿,电话、两台电视、音响也都击坏;三阳初中24间平房加盖的彩钢顶(1000平方米)全部被掀翻,离开屋最远的达10米,把电动大门砸坏。4个村受灾倒伏棉花、黄豆、玉米3000多亩;临近的悦来镇棉花、玉米倒伏6000多亩。

同日14时30分至15时30分,如东县岔河、马塘、新店、双甸等镇遭受雷雨大风和雷击的袭击,因灾倒塌民房13户34间,马塘镇亚苏村一农户因雷击起火烧毁1间;损坏民房77户152间。因灾死亡3人,其中雷击死亡2人(马塘镇马东村徐新余,男,58岁;新店镇祝套村邓建,男,54岁),被大风刮到河中淹死1人(岔河镇古北村许平,女,88岁)。

同日14时至17时海安县墩头、大公、白甸等镇,受雷雨大风、冰雹、雷击袭击,瞬时极大风力10级,鱼塘浪高达2.5米以上,数台太阳能热水器被刮走,毁坏热水器176台,毁坏三线杆23根,刮断大树100多棵,部分在田棉花、玉米被刮倒、折断。倒塌民房4户8间,倒塌副业用房32间,损坏房屋825间,损坏电视机36台,砸死蛋鸡4700多羽。雷击死亡1人,系白甸镇朱于村一组严冬勤,男,28岁;重伤1人,系墩头镇新舍村三十五组丁凤山,男,74岁,两腿粉碎性骨折。直接经济损失250万元,其中农业损失115万元。

同日15时左右,如皋市桃园镇新华、马塘、明池和肖陆4个村29个村民小组遭受龙卷风袭击。受灾人口7000多人;受灾农作物840亩,其中玉米495亩、黄豆345亩;倒塌房屋40多间,其中民房21户34间;另有104户320间损坏。部分电力设施和4家企业遭受损失。直接经济损失138万元。

8月3日17时至19时30分启东市惠萍、和合、近海、大兴、惠丰、少直、北新、向阳等10个镇22个村遭受雷雨大风袭击,实测最大风速16.1米/秒,启东、吕四2站均为14.9米/秒。受灾人口7.7万人,受灾农作物10897.5亩;倒塌民房13户45间,损坏113户157间。其中最严重的惠萍镇益成村倒房5户5间,房屋倒塌造成1人死亡,1人重伤,1人轻伤;损坏房屋71户104间。另外,惠港造船厂一龙门吊被大风刮倒,将大巴车砸坏;另一龙门塔吊,受大风牵扯,由原来的南北向转为东西向;一幢四层楼的十几间屋顶被大风刮起。因灾造成直接经济损失670万元,其中农业损失510万元。

8月5日早晨,启东市受雷雨大风和雷电、大暴雨影响,造成久隆、聚南2镇9000亩棉花倒伏,农田和部分街道、工厂积水。还造成3条1万伏高压线故障,5条3.5万伏合作线故障,王鲍线、志良新港线电力中断,海复镇电信中断。

2008年5月27日下午南通市崇川区雷雨大风(军山16时35分,15.1米/秒),造成4起事故:(1)鸿运装饰城内一简易房顶被吹毁,吊顶坠落,砸伤4人。(2)郭里园一栋居民楼顶的太阳能热水器被大风吹落,砸坏一辆汽车。(3)正联公司仓库被刮坏进水,部分货物遭受水淹。(4)姚港路口友谊大厦5号楼内多家商铺货物被淹,经济损失较大。

6月7日11时许如皋市丁堰镇皋南村24组农民冒某与同组的两名村民一起在下雨之前忙着处理麦田里的大量秸秆。不多时,天边出现了闪电,打雷开始时,冒某弯腰点火准备焚烧秸秆,一声炸雷突然响起,冒某应声而倒,另外两名村民立即赶过去察看,发现已经死亡。冒某浑身僵硬,右肩膀上有大片红印、脚底亦有不少红色斑点。

6月21日凌晨如皋市下原、磨头2镇和开发区,受雷雨大风袭击,造成9户居民22间住房倒塌。

7月11日12时刚过,启东市渔民王中华、顾雪军、朱卫军3人下海捕鱼,12时50分开始下雨,14时在离岸200米的海涂上被雷击,走在最前面的王中华被击得双腿跪地,稍后可以站起;走在中间的顾雪军(男,29岁)当场死亡;走在最后的朱卫军眼冒金星,无恙。3人都穿胶鞋,死者戴金属眼镜。头部两太阳穴,下巴以及腰腹部有灼伤斑。

8月4日14时以后海门出现局地强对流天气,麒麟镇麟北村一养鸡户6个养鸡棚倒塌,经济损失20万元。

8月14日下午南通市出现局部性强对流灾害,日雨量有25%的站点超过50毫米,最大的通州市三余镇达159.9毫米;雷雨大风17时12分通州市刘桥镇达31.6米/秒(西北风)。局部超过12级。雷雨大风导致通州市金沙、张芝山、石港、兴东等4镇5500人受灾。倒塌房屋9间、受损203间;1人受伤,紧急转移安置346人。倒损树木和伸缩门无以计数。16时26分至34分,南通开发区小海镇有龙卷风自新镇村向东北方向横扫汤家窑村、小海村等6个村,造成6户8间房屋倒塌;225亩农作物受损。如皋市如城、郭园、江安3镇短时间出现九级大风,倒房4户7间。

同日16时以后,海门市出现2起雷击灾害:16时左右,常乐镇平山村11组陆美芳(女,49岁),在屋顶遭雷击后,一听到声音就到三楼了解情况,被后续直击雷击中,当场身亡。18时多,临江镇介云村七组叶健一家三口正在吃晚饭时,一通闪电窜至底楼,事后发现东墙头开裂2米多,楼上瓦片散落一地,有的甚至飞到东邻人家。同时临江镇三分之一有线电视出故障。

2009年6月4日16时25分至16时40分,如皋市下原镇沈阳村出现冰雹天气,冰雹直径10毫米左右,降雹面积近2000亩。其中有极少部分未收的小麦受轻度影响,部分麦穗有10%的掉粒;另有少部分树木叶子被打落。

6月5日下午受冷暖空气的共同作用,南通大部分地区出现雷雨、大风和冰雹等强对流天气,并伴有中到大雨,根据6月5日08—20时自动站资料统计,全市有16个站点雨量超过25毫米,最大雨量为42.8毫米,出现在启东向阳镇;有33个站点出现7~9级短时雷雨大风,极大风速24.1米/秒,出现在海门东灶港。

南通市区15时01分出现直径10毫米左右的冰雹,海安县沙岗镇出现直径8毫米左右的冰雹,通州市三余镇16时至16时30分出现蚕豆大小冰雹,15时30分至16时五甲镇出现20毫米大小的冰雹。

第二十六章　气象灾情辑要

如东县洋口镇光荣村统计了雷雨大风灾情：受灾人口达792人，损坏房屋139间，农作物受灾面积1920亩，成灾面积660亩，直接经济损失125万元，其中农业经济损失115万元。

三余镇有1.05万亩油菜未及时收获，40％的籽夹爆裂；大乐村一农户，屋顶瓦片有1/5被掀；三余至东余公路旁树木倒伏；1.2万亩玉米农田有5000亩倒伏。农业直接经济损失267.53万元。另外，五甲镇1120亩未收获的油菜有30％受损，农业直接经济损失22.5万元。

6月14日下午，南通地区出现冰雹、雷电、雷雨大风等强对流天气。冰雹：如皋九华17时50分出现，直径50毫米左右；通州新联18时40分出现，直径60毫米左右；如东掘港19时20分左右出现，直径5毫米，持续2~3分钟。

雷雨大风极大风速通州刘桥镇14.8米/秒（7级）；通州开沙岛21.3米/秒（9级）；如皋熔盛重工25.0米/秒（9级）；如皋港17.7米/秒（8级）。

另外，全市大部分地区出现雷雨天气，有4个站点雨量超过25毫米，最大雨量38.8毫米，出现在通州新坝镇；其次南通陈桥雨量37.1毫米。

根据灾情调查，这次强对流天气对通州、如皋地区影响严重。大风造成如皋、通州部分乡镇树木折断，龙门吊倒塌，广告牌被毁，房屋倒塌，导致人员伤亡；冰雹造成通州、如皋大量太阳能热水器和车辆受损，在田农作物损失严重。

据不完全统计，此次过程共造成如皋、通州受灾人口约2万人，转移安置46人，损坏房屋172间，倒塌43间，死1人，伤1人。农作物受灾面积约1万亩，成灾5600亩，绝收2400亩。直接经济损失约6000万元，其中通州明德重工两台200吨龙门吊被吹倒，在建船只损坏，经济损失约5000万元。农田损失600多万元。

6月21日受西南暖湿气流影响，南通大部分地区出现强雷电、雷雨大风以及暴雨天气，有15个自动站点出现雷雨大风，其中最大风速为28.3米/秒，出现在如东洋口闸，9个站出现暴雨，最大雨量为91.7毫米，出现在如东栟茶。16时许，如东栟茶镇洋堡村十组刘成健（男，55岁）在吕四港海船作业时，不幸遭受雷击身亡。16时30分左右，如东县大豫镇东安闸村四组陈华达（男，42岁）在东凌近海捕捞作业时，不幸遭受雷击身亡。21时许，栟茶镇港头村十组徐守兵（男，48岁）在农田遭受雷击身亡。此外，通州市骑岸镇育民村村民张淑娟（女，41岁）在稻田撒除草剂时遭雷击身亡。共计雷击死亡4人。

7月6日上午通州区川姜镇川姜村王萍家新盖的三层楼被雷击，除了楼顶被打穿外，家用电器全部被击坏。

7月7日受冷暖空气的共同作用，南通大部分地区出现雷雨天气，其中通州三余镇出现龙卷。12时20分至40分，通州区三余镇建新村遭受龙卷风袭击，局部最大风力达到12级。据不完全统计，龙卷造成倒损房屋55间，其中1户因雷击造成2间住房烧毁，17户倒损53间，农作物受损约1050亩，直接经济损失约50万元。

7月28日海门市三和镇新远村一村民电脑被雷击损坏、三江村26组一村民电视机被击坏、33组一农户三棚（猪棚、鸡棚、羊棚）被雷击倒塌。

8月20日下午如皋市江安镇中心村丁正亮等10多农户遭雷击，家电被打坏，直接经济损失近10万元。

2010年 3月5日如皋市袁桥镇季港村10组张健及其邻居家遭雷击,屋顶和墙面倒塌,全部家电毁坏。目击者看到球状闪电在屋前滚来滚去。

6月26日下午南通市区发生雷击、狂风、暴雨,造成不少损失。下午3—4时,商贸学校附近一声炸雷击中一个金属户外广告牌。钟秀路外环西路户外广告损失也不小;人民路天一大楼附近一工地宿舍楼顶把钢管、彩钢瓦,甚至连空调外机都"飞"起来,砸中附近的店面房、车棚和轿车。3时许雷击造成虹桥路和城山路交界处停电、红绿灯"罢工"、城南小苑停电。同时,中新一路、中新二路、濠河东城居民小区等地段大面积停电。暴雨如注,马路成河,青年路、工农路、人民路都有路段积水。易家桥、青年路、新建、虹桥四个新村积水严重,出行艰难。

7月7日17时多,南通市港闸区幸福乡幸福村22组施某在田中除草,不慎触碰因暴风雨受损的电线,触电倒地失地知觉,幸亏被租住人黄万金发现,立即用竹竿拨开电线,但施某右手受伤较重,部分神经坏死。

7月16日下午如皋市桃园镇申徐村孙某(女,65岁)在雷雨中骑自行车过村中小桥时,被连人带车刮入小河,意外死亡。

7月18日18时后,崇川区观音山镇海洪村17组78岁的陆老汉,在自家菜地里被雷击身亡。

7月21日南通开发区遭龙卷风、雷雨大风和雷击灾害。7时27分南通开发区小海镇清华同方工地发生突如其来的龙卷风,原本较好的上下两层十多间工棚眨眼之间被掀掉并倒伏,一人被困棚内被救出,幸无大碍。开发区新开镇雁行村16组养殖场傅女士一家三代四口人在看电视,突然像地震一样,倒塌房屋6间,一家人躲到屋角,无恙。晚8时许,开发区通盛花园49号楼顶通信塔被雷击中,掉落下来砸损一户居民搭建的阳光房。星湖101广场一个铁制脚手架被雷击倒塌,砸在一辆东风雪铁龙小轿车上。

同日,如皋市如城镇开发区70岁马某,放下农活在一简易房躲雨,被大风刮倒的简易房砸死。

8月4日16时港闸区天生港街道19组居民马先生家屋顶被雷击炸出了一个大洞,电视机也烧坏,一家人无恙。通州区三余镇北新桥4时左右有三间厂房被雷击起火烧掉,厂内有不少原材料,直接经济损失约100万元,高温放假,无人员伤亡。

8月16日13时许南通市区乌云滚滚、电闪雷鸣,大风和雷击造成多处灾害。1时26分德民花苑北大门一汽车被刮倒,撞倒一排电动自行车,两辆损坏;店面房被砸;广告牌被刮倒多处。1时30分港闸区一鼓风机厂门口汽车居然被刮侧翻。启秀中学东校区高10多米的古银杏一根向东伸展的大枝杈被刮断,砸坏一辆"马自达6型"轿车。另外,如皋一居民小区围墙突然坍塌,砸坏了旁边吕某的汽车。

8月18日17时许,通州区虹波机械有限公司内,一辆白色小轿车被雷击,车顶出现脸盆大的洞,经保险公司检测,车内线路也遭破坏。

8月24日17时许,海安县墩头镇杜楼村二组31岁的王某,和母亲、妻子一起在责任田喷药治虫,突然天空黑云密布,电闪雷鸣,但王某坚持打完最后一桶药水,没想到一道闪电突然从空中掠过,王当即身亡;其母亲、妻子逃过一劫。

8月26日下午如东县一纺织厂被雷击起火,厂房和原材料被毁,无人员伤亡。

9月10下午如皋市搬经镇兴夏村有龙卷风自东南方向向东北方向移动,历时20分钟,"一路线"看不见人,好多人家房子被掀掉,其中王英家最严重。此外,大树、电线杆倒掉不少,水稻田也刮掉不少,估计直接经济损失100万元以上。

同日15时30分通州区五甲镇福利村一户人家发生雷击,房屋失火,消防官兵迅速赶赴现场扑救,火灾仅三楼阁楼的屋顶被烧毁,二楼以下完好无损。

第五节　寒潮、暴雪、低温、霜冻

寒潮是南通地区主要灾害天气之一。除了给南通地区造成剧烈的降温以外,还会带来霜冻、大风、暴雪、冷害等严重的灾害性天气,尤其是早春和晚秋遭受寒潮天气侵袭时,造成的危害和损失最为严重。

南通地区寒潮天气一般出现在10月下旬至翌年4月。寒潮是范围大、势力强、温度陡降的冷空气暴发过程,其标准是24小时降温大于或等于10℃,最低温度降至5℃以下。对长江中下游则定为48小时内降温12℃以上,同时最低温度降至4℃以下,并且陆上伴有5级以上大风、海上伴有7级以上大风。如24小时内降温16℃以上,最低气温小于或等于0℃,则称强寒潮。南通群众一般称为"起暴"或"掉暴"。侵入南通范围的寒潮常年平均2～3次,最多的冬半年可达7～8次,无寒潮的冬天约十年才一遇。侵入北部的寒潮次数约相当于南部的1.5倍,而且活动期早,结束也晚。

寒潮侵袭时,南通地区最大降温24小时可达20℃以上(1977年3月1—2日),往往伴生霜冻和冷冻灾害,对越冬作物危害甚大,有时还带来大风、风沙、大雪等恶劣天气。如1919年12月28日,在军山上测得的寒潮大风达28.9米/秒,相当于11级,建筑物及电线杆等遭受较大损失。又如1968年11月8—10日,一次强寒潮袭击,全市出现8级以上西北大风,海安县24小时内气温陡降18.9℃,最低气温降到-4.8℃,使大量三麦、蚕豆、蔬菜被冻伤或冻死。

当强冷空气南下时,如果在低层有暖性切变线,并且高低空急流以中尺度扰动形式向降雪区提供充足的水汽和动力条件,就可能出现暴雪。时间分布上,暴雪最早出现在11月18日(1993年),最晚出现在3月20日(1998年)。月际分布上,只出现在11月至次年3月间,并以1月和2月最多,共占总数的75%,11月最少,仅占2.5%。地域分布上,东部少于西部。

在作物生长的温暖季节里,3月15日以后、11月15日之前,当北方强冷空气南下,温度骤然降到作物生长的临界温度以下,使之遭受冻害,称为霜冻。霜冻往往有白霜,但有时也不尽如此,地面最低温度下降到0℃或以下时,也出现暗霜。

早霜冻对秋熟作物,晚霜冻对夏熟作物的收成及春播的幼苗,都会产生影响。

冬季缓慢降温至极端气温小于或等于-5℃,或较长时间的持续低温也可产生严重冻害。

冷害按季节划分为春寒(即倒春寒)和秋季冷害(即寒露风)。春寒主要发生在晚春(4月下旬到5月中旬),秋季冷害主要发生在早秋(9月)。其时,若气温骤降又持久不升温,不利于棉花的出苗和幼苗的正常生长,不利于早稻培育壮苗和返青早发。春寒也是蚕桑减产、果木脱花落果等的不利气候条件。秋季冷害,也正是本地区后季稻孕穗开花的关键时期,若温度降至安全齐穗临界温度(20℃)以下,就会使后季稻大量"翘穗"而减产。

一、公元 234—1949 年寒潮、暴雪、低温与霜冻灾害

三国　吴　嘉禾元年(234 年)江东九月朔陨霜杀谷。

南朝　梁　天监十四年(515 年)冬寒甚。

宋　雍熙二年(985 年)如皋:冬,十二月江水冰。

明　景泰五年(1454 年)正月两淮大雪,平地数尺,如皋、仪征木皆冻死。

明　天启八年(1628 年)通州:十一月癸未雷电,乙酉天大昏雾,着草木皆冰。

清　康熙五十七年(1718 年)通州、如皋、泰兴:大雪盈尺。

清　乾隆五年(1740 年)通州:春三月朔,狂风拔木。秋沿江芦洲田虫灾,冬异冷。如皋:春三月朔,狂风拔木飘瓦。秋螟。冬异冷。

清　乾隆十一年(1746 年)如皋:冬异冷。

清　乾隆十九年(1754 年)通州:冬大雪,大饥。如皋:冬大雪,大饥,道殣相望。

清　乾隆二十五年(1760 年)冬严寒。

清　道光十二年(1832 年)通州:冬大雪。

清　道光十九年(1839 年)通州:正月大雪盈尺。

清　咸丰十年(1860)通州:三年大雪。如皋:闰三月十五日立夏雨雪。

清　光绪二十八年(1902 年)二月十六日大雪盈尺。

民国五年(1916 年)冬奇冷。

民国六年(1917 年)奇寒。12 月 29 日最低气温－11.0℃。

民国十八年(1929 年)奇寒。2 月 3 日最低气温－7.7℃。

民国二十年(1931 年)奇寒。1 月平均最低气温－0.9℃。1 月 10 日极端最高气温仅有－9.8℃,最低气温－12.7℃,平均气温－11.5℃。气温之低,持续之长,为历史之最,至今(2011 年)未能打破。

民国二十五年(1936 年)早春寒。3 月 1 日最低气温－6.6℃。

民国三十七年(1948 年)1—2 月寒冷。小于等于－5℃的日数,1 月 3 天、2 月 4 天,共 7 天。极端最低气温 1 月－8℃、2 月－6.0℃。

二、公元 1950—2010 年寒潮、暴雪、低温与霜冻灾害

1951 年 1 月中旬奇寒,月平均气温－0.2℃,极端最低气温－9.0℃(1 月 13 日)。

1952 年 12 月 1 日寒潮袭击。秋播作物遭受严重冰害。

1953 年 2 月 15—16 日南通县连续下大雪,积雪厚度八寸左右。

1955 年 1 月初,连续受强寒潮袭击,大雪成灾,内河封冻。1 月 5 日开始打冰行船,8 日局部融化,上旬平均气温－2.3℃;1 月 6 日最低气温－10.5℃。直至 20 日才解冻全融。三麦二豆冻死。

1957 年 2 月 9—10 日寒潮、大雪。农作物受冰冻灾害损失 40%～60%,部分地区全部冻死。

1958 年 1—3 月奇寒,1 月 6 日最低气温－10.7℃,3 月 3 日最低气温－7.0℃。

1962 年 4 月 1 日至 2 日寒潮,给三麦造成严重冻害。减产二成以上。

1963 年 1—2 月寒冷。1 月 21 日最低气温－8.0℃,2 月 4、5 日最低气温－7.3℃。

1965 年 1 月 11 日寒潮,江湖封冻,交通中断。

1967 年冬,严寒,部分河港封冻。

1968 年 11 月 7 日至 11 日寒潮。南通市出现 8 级大风。海安县 1 日之内下降 18.9℃,最低气温－4.8℃。三麦、蚕豆、蔬菜被冻伤。

1970 年 3 月春雪,交通受阻,部分电讯、供电一度中断树木压断,农作物受冻害。

1972 年 4 月倒春寒,早稻烂秧。

1976 年 12 月 24—26 日寒潮,并有大风、大雪。

1978 年 2 月 27 日至 3 月 1 日寒潮,3 月 1 日最低气温如皋－6.1℃。三麦、油菜受到严重冻害。如东县三麦主茎冻死或冻伤达 40% 以上,损失率 20%～40%,一般肥料足,长势好的田块冻害重于长势差的田块。

1979 年 1 月 27 日寒潮,并出现大风、雪、冻雨。

2 月 27 日至 3 月 2 日出现严重的低温、冻害,其特点是早播、发育早的田块重于迟播、发育迟的田块,大元麦重于小麦。如东县有 1.95 万亩早播小麦主茎幼穗冻死 20%～30%;已抽芽的 1.95 万亩,冻死叶片每株 3～4 张。如皋县有的地方主茎幼穗冻死率达 42%。

1980 年 4 月强冷空气影响,14—15 日出现明霜的霜冻,相当于历史上(1949 年以来)最迟的 1961 年;26 日又出现晚霜冻,部分县(市)是有记录以来最迟的晚霜冻。南通市有 70 万亩移栽玉米受冻害较重,有的需要改种。海安县玉米查苗补缺 5 万亩。各地对夏熟作物幼穗受冻的,迅速追施速效肥,促进后生分蘖成穗。

12 月 24 日至 1981 年 1 月 4 日低温冻害,并出现旱象。越冬作物干冻死苗比较严重。南通市立即部署抗旱防冻保苗工作;如皋市集中劳动、肥料、抓紧时间搞好防冻保温,减轻冻害,促进三类苗情转化。

1983 年 2 月 18—21 日强冷空气影响,造成大幅度长时间降温,加上前期气温高、少雨干旱,越冬作物长势旺盛,突遇气温骤降,使三麦、油菜遭受严重冻害,造成心叶冻伤和幼穗死亡。海安全县 58.5 万亩三麦中,有 15 万亩遭受冻害,其中 5 万亩麦田受冻严重,部分主茎幼穗冻坏。

1984 年 1 月 17 日至 20 日南通全地区受暴雪、积雪危害,汽车停开 1 至 2 天,倒电杆 109 根,农贸市场、蔬菜大棚被压垮无以计数。倒房屋 3182 间,损坏房屋 4306 间。死 3 人,伤 4 人;死猪 179 头,牛 22 头、羊 67 只。

1987 年 3 月中旬气温持续偏低,雨水多,光照奇缺,出现"春寒"天气,冻害的特点是早播小麦冻害重于晚播的,生长好的特别是春发的嫩苗冻害偏重,南通地区麦田冻害面积 10%～40%,油菜亦有 1～2 成冻伤。

1994 年 3 月 25 日强冷空气南下,26—29 日气温下降,由于前期气温较高,致使麦子、油菜遭冻害。

1995 年 4 月 2—3 日受强冷空气影响,最低气温下降到零度或以下,出现白霜,当时正值大麦始穗,小麦孕穗,蚕豆、油菜开花之时,受灾明显。已定植的番茄、菜椒、黄瓜等蔬菜秧也遭冻害死亡。

2000 年 1 月 24—25 日如东县下雪两天,24 日雪量 7.9 毫米,24 日、25 日积雪深度 4 厘米,25 日、26 日有严重冰冻,最低气温分别为－6.0℃、－7.0℃,27 日仍有积雪。对交通有一定影响。

2月3日夜里下了一场小雪,4日上班的人摔倒者很多,截至9时通医附院就收治了20多位跌伤者,"120"救护车救护了6位。小伤不计其数。

2003年 2月10日21时起南通下了一夜大雪,至11日晨,由于下雪地滑,"110"共处理交通事故19起。

2005年 12月因长时间持续低温,如东县海涂养殖的紫菜,大批萎缩并冻死,造成严重损失。

12月初的强寒潮及12月上、中旬的连续低温,特别是12月21日的大风降温,对三麦、油菜、蚕豆、裸地蔬菜,造成较大冻害,直接导致12月下旬菜价直线上升。

2006年 1月中旬至2月上旬阴雨、寡照、寒冷,不利于紫菜生长,如东、启东紫菜大减产。

2月5—6日如皋、海安2县(市)下了暴雪,5日08时至6日08时降水量分别为13.6和15.2毫米,如皋积雪深度10厘米,海安6厘米。当时正是春节后正月初八、初九日,上班、上学受到很大影响。

2008年 1月25—29日全市普降暴雪,过程降水量29.9毫米(海安)~42.4毫米(启东),最大积雪深度15厘米(启东)~30毫米(如皋)。据民政、交通、公安等部门不完全统计,因灾造成花木、油菜、小麦、蚕豆、豌豆、大棚蔬菜等受灾面积达112.5万亩,其中如皋9.9万亩花木,大部分被压弯,50%被压断,倒伏林木108万株,直接经济损失2.7亿元。全市受灾人口91万。如东被困人口41万,海安、海门转移安置1145人;市区死亡1人,重伤2人,轻伤1人;共倒塌房屋229间,损坏房屋449间;压倒大棚、集贸市场1693.7万平方米;倒塌畜禽舍仅如皋、海门、通州3市就达12.2万平方米,死亡畜禽11.4万头(只),其中海门临江死亡奶牛100头。另外,暴雪造成的江面能见度降低和陆上道路结冰,对航运、高速公路、市内公交等都产生严重影响,至29日6时,已造成"东海6号"轮在长江2号锚地下游搁浅,南通车站滞留旅客1000多人,通常汽渡滞留车辆1000多辆。三部门估算,直接经济损失7.4亿元,其中如皋市4.429亿元。

2月1—2日南通市普降大到暴雪,雨雪量2.4毫米(海安)~10.9毫米(海门),最大积雪深度4厘米(吕四)~23毫米(市区),积雪深度18厘米或以上的有市区、海门、通州、如皋、如东。因灾造成市区发生560多供电线路故障。海门倒塌房屋2户3间,损坏房屋2户2间;海太汽渡停航24小时。通州倒塌房屋9户18间,大棚、畜禽棚和大田农作物也有损失,估计损失约1000万元。

2010年 12月16日启东市寅阳镇,受寒潮低温侵袭,冻死一名露宿街头的流浪汉,当地人反映他约50岁,平时讨吃为生,可能是饥寒交迫而死。当地派出所将其火化。当日寅阳园陀角自动气温站最低气温－3.8℃,南通市测报站－4.3℃。

12月25日凌晨,寒气袭人,海门市正余镇双烈村26组63岁的离异单身老汉陆某,冻死在其家门前的小路上。民警8时许接到报警后,立即赶至事发地点,发现有呕吐物和4袋白米酒,断定是醉寒交加意外死亡。当日正余自动气象站最低气温－2.0℃,南通市测报站－2.5℃。

附 录

一、相关诗文辑录

1. 张謇：南通军山气象台概略（断自民国六年十二月止）

民国二年九月，謇以气象关系地方农业、教育，与观测所亦有相资之用。气象不明，不足以完全自治；而明之，必有其地，尤必有其人。乃遴数理素娴之刘生渭清，诣上海徐家汇气象台，从法教士马德赉君学三年一月，渭清与马君商榷办法既毕，归通著《气象学一得》，月余书成，乃嘱马君为购英、法测视气象之仪器，五月达上海。渭清复与马君商建筑图稿。初，謇嘱渭清以军山图示马君，马君以山巅面积小，宜全撤旧僧舍为之，謇不欲毁数百年之古刹，乃议因巅普陀寺后殿之基址建台，往复商榷至是图稿成，遂嘱孙生杞制图、估工，而以吴松山辅之，於斯年冬十二月开工，先营庙舍，俾僧栖息、奉佛有所，而后从事於台。四年夏，复派渭清诣北京中央观象台及观测总所等处参观。归而与定气象台之规划、台工，直迄五年十月始竣。山路之峻，运输材物之艰也！建筑期凡二十有三月；费凡七千七百零九元八角九分二厘（山上开辟气象台新路，山下开辟马路及造桥等费在内）。

十一月二十五日开幕，以渭清主任台务，而以农科毕业生陈生，辅之。於重阳节日始，次第安置仪器。开幕之先，马君於南通气象台之设，启导匡翼，可谓有始终者。开幕后，复由徐家汇气象台台长田国柱介绍渭清诣上海卢家湾法国无线电局，学习无线电之用法，并增购无线电收信机一具，即於六月一日开测，并添练习生一人。计凡仪器费用银二千零零六元七角四分九厘（仪器运费、安置费等一切杂费在内），测军山及农校海面高度费三十八元七角六分一厘，图书费五十四元五角九分，开办费凡四百九十三元五角八分（购置器具什么物与运费以及开办前之筹备费一律在内），款由謇兄弟捐助，开测后每日除测算气象，以备登载报纸及著报告书外，并制天气预报单一纸，此单一时暂不发表，拟俟观测二年以后，准确过十分之九，再为公布，以昭慎重，而收大信。惟遇有飓风、霪雨或大潮汐之将至，认为确实无疑者，则由南通德律风总汇为公众报告焉。每日并将格林威池东经一百二十度标准时之午正零刻零分零秒，报告县治前之钟楼，以统一时刻。又复研究农业、潮汐、商业、卫生等与气象之关系，为著报告书之用。六年年终计成季报四册，又年报辑要一册，观测一年所有之成绩，如是而已。经常之费，月约百余元。计自六年一月开测起至年终止，共支经常费一千二百六十四元四角七分六厘（年报辑要印刷费在外）；特支计银三百四十元零六角八分（特支，统：添购器具什物书籍、印自记纸、制铜版及追加建筑马路、栽杨椿山上种药草等费而言），款亦由謇等措，而诸同志赞助之。至用标号报风之机关及测验空中雷电机、测云镜以及测田温、草上温、地中温等器，尚拟俟謇兄弟绵力稍纾，以次增办。此本台经过之概略也。

民国七年一月　张謇

2. 叶胥朝(南通行政区专员公署专员):为 1949 年 5 月南通测候所月报表所作的序言,全文如下:

考南通气象事业,创自公历 1906 年(即清光绪三十二年)。初设测候室于博物苑内,其设备简单,不过略具规模而已。越数载,复于南通农业学校内,另建台屋,将博物苑测候所之仪器移设于此,成立一测候所,藉供农校学生实习气象学,但其设备仍不充实,所获成果不敷应用,乃于民国初年,就军山之颠,建设规模较大之气象台,选购英、法、德各国气象仪器,造就气象人才,于 1917 年(即民国六年)组成一南通军山气象台,其设备相当于二等测候所,有过之而无不及。测验以来,供献各界者殊多,不幸于 1938 年日寇犯通后,仪器散失,台屋损毁,致历时念余载,声闻中外之气象台,遂告停顿矣!

在日寇盘踞南通期间及其投降以后,敌伪机关虽亦分别办理测候,惟其设备因陋就简,纪录亦多间断,不足以资考。较此南通气象事业之略史也。

南通气象事业既具有悠久之历史;而气象测验又为生产建设事业之基本工作,如水利、交通、农业等之设施,莫不以各地累年之气象为根据,故当南通解放之初,即由本署生产建设处水利科筹划恢复气象事业,将接收之气象仪器集中整理。

本拟将军山气象台修复,但是台屋损坏过甚,一时难以办到,适南通学院内,有日寇遗留之破旧测候台一座,因得学院同意,由本署出资修理,并在台前布置测候场地,将所有仪器分别安置,成立一南通二等测候所。至于办公室及员工寝室,均承学院供给,于 5 月 1 日恢复观测。现在观测已历一月,因将所得纪录,加以统计,分别绘制图表,编成气象月报,以供各界参考。惟恢复伊始,设备尚未充实,本书内容挂漏正多,尚希阅者谅之,并赐教正,是幸!

叶胥朝
1949 年 6 月

3. 穆烜:(原南通博物馆馆长,南通市地方志特约审校,南通市第三、四、五届政协委员)所作的《水旱风冻记陈潘》,刊登于《江海晚报》1996 年 6 月 22 日第三版,全文如下:

陈潘先生是南通自己培养的第一代气象工作者,毕生从事气象事业,退休后致力气象历史资料的研究和撰写。

南通的气象事业开始于 1906 年南通博物苑中馆测候室,这也是江苏全省气象事业之发轫;1913 年移至南通甲种农业学校,成立测候所。陈潘是 1916 年农校第一届本科毕业生。农校有气候和观测法课程,测候所是学生实习处。1917 年建立军山气象台,陈潘即到气象台工作。后来到镇江,曾在北固山气象台任主任观测员,并协助省内各县建立测候所。1937 年镇江被日军侵占,他回到南通。新中国成立后,他一直在南通气象台工作,曾任台长,1958 年退休。

陈潘生活上的遭遇是不幸的。他的独子陈铗,在通中上学时因抗日嫌疑被日本宪兵队逮捕受刑;上大学期间,因病夭亡了。陈潘的夫人是长期瘫痪的病人。老人在困难的境况中坚持科学研究,从 1959 年起,一共写了十种南通气象资料(两种系与刘渭清合作)。其中《南通气候》和《风情》、《水情》、《旱情》、《冻情》,都是据 1917—1937 年军山气象台的资料分析研究而成,这五种都有油印本。《江苏省气象事业史》和《南通气象、农业谚语》只有复写本。

他的研究,都着眼于气候条件之运用和自然灾害之预防。在所谓三年自然灾害的困难时期过后,1963年获得了农业丰收,他就写了《1963年南通棉稻丰收之气候条件》。直到1966年1月,他还写了《南通市光热水湿1965年与历年之比较》,由市政协印发。接着来了"文革",他只能搁笔了。

1978年11月,我找出他当年送我《气象农业谚语》复写本(每条都有科学解释),由博物苑打印了若干册。当打印本由张晏同志给陈先生送去时,老人十分感动,他郑重地捧出退休后撰写的气象资料合订本,交给张晏,送博物苑保存。这已是1979年,夫人已先他而逝,孤单老人,幸有一位插队回城就业的侄孙女与他住在一起。不久,他以86岁高龄辞世。

陈濡的这些著作都未能以铅字排印。20世纪80年代初我曾为《江苏省气象事业史》之发表而与省有关部门联系未成。我只有将其中关于军山气象台和北固山气象台的两节分别送南通、镇江两市科协办的小报发表,稿费交给了他的侄孙女。又将《谚语》提供给省、市《民间文学集成》中的谚语卷。

4. 丁弘:(南通大学教授)《军山寻根》(1997年3月15日《南通日报》第四版)全文如下:

十多年前就想去军山看看,因为那儿曾有一个"军山气象台"。这个台非同小可,我在南京河海大学陈文言教授处,看到他写的《中国气象史》,就是从这个台的建立写起的,说它是中国气象事业的源头。陈教授说:"听说只有遗址了。那我也应该去看看……"他的理想终于没有能够实现,成为这位气象学家的终身憾事。

这件事使我感到很沉重,不时想起。没有想到3月2日的军山之行,我却感到心旷神怡,非常快乐。

和王雪飞这位热心地方事业的导游,事先早约好了。我们"打的"经工农南路径直奔军山。司机小姐说:"这儿路修得好啊,政府做了好事!"她可能是把我当作远道而来寻根的异乡人,夸赞自己的乡里呢!

下车之后,来到山的北麓,在上山的路口,想到张謇先生当年(民国三年,即1914年)营造气象台时先修路,就是先修的这一条。这位老先生笔头真勤。他详细记述,分析3条上山路的情况和自己的考虑。修此路为时两年,包括"为亭,为林凳,以息劳人避风雨。用银200元"。还说这个钱是气象台主任的父亲出的。他花钱赞助儿子的公益事业。张是考虑要运材料,"北麓直达,最为便捷。"我们不想"便捷",而是想多看看,于是又绕道东麓,果然如张翁所写:山道窄而险峻,使"游客惴惴"了。

山岗上有层层茶园。雪飞先生在这碧绿丛中摄影,至感兴趣。一路而上,林木比想象得好。平坦处绿草为茵,随处可以憩息而卧。环顾四野,东方碧波万顷,长空无垠;南侧江舟鸟影,光波粼粼;北面是江海锦绣大地;西有狼山、剑山的耸立。军山在五山的最东头,真是在大江之尾大海之端了。建气象台选址,立足全国,这儿恐怕也是一个绝佳的去处。

想来到狼山的尘嚣之气,更感到军山的幽静与野趣。真是到了自然的怀抱。在这儿,人和人之间似亲近了许多。碰到四五批游人,无不有亲切的交谈。首先是两位解放军。他们说:"你们也上来玩玩。""你们就住在这山下吗?"雪飞先生告诉他们,那儿叫"东奥山庄",山势环抱,冬暖夏凉……给他们讲历史的掌故。来到气象台旧址,便见铁门已锈得无法打开。一段墙被推倒。那建筑有点儿西方的风味。外表还是完整的,只是门窗和什物无一复存。院落似《聊斋》中的鬼狐出没之地。忽来3位年轻人,攀谈中他们自我介绍,说刚从工学院毕业,分在厂里,有的学纺、有的学织。大家在这遗址盘恒良久,一位忽说:"张謇当年建这气象台一定是为农业服务的。"我说:"南通是棉产区,生产的棉花,供你来纺,供你来织。"张謇想到农业、各种实业、各类教育,还搞气象台,脑子里有个"系统工程"呢!

来到前边的"普陀别院"。大殿前立着一个"危险房屋,不可靠近"的牌子。在穿堂过道里碰到军山的唯一居民倪老爹。他一个人守山30多年。漫长岁月,当有山林之乐,也有生活的艰辛。他谈到惊心动魄的奇遇。雪飞先生从这"别院"讲到释道在各地的分布,和这"别院"的地位。正说得有趣,来了一位外地茶商。他带着小女儿从气象台遗址那边走来。看到我们这些"人",似乎找到了抒发感情的对象。他说:"这地方真好。怎么到今天还是这个样子?"倪老爹诉说几十年间,眼看着那气象台日趋破败的经过。大家感慨不已。(后来得知,恰在此时此刻小平骨灰撒放大海。他老人家说我们耽误了几十年,信哉斯言!)有人戏称:"咱们谁发了大财,拿出一点来也就行了。"茶商,安徽人,赠之以名片,请我们便中到他的店中去品茶。

还是倪老爹告诉了我们喜讯,气象台马上要重修了。是啊,这儿是全国气象事业的"根"呀!南通人一定不会叫国人失望。张謇当年建台先修路。今天公路修到了山下,平坦开阔,是世纪初不可同日而语的了。

归程中,看到一位自称管理处的干部,腰插对讲机,手提一袋军山土(!)阔步下山而去,叫人吃惊。他边走边说:"就动工了,先修一个山门。"明天重建的军山,不知是怎么的风光和品位,前人的理想和追求,当有可取之处。我们岂能愧对张謇!

5. 周玉甫:平潮中学退休教师,诗人、收藏家。曾出版《难忘的岁月歌声》等多本著作。

军山气象台

傲立苍穹第一台,百年江海测风雷。

如今新代更陈代,惠及一方功自恢。

6. 洪志宝:港闸区干部、已退休。

满庭芳

军山气象台

台矗军山,气吞江海,百年俯瞰沉浮。星云远瞩,有测候琼楼。仰视天穹奥秘,精仪探,长忆前修。阴晴易,循规蹈律,经纬写春秋。

鸿猷思往昔,普陀别院,后殿清幽。益农桑航运,尽展良谋。遥望格林威治,音书寄,喜有同俦。每闻此,乡人笑慰,喜气溢双眸。

以上两首诗、词摘自南通市政协学习文史委员会编《五山神韵》。2009年1月南京凤凰出版社出版。

二、人物小传

张謇

张謇(1853—1926年),小名长泰,学名吴起元,生于海门县常乐镇,15岁时名张育才,25岁时改名张謇,字季直。1875年6月,应朝鲜国王请求,清政府派吴长庆率军赴朝,张謇是吴军主要幕僚。1876年春夏之交,应顺天乡试,中第二名举人。光绪二十年(1894年)中状元。1895年两江总督张之洞要求张謇在通州办纱厂,开始办实业。在办实业的同时,张謇还办了许多事业,其中气象事业在全国领先。1912年担任孙中山临时大总统府实业部长。1913—1914年在出任农林工商部总长时,建立测候总所,计划下设26个分所。推动了国人自办气象事业的发展。1924年10月在中国气象学会成立大会上,被选举为终身名誉会长。

张謇创办的军山气象台,是在测候室(1906年建)、测候所(1913年建)的基础上发展起来的。不仅时间早,而且追求世界一流水平。1917年1月1日军山气象台正式开始工作。测报的内容有天气、潮汐、虫情、天象、地震等项,直接为人民的生产和生活服务。台内工作人员不负张謇之望,勤俭创业,自己动手制造了不少观测仪器,解决工作之需,有的还送展览会展出并多次获奖。他们重视资料积累,以初期十年而言,刊印气象季报三十六册,年报九册,年报辑要九集。在实际工作中培养锻炼了一批科技人员,初创人刘渭清后来成为中央航行学校气象台研究员。

民国十五年张謇去世,11月1日葬于陆洪闸袁保圩,人称"啬公墓",出殡时,城乡人民十万多人自发为其送葬。

张詧

张詧(1851—1939),字叔俨,小名长春,号退庵、退翁,江苏南通人,为张謇三兄,人称张三先生,自称张叔子。1892年署理贵溪知县。1899年调任贵溪知县。1901年调江西东乡知县。1902年为江西学正。1904年在张謇"力劝引退"下,张詧回南通协助张謇办实业。从此以后,张謇坐镇上海"大生沪事务所"操控全局,而张詧则在南通全力协助推行。张謇认为,其事业有成赖于不绝贤人助阵,功归"一兄一友两弟子",其中兄指三哥张詧,友为沈敬夫,两弟子即指江谦和江知源。张詧1913年在出任私立南通甲种农校校长时,出资办农校测候所,后担任军山气象台协理及劝学所总董,筹备自治公所董事会副会长,通州翰墨林印书局股份有限公司总理,免费印刷出版军山气象台气象月报、季报和年报辑要。他还担任过通崇海泰总商会会长,南通港务会会长,南通河工学校、南通纺织专门学校、商业学校(现启秀中学)及私立南通医学专门学校校长兼总董,南通女子师范学校名誉校长等职。1914年创办大有晋、大豫两公司。1921年10月创办南通交易所。1927年北伐军攻克南通,他被举报为"土豪劣绅",逃往大连隐居,军山台经费来源陷入困境。1931年移居上海。1939年1月26日在上海寓舍逝世,终年88岁。

孙钺

孙钺(1876—1943年),字子鈇,南通县(今南通市崇川区)人。幼年读私塾,后进江阴南菁书院学经学。清光绪二十九年(1903年)考进江宁东文学堂,专修日语,成绩优异。因母亲病逝,家计艰难,于次年转入通州师范学习。1904年在日籍教师木村忠治郎指导下,建立测候所。

张謇为通师规划公共植物色筹建人才,孙钺经通师监理江谦和木村老师推荐,未等学习结业,即负责工程建设。清光绪三十一年植物园改建为博物苑,继续负责苑务,博物苑作为学校教学的补充,孙钺征集文物、制作标本、编订篇目,内容集历史、美术、自然诸项,把博物苑办成不仅是通师师生课余休息之地,也是汲取知识、拓宽眼界,供教学之用的基地。民国元年(1912年)南通博物苑单独开放,第二年,正式设苑主任之职,由孙钺担任,同时兼任测候室主任。他是我国自办测候事业第一位测候员,为中国第一所博物馆的建设,为博物馆服务于教学,做了大量工作。

民国二年至二十五年,曾两度不任苑主任之职,但他一直承担苑务。同时,还担任通师的博物教师,主授动、植物课,后又在南通学院农科兼任讲师,主讲植物病理学。孙钺课堂教学态度严肃,不苟言笑,常不用教本,侃侃而谈。又常带学生到野外,到博物苑的花园里去观察、采集标本,实地传授知识,随时接受学生的提问,从植物的地方土名、学名,到特征、用途,必作详尽的解释,因而深得学生爱戴。

日军侵占南通,孙钺因年高体弱,不能随通师迁入海复镇非敌占区,只好嘱其在通师任教的儿子随后前往,代行对国家的义务。在沦陷区,伪教育局的局长,曾是他先前的好友,邀他任伪职,他宁受清贫之忧而加拒绝。孙钺著作颇丰,编译、出版的书籍有《用器画》(与其弟孙杞合作)、《养牛》、《养羊》、《造林全书》、《日文文法教科书》、《植物病理学》。晚年撰写《南通植物志》,因病半途而辍。

其弟孙杞(孙支厦)是南通市政协第二、三届特邀委员。其子孙渠是南通市政协第一至五届特邀委员。

黄厦千

黄厦千(1898—1977年),名应欢,以字行,江苏南通县(今通州区川姜镇)姜灶港人,现代著名气象学家。1915年7月至1920年7月就读于江苏省代用师范学校第十四届本科。1920年8月考入国立东南大学文史地部深造,1924年7月毕业后留校任教。1928年担任中央研究院气象研究所观测员,并被派至菲律宾马尼拉观象台(其台长是竺可桢在哈佛大学时的同学)学习天气分析和预报,为中国开展全国性天气预报作准备。1929年被派至北平接收北平气象台为气象研究所直辖台。同年应聘担任清华大学气象专业教员、清华气象台首任台长,并同时兼任气象研究所特邀研究员。1934年赴美国加州理工学院气象系深造,师从著名气象学家克瑞克博士。抗日战争爆发后,1939年他毅然回国,至重庆沙坪坝中央大学担任地学系主任兼气象组负责人,先后讲授气象观测、天气预报、高空探测、航空气象等课程,同时作为大后方最权威的气象学家,负责为美国援华空军预测中国各地的气象状况。1941年10月至1943年4月,担任国民政府行政院任命的中央气象局首任局长。1944年在中央大学创办中国大学中第一个独立的气象学系并担任系主任。1946年1月被推选为私立南通师范学校校董。1950年离开大陆至香港天文台从事气象工作。1955年应克瑞克之邀举家迁往美国,担任北美航空研究所研究员,从事超长期天气预报的研究工作,曾提前3个多月准确预报1958年9月27日美国西海岸特大飓风。一生著有《测候须知》、《地学通论(数理之部)》、《航空气象学》等专著。为纪念黄厦千对气象学的重要贡献,台湾气象学会专门设立了"黄厦千学术论文奖"。

刘渭清

刘渭清(1887—1977年),字叔璜。1913年1月,张謇选址军山建气象台。他考虑"气象不明,不足以完全自治,而明之,必有其地,尤必有其人。"为了"有其人",他亲自遴选"数理素娴"并通英、法、日语的优等生刘渭清,派往上海徐家汇观象台跟随马德赉副台长学习气象学、观测、绘制天气图、天气预报、统计、观星测时等课程。之后还去昆山录葭浜验磁台学习天文学及用天文学知识推算日月蚀、节气等具体方法,并了解各地磁针偏差的测定和数据,以及国内外台站的海拔高度。

在沪学习三年零一个月期间,他还参加了请马副台长代购仪器、与孙支厦协同设计军山台屋、道路等事。

1916年10月刘渭清回通,做正式开测之前的各项技术工作,如仪器安装、试测经纬度、海拔高度、地磁角等,通过了徐家汇观象台鲁延美等专家的验收。

1917年1月军山气象台正式观测记录后,在其老师马副台长引荐下,刘渭清又到上海卢湾区电报局学习无线电报收、发报之方法,并增购无线电收信机一具回南通。

在刘渭清带领下,军山气象台自制改良的铜质指星仪、赤道晷、雨量器、日照计,在全国工业观摩会和全国物产会上都获得过奖状。此外,他还举办训练班,亲自授课为各地农场培养气象干部。

刘渭清研究了1917—1925年军山台记载的各种天气灾害、虫害及其对不同农作物所造成的不良影响,并由南通这九年中水旱风虫等灾迭情况统计发现,南通以水灾为最烈,造成的经济损失为最大。因此,军山台对于风、潮、水、旱、虫等灾害,竭力研究,力求先期预报,以便防御。刘渭清将历年观测记录、预报措施的研究成果撰成论文,在《中国气象学会会刊》上发表。如《南通近九年农作物之水旱风虫灾概说》、《预报水旱灾害意见书》、《气象与棉作之关系》。

1926年,张謇去世后,军山台财源枯竭,刘渭清于1926年12月辞去主任一职,由陈潘接任。

后一直从事水文、水利工作,是南通市政协第一、二、三届特邀委员。

陈潘

陈潘(1895—1979年),字泽渔,日伪时期改名陈天培,另有一曾用名叫陈铨。1911年9月考入私立南通农业讲习所,1913年9月受业于张謇创办的私立南通甲种农校。因学习成绩优异,被张謇亲自遴选为见习气象员,成为军山气象台储备人才之一。1916年7月农校毕业后,即入军山气象台工作,担任刘渭清主任的助员。1927年1月刘渭清主任调离后,陈潘升任主任。1930年9月调江苏省水利局(镇江)任课员(即科员)。

1931年12月陈潘升任江苏省建设厅测候所主任,指导全省各县测候工作。1934年6月江苏省水利局测候总站扩建为省会测候所(因按头等测候所的规模与要求,择定镇江北固山中峰石古山房处建筑气象台,因此省所又名镇江北固山气象台)后,陈潘调任主任。他不仅亲身参与建立了北固山气象台的筹建,还曾到青岛气象台帮助工作过。

1937年10月为避战乱,陈潘离任赋闲在家。1940年5月,受朋友所邀前往南京任全国水利委员会测候所主任,兼管水文。1947年4月出任导淮委员会水利工程总队副工程师,兼棉稻灌溉需水量测验场主任。同年8月供职于淮河水利工程总局淮域滨海区水利工程总队,任副工程师兼主任。之后又在国立南通高级农业职业学校做了5个月的兼职气象教员,教授农业气象课程。

1949年2月2日南通解放后,刘渭清、陈潘、蒋亦溪等气象专家被留用,陈潘负责筹建南通测候所。当时他被任命为苏皖地区第九专署测候所主任,同时兼任苏皖地区第九专员公署棉稻灌溉需水量测验场技师。由于行政区划变更,1949年9月被任命为苏北南通专员公署测候所主任,同时兼任苏北南通专员公署棉稻灌溉需水量测验场技师。1949年5月1日起正式作气象观测记录,陈潘本人亲笔抄写,晒图制作出了新中国成立后南通地区的第一份气象月报表,呈报专员公署领导,为气象决策服务首开先河。

1950年7月成立了苏北南通区专员公署气象站,陈潘任站长,仍兼苏北南通专员公署棉稻灌溉需水量测验场技师。1951年9月接受华东军区气象处业务领导,他被任命为工程师,成为南通气象史上的第一位工程师。

1951年10月苏北南通区专员公署气象站更名南通乙种气象站(既属于地方,也属于部队)。1952年6月再次更名为苏北行政公署南通乙种气象站。1953年中央军委转建命令下达后,从1954年1月1日起南通乙种气象站转为地方领导,改称南通气象站,陈潘仍任站长。

1958年12月陈潘正式退休后,伏案3年,先后撰写了《南通冻情》、《南通风情》、《南通水情与旱情》、《南通雨情》、《江苏气象事业史》、《1921—1958南通水灾情况》等六本著作,对当时的经济建设和国防建设起到了重要的参考作用。特别是《江苏气象事业史》为1996年出版的《江苏省志·气象事业志》提供了重要的文献参考。

1963年12月陈潘在南通市政协换届选举中作为科学技术协会代表,当选为第三届政协委员。他积极履行参政议政职责,经过查找多方资料撰写了《南通市光、热、水、湿,1965年与历年的比较》一文,于1966年2月提交政协,为政府决策农业生产提供了科学依据。

顾济之

顾济之(1897—1980年),1917年毕业于南京河海工程学校,水利工程师。1931年12月出任镇江北固山气象台(即省气象台)台长,特设主任观测员一职,让陈潘作其助手,二人配合默契。1937年11月时局紧张时,顾济之支付10块大洋雇船让陈潘携其外甥王愈疏(北固山气象台练习生),从临时省会兴化先撤回南通老家,并相约次年春天在南通相聚。当1938年3月顾携家眷由兴化乘船回上海时,时局已不允许他在南通停留,船过南通航段当日,日本侵略者在南通登陆。事后二人庆幸及时改变了计划,否则易遭不测。

汪伪时期,由于生计所迫,1940年5月至1944年2月陈潘出任南京全国水利委员会测候所主任兼管水文;1944年6月至1945年12月陈潘任私立南通河海工程专门学校校务主任,均是顾济之所聘。陈潘称自已一生中最挚爱的朋友,顾济之一人耳。

顾济之曾就任之江、华东、大夏、同济等大学教职,上海纺织工专教务长、之江大学土木系主任,教学期间撰写了气象学、水文学、水力学、测量学等专著。新中国成立后,参加新安江水电站的设计工作,并著有《新安江水电站》等专著。1956年出任上海科学技术出版社编辑部主任、副总编辑。参加了《辞海》的编撰工作,任水利学科副主编。生前当选为上海市第三、四、五届人民代表,上海市第五届政协委员。

陈潘和顾济之一直有书信往来,1976年顾济之80大寿之时,陈潘曾赋诗十首,回顾二人近半个世纪的友谊,顾济之一一为之用朱笔修改,并注明修改理由。两位老人年久弥深之友情,令人感慨不已。

叶胥朝

叶胥朝(1907—1992年),江苏如皋人(今如东县)。上海光华大学肄业。1927年参加革命工作,同年加入中国共产党。历任中共如皋县委委员、县长兼县警卫团团长,苏皖边区第九行政区专员公署副专员、专员。1949年2月,南通解放后,他立即聘请留用人员恢复测候工作。1949年6月调任两淮市市长。新中国成立后,历任中共苏北区委统战部、江苏省委统战部副部长,省政协常委、秘书长、副主席。江苏省第五届人大常委会副主任。中共八大代表,第四、五届全国政协委员,江苏省第二、三、五、六届人大代表。

邹竞蒙

邹竞蒙(1929—1999年),男,原名家骝,汉族,邹韬奋之子。1944年赴延安,在自然科学院学习。1948年加入中国共产党。曾任中央军委三局气象观测员、华北军区航空处气象股股长。新中国成立后,任中央军委空军司令部气象处科长。1961年毕业于哈尔滨军事工程学院空军工程系,后在北京大学气象学专业攻读研究生课程。曾任空军司令部气象研究所副所长,中央气象局副局长,国家气象局局长,1983年当选为联合国世界气象组织第二副主席,1986年和1991年两次当选为主席。他是第一个在联合国组成机构中担任主席的中国人。

他是全国政协常委、国家气象局名誉局长。中共第十二、十三届中央候补委员。1999年2月2日在北京遭歹徒抢劫并被杀害。

邹竞蒙之母沈粹缜于1914年至1921年在南通女工传习所学习和工作了七年,系沈寿培养出的优秀工艺美术家之一。其父邹韬奋1942年12月至1943年1月在南通、如东、海安进行抗日宣传活动,意义深远。为了纪念他,如皋的"大众书店"和"明理书店"合并建成"韬奋书店",南通以"江海晚报"印刷厂为基础,组建成"韬奋印刷厂"。南通县温家桥小学更名为"韬奋小学"。1990年7月24日南通市政府在濠河边三元桥畔,竖立了邹韬奋铜像。1991年沈粹缜以91岁高龄,视察了韬奋印刷厂,受到热烈欢迎,并撰写了"回顾与希望"一文,在南通市政协编辑的《韬奋与南通》一书中发表。

三、主要参考文献(资料)

1. 江苏省地方志编纂委员会,《江苏省志·气象事业志》,江苏科学技术出版社,1995年4月出版
2. 南通市地方志编纂委员会,《南通市志》,上海社会科学院出版社,2000年5月出版
3. 宿迁气象志编撰委员会,《宿迁气象志》,气象出版社,2009年5月出版
4. 盐城市气象局编,《盐城气象五十年》,内部发行,2008年11月
5. 南通市气象局办公室,《南通市气象局大事记》,内部文档,1949—2009年
6. 南通市气象局办公室,《南通市气象局档案全宗指南》,内部文档,2003年10月
7. 朱骥德、顾斌主编,《南通地理》,南京大学出版社,1990年8月
8. 《大生系统企业史》编写组,《大生系统企业史》,江苏古籍出版社,1990年11月出版
9. 张绪武著,《我的祖父张謇》,上海辞书出版社,2008年12月出版
10. 南通市水利史志编纂委员会办公室,《南通水利志》,黄山书社,1998年7月出版
11. 南通市农业资源综合开发管理局、南通市海涂开发领导小组办公室编,《南通市海涂开发志》,上海科学技术出版社,1995年3月出版
12. 南通市防汛防旱指挥部办公室编,《南通市防汛防旱手册》,内部资料,2005年9月出版
13. 南京大学外国学者留学生研修部、江南经济史研究室编,《论张謇——张謇国际学术研讨会论文集》,江苏人民出版社,1993年6月出版

14. 南京师范大学马列主义教研室《中国近代史讲义》编写组（教学用书），《中国近代史讲义》（修订本），1984年6月出版
15. 政协南通市文史资料编辑部编，《南通盐垦始末》，1991年10月出版
16. 朱炳海、王鹏飞、束家鑫主编，《气象学词典》，上海辞书出版社，1985年12月出版
17. 通州市地方志编纂委员会编著，《南通县志》，江苏人民出版社，1996年8月出版
18. 如东县编史修志办公室编，《如东县志》，江苏古籍出版社，1985年8月出版
19. 如东县气象局《如东县气象志》编纂委员会编，《如东县气象志》，内部发行，2009年12月出版
20. 卞光辉主编，《中国气象灾害大典·江苏卷》，气象出版社，2008年6月出版
21. 杨金彪主编，《苏州气象五十年》，内部发行，2008年11月出版
22. 连云港市气象局编，《港城气象六十年》，内部发行，2010年3月出版
23. 《南通市政协志》编纂委员会编著，《南通市政协志》，凤凰出版传媒集团江苏文艺出版社，2007年12月出版
24. 中共南通市委党史办公室，《南通改革开放三十年大事记》（1978—2008），南通市地方志编纂委员会办公室编，2008年10月内部出版发行
25. 孙锦铨撰稿，《中国天文气象史上闪光的一页》，《自然辨证法研究》（月刊），1995年8月出刊
26. 李明勋、褚佩言、尤世玮主编，《开拓与发展》，江苏人民出版社，1993年11月出版
27. 南通市气象局资料室内部资料，《南通气象灾害灾情登记表》（435—2010年）
28. 孙锦铨主编，《南通市志·气象分志》（送审稿），1992年9月油印本
29. 江苏省气象情报资料室整编，南通台气象资料（1951—1980年），1981年9月出版（内部资料）
30. 江苏省气象局编，《江苏气象事业改革开放30周年纪念文集》，江苏气象（增刊），2009年7月出版
31. 南通市各气象局、站送审稿，《中国基层气象台站简史·江苏卷》，2011年11月气象出版社出版
32. 刘渭清主编，《军山气象台气象年报》，南通市气象局资料室复制资料，1917—1925年铅印本
33. 高鲁主编，《中国天文学会会报》，1925、1926年铅印本
34. 陈潘著，《江苏省气象事业史》，南通市气象局资料室内部资料，1962年4月复写本
35. 竺可桢著，《竺可桢文集》，科学出版社，1979年3月出版
36. 温克刚主编，《中国气象史》，气象出版社，2004年1月出版
37. 王雷主编，《上海气象志》，上海社会科学院出版社，1997年6月出版
38. 陈少峰主编，《中国近代气象史资料》，气象出版社，1995年6月出版

大事记

1901年（清光绪二十七年）
通海垦牧公司建沿海长堤，垦荒造田。

1902年（清光绪二十八年）
张謇筹划和创建中国第一所师范学校，通州师范学校，亲任校长。

夏，为抗大风潮，张謇在昏天黑地的黑夜里，领着江导珉（字知源）等冒着风雨，督促民工加固加高海堤。

1903年（清光绪二十九年）
四月初一日，通州师范学校举行开学典礼。筹建通州师范学校测候室。

四月二十七日，张謇乘"博爱丸"轮从上海出发去日本考察，六月初四回到国内。

1904年（清光绪三十年）
清廷"赏加"张謇三品衔，任命为商部头等顾问官。通州师范学校测候室开始观测。

1905年（清光绪三十一年）
张謇两次上书清廷请建"帝室博物馆"，未获准，索性躬行实践，自建南通博物苑。

1906年（清光绪三十二年）
9月1日博物苑测候室正式开测，这是中国人自办的第一个测候机构。博物苑主任孙钺兼任测候室主任。当时孙钺还是通师学生，尚未毕业。

1908年（清光绪三十四年）
9月，通州试行自治，张謇任"通州自治"首届议事会议长。

1909年（清宣统元年）
正月初一起，博物苑测候室在周日出版的《星报》上发布天气报告。

9月，张謇任江苏咨议局议长。

1911年（清宣统三年）
11月8日通州光复。12月14日（农历十月二十四日）张謇剪掉自己的辫子，并在日记中写道："此一生之纪念日也。"

1912年（民国元年）
1月通州撤州建县，海门废厅设县。

张謇任中华民国临时政府实业总长，兼两淮盐政总理。

1913年（民国二年）
1月博物苑测候室移至南通甲种农业学校，建成测候所，农校开设气候学，测候所供学生实习之用。3月19日起在《通海新报》向社会发布天气报告。

9月决定在军山建气象台，派刘渭清到上海徐家汇天文台学气象。

10月张謇应熊希龄之邀,赴京任农林工商部(简称农商部)总长兼全国水利局总裁。

1914年(民国三年)

3月3日,张謇任农商总长期间内,颁发《权度条例》,中国始用新尺(公尺)、新斤(千克)。

5月张謇到上海委托马德赉台长购置气象仪器仪表。不久购回。

留美学者成立中国科学社,张謇是国内唯一的名誉社员。

8月22日南通县沿江骤起洪潮,房屋漂没者十之七八,妇孺淹死者不计其数。

12月动工兴建军山气象台。

1915年(民国四年)

3月3日,因袁世凯不惜与日本就"二十一条"进行最无耻的政治交易,张謇十分愤怒地提出辞职;8月16日,再次请假南下,从此离开政坛。

夏,刘渭清去北京中央观象台及观测总所参观学习。

7月底,南通县江潮和暴风雨毁堤,溺毙农民504人。

张謇回到南通后,立即给南通县卢知事呈送建立军山气象台的请示函。

1916年(民国五年)

10月军山气象台落成;阴历九月初九日重阳节,仪器仪表安装到位;刘渭清著《气象学一得》书成。

11月25日举行军山气象台开幕仪式,开始试观测。

1917年(民国六年)

1月1日军山气象台正式观测记录。张謇任总理,张詧任协理,刘渭清任主任。

4月5日在《通海新报》发布第一张长期天气预报。

6月1日无线电收信机启用。

1917年中华农学会成立时,张謇被推举为名誉会长。

1918年(民国七年)

1月张謇撰写《南通军山气象台概略》。

6月军山台在《通海新报》发表科普文章,解释平潮市6月15日"降红雨"的原因。

6月28日发布《霪霖已届河水将溢之警告》。

11月南通高农优等毕业生7人到军山台进修。

首次编辑出版中、英文对照的军山台气象《季报》《年报辑要》,作国际交流。

1919年(民国八年)

6月1日南通高农进修生结业。

南京高等师范学校农科生6人到军山台实习。

8月31日起在《通海新报》发布台风预报;9月3日和7日发表台风记略,公布灾情调查报告。

1920年(民国九年)

南京高等师范学校农科生3人到军山台实习。

张謇当选为中国矿学会会长、中国工程师学会会长。

9月7日军山台在《南通报》发布台风预报,11日台风从长江口北上。

1921 年(民国十年)

8月20日夜狂风暴雨,江潮陡涨,沿江各圩溃决,人畜漂没无数。

棉花因灾大减产七成半,收成仅及1920年的24.7%。

1922 年(民国十一年)

7月27日军山台在《南通报》发表"近半月本区寡雨之原因"。

8月18日中国科学社所属南京生物研究所开幕,张謇捐一万元。

8月19日中国科学社第七次会议在南通召开,到会38人;气象学家竺可桢参加会议。

9月7日军山台在《南通报》发表"9月1至2日飓风灾害调查。"

1923 年(民国十二年)

6月30日军山台在《南通报》发布《霪霖已届河水将溢之警告》,此后还在7月份发表了洪涝灾情调查报告。

10月27日徐家汇天文台龙相齐副台长一行在张謇的陪同下参观军山气象台。

10月28日中国天文学会成立,军山台发贺电祝贺。

1924 年(民国十三年)

9月刘渭清、陈潘2人由天文学会总秘书高鲁介绍,被吸收为中国天文学会会员。

中国政府接管日本人归还的青岛观象台后,10月中国气象学会在青岛成立,张謇被选为终身名誉会长。

1925 年(民国十四年)

张謇从航运、航空事业所需出发,拟将军山气象台扩建为"东南气象台",惜未获上峰批准。

11月北洋军阀孙传芳部驻通。

1926 年(民国十五年)

7月刘渭清调任水利官员。陈潘任主任。

8月24日张謇逝世。

1927 年(民国十六年)

5月24日国民革命军抵通,南通"自治"结束。

8月孙传芳再次占领南通。

10月国民革命军重返南通。从此南通处于国民党统治区21年。军山台《季报》、《年报辑要》停刊。

1928 年(民国十七年)

南通军山气象台划归南通大学,更名为南通大学农科军山气象台,发公章一枚。

1930 年(民国十九年)

南通大学更名南通学院,军山台更名为南通学院农科军山气象台。

中央研究院气象研究所竺可桢所长主动派员为军山气象台整理并印行了民国十四年至十八年共五年气象报告辑要铅印本。

9月陈潘调任江苏省水利局课员,蒋亦溪升任主任。

1931年(民国二十年)

8—11月,海门县政府、如皋县建设局、如皋县掘港大豫棉种苗场和南通县政府先后设四等测候所。

是年大涝。

1932年(民国二十一年)

7月11日至8月11日30多天无雨,大小河道干涸。

秋熟失收,万人逃荒。

1933年(民国二十二年)

8月中国航空公司设置南通民航测候所,测候工作由值班报务员兼任。

9月6日启东风暴潮,海堤决口,淹死上千人,漂没庐舍数千间;南通江堤决口,死一百多人。

1934年(民国二十三年)

1月裁撤南通四等测候所,其业务归并至军山台。

军山台与省会测候所合作,建成"省会合作二等测候所"。

8月16日赵叔云调省会头等测候所任电报员。

是年大旱。

1935年(民国二十四年)

江苏境内(含上海)绘图拍发单位达12家,其中国际气象会议规定的七家中,有南通军山气象台。

1936年(民国二十五年)

1月,南通城南段家坝兴建飞行场,占地20亩,有教练机起降,偶尔有货机停落,20世纪50年代退耕为田。

8月起,南通学院农科停止拨款,军山台经费全由县政府建设费拨支。

12月,省会测候所巡视指导员陈文熙到军山台、启东三等测候所进行巡视指导。

1937年(民国二十六年)

5月1日《江苏省政府建设月刊气象专号》出刊,内有一章为《南通军山气象台简史》。

9月6—7日强台风袭击南通地区。平地积水,倒房无数,收成减半。

1938年(民国二十七年)

3月17日日军犯通,军山气象台骤告停办。各县测候所亦停。

1939年(民国二十八年)

3月伪南通县知事公署,恢复南通三等测候所,蒋亦溪为观测员。观测时间为09、12、15、18时,一天4次。

8月海堤溃决。死亡1300多人。

1941年(民国三十年)

10月15日国民政府行政院(重庆)院长蒋中正任命南通籍气象学家黄厦千为第一任中央气象局局长。

1942年(民国三十一年)

大旱,尤其7月9日至8月12日35天未下雨。

南通公署三等测候所改名为南通县政府三等测候所。

1943年（民国三十二年）

5月，测候所自降为四等。

5月1日至8月9日大旱，河道干涸，庄稼枯死。

8月10—12日遇大风暴雨危害。

1945年（民国三十四年）

1月改名为南通特别区公署测候所，观测时间06、09、17时，一天3次。

7月至9月每天仅一次观测，10月国民党南通县政府恢复一天三次观测，观测员仍为蒋亦溪。

1946年（民国三十五年）

1月黄厦千任南通师范学校校董。

8月起观测不正常。

10月20—21日强台风影响成灾。

10月25—27日风雨交作，海水倒流，庐舍倾倒，田间一片汪洋。

是年大疫，震惊全国，被称为丙戌天祸。

1947年（民国三十六年）

观测不正常。6月起水文站增加测候工作。

1948年（民国三十七年）

气象观测由南通水文站负责。

8月8日至11日，东南县、如东县大雨大潮，江海堤决口，中共九专署组织抗灾救灾。

1949年

1月南通民航测候所停测。

2月南通解放，苏皖地区第九专员公署任命陈澔为测候所主任，蒋亦溪为副主任。

4月16日测候所由端平桥西大街23号迁至南通学院东一院，5月1日正式开始观测记录。

6月，叶胥朝专员为新中国成立后第一份气象月报表写序。

7月22—25日6号台风正面袭击南通专区。死亡304人。

1950年

7月测候所改名气象站，10月更名为乙种气象站。

1951年

9月南通乙种气象站归华东军区气象处业务领导。

南通专署出示公告，要求群众保护军山气象台余屋。

1952年

5月南通乙种气象站迁至南通市青年路（现青年中路）保育院附近。

1953年

7月15日颁发"江苏省人民政府南通区乙种气象站"公章一枚。

1954年

2月22日起，业务领导转为华东行政委员会气象处，站名更改为"江苏省南通气象站。"

5—7月大水。

1956年

5月南通气象站划归上海气象局领导。

8月上海气象局上海中心气象台编印出版《南通气象资料》（秘密）铅印本，69页。所编资料：1917—1937年，1949—1953年；共26年。

9月如皋农场气候站、启东农场气候站划归气象部门领导，并建成县气象站。

10月22日位于青年路卫生防疫站南首的南通气象站办公室通过竣工验收，总建筑面积150平方米。

1957年

1月1日吕四气象站由上海气象局建成正式开测，3月1日开始拍发航空报。

11月20日，南通气象站将气象站的2.4亩土地无偿移交给任港乡保安农业生产合作社耕种。

1958年

2月南通气象站副站长蒋亦溪病故。

3月站长陈潘退休，南通专署农林局指定张锡林为南通气象站临时负责人。

6月撤销上海气象局，南通站归江苏省气象局领导。

10月，建成如东环港海洋水文气象站。南通气象站扩建为南通专区气象台。

11月18日，经南通地委决定，南通专区气象台开始发布全专区的天气预报。

1959年

1月1日如东、海门、南通三县气象站正式开测；3月1日海安县气象站正式开测。

1960年

1月1日南通专署气象局成立。各县成立气象科。

4月22—25日专署气象局在海门县余东公社召开专区气象工作现场会，会议期间成立了南通专区气象学会。江苏省气象局关耀庭局长、地委组织部黄汉贤部长、海门县委王鑫书记等领导到会作重要指示。

8月24日，江苏省南通专区气象台改名为南通专区气象服务台。

1961年

2月1日南通民航气象观测哨，脱离气象建制，划归民航系统。

3月江苏省气象局要求南通专区气象台发布海洋天气预报。

9月21—23日专署气象局召开气象工作会议，会议期间，中央气象局张乃召副局长和南通专署郭深副专员作了重要指示。

1962年

2月，撤销环港海洋水文气象站。

3月下旬，南通专区气象服务台观测场由青年路搬迁至姚港路西侧剧场村四组新址。

5月撤销专署气象局。保留专区气象服务台，业务工作由农林局管理；人事工作由地委农工部管理。从业人员进行大调整，调出（或下放）10人，调入（或分配）8人。

1963 年

11月4—7日 专区气象服务台在海安县召开专区气象工作会议,专区台、各县站及吕四海洋水文气象部的负责人、站长等10人参加会议,初步选出"三好气象站"与"五好气象员",海安县委袁广文书记到会作了指示。

1964 年

6月10—13日 专区台学习江阴县站的方法,组织了一次前所未有的预报改革会战。

1965 年

6月 如皋空军机场气象台成立。

11月 如东开始发航危报。

1966 年

5月5—9日,南京气象学院罗漠院长带领王鹏飞、阮均石两位老师到南通开门办学,学习群众经验。

9月 专区台从青年路21号(现第三人民医院南侧)迁至桃坞路农林局东侧。

是年干旱。干旱延续至春、夏、秋三季。

1967 年

文化大革命使领导机关瘫痪,严重影响业务工作正常进行。但是,各组坚持值班,从不间断。

3月 南通专区军事管制委员会成立。专区台更名南通专区军管会气象台。

3月 专区台更名为南通专区革命委员会气象台。

1968 年

4月 成立南通专区气象台革命领导小组,台名中正式取消"服务"二字。原副台长丁良田任组长。

1969 年

1月 气象台划归农业服务站领导。

9月 专区台正式更名为南通地区革命委员会气象台。

9月15日 海安站开始拍发航危报。

12月 下放干部,共6人。

1970 年

6月 地区农业服务站改建为农林局和水电局,气象台归农林局革命领导组领导。

7月 取消台革命领导小组,丁良田调农林局。

1971 年

9月 军分区派李跃进任南通地区气象台政治教导员,15日报到上班。

9月24—25日 江苏省气象局政委胡启灼带领高寿江、朱盛明来南通台检查工作。

1972 年

下放干部刘忠、马炎钊回地面观测组、天气预报组。另有填图组崔玉兰调到地委组织部;原领导小组成员、会计马鹤松安排在南通木材公司。原领导小组成员陈莉萍安排在常熟县浒浦镇企业单位。台站管理组任锡安在南通地区柳新煤矿工作。

气象台党支部一致通过姚长友同志入党申请,他是气象台成立独立支部后发展的第一位党员。

1973年

5月14日,中共南通地区直属单位委员会,批复成立南通地区气象台党支部,同意徐伟、李跃进、刘德清3位同志组成支部委员会。

报务组装备无线电传接收机。

1974年

8月3日,因李跃进回军分区,中共南通地直单位党委批准气象台党支部改组,由徐伟、刘德清、姚长有3位同志组成支委会。

1976年

5月27日,江苏省气象局复函南通地委组织部,同意地委组织部提出抽调的秦德昌等8人到省海洋渔业气象台工作,负责人为秦德昌。

1978年

江苏省革命委员会授予任遵海先进科技工作者称号。

7月地区台更名为南通地区行政公署气象台。

8月取消农林局革命领导组建制,恢复局长名称。地区台由农林局局长分管。

9月南通县气象站预报员林修德被中国科学院大气物理研究所周秀骥研究员录取为研究生。

是年大旱。

10月专业技术人员归队,方维之由南通磷肥厂调入南通台,任锡安从煤矿调回。

1979年

3月8—19日地区台组织各气象站站长对1978年开展社会主义劳动竞赛进行了检查评比,夺得红旗的单位是南通县气象站测报组、启东县气象站预报组、如皋县气象站农气组。

4月,专业技术人员归队,周春林由南通无线电仪器厂调入南通台。

5月1日,南通台固定式711型测雨雷达正式投入使用。

9月,林修德再经出国考试,被大气所派往美国科罗拉多大学天文—行星—大气物理系留学,久里斯·伦敦教授为其研究生导师。

1980年

2月省政府授予施元冲"省农业劳动模范"称号。

2月江苏省人民政府授予启东县、南通县气象站农业先进单位称号。

5月20日,地区台技术职称评议组成立,施强任组长,这是南通气象史上第一次评议职称。10月21日,10人套改为助理工程师,15人被确定为助理工程师,他们是新中国成立后南通气象系统第一批拥有技术职称的人。

7月9日青年西路6号(2006年改为18号)业务办公楼竣工验收,建筑面积1709平方米。

1981年

4月15日南通地区气象台从桃坞路迁至青年西路6号。原址转给省海洋渔业台。

6月8日南通地区行政公署决定:撤销农水办公室,增设农业委员会、气象局、进出口管理办公室、职工教育办公室。

7月31日南通地委决定：建立南通地区气象局党组。行政机构与农林局分开。

9月25日南通地区行政公署批复：同意气象局内设气象室、办公室、业务管理科、人事科。气象室承担气象台业务任务；对外仍保留南通地区气象台称号。

1982年

1月，海安、如皋、如东、南通、海门5县成立气象局。

9月18日南通地区气象学会成立。

1983年

1月，区、市合并，南通地区行政公署气象局成为南通市人民政府新设机构，更名为南通市气象局。

2月25日，实行以国家气象局为主的双重管理体制。

3月23日，江苏省海洋渔业气象台技术职称评委会成立。

4月，宋宝初获南通市劳动模范光荣称号。

1984年

2月，江苏省气象局撤销海安、如皋、如东、南通、海门5个县气象局，县气象站保持正科级不变。

3月，江苏省人民政府授予如皋县气象站站长严文生"省劳动模范"光荣称号。

3月20日，江苏省气象局撤消江苏省海洋渔业气象台。4月江苏省气象局郑志敏副局长来通，部署完成局、台合并工作。

10月，南通市气象局、南通市气象学会邀请林修德来通作学术报告。林修德于7月获美国科罗拉多大学博士学位（工资关系仍在南通县气象站）。来通之前他刚参加过"希腊国际臭氧大气化学学术会议"，这次报告的主要内容是介绍他在该会议上发表的论文。

1985年

3月，江苏省人民政府授予南通市气象局雷达组先进集体称号。

5月21日，南通市财贸办公室批复：同意建立南通市气象招待所。

6月，中国青年杂志社等"为边陲儿女挂奖章"活动，陈岳周获铜牌奖。

7月13日，南通市人民政府批转市气象局《关于开展有偿专业服务和综合经营的报告》。

12月26日，南通市计划委员会批复：同意在市气象局用地范围内新建宿舍600平方米。

1986年

1月1日，南通、吕四开始使用PC-1500袖珍计算机编发航空报。

5月9日，南通市气象部门的甚高频无线电话小网正式投入业务使用，用于不定时天气会商。

7月15日，江苏省无线电管理委员会函复南通市人政府，同意南通市气象局设置SQJF-85型（50W）天气警报发射台一座。

1987年

1月1日，吕四基本站业务调整为基准气候站。

1月,周桂芝出席江苏省农业战线先进代表大会,并获奖状。
2月19日,南通市气象局召开军山台建台70周年纪念大会。
7月11日,江苏省气象局批复同意市局1182平方米18套职工宿舍基建方案。

1988年

4月,市局开始通过甚高频辅助通信网与省台和兄弟市局进行天气会商。
6月11日,长江南通航段主航道上建立了长江上第一个江心气象站。

1989年

2月,国家气象局授予卫祥声全国气象部门双文明建设先进个人称号。
10月1日,海安、如东开始用PC-1500袖珍计算机编发航空报。

1990年

1月,省局确定南通县气象站为辅助观测站。南通天气雷达站承担1990年国际热带气旋特别试验任务。
3月,"江、浙、沪边界六市天气联防区"工作会议在南通召开。

1991年

5月至7月出现百年一遇的洪涝灾害。
9月,国家气象局授予周桂芝1991年防汛减灾气象服务先进个人。

1992年

1月1日,吕四站三级太阳辐射观测站开始工作。
6月24日,市局正式成立综合经营部。
6月29日,南通市编委批复,同意建立南通市农业气象服务中心。
12月,南通江心气象观测站安装自动气象站。区站号58350。
12月28日,中国民航南通航站气象台成立,台址设在南通市兴东机场内。

1993年

3月28日,中央电视台一套在早新闻(7时起播)之后的气象节目中增播南通天气预报。
6月,王颂章撰写的《春眷风雨情》(电视剧本)在中国气象局举行的第三届气象文艺萌芽奖评选活动中荣获三等奖。
8月24日,兴东机场正式通航,兴东机场气象台正式发布航站航线预报。
9月,开通南通至南京的分组数据交换网。资料与兴东机场气象台共享。
12月中旬,市局49户公有住房优惠出售。

1994年

3月31日,上海、浙江、江苏二省一市天气联防会在通召开。
4月,周桂芝获南通市劳动模范光荣称号。
8月9、11、14日,空军三次派出飞机飞临南通市上空进行人工增雨。
11月1—5日国家气象局在南通举办"风暴潮原理及其预报"讲习班,秦曾灏教授主讲,沿海各气象台共派出30多人来通学习。

1995年

1月1日,测报站迁至八厂乡厂南村倭子坟东侧新址工作。

8月1日,市局添置施乐复印机一台,IBM 486计算机兼容机一台。11日市台传真机正式联网投入运行。

9月19日,中国气象科学研究院院长陈联寿来南通作《青藏高原对长江流域气候的影响》学术报告。

1996年

5月14日,购买711-B测雨雷达一部。

7月1日,市局制作的电视天气预报在南通电视台正式播放。

10月4日,市政府在吉星饭店召开全市气象工作会议。

10月,周桂芝获江苏省劳动模范光荣称号。

12月2日,周桂芝出席江苏省先进集体、劳动模范表彰大会。

1997年

3月19日,南通市防雷中心,经南通市编制委员会同意成立。

5月13—14日,华东区域预报论文交流会在南通举行。

7月24日,南通市自然科学优秀论文评审委员会农牧气象组在南通市局开会评选1995—1996年度农口各学会上报的优秀科技论文。

1998年

1月19日,南通市海洋气象台成立。中国气象局副局长颜宏、南通市政府副市长宋家新为海洋台揭牌。

3月19日夜至20日,全市普降暴雪,并打雷,造成严重雪灾和冰冻灾害。

1999年

1月,中层干部竞争上岗。

4月,购进人工降雨发射架。

6月,成立气象咨询服务中心,为专业气象台前身。

2000年

1月1日,《中华人民共和国气象法》正式颁布实施。

5月9日,南通市局首次独立在海安县曲塘镇实施人工增雨作业。

11月28日,贯彻《气象法》,市政府表态,气象局列户经费增至57.5万元。

2001年

1月,成立专业气象台。

4月3日,中国气象局副局长郑国光在省气象局胡辛陵局长、卞光辉副局长和南通市委副书记曹能新陪同下,视察南通市气象局。

4月6日,江苏省气象系统NOTES网南通市气象局信箱正式开通。

6月5日,南通市气象台开始发布空气质量预报。

2002年

2月10日,中国气象局副局长许小峰在省气象局胡辛陵局长陪同下视察南通市气象局。市委副书记宋家新会见许局长和胡局长。

2月19日,江苏省气象局批复《南通市气象系统内部收入分配制度改革实施意见的请示》。

4月26日,唐斌耀获南通市劳动模范光荣称号。

5月15日,市级机关工委批准成立中共南通市气象局总支委员会。

4至5月,市局完成"依照公务员管理"人员的过渡培训、考试及过渡工作。

10月18日,市局内设机构人事教育科改为人事教育处,业务法规科改为业务法规处。

12月4日,市计委同意"南通新一代天气雷达系统"立项。

2003年

2月28日,中国气象局副局长许小峰在省气象局胡辛陵局长陪同下视察南通市气象局,冒雨察看了南通新一代天气雷达站拟建站址。许副局长在通期间,受到南通市副市长吴晓春的会见。

3月3日,中国气象局批准"南通新一代天气雷达系统"项目立项。

3月25日,南通市气象局被评为"人民满意单位"(全市共6家),这也是本市农口各局及江苏气象系统中唯一获此殊荣的单位。

4月3—4日,市局召开县(市)局长工作研讨会,交流了赴南方学习考察的体会。

6月30日,《南通日报》全文刊登了《江苏省气象管理办法》,并发表张庆平副市长"加强法制建设,促进气象事业健康发展"的署名文章。

7月7日,雷达站土建工程由南通市宏华建筑安装工程公司中标承建。11月15日雷达楼封顶,12月23日完成吊装。

9月30日,张庆平副市长率领有关部门同志视察南通市气象局。

2004年

3月25日,市局公布各技术岗位聘用结果。

7月9—11日,中国气象局原副局长李黄,在省气象局卞光辉局长陪同下,来通视察。并为南通军山气象台和南通大气探测中心题字。

8月4—5日,中国气象局党组成员、人事司司长萧永生在省气象局卞光辉局长、单士兴处长和濮梅娟处长陪同下,到通检查、调研。

8月11—13日,由张庆平副市长带队,利用3天时间对市局党风廉政建设责任制落实情况进行了认真检查。

9月20日,南通市气象台资料室将33箱原始气象资料装车送省气象档案馆收藏。

10月19日,南通新一代天气雷达通过中国气象局大气探测技术中心组织的现场测试,并正式开始观测。

10月25日、11月9日,在海门市江心沙农场进行人工增雨作业。

2005年

4月21日,韩国济州气象代表团在省气象局卞光辉局长、桑凤章助理巡视员等陪同下来通访问。

5月20日,南通市气象系统建成视频会商系统。

6月3—8日,张鹏先进事迹宣讲团赴各县(市)局巡回演讲。

6月上旬至7月中旬共进行了五次人工增雨作业,四次成功。

7月9日,市气象系统在体臣卫校举办了首届行业运动会,六县(市)近百名运动员参加了运动会。

8月5日,市局成功进行了人工增雨降温作业。

8月24日,南通市政协副主席杨伯林一行视察南通市气象局。

10月20日,中国气象局副局长宇如聪一行到如皋和如东二局视察。

11月6—15日,在宗周全局长的率领下,一行15人前往云、贵两省气象部门调研、考察。

2006 年

3月6—9日,南通市人大常委会副主任汤桑林一行到南通市及通州、如东、海安三县(市)气象局进行了执法调研。

3月9日,江苏省气象局主持的"江苏省火箭人工影响天气航管保障协调会"在南通召开。南京空军、济南空军、华东民航管理局、相关机场的气象专家参加会议。

8月7日,南通市人大第十二届第55次常务委员会审议通过了《南通市气象管理办法》。

10月15日,洋口港水文气象大型观测浮标站正式建成,并投入业务使用。

2007 年

1月4日,南通市专业气象台荣获中国气象局颁发的"全国气象科技服务先进集体"光荣称号,江苏省仅此一家。

2月4—10日,南通市气象局组织各处室主要负责人及县(市)局长到大连、哈尔滨两市气象局就"如何建立海洋气象业务服务新体系"进行学习调研。

6月13—14日、6月28—29日、7月1—2日,南通市气象局先后在如东县、市开发区成功实施了三次人工增雨作业。

9月25—26日,宁夏固原市气象代表团一行8人来南通市气象局考察调研。

10月5日,中共中央政治局委员、国务院副总理回良玉视察军山气象台旧址。

10月18日,徐州市气象代表团一行19人来南通市气象局考察、交流。

12月2日,西藏气象代表团来南通市气象局参观、交流。

12月18日,江苏省气象文化与党建工作培训研讨会在南通召开。

12月20—22日,江苏省雷电灾害风险评估培训班在南通举办。参加培训人员共170人。

2008 年

3月23日,海安县气象局隆重举行气象大楼落成典礼仪式,省、市气象局局长、海安县四套班子负责人等200多位来宾出席。

9月10日,南通市委副书记、市长丁大卫主持召开"南通新一代天气雷达信息处理楼项目建设协调会",提出在原有基础上加盖三层,增加3000平方米,与"南通气象博物馆"合建。9月17日,得到省局党组的同意和支持。

11月7—8日,上海市气象局局长汤绪等一行到南通市气象局、海安县气象局实地参加考察。

2009 年

5月4日,《南通气象百年》编写组开始工作。

6月5日,江苏省海洋气象预警信息发布中心在启东市吕四镇落成。

7月2日,南通市通州区挂牌。通州市气象局更名南通市通州区气象局。

9月,由张宁达带领的江苏省气象局《基层气象台站简史》编审组来通审稿,利用两周时间(含节假日)审核了全省80多个台站上报的《简史》电子稿件。

11月10日上午,"南通新一代雷达信息处理中心暨南通气象博物馆"举行了隆重的开工庆典仪式。南通市委副书记、市长丁大卫出席典礼并下达开工令,江苏省气象局党组书记、局长卞光辉出席并致贺词。南通市委副书记黄利金,南通市副市长秦厚德、江苏省气象局副局长韩苏明、濮梅娟以及江苏省气象局各处室、直属单位主要领导,全省13个兄弟市气象局主要领导,南通市发改委、财政局、规划局等市直部门主要领导,工程设计、监理和施工等参建单位及全市气象干部职工、社会各界人士等参加了开工庆典仪式。

2010年

9月,《南通气象百年》草拟稿纸质本刊印,供审稿之用。

10月9日上午,南通气象事业标志性建筑——南通新一代雷达信息处理中心正式封顶。

2011年

3月25日,江苏省气象局和南通市人民政府共同签署《共建农业气象服务体系和农村气象灾害防御体系的框架协议》。江苏省气象局党组书记、局长翟武全和南通市委常委、市政府副市长秦厚德分别代表双方在协议上签字。

3月31日,市局党组决定,以《南通气象百年》初稿为基础,扩充内容,编纂《南通气象志》。

4月11日,市局党组在南通市气象局召开筹建中国南通气象博物馆专题研讨会,中国北极阁气象博物馆高级顾问桑凤章、季润生,南通职业大学艺术设计学院成阳教授等有关专家出席了会议。

5月1—3日,南通市受北方来的沙尘暴影响,空气严重污染。API值大大超过严重污染上限300,市区最高为星湖花园(API为442),海安达499,为全市之冠。

5月10日晚至11日凌晨、5月22日、6月9日夜至10日晨,南通市气象部门三次人工增雨作业均获成功。

6月14日至7月21日全市发生超长梅雨。梅雨量海安566.6毫米、启东194.7毫米,北、南相差近3倍。南通442.0毫米。

11月6日至7日,中国气象局党组书记、局长郑国光来南通调研,对2003年经中国气象局批准立项建设,探测分系统已于2004年建成运行、效果良好的南通新一代雷达系统给予肯定。在即将建成的南通气象博物馆展厅内,听取了博物馆与南通新一代雷达信息处理中心建设汇报。郑国光局长还专程参观了海安县气象为农服务工作现场,对该县气象工作给予充分肯定。市委常委、副市长秦厚德,副市长徐辉,江苏省气象局党组书记、局长翟武全陪同。

12月31日市局召开中国南通气象博物馆形式设计专家评审会。

编后记

《南通气象志》是第一部系统地记述南通气象事业历史和现状的专业志,由南通市气象局负责编纂。

2009年5月经南通市气象局党组决定,成立《南通气象百年》编修办公室,并着手拟定纲目和收集资料,组织编纂人员内查外调,从南通市图书馆、市档案馆、南通博物苑等有关单位进行认真的查阅和摘抄,形成《南通气象百年》编修纲目。经过会议评审研究,对纲目进行修订,形成一个集中、简练,具有南通气象百年历史特色的纲目。

为使《南通气象百年》编撰工作顺利进行,《南通气象百年》编委会决定将编制计划分成四个研究课题申报,由市局四位党组成员牵头,列入市气象局自立科研项目。同时明确了编写组三名成员及一名资料员具体研究任务。

2009年7月至2010年9月是编写《南通气象百年》最关键、最艰辛的时期。其间2009年7—9月编写组还编审了本市8个局站的简史,参与了全省《基层气象台站简史·江苏卷》的审稿工作。由于需赶在新建办公大楼落成之前完成,因此时间紧、任务重。在这段时间里,编修人员以高度的事业心与责任感,兢兢业业、任劳任怨、精心笔耕、未敢稍有懈怠。为使每一个数据、每一项资料准确可靠,查阅了大量资料、文献、档案、志书、文件,调查走访、认真计算、前后对照、反复校核,保证书稿质量。终于用了一年多的时间,于2010年9月完成全部草拟稿,并通过电子文档形式转发至市局各领导、各部门及所属局站主要负责人手中,征求修改意见。

2010年1—3月编写组还承担了《中华大典·气象分卷》南通地区资料收集上报工作。

2010年9—10月专门邀请了8位退休老领导、老专家对《南通气象百年》进行了初审。10月12日和11月1日先后召开集中阅审会议,与会同志对其中个别的史实、篇幅结构、文字叙述,提出了不少很有价值的修改意见。编写组在充分听取老同志提出的修改意见的基础上,重新进行了一次修改,并增加了大事记、序、凡例、主要参考文献等内容,形成初稿。

初稿完成后,邀请了南通市地方志办公室主任何晓宁、南通党史办年鉴编纂处处长周磊两位专家进行阅审。两位专家认为有该稿作基础,可创修《南通气象志》。随后,周磊对该稿在结构、布局上提出了具体的修改意见。根据这些意见,以刘佳为主将全稿分为六编,对全书结构作了较大规模调整,对部分内容进一步斟酌、修改、调整,并跨越本行业系统,增加了新章节,形成《南通气象志》。

2011年3月12日,召集市局各部门及各县(区、市)局(站)主要负责人开会。经研究讨论,认为应增加各县(区、市)局(站)部分,形成完整的《南通气象志》。4月8日组织各县市局站主要撰稿人进行业务培训,就志稿资料收集和撰写的行文规范、要求,进行了系统讲解。经修改补充订正,一部初具规模的《南通气象志》(一稿)告竣。

4—6月聘请南通航运职业技术学院朱谦阳、杨亚新老师撰写"航运气象教育"一节。

7月27日召开《南通气象志》(一稿)评审会,除有关部门领导和全体编纂人员外,还邀请了南通市人大常委会科教文卫委员会主任吴声和、南通市党史办年鉴编纂处处长周磊两位专家进行阅审。与会专家对《南通气象志》(一稿)的编纂工作给予了高度评价,一致认为:《南通气象志》(一稿)框架合理、内容系统、特色鲜明、资料翔实、体例完备、文法符合要求,并提出了进一步修改完善的建议和意见。遵照这些建议和意见,编修人员调整了部分章节。进一步核实资料,去粗取精、删繁补缺;处理重复交叉内容;统一收集彩色和黑白图片,按南通气象事业发展轨迹编排,于2011年8月底完成约75万字的《南通气象志》总纂稿,并且打印成册。

为求写作风格一致,避免内容重复交叉,力求符合志书体例,以孙锦铨为主对志书再次进行了总纂,并于2011年9月15日形成《南通气象志》送审电子稿,交由办公室联系出版事宜。同时,孙锦铨、刘佳二人根据新获取的资料,对志书进行了补充、修改、微调,并由刘佳继续征集图片增补。

2011年11月16日《南通气象志》终稿交付气象出版社审稿。

2012年1月12日中共南通市委党史工作办公室和南通市地方志编纂委员会授予南通气象志编辑室"全市党史、地方志工作先进集体"称号。2012年1月13日收到气象出版社寄来的样稿,由孙锦铨、刘佳进行认真校订,并于3月19日寄还气象出版社。3月27日起,市局领导开始审核清样,4月19日将清样寄交出版社,预计5月正式出版。

《南通气象志》编纂过程中,我们得到了方方面面,特别是南通市人大常委会科教文卫委、市地方志办公室、市图书馆、档案馆等单位的大力支持,谨此表示衷心感谢。

编者
2012年4月